Oldenbourg

Radar mit realer und synthetischer Apertur

Konzeption und Realisierung

herausgegeben von
Helmut Klausing
und
Wolfgang Holpp

Oldenbourg Verlag München Wien

Autoren:

Prof. Dr.-Ing. Erwin Baur
Dr.-Ing. Stefan Buckreuß
Dr.-Ing. Wolfgang Holpp
Dipl.-Ing. Peter Honold
Dr.rer.nat. Wolfgang Keydel
Dr.-Ing. Helmut Klausing
Dr.-Ing. Alberto Moreira

Die Deutsche Bibliothek - CIP-Einheitsaufnahme

Radar mit realer und synthetischer Apertur : Konzeption und
Realisierung / hrsg. von Helmut Klausing und Wolfgang Holpp. -
München ; Wien : Oldenbourg, 2000
  ISBN 3-486-23475-7

© 2000 Oldenbourg Wissenschaftsverlag GmbH
Rosenheimer Straße 145, D-81671 München
Telefon: (089) 45051-0, Internet: http://www.oldenbourg.de

Das Werk einschließlich aller Abbildungen ist urheberrechtlich geschützt. Jede Verwertung außerhalb der Grenzen des Urheberrechtsgesetzes ist ohne Zustimmung des Verlages unzulässig und strafbar. Das gilt insbesondere für Vervielfältigungen, Übersetzungen, Mikroverfilmungen und die Einspeicherung und Bearbeitung in elektronischen Systemen.

Lektorat: Martin Reck
Herstellung: Rainer Hartl
Umschlagkonzeption: Kraxenberger Kommunikationshaus, München
Gedruckt auf säure- und chlorfreiem Papier
Druck: R. Oldenbourg Graphische Betriebe Druckerei GmbH

Inhaltsverzeichnis

	Vorwort	**XI**
1	**Einleitung**	**1**
1.1	Radarprinzip	1
1.2	Radararten	6
1.3	Radarfrequenzen	8
1.4	Geschichte	13
	Literaturverzeichnis	17
2	**Elektromagnetische Wellen**	**19**
2.1	Kenngrößen elektromagnetischer Wellen	19
2.1.1	Grundsätzliche Überlegungen	19
2.1.2	Feld- und Materialgrößen	20
2.1.3	Polarisation	26
2.2	Eigenschaften elektromagnetischer Wellen	30
2.2.1	Freiraumausbreitung	30
2.2.2	Reflexion und Transmission	31
2.2.3	Eindringtiefe und Absorption	33
2.2.4	Kohärenz	34
2.2.5	Nahfeld-Fernfeld-Relationen	35
2.2.6	Zusammenfassung	37
2.3	Ausbreitung und Streuung elektromagnetischer Wellen	38
2.3.1	Ausbreitung in der Atmosphäre	38
2.3.2	Rückstreuung von der Erdoberfläche	39
2.3.3	Rückstreuung an Objekten	40
2.3.4	Rückstreuung von bewegten Objekten	41
2.3.5	Ausbreitung über der Erdoberfläche	43
2.3.6	Eindringtiefe unter die Erdoberfläche	44
2.4	Elektromagnetische Wellen in der Radartechnik	46
2.4.1	Laufzeit	46
2.4.2	Bandbreite und Spektrum eines Radarsignals	47
2.4.3	Spektrum und Spektrallinien	47
2.4.4	Der Spiegelungseffekt	49
2.4.5	Zusammenfassung	53
	Literaturverzeichnis	53

3 Eigenschaften der Radarinformation   55
3.1   Der Radarrückstreuquerschnitt 55
3.1.1 Definition des Radarrückstreuquerschnitts für Einzelziele 55
3.1.2 Interferenzbedingte Fluktuationen 64
3.1.3 Mittelung über den Aspektwinkel 68
3.1.4 Mittelung über der Frequenz 69
3.1.5 Fluktuationsmodelle 70
3.1.6 Flächen- und Volumenziele als Clutter 72
3.2   Die radiometrische Auflösung 77
3.3   Einflüsse des Systemrauschens auf die Information beim SAR 79
3.3.1 Interferenzbedingtes, multiplikatives Rauschen 79
3.3.2 Additives Systemrauschen 81
3.4   Mehrdeutigkeiten bei Entfernungs- und Geschwindigkeitsmessungen .. 81
3.4.1 Entfernungsmehrdeutigkeit 81
3.4.2 Geschwindigkeitsmehrdeutigkeit 82
Literaturverzeichnis 83

4 Auflösungsvermögen   87
4.1   Definition 87
4.2   Auflösung beim Radar mit realer Apertur 88
4.2.1 Winkel- und Querauflösung 88
4.2.2 Entfernungsauflösung 90
4.2.3 Auflösungszelle 93
4.2.4 Geschwindigkeitsauflösung 96
4.3   Auflösung beim Radar mit synthetischer Apertur 97
4.3.1 Doppler-Effekt 97
4.3.2 Winkel- und Querauflösung 99
Literaturverzeichnis 103

5 Radargleichung   105
5.1   Allgemeine Herleitung 105
5.2   Signalwiederholung und Sendeleistung 109
5.3   Zielentdeckung 110
5.4   Radarrückstreuquerschnitt 112
5.5   Dämpfung des Meßsignals 117
5.5.1 Dämpfung in der Atmosphäre durch Gase 117
5.5.2 Dämpfung durch Regen 118
5.6   Radargleichung bei Berücksichtigung externer Störeinflüsse 119
5.6.1 Radargleichung für Bodenclutter 119
5.6.2 Radargleichung für Regen 120
5.6.3 Radargleichung bei gewollter Störung 121
5.7   Radargleichung für SAR 122

5.8	Optimalfilter	123
5.9	Impulskompression	129
Literaturverzeichnis		132

6 Antennen — 135
6.1	Allgemeine Kenngrößen	135
6.2	Einzelstrahler	140
6.3	Strahlergruppen	143
6.4	Aperturstrahler	145
6.4.1	Hornstrahler	146
6.4.2	Reflektorantennen	147
6.4.3	Linsenantennen	152
6.5	Phasengesteuerte Antennen	154
Literaturverzeichnis		158

7 Radarverfahren — 159
7.1	Dauerstrich-Verfahren	159
7.2	Impulsverfahren	169
7.3	Puls-Doppler-Verfahren	172
7.3.1	MTI-Verfahren	172
7.3.2	Puls-Doppler-Verfahren mit Entfernungstoren (PD)	181
7.4	Sekundärradar-Verfahren	184
7.4.1	Allgemeine Beschreibung	184
7.4.2	Freund-Feind-Kennung	185
7.4.3	Systemeigene Störungen	190
7.4.4	Zukunftstendenzen der militärischen Kenntechnik	197
7.4.5	Sekundärradar in der zivilen Flugsicherung	198
7.4.6	Kollisionswarnsysteme	200
7.5	Winkelmeßverfahren	202
7.5.1	Abtaststrategien	202
7.5.2	Amplitudenmonopuls-Verfahren	203
7.5.3	Konisches Abtastverfahren	205
7.5.4	Phasenmonopuls-Verfahren	207
7.6	Informationsdarstellung	209
Literaturverzeichnis		212

8 Radar mit synthetischer Apertur — 213
8.1	Grundprinzip	215
8.2	Empfangenes SAR-Signal und Punktzielantwort	221
8.2.1	Doppler(Azimut)-Modulation	224
8.2.2	Impulsmodulation – Das Chirp-Signal	226
8.2.3	Optimalfilter (Matched Filter)	228
8.2.4	Impulsantwort	229

8.3	Abbildung verteilter Ziele	231
8.3.1	Statistische Eigenschaften	232
8.3.2	Multilook-Verarbeitung	233
8.3.3	Statistische Eigenschaften der Multilook-Verarbeitung	237
8.3.4	Effektive Anzahl von Looks	240
8.4	Signalverarbeitung	242
8.4.1	Modellierung des SAR-Systems	242
8.4.2	Verfahren zur SAR-Datenverarbeitung	243
8.4.3	Zusätzliche Verarbeitungsschritte	256
8.4.4	Echtzeit-SAR-Verarbeitung	264
8.5	Spezielle SAR-Verfahren	266
8.5.1	ScanSAR	267
8.5.2	Spotlight	269
8.5.3	ROSAR	271
8.6	Interferometrie	272
8.6.1	Across-Track-Interferometrie	275
8.6.2	Differentielle Interferometrie	282
8.7	Auflistung vorhandener SAR-Systeme	283
Literaturverzeichnis		286

9	**Bewegungskompensation für flugzeuggetragene SAR-Systeme**	**291**
9.1	Positionsfehler	294
9.2	Phasenfehler	295
9.2.1	Klassifizierung der Phasenfehler	300
9.2.2	Niederfrequente Phasenfehler	301
9.2.3	Hochfrequente Phasenfehler	303
9.3	Spezifikation zulässiger Bewegungsfehler	304
9.4	Laufzeitfehler	308
9.5	Variable Vorwärtsgeschwindigkeit	309
9.6	Lagefehler	309
9.7	Bewegungskompensation	311
9.7.1	Inertialsysteme	312
9.7.2	Global Positioning System	314
9.7.3	Integration von GPS und Inertialsystemen	316
9.8	Kompensation der Bewegungsfehler	319
9.8.1	Korrektur des Versatzes des Dopplerspektrums	321
9.8.2	Kompensation der Laufzeitfehler	321
9.8.3	Kompensation der Phasenfehler	321
9.8.4	Kompensation der Abtastfehler in Azimutrichtung	322
9.9	Schlußfolgerungen	322
Literaturverzeichnis		323

10	**Gerätekomponenten**	**325**
10.1	Grundsätzliche Schaltungstechnik	325
10.1.1	Sender	326
10.1.2	Empfänger	327
10.2	Mikrowellen-Bauelemente	328
10.2.1	Leitungsmedien	328
10.2.2	Passive Elemente	337
10.2.3	Aktive Elemente	347
10.3	Technologie	354
10.4	Komponenten der Signalverarbeitung	357
Literaturverzeichnis		358
11	**Anwendungen und Systembeispiele**	**361**
11.1	Systeme mit realer Apertur	361
11.1.1	Führung und Überwachung von Flug- und Schiffsverkehr	361
11.1.2	Sensorik für den Verkehr auf Straße und Schiene	365
11.1.3	Multifunktionsradar	369
11.2	Systeme mit synthetischer Apertur	373
11.2.1	Aufgaben im Sicherheitsbereich	373
11.2.2	Allwetter-Flugführung für Hubschrauber	377
11.2.3	Fernerkundung	379
11.3	Sekundärradar	384
Literaturverzeichnis		384

Tabelle der verwendeten Formelzeichen   **387**

Index   **389**

Vorwort

Schon zu Beginn unseres Jahrhunderts nutzte man die Eigenschaften elektromagnetischer Wellen zur Funkortung. Die gezielte Entwicklung der Radartechnik begann Mitte der dreißiger Jahre, nachdem man den militärischen Nutzen erkannt hatte und entsprechende Technologien zur Verfügung standen. Selbst in den folgenden, von intensiver Forschung gekennzeichneten Jahren konnten nur wenige die Möglichkeiten der Radartechnik erahnen. Raumfahrt, Luftfahrt und Verkehrslenkung sind ohne Radar heute undenkbar geworden.
Es war zunächst das „Radar mit realer Apertur", welches nach dem Ende des Zweiten Weltkrieges einen beachtlichen technischen Reifegrad erreicht hatte. Seine Winkelauflösung ist proportional dem Verhältnis aus der Betriebswellenlänge zu den Querschnittsabmessungen der benutzten Antenne und damit begrenzt. Im Jahr 1951 wurde erstmals das Grundprinzip des „Radars mit synthetischer Apertur" formuliert. Es besagt, daß durch Frequenzanalyse des Empfangssignals eines sich bewegenden kohärenten Radars extrem hohe Querauflösungen realisierbar sind. Damit war der Grundstein gelegt für die Lösung sehr anspruchsvoller Aufgaben wie beispielsweise die Erzeugung hochaufgelöster Radarbilder der Erdoberfläche von Beobachtungssatelliten aus.
Das vorliegende Buch wendet sich an Studierende und im Beruf stehende Ingenieure, die in Forschung, Entwicklung und Vertrieb mit moderner Radartechnik arbeiten. Es ist als Lehrbuch und Nachschlagewerk geeignet, da hier Hochschulwissen und praktische Erfahrung vereint sind. Alle Kapitel können ohne Einschränkung der Verständlichkeit einzeln gelesen werden.
Das Buch soll zwei Ansprüchen genügen. Es bietet mit der Behandlung des Radars mit realer Apertur eine fundierte Darstellung der Grundlagen konventioneller Radartechnik und ihrer Anwendungsmöglichkeiten. Zum anderen schließt es die Lücke, die sich dem Leser auftut, der grundlegende und aktuelle deutschsprachige Literatur zum Thema Radar mit synthetischer Apertur sucht.
Im ersten Teil des Buches werden neben den Grundlagen der Radartechnik wesentliche Radarverfahren, ihre Leistungsfähigkeit aber auch die Grenzen der praktischen Realisierbarkeit aufgezeigt. Im Anschluß erfolgt eine ausführliche Behandlung des Radars mit synthetischer Apertur. Außer den Grundlagen werden alle wesentlichen Verfahren und die Thematik der Bewegungskompensation behandelt. Ausgewählte Anwendungen und Systembeispiele vermitteln aktuelle Einsatzfelder moderner Radartechnik im zivilen und militärischen Bereich.

Ein Buch dieser Komplexität kann nur als Resultat der Arbeit eines Autorenteams entstehen. Den Herausgebern gelang es, anerkannte Fachleute aus dem deutschsprachigen Raum zur Mitarbeit zu gewinnen. Über das Verfassen der einzelnen Beiträge hinaus führten erst zahlreiche Diskussionen innerhalb des Autorenteams zu einem homogenen Gesamtwerk.

Unser Dank gilt den Herren Dr. João Moreira und Dr. Wolfgang Köthmann, die wertvolle Hinweise zur inhaltlichen Gestaltung des Buches gaben. Ebenso danken wir Herrn Dipl.-Ing. Frank Fuchs für die fachkundige Bearbeitung von Text- und Bildmaterial und Frau Gertraud Jacob, die mit viel Fachkenntnis und Geduld die zahlreichen Zeichnungen anfertigte.

Besonderen Dank schulden die Herausgeber und Autoren ihren Familien für die Geduld und Opferung vieler Stunden gemeinsamer Freizeit während der Arbeiten zu diesem Buch.

Herausgeber und Mitautoren erheben keinen Anspruch auf Vollständigkeit des Werkes, schon wegen des begrenzten Umfangs. Vorschläge zu inhaltlichen Verbesserungen nehmen die Herausgeber dankbar über den Verlag entgegen.

Weßling und Lonsee, im August 1999　　　　　　　　　　　　　　Helmut Klausing
　　　　　　　　　　　　　　　　　　　　　　　　　　　　　　　Wolfgang Holpp

1 Einleitung

1.1 Radarprinzip

Radar ist ein Verfahren, das reflektierte oder automatisch zurückgesendete elektromagnetische Wellen benutzt, um Informationen über entfernte Ziele zu erhalten. Der Begriff *Radar* ist ein Kunstwort aus der englischen Sprache und steht für ‚**Ra**dio **De**tection **a**nd **R**anging'. Die deutsche Bezeichnung ist ‚Funkmeßverfahren'. Beim Primärradar wird die vom Ziel reflektierte Strahlung ausgenutzt. Beim Sekundärradar wird das Ziel durch eine Abfrage veranlaßt, auf einer anderen Frequenz automatisch eine Antwort abzustrahlen. Anstelle des Begriffs Primärradar wird im allgemeinen der Begriff Radar benutzt. Die im wesentlichen verwendeten Radarfrequenzen erstrecken sich von etwa 1 GHz bis 100 GHz [1].

Radarverfahren dienen der Orientierung des Menschen in seiner Umgebung über den optischen Sichtbereich hinaus. Vergleicht man ein Radar mit einem optischen System, so stellt man fest, daß die Qualität der Optik hinsichtlich der Feinauflösung nicht erreicht wird. Der wesentliche Vorteil von Radar besteht jedoch darin, daß es unabhängig von Tageszeit und Wetter bei wesentlich größerer Reichweite arbeiten kann. Außerdem ist es in der Lage, Entfernung und Geschwindigkeit erfaßter Ziele zu bestimmen.

Radar arbeitet nach dem Echoprinzip. Ein Sender strahlt über eine Antenne elektromagnetische Wellen gebündelt in das Beobachtungsgebiet aus. Diese werden an dort vorhandenen Inhomogenitäten und Zielen teils absorbiert und teils reflektiert (Abb. 1.1). Der zur Empfangsantenne reflektierte Signalenergieanteil wird zur Ortung und Vermessung des Zieles im Empfänger nach Amplitude, Frequenz, Phase, Polarisation und Laufzeit verarbeitet. Als Ziel wird allgemein jedes Objekt verstanden, welches Energie reflektiert. Im engeren Sinne ist ein Ziel ein Objekt der Suche, Verfolgung oder Vermessung und wird durch seine Zielparameter beschrieben [1].

Eine Auswahl relevanter Bücher zur Radartechnik ist im Literaturverzeichnis unter ([2] bis [17]) zusammengestellt.

Das Radar stellt im allgemeinen an die zu vermessende Umgebung folgende Fragen:

- Sind Ziele vorhanden?
- Wieviele Ziele sind vorhanden?

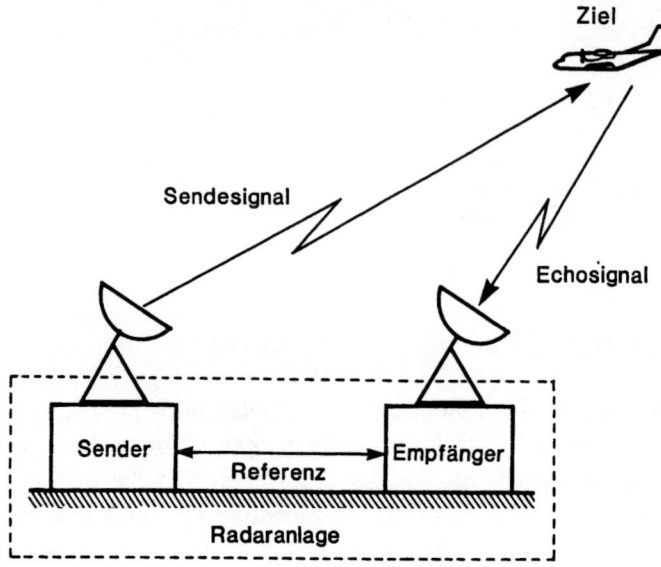

Abb. 1.1: Radarprinzip.

- Wo sind diese Ziele?
- Welche Eigenschaften haben diese Ziele?

Entsprechend diesen Fragen kann man mit Radar Ziele entdecken und ihre Position nach Richtung und Entfernung bestimmen. Man kann die gegenseitige Position unterschiedlicher Ziele feststellen und grundsätzlich Eigenschaften und Bewegungszustände derselben ermitteln, insbesondere Größe und in weiten Grenzen auch die Richtung der Zielgeschwindigkeit, die Rauhigkeit und Oberflächenbeschaffenheit von Zielen. Mit Radar lassen sich relative Unterschiede in der Beschaffenheit verschiedener Ziele charakterisieren; dies ist besonders wichtig bei der Beobachtung der Erdoberfläche. Hierbei kann man z. B. recht gut Wasser von Land, Straßen und Bauwerke von landwirtschaftlich genutzten Flächen, Wiesen von Wald, ja sogar verschiedene Felder mit unterschiedlichem Bewuchs voneinander unterscheiden. Eine weitere wichtige Aufgabe sowohl im zivilen als auch im militärischen Bereich besteht in der Entdeckung von Luft-, Land- und Seefahrzeugen in ihrer natürlichen Umgebung.

Die Qualität der Antworten auf die oben gestellten Fragen und der mit Radar erreichbaren Meßergebnisse werden im wesentlichen bestimmt von der Reichweite, vom Auflösungsvermögen und von der Meßgenauigkeit des Radars. Diese Parameter bestimmen die Einsatzmöglichkeiten und Grenzen.

Durch Auswertung der Echosignale im Radarempfänger lassen sich für eindeutig georrete Ziele folgende Informationen gewinnen [3]:

1.1 Radarprinzip

- Entfernung R_Z
- Winkelpositionen:
  - Azimut α
  - Elevation ϵ
- Höhe über Grund H_Z
- Geschwindigkeit v_Z (bzw. Radialgeschwindigkeit v_r)
- Größe, Struktur und Materialeigenschaften

Abb. 1.2 zeigt die Festlegung der Zielkoordinaten zur Signalauswertung im Radarempfänger.

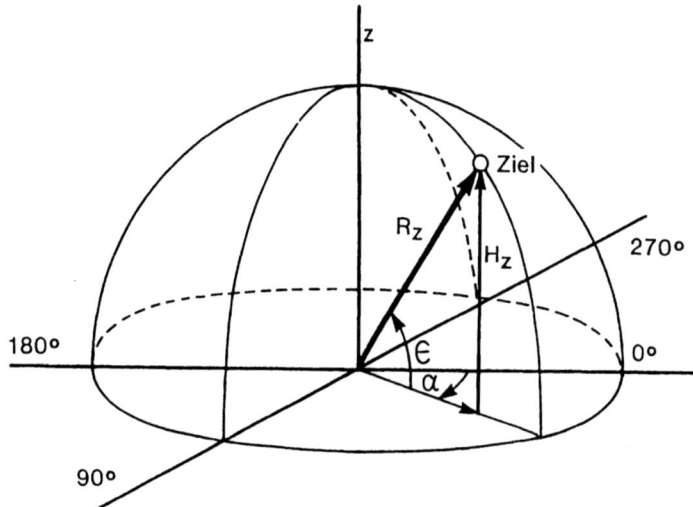

Abb. 1.2: Festlegung der Zielkoordinaten.

Die Entfernung R_Z resultiert aus einer Laufzeitmessung des Radarsignals vom Sender zum Ziel und zurück zum Empfänger. Die Winkelposition mit α und ϵ folgt direkt aus der Position der scharf bündelnden Antenne beim Empfang. Aus der Frequenzverschiebung zwischen Sende- und Empfangssignal infolge des *Doppler*-Effektes bei sich bewegenden Zielen kann die radiale Geschwindigkeit v_r bestimmt und daraus mit weiteren Hilfsparametern die Zielgeschwindigkeit v_Z errechnet werden. Weiterhin gibt die Intensität, d. h. die Signalamplitude des rückgestreuten Feldes, Aufschluß über die Größe und die Struktur des erfaßten Zieles.

Das Impulsradar ist das bekannteste und am meisten verwendete Radarverfahren. Beim klassischen Impulsradar werden die beiden Meßgrößen Entfernung und Richtung des Zieles ermittelt. Abb. 1.3 zeigt das vereinfachte Blockschaltbild eines Impulsradars.

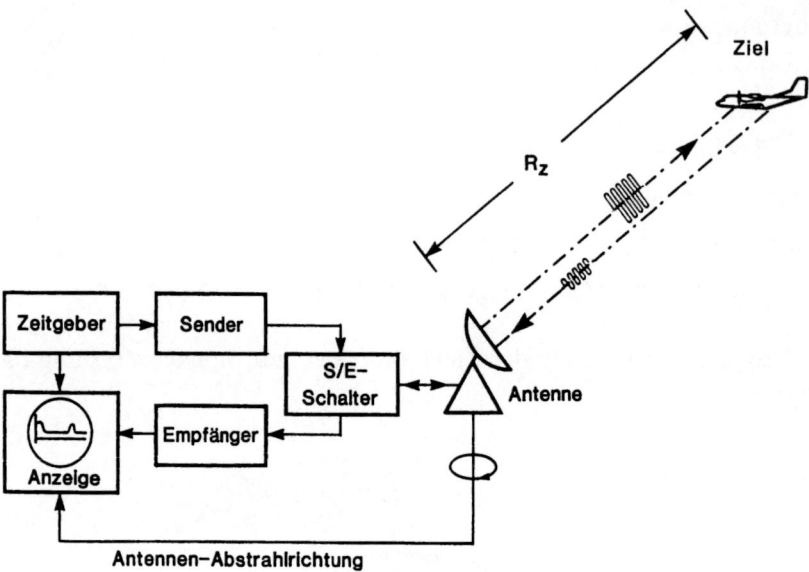

Abb. 1.3: Vereinfachtes Blockschaltbild eines Impulsradars.

Über die Antenne wird beim Senden ein hochfrequentes pulsmoduliertes Signal gerichtet abgestrahlt. Die Pulsmodulation erfolgt durch kurzzeitiges Einschalten des Senders mit Hilfe eines Zeitgebers. Der Zeitgeber bestimmt die Impulsdauer und die Pulsfrequenz. Wird für den Sende- und Empfangsvorgang eine gemeinsame Antenne verwendet, so benötigt man einen zusätzlichen Sendeempfangsschalter ('Duplexer'), der während des Sendevorgangs die Antenne auf den Sender und während des Empfangsvorganges die Antenne auf den Empfänger schaltet. Der Sendeimpuls wird dann über eine feststehende oder rotierende Antenne in das Beobachtungsgebiet abgestrahlt. Das von einem beleuchteten Ziel zur Antenne reflektierte Echo wird über den Sendeempfangsschalter dem Empfänger zugeführt. Die Zielentfernung R_Z folgt direkt aus der gemessenen Laufzeit t_L des Radarsignals zum Ziel und zurück. Mit der Lichtgeschwindigkeit $c_0 \approx 3 \cdot 10^8$ m/s gilt

$$2 \cdot R_Z = t_L \cdot c_0 . \tag{1.1}$$

Daraus folgt

$$R_Z = \frac{t_L}{2} \cdot c_0 . \tag{1.2}$$

Wird die gemessene Laufzeit t_L in μs angegeben, so erhält man die für den praktischen Gebrauch nützliche Formel

$$R_Z [\text{km}] = 0{,}15 \cdot t_L [\mu s] , \tag{1.3}$$

wobei R_Z in km angegeben wird. Tab. 1.1 zeigt die Entfernung zum Ziel R_Z als Funktion der gemessenen Laufzeit t_L.

1.1 Radarprinzip

Tab. 1.1: Laufzeit und Entfernung

Laufzeit t_L	Entfernung R_Z
1 ms	150 km
12,35 µs	1852 m = 1 sm („Radarmeile")
1 µs	150 m
1 ns	15 cm

Nach dem Empfang wird das leistungsschwache Echosignal zur Anzeige auf dem Sichtgerät weiterverarbeitet. Im einfachsten Fall besteht das Sichtgerät aus einer Kathodenstrahlröhre mit linearer Zeitskala, deren Anfang mit Hilfe eines Zeitgebers durch den Zeitpunkt der Abstrahlung des Sendesignals festgelegt ist. Ein empfangenes Echosignal lenkt den zugehörigen Leuchtpunkt auf der horizontalen Zeile aus, wobei die Auslenkung ein Maß für die Zielentfernung ist. Mit Hilfe einer kalibrierten Skala kann dann die Entfernung zum Ziel und durch die Vorgabe der Antennenabstrahlrichtung die zugehörige Winkelposition einfach auf dem Bildschirm dargestellt werden [13].

Ein Radargerät ist jedoch nicht nur unmittelbar in Verbindung mit den zu erfassenden Zielen zu betrachten, sondern auch in der Umgebung, in der es arbeiten soll. Abb. 1.4 soll dies für den Fall eines Flugzieles verdeutlichen [3].

Ein Sender erzeugt die erforderliche Energie, welche über die Sendeantenne abgestrahlt wird. Auf dem Weg zum Ziel und zurück zum Radar unterliegt das Signal dem Einfluß der Atmosphäre (Wolken, Nebel, Regen, Schnee) und der Erdoberfläche

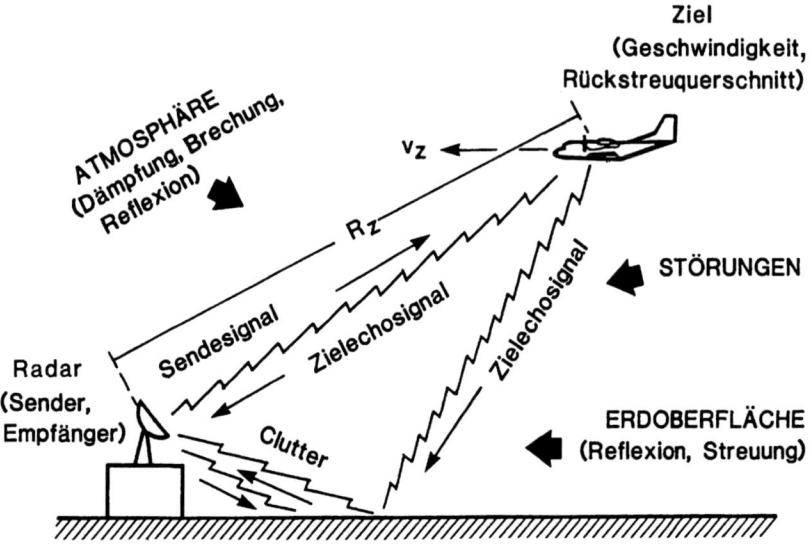

Abb. 1.4: Signalausbreitung (Quelle: Lit. [3]).

(Bodenbeschaffenheit, Vegetation, Wasser). Die Atmosphäre wirkt abhängig vom jeweiligen Zustand mehr oder weniger stark dämpfend, brechend und reflektierend. Durch die Erdoberfläche können je nach Stellung von Sende- und Empfangsantenne außer dem direkten Zielsignal auch sogenannte ‚Cluttersignale' zum Radarempfänger zurückgestrahlt werden. Cluttersignale entstehen durch Reflexion bzw. Streuung von auf die Erdoberfläche eingestrahlter Energie, die sowohl direkt vom Radar als auch vom Ziel herrühren kann. Das eigentliche und gewünschte direkt vom Ziel kommende Signal kann dabei von Cluttersignalen überlagert und sogar verdeckt sein. Die Zielinformationen können dadurch fehlerhaft sein oder ausfallen. Die Dämpfung der Atmosphäre wirkt sich auf das Radar reichweitenvermindernd aus, während durch Brechung auch Überreichweiten erzielbar sind. Des weiteren werden durch Brechung verfälschte Informationen über Zielrichtung und -entfernung vermittelt. Bei Reflexionen in der Atmosphäre ist ebenfalls mit reduzierten Reichweiten und Maskierung von Zielen zu rechnen.

Die Radarumgebung ist häufig verseucht durch elektrische Störsignale. Solche Störungen können durch benachbarte Radaranlagen oder in der Nähe arbeitende Funkdienste verursacht werden. Sie können aber auch, wie bei militärischen Anwendungen, zur absichtlichen Informationsverfälschung oder gar Verhinderung einer Informationsgewinnung gewollt sein. Letzteres gilt z. B. für Düppelstörungen [3], [14]. Düppel sind aus metallischen Streifen oder Fäden gearbeitete Dipole mit hoher Reflexionswirkung. Sie werden meist in großer Anzahl eingesetzt (‚Düppelwolken').

1.2 Radararten

In der Regel verwendet man für den Sende- und Empfangsvorgang eine gemeinsame Antenne oder alternativ dazu zwei Antennen, deren gegenseitiger Abstand klein gegen die Entfernung zum Ziel ist. Ein Radarsystem mit dieser Antennenkonfiguration nennt man monostatisches Radar (Abb. 1.5).

Bei einem bistatischen Radar sind Sende- und Empfangsantenne an verschiedenen Orten und haben einen großen gegenseitigen Abstand (Abb. 1.6) [15], [16]. Das multistatische Radar arbeitet mit mehreren örtlich getrennten Sende- und Empfangsantennen [15].

Das bisher betrachtete Radarverfahren wird Primärradar genannt. Bei einem Primärradar wird das Echosignal eines passiven Zieles nach den bisher genannten Kriterien verarbeitet.

Unter einem Sekundärradar versteht man ein Funkortungsverfahren mit Laufzeitmessung, das im Gegensatz zum Primärradar nicht mit dem Echosignal eines passiven Zieles arbeitet, sondern bei dem sich an Bord des Zieles ein aktives Antwortgerät, der ‚Transponder', befindet [17]. In diesem System stellt jede Aktivität der Bodenstation eine Frage dar, die vom Transponder „beantwortet" wird (Abb. 1.7).

1.2 Radararten

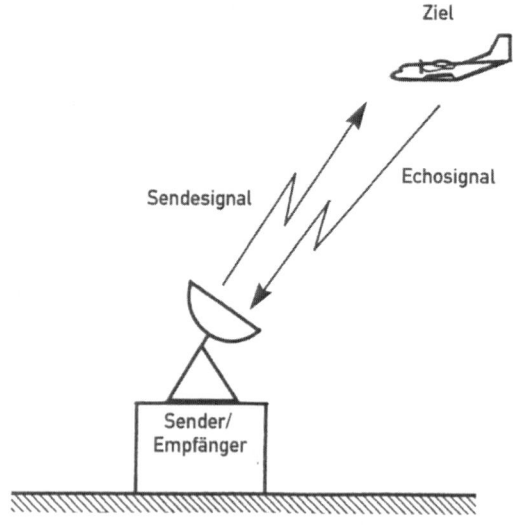

Abb. 1.5: Monostatisches Radar.

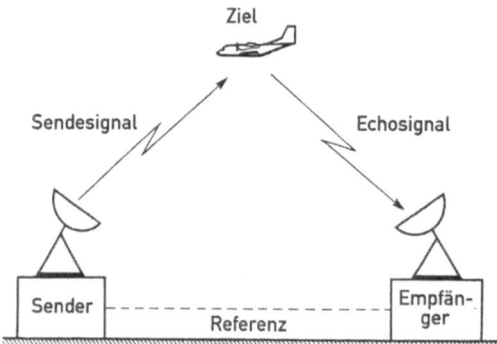

Abb. 1.6: Bistatisches Radar.

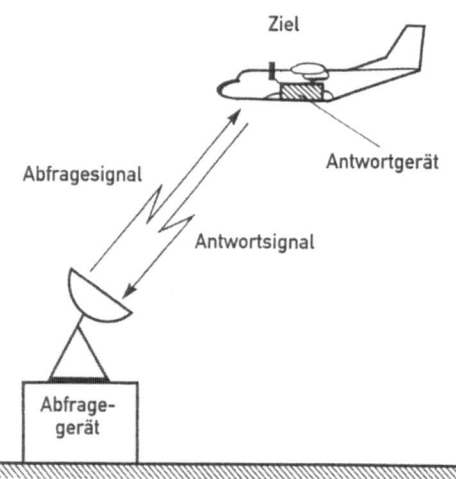

Abb. 1.7: Sekundärradar.

Als Ziele kommen sowohl Flugzeuge als auch Schiffe oder Küstenbojen in Betracht, wobei das Sekundärradar jedoch vorwiegend in der Luftfahrt eingesetzt wird. Die Antwortsignale enthalten Informationen wie Flugnummer, Flughöhe oder auch eine Freund-Feind-Kennung bei militärischen Flugzeugen. Es darf jedoch nicht ohne weiteres angenommen werden, daß alle Flugzeuge mit Antwortgeräten ausgerüstet sind. Aus diesem Grund wird in der Regel eine kombinierte Primär-/Sekundärradar-Anlage verwendet (Abb. 1.8).

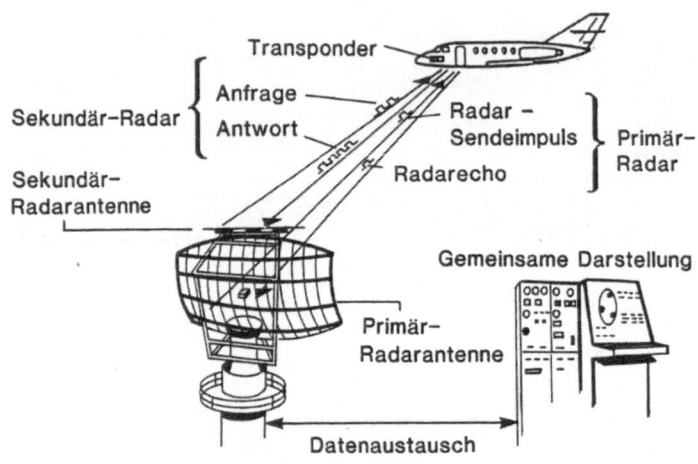

Abb. 1.8: Kombinierte Primär-/Sekundärradar-Anlage (Quelle: Lit. [17]).

Das von der ICAO (International Civil Aviation Organization) für die zivile Flugsicherung eingeführte SSR (**S**econdary **S**urveillance **R**adar) und die militärische Freund-Feind-Kennung IFF (**I**dentification of **F**riend or **F**oe) arbeiten nach diesem Prinzip. Zu diesem Zweck sendet die Bodenstation über den sogenannten ‚Interrogator' verschlüsselte Abfragesignale bei einer Frequenz von 1030 MHz aus. Nach Empfang und Auswertung dieser Abfragesignale im erfaßten Flugzeug sendet der ‚Transponder' ebenfalls verschlüsselte Antwortsignale auf 1090 MHz an die Bodenstation zurück. Das identifizierte Flugzeug wird dann auf dem Bildschirm markiert (Kap. 7.4).

1.3 Radarfrequenzen

Die für Radar im wesentlichen benutzten Frequenzbänder liegen zwischen 1 GHz und 100 GHz. Tab. 1.2 zeigt den Radarfrequenzbereich mit den Einteilungen in einzelne Frequenzbänder nach der ITG/DGON 2.4-01-Empfehlung 1991 [1]. Neben den Bezeichnungen VHF (**V**ery **H**igh **F**requency) und UHF (**U**ltra **H**igh **F**requency) sind die einzelnen Frequenzbänder mit einem Buchstabencode belegt. Dieser Buchstabencode diente zunächst der militärischen Geheimhaltung und wurde später als IEEE-Std-521-

1.3 Radarfrequenzen

1976 beibehalten. Parallel dazu wurde der gesamte Frequenzbereich ab 100 MHz mit dem Buchstaben A beginnend neu eingeteilt. Diese Einteilung gibt die heutigen Elo-Ka (**El**ektronische **Ka**mpfführung)-Bandbezeichnungen wieder [18], [19], [20]. Die in Tab. 1.2 fettgedruckten Frequenzbandbezeichnungen L, S, C, X, Ku, K, Ka, V, W oder auch mm und submm sollen nach der ITG/DGON 2.4-01-Empfehlung 1991 bevorzugt werden. In den letzten Jahren wurde zusätzlich die Bezeichnung P-Band für den Frequenzbereich von 300 MHz bis 1 GHz eingeführt

Die Wahl des Frequenzbereiches wird im wesentlichen von den Einsatzbedingungen, wie z. B. geforderter Reichweite, erzielbarer Auflösung, Antennenabmessung, Sende-

Tab. 1.2: Frequenzbandbezeichnungen (Quelle: Lit. [1])

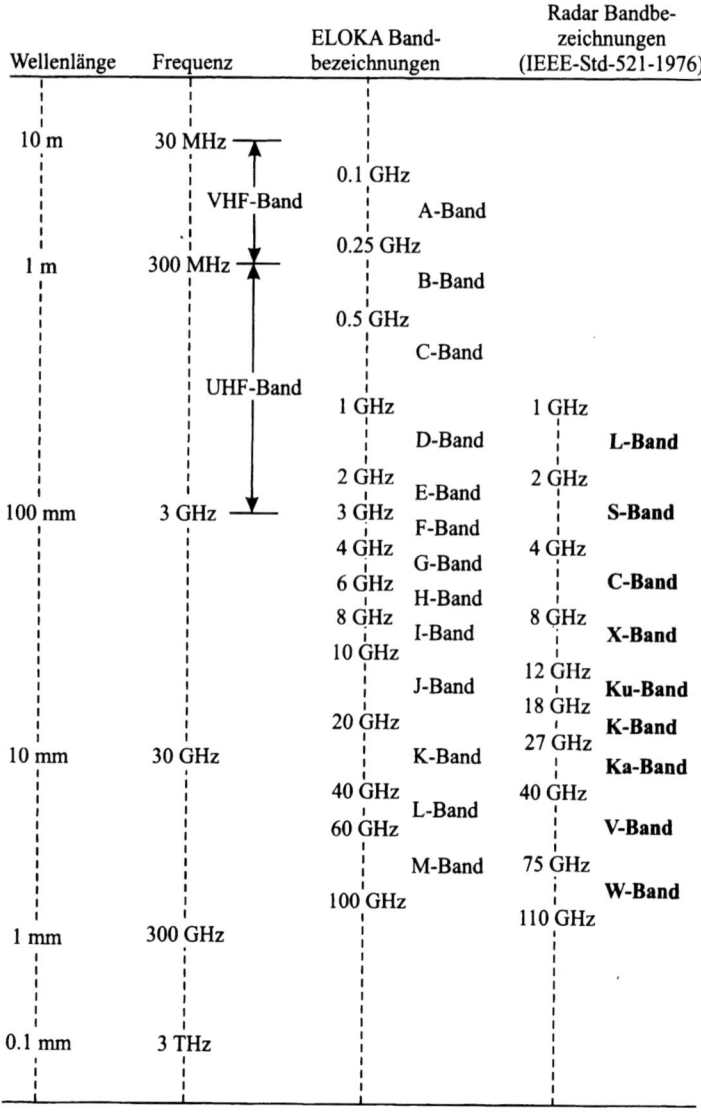

leistung, Beobachtungszeit, Bandbreite des Sendesignals, Form und Abmessung der Trägerplattform bestimmt [21].

Vergleicht man ein optisches System mit einem Abbildungssystem im Radarfrequenzbereich, so stellt man fest, daß die Qualität der Optik hinsichtlich der Feinauflösung beim Radar nicht annähernd erreicht wird. Radarwellen sind bis zu 100 000mal länger als die Wellen, welche das menschliche Auge wahrnehmen kann. Daraus resultiert eine entsprechend grobe Winkelauflösung α_W, welche durch die Wellenlänge des Sendesignales λ und Abmessung der Antenne d festgelegt ist. Für die Winkelauflösung α_W gilt im Bogenmaß:

$$\alpha_W \approx \frac{\lambda}{d}. \tag{1.4}$$

Aus diesem geometrischen Verhältnis leitet sich direkt die Halbwertsbreite einer Antenne ab (siehe Kap. 4.2.1 und Kap. 6.1). Multipliziert man die Winkelauflösung α_W mit der Entfernung R_Z zum Ziel, so erhält man die Querauflösung δ_{ra} (Index ra für engl. ‚real aperture', deutsch ‚Reale Apertur'). Es gilt:

$$\delta_{ra} = \alpha_W \cdot R_Z \approx \frac{\lambda}{d} \cdot R_Z. \tag{1.5}$$

Abb. 1.9 zeigt den Zusammenhang zwischen Winkel- und Querauflösung. Um eine befriedigende Winkelauflösung α_W zu erhalten, kann bei gleicher Entfernung zum Ziel R_Z also entweder die Wellenlänge λ verkleinert oder die Antennenabmessung d vergrößert werden. Die zweite Möglichkeit stößt allerdings oft schnell auf mechanische

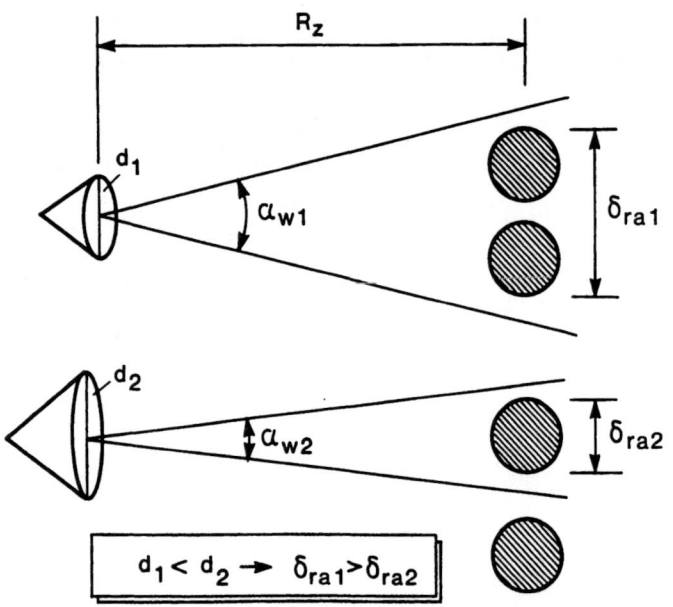

Abb. 1.9: Winkelauflösung α_W und Querauflösung δ_{ra}.

1.3 Radarfrequenzen

Grenzen wie z. B. auf Einbauprobleme im Flugzeug oder bei Rundsichtradargeräten auf Einschränkungen aufgrund der vorgegebenen Umdrehungsgeschwindigkeit. Somit ist leicht einzusehen, daß bei noch praktisch realisierbaren Antennenabmessungen eine weitaus geringere Winkelauflösung als im optischen Bereich erzielbar ist. Eine Ausnahme bildet hier das Radar mit synthetischer Apertur (Kap. 8).

Für den konkreten Fall einer Radaranwendung ist in der Regel die Transparenz der Atmosphäre von Interesse. Abb. 1.10 zeigt den Verlauf der Dämpfung in dB/km (Einweg) in der Atmosphäre als Funktion der Frequenz unter Einfluß von Nebel und Regen.

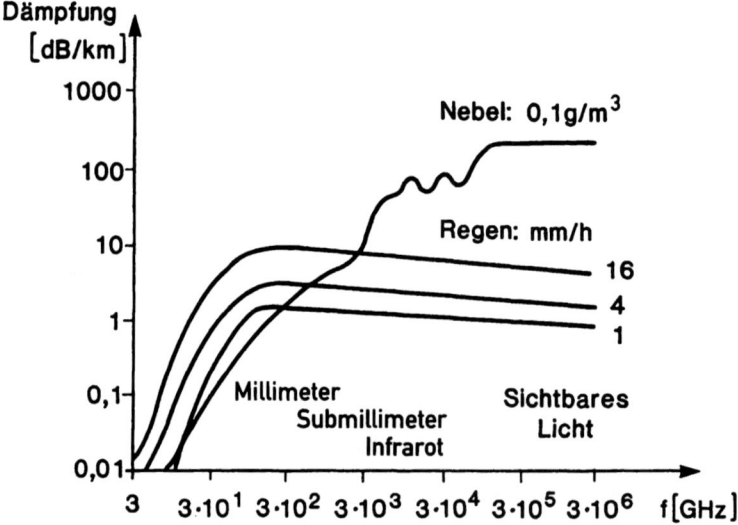

Abb. 1.10: Regen- und Nebeldämpfung.

Betrachtet man die Gegenläufigkeit von Winkelauflösung und Transparenz in der Atmosphäre als Funktion der Wellenlänge, so erkennt man, daß der Radarfrequenzbereich andere Vorteile bietet [22]. Je größer die Wellenlänge ist, desto schlechter ist zwar die erzielbare Winkelauflösung, desto besser ist jedoch die Transparenz. Unter Transparenz versteht man allgemein die Eigenschaft eines Mediums, wie z. B. Atmosphäre, Wasser oder auch Bewuchs, für elektromagnetische Wellen durchlässig zu sein. Jedes Medium besitzt eine frequenzabhängige Dämpfung, die zum Verlust an Transparenz führt.

Als besonders offensichtlich stellt sich die Dämpfung für elektromagnetische Wellen im sichtbaren und infraroten Bereich aufgrund von Regen- und Nebeleinfluß dar; die Allwetterfähigkeit ist hier nicht mehr gewährleistet. Der Vorteil der Radarwellen gegenüber diesem Frequenzbereich zeigt sich somit bei witterungsbedingten Einflüssen, welche im optischen Bereich ein nahezu unüberwindliches Hindernis darstellen, während Radarwellen in ihrer Ausbreitung kaum beeinträchtigt werden und somit den Einsatz bei jedem Wetter gewährleisten. Radarwellen sind auch in der Lage, proportional zu ihrer Wellenlänge in die Erdoberfläche einzudringen, und es ist somit grundsätzlich möglich, sowohl die Oberflächenstruktur, den Bewuchs und die Bebauung der Erde abzubilden als auch Land- und Seefahrzeuge zu detektieren. Dank des aktiven Meßverfahrens ist das Radar auch bei Nacht einsetzbar, wenn im optischen Bereich die natürliche Beleuchtungsquelle Sonne für die Abbildung fehlt. Eine generelle Allwetterfähigkeit ist jedoch auch beim Radar nicht gegeben. Die Dämpfung in dB/km (Einweg) insbesondere kurzer elektromagnetischer Wellen bei ihrer Ausbreitung in ungetrübter Atmosphäre zeigt Abb. 1.11 [5], [3].

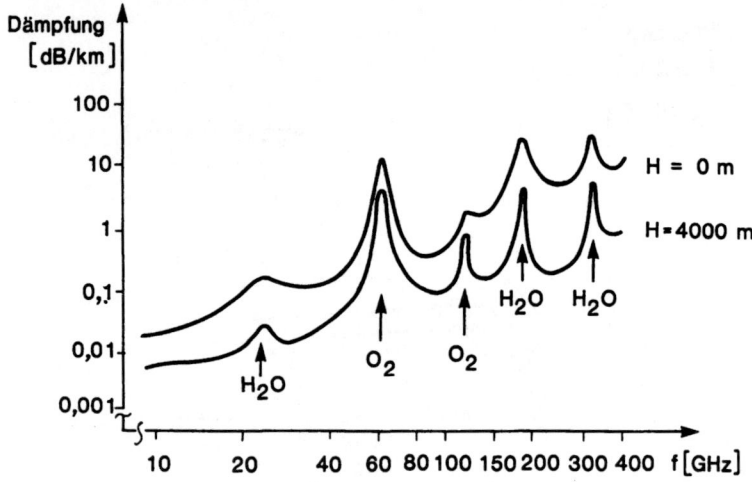

Abb. 1.11: Atmosphärische Dämpfung im Radarfrequenzbereich.

Der Dämpfungsverlauf zeigt mehrfache lokale Minima, die sogenannten Transmissionsfenster, welche bei 35 GHz und 94 GHz sowie bei etwa 140 GHz und 220 GHz liegen, was zu einem Kompromiß zwischen erreichbarer Winkelauflösung und vorhandener Dämpfung führt. Radaranlagen im Millimeterwellenbereich werden deshalb vorwiegend bei diesen speziellen Frequenzen betrieben.

Beim Entwurf einer Radaranlage muß immer das Zusammenwirken von geforderter Auflösung und notwendiger Sendeleistung als Funktion der maximalen Reichweite und der Geräteparameter erfolgen. Alle dazu benötigten Bestimmungsgrößen sind in der sogenannten Radargleichung zusammengefaßt (Kap. 5). Sie nimmt deshalb eine Schlüsselrolle in der Radartechnik ein.

Die Zuordnung typischer Radaranwendungen zu den Frequenzbändern zeigt Tab. 1.3. Am niederfrequenten Ende des Frequenzbereiches liegen zwischen 1 GHz und 2 GHz Weitbereichsradare zur Luftstraßenüberwachung mit relativ geringen Anforderungen an das Auflösungsvermögen. Steigen diese Anforderungen anwendungsbedingt, so muß zu höheren Frequenzen übergegangen werden, bei Bordradaren z.B. in das Ku-Band (12 GHz bis 18 GHz). Radarsysteme im Millimeterwellenbe-

1.4 Geschichte

Tab. 1.3: Frequenzbänder für verschiedene Radarverfahren

L	1 – 2 GHz	Sekundärradar, Luftstraßenüberwachung
S	2 – 4 GHz	Flughafen-Rundsichtradar, Schiffsradar, Wetterradar
C	4 – 8 GHz	Präzise Schiffsführung, Höhenmesser
X	8 – 12 GHz	Bordradar für Kampfflugzeuge, Präzisions-Anflugradar, Schiffsradar für Navigation und Antikollision, Landradar zur Schiffssicherung, Wetterradar bei Flugzeugen
Ku	12 – 18 GHz	Bordradar für Kampfflugzeuge, Dopplernavigation, Geländefolgeflug
K	18 – 27 GHz	Bewegungssensoren
Ka	27 – 40 GHz	Flughafen-Rollfeldüberwachung, hochauflösende Abbildung
mm	ab 40 GHz	Gefechtsfeldradar, Zielsuchköpfe, Kfz-Radar, industrielle Anwendungen

reich ermöglichen Entfernungs- und Winkelauflösungen, die sie z. B. für Präzisions-Entfernungsmessungen im industriellen Bereich geeignet machen [23], [24], [25]. Dem Übergang zu immer höheren Frequenzen im Millimeterwellenbereich steht die Dämpfung elektromagnetischer Wellen entgegen, d. h., mit zunehmender Frequenz muß entweder die Sendeleistung erhöht werden, oder es reduziert sich die Reichweite. Da sich jedoch die Sendeleistung aus technologischen Gründen nicht einfach proportional dem Dämpfungsanstieg erhöhen läßt, sind bei derart hohen Frequenzen nur noch geringe Reichweiten realisierbar.

1.4 Geschichte

Das Kunstwort Radar entstand ursprünglich aus der Wortgruppe ‚Radio Aircraft Detection and Ranging', was übersetzt ‚Das Auffinden von Flugzeugen und die Messung ihrer Entfernung mit elektromagnetischen Wellen' bedeutet. Das Ziel der ersten Radarentwicklungen war die Erkennung und Entfernungsmessung feindlicher Flugzeuge.

Mit fortschreitender Weiterentwicklung der Radartechnik und ihrer Anwendung über die Luftfahrt hinaus entstand die bis heute endgültige Übersetzung ‚Radio Detection and Ranging', worunter sowohl Geräte als auch Verfahren zur Detektion, Ortung und Identifizierung von Zielen verstanden werden, da moderne Radaranlagen wesentlich mehr Parameter, z. B. die Geschwindigkeit eines Zieles und seine Winkelposition zum Sender, ermitteln.

In den Jahren 1885 bis 1889 gelang es *Heinrich Hertz*, Professor für Physik in Karlsruhe, die Existenz von elektromagnetischen Wellen experimentell nachzuweisen und somit die Theorie von *James Clerk Maxwell* zu bestätigen, die besagte, daß elektromagnetische Wellen nicht nur im Frequenzbereich des sichtbaren Lichtes existieren, sondern auch bei niedrigeren Frequenzen vorhanden sind und grundsätzlich die gleichen Eigenschaften wie die Lichtwellen haben [26], [27], [28].

Die Geschichte der Radartechnik im heutigen Sinne beginnt 1904 mit dem Düsseldorfer Ingenieur *Christian Hülsmeyer*, der in seiner Patentschrift ‚Verfahren, um entfernte metallische Gegenstände mittels elektrischer Wellen einem Beobachter zu melden' erstmals die Idee hatte, Schiffe mit Hilfe elektromagnetischer Wellen zu orten. Mit seinem für die Schiffahrt bestimmten Gerät, dem ‚Telemobiloskop', konnten bereits Schiffe in 3000 m Entfernung entdeckt werden [29], [30], [31].

1922 erkannte *Guglielmo Marconi* die Möglichkeit, mit Hilfe kurzwelliger elektromagnetischer Strahlung ein Gerät zur Ortung metallischer Körper zu entwickeln. Die beiden Amerikaner *A.H. Taylor* und *L.C. Young* vom NRL (US **N**aval **R**esearch **L**aboratory) griffen den Gedanken Marconis auf und bauten das erste Dauerstrich-Radar mit 5 m Wellenlänge, mit dem sie im Herbst 1922 erstmals ein hölzernes Schiff sicher entdeckten. Im Jahre 1925 benutzten die Amerikaner *Breit* und *Tuve* als erste die Impulstechnik zur Vermessung der Höhe der Ionosphäre mit Hilfe des Echoprinzips. Im Jahre 1930 entdeckte der Amerikaner *L.A. Hyland* vom NRL durch Zufall vorbeifliegende Flugzeuge mit einem bistatischen Dauerstrich-Radar bei einer Sendefrequenz von 33 MHz. Der Nachteil dieser ersten Radare im Dauerstrichbetrieb war, daß ein Ziel nur entdeckt, nicht aber seine Position bestimmt werden konnte.

Die gezielte Entwicklung der Radartechnik begann Mitte der dreißiger Jahre, nachdem man den militärischen Nutzen dieser neuen Technik erkannt hatte. Vor allem in Deutschland und England, aber auch in den USA und Frankreich wurde intensiv geforscht, und die Entwicklung neuer Radarverfahren ging rasch voran. 1935 empfahl *Sir Robert Watson-Watt* in Großbritannien die Nutzung von elektromagnetischen Wellen zur Erkennung von Objekten. Noch im gleichen Jahr erreichten britische Techniker Entfernungen von über 60 km gegen Flugzeuge bei einer Frequenz von 12 MHz. Kurze Zeit später, 1938, konnte die amerikanische Marine bei 200 MHz Schiffsentfernungen bis 80 km messen. 1939 installierten die Engländer erstmals ein Radar in einem Flugzeug. Nach dem Beginn des Zweiten Weltkrieges wurden sowohl auf deutscher als auch auf alliierter Seite große Anstrengungen unternommen, die Entwicklung neuer Ortungsverfahren und -geräte für den Land-, See- und Lufteinsatz voranzutreiben. Ab 1941 erfolgte die Zusammenlegung der englischen und amerikanischen Radarentwicklung. Das berühmte MIT (**M**assachusetts **I**nstitute of **T**echnology) war die Zentrale für diese Bemühungen.

Abb. 1.12 zeigt das Ergebnis von Rückstreumessungen, welche beim FFO (**F**lugfunk **F**orschungsinstitut **O**berpfaffenhofen) im Jahre 1940 an einem Flugzeugmodell der Ju 52 (Maßstab 1 : 10) bei einer Wellenlänge von 6 cm durchgeführt wurden. Das Ziel war die Untersuchung der Frequenzabhängigkeit des Radarrückstreuquerschnitts [32].

Die Firma GEMA (**G**esellschaft für **e**lektroakustische und **m**echanische **A**pparate) entwickelte ab Mitte der 30er Jahre das Zielsuchgerät ‚Freya'. Es wurde während des

1.4 Geschichte

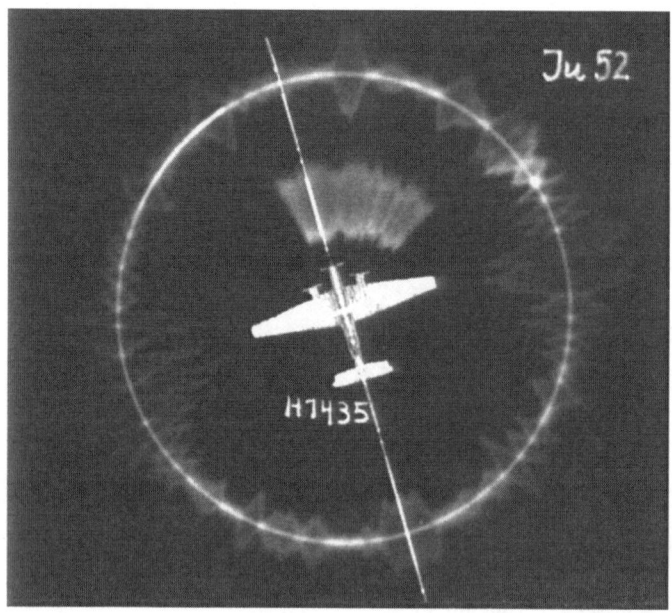

Abb. 1.12: Rückstreumessungen an einem Flugzeugmodell der Ju 52 (Quelle: Lit. [32]).

Krieges im Flugmeldedienst eingesetzt. Aus Freya-Komponenten entstand bei den Firmen GEMA und Siemens & Halske ab 1940 das Rundsuchgerät ‚Jagdschloß'. Die Firma TELEFUNKEN baute ab 1939 das Flakfeuerleitgerät ‚Würzburg', ein 3D-Gerät mit einer für Senden und Empfangen gemeinsamen Parabolantenne. Weitere Entwicklungen waren dann ‚Würzburg-Riese' und ‚Mannheim', ein Präzisionsradar mit hoher Sendeleistung, später ‚Marbach' mit einer Peilgenauigkeit von 1 mrad im Azimut [31]. Tab.1.4 enthält wesentliche Kenndaten einiger deutscher Radarentwicklungen bis 1945 [3]. Abb. 1.13 zeigt ein Bild des ‚Würzburg-Riese' [31].

Tab. 1.4: Wesentliche Kenndaten einiger deutscher Radarentwicklungen bis 1945 (Quelle: Lit. [3])

Bezeichnung	Einsatzjahr	Frequenz MHz	Sendeleistung kW	Antennenabmessungen m	Reichweite km
Freya	1939	125	10	4,7 × 6,2	20–120
Würzburg	1940	560	8	3 ⌀	20–30
Würzburg-Riese	1941	560	8	7,5 ⌀	40–60
Mannheim	1942	560	16	3 ⌀	25–35
Jagdschloß	1943	120–158 158–230	150	3 × 24	80–200
Marbach	1944	3300	15	4,5 ⌀	30–50

Abb. 1.13: Würzburg-Riese (Quelle: Lit. [31]).

Mit Ende des Krieges hörte die deutsche Radarentwicklung vollständig auf. Deutschland wurde bis 1950 jede Forschung auf diesem Gebiet verboten. Danach durften deutsche Firmen erstmals wieder englische Radargeräte in Lizenz für zivile Zwecke wie z. B. Flugsicherungsanlagen und Überwachungsradare für die Schiffahrt bauen.

Ab 1950 vollzog sich in der Radarentwicklung ein gewaltiger Fortschritt, unterstützt durch neue Technologien, wobei in jüngster Zeit die Halbleiter- und Mikroprozessortechnik von Bedeutung sind.

Zum herkömmlichen Radarprinzip kam 1951 der Gedanke und die Entwicklung des Radars mit synthetischer Apertur (SAR: **S**ynthetic **A**perture **R**adar) hinzu, welches die Erzeugung hochaufgelöster Bilder durch besondere Verfahren der Signalverarbeitung ermöglicht [33], [21].

Die ersten Aussagen über das Grundprinzip eines Radars mit synthetischer Apertur, welche beinhalten, daß eine hohe Winkelauflösung durch Frequenzanalyse des empfangenen Signals mit Hilfe eines sich bewegenden kohärenten Radars erreicht werden kann, wurden durch *Carl Wiley* von der Firma Goodyear Aircraft Corporation im Juni 1951 gemacht. Im Juli 1953 berichtete eine Gruppe von Wissenschaftlern der Universität von Illinois mit den Herren *Kovaly*, *Newell*, *Prothe* und *Sherwin* über erste experimentelle Demonstrationen eines Radars mit synthetischer Apertur einschließlich der Erstellung des ersten Bildes eines Geländestreifens. Im August 1957 gelang einer Arbeitsgruppe der Universität von Michigan mit den Herren *Cutrona*, *Vivian*, *Leight* und *Hall* der erste erfolgreiche Betrieb eines flugzeuggetragenen Aufklärungssystems mit hoher Winkelauflösung. Ab diesem Zeitpunkt war endgültig die Leistungsfähigkeit der neuen SAR-Technik bekannt. Diese ersten Entwicklungen in den fünfziger

Jahren haben den Grundstein für eine Revolution in der Radartechnik gelegt, die sowohl im zivilen als auch im militärischen Bereich nicht mehr wegzudenken ist. Derzeit hochaktuell sind Erdbeobachtungssatelliten mit hochauflösenden SAR-Systemen zur Abbildung der Erdoberfläche.

Literaturverzeichnis

[1] Hanle, E. (Red.): *Begriffe aus dem Gebiet Radar und allgemeine Funkortung, ITG/DGON 2.4-01-Empfehlung 1991*. Frankfurt/Main: ITG, 1992

[2] Barton, D.K.: *Modern Radar System Analysis*. Norwood, MA: Artech, 1988

[3] Baur, E.: *Einführung in die Radartechnik*. Stuttgart: Teubner, 1985

[4] Brookner, E.: *Radar Technology*. Dedham, MA: Artech, 1979

[5] Detlefsen, J.: *Radartechnik*. Berlin: Springer, 1989

[6] Hovanessian, S.A.: *Radar System Design and Analysis*. Dedham, MA: Artech, 1984

[7] Ludloff, A.: *Handbuch Radar und Radarsignalverarbeitung*. Braunschweig: Vieweg, 1993

[8] Moore, R.K.: *Radar Fundamentals and Scatterometers*. Manual of Remote Sensing, Vol. I: Theory, Instruments and Techniques. 2. ed., Falls Church: American Society of Photogrammetry, 1983

[9] Skolnik, M.I.: *Introduction to Radar Systems*. 2. ed., New York: McGraw-Hill, 1981

[10] Skolnik, M.I. (ed.): *Radar Handbook*. 2. ed., New York: McGraw-Hill, 1990

[11] Ulaby, F.T., Moore, R.K., Funk, A.K.: *Microwave Remote Sensing: Active and Passive, Vol. II: Radar Remote Sensing and Surface Scattering and Emission Theory*. Reading, MA: Addison Wesley, 1982

[12] Wehner, D.R.: *High Resolution Radar*. 2. ed., Norwood, MA: Artech, 1995

[13] Feller, R.: *Grundlagen und Anwendungen der Radartechnik*. Stuttgart: AT-Fachverlag, 1975

[14] Grabau, R.: *Technische Aufklärung*. Stuttgart: Franckh, 1989

[15] Willis, N.J.: *Bistatic Radar*. In: [10], Chapter 25

[16] Willis, N.J.: *Bistatic Radar*. Norwood, MA: Artech, 1991

[17] Honold, P.: *Sekundär-Radar*. Berlin: Siemens AG, 1971

[18] Guthardt, K., Dörnenburg, H.: *Elektronischer Kampf*. Heidelberg: Hüthig, 1986

[19] Schleher, D.C.: *Introduction to Electronic Warfare*. Dedham, MA: Artech, 1986

[20] Grabau, R.: *Funküberwachung und elektronische Kampfführung*. Stuttgart: Franckh, 1986

[21] Hovanessian, S.A.: *Introduction to Sensor Systems*. Norwood, MA: Artech, 1988

[22] Kaltschmidt, H., Klausing, H.: *ROSAR- ein neues hochauflösendes Allwettersichtverfahren für Hubschrauber*. Forschung und Entwicklung, München: Messerschmitt-Bölkow-Blohm GmbH, 1987, S. 235 – 240

[23] Currie, N.C., Brown, C.E.: *Principles and Applications of Millimeterwave Radar*. Boston, MA: Artech, 1987

[24] Holpp, W.: *Millimeterwave Radar Sensors Conquering the Industrial Domain*. Tagungsband IEEE-Workshop Microwave Sensing, TU Ilmenau, 1993, S. 1 – 11

[25] Holpp, W.: *Industrial Applications of Microwave Sensors*. Proc. of the Microwaves 94, London, 1994, S. 82 – 87

[26] Wiesbeck, W. (Herausg.): *Heinrich-Hertz-Symposium "100 Jahre elektromagnetische Wellen"*. Berlin: vde-Verlag, 1988

[27] Kniestedt, J.: *Heinrich Hertz - Die Entdeckung der elektromagnetischen Wellen vor 100 Jahren*. Sonderdruck aus: ARCHIV für das Post- und Fernmeldewesen, 41. Jg., Nr. 1, 1989

[28] Schreier, W.: *Die Entstehung der Funktechnik*. München: Deutsches Museum, 1995

[29] Hülsmeyer, Chr.: *Verfahren, um entfernte metallische Gegenstände mittels elektrischer Wellen einem Beobachter zu melden*, DRP 165546 und DRP 169154, 1904

[30] von Weiher, S.: *Vorläufer der Radar-Ortung, Christian Hülsmeyers Telemobiloskop*. ntz, Band 32, Heft 4, 1979, S. 242 – 244

[31] Trenkle, F.: *Die deutschen Funkmeßverfahren bis 1945*. Heidelberg: Hüthig, 1986

[32] Röde, B.: *A Short Sketch of the History of the "Institut für Hochfrequenztechnik" in Oberpfaffenhofen*. DLR-Nachrichten, Special Edition, 60th anniversary of DLR's Institut für Hochfrequenztechnik, Heft 86, Juni 1997

[33] Cutrona, L.J.: *Synthetic Aperture Radar*. In: [10], Chapter 21

[34] Hovanessian, S.A.: *Introduction to Synthetic Array and Imaging Radars*. Dedham, MA: Artech, 1980

2 Elektromagnetische Wellen

2.1 Kenngrößen elektromagnetischer Wellen

2.1.1 Grundsätzliche Überlegungen

Elektromagnetische Wellen sind die Träger der Radarinformation; diese Information entsteht immer dann, wenn eine Welle mit einem Objekt in Wechselwirkung tritt und dort gestreut wird. Dabei und auf dem Ausbreitungsweg werden die Kenngrößen der Welle verändert. Deswegen kommt diesen Kenngrößen sowie den elektrischen Größen der Objekte und der Ausbreitungsmedien besondere Bedeutung zu. Zu diesem Komplex gibt es eine umfangreiche Literatur. Eine Auswahl an Lehrbüchern, Monographien und Artikeln ist im Literaturverzeichnis dieses Kapitels zusammengestellt.

Den gesamten Vorgang der Radarstreuung kann man beschreiben durch:

- Elektromagnetische Feldgrößen
- Materialgrößen
- Zustand der entsprechenden Ausbreitungs- und Streumedien

Im folgenden sei bezüglich der Medienzustände vorausgesetzt, daß sowohl die Materialgrößen als auch die entsprechenden Ausbreitungsräume zeitlich konstant, linear, d. h. unabhängig vom Betrag der Feldgrößen, isotrop, d.h. unabhängig von der Richtung der Feldvektoren, und dispersionsfrei, d. h. unabhängig von der zeitlichen Ableitung der Feldgrößen sind. Diese Bedingungen sind für Radaranwendungen im allgemeinen erfüllt.

Unter diesen Bedingungen gilt das Reziprozitätstheorem, das besagt: Eigenschaften und Kenngrößen elektromagnetischer Wellen sowie ihre Änderungen sind auf einem vorgegebenen Ausbreitungsweg unabhängig von der Richtung des Weges, sie verhalten sich auf Hin- und Rückweg gleich, d. h. sie sind reziprok. Eine andere Formulierung ist: die Richtdiagramme einer Antenne sind für Sende- und Empfangsfall identisch.

2.1.2 Feld- und Materialgrößen

In Tab. 2.1 sind die elektromagnetischen Feldgrößen und in Tab. 2.2 die in Frage kommenden Materialgrößen mit ihren Bezeichnungen und Dimensionen zusammengestellt [2]. Die Freiraumwerte gelten mit sehr guter Genauigkeit auch in Luft. ϵ_r und μ_r sind dimensionslos, sie heißen relative Dielektrizitätskonstante bzw. relative Permeabilität.

Für unmagnetische Medien ist $\mu_r = 1$, ϵ_r variiert im allgemeinen zwischen 1 (Vakuum bzw. Luft) und 81 (Wasser).

Die in Tab. 2.1 und Tab. 2.2 dargestellten Größen sind über die Materialgleichungen sowie über das in Tab. 2.3 zusammengefaßte Gleichungssystem, die sogenannten *Maxwellschen* Gleichungen, miteinander verknüpft. Die dort angeführten Darstellungen der *Maxwellschen* Gleichungen in Differential- und Integralform sind einander

Tab. 2.1: Elektromagnetische Feldgrößen

Bezeichnung	Symbol	Dimension
Elektrische Feldstärke	$\vec{E}$	$\dfrac{V}{m}$
Elektrische Verschiebung (Verschiebungsdichte, elektrische Kraftflußdichte)	$\vec{D}$	$\dfrac{As}{m^2}$
Magnetische Feldstärke	$\vec{H}$	$\dfrac{A}{m}$
Magnetische Induktion (magnetische Kraftflußdichte)	$\vec{B}$	$\dfrac{Vs}{m^2}$
Elektrische Ladungsdichte	ρ	$\dfrac{As}{m^2}$
Elektrische Leitungsstromdichte	$\vec{J}$	$\dfrac{A}{m^2}$

Tab. 2.2: Elektrische Materialgrößen; ϵ_r und μ_r sind dimensionslos

Bezeichnung	Symbol	Dimension	Werte im Freiraum
Elektrische Leitfähigkeit	κ	$\dfrac{A}{V}$	$\kappa = 0$
Dielektrizitätskonstante	$\epsilon = \epsilon_r \cdot \epsilon_0$	$\dfrac{As}{Vm}$	$\epsilon = \epsilon_0 = 8{,}8542 \cdot 10^{-12}$
Permeabilität	$\mu = \mu_r \cdot \mu_0$	$\dfrac{Vs}{Am}$	$\mu = \mu_0 = 4\pi \cdot 10^{-7} = 1{,}2566 \cdot 10^{-6}$

2.1 Kenngrößen elektromagnetischer Wellen

Tab. 2.3: Die *Maxwellschen* Gleichungen in Differential- und Integralform bei allgemeiner und periodischer Zeitabhängigkeit $e^{+j\omega t}$. $\vec{J}_g = \vec{J} + \frac{\partial \vec{D}}{\partial t}$; S = Integrationsweg, A = Fläche und V = Volumen des jeweiligen Integrals (Quelle: Lit. [1], [2]).

	Allgemeine Zeitabhängigkeit	Periodische Zeitabhängigkeit
1	$\text{rot}\vec{E} = -\mu \dfrac{\partial \vec{H}}{\partial t}$ $\oint_S \vec{E} \cdot d\vec{S} = -\dfrac{\partial}{\partial t} \iint_A \vec{B} \cdot d\vec{A}$	$\text{rot}\vec{E} = -j\omega\mu\vec{H}$ $\oint_S \vec{E} \cdot d\vec{S} = -j\omega \iint_A \vec{B} \cdot d\vec{A}$
Aussage:	*Faradaysches* Induktionsgesetz: Zeitveränderliche magnetische Felder erzeugen elektrische Wirbelfelder.	
2	$\text{rot}\vec{H} = \kappa\vec{E} + \epsilon \dfrac{\partial \vec{E}}{\partial t}$ $\oint_S \vec{H} \cdot d\vec{S} = \iint_A \vec{J}_g \cdot d\vec{A}$	$\text{rot}\vec{H} = (\kappa + j\omega\epsilon)\vec{E}$ $\oint_S \vec{H} \cdot d\vec{S} = \iint_A \vec{J}_g \cdot d\vec{A}$
Aussage:	*Biot-Savartsches* Durchflutungsgesetz: Ströme sowie zeitveränderliche elektrische Felder erzeugen magnetische Wirbelfelder.	
3	$\text{div}(\epsilon\vec{E}) = \rho$ $\iint_A \vec{D} \cdot d\vec{A} = \iiint_V \rho\, dV$	$\text{div}(\epsilon\vec{E}) = \rho$ $\iint_A \vec{D} \cdot d\vec{A} = \iiint_V \rho\, dV$
Aussage:	Ladungen sind Ursache des elektrischen Feldes.	
4	$\text{div}(\mu\vec{H}) = 0$ $\iint_A \vec{B} \cdot d\vec{A} = 0$	$\text{div}(\mu\vec{H}) = 0$ $\iint_A \vec{B} \cdot d\vec{A} = 0$
Aussage:	Magnetische Feldlinien sind in sich geschlossen; es existiert keine magnetische ‚Elementarladung'.	
5	$\dfrac{\partial \rho}{\partial t} = -\text{div}(\kappa\vec{E})$ $\dfrac{\partial}{\partial t} \iiint_V \rho\, dV = -\iint_A \vec{J} \cdot d\vec{A}$	$j\omega\rho = -\text{div}(\kappa\vec{E})$ $j\omega \iiint_V \rho\, dV = -\iint_A \vec{J} \cdot d\vec{A}$
Aussage:	Kontinuitätsgleichung: Die elektrische Ladung in einem Raumvolumen V ändert sich nur dann, wenn durch die Oberfläche A Ladungen ein- oder ausströmen.	

äquivalent. Mit Hilfe der vektoranalytischen Sätze von *Gauß* und *Stokes* können sie bei geeignet gewähltem Integrationsgebiet ineinander überführt werden.

Die Materialgleichungen lauten:

$$\vec{J} = \kappa \cdot \vec{E} \tag{2.1a}$$

$$\vec{D} = \epsilon \cdot \vec{E} \tag{2.1b}$$

$$\vec{B} = \mu \cdot \vec{H} \tag{2.1c}$$

Im quellenfreien Raum genügt jedes elektromagnetische Feld Wellengleichungen, die wegen der engen Verknüpfung von $\vec{E}$ und $\vec{H}$ für beide Feldgrößen die gleiche Gestalt haben. Deswegen wird im folgenden nur das elektrische Feld betrachtet. Die in der Radartechnik auftretenden Felder sind im allgemeinen immer periodisch in der Zeit, zumindest kann man die auftretenden Wellenformen meist aus periodischen Funktionen zusammensetzen; deswegen werden im folgenden ausschließlich periodische Zeitabhängigkeiten vorausgesetzt. Unter den eingangs für die ‚Radarmedien' gemachten Voraussetzungen kann man aus den *Maxwellschen* Gleichungen für den Fall einer periodischen Zeitabhängigkeit der Form $e^{j\omega t}$ folgende Differentialgleichung für $\vec{E}$ ableiten, die man häufig als Wellengleichung bzw. Schwingungsgleichung bezeichnet [1]:

$$\nabla^2 \cdot \vec{E} + \omega^2 \cdot \mu \cdot \epsilon \cdot \vec{E} = 0 \,. \tag{2.2}$$

Aus den Gleichungen für die Materialgrößen in Tab. 2.2 resultieren folgende Relationen:

$$\omega^2 \cdot \mu \cdot \epsilon = \left((2\pi f)^2 \mu_0 \cdot \epsilon_0\right) \mu_r \cdot \epsilon_r = k_0^2 \cdot \mu_r \cdot \epsilon_r \,. \tag{2.3}$$

k_0 ist die Wellenzahl im Vakuum. Wegen der 2. *Maxwellschen* Gleichung (2. Gleichung in Tab. 2.3) führt man eine komplexe Dielektrizitätskonstante ein:

$$\epsilon_r = \epsilon_r' + j\epsilon_r'' \,. \tag{2.4}$$

Alle natürlich vorkommenden Materialien haben eine komplexe Dielektrizitätskonstante, deren Imaginärteil dafür verantwortlich ist, daß Wellen absorbiert und dabei in eine andere Energieform transformiert werden. Damit erhält man aus Gl. (2.3):

$$\omega^2 \cdot \mu \cdot \epsilon = k_0^2 \cdot \mu_r \cdot (\epsilon_r' + j\epsilon_r'') = k^2 \,. \tag{2.5}$$

Setzt man $\mu_r = 1$ (das gilt für die meisten natürlichen und künstlichen Objekte), dann ergibt sich für den Ausbreitungsfaktor k:

$$k = k_0 \cdot \sqrt{\epsilon_r' + j\epsilon_r''} \,. \tag{2.6}$$

Jedes Feld, das den Differentialgleichungen (2.2) gehorcht, ist ein elektromagnetisches

2.1 Kenngrößen elektromagnetischer Wellen

Wellenfeld. Die Lösung für die Wellengleichung (2.2) ist für die allgemeine Ausbreitungsrichtung $\vec{r}$:

$$\vec{E} = \vec{A} \cdot e^{j(\omega t \pm \vec{k} \cdot \vec{r})} \,. \tag{2.7}$$

In Gl. (2.7) ist

$\vec{A}$: komplexer Amplitudenvektor der Welle
$\omega = 2\pi f$: Kreisfrequenz im Medium
$\vec{k}$: Ausbreitungsvektor bzw. Wellenzahl im Medium
t: Zeit
$\vec{r}$: Koordinaten des Ausbreitungsweges

mit

$$\vec{r} = (x, y, z) \tag{2.8}$$

$$\vec{k} = k \cdot (e_x, e_y, e_z) \tag{2.9}$$

$$\vec{A} = (A_x \cdot e^{j\varphi_x}, A_y \cdot e^{j\varphi_y}, A_z \cdot e^{j\varphi_z}) \tag{2.10}$$

Dabei ist (e_x, e_y, e_z) der Einheitsvektor des kartesischen Koordinatensystems; die Vorzeichen im Argument der Exponentialfunktion nach Gl. (2.7) liefern auslaufende (−) bzw. einlaufende (+) Wellen. Im folgenden werden nur auslaufende Wellen (d. h. −) betrachtet.

Ohne Beschränkung der Allgemeinheit kann man in kartesischen Koordinaten eine Ausbreitung der Welle in positiver z-Richtung zugrunde legen, dann ist wegen der Isotropie des Ausbreitungsmediums

$$\vec{E} = \vec{A} \cdot e^{j(\omega t - kz)} \,. \tag{2.11}$$

Gl. (2.11) beschreibt eine ebene Welle, die sich in z-Richtung ausbreitet [1], [2]. $\vec{E}$ steht senkrecht auf der Ausbreitungsrichtung. Es ist $A_z = 0$, und man spricht von einer transversalen elektromagnetischen Welle, einer TEM-Welle. Aus dem Argument von Gl. (2.11) kann man die Phasengeschwindigkeit der ebenen Welle, die sich in z-Richtung ausbreitet, berechnen. Für eine bestimmte Phasenfront zur Zeit t ist

$$\omega \cdot t - k \cdot z = \text{konst} \,. \tag{2.12}$$

Die Phasengeschwindigkeit ist

$$v_{\text{ph}} = \frac{dz}{dt} = \frac{\omega}{k} \,. \tag{2.13}$$

Mit Gl. (2.5) erhält man daraus:

$$v_{\text{ph}} = \frac{1}{\sqrt{\epsilon \cdot \mu}} = c_{\text{med}} \,. \tag{2.14}$$

Dies ist die Lichtgeschwindigkeit in einem mit ϵ und μ charakterisierten, dispersionsfreien Ausbreitungsmedium.

Im leeren Raum ist $\sqrt{\epsilon \cdot \mu} = \sqrt{\epsilon_0 \cdot \mu_0}$, und es resultiert die Lichtgeschwindigkeit im Vakuum:

$$v_{Ph} = c_0 = \frac{1}{\sqrt{\epsilon_0 \cdot \mu_0}} = 2,997925 \cdot 10^8 \text{ m/s} . \quad (2.15)$$

Dieser Wert gilt in guter Näherung auch in Luft.

Für dispersionsfreie Medien, wie hier vorausgesetzt, ist die Phasengeschwindigkeit identisch mit der Gruppen- bzw. Signalgeschwindigkeit.

Die wesentlichen Aussagen der *Maxwellschen* Gleichungen und der daraus abgeleiteten Wellengleichung sind:

- Die Quellen der elektrischen Feldstärke $\vec{E}$ sowie der Verschiebungsdichte $\vec{D}$ sind elektrische Ladungen bzw. zeitlich veränderliche Magnetfelder. Die Quellen der magnetischen Feldstärke $\vec{H}$ sowie der magnetischen Kraftflußdichte $\vec{B}$ sind elektrische Ströme bzw. zeitlich veränderliche elektrische Felder. Die Gleichungen sind linear, d. h. Felder, die diesen Gleichungen gehorchen, überlagern sich linear.

- Ein elektromagnetisches Feld besteht immer aus einem elektrischen und einem magnetischen Feld; beide Feldvektoren stehen senkrecht aufeinander und senkrecht auf der Ausbreitungsrichtung der Welle, und die Ausbreitung erfolgt wellenförmig als Oszillation in Zeit und Raum. Deswegen spricht man von transversalen elektromagnetischen Wellen, TEM-Wellen.

- Die Ausbreitungsgeschwindigkeit ist ‚endlich‘, nämlich die Lichtgeschwindigkeit c_0.

Den Quotienten aus $|\vec{E}|$ und $|\vec{H}|$ bezeichnet man als Wellenwiderstand Z des Mediums:

$$Z = \frac{|\vec{E}|}{|\vec{H}|} = \sqrt{\frac{\mu}{\epsilon}} . \quad (2.16)$$

Im Vakuum gilt:

$$Z = \sqrt{\frac{\mu_0}{\epsilon_0}} = 120 \cdot \pi \Omega . \quad (2.17)$$

Ein elektromagnetisches Wellenfeld transportiert in Ausbreitungsrichtung eine Leistung. Diese wird durch den *Poynting*-Vektor $\vec{S}$ beschrieben. Es gilt allgemein

$$\vec{S} = \frac{1}{2} \cdot \left[\vec{E}(r) \times \vec{H}^*(r) \right] . \quad (2.18)$$

Dieser Vektor hat die Dimension W/m², d. h. einer Leistungsdichte. Eine Erweiterung der Dimension um die Zeit s führt zu einer Dimension Ws/m²s, das ist die Dimension

2.1 Kenngrößen elektromagnetischer Wellen

einer Energiestromdichte [1]. Der *Poynting*-Vektor zeigt in Richtung der Wellenausbreitung und steht senkrecht auf $\vec{E}$ und $\vec{H}$. Bringt man eine Antenne mit der effektiven Fläche A_e und der Flächennormalen $\vec{n}_F$ in das elektromagnetische Leistungsdichtefeld $\vec{S}$, dann kann die Antenne dem Feld die Leistung P_a entnehmen:

$$P_a = A_e \cdot \vec{n}_F \cdot \vec{S} . \qquad (2.19)$$

Dieser Ausdruck ist grundsätzlich komplex. Der Realteil entspricht der Wirkleistung, der Imaginärteil der Blindleistung. Sind $\vec{S}$ und $\vec{n}_F$ parallel, wie in Abb. 2.1, dann resultiert

$$P_a = |\langle \vec{S} \rangle| \cdot A_e . \qquad (2.20)$$

Dabei ist $\langle \vec{S} \rangle$ der zeitliche Mittelwert des *Poynting*-Vektors:

$$\langle \vec{S} \rangle = \lim_{T \to \infty} \int_0^T \vec{S}(t)\,dt . \qquad (2.21)$$

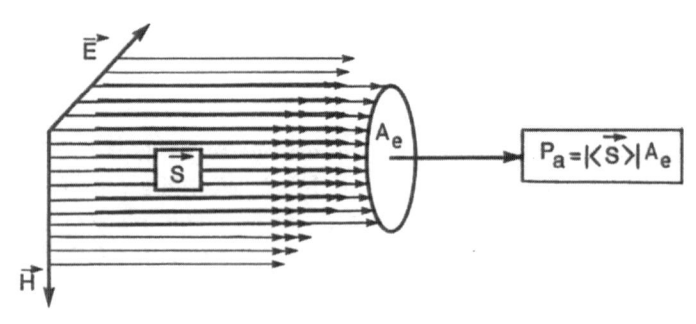

Abb. 2.1: Schema zur Veranschaulichung der Leistungsaufnahme aus einem elektromagnetischen Feld mit der Antenne der Fläche A_e ($\vec{n}$ parallel zu $\vec{S}$). $\vec{E}$ = Vektor der elektrischen Feldstärke, $\vec{H}$ = Vektor der magnetischen Feldstärke.

Die von einer Antenne einem Feld entnommene Leistung entspricht also dem Produkt aus wirksamer Antennenfläche und dem Betrag des zeitlichen Mittelwertes des *Poynting*-Vektors (d. h. der Leistungs- bzw. Energiestromdichte).
$|\vec{E}|$ und $|\vec{H}|$ sind über den Wellenwiderstand Z des Ausbreitungsmediums nach Gl. (2.16) miteinander verknüpft. Daraus resultiert für den zeitlichen Mittelwert:

$$\langle \vec{S} \rangle = \frac{\vec{r}_0}{2 \cdot Z} \cdot |\vec{E}^2| . \qquad (2.22)$$

$\vec{r}_0$ ist dabei der Einheitsvektor in Ausbreitungsrichtung.

2.1.3 Polarisation

Der Pfeil über den Feldstärkesymbolen kennzeichnet den Vektorcharakter der Feldstärken; eine elektromagnetische Welle ist eine gerichtete Größe, sie ist polarisiert. Als ‚Polarisation' einer elektromagnetischen Welle bezeichnet man die zeitliche Schwingungsform des elektrischen Feldstärkevektors in der Ebene, die senkrecht auf der Ausbreitungsrichtung steht (s. Abb. 2.2). In der Radartechnik spricht man, ebenso wie in der Optik, von elliptischer Polarisation. Sonderfälle davon sind die im allgemeinen verwendeten linearen bzw. zirkularen Polarisationen [3], [4].

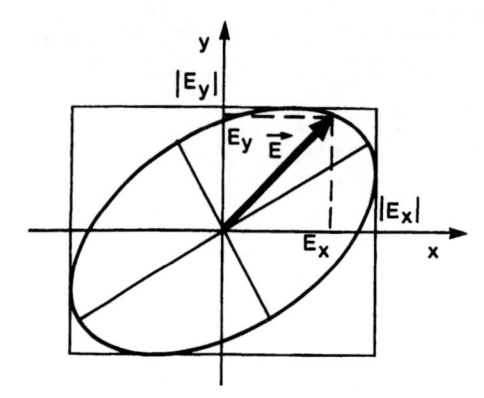

Abb. 2.2: Schema der Polarisationsellipse. Der Feldstärkevektor bewegt sich auf einer Ellipse. Die Ausbreitung erfolgt in z-Richtung senkrecht zur x-y-Ebene (Quelle: Lit. [3]).

Im Bereich der Optik sind die linearen Polarisationszustände bezüglich der Einfallsebene definiert [3], [5], [6]. Diese wird von der Ausbreitungsrichtung der Welle und der jeweiligen Flächennormalen des Objektes aufgespannt, an dem die Welle reflektiert wird (das geht aber streng nur bei ebenen, flächenhaften Objekten, wenn man nicht die sogenannte lokale Einfallsebene zu Hilfe nimmt). Man definiert so die zu dieser Einfallsebene parallele bzw. senkrechte Polarisation (Abb. 2.3).

Im Bereich des Radars und der Fernerkundung bezieht man sich dagegen im allgemeinen auf den Horizont. Horizontale Polarisation liegt dann vor, wenn der Vektor der elektrischen Feldstärke parallel zum Horizont schwingt; dies führt z. B. bei Satelliten-Radaren zu eindeutigen Zuständen auch über sehr komplexen Beobachtungsgebieten.

Die Realteile der kartesischen Komponenten einer TEM-Welle an einem Ort z zur Zeit t sind gemäß Gl. (2.7) bis Gl. (2.11):

$$\mathrm{Re}\,(E_x(z,t)) = A_x \cdot \cos(\omega t - kz + \varphi_x) \qquad (2.23\mathrm{a})$$
$$\mathrm{Re}\,(E_y(z,t)) = A_y \cdot \cos(\omega t - kz + \varphi_y) \qquad (2.23\mathrm{b})$$
$$\mathrm{Re}\,(E_z(z,t)) = 0 \qquad (2.23\mathrm{c})$$

Ohne Beschränkung der Allgemeinheit kann man $z = 0$ setzen, d. h. man betrachtet die zeitlichen Schwingungen des Feldstärkevektors in die x-y-Ebene projiziert. Dann ist das Gleichungssystem (2.23) die Parameterdarstellung von Ellipsen, deren Gestalt

2.1 Kenngrößen elektromagnetischer Wellen

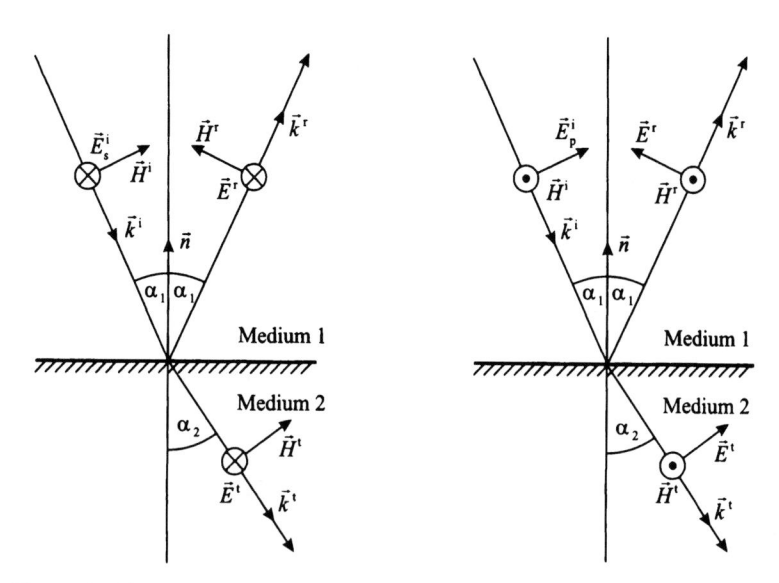

Abb. 2.3: Veranschaulichung der Definition senkrechter und paralleler Polarisation bei Einfall einer elektromagnetischen Welle auf eine Ebene. $\vec{E}_p^i$: parallel polarisiertes einfallendes $\vec{E}$-Feld; $\vec{E}_s^i$: senkrecht polarisiert einfallendes $\vec{E}$-Feld; $\vec{E}^r$, $\vec{H}^r$: reflektierte Felder; $\vec{E}^t$, $\vec{H}^t$: transmittierte Felder.

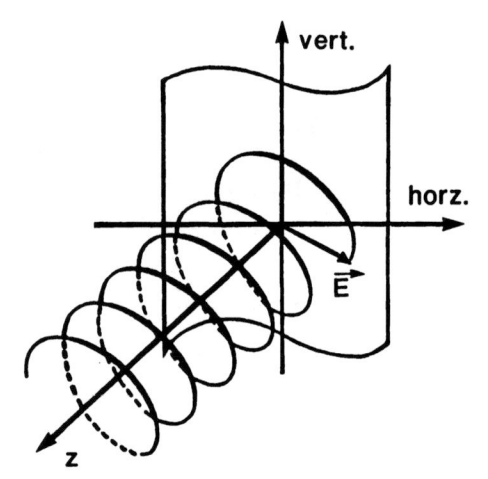

Abb. 2.4: Momentanbild einer monochromatischen ebenen Welle (Quelle: Lit. [13]): Dargestellt ist der elektrische Feldstärkevektor $\vec{E}$ in einer Ebene senkrecht zur Ausbreitungsrichtung; die Schraubenlinie deutet den ortsabhängigen Verlauf des Feldstärkevektors mit z als Parameter an.

und Lage in der Ebene von der Phasendifferenz

$$\varphi_{xy} = \varphi_y - \varphi_x \qquad (2.24)$$

bestimmt wird. Auch der Umlaufsinn des Vektors wird davon bestimmt (Abb. 2.4).

Im allgemeinen liegen die Ellipsen schief, um den Winkel τ gedreht in der x-y-Ebene (Abb. 2.5).

Mit Hilfe der in Abb. 2.5 definierten Winkel kann man sämtliche auftretenden Polarisationszustände beschreiben. Führt man an Stelle der Realteile den komplexen

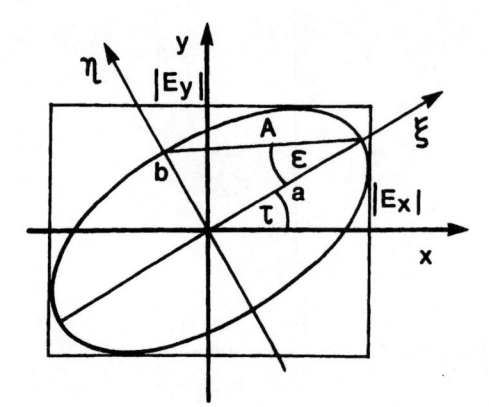

Abb. 2.5: Definition für die Beschreibung der Polarisationsellipse.

Feldvektor ein, so gelangt man (wieder für $z=0$) mit Gl. (2.7) bis Gl. (2.11) zu einem Ausdruck der Gestalt

$$\vec{E} = (E_x, E_y) = \left(A_x \cdot e^{j\omega t + \varphi_x}, A_y \cdot e^{j\omega t + \varphi_y}\right) . \tag{2.25}$$

Diesen Vektor nennt man den *Jones*-Vektor [3]. Der Quotient aus den beiden Komponenten ist das Polarisationsverhältnis zur Polarisationsbasis xy:

$$\rho_{xy} = \frac{E_y}{E_x} = \frac{A_y}{A_x} \cdot e^{-\varphi_{xy}} . \tag{2.26}$$

Dabei bezeichnet der Index xy allgemein die beiden zueinander orthogonalen Schwingungsrichtungen des Feldstärkevektors. Im vorliegenden Fall sind das die kartesischen Koordinaten x, y. Legt man lineare, horizontale und vertikale Polarisationen zugrunde, die ‚schief' im x-y-System liegen können, dann bezeichnet man das Polarisationsverhältnis entsprechend mit ρ_{HV}; bei zirkularer Polarisation sind rechts- und linkszirkularer Drehsinn des Feldstärkevektors gegenläufig, man sagt auch ‚zueinander orthogonal', was dann mit ρ_{LR} bezeichnet wird.

Das besagt: Jede TEM-Welle kann man in zwei orthogonale Komponenten zerlegen, die ihrerseits wieder als Polarisationsbasis dienen können. Im allgemeinen hat dieses für die Polarimetrie wichtige Polarisationsverhältnis für jede Polarisationsbasis einen anderen Wert, auch dann, wenn die Zustände der Polarisation in beiden Basen gleich (z. B. linear) sind.

Die bisherigen Betrachtungen beziehen sich auf elektromagnetische Wellen, die vollständig polarisiert sind, d. h. auf Polarisationszustände und auf Wellen, deren Amplituden und Differenzphasen zeitlich konstant sind. Im allgemeinen treten aber nur teilweise polarisierte Wellen auf. Zur Kennzeichnung dieses Polarisationszustandes hat *Stokes* bereits 1852 bei optischen Polarisationsbetrachtungen einen Parametersatz, die sogenannten *Stokes*-Parameter, eingeführt, mit dem man den Polarisationszustand einer Welle charakterisieren kann.

Läßt man zeitliche Änderungen der Amplituden und Phasen in Gl. (2.21) zu, insbeson-

2.1 Kenngrößen elektromagnetischer Wellen

dere solche, die nicht periodisch und nicht deterministisch sind, dann resultieren die Beträge der Feldkomponenten bzw. die entsprechenden Leistungen aus den zeitlichen Mittelwerten der Produkte der jeweiligen Komponenten und ihren konjugiert komplexen Werten. Die Komponenten des *Stokes*-Vektors $\vec{g}$ werden wie folgt als zeitliche Mittelwerte über die möglichen Produkte der beiden Feldstärkekomponenten definiert:

$$g_0 = \langle E_x \cdot E_x^* \rangle + \langle E_y \cdot E_y^* \rangle \tag{2.27a}$$

$$g_1 = \langle E_x \cdot E_x^* \rangle - \langle E_y \cdot E_y^* \rangle \tag{2.27b}$$

$$g_2 = \langle E_x \cdot E_y^* \rangle + \langle E_y \cdot E_x^* \rangle \tag{2.27c}$$

$$g_3 = \langle E_x \cdot E_y^* \rangle - \langle E_y \cdot E_x^* \rangle \tag{2.27d}$$

Für eine monochromatische Welle mit streng determinierten Phasen entsteht daraus wegen Gl. (2.24)

$$g_0 = |E_x|^2 + |E_y|^2 \tag{2.28a}$$

$$g_1 = |E_x|^2 - |E_y|^2 \tag{2.28b}$$

$$g_2 = 2 \cdot |E_x| \cdot |E_y| \cdot \cos\varphi_{xy} \tag{2.28c}$$

$$g_3 = 2 \cdot |E_x| \cdot |E_y| \cdot \sin\varphi_{xy} \tag{2.28d}$$

mit

$$g_0^2 = g_1^2 + g_2^2 + g_3^2 \ . \tag{2.29}$$

Die Komponenten des *Stokes*-Vektors sind äquivalent zu Leistungsdichten. Sie charakterisieren vollständig Amplitude, Phase und Polarisationszustand einer elektromagnetischen Welle. g_0 liefert dabei die gesamte Leistungsdichte, g_1 die Anteile der Leistungsdichte der linearen x- bzw. y-Polarisation, g_2 die Anteile der Leistungsdichte bezüglich einer um 45° oder 135° geneigten Polarisationsbasis, und g_3 liefert die links- bzw. rechtszirkular polarisierten Anteile.

Die Summanden der *Stokes*-Vektorkomponenten in Gl. (2.27) und Gl. (2.28) repräsentieren jeweils die Kohärenz der Feldstärkekomponenten, über die gemittelt wird; der Begriff der Kohärenz wird in Abschnitt 2.2.4 definiert und behandelt. Diese Summanden werden in der Literatur ([3], [4], [6]) im allgemeinen in einer (2 × 2)-Kohärenzmatrix [J] dargestellt:

$$[J] = \begin{bmatrix} \langle E_x \cdot E_x^* \rangle & \langle E_x \cdot E_y^* \rangle \\ \langle E_y \cdot E_x^* \rangle & \langle E_y \cdot E_y^* \rangle \end{bmatrix} = \begin{bmatrix} J_{xx} & J_{xy} \\ J_{yx} & J_{yy} \end{bmatrix} . \tag{2.30}$$

Mit den Komponenten des *Stokes*-Vektors kann man den Polarisationsgrad P definieren als das Verhältnis von polarisierten Leistungsanteilen zur Gesamtleistung:

$$P = \frac{\sqrt{g_1^2 + g_2^2 + g_3^2}}{g_0} . \tag{2.31}$$

Für vollständige Polarisation ist gemäß Gl. (2.29) $P = 1$, d. h. es gilt

$$0 \leq P \leq 1 . \tag{2.32}$$

Damit sind die Kenngrößen elektromagnetischer Wellen (Amplitude, Phase, Frequenz und Polarisation) vollständig erfaßt.

2.2 Eigenschaften elektromagnetischer Wellen

In Kap. 2.1 sind die Kenngrößen elektromagnetischer Wellen beschrieben. Zum Verständnis von Radar ist es aber notwendig, nicht nur die Kenngrößen, sondern auch die Eigenschaften der elektromagnetischen Wellen zu betrachten, die durch die *Maxwellschen* Gleichungen beschrieben werden. Eine wesentliche Eigenschaft wurde bereits in Gl. (2.14) festgestellt und formuliert:

Elektromagnetische Wellen breiten sich mit endlicher Geschwindigkeit, der Lichtgeschwindigkeit, in einem Medium aus. Die Lichtgeschwindigkeit wird von den Materialkonstanten des Ausbreitungsmediums bestimmt.

2.2.1 Freiraumausbreitung

In Kap. 2.1 werden die Kenngrößen elektromagnetischer Wellen anhand von ebenen Wellen betrachtet, ohne daß auf Entstehung und Ursprung der Wellen Bezug genommen wird. Realiter gehen Wellen aber von Stromelementen bzw. Strömen auf Antennen oder Streukörpern aus. Legt man einen sehr kurzen Dipol der Länge und Richtung $\vec{l}$ zugrunde, auf dem ein Strom I fließt, dann resultieren daraus folgende Darstellungen für das Fernfeld, d. h. in großem Abstand von der Quelle [10]:

$$\vec{E} = \frac{E_0 \cdot \omega^2}{c^2} \cdot \frac{1}{r} \cdot e^{j(\omega t - \vec{k} \cdot \vec{r})} (\vec{r}_0 \times \vec{l} \times \vec{r}_0) \tag{2.33}$$

$$\vec{H} = \frac{I_0 \cdot \omega^2}{c^2} \cdot \frac{1}{r} \cdot e^{j(\omega t - \vec{k} \cdot \vec{r})} (\vec{r}_0 \times \vec{l} \times \vec{r}_0) \tag{2.34}$$

$\vec{r}_0$ ist der Einheitsvektor in Ausbreitungsrichtung des Feldes und I_0, E_0 sind Konstanten. Bemerkenswert ist die r^{-1}-Abhängigkeit der Feldstärken vom Abstand zur Quelle. Diese Abnahme wird auch zuweilen als Freiraumdämpfung bezeichnet. Außerdem wird deutlich, daß die Polarisation der Wellen abhängig ist von der Richtung der Ströme, die das Feld erzeugen. Den oben eingeführten kurzen Dipol nennt man auch *Hertzschen* Dipol. Aus Gl. (2.33) und Gl. (2.34) resultiert die Aussage:

2.2 Eigenschaften elektromagnetischer Wellen

Die Antenne, die ein Feld erzeugt, definiert mit den Richtungen der auf der Antenne fließenden Ströme die Polarisationsbasis des Feldes.

2.2.2 Reflexion und Transmission

Wenn elektromagnetische Wellen auf ein Objekt in ihrem Ausbreitungsweg auftreffen, dann werden sie im allgemeinen dort teilweise reflektiert bzw. gestreut und teilweise absorbiert. Dem trägt man durch die Einführung von Reflexions- und Transmissionsfaktoren Rechnung. Der einfachste Fall ist die Reflexion und Absorption einer ebenen elektromagnetischen Welle an einer unendlich ausgedehnten Ebene (Abb. 2.3).

Hierbei gilt für die Brechungswinkel das *Snelliussche* Brechungsgesetz [8], [14]:

$$\sqrt{\epsilon_1 \cdot \mu_1} \cdot \sin\alpha_1 = \sqrt{\epsilon_2 \cdot \mu_2} \cdot \sin\alpha_2 . \tag{2.35}$$

Dieses Gesetz besagt: für Einfallswinkel α_1 und Ausfallswinkel α_2 im Raum gleicher Materialkonstanten gilt:

$$\text{Einfallswinkel } \alpha_1 = \text{Ausfallswinkel } \alpha_2 . \tag{2.36}$$

Für die Reflexionsfaktoren R und Transmissionsfaktoren T im Hinblick auf Polarisationsbasen senkrecht (s) und parallel (p) zur Einfallsebene erhält man die sogenannten *Fresnelschen* Formeln [8], [14]:

$$R_p = \frac{Z_1 \cdot \cos\alpha_1 - Z_2 \cdot \cos\alpha_2}{Z_1 \cdot \cos\alpha_1 + Z_2 \cdot \cos\alpha_2}, \tag{2.37a}$$

$$R_s = \frac{Z_2 \cdot \cos\alpha_1 - Z_1 \cdot \cos\alpha_2}{Z_2 \cdot \cos\alpha_1 + Z_1 \cdot \cos\alpha_2}, \tag{2.37b}$$

$$T_p = \frac{2 \cdot Z_1 \cdot \cos\alpha_1}{Z_1 \cdot \cos\alpha_1 + Z_2 \cdot \cos\alpha_2}, \tag{2.37c}$$

$$T_s = \frac{2 \cdot Z_2 \cdot \cos\alpha_1}{Z_2 \cdot \cos\alpha_1 + Z_1 \cdot \cos\alpha_2}. \tag{2.37d}$$

Dabei ist:

$$R_p = \frac{E_p^r}{E_p^i}; \quad R_s = \frac{E_s^r}{E_s^i}; \quad T_s = \frac{E_s^t}{E_s^i}; \quad T_p = \frac{E_p^t}{E_p^i}. \tag{2.38}$$

In Gl. (2.38) sind E_p^i, E_s^i die Feldkomponenten der einfallenden Welle zu einer Polarisationsbasis parallel (p) und senkrecht (s) zur Einfallsebene, E_p^t, E_s^t sind die Komponenten des in das Medium 2 eindringenden Feldvektors, und die Komponenten E_s^r, E_p^r repräsentieren das reflektierte E-Feld; Z_1 und Z_2 sind gemäß Gl. (2.16) die Wellenwiderstände der Medien. R und T sind komplex, weil ϵ und μ im allgemeinen komplexe Größen sind.

Man unterscheidet zwischen den in Gl. (2.38) definierten Reflexions- und Transmissionsfaktoren für die Feldstärken und dem Reflexions- und Transmissionsvermögen für die Leistungen. Reflexions- und Transmissionsvermögen sind definiert als

$$\text{Reflexionsvermögen} = \frac{\text{reflektierte Strahlungsleistung}}{\text{einfallende Strahlungsleistung}}$$

$$R_v = \frac{|E^r|^2}{|E^i|^2} \tag{2.39}$$

und

$$\text{Transmissionsvermögen} = \frac{\text{eindringende Strahlungsleistung}}{\text{einfallende Strahlungsleistung}}$$

$$T_v = \frac{|E^t|^2}{|E^i|^2} \,. \tag{2.40}$$

Dabei gilt die Relation

$$R_v + T_v = 1 \,. \tag{2.41}$$

Für die Reflexions- und Transmissionsfaktoren resultiert dagegen aus Gl. (2.37a) und Gl. (2.37c) bzw. Gl. (2.37b) und Gl. (2.37d):

$$T = 1 + R \,. \tag{2.42}$$

In Abb. 2.6 sind die komplexen Reflexionsfaktoren für eine Frequenz von 10 GHz nach Betrag und Phase für Süßwasser dargestellt ($\epsilon = 80 + j30$).

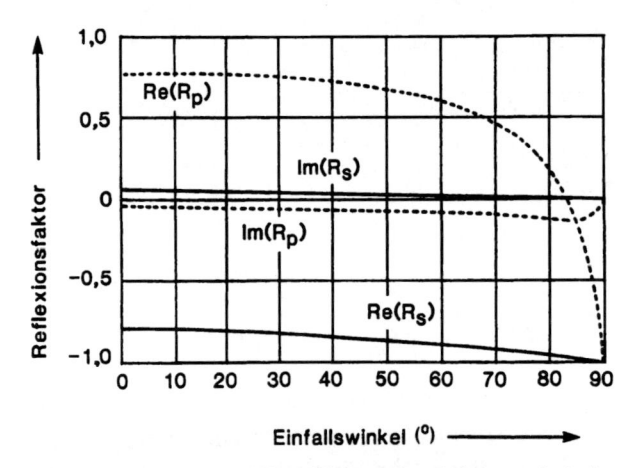

Abb. 2.6: Real- und Imaginärteil der Reflexionsfaktoren für Süßwasser bei einer Frequenz von $f = 10\,\text{GHz}$ ($\epsilon = 80 + j30$); $\cdots$ parallele, — senkrechte Polarisation.

2.2.3 Eindringtiefe und Absorption

Ausgangspunkt für die weiteren Betrachtungen ist der zeitunabhängige Teil des Exponentialfaktors der Feldstärke, d. h. der Phasenfaktor in Gl. (2.11):

$$Ph = e^{-jkz} . \tag{2.43}$$

Mit Gl. (2.6) erhält man daraus

$$Ph = e^{-jk_0\sqrt{\epsilon'_r+j\epsilon''_r}\,z} , \tag{2.44}$$

$$Ph = e^{-\alpha z + j\beta z} . \tag{2.45}$$

In Gl. (2.45) ist α ein reeller Dämpfungsfaktor und β eine reelle Phasenkonstante:

$$\alpha = \operatorname{Im}\left(jk_0 \cdot \sqrt{\epsilon'_r + j\epsilon''_r}\right)$$
$$= \operatorname{Im}\left(k_0 \cdot \sqrt{\epsilon'_r} \cdot \sqrt{1 + j \cdot \tan\delta}\right) , \tag{2.46a}$$

$$\beta = \operatorname{Re}\left(jk_0 \cdot \sqrt{\epsilon'_r + j\epsilon''_r}\right)$$
$$= \operatorname{Re}\left(k_0 \cdot \sqrt{\epsilon'_r} \cdot \sqrt{1 + j \cdot \tan\delta}\right) . \tag{2.46b}$$

$\tan\delta$ nennt man den Verlustwinkel. Es ist:

$$\tan\delta = \frac{\epsilon''_r}{\epsilon'_r} = \frac{\kappa}{\omega\epsilon} . \tag{2.47}$$

Für eine elektromagnetische, ebene Welle bedeutet dies:

In einem Medium mit den Materialkonstanten κ, ϵ, μ erfährt eine elektromagnetische Welle sowohl eine Dämpfung als auch eine Änderung der Phase. Beide Einflüsse kann man aus den Gleichungen (2.46a) bis (2.47) bestimmen.

Nach algebraischer Umformung resultiert:

$$\alpha = k_0 \cdot \sqrt{\epsilon'_r} \cdot \left\{\frac{1}{2} \cdot \left(\sqrt{1 + \tan^2\delta} - 1\right)\right\}^{1/2} , \tag{2.48a}$$

$$\beta = k_0 \cdot \sqrt{\epsilon'_r} \cdot \left\{\frac{1}{2} \cdot \left(\sqrt{1 + \tan^2\delta} + 1\right)\right\}^{1/2} . \tag{2.48b}$$

Mit Gl. (2.43), Gl. (2.48a) und Gl. (2.48b) erhält man aus Gl. (2.11) für eine ebene Welle:

$$\vec{E} = \vec{A} \cdot e^{-\alpha z + j\beta z} \cdot e^{j\omega t} . \tag{2.49}$$

Der Faktor α ist hier ein Maß für die Eindringtiefe einer elektromagnetischen Welle in ein Medium. Man definiert als Eindringtiefe z_e den in einem Medium zurückgelegten

Weg, auf dem die Amplitude der Welle um $1/e$ abgenommen hat. Aus Gl. (2.48a) folgt mit dieser Definition der Wert für die Eindringtiefe einer elektromagnetischen Welle in einem Medium

$$z_e = \frac{1}{\alpha} = \frac{1}{k_0 \cdot \sqrt{\epsilon'}} \cdot \left\{ \frac{1}{2} \cdot \left(\sqrt{1 + \tan^2 \delta} - 1 \right) \right\}^{-1/2}. \tag{2.50}$$

Vgl. hierzu Kap. 2.3.6, Abb. 2.17.

2.2.4 Kohärenz

Eine wichtige Eigenschaft elektromagnetischer Wellen ist ihre Kohärenz. Determinierte Phasenbeziehungen zwischen monochromatischen elektromagnetischen Wellen definieren zu jedem Zeitpunkt und an jedem Ort exakt ein Wellenfeld. Solche Wellen nennt man kohärent. Wenn sich die Phasenbeziehungen statistisch verhalten, d.h. in völlig unregelmäßiger Weise ändern, dann sind die Wellen inkohärent. Von null verschiedene Bandbreiten bedingen ebenfalls Inkohärenz.

Der Begriff der Kohärenz bezieht sich dabei nicht unbedingt nur auf Wellen exakt gleicher Frequenz. Unterscheiden sich zwei Wellen durch exakte, unverrauschte Frequenzen, dann führt deren Überlagerung zwar zu Schwebungen, die Phasenbeziehungen untereinander sind aber immer noch eindeutig definiert, und deswegen spricht man auch in solchen Fällen noch von Kohärenz. In Kapitel 2.1 wurde der Begriff Kohärenz bereits benutzt (Gl. (2.27) bis Gl. (2.30)). Hier soll dieser Begriff quantitativ gefaßt werden [1]. Die Leistungen, die von zwei beliebig zeitabhängigen elektromagnetischen Wellen $E_1(t)$ und $E_2(t)$ im freien Raum transportiert werden, sind

$$P_1 = \frac{1}{Z_0} \cdot \langle E_1^2(t) \rangle, \qquad P_2 = \frac{1}{Z_0} \cdot \langle E_2^2(t) \rangle. \tag{2.51}$$

$Z_0 = 120 \cdot \pi \, \Omega$ ist der Wellenwiderstand des freien Raumes. Wenn sich beide Wellen überlagern, dann resultiert eine Gesamtleistung

$$\begin{aligned} P &= \frac{1}{Z_0} \cdot \langle [E_1(t) + E_2(t)]^2 \rangle \\ &= \frac{1}{Z_0} \cdot \langle E_1^2(t) + E_2^2(t) + 2 E_1(t) \cdot E_2(t) \rangle \\ &= \frac{1}{Z_0} \cdot \left\{ \langle E_1^2(t) \rangle + \langle E_2^2(t) \rangle + 2 \langle E_1(t) \cdot E_2(t) \rangle \right\} \\ &= \langle P_1 \rangle + \langle P_2 \rangle + \frac{2}{Z_0} \langle E_1(t) \cdot E_2(t) \rangle. \end{aligned} \tag{2.52}$$

Die entscheidende Aussage liefert hier der dritte Summand, d.h. der Mittelwert der Produkte beider Feldstärken. Wenn $E_1(t)$ und $E_2(t)$ statistisch verteilte, zeitabhängige

2.2 Eigenschaften elektromagnetischer Wellen

Phasen haben, die z. B. gleichverteilt sind zwischen 0 und 2π, dann wird im Mittel

$$\langle E_1(t) \cdot E_2(t) \rangle = 0 \,. \tag{2.53}$$

Sind die Phasenbeziehungen konstant, dann resultiert im Mittel nicht unbedingt 0 für das Produkt. Weil die beiden Wellen positiv oder negativ interferieren können, kann der Wert auch größer oder kleiner 0 sein, demzufolge kann die registrierte Gesamtleistung größer oder kleiner als die Summe der Einzelleistungen werden. Der Mittelwert aus dem Produkt der beiden Feldstärken ist demnach ein Maß für die Kohärenz der Wellen und man kann drei Fälle unterscheiden:

- totale Inkohärenz:

$$\langle E_1(t) \cdot E_2(t) \rangle = 0 \tag{2.54}$$

- negative Kohärenz:

$$\langle E_1(t) \cdot E_2(t) \rangle < 0 \tag{2.55}$$

  dann ist $P < (\langle P_1 \rangle + \langle P_2 \rangle)$
- positive Kohärenz:

$$\langle E_1(t) \cdot E_2(t) \rangle > 0 \tag{2.56}$$

  dann ist $P > (\langle P_1 \rangle + \langle P_2 \rangle)$.

Man kann damit den Kohärenzgrad K definieren:

$$K = \frac{\langle E_1 \cdot E_2 \rangle}{\sqrt{\langle E_1^2 \rangle \cdot \langle E_2^2 \rangle}} \,. \tag{2.57}$$

Es ist

$$-1 \leq K \leq +1 \,. \tag{2.58}$$

Für $K = 1$ liegt volle Kohärenz und Gleichtakt der Wellen vor. Für $K = -1$ liegt ebenfalls Kohärenz aber Gegentakt vor, und für $K = 0$ hat man völlige Inkohärenz. Im allgemeinen ist der Übergang von völliger Inkohärenz zur vollständigen Kohärenz fließend. Es bleibt anzumerken, daß wegen der natürlichen Linienbreite des Spektrums von elektromagnetischen Wellen die Werte $K = \pm 1$ nie völlig zu erreichen sind.

2.2.5 Nahfeld-Fernfeld-Relationen

Gemäß Gl. (2.33) und Gl. (2.34) breiten sich elektromagnetische Wellen mit einer r^{-1}-Abhängigkeit aus; das besagt, die Wellenfront ist nicht eben, sondern gekrümmt.

Je größer der Abstand von der Quelle ist, desto mehr aber nähert sich die Form der Wellenfront der einer ebenen Welle. Das Fernfeld beginnt definitionsgemäß dann, wenn man die Welle als ebene Welle betrachten kann, d. h., wenn die Krümmung über der gesamten betrachteten Wellenfront klein genug ist. Eine Erklärung dafür gibt Abb. 2.7. Von einer Quelle gehe eine Welle gemäß Gl. (2.33) aus. Diese wird im Abstand r von einer Empfangsantenne EA der Abmessung d aufgenommen. Die Krümmung der Wellenfront bedingt einen Phasenunterschied $\Delta\varphi$ vom Ende der Antenne zu ihrer Mitte. Der Laufweg der Welle zur Mitte sei r, der zum Rand $r+\Delta r$, dann gilt:

$$(r+\Delta r)^2 = r^2 + \frac{d^2}{4}, \tag{2.59}$$

$$r^2 + 2 \cdot r \cdot \Delta r + (\Delta r)^2 = r^2 + \frac{d^2}{4}. \tag{2.60}$$

Für $\Delta r \ll r$ erhält man

$$r = \frac{d^2}{8 \cdot \Delta r}. \tag{2.61}$$

Das Fernfeld liegt definitionsgemäß dann vor, wenn gilt:

$$\Delta\varphi \leq \frac{\pi}{8}. \tag{2.62}$$

Zuweilen werden auch andere Werte angegeben [8]. Gl. (2.62) bedeutet, es muß auch gelten

$$\Delta r \leq \frac{\lambda}{16}. \tag{2.63}$$

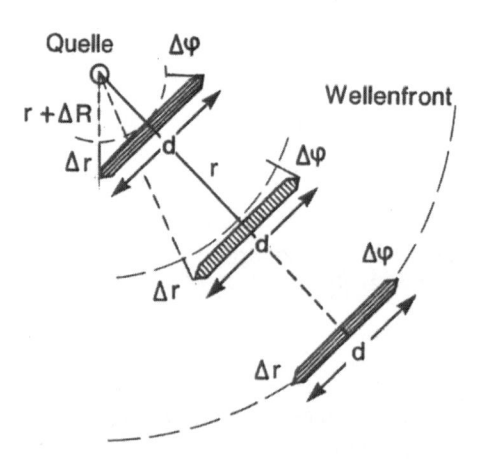

Abb. 2.7: Schema zur Verdeutlichung des Unterschiedes von Nah- und Fernfeld ($\Delta\varphi$ muß vernachlässigbar klein sein: $\Delta\varphi \leq \pi/8$).

2.2 Eigenschaften elektromagnetischer Wellen

Das Fernfeld beginnt demnach unter Verwendung der Definition nach Gl. (2.63) bei

$$r_F = 2 \cdot \frac{d^2}{\lambda}. \tag{2.64}$$

2.2.6 Zusammenfassung

Die Eigenschaften elektromagnetischer Wellen lassen sich wie folgt formulieren:

- Elektromagnetische Wellen breiten sich mit endlicher Geschwindigkeit aus.
- Elektromagnetische Wellen werden beim Auftreffen auf Objekte gestreut und absorbiert.
- Die Kenngrößen von elektromagnetischen Wellen erfahren durch Absorption und Streuung auf dem Ausbreitungsweg und durch Wechselwirkungen mit Objekten spezifische Änderungen, die von den Materialkonstanten des Ausbreitungsraumes und des wechselwirkenden Mediums bestimmt werden.
- Elektromagnetische Wellen erfahren bei ihrer Ausbreitung immer eine Dämpfung; deren Ursachen sind Absorption und Reflexion an Objekten sowie eine ‚natürliche' Freiraumabnahme.
- Elektromagnetische Wellen überlagern sich linear, sie sind bei entsprechender Kohärenz interferenzfähig.

Dazu kommen noch folgende, hier nicht behandelte Aussagen:

- Die Kenngrößen von elektromagnetischen Wellen können manipuliert (moduliert) bzw. bei ihrer Entstehung am Sender definiert (eindeutig) festgelegt werden.
- Elektromagnetische Wellen können Information transportieren.
- Elektromagnetische Wellen gehorchen dem Reziprozitätstheorem, wenn die in Kap. 2.1 für die Ausbreitungs- und Streumedien getroffenen Voraussetzungen erfüllt sind.

Diese Eigenschaften folgen aus den *Maxwellschen* Gleichungen. Die Abstrahlung und der Empfang elektromagnetischer Wellen erfolgt immer über Antennen. Antennen sind deswegen eine conditio sine qua non für jede Art von Radar, ihnen kommt besondere Bedeutung zu, und deswegen wird dieser Schlüsselkomponente ein eigenes Kapitel (Kap. 6) gewidmet. Auch für die folgenden Betrachtungen ist die Einbeziehung der Antenne unabdingbar.

2.3 Ausbreitung und Streuung elektromagnetischer Wellen

2.3.1 Ausbreitung in der Atmosphäre

In Kap. 2.2 wurde dargelegt, daß eine elektromagnetische Welle, die sich in einem Medium ausbreitet, eine Dämpfung erfährt, die von den Materialkonstanten κ, ϵ, μ des Mediums abhängt. Ist das Medium inhomogen, dann kommt zu dieser ‚Absorptionsdämpfung' noch eine Abnahme der Wellenamplitude dazu, die durch Reflexion und Streuung an Inhomogenitäten und Partikeln bestimmt wird. Dies ist z. B. bei der Ausbreitung in der Atmosphäre der Fall. Abb. 2.8 zeigt sowohl die Absorptionsdämpfung einer sogenannten ‚Normal-Atmosphäre' als auch den Einfluß von Regen und Nebel auf die Ausbreitung elektromagnetischer Wellen in Abhängigkeit von der Frequenz vom Mikrowellenbereich bis in den Bereich des Ultravioletten (UV). Der für Radar derzeit benutzte Frequenzbereich erstreckt sich ungefähr von 0,1 GHz bis 140 GHz. Die Absorption ist hier im wesentlichen durch Atom- und Molekülresonanzen (O_2, H_2O) bedingt. Abb. 2.8 zeigt den Dämpfungsfaktor, der die Dimension dB/km hat. Die

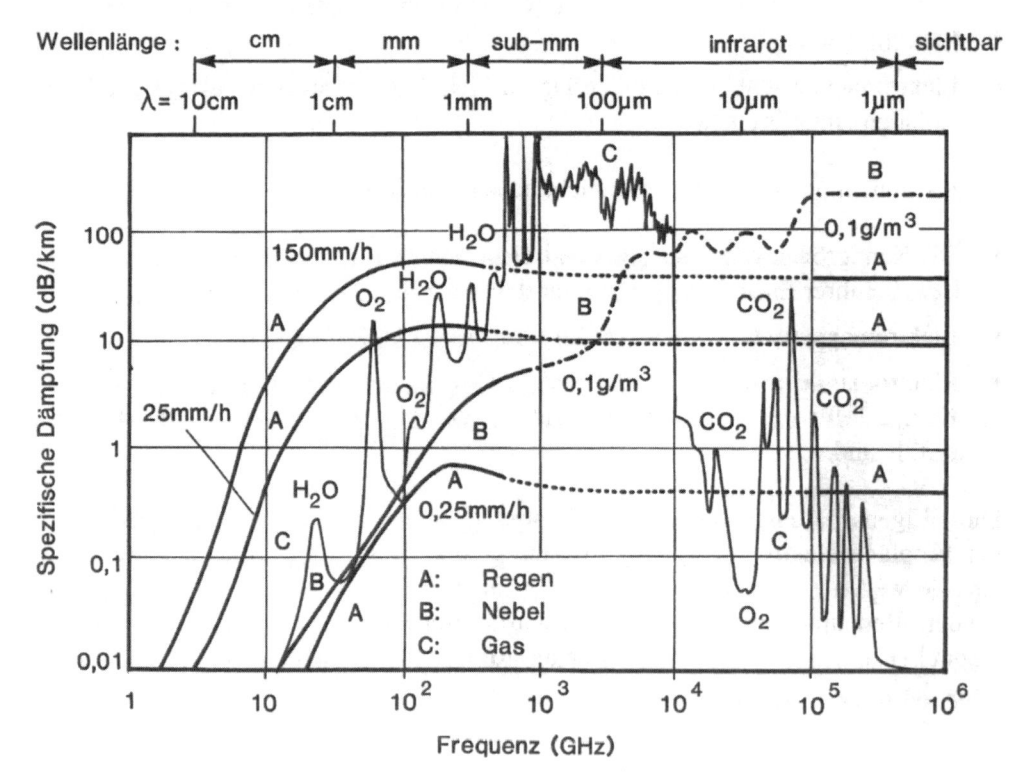

Abb. 2.8: Spezifische Dämpfung elektromagnetischer Wellen in der Atmosphäre durch Regen, Nebel und Luftzusammensetzung vom Mikrowellenbereich bis zum sichtbaren Licht (Quelle: Lit. [15]). Normalbedingungen: Temperatur: 20°C, Druck: 1 atm, Wassergehalt: 7,5 g/m^3.

2.3 Ausbreitung und Streuung elektromagnetischer Wellen

Atmosphäre beschreibt man im allgemeinen nicht mit ihrer Dielektrizitätskonstanten. Man benutzt meist den sogenannten Brechungsindex n. Dieser steht in Beziehung zu ϵ_r:

$$n^2 = \epsilon_r = \epsilon_r' - j\epsilon_r'' . \tag{2.65}$$

Daraus folgt wegen Gl. (2.44) und Gl. (2.45):

$$n = n' - jn'' = \frac{1}{k_0} \cdot (\beta - j\alpha) . \tag{2.66}$$

2.3.2 Rückstreuung von der Erdoberfläche

Reflexionen von elektromagnetischen Wellen am Erdboden sind im allgemeinen Streuungen an rauhen Oberflächen, d. h. die in Kap. 2.2 dargestellten *Fresnelschen* Reflexionsformeln gelten deswegen nur bedingt, z. B. bei entsprechend großen Wellenlängen über ebenen Eis-, Wasser oder Sandflächen. Man unterscheidet demgemäß zwischen Reflexion und Streuung. Dementsprechend spricht man auch bei komplexen Objekten von Streumatrizen (Kap. 2.3.3). Die Abhängigkeiten dieser Zusammenhänge von der Rauhigkeit der Oberfläche sind in Abb. 2.9 schematisch dargestellt.

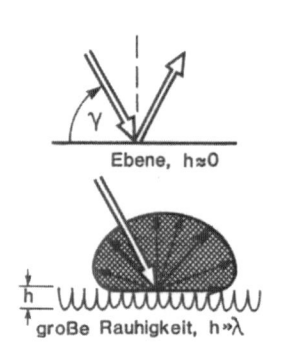

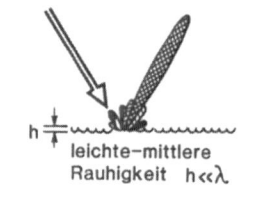

Abb. 2.9: Schematische Darstellung der unterschiedlichen Reflexionen an einer Ebene und an Flächen mit leichter bis mittlerer Rauhigkeit sowie großer Rauhigkeit; bei letzteren gehorcht die Streuung dem *Lambertschen* Kosinus-Gesetz (Quelle: Lit. [2]).

Rayleigh hat ein Kriterium für die Beurteilung der Rauhigkeit einer Fläche vorgeschlagen [1]. Demzufolge ist die Rauhigkeit einer Fläche im Hinblick auf Reflexion bzw. Streuung sowohl abhängig von ihren geometrischen Höhenschwankungen, d. h. ihrer geometrischen Rauhigkeit, als auch vom sogenannten Streifwinkel γ, unter dem die Welle einfällt. Streuung findet grundsätzlich in allen durch die Rauhigkeit bedingten Höhen statt. Man betrachtet sowohl die am höchsten als auch die am tiefsten Punkt gestreuten Wellen schematisch. Aus Abb. 2.10 wird ersichtlich, daß für die Phasendifferenz der beiden Wellen gilt:

$$\Delta\varphi = \frac{2\pi}{\lambda} \cdot \Delta r = \frac{4\pi \cdot h}{\lambda} \cdot \sin\gamma . \tag{2.67}$$

Eine Fläche kann man als eben betrachten, wenn entweder

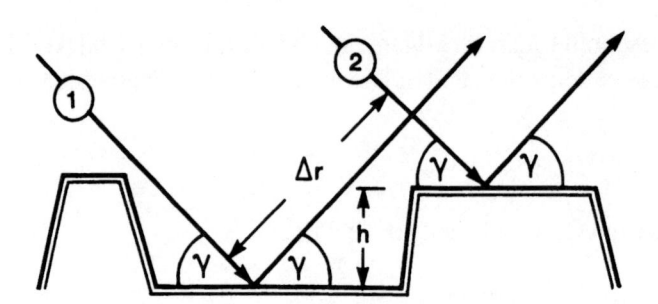

Abb. 2.10: Schema zur Erklärung des *Rayleighschen* Rauhigkeitskriteriums.

$$\frac{h}{\lambda} \to 0 \quad \text{oder} \quad \gamma \to 0 \tag{2.68}$$

gilt; denn dann geht $\Delta\varphi \to 0$, beide Wellen überlagern sich mit positiver Interferenz, und es liegt eine Vorwärtsstreuung vor. Die Fläche reflektiert total und ist eben. Für $\Delta\varphi \neq 0$ liegt ebenfalls eine Interferenz in Vorwärtsrichtung vor; für $\Delta\varphi = \pi$ ist diese negativ, und die Wellen löschen sich aus. Wenn in dieser Richtung kein Energiefluß vorliegt, dann muß die Energie in andere Richtungen geleitet werden, d. h. die Fläche streut in andere Richtungen.

Wählt man (recht willkürlich) $\Delta\varphi = \pi/2$, so erhält man das sogenannte *Rayleighsche Rauhigkeitskriterium*.

Eine Fläche kann man als eben betrachten, wenn für ihre Höhenschwankung gilt:

$$h < \frac{\lambda}{8 \cdot \sin\gamma} . \tag{2.69}$$

Manche Autoren nehmen für $\Delta\varphi$ die Werte $\pi/4$ bzw. $\pi/8$, damit wird aus dem Faktor 8 im Nenner der Wert 16 bzw. 32 [8].

2.3.3 Rückstreuung an Objekten

Die Rückstreuung an Objekten verändert auch die Polarisation der ursprünglichen, ausgesandten Welle. Die dazu gehörigen Koordinatensysteme veranschaulicht Abb. 2.11. Auf das Objekt falle eine elektromagnetische Welle $\vec{E}_i$ ein, die dort als eben angesehen werden kann, wenn die Fernfeldbedingung erfüllt ist. Es gilt [13]:

$$\vec{E}_i = \frac{|\vec{E}_0|}{r} e^{j(\omega t - \vec{k} \cdot \vec{r})} \cdot \vec{l} . \tag{2.70}$$

Es ist $\vec{l}$ der Vektor, der die Polarisation der Sendeantenne, d. h. die Polarisationsbasis charakterisiert, und r bezeichnet die Entfernung zwischen Antenne und Objekt. Für HV-Polarisation (H steht für horizontal, V für vertikal) gilt

$$\vec{l} = (l_H, l_V) , \tag{2.71}$$

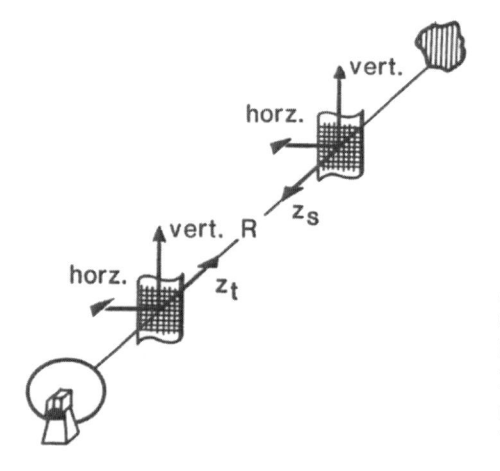

2.3 Ausbreitung und Streuung elektromagnetischer Wellen

Abb. 2.11: Radarrückstreuung eines Einzelstreuers in der Entfernung R vom Radar: dargestellt sind die kartesischen Koordinatensysteme, auf die sich die Feldstärkekomponenten der gesendeten Welle (Antennenkoordinatensystem, Index t und der gestreuten Welle Index s) beziehen.

Der Vektor der reflektierten elektrischen Feldstärke $\vec{E}_s$ ist dann am Ort der Empfangsantenne

$$\vec{E}_s = \begin{bmatrix} E_{sH} \\ E_{sV} \end{bmatrix}$$

$$= \frac{e^{-jkr}}{r} \cdot \begin{bmatrix} S_{HH} & S_{HV} \\ S_{VH} & S_{VV} \end{bmatrix} \cdot \begin{bmatrix} E_{iH} \\ E_{iV} \end{bmatrix}$$

$$= \frac{e^{-jkr}}{r} \cdot \mathbf{S} \cdot \vec{E}_i \ . \tag{2.72}$$

In dieser Streugleichung ist $\mathbf{S}$ die monostatische Streumatrix, die angibt, wie das Objekt den Polarisationszustand von $\vec{E}_i$ transformiert. Wegen des Reziprozitätstheorems sind monostatische Streumatrizen symmetrisch, d.h., es ist $S_{HV} = S_{VH}$. Der Feldstärkevektor $\vec{E}_s$ der gestreuten Welle bezieht sich dabei auf das ‚rückläufige' Koordinatensystem. Wegen Gl. (2.70) erhält man:

$$\vec{E}_s = |\vec{E}_0| \cdot \frac{e^{j(\omega t - 2kr)}}{r^2} \cdot \mathbf{S} \cdot \vec{l}_i \ . \tag{2.73}$$

Bemerkenswert ist hier die Abhängigkeit vom reziproken Quadrat der Entfernung, die sich wiederum für die Empfangsleistung in einer $1/r^4$-Abhängigkeit niederschlägt; d.h., grundsätzlich ist Gl. (2.73) die Feldstärkeform der Radargleichung. Weitere Ausführungen zur Polarisation finden sich in Kap 3.1.

2.3.4 Rückstreuung von bewegten Objekten

Bewegungen von Sendern bzw. von reflektierenden Objekten bewirken immer Phasenänderungen und damit Änderungen der Frequenz von elektromagnetischen Wellen im

Raum. Der Zusammenhang zwischen Phasenänderung $\Delta\varphi$ und Frequenzverschiebung ist:

$$\frac{\Delta\varphi}{\Delta t} = f_D \quad \text{oder} \quad \frac{d\varphi}{dt} = f_D \,. \tag{2.74}$$

f_D heißt *Doppler*-Frequenz. Abb. 2.12 zeigt schematisch einen Sender, der eine elektromagnetische Welle der Wellenlänge λ_s aussendet mit

$$\lambda_s = c_0 \cdot T \,, \tag{2.75}$$

dabei ist T die Periodendauer.

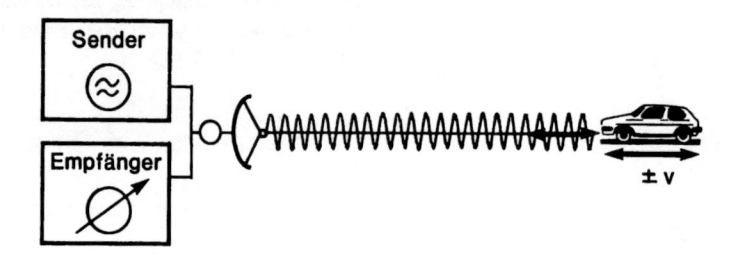

Abb. 2.12: Schematische Darstellung des *Doppler*-Effektes am Beispiel eines fahrenden Autos.

An dem Fahrzeug, das sich mit Geschwindigkeit v entweder in Richtung oder gegen die Richtung des Wellenausbreitungsvektors bewegt, wird man eine andere Wellenlänge registrieren, weil die Geschwindigkeit des Fahrzeugs die Wellenlänge entweder verkürzt oder verlängert, je nach Richtung der Geschwindigkeit. Wenn man voraussetzt, daß immer $v \ll c_0$ gilt, kann man relativistische Effekte vernachlässigen und die beiden Geschwindigkeiten c_0 und v linear überlagern. Das Fahrzeug sieht demnach die Wellenlänge

$$\lambda_z = (c_0 \pm v) \cdot T \,. \tag{2.76}$$

Diese Wellenlänge kommt allen auf dem Fahrzeug induzierten Strömen zu. Das Fahrzeug sendet dann wieder eine elektromagnetische Welle aus, deren Grundwellenlänge λ_{0z} ist. Weil sich das Fahrzeug dabei aber mit $\pm v$ bewegt, sieht der Empfänger in erster, aber sehr guter Näherung [2] eine elektromagnetische Welle der Wellenlänge λ_{0e} mit

$$\lambda_e = \lambda_z \pm v \cdot T \,. \tag{2.77}$$

Mit Gl. (2.75) und Gl. (2.76) erhält man daraus

$$\lambda_e = \lambda_s \cdot \left(1 \pm \frac{2 \cdot v}{c_0}\right) \,. \tag{2.78}$$

Rechnet man in Frequenzen um, dann erhält man

$$f_e = f_s \pm \frac{2 \cdot v}{c_0} \cdot f_s \,. \tag{2.79}$$

2.3 Ausbreitung und Streuung elektromagnetischer Wellen

In Gl. (2.79) ist der zweite Summand die *Doppler*-Frequenz f_D

$$f_D = \pm \frac{2 \cdot v}{c_0} \cdot f_s. \qquad (2.80)$$

2.3.5 Ausbreitung über der Erdoberfläche

In Kap. 2.3.2 wird gezeigt, daß eine elektromagnetische Welle auch bei großer Rauhigkeit einer Fläche immer eine totale optische Vorwärtsreflexion erfährt, wenn nur der Einfallswinkel groß genug bzw. der Streifwinkel klein genug ist. Das ist grundsätzlich immer dann der Fall, wenn ein niedrig am Boden stehendes Radar ein Objekt beobachtet, das sich in niedriger Höhe H_z befindet. Hier treten zwei Effekte auf. Zum einen bedingt das Aufliegen des Antennendiagramms und die dadurch bedingte Vorwärtsreflexion eine ‚Verbiegung' und ‚Aufzipfelung' des Antennendiagramms nach oben, zum anderen ‚sieht' das Radar nicht nur das Objekt, sondern auch dessen Spiegelbild (Abb. 2.13). Letzteres nennt man den Spiegelungseffekt.

Dieser Spiegelungseffekt ist auch verantwortlich für die in Abb. 2.14 schematisch dargestellte Aufzipfelung der Hauptkeule des Antennendiagramms in mehrere Keulen,

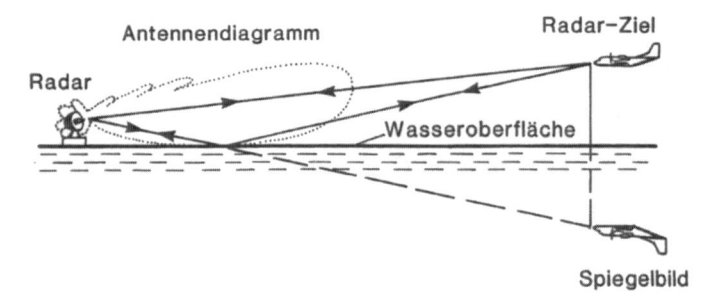

Abb. 2.13: Geometrie des Spiegelungseffekts bei Radar über See.

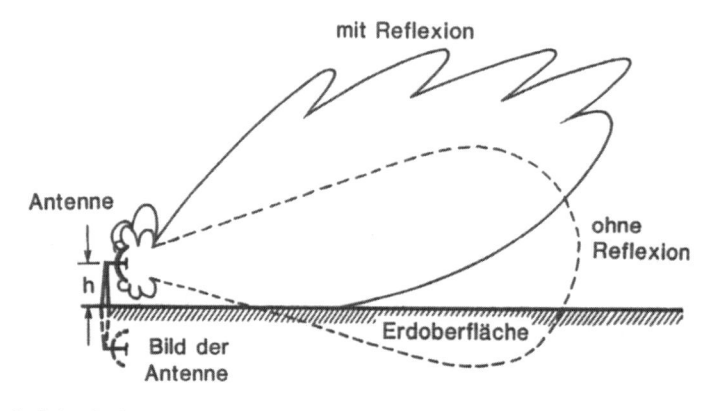

Abb. 2.14: Einfluß der flachen Erde auf das Antennendiagramm einer niedrig über der Erde aufgestellten Antenne (schematisch): reflektierte und auslaufende Wellen.

weil sich das Radar an seinem Standort am Boden spiegelt und somit eine zweite Quelle simuliert, deren Strahlung mit der des realen Radars interferiert und so zur Aufzipfelung des Diagramms führt.

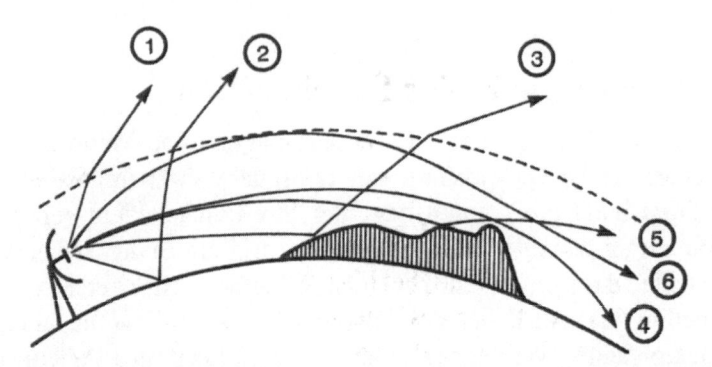

Abb. 2.15: Schema der Wellenausbreitung in einem Duct. (1) bis (3): Die Welle verläßt den ‚Duct' bei entsprechend steilem Einfall auf die Ductgrenze; (4) bis (6): bei entsprechend flachem Einfall wird die Welle im Duct geführt.

Unter besonderen Wetterbedingungen bzw. bei spezieller Schichtung der Atmosphäre kann ein dabei auftretender spezieller Höhenverlauf des Brechungsindexes der Atmosphäre zur Bildung eines sogenannten ‚Ducts' führen, d. h. zu Schichten, an deren Oberfläche Wellen gerade unter einem Winkel einfallen, so daß sie wieder in Richtung zur Erdoberfläche reflektiert werden. Die Atmosphäre wirkt so als Wellenleiter, und das kann zu einer Vergrößerung der Reichweite führen. Abb. 2.15 zeigt alle diese Vorgänge schematisch. Dieser Winkel resultiert aus den *Fresnelschen* Formeln Gl. (2.37a) bis Gl. (2.37d). Wenn für parallele Polarisation dieser Winkel der Totalreflektion als Einfallswinkel unterschritten wird, dann findet nur noch Reflexion der Welle und kein Eindringen der Welle in das nächste Medium (in diesem Fall in die nächste Atmosphärenschicht) mehr statt.

2.3.6 Eindringtiefe unter die Erdoberfläche

In Gl. (2.50) wird die Eindringtiefe einer Welle in ein Medium definiert. Der Verlustwinkel $\tan\delta$ ist dabei von den Materialgrößen des Mediums abhängig. In Abb. 2.16 sind Leitfähigkeit und Dielektrizitätskonstante für einige Substanzen, die für die Oberfläche der Erde charakteristisch sind, in Abhängigkeit von der Frequenz dargestellt (Gl. (2.50)).

Abb. 2.17 zeigt die daraus resultierenden Eindringtiefen [15]. Bemerkenswert ist, daß im Frequenzbereich zwischen 100 MHz und 100 GHz die größte Frequenzabhängigkeit vorliegt. In Meerwasser dringen elektromagnetische Wellen dieses Frequenzbereichs praktisch nicht ein, wogegen in trockenem Boden die Eindringtiefe bis zu 100 m betragen kann. Die Eindringtiefe in Eis kann recht groß sein. Ein Beispiel dafür zeigt Abb. 2.18.

2.3 Ausbreitung und Streuung elektromagnetischer Wellen

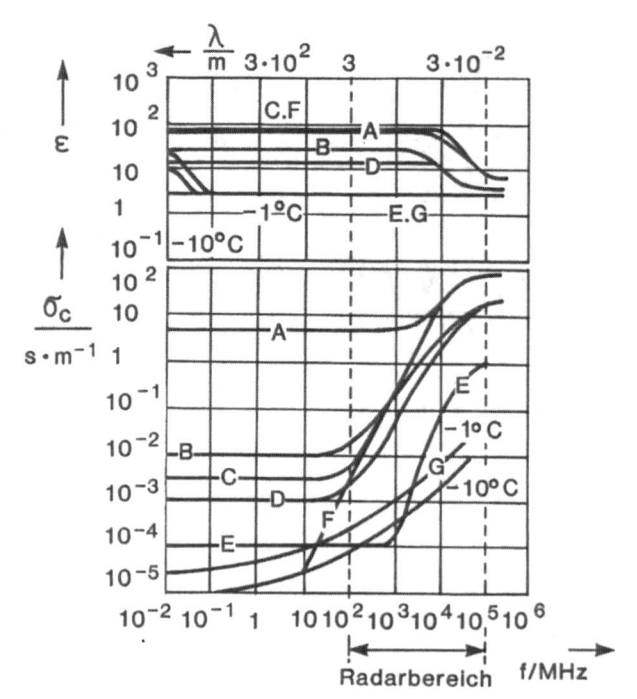

Abb. 2.16: Leitfähigkeiten σ_c und Dielektrizitätskonstanten ϵ verschiedener Stoffe als Funktion der Frequenz (A: Seewasser bei 20°C; B: feuchter Boden; C: Süßwasser bei 20°C; D: Boden mittlerer Trockenheit; E: sehr trockener Boden; F: reines Wasser bei 20°C; G: Eis (Süßwasser))(Quelle: Lit. [15]).

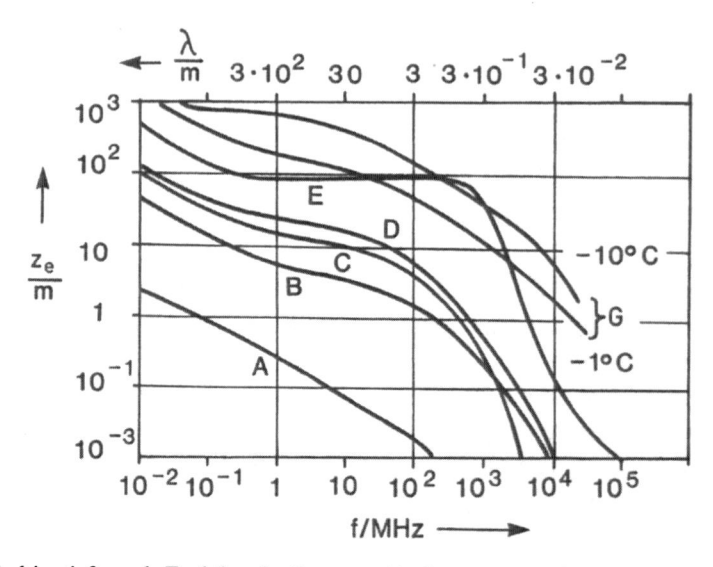

Abb. 2.17: Eindringtiefe z_e als Funktion der Frequenz (A: Seewasser; B: feuchter Boden; C: Süßwasser; D: Boden mittlerer Trockenheit; E: sehr trockener Boden; F: reines Wasser bei 20°C; G: Eis (Süßwasser)); (Quelle: Lit. [15]).

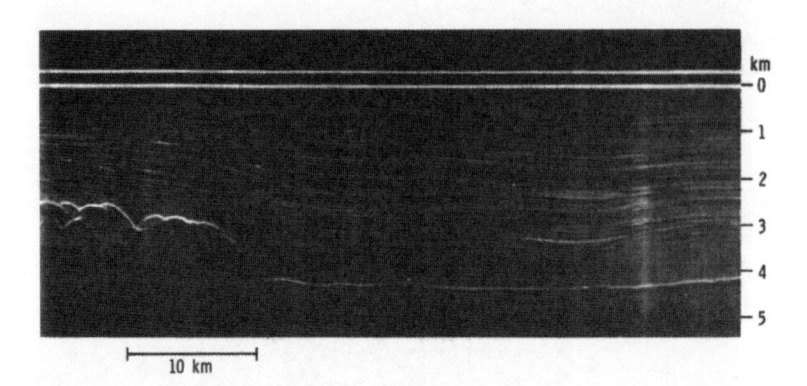

Abb. 2.18: Beispiel für das Eindringen elektromagnetischer Wellen in Eis. Die Eindringtiefe beträgt hier bis zu 4 km bei einer Frequenz von 20 MHz (Quelle: Lit. [16]).

2.4 Elektromagnetische Wellen in der Radartechnik

Die Kenngrößen der elektromagnetischen Wellen erfahren bei Reflexion an Objekten Veränderungen, und diese Änderungen sowie die Eigenschaften der Wellen werden in der Radartechnik für Fernerkundung und Aufklärung benutzt, um Objekte zu detektieren, zu lokalisieren, zu klassifizieren und ihr Verhalten zu ermitteln.

2.4.1 Laufzeit

Bei Messung der Laufzeit t_L des Signals vom Sender zum Objekt und zurück, kann man nach Gl. (1.2) die Entfernung R_Z zwischen Radar und Objekt bestimmen. Es gilt

$$R_Z = \frac{t_L}{2} \cdot c_0 \ . \tag{2.81}$$

Ein Radarsignal besteht grundsätzlich aus einer oder mehreren sich überlagernden elektromagnetischen Wellen, die durch ihre Kenngrößen charakterisiert sind. Zur Anwendung in der Radartechnik muß ein Radarsignal grundsätzlich eine endliche Bandbreite haben und Aussagen über seine Kohärenz sowie sein Frequenzspektrum gestatten.

Im allgemeinen sendet ein Radar nicht ein Dauerstrichsignal mit nur einer einzigen präzisen Frequenz und Phase aus, sondern Signale, die durch besondere Modulationen (d. h. Veränderungen) gekennzeichnet sind und deshalb mehrere Frequenzen enthalten. Nur so ist es grundsätzlich möglich, Entfernungen und Bewegungen zu messen; ohne Kennzeichnung der Welle wäre nur die Aussage vom Vorhandensein eines Objekts irgendwo im Erfassungsbereich des Radars möglich. Dies stellt aber Anforderungen an die Bandbreite des Sendesignals, die Kohärenz der Signale (und des Systems) und führt zu der Notwendigkeit, das Spektrum von Sende- und Empfangssignal miteinander zu vergleichen.

2.4.2 Bandbreite und Spektrum eines Radarsignals

Die Bandbreite eines Signals bestimmt wesentlich die mögliche geometrische Auflösung im Hinblick auf in Entfernungsrichtung $\vec{r}$ hintereinander angeordnete Objekte; sie ist auch eine wesentliche Forderung an spezielle Geräteeigenschaften, insbesondere im Hinblick auf Antenne, Empfänger sowie spezielle Modulationen. Im allgemeinen gilt für den Zusammenhang zwischen Signaldauer T und Bandbreite B

$$B = \frac{1}{T}. \tag{2.82}$$

Das bedeutet, ein Signal ist umso schmalbandiger, je länger es unverändert ausgesandt wird.

2.4.3 Spektrum und Spektrallinien

Allgemein bezeichnet man die Verteilung einer Meßgröße über ihren Spektralbereich als Spektrum. Im allgemeinen gibt man die spektrale Leistungsdichte, d. h. eine Leistung pro Frequenz $\Delta P / \Delta f$ für kleine Intervalle an. Im Grenzfall geht diese Größe in den entsprechenden Differentialquotienten über:

$$\text{Spektrale Leistungsdichte} = \frac{\Delta P}{\Delta f} \to \frac{\partial P}{\partial f}. \tag{2.83}$$

Gemäß Gl. (2.82) haben zeitlich unendlich ausgedehnte Vorgänge ein Linienspektrum der Bandbreite 0. Zum Beispiel hat eine Welle mit der Zeitabhängigkeit $e^{+j\omega t}$ wie Gl. (2.7) und Gl. (2.11) eine einzige Spektrallinie bei $f = \omega/2\pi$. Zeitlich begrenzte Vorgänge mit von 0 verschiedener Bandbreite und endlicher Kohärenzlänge haben dagegen ein kontinuierlich verbreitertes Spektrum. Instabilitäten in Geräten sowie zeitliche Phasenveränderungen, bedingt durch Bewegungen und Ausbreitungseinflüsse, verbreitern grundsätzlich die Spektrallinien von Linienspektren.

Abb. 2.19 zeigt schematisch die Verbreiterung der Spektrallinie eines monofrequent im Dauerstrich arbeitenden Radars (CW-Radar, engl.: Continuous Wave-Radar), dessen Antenne unter dem Blickwinkel ϑ_b gegen die Richtung der Fluggeschwindigkeit seitwärts auf den Boden gerichtet ist. Bei $f = f_0$ erscheint das Signal, das direkt unter $\vartheta_b = 90°$ von unten empfangen wird. Die Antennennebenkeulen erscheinen hier ‚eingeebnet', weil eine konstante Nebenkeulen- und Rückstrahlcharakteristik der Antenne angenommen wird. Hier machen sich realiter auch die Rückstreueigenschaften des Erdbodens bemerkbar.

Die sogenannten ‚Clutterkanten' bei $f = f_0 \pm f_D$ erscheinen nicht scharf, weil bei der Bildung des Spektrums höhere Spektrallinien durch Faltung in den nur grundsätzlich clutterfreien Bereich gelangen [11]. Häufig sendet ein Radar eine Folge von Impulsen aus (siehe Kap. 7.2).

Eine Pulsfolge kann man immer durch eine Fourierreihe annähern (Abb. 2.20). Das Spektrum dieser Reihe ist zwar grundsätzlich ein Linienspektrum (Abb. 2.21), aber

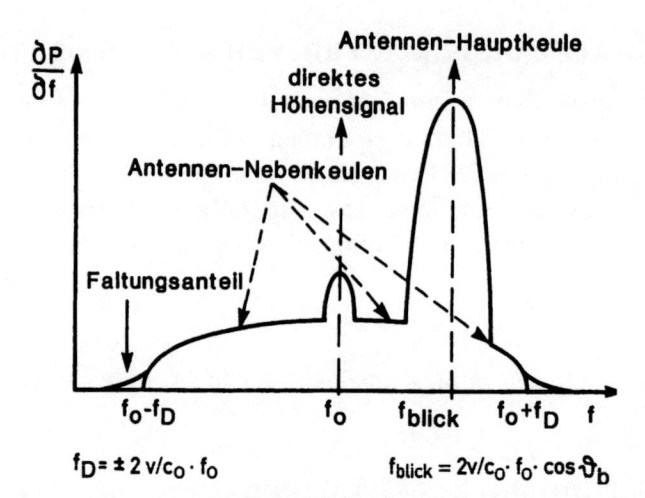

Abb. 2.19: Schematische Darstellung einer durch Bewegung verbreiterten Spektrallinie. Einflüsse resultieren von der Antenne und ihren Nebenkeulen (die hier als konstante Seiten- und Rückstrahlung angenommen werden), sowie von den Rückstreueigenschaften des Erdbodens. Die Faltungsanteile von Linien höherer Ordnung (insbesondere die ungeraden) gehen auch ein.

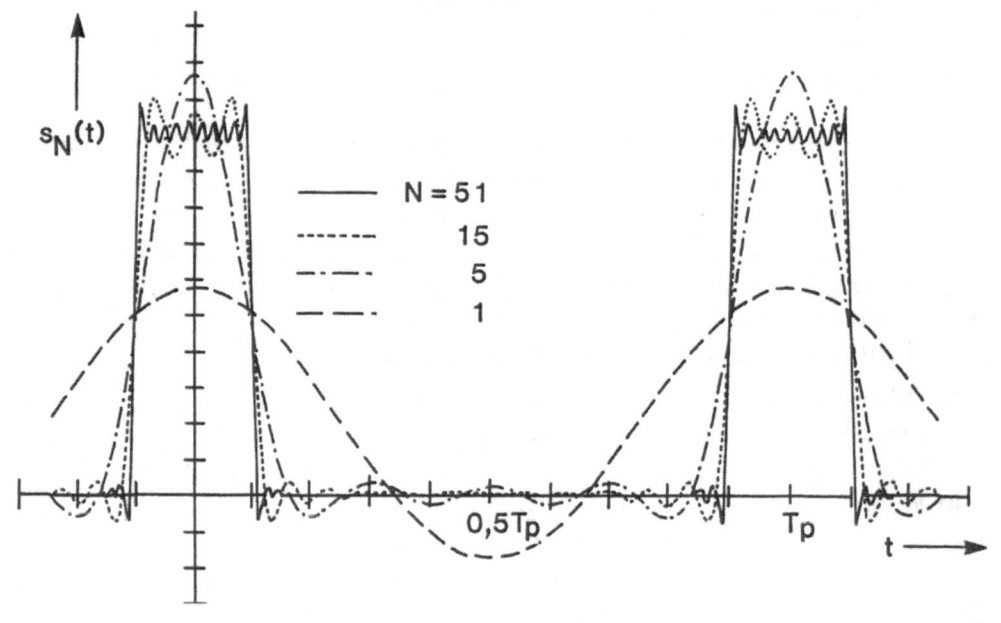

Abb. 2.20: Annäherung einer Rechteck-Pulsfolge durch eine Fourierreihe, Tastverhältnis = 0,2, N=Anzahl der Fourier-Summanden, S_N=Summenamplitude bis zum N-ten Glied.

auch hier findet eine Verbreiterung der Linien statt. Die einzelnen Linien eines Pulsspektrums haben für den Fall eines bewegten Radarempfängers bei Schrägsicht auf den Boden prinzipiell alle die Gestalt von Abb. 2.21.

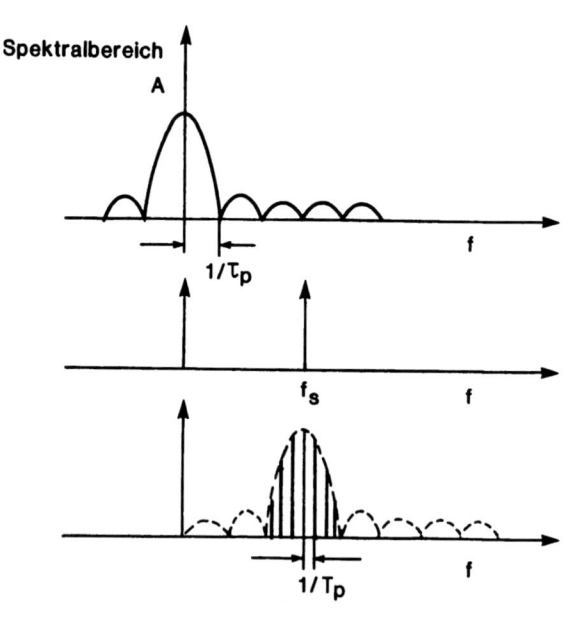

2.4 Elektromagnetische Wellen in der Radartechnik

Abb. 2.21: Sendespektrum eines kohärenten Pulsradars. Oben: Spektrum eines Pulses, Mitte: Linie des HF-Trägers. Unten: Sendespektrum der Pulsfolge (Quelle: Lit. [7]).

2.4.4 Der Spiegelungseffekt

Die Vermessung von niedrig fliegenden Zielen wird duch Spiegelungseffekte stark verfälscht. Hierbei beeinflußt das unterhalb der Wasser- oder Landoberfläche gelegene Zielspiegelbild infolge von Interferenzen zwischen Ziel- und Spiegelbildsignal gemäß Abb. 2.13 das Empfangssignal, und damit kann der gemessene Ziel-Erhebungswinkel beträchtlich verfälscht werden. Das Radar sieht dann, wenn das Ziel nur tief genug fliegt, neben dem Ziel noch dessen Spiegelbild, und welche Auswirkungen das auf die Positionsbestimmung des Ziels und damit auf die Effektivität des Systems hat, soll folgende Überlegung zeigen:

Angenommen sei das Differenzdiagramm eines Monopulsradars (vgl. Kap. 7.5.2) ohne Störung wie in Abb. 2.22 dargestellt.

Mit diesem Diagramm wird im allgemeinen innerhalb des Linearitätsbereichs in der Umgebung des Minimums in der ‚Mitte', d.h. um einen ‚Nullwinkel' ϑ_0 des Differenzdiagramms ein Signal empfangen, das um den Winkel $\Delta\vartheta$ gegen den Nullwinkel ϑ_0 des Diagramms versetzt einfällt. Ein derartiges Diagramm nennt man ein ‚Monopulsdiagramm'. Es ist eine wesentliche Komponente eines sogenannten Monopulsradars (Kap. 7.5.2) und entsteht grundsätzlich durch Differenzbildung zweier gleichartiger Antennendiagramme. Man spricht deswegen von einem Differenzdiagramm. ϑ_0 ist der Winkel, unter dem die Nullstelle des Differenzdiagramms im System erscheint; im allgemeinen ist dies der mechanische Schwenkwinkel der Antenne; in Abb. 2.22 ist $\vartheta_0 = 0$. Das Radar registriert dann eine Amplitude des

Abb. 2.22: Winkelmessung mit Monopuls (Schema), links: Differenzdiagramm eines Monopulsradars mit zwei gleichartigen Antennen, rechts: linearer Spannungsverlauf U_Δ der Signale im Meßbereich.

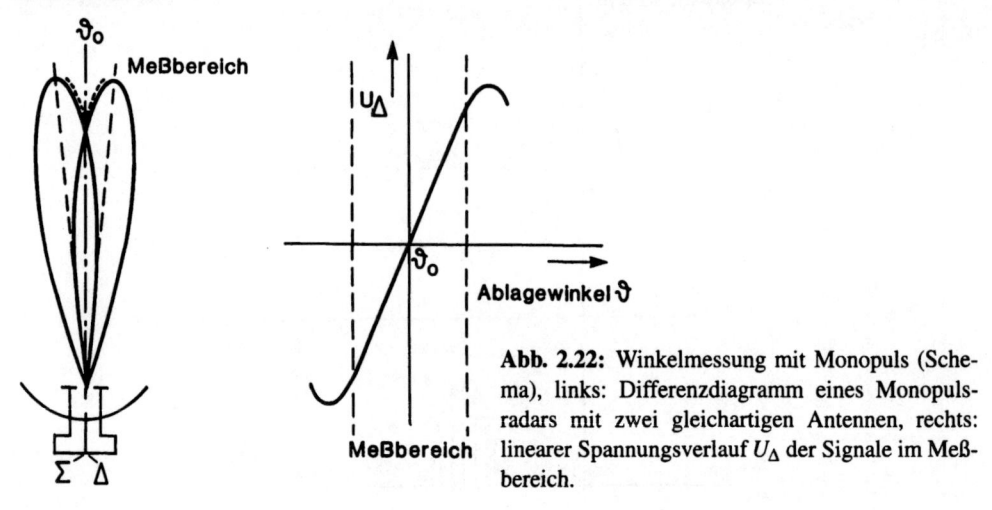

Ablagesignals U_Δ, die direkt proportional zum Ablagewinkel gegen die Nullstelle ist

$$U_\Delta = C \cdot (\vartheta - \vartheta_0) \,. \tag{2.84}$$

Dies ist die Charakteristik der Antenne im Meßbereich. C ist dabei eine geräteabhängige Konstante. Es sollen jetzt zwei verschiedene Signale gleichzeitig die Antenne erreichen: Signal S_1 mit der Amplitude 1 auf dem Weg 1 unter dem Winkel ϑ_1 und ein Signal S_2 auf dem Weg 2 unter dem Winkel ϑ_2 mit der Amplitude A und der Phasenverschiebung φ gegen das Signal S_1 bei gleicher Zeitabhängigkeit $e^{j\omega t}$. Dann erhält man aus Gl. (2.84) am Differenzausgang der Antenne ein Signal ΔS als Überlagerung der beiden Signale $S_1 = e^{j\omega t}$ und $S_2 = Ae^{j\omega t + \varphi}$:

$$\Delta S = C \cdot (\vartheta_1 - \vartheta_0) \cdot e^{j\omega t} + A \cdot C \cdot (\vartheta_2 - \vartheta_0) \cdot e^{j\omega t + j\varphi} \,. \tag{2.85}$$

Nach quadratischer Gleichrichtung erhält man:

$$\begin{aligned}|\Delta S|^2 = C^2 \cdot [&(\vartheta_1 - \vartheta_0)^2 + \\ &+ A^2 \cdot (\vartheta_2 - \vartheta_0)^2 + \\ &+ 2 \cdot A \cdot (\vartheta_1 - \vartheta_0) \cdot (\vartheta_2 - \vartheta_0) \cdot \cos\varphi] \,.\end{aligned} \tag{2.86}$$

Das Radar wird jetzt auf den Winkel ϑ_0^0 schwenken, wo es eine Nullstelle von $|\Delta S|$ findet, d. h. es ist

$$|\Delta S| = 0 \quad \text{für} \quad \vartheta_0 = \vartheta_0^0 \,. \tag{2.87}$$

2.4 Elektromagnetische Wellen in der Radartechnik

Man betrachtet jetzt verschiedene Fälle:

1. Es sei $A = 0$.

   Es bedeutet, es ist nur ein Ziel vorhanden. Aus Gl. (2.86) folgt in diesem Fall:

   $$\vartheta_0^0 = \vartheta_1 \,. \tag{2.88}$$

   Das Radar zeigt also richtig auf das Ziel, das unter dem Winkel ϑ_1 erscheint.

2. Es sei $A \neq 0$, aber es gelte $\varphi = 0$.

   Damit folgt aus Gl. (2.86):

   $$|\Delta S|^2 = C^2 \cdot [(\vartheta_1 - \vartheta_0) + A \cdot (\vartheta_2 - \vartheta_0)]^2 \,. \tag{2.89}$$

   Hieraus ergibt sich für $|\Delta S| = 0$:

   $$\begin{aligned}\vartheta_0^0 &= \vartheta_1 + (\vartheta_2 - \vartheta_1) \cdot \frac{A}{1+A} \\ &= \frac{\vartheta_1 + A \cdot \vartheta_2}{1+A} \,.\end{aligned} \tag{2.90}$$

   Das Radar zeigt in diesem Fall auf den von den Amplituden gebildeten Schwerpunkt beider Ziele; für $A = 1$, d. h., wenn beide Ziele gleich ‚groß‘, gleich ‚hell‘ sind, zeigt das Radar genau in die Mitte zwischen beiden Zielen:

   $$\vartheta_0^0(A = 1) = \frac{\vartheta_1 + \vartheta_2}{2} \,. \tag{2.91}$$

3. Es sei $A \neq 0$, aber $\varphi = \pi$. Dann gilt:

   $$|\Delta S|^2 = C^2 \cdot [(\vartheta_1 - \vartheta_0) - A \cdot (\vartheta_2 - \vartheta_0)]^2 \,. \tag{2.92}$$

   Für $|\Delta S| = 0$ folgt:

   $$\begin{aligned}\vartheta_0^0 &= \vartheta_1 - (\vartheta_2 - \vartheta_1) \cdot \frac{A}{1-A} \\ &= \frac{\vartheta_1 - A \cdot \vartheta_2}{1-A} \,.\end{aligned} \tag{2.93}$$

Dieser Ausdruck wird unbestimmt für $A \to 1$; man erkennt hier die Möglichkeit, daß das Radar den Zielschwerpunkt auch außerhalb des von beiden Zielen gebildeten Blickwinkels sehen kann. Theoretisch sind hier Winkelmeßfehler von 180° bzw. 90° möglich. Das wird in der Praxis nicht vorkommen, weil in diesen Richtungen das Antennendiagramm in der Regel eine Grenze setzt; aber immerhin sind Winkelmeßfehler möglich, die in der Größenordnung der Halbwertsbreite des Antennendiagramms liegen. Ein Beispiel für derartig gemessene Höhenfehler zeigt Abb. 2.23 [7]. Hier wird deutlich, daß ein Radar auch über die geometrischen Begrenzungen eines Mehrfachziels hinauszeigen kann.

Der Spiegelungseffekt und die damit verbundenen Veränderungen des Antennendiagramms sind entsprechende Mehrzielphänomene, sie beeinflussen auch die Reichweite eines Bodenradars. Abb. 2.24 zeigt diesbezügliche Meßergebnisse, erzielt über den in Abb. 2.25 dargestellten Bodenprofilen. Im allgemeinen wird die Reichweite reduziert, d. h. negativ beeinflußt (vgl. auch Kap. 3.1.5, Abb. 3.9). Es können aber auch, interfe-

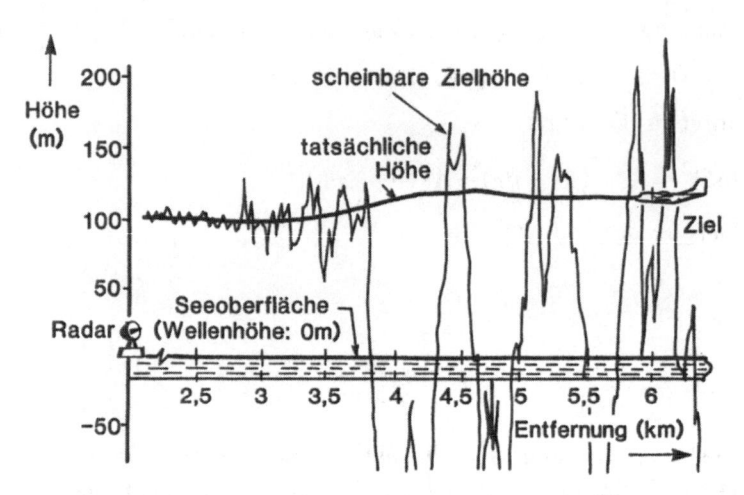

Abb. 2.23: Gemessener Spiegelungseffekt bei einem Flugzeug im Vergleich mit der tatsächlichen Flughöhe über glatter See (Quelle: Lit. [17]).

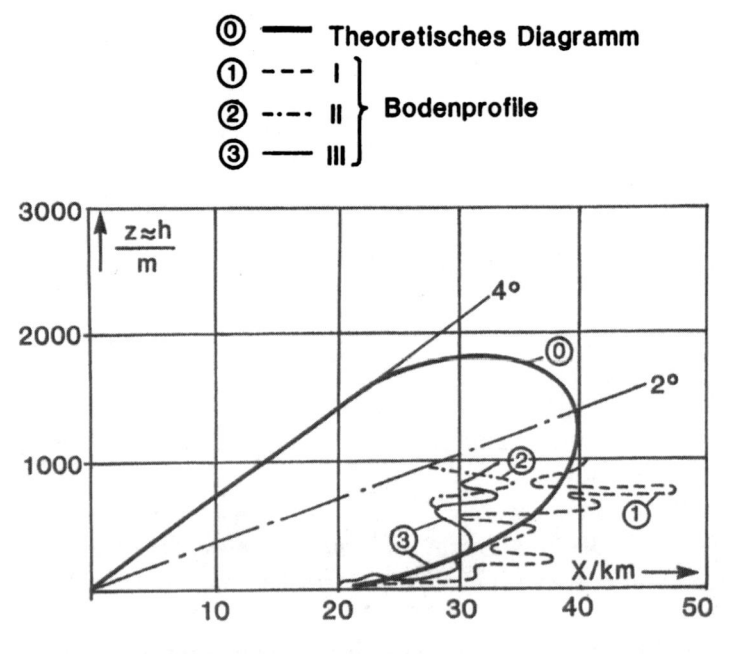

Abb. 2.24: Beispiel für die Einflüsse des Spiegelungseffekts auf die Reichweite R_Z eines Radars gegen ein Ziel mit $1\,m^2$ Rückstreufläche, das sich mit der Geschwindigkeit $v = 200\,ms^{-1}$ in verschiedenen Höhen z dem Radar über unterschiedlichen Bodenprofilen gemäß Abb. 2.25 nähert. Messungen aus [17].

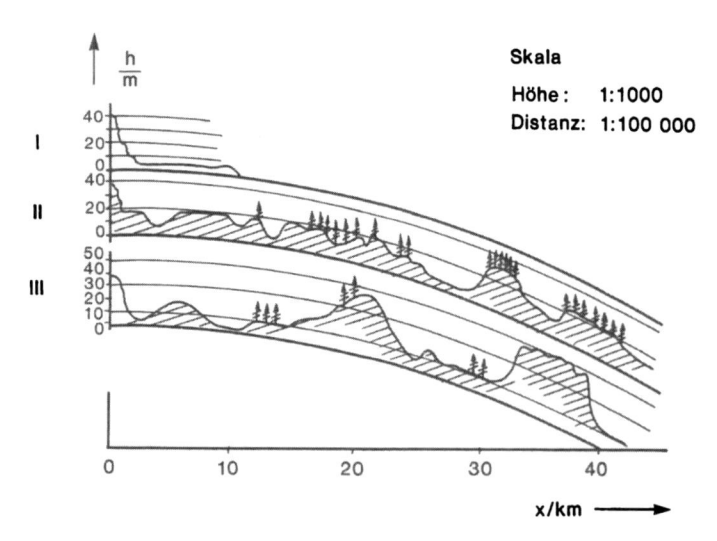

Abb. 2.25: Bodenprofile zu den Messungen in Abbildung 2.24 (Quelle: Lit. [17]).

renzbedingt, Vergrößerungen der Reichweite auftreten; dies macht man sich z. B. bei sogenannten ‚Ducts' zu nutze (vgl. Kap. 2.3.5).

2.4.5 Zusammenfassung

Radar nutzt die Veränderungen der Kenngrößen, die elektromagnetische Wellen bei Reflexion und Streuung an Objekten erfahren, um Informationen über die betreffenden Objekte zu gewinnen. Vergleicht man die Amplituden von Sende- und Empfangssignal, so kann man daraus Aufschlüsse gewinnen über Größe, Gestalt, Lage und Materialeigenschaften des Objekts, insbesondere dann, wenn man die vom Objekt verursachten Polarisationsdrehungen und Phasenänderungen berücksichtigt. Änderungen der Frequenz geben Aufschluß über Bewegungszustände von Objekten, insbesondere im Hinblick auf die radiale Relativgeschwindigkeit zwischen Radar und Objekt. Phasenmessungen schließlich erlauben grundsätzlich hochpräzise Positionsbestimmungen sowie Entfernungsmessungen modulo 2π, d. h. in der Größenordnung einer Wellenlänge mit entsprechenden Mehrdeutigkeiten. Dies wird u. a. in der Interferometrie benutzt. Phasenbeziehungen bestimmen die Kohärenz von Wellen untereinander. Neue Methoden der Radartechnik nutzen die Kohärenz zur Ermittlung von Veränderungen sowie zur Klassifizierung von Landschaften usw.. Die Änderungen der Pulsformen finden u. a. Anwendung in Satellitenaltimetern zur extrem genauen Höhenmessung.

Literaturverzeichnis

[1] Beckmann, P., Spizichino, A.: *The Scattering of Electromagnetic Waves from Rough Surfaces*. Oxford: Pergamon Press, 1963

[2] Blume, S.: *Theorie elektromagnetischer Felder.* 2. Aufl., Heidelberg: Hüthig, 1988

[3] Börner, W. (ed.), et al.: *Direct and Inverse Methods in Radar Polarimetry.* NATO ASI Series, Series C: Mathematical and Physical Sciences, Vol. 350, Part 1 and 2, Dordrecht: Kluwer, 1992

[4] Börner, W., et al.: *Basic Concepts of Radar Polarimetry.* In: [3], Chapter I.2, p. 155–247

[5] Born, M., Wolf, E.: *Principles of Optics.* 4. ed., Oxford: Pergamon Press, 1997

[6] Collet, E.: *Polarized Light, Fundamentals and Applications.* New York: Dekker, 1993

[7] Detlefsen, J.: *Radartechnik.* Berlin: Springer, 1989

[8] Elachi, Ch.: *Introduction to the Physics and Techniques of Remote Sensing.* New York: Wiley, 1987

[9] Elachi, Ch.: *Spaceborne Radar Remote Sensing Applications and Techniques.* New York: IEEE Press, 1988

[10] Joos, G.: *Lehrbuch der Theoretischen Physik.* Leipzig: Akademische Verlagsgesellschaft, 1951, Kap. VII

[11] Keydel, W.: *Application and Experimental Verification of an Empirical Backscattering Cross Section Model for the Earth's Surface.* IEEE Trans. Geoscience and Remote Sensing, Vol. GE-20, No. 1, Jan. 1982, p. 67–71

[12] Kühn, R.: *Mikrowellenantennen.* Berlin: VEB Verlag Technik, 1964

[13] Tragl, K.: *Polarimetrische Radarbeobachtung von zeitveränderlichen Zufallszielen.* Dissertation, Universität Kaiserslautern, DLR-FB 90–52, 1990

[14] Ulaby, F.T., Moore, R.K., Fung, A.K.: *Microwave Remote Sensing: Active and Passive, Vol. I: Microwave Remote Sensing: Fundamentals and Radiometry.* Reading, MA: Addison Wesley, 1981

[15] CCIR: *Recommendations and Reports of the CCIR.* XIVth Plenary Assembly, Vol. V: Propagation in Nonionized Media, Kyoto, 1978

[16] Goodmansen, P.: *Persönliche Kommunikation.* TU Kopenhagen, 1978

[17] AEG-TELEFUNKEN: *Messungen der Radargenauigkeit unter Einfluß des Spiegeleffektes über See.* Bericht Ft 4/73, Ulm: AEG-TELEFUNKEN, 1973, nicht allgemein zugänglich

[18] AEG-TELEFUNKEN: *Meßergebnisse aus FB. N16.* Ulm: AEG-TELEFUNKEN, 1974, nicht allgemein zugänglich

3 Eigenschaften der Radarinformation

3.1 Der Radarrückstreuquerschnitt

Zu diesem Themenkreis existiert eine umfangreiche Literatur. Eine relevante Auswahl an Büchern, Monographien und Artikeln ist im Literaturverzeichnis zusammengestellt.

3.1.1 Definition des Radarrückstreuquerschnitts für Einzelziele

Radarziele werden im allgemeinen durch ihren Radarrückstreuquerschnitt σ beschrieben. Dieser Radarrückstreuquerschnitt ist definiert als Verhältnis der pro Einheitsraumwinkel vom Ziel zum Empfänger gestreuten Leistung zu der auf das Ziel einfallenden Flächenleistungsdichte. Eine mathematische Formulierung dieser Definition ist

$$\sigma = 4\pi r^2 \cdot \frac{\operatorname{Re}(\vec{E}_2 \times \vec{H}_2^*)}{\operatorname{Re}(\vec{E}_1 \times \vec{H}_1^*)}$$

$$= 4\pi r^2 \cdot \frac{|\vec{E}_2|^2}{|\vec{E}_1|^2} . \tag{3.1}$$

Hierbei sind $\vec{E}_2$ und $\vec{H}_2$ die gestreuten und $\vec{E}_1$ und $\vec{H}_1$ die auf das Ziel einfallenden elektrischen und magnetischen Feldstärken; r ist die Entfernung, welche die Streuwelle vom Objekt zum Empfänger zurücklegt.

Unter Fernfeldbedingungen nach Gl. (2.64) aus Kapitel 2.2 kann man σ als Grenzwert aus Gl. (3.1) definieren:

$$\sigma = \lim_{r \to \infty} 4\pi r^2 \cdot \frac{|\vec{E}_2|^2}{|\vec{E}_1|^2} . \tag{3.2}$$

σ hat die Dimension einer Fläche. Wenn Sender und Empfänger am gleichen Ort stehen, wird σ genauer ‚monostatischer Rückstreuquerschnitt' genannt.

Dieser Radarrückstreuquerschnitt ist der entscheidende Faktor für Radaranwendungen. In den meisten Fällen ist σ (oder entsprechende Derivate) diejenige Meßgröße, die man mit einem Radar ermitteln will. σ hängt grundsätzlich ab von den elektrischen Kenngrößen des Ziels und den Eigenschaften des einfallenden Feldes. Es wird bei Wechselwirkung der Welle mit einem Ziel bestimmt von der Beschaffenheit des Ziels und seinem Verhalten, wie z. B. Material, Orientierung des Ziels zum Radar und seiner Geschwindigkeit usw.. Gemäß Gl. (3.1) ist der Radarrückstreuquerschnitt grundsätzlich entfernungsabhängig. Das hat man zu beachten, wenn man Messungen oder Betrachtungen im Nahfeld eines Objekts anstellt.

In Gl. (3.1) ist σ als skalare Größe definiert. Entsprechend den Ausführungen in Kapitel 2 bedingt aber das Polarisationsverhalten elektromagnetischer Wellen bei Streuung an Objekten, daß zur exakten Beschreibung der Rückstreuung die komplette Streumatrix erforderlich ist. Die Streumatrix nach Gl. (2.72) kann man als Matrix aus Rückstreuquerschnitten angeben:

$$\mathbf{S} = \mathbf{S}_o = \begin{bmatrix} \sqrt{\sigma_{HH}}e^{j\varphi_{HH}} & \sqrt{\sigma_{HV}}e^{j\varphi_{HV}} \\ \sqrt{\sigma_{VH}}e^{j\varphi_{VH}} & \sqrt{\sigma_{VV}}e^{j\varphi_{VV}} \end{bmatrix} = \begin{bmatrix} S_{HH} & S_{HV} \\ S_{VH} & S_{VV} \end{bmatrix}. \qquad (3.3)$$

Für hier betrachtete isotrope Medien gilt das Reziprozitätstheorem, die kreuzpolaren Anteile sind einander gleich. Die Indizes H und V stehen für zwei beliebige zueinander orthogonale Polarisationen (hier: horizontal und vertikal); der erste Index ist die Polarisation des Senders, der zweite die des Empfängers. Die unterschiedlich indizierten σ sind die beiden jeweiligen Polarisationskonfigurationen der vorliegenden Rückstreuquerschnitte. In der Radargleichung für die Empfangsleistung muß man dann ebenfalls die unterschiedlichen Polarisationen berücksichtigen [7], [23].

Die Streumatrix eines Objekts nach Gl. (3.3) kann man mit einem Radar bestimmen, dessen Sender und Empfänger auf jeden Polarisationszustand eingestellt werden kann. Bezeichnet man mit $\vec{P}_s$ und $\vec{P}_e$ die Polarisationsvektoren der Sende- (s) bzw. Empfangsantenne (e), dann kann man analog zu Gl. (2.73) die am Empfänger auftretende Spannung $\vec{U}_e$ in Form einer Radargleichung darstellen (vgl. auch Kap. 5)

$$\vec{U}_e = \left(U_0 e^{j\varphi}\right) \vec{P}_e \cdot \mathbf{S} \cdot \vec{P}_s \cdot \frac{e^{-j2kr}}{r^2} \qquad (3.4)$$

Dabei ist $U_0 e^{j\varphi}$ ein Faktor, der sowohl Gerätekonstanten als auch Ausbreitungsfaktoren sowie die Zeitabhängigkeit enthält. Die Streumatrix in Gl. (3.4) trägt dem Umstand Rechnung, daß grundsätzlich jedes Streuobjekt die Polarisation der einfallenden Welle verändert.

In Abb. 3.1 sind für einfache Reflexionsverhältnisse und einfache metallische Objekte (Kugel, langer dünner Draht, unendlich langer 90°-Winkel, Spirale) die Streuverhältnisse zusammengestellt.

Reflexionen erzeugen immer Phasenverschiebungen zwischen den Komponenten der

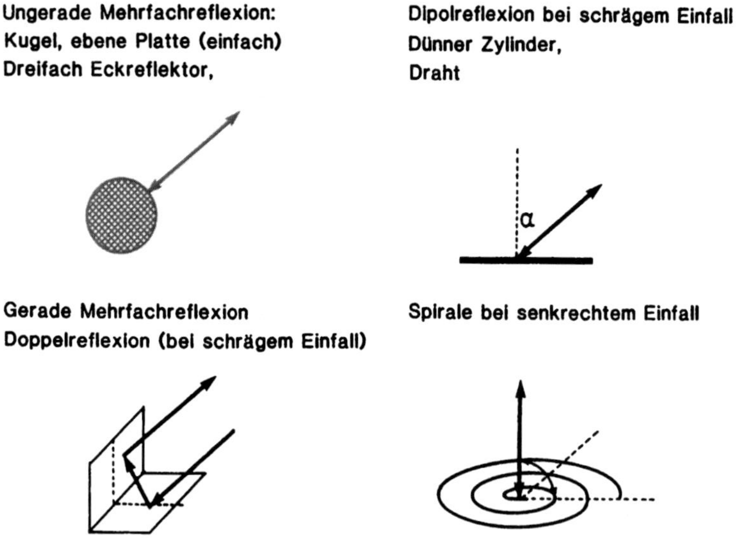

3.1 Der Radarrückstreuquerschnitt

Ungerade Mehrfachreflexion:
Kugel, ebene Platte (einfach)
Dreifach Eckreflektor,

Dipolreflexion bei schrägem Einfall
Dünner Zylinder,
Draht

Gerade Mehrfachreflexion
Doppelreflexion (bei schrägem Einfall)

Spirale bei senkrechtem Einfall

Abb. 3.1: Überblick über die Streuverhältnisse an einfachen metallischen Objekten.

Feldstärken; diese betragen bei leitenden Flächen pro Reflexion 90°. Die Reflexion an einer Kugel repräsentiert Verhältnisse, wie sie grundsätzlich für alle Punktstreuer sowie für alle ungeradzahligen Reflexionen gelten (senkrechte Reflexion an einer Ebene, Dreifach-Eckreflektor, auch ‚Trihedral Corner' etc.). Alle Amplituden sind auf Eins normiert, was bei metallischen Objekten am Modell zulässig ist. Diese Matrizen nennt man *Pauli*-Matrizen. Der unendlich lange 90°-Winkelreflektor ist bei senkrechtem Einfall repräsentativ für alle Streuer, bei denen eine Doppelreflexion (engl.: ‚double bounce') bzw. eine geradzahlige Anzahl von Reflexionen auftritt. Dort erfahren die Komponenten der einfallenden Welle eine Phasenverschiebung von je 180° pro Doppelreflexion. Der lange, dünne Draht ist für sogenannte Dipol-Reflexionen repräsentativ, d. h. für Konfigurationen, auf denen Linienströme auftreten. Bei Reflexionen an langen Drähten, Dipolen, sowie langen 2-Ebenen-Reflektoren liegt auch eine Abhängigkeit vom Einfallswinkel α gegen die Längsausdehnung vor, die zu einer Phasenverschiebung der kopolaren Komponente führt. Spezielles Verhalten liegt bei Reflexion an einer kreisförmigen Spirale vor, deren Reflexionseigenschaften an zirkulare Polarisation adaptiert sind.

Die Streumatrix liefert die bestmögliche, komplette Information über ein Objekt. Man kann zeigen, daß sich die generelle Streumatrix eines Objekts in 3 elementare Komponenten-Matrizen zerlegen läßt [29], nämlich in die Matrizen von

- Einfachstreuer (Kugel, Dreifach-Reflektor)
- Zweifachstreuer (Winkelreflektor)
- Spirale (links- bzw. rechtszirkular)

Im folgenden sind die zu den in Abb. 3.1 dargestellten metallischen Objekten gehörenden Matrizen angegeben. Alle Amplituden sind auf eins normiert, was bei metallischen Objekten am Modell zulässig ist. Diese Matrizen nennt man *Pauli*-Matrizen.

- Punktreflexion (Abb. 3.1a):

$$\mathbf{S}_{2n+1} = \begin{bmatrix} 1 & 0 \\ 0 & 1 \end{bmatrix} \tag{3.5}$$

- Doppelreflexion (Abb. 3.1b) bei schrägem Einfall (α) gegen die Längsausdehnung:

$$\mathbf{S}_{2n+2} = \begin{bmatrix} \cos(2\alpha) & \sin(2\alpha) \\ \sin(2\alpha) & -\cos(2\alpha) \end{bmatrix} \tag{3.6}$$

- Dipolreflexion (Abb. 3.1c) bei schrägem Einfall (α) gegen die Längsausdehnung:

$$\mathbf{S}_{\text{Draht}} = \begin{bmatrix} \cos^2(2\alpha) & \frac{1}{2}\sin(2\alpha) \\ \frac{1}{2}\sin(2\alpha) & -\sin^2(2\alpha) \end{bmatrix} \tag{3.7}$$

- Spiralreflexion (Abb. 3.1d) bei senkrechtem Einfall auf die Spirale:

$$\mathbf{S}_{\text{Spirale}} = \frac{1}{2}\begin{bmatrix} 1 & \pm j \\ \pm j & -1 \end{bmatrix}. \tag{3.8}$$

Kennt man die komplette Streumatrix eines Objekts für eine Polarisationsbasis, dann kann man daraus die zu jeder anderen Polarisationsbasis gehörende Streumatrix bestimmen. Als Beispiel sei hier die Umrechnung von linearer (H und V) zu zirkularer (rechts R und links L) Polarisation angegeben. Für die Matrixkomponenten gilt

$$S_R = jS_{HV} + \frac{1}{2}(S_{HH} - S_{VV}) \tag{3.9a}$$

$$S_L = jS_{HV} - \frac{1}{2}(S_{HH} - S_{VV}) \tag{3.9b}$$

$$S_{RL} = \frac{j}{2}(S_{HH} + S_{VV}) \tag{3.9c}$$

Die in den Gln. (3.9a) bis (3.9c) auftretenden Amplituden und Differenzen der linearen Gleichpolarisationskomponenten werden zusammen mit den Amplituden der Kreuzpolarisationskomponenten HV oft zur Darstellung von Streuvorgängen auf der Erdoberfläche benutzt. Für Flächenstreuung, d. h. direkte Rückstreuung von einzelnen Punkten der Fläche, sind beide Gleichkomponenten S_{HH} und S_{VV} in Phase, für Doppelreflexionen, wie sie z. B. an senkrechten Gebäuden auftreten, besteht zwischen diesen Komponenten i. a. ein Phasenunterschied von 180°. Diffuse Volumenstreuung, wie sie z. B. im Laubdach von Wäldern auftritt, führt zu einer ausgeprägten Bevorzugung der Kreuzpolarisation. Abb. 3.2 zeigt ein entsprechendes Beispiel. Deutlich ausgeprägt ist

3.1 Der Radarrückstreuquerschnitt

Abb. 3.2: Polarimetrisches Bild, aufgenommen mit dem Radar mit synthetischer Apertur des DLR (E-SAR) im L-Band, farbcodiert: blau: HH+VV (einfache Reflexion), rot: HH−VV (zweifache Reflexion), grün: HV+VH (diffuse Streuung). (Siehe auch Farbseiten in der Mitte des Buches.)

die grüne kreuzpolare Komponente bei Wald, wo vorzugsweise diffuse Streuung an Baumkronen vorliegt und die bipolare Streuung an Häusern in Wohnbereichen. Der Einfluß des Einfallswinkels α wird am Zaun in der unteren Bildmitte deutlich. Bei senkrechtem Einfall tritt zweifache Reflexion auf; der Zaun erscheint rot. Nach dem Knick ist der Einfallswinkel etwa gleich 45°; der Zaun erscheint grün. Die Streumatrix ändert sich im Vergleich zu Gl. (3.5):

$$[S] = \begin{bmatrix} 0 & 1 \\ 1 & 0 \end{bmatrix} \tag{3.10}$$

Dies ist aber gerade die *Pauli*-Matrix für völlige Kreuzpolarisation.

Hieraus erklärt sich auch das Auftreten der Kreuzpolarisation in bebautem Gelände. Dort rührt sie von Gebäuden her, die unter 45°-Winkeln zur Sichtlinie stehen.

Die folgenden Betrachtungen beziehen sich auf Rückstreuquerschnitte gemäß Gl. (3.2) ohne ausdrückliche Berücksichtigung der Polarisation. Die Ausführungen gelten aber grundsätzlich für alle Polarisationszustände, d. h. für jede Komponente der Matrix nach Gl. (3.3).

Der Rückstreuquerschnitt ist für einen gegebenen Beobachtungswinkel im allgemeinen nicht von der gleichen Größe wie die Schattenfläche des Ziels; σ kann vielmehr je nach Form des Ziels viele Größenordnungen größer oder auch kleiner sein.

Eine derartige nichtisotrope Streuung wird in der Antennentechnik durch einen Gewinn G beschrieben. Wird die effektive Auffangfläche eines Ziels für die einfallenden Mikrowellen mit A_e bezeichnet, so gilt in der üblichen Schreibweise für den Gewinn G

$$G = \frac{|E_2|^2 \cdot 4\pi r^2}{|E_1|^2 \cdot A_e} \tag{3.11}$$

und durch Vergleich mit Gl. (3.1) resultiert

$$\sigma = G \cdot A_e , \tag{3.12}$$

d. h. der Rückstreuquerschnitt σ ist gleich dem Produkt der effektiven Fläche A_e und einem Gewinn G. A_e entspricht für Ziele, die groß gegen die Wellenlänge sind, meist der Schattenfläche des Ziels. G beschreibt wie bei Antennen die Bündelung der zurückgestrahlten Leistung.

Der in Gl. (3.2) durchgeführte Grenzübergang erfordert im wesentlichen, daß zwischen Radarantenne und Ziel die Fernfeldbedingung

$$r \geq \frac{2\left(d_1^2 + d_2^2\right)}{\lambda} \tag{3.13}$$

erfüllt ist (vgl. Kap. 2.2, Gl. (2.64)) und daß die Ausdehnung des Meßobjekts in der Beobachtungsrichtung vernachlässigbar sein muß gegen r. d_1 und d_2 sind jeweils die

3.1 Der Radarrückstreuquerschnitt

größten Ausdehnungen der Radarantenne bzw. des Ziels quer zur Beobachtungsrichtung. Im Nahfeld eines Ziels ändert sich $|\vec{E}_2|$ nicht wie im Fernfeld proportional zu r^{-1}, damit ist σ dort nicht eine für das Ziel bei gegebenen Radarparametern charakteristische Größe, sondern noch von der Entfernung abhängig. Durch den Grenzübergang $r \to \infty$ wird diese Abhängigkeit vernachlässigbar.

Eine exakte Berechnung des Radarrückstreuquerschnitts erfordert die Berechnung der reflektierten Feldstärke $\vec{E}_2$ in Gl. (3.2). Dazu muß man im allgemeinen die *Maxwellschen* Gleichungen in ihrer Differential- bzw. Integralform unter Beachtung der Randbedingungen der Objektstruktur lösen. Das führt für reale Objekte, Flugzeuge, Fahrzeuge, Schiffe usw. zu äußerst komplexen, analytisch meist nicht mehr lösbaren Integralgleichungen. Beispiele dafür findet man in [4]. Nur für spezielle, einfache Konfigurationen wie Kugeln, Zylinder, Platten usw. sind analytische, geschlossene oder Näherungslösungen möglich. Abb. 3.3 zeigt den Radarrückstreuquerschnitt einer Kugel in Abhängigkeit von der Frequenz.

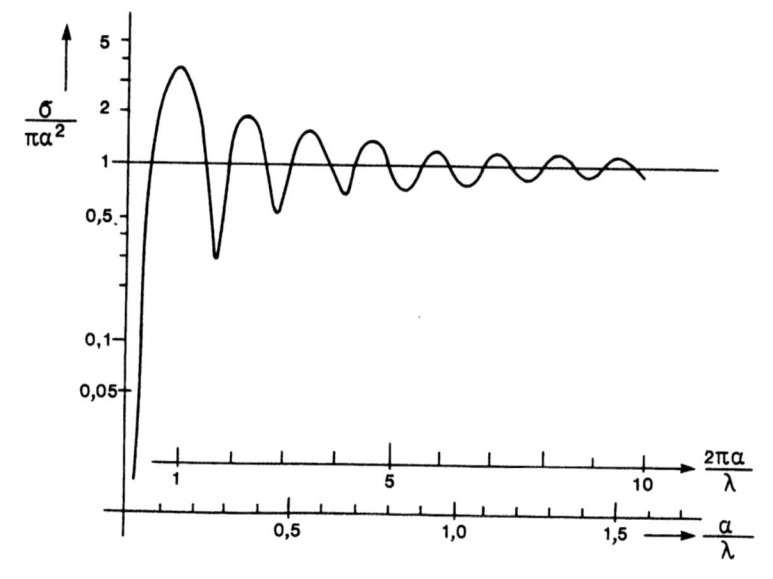

Abb. 3.3: Radarrückstreuquerschnitt einer Kugel mit dem Radius a normiert auf die Querschnittsfläche in Abhängigkeit vom Verhältnis des Radius a zur Wellenlänge λ.

Radarrückstreuquerschnitte einfacher geometrischer Körper sind in Abb. 5.5 tabellarisch zusammengestellt.

Zur näherungsweisen Bestimmung des Radarrückstreuquerschnitts komplexer Objekte bedient man sich häufig solcher relativ einfach zu bestimmenden Größen. Man geht dabei grundsätzlich in drei Schritten vor:

1. Die komplexe Konfiguration wird in einfache Elemente zerlegt, deren Rückstreuquerschnitte man bestimmen kann (Kugeln, Zylinder, ebene Platten, Drähte usw.)

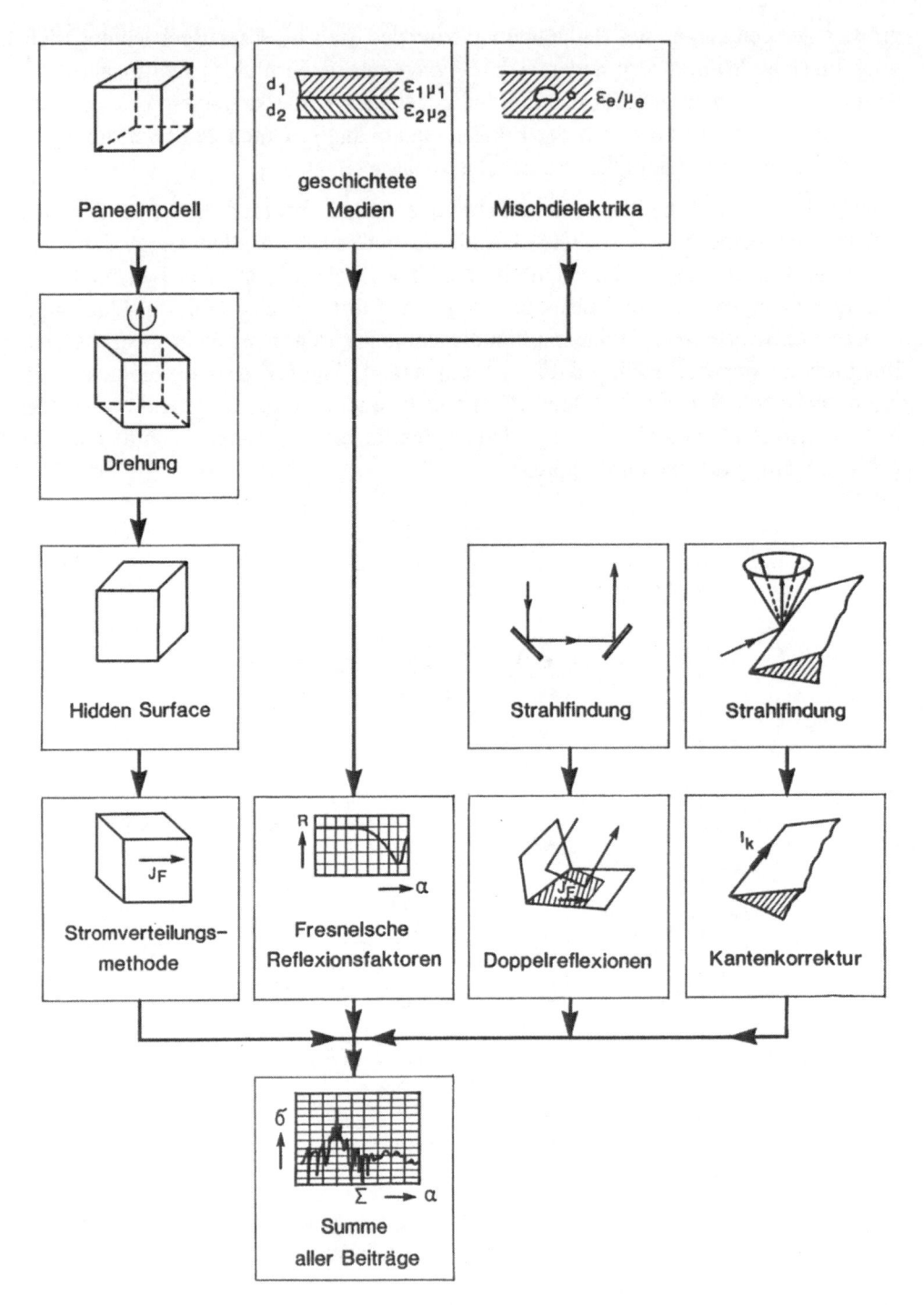

Abb. 3.4: Blockschaltbild eines Modells zur Berechnung von Rückstreuquerschnitten unter Einbeziehung von Kanten- und Mehrfachreflexionen. Dargestellt ist der Rechenverlauf am Beispiel eines Würfels (Quelle: Lit. [27]).

3.1 Der Radarrückstreuquerschnitt

2. Der Rückstreuquerschnitt jedes der Elemente wird, soweit möglich, aus geschlossenen oder Näherungslösungen bestimmt.

3. Unter der Annahme, daß statistische Phasenbeziehungen zwischen den einzelnen Elementen bestehen, werden alle ermittelten Rückstreuquerschnitte arithmetisch addiert.

Abb. 3.4 zeigt das Blockschaltbild eines Modells zur Berechnung von Rückstreuquerschnitten, und in Abb. 3.5 sind Rechenergebnisse und Meßergebnisse gegenübergestellt [15], [26].

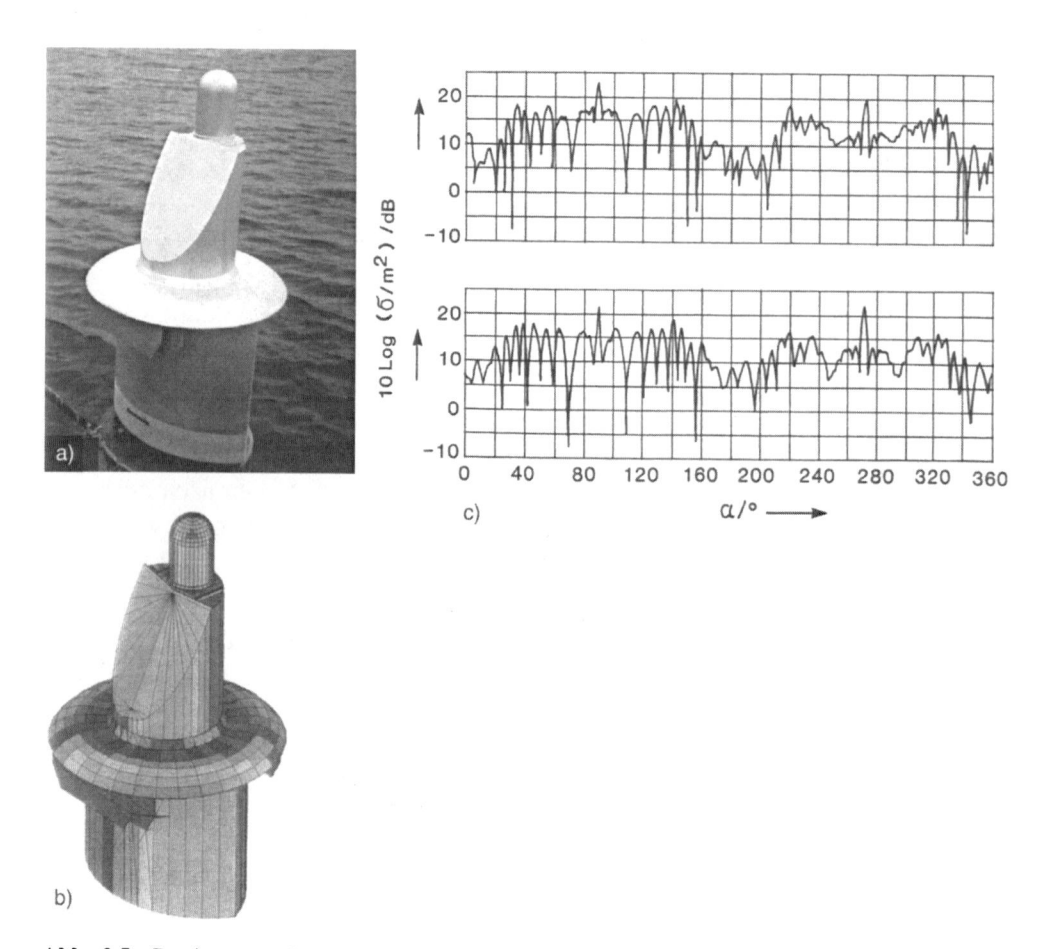

Abb. 3.5: Bestimmung des Radarrückstreuquerschnitts eines Sehrohrs, a) Photo des Modells zur Messung, b) Facettenmodell zur Berechnung, c) oben: Messung im Freiraum; unten: Modellrechnung (Quelle: Lit. [15], [26]).

3.1.2 Interferenzbedingte Fluktuationen

Das von einem Radar empfangene Signal hat grundsätzlich die Gestalt

$$\vec{E} = \sum_{i}^{m} \vec{E}_i \cdot e^{j(\omega_i t_i + \varphi_i)} \ . \tag{3.14}$$

Das Signal setzt sich aus vielen Einzelsignalen mit unterschiedlichen Amplituden, Phasen und Frequenzen zusammen. Hier ist $\vec{E}$ der Vektor der Empfangsfeldstärke, m die Anzahl der Streuzentren bzw. Leuchtpunkte, die zum Signal beitragen (d. h. die von der Antennenkeule ausgeleuchtet werden), $\vec{E}_i$ das vom i-ten Punkt gestreute Feld, $\omega_i = 2\pi f_i$ die dazu gehörige Kreisfrequenz (beim Radar die Sendefrequenz plus eventueller Dopplerfrequenz des Streuers), $t_i = t + \tau_i$ die Beobachtungszeit mit der entsprechenden Laufzeitverzögerung τ_i. Der Empfänger hat in Zusammenarbeit mit Antenne und Datenverarbeitungsteil die Aufgabe, einerseits dieses komplexe Signal zu einem beobachtbaren Signal, das proportional zu $|\vec{E}|^2$ ist, umzuformen und andererseits aus der Einfallsrichtung des Empfangssignals bzw. aus der Messung seiner Phasen die Richtung zum Ziel zu bestimmen.

Ein Radarsignal resultiert demnach grundsätzlich aus einer Summenbildung von komplexen Größen. Dies nennt man eine Phasensumme. Im allgemeinen sind hier die Amplituden und Phasen statistisch verteilt, und das vom Empfänger registrierte Signal unterliegt deswegen statistischen Schwankungen. Diese Fluktuationen sind ein bekanntes Interferenz-Phänomen in der Radartechnik (man bezeichnet diese Fluktuationen und ihre Auswirkungen auch mit ‚Glint' und spricht demnach auch von Amplituden- und Winkelglint). Der Spiegelungseffekt sowie das Speckle bei abbildenden Systemen (vgl. Kap. 2.4.4, Abb. 2.24 und Kap. 3.1.6, Abb. 3.11) sind z. B. Glintphänomene.

Auch die große Abhängigkeit des Radarrückstreuquerschnitts gegenüber Änderungen von Aspektwinkel und Frequenz, d. h. die tiefen Einbrüche, denen unmittelbar wieder Spitzen folgen, ist ein derartiges Interferenz-Phänomen (Abb. 3.6).

Setzt man voraus, daß alle Streuzentren die gleiche Frequenz zurückstreuen (das ist i. a. dann der Fall, wenn das Ziel keine Drehbewegungen ausführt, die zu unterschiedlichen Dopplerfrequenzen führen), dann kann man die Zeitabhängigkeit in Gl. (3.14) eliminieren und erhält aus Gl. (3.14) und Gl. (3.2):

$$\sigma = \left| \sum \sqrt{\sigma_i} \cdot e^{j\varphi_i} \right|^2 \quad \text{mit} \quad \varphi_i = \frac{2\pi}{\lambda} \cdot r_i \ . \tag{3.15}$$

Die Phase φ_i resultiert aus dem Abstand r_i des i-ten Streuzentrums vom Radar (und grundsätzlich auch aus Polarisationseinflüssen, die hier aber nicht berücksichtigt werden).

Zur Demonstration der Fluktuationen des gesamten Radarrückstreuquerschnitts in Abhängigkeit vom Aspektwinkel und von der Frequenz betrachtet man exemplarisch

3.1 Der Radarrückstreuquerschnitt

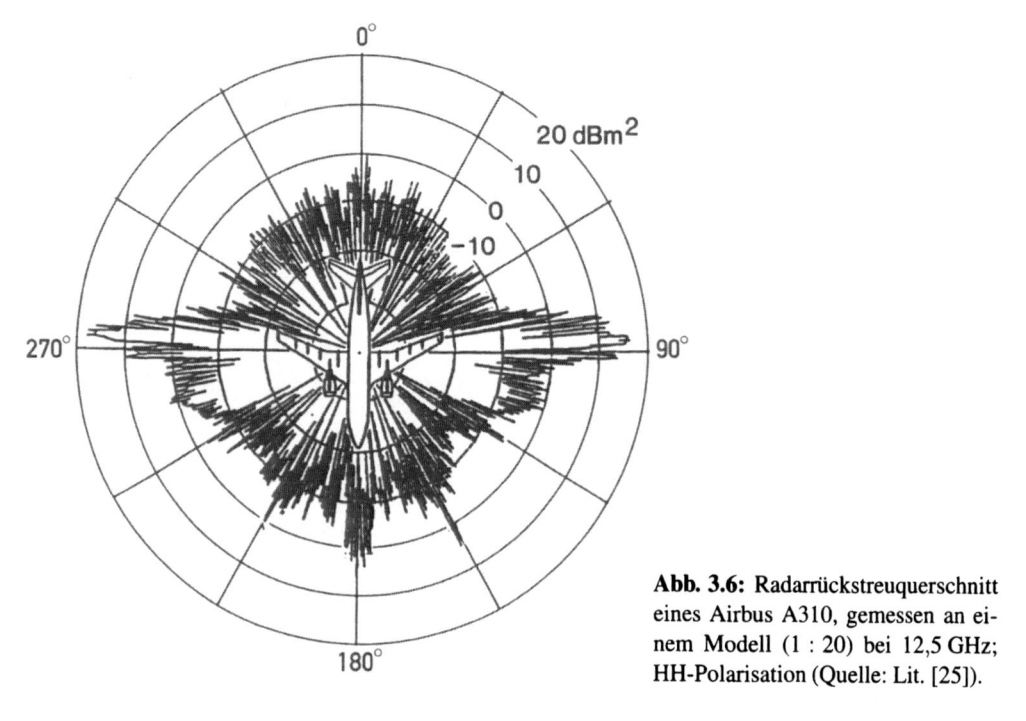

Abb. 3.6: Radarrückstreuquerschnitt eines Airbus A310, gemessen an einem Modell (1 : 20) bei 12,5 GHz; HH-Polarisation (Quelle: Lit. [25]).

ein Ziel, das aus zwei Rückstreuzentren gleicher Größe besteht, die im Abstand d_a voneinander angeordnet sind, z. B. das Doppelziel in Abb. 3.7.

Auf diese Konfiguration falle eine ebene Welle unter dem Winkel α ein. Die rückgestreuten Wellen haben gegeneinander eine Phasenverschiebung φ. Es resultiert

$$\varphi = 4\pi \cdot \frac{l}{\lambda} = 4\pi \cdot \frac{d_a}{\lambda} \cdot \sin\alpha \,. \tag{3.16}$$

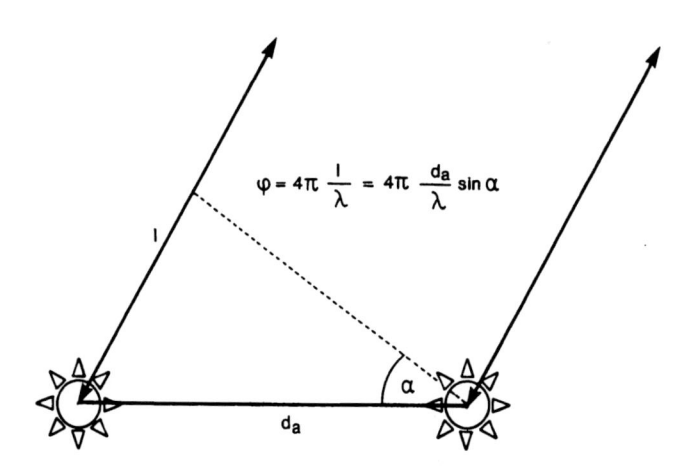

Abb. 3.7: Beispiel für ein Doppelziel, bestehend aus zwei Rückstreuzentren für die entsprechende, winkelabhängige Phase gemäß Gl. (3.16).

Für große Abstände, d. h. kleine Winkel α kann man den Sinus durch sein Argument ersetzen, und man erhält

$$\varphi \approx 4\pi \cdot \frac{d_a}{\lambda} \cdot \alpha. \tag{3.17}$$

Aus einer Aspektwinkeländerung um $\Delta\alpha$ folgt damit eine Änderung der Phasenverschiebung φ am Empfangsort:

$$\Delta\varphi = 4\pi \cdot \frac{d_a}{\lambda} \cdot \Delta\alpha. \tag{3.18}$$

Das erste Interferenz-Minimum tritt auf bei $\Delta\varphi = \pi$, damit erhält man

$$\Delta\alpha_{min} = \frac{\lambda}{4 \cdot d_a}. \tag{3.19}$$

Für $\Delta\varphi = n \cdot 2\pi$ werden n Perioden des Interferenzmusters durchlaufen, dem entspricht ein Drehwinkel von

$$\Delta\alpha_n = n \cdot \frac{\lambda}{2 \cdot d_a}. \tag{3.20}$$

Hieraus wird die Abhängigkeit der Aufzipfelung des Radarrückstreuquerschnitts vom Aspektwinkel deutlich. Je größer die Querausdehnung des Ziels ist, desto feiner wird die Aufzipfelung des Strahlungsdiagramms in Abhängigkeit vom Aspektwinkel. In einem Winkelbereich von 0° bis 30° erhält man mit $\sin\alpha \approx \alpha$ aus Gl. (3.20):

$$n \leq \frac{\pi}{3} \cdot \frac{d_a}{\lambda}. \tag{3.21}$$

Für einen Abstand der Streuzentren von 60 cm erhält man demnach bei einer Wellenlänge von 3 cm (d. h. im X-Band) bereits 21 Interferenzeinbrüche im Winkelbereich $\pm 30°$. Meist sind am Gesamtrückstreuquerschnitt mehr als zwei Rückstreuzentren beteiligt, die alle gleichzeitig miteinander interferieren. Das führt im allgemeinen zu unübersichtlichen Verhältnissen, insbesondere dann, wenn die einzelnen Zentren im Hinblick auf ihre Position und Größe ebenfalls vom Aspektwinkel abhängig sind.

Vernachlässigt man diese Effekte, dann ist die feinste Aufzipfelungsstruktur durch den größten Abstand d_{amax} zweier Streuzentren gegeben. Der kleinste Winkelabstand $\Delta\alpha_{min}$ zwischen zwei Interferenzminima ist dann

$$\Delta\alpha_{min} = \frac{\lambda}{2 \cdot d_{amax}}. \tag{3.22}$$

Abb. 3.8 zeigt den berechneten und gemessenen Verlauf des Radarrückstreuquerschnitts eines Würfels, der an zwei Seiten durch angefügte Seitenbleche so erweitert wurde, daß dadurch zwei zweidimensionale Eckenreflektoren, d. h. zwei Streuzentren, entstehen [15], [26].

3.1 Der Radarrückstreuquerschnitt

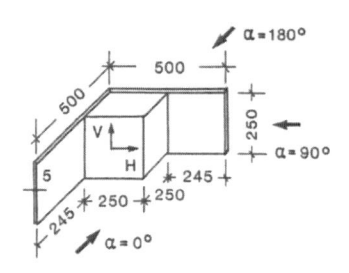

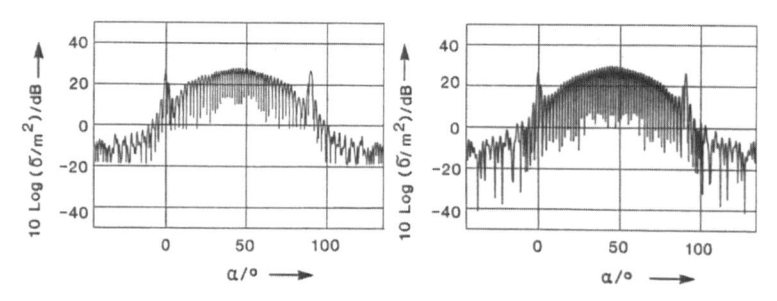

Abb. 3.8: Rückstreuquerschnitt eines Würfels mit angesetzten Flächen. Oben: Dimensionen in mm und Blickwinkel α; unten links: Meßergebnis; unten rechts: Modellrechnung; Frequenz: 16,66 GHz. (Quelle: Lit. [15], [26]).

Gl. (3.16) kann man auch nutzen, um die prinzipielle Frequenzabhängigkeit einer Streuzentrenkonfiguration zu zeigen. Setzt man in Gl. (3.16) $\lambda = c_0/f$ ein, dann erhält man

$$\varphi = \frac{4\pi}{c_0} \cdot d_a \cdot \sin\alpha \cdot f \, . \tag{3.23}$$

Eine Frequenzänderung Δf bewirkt dann am Empfänger eine Änderung der Phasenverschiebung $\Delta\varphi$

$$\Delta\varphi = \frac{4\pi}{c_0} \cdot d_a \cdot \sin\alpha \cdot \Delta f \, . \tag{3.24}$$

Ändert man die Frequenz um

$$\Delta f = \frac{c_0}{2 \cdot d_a \cdot \sin\alpha} \, , \tag{3.25}$$

dann ändert sich die Phasenverschiebung um 2π. Eine Frequenzänderung bewirkt also eine Modulation der Rückstreuung mit dieser Periode. Ebenso wie bei der Aspektwinkelabhängigkeit gilt diese Aussage für die Interferenz der Streubeiträge aller Reflexionszentren, wenn mehrere Streuzentren vorliegen. Die kürzeste Modulationsperiode ist dann durch den größten Abstand $d_{a\,max}$ zweier Streuzentren gegeben. Die Tiefe der Modulation hängt von den jeweiligen Größen der beteiligten Streuzentren ab. Für zwei gleich große Zentren führt eine destruktive Interferenz zu völliger

Auslöschung. Es ist bemerkenswert, daß diese Modulationen unabhängig von der benutzten Frequenz sind. Legt man einen maximalen Streuzentrenabstand d_{amax} zugrunde, dann resultiert daraus eine minimale Frequenzverschiebung

$$\Delta f_{\min} = \frac{c_0}{2 \cdot d_{\text{amax}} \cdot \sin \alpha} . \tag{3.26}$$

Setzt man $\sin \alpha = 1$ und legt man einen Streuzentrenabstand von 1,5 m zugrunde, dann resultiert z. B. aus Gl. (3.26):

$$\Delta f_{\min} = 10^8 \, \text{Hz} = 100 \, \text{MHz} . \tag{3.27}$$

Das bedeutet, bereits bei Frequenzänderungen von 50 MHz geht eine destruktive in eine konstruktive Interferenz über, und man erhält dabei Signaleinbrüche von vielen Größenordnungen. Dieser Umstand ist zu berücksichtigen, wenn man Radargeräte mit Frequenzmodulation bzw. großer Bandbreite bauen und nutzen will (vgl. auch Kap. 3.1.4).

3.1.3 Mittelung über den Aspektwinkel

Für komplexe Ziele mit vielen Streuzentren etwa gleicher Größe, wie Flugzeuge, Schiffe, Bäume oder Erdboden über einer größeren Auflösungszelle, gehorcht die Wahrscheinlichkeitsdichteverteilung p der Empfangsamplituden über große Winkelbereiche, oft auch über große Frequenzbereiche, sehr gut einer *Rayleigh*-Verteilung:

$$p(\sqrt{\sigma}) = \frac{2 \cdot \sqrt{\sigma}}{\bar{\sigma}} \cdot e^{-\sigma/\bar{\sigma}} , \tag{3.28}$$

die Wahrscheinlichkeitsdichteverteilung von σ selbst gehorcht dann einer Exponentialverteilung

$$p(\sigma) = \frac{1}{\bar{\sigma}} \cdot e^{-\sigma/\bar{\sigma}} , \tag{3.29}$$

und die Überschreitungswahrscheinlichkeit wird

$$W(\sigma > \sigma_t) = e^{-\sigma_t/\bar{\sigma}} . \tag{3.30}$$

$\bar{\sigma}$ ist der Mittelwert von σ. Mit der Angabe von $\bar{\sigma}$ über den ganzen Aspektwinkelbereich oder aber über Teilbereiche sind damit große Ziele statistisch recht gut beschrieben. Über zu kleinen Aspektwinkelbereichen ist allerdings häufig eine σ-Verteilung entsprechend Gl. (3.28) und Gl. (3.29) nicht mehr gewährleistet, da in kleinen Bereichen häufig einzelne Streuzentren dominieren, wie z. B. in der Breitseit-Ansicht eines Flugzeugs in Abb. 3.6.

Trifft die *Rayleigh*-Verteilung für die Streuzentren nicht zu, wie zum Beispiel bei Zielen, deren Streuverhalten wesentlich durch große ebene Flächen bestimmt wird, die in schmalen Aspektwinkelbereichen, bei senkrechter Draufsicht auf die Flächen, sehr

3.1 Der Radarrückstreuquerschnitt

hohe Rückstreuquerschnitte aufweisen (Abb. 3.6 zeigt ein Beispiel), sich dazwischen aber wie *Rayleigh*-Ziele verhalten, so ist der σ_{50}-Wert eine gute Beschreibung für das ganze Ziel. Dies ist der σ-Wert, der in 50 % aller Fälle (z. B. Aspektwinkel) überschritten wird.

Für *Rayleigh*-Ziele gilt nach Gl. (3.30)

$$0{,}5 = e^{-\sigma_{50}/\bar{\sigma}} \tag{3.31}$$

oder

$$\sigma_{50} = \bar{\sigma} \cdot 0{,}69 \,. \tag{3.32}$$

Für die beschriebenen Ziele mit sehr hohen isolierten Maxima sinkt σ_{50} weiter gegenüber $\bar{\sigma}$, weil die extrem hohen Werte den Mittelwert nach oben schieben. Die Beschreibung mit σ_{50} scheint vorteilhaft, wenn es um die Entdeckbarkeit eines solchen Ziels geht, weil extrem hohe Maxima von z. B. $\sigma = 10^4 \, \text{m}^2$ oder noch größerem Rückstreuquerschnitt für die Entdeckbarkeit in der Regel nicht mehr Gewicht haben als z. B. $1 \, \text{m}^2$, für dessen Entdeckbarkeit ein Radarsystem spezifiziert ist, die hohen Maxima aber andererseits, wie erwähnt, im Mittelwert sehr wohl zu Buche schlagen.

3.1.4 Mittelung über der Frequenz

Wie oben im Detail erläutert, hängt der Rückstreuquerschnitt eines Ziels im allgemeinen sehr stark vom Aspektwinkel ab, und kleine Winkeländerungen können σ-Änderungen von einigen Größenordnungen bewirken. Die hierbei entstehenden tiefen Einbrüche im Rückstreudiagramm können bei speziellen Anwendungen, insbesondere dort, wo sich der Aspektwinkel über längere Zeit nur wenig ändert, zu einer drastischen Reduzierung der Entdeckungswahrscheinlichkeit oder zum Verlust des Ziels aus einer Nachführschleife führen. Da die Interferenzverhältnisse nach Gl. (3.24) durch Variieren der Frequenz geändert werden können, kann man in solchen Fällen durch Erweiterung der Bandbreite nach verschiedenen Methoden eine Mittelung des Rückstreuquerschnitts über der Frequenz erreichen. Hierdurch werden einerseits die Nullstellen aufgefüllt, andererseits die durch Interferenz bedingten Maxima eingeebnet, d. h., es wird die mittlere Schwankungsbreite der σ-Werte verringert.

Das frequenzgemittelte Rückstreudiagramm ist daher ‚glatter‘ als das monochromatische. Die Stärke der Glättung hängt ab von der Zahl N der für jeden Aspektwinkel im Frequenzbereich gewonnenen, unabhängigen Meßwerte. Diese wiederum ist proportional zu $B/\Delta f_P$, wobei B die Mittelungs-Bandbreite und Δf_P der Abstand zweier Interferenzmaxima nach Gl. (3.26) ist. Man erhält

$$N = \text{konst} \cdot \frac{B}{\Delta f_P} \,, \tag{3.33}$$

$$N = \text{konst} \cdot \frac{B \cdot \Delta d_{\text{amax}}}{c_0} \,. \tag{3.34}$$

Die Zahl der zur Mittelung verfügbaren unabhängigen Meßwerte ist also proportional zur Mittelungsbandbreite und der Tiefe des Objekts. Falls das Objekt in Beobachtungsrichtung ausgedehnter ist als die Auflösungszelle des Radars, tritt die Tiefe der Auflösungszelle an die Stelle der Objekttiefe.

3.1.5 Fluktuationsmodelle

Die bisherigen Ausführungen besagen: Der genaue Radarrückstreuquerschnitt eines Ziels hängt im allgemeinen stark vom Aspektwinkel und von der Frequenz ab. Er ist in der Praxis eine Zufallsgröße und kann im allgemeinen nur durch eine Verteilungsfunktion und deren Momente beschrieben werden. Speziellen Objekten kommen dabei spezielle Verteilungsfunktionen zu.

Falls nicht spezielle Probleme zu lösen sind, für die eine exakte Kenntnis des Rückstreudiagramms erforderlich ist, reduziert man in der Regel die Meßdaten auf statistische Kennwerte, wie Mittelwerte und Streubreiten, und gibt dazu noch die Art der Verteilung an. Es gibt hierzu eine Reihe von Statistik- und Fluktuationsmodellen, die in der Radarliteratur im Detail beschrieben sind (vgl. z. B. [3]).

Danach kann man unterschiedliche Zieltypen charakterisieren. Bereits 1960 hat *Swerling* seine klassischen Einteilungen getroffen und Modelle vorgestellt, die heute noch meist benutzt werden, wenn auch inzwischen noch andere evtl. sogar effektivere Modelle vorgestellt wurden [3]. Besteht ein Ziel aus mehreren gleich großen Reflexionszentren, dann gehorcht die Verteilungsfunktion des Radarrückstreuquerschnitts σ in guter Näherung einer Exponentialverteilung

$$p(\sigma) = \frac{1}{\bar{\sigma}} \cdot e^{-\sigma/\bar{\sigma}} . \tag{3.35}$$

Die von einem derartigen Ziel hervorgerufene Spannung im Radarempfänger gehorcht dann einer *Rayleigh*-Verteilung. Deswegen werden solche Ziele auch häufig *Rayleigh*-Ziele genannt. Ein Objekt, das im wesentlichen ein großes und daneben viele kleine Rückstreuzentren hat, besitzt im allgemeinen einen Radarrückstreuquerschnitt, dessen Fluktuationen einer Verteilung wie folgt gehorcht:

$$p(\sigma) = \frac{4 \cdot \sigma}{\bar{\sigma}^2} \cdot e^{-2\sigma/\bar{\sigma}} . \tag{3.36}$$

Diese beiden Verteilungsfunktionen legt *Swerling* seinen Modellen zugrunde. Aus Gl. (3.18) und Abb. 3.7 wird deutlich, daß unterschiedliche Aspektwinkel bereits bei einem aus zwei Reflexionszentren bestehenden Ziel zu Fluktuationen des Rückstreuquerschnitts führen. Ändert ein Ziel, z. B. ein Flugzeug, während der Beleuchtungszeit (der sogenannten Verweilzeit, engl.: dwell time) seine Position, dann führt das je nach Konfiguration zu Fluktuationen gemäß Gl. (3.35) oder Gl. (3.36). Findet diese Aspektwinkeländerung und damit die Fluktuation von Impuls zu Impuls statt, dann werden ebenfalls statistische Fluktuationen gemäß Gl. (3.35) und Gl. (3.36) hervorgerufen.

3.1 Der Radarrückstreuquerschnitt

Demgemäß unterscheidet man die *Swerling*-Fälle 1 bis 4:

Swerling 1: Fluktuation nach Verteilungsfunktion (3.35) über der Verweilzeit
Swerling 2: Fluktuation nach Verteilungsfunktion (3.35) von Impuls zu Impuls
Swerling 3: Fluktuation nach Verteilungsfunktion (3.36) über der Verweilzeit
Swerling 4: Fluktuation nach Verteilungsfunktion (3.36) von Impuls zu Impuls

Diese Modelle versagen für Ziele, bei denen das Verhältnis Median- zu Mittelwert groß ist. Das ist im allgemeinen für Flugzeuge im Seitenaspekt (Abb. 3.6), Schlachtschiffe usw. der Fall. Die Fluktuationen der Radarrückstreuquerschnitte solcher Ziele gehorchen in guter Näherung einer Lognormalverteilung

$$P(\sigma) = \frac{1}{\sigma \cdot \sigma_S \cdot \sqrt{2\pi}} \cdot e^{-\frac{(\ln\sigma - \ln\bar{\sigma})^2}{2\cdot\sigma_S^2}}. \tag{3.37}$$

In Gl. (3.37) ist σ_S die Standardabweichung von σ.

Alle Fluktuationen beeinflussen die Anzeigewahrscheinlichkeit und damit vor allem die Reichweite eines Radarsystems (vgl. auch Kap. 2.4.4, Abb. 2.24). Diese Einflüsse sind in Abb. 3.9 für ein Flugzeugmodell mit besonders niedrigem Radarrückstreuquerschnitt im Fall des direkten Gegenanfluges und für die Beobachtung seiner Breitseite

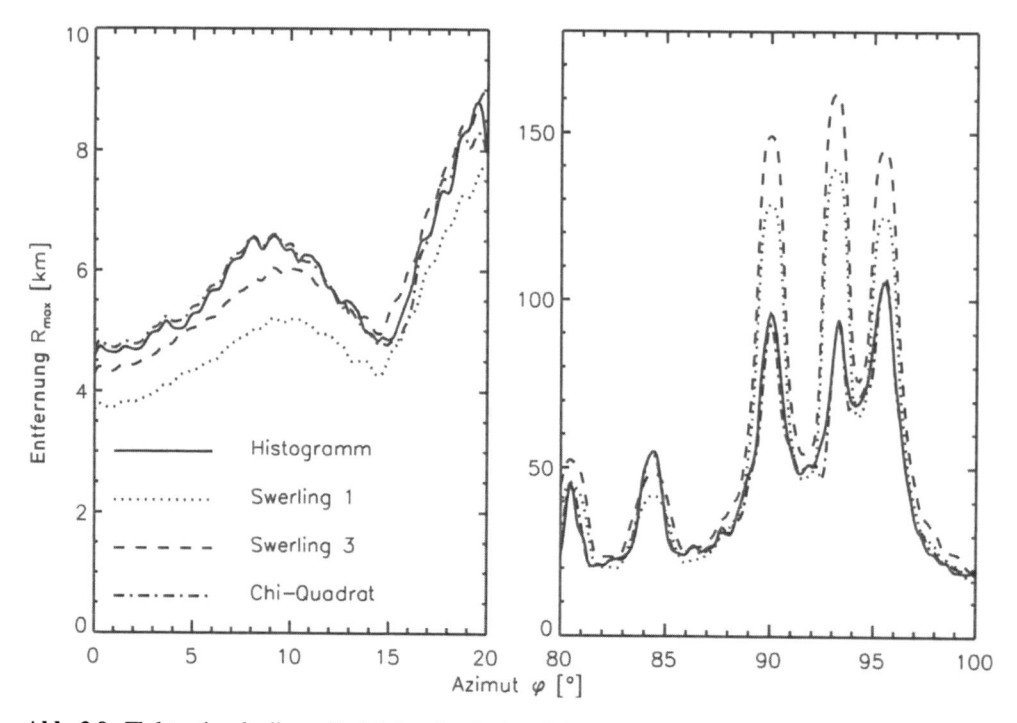

Abb. 3.9: Fluktuationsbedingte Reduktion der Radarreichweite für verschiedene *Swerling*-Modelle als Parameter. Links: Frontsicht; rechts: Seitensicht (Quelle: Lit. [16]).

für verschiedene Modelle zusammen mit Ergebnissen, die aus gemessenen Histogrammen resultieren, dargestellt. Man sieht deutlich das Versagen der *Swerling*-Modelle bei Beobachtung von der Seite und die gute Übereinstimmung mit der Realität beim Gegenanflug, d. h. bei Beobachtung von vorne [16].

3.1.6 Flächen- und Volumenziele als Clutter

Wenn ein Radar gleichzeitig mit dem eigentlichen Ziel noch andere, unerwünschte Objekte, z. B. den Erdboden, Wolken usw. sieht, spricht man von Clutter. Clutter bedeutet soviel wie ‚Wirrwarr'. Von Bedeutung ist hier insbesondere der Bodenclutter, zu dessen Charakterisierung man den Flächenrückstreufaktor σ_0, den Radarrückstreuquerschnitt σ pro Einheitsfläche F, definiert und einführt. Allgemein gilt

$$\sigma_0 = \frac{d\sigma}{dF} \,. \tag{3.38}$$

Hierbei ist dF das beobachtete Flächenelement am Erdboden. Dieses σ_0 ist bei abbildenden Radarsystemen die eigentliche Meßgröße, und auch bei Clutterproblemen ist σ_0 die Schlüsselkomponente.

In der Praxis ist es erlaubt und sinnvoll, an Stelle des Differentialquotienten in Gl. (3.38) den Radarrückstreuquerschnitt auf die vom Radarsystem vorgegebene Auflösungszelle zu beziehen, indem man voraussetzt, daß sich der Radarrückstreuquerschnitt innerhalb dieser Fläche nicht gravierend ändert. Dies ist insbesondere bei Radarsystemen mit sehr schmalen Antennenkeulen bzw. mit sehr hoher geometrischer Auflösung der Fall. Eine Auflösungszelle nennt man Pixel. Bezeichnet man mit δ_x und δ_y die Pixelabmessungen, dann resultiert an Stelle von Gl. (3.38) für den Flächenrückstreufaktor σ_0 die Definition:

$$\sigma_0 = \frac{\sigma}{\delta_x \cdot \delta_y} \,. \tag{3.39}$$

Dieser Flächenrückstreufaktor σ_0 ist ebenso wie der Radarrückstreuquerschnitt abhängig von Frequenz und Polarisation der einfallenden Welle, vom Einfallswinkel sowie von elektrischen und geometrischen Daten der beobachteten Fläche usw. Deswegen gelten sinngemäß alle Aussagen, die über σ getroffen werden, auch für σ_0. Eine exakte Berechnung stößt aber auf ungleich größere Schwierigkeiten, weil hier eine Formulierung von Randwerten und eine exakte Beschreibung der Fläche sehr viel komplizierter ist als bei einzelnen künstlichen, d. h. von Menschenhand geschaffenen Objekten, die man wenigstens noch in ihrer Geometrie in Näherung modellieren kann. Bei der Bestimmung von σ_0 kommt auch den Materialkonstanten eine größere Bedeutung zu als bei der Bestimmung des Radarrückstreuquerschnitts von künstlichen Objekten, deren Oberfläche zudem meistens sehr gut leitend ist, weil sie aus Metall bestehen (z. B. Fahrzeuge, Flugzeuge usw.). Außerdem ist evident, daß die exakte Formulierung von Rauhigkeit, Bewuchs und Formen natürlicher Erdoberflächen für die Lösung von Randwertproblemen im allgemeinen nicht möglich ist.

3.1 Der Radarrückstreuquerschnitt

Allgemein kann man folgende Feststellungen für σ_0 treffen [1], [6], [10], [18]:

- Im allgemeinen fällt σ_0 monoton mit zunehmendem Einfallswinkel, der größte Wert liegt dann bei senkrechtem Einfall vor.
- σ_0 wächst mit zunehmender Frequenz näherungsweise mit f^n ($n > 1$), d. h. überproportional mit f.
- Im Bereich von Einfallswinkeln zwischen 30° und 90° treten für σ_0 meistens Werte zwischen etwa +15 dB und −35 dB auf.
- σ_0 ist immer eine statistische Größe, deren Verteilungsfunktion für unterschiedliche Flächen jeweils verschieden und zum Teil auch charakteristisch ist.

Abb. 3.10 zeigt typische Verläufe von σ_0-Mittelwerten für Oberflächen unterschiedlicher Qualitäten in Abhängigkeit vom Einfallswinkel ϑ_i. Für die Modellierung und Berechnung von σ_0 gibt es bisher ausschließlich empirische bzw. halbempirische Modelle.

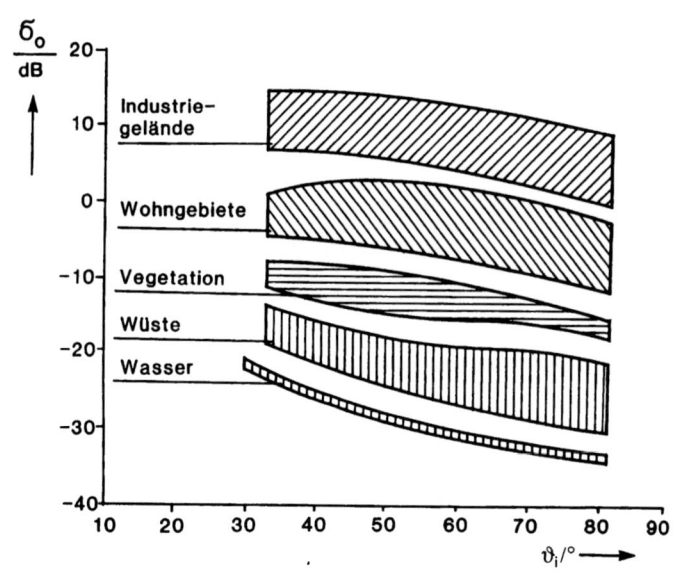

Abb. 3.10: Mittlere Werte von σ_0 für unterschiedliche Landoberflächen in Abhängigkeit vom Einfallswinkel (Quelle: Lit. [18]).

In [10] wird z. B. für den Mittelwert von σ_0 und für die Standardabweichung σ_{0S} von σ_0 folgendes Modell für Landoberflächen vorgestellt:

$$\sigma_{0_{\text{mittel}}} = P_1 + P_2 \cdot e^{-P_3 \cdot \vartheta_i} + P_4 \cdot \cos(-P_5 \cdot \vartheta_i + P_6) , \quad (3.40)$$

$$\sigma_{0S} = M_1 + M_2 \cdot e^{-M_3 \cdot \vartheta_i} \text{ dB} . \quad (3.41)$$

Die Parameter M_i und P_i sind dabei in [10] tabelliert. In [10] wird auch ein spezielles empirisches σ_0-Modell für vegetationsbedecktes Gelände vorgestellt:

$$\sigma_0 = a_0 + a_1 \cdot e^{a_2 \cdot \vartheta_i} \\ + \left[a_3 + a_4 \cdot e^{-a_5 \cdot \vartheta_i}\right] \cdot \exp\left[(-a_6 + a_7 \cdot \vartheta_i) \cdot f\right]. \quad (3.42)$$

Die Konstanten a_0 bis a_7 sind in Tab. 3.1 dargestellt; $f =$ Frequenz in GHz.

Tab. 3.1: Parameter (a_i) für das σ_0-Modell (3.42) für vegetationsbedecktes Gelände nach *Ulaby* [10]

Polarisation	HH	VV	HV
a_0	2,69	3,49	3,91
a_1	−5,35	−5,35	−5,35
a_2	0,014	0,014	0,013
a_3	−23,4	−14,8	−25,5
a_4	33,14	23,69	14,65
a_5	0,048	0,066	0,098
a_6	0,053	0,048	0,258
a_7	0,0051	0,0028	0,0021

In [20] ist für unterschiedliche Oberflächen folgendes Modell vorgestellt:

$$\sigma_0 = \begin{cases} \gamma_\mu \cdot \dfrac{\cos^{\nu+1} \vartheta_i}{\sin^\mu \vartheta_i} & \vartheta_g \leq \vartheta_i \leq 90° \\ \gamma_\mu & \vartheta_i \leq \vartheta_g \end{cases} \quad (3.43)$$

Dabei sind die Konstanten γ_μ, ν und μ sowie ϑ_g Meßdaten zu entnehmen. Die Konstanten verändern sich jeweils mit Frequenz, Polarisation und Oberfläche. Ein praktikabler Wert ist $\vartheta_g = 5°$ für den Grenzwinkel in Gl. (3.43).

Die Verteilungsfunktionen der von σ_0 bestimmten Empfangssignale sind wesentlich von der Natur der beobachteten Flächen und Ziele abhängig. So gehorcht z. B. über großen Wasserflächen die Amplitude des Empfangssignals einer *Rayleigh*-Verteilung; ist auf dieser Wasserfläche zusätzlich ein großes Punktziel, dann resultiert eine *Rice-Nakagami*-Verteilung; für Städte erhält man in guter Näherung eine Lognormal-Verteilung, während man für strukturiertes Land eine χ^2-Verteilung annehmen kann. Im Grenzfall unendlich vieler Streuzentren kann man aber meistens in ausreichender Näherung für die Amplituden eine *Rayleigh*-Verteilung und für die Phasen eine

3.1 Der Radarrückstreuquerschnitt

Gleich-Verteilung annehmen. Eine Zusammenstellung der gebräuchlichsten, hier erwähnten Verteilungsfunktionen findet man z. B. in [28].

Die statistische Verteilung des Empfangssignals hat zur Folge, daß eine abgebildete Fläche nicht entsprechend ihrem mittleren Reflexionsfaktor in einem einheitlichen Grauwert dargestellt werden kann, sondern daß die Grauwerte über der Fläche eine flimmernde Struktur aufweisen. Abbildung 3.11 zeigt dafür ein Beispiel. Dieses Phänomen nennt man ‚Speckle'.

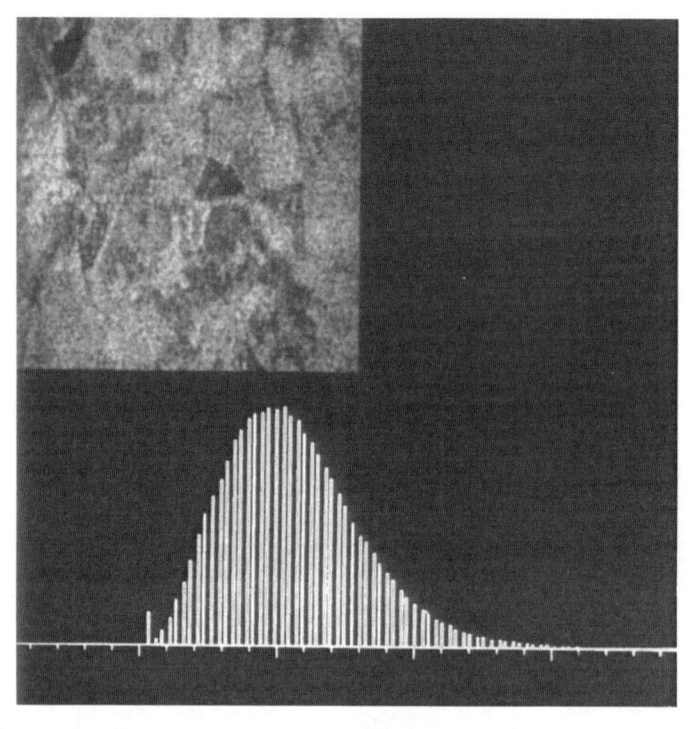

Abb. 3.11: Beispiel für Speckle: X-Band Radaraufnahme einer Landschaft mit See (oben) und mit dem dazu gehörigen Histogramm der Grauwerte (unten), (Quelle: DLR).

Den Gesetzen der Statistik zufolge kann man dieses Speckle reduzieren, indem man an der gleichen Szene mehrere voneinander unabhängige Messungen vornimmt, d. h. in der Radarterminologie, man erhöht die Anzahl n der Anblicke (Sichten, engl.: ‚Looks'), indem man die Ergebnisse mehrerer, von einander unabhängiger Messungen des gleichen Ziels bzw. der gleichen Szene additiv überlagert. Dann nämlich reduziert man die Standardabweichung umgekehrt proportional zu $\sqrt{n}$. Gleichzeitig büßt man dabei aber an geometrischer Auflösung ein, wie folgende Überlegung für die Azimutauflösung eines ‚fokussiert prozessierten SAR-Bildes' zeigt. (Der Begriff ‚fokussierte Prozessierung' ist ebenso wie die im folgenden benutzten Relationen aus dem SAR-Bereich in Kapitel 8 erklärt).

Ein SAR-Sensor mit der Antennenhalbwertsbreite θ_a, seitlicher Blickrichtung und der Eigengeschwindigkeit v benötigt gemäß Abb. 2.19 für $\vartheta_H < 30°$ die Dopplerbandbreite

$$\Delta f_D = 2 \cdot \frac{v \cdot \theta_a}{\lambda} = 2 \cdot \frac{v}{d_a} \,. \tag{3.44}$$

Wenn die Antenne in Azimut die Ausdehnung d_a hat, gilt $\theta_a \approx \lambda/d_a$. In der Zeit T_{sa} legt das Radar einen Weg $v \cdot T_{sa}$ zurück, daraus resultiert für das geometrische, azimutale

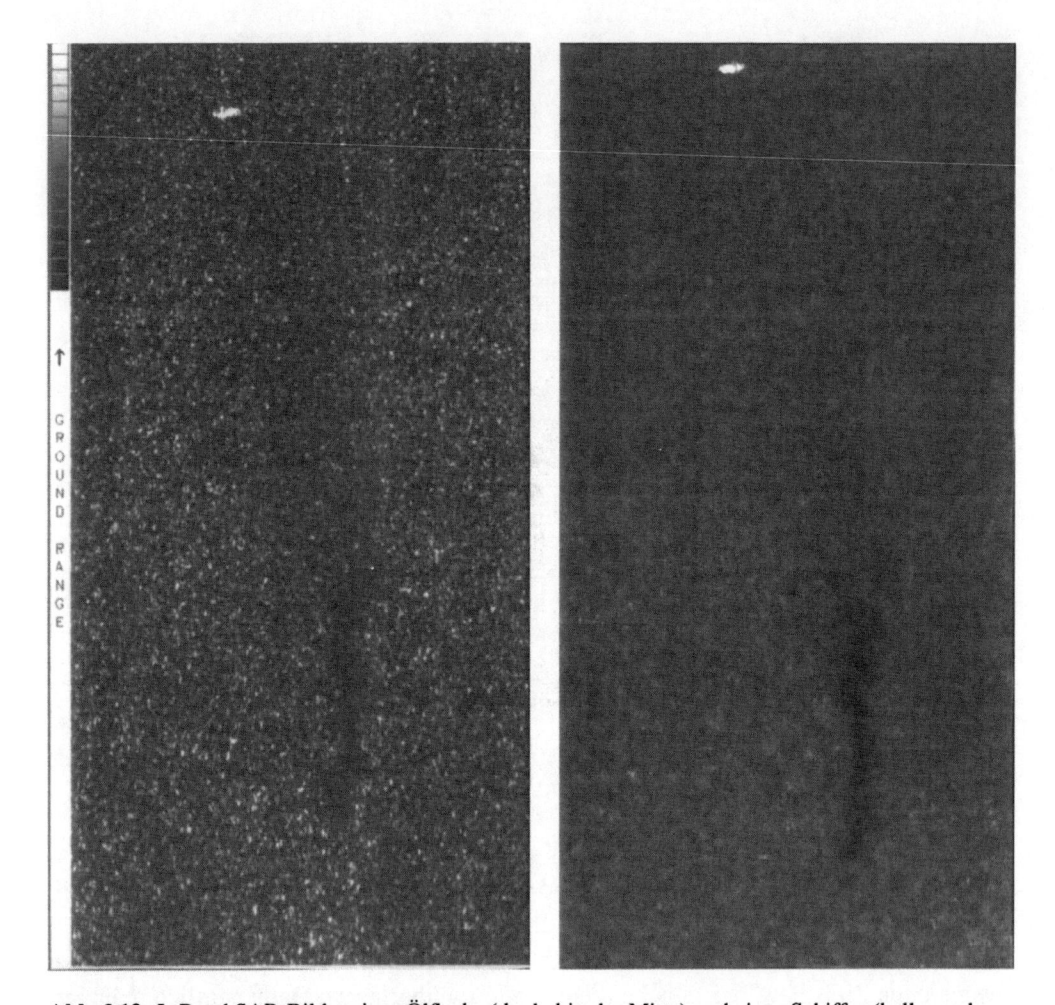

Abb. 3.12: L-Band SAR-Bilder eines Ölflecks (dunkel in der Mitte) und eines Schiffes (hell am oberen Rand). Links: 1 Look, rechts: 3 Looks. Auflösung: Entfernung 15 m; Azimut 3 m durchgehend, Szenengröße 2940 m × 1470 m, Flughöhe 800 m, Fluggeschwindigkeit über Grund 54 m/s, Depressionswinkel 28°(±17°), Frequenz 1,29 GHz, Polarisation VV, Nebenzipfelverhältnis −30 dB in Azimut und Elevation. Das Flugzeug (Do 228) bewegte sich am unteren Bildrand von rechts nach links. SAR-Blickwinkel von unten nach oben (Quelle: DLR).

Auflösungsvermögen δ_{sa} am Boden im Abstand r vom Radar:

$$\delta_{sa} = \theta_a \cdot r = v \cdot T_{sa} \,. \tag{3.45}$$

Daraus folgt:

$$\delta_{sa} = \Delta f_D \cdot T_{sa} \cdot \frac{d_a}{2} \,. \tag{3.46}$$

Mit

$$\Delta f_D \cdot T_{sa} = n_{sa} \tag{3.47}$$

erhält man

$$\delta_{sa} = n_{sa} \cdot \frac{d_a}{2} \,. \tag{3.48}$$

Dabei ist n_{sa} die Zahl der Sichten in Azimut. Aus den Gln. (3.45) und (3.46) wird die Bedeutung von Meßbandbreite Δf_D und Integrationsdauer T_{sa} sowie der unmittelbare Zusammenhang zwischen Speckle einerseits und geometrischer Auflösung andererseits deutlich. Eine Zunahme an ‚Looks' verringert das Speckle aber gleichzeitig auch die geometrische Auflösung beim SAR. Abb. 3.12 zeigt dafür ein Beispiel. Im ‚3-Look-Bild' ist der Speckle gegenüber dem ‚1-Look-Bild' deutlich reduziert, dafür verschwinden dort die Detailstrukturen des Schiffes.

3.2 Die radiometrische Auflösung

Abbildende Systeme haben oft die Aufgabe, landwirtschaftliche Nutzflächen darzustellen und zu klassifizieren. Das bedeutet, das System muß in der Lage sein, Teilflächen mit häufig sehr ähnlichen Grauwerten zu unterscheiden. Das Maß für die Trennbarkeit zweier benachbarter Clutterflächen ist die oben bereits erwähnte radiometrische Auflösung. Zunächst ist für zwei unterschiedliche Verteilungsfunktionen $P_1(x)$ und $P_2(x)$ mit den Mittelwerten $\bar{x}_1$ und $\bar{x}_2$, die durch eine Strecke Δx voneinander getrennt sind, als Definition für die radiometrische Auflösung δ_{rad} das Verhältnis beider Mittelwerte sinnvoll (Abb. 3.13):

$$\delta_{rad} = \frac{\bar{x}_2}{\bar{x}_1} \,. \tag{3.49}$$

Es stellt sich aber die Frage, wann sich eine zweite Verteilung P_2 deutlich genug von einer Verteilung P_1 abhebt, d. h. um welche Strecke Δx die zweite von der ersten entfernt sein muß, damit sie sich deutlich genug abheben kann. Daraus resultiert dann

$$\delta_{rad} = \frac{\bar{x}_1 + \Delta x}{\bar{x}_1} \,. \tag{3.50}$$

Man betrachtet deswegen nur die Verteilungsfunktion P_1. Hierbei bleibt Δx zu defi-

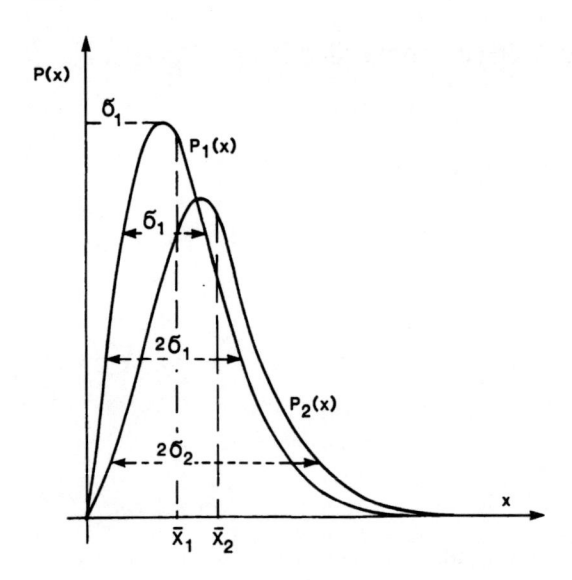

Abb. 3.13: Zur Definition der radiometrischen Auflösung am Beispiel zweier *Rayleigh*-Verteilungen.

nieren. Dafür kann man z. B. entweder die Standardabweichung σ_S eines der beiden Clutterprozesse oder die Differenz der Mittelwerte aus beiden Standardabweichungen wählen. Zu dieser Definition ist derzeit noch eine Diskussion im Gange, das Problem ist nicht schlüssig gelöst. Bei der ESA, der NASA und den mit diesen Organisationen kooperierenden Forschungsinstitutionen (z. B. JPL, PSN und DLR) hat man sich für den ersten Weg entschieden. Man wählt die Standardabweichung σ_S einer der beiden, hier der ‚ersten‘, Clutterflächen für Δx. Dies ist eine Definition.

Damit resultiert unter Verwendung des üblichen logarithmischen Maßstabs

$$\delta_{\text{rad}} = 10 \cdot \log_{10} \frac{\bar{x} + \sigma_S}{\bar{x}} \; . \tag{3.51}$$

Wenn die Meßwerte bei n-facher ‚Mehrfach-Sichten-Verarbeitung‘ einer sogenannten Gammaverteilung gehorchen, resultiert [19]:

$$\delta_{\text{rad}} = 10 \cdot \log_{10} \left[1 + \frac{1}{\sqrt{n}} \right] \; . \tag{3.52}$$

Bezieht man additives Systemrauschen ein, dann wird δ_{rad} abhängig vom Clutter-Rausch-Verhältnis C/N:

$$\delta_{\text{rad}} = 10 \cdot \log_{10} \left[1 + \frac{(1 + C/N)^{-1}}{\sqrt{n}} \right] \; . \tag{3.53}$$

Hier wird das grundlegende Problem des Prozessoreinflusses deutlich. Das Systemrauschen N wird beim Prozessieren mitverarbeitet. Je nachdem auf welche Weise N Berücksichtigung findet, erhält man Bilder unterschiedlicher Qualität. Man muß den Einfluß des Rauschens auf das Bildsignal kennen, wenn man hier zu eindeutigen Lösungen gelangen will. Das ist grundsätzlich möglich, indem man Flächen ohne

Rückstreuung im Bild mit auswertet, z. B. Signale aus einem sogenannten ‚Radarloch', das entweder ein großer Schatten oder ein Volumen über der beobachteten Fläche in Nadir-Richtung sein kann. In der Praxis gestaltet sich das aber sehr schwierig.

3.3 Einflüsse des Systemrauschens auf die Information beim SAR

3.3.1 Interferenzbedingtes, multiplikatives Rauschen

Ein Signal, das aus einem statistischen Prozeß wie in Gl. (3.47) resultiert, und das mit seiner statistischen Verteilung von einem Radarempfänger registriert wird, erfährt im Empfänger während der Signalverarbeitungsprozesse immer Veränderungen, die auch die Verteilungsfunktionen verändern. Abb. 3.14 zeigt exemplarisch ein vereinfachtes Beispiel einer SAR-Bilderstellung für den Fall, daß am Eingang die Amplituden eine *Rayleigh-* und die Phasen eine Normal-Verteilung haben.

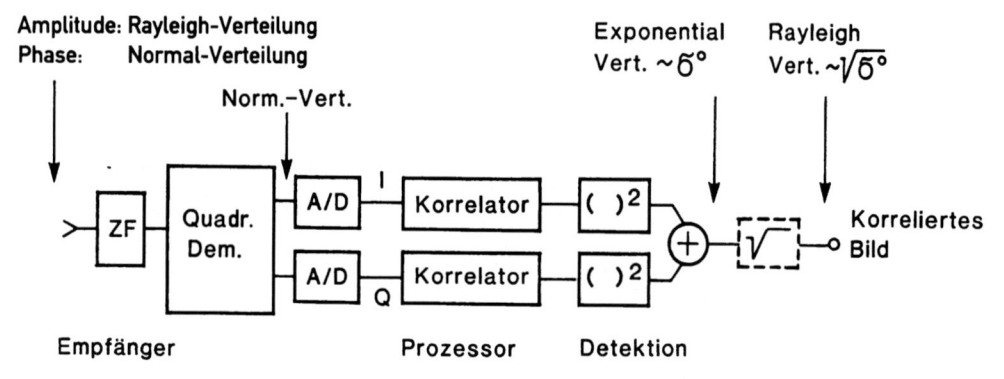

Abb. 3.14: Schema einer SAR-Bilderstellung (horizontale Prozessierung) zur Veranschaulichung der Änderung der Verteilungsfunktionen durch die jeweiligen Verarbeitungsschritte.

Das Ziel bei SAR-Messungen an Flächenzielen ist im zivilen Bereich sehr oft die Bestimmung von σ_0. Eine zu σ_0 proportionale Meßgröße C erscheint in Abb. 3.14 exponential verteilt dort, wo die korrelierten Real- und Imaginärteile des Signals nach ihrer Quadratur addiert werden. Auf dem Weg dorthin wird aber noch das Eigenrauschen N des Systems additiv dem ursprünglichen Cluttersignal C hinzugefügt (ein flächenabbildendes Radar mißt Rückstreusignale vom Boden, eine Größe, die man im allgemeinen bei Radarbeobachtungen als Clutter bezeichnet). Nach der Detektion der Meßstelle erscheint eine Leistung P_{C+N}, die sich aus Clutterleistung C und Rauschleistung N zusammensetzt und bei weißem Rauschen einer Exponentialverteilung genügt. Bei einer Exponentialverteilung ist aber der Mittelwert identisch mit der Standardabweichung σ_S. Deswegen gilt:

$$P_{C+N} = C + N = C \cdot \left(1 + \frac{1}{C/N}\right) = \sigma_{C+N} . \tag{3.54}$$

Arbeitet man mit n voneinander unabhängigen ‚Looks', dann resultiert für die Standardabweichung des Gesamtsignals

$$\sigma_{S(C+N)} = \frac{C}{\sqrt{n}} \cdot \left(1 + \frac{1}{C/N}\right) . \tag{3.55}$$

Für die Varianz des Rauschens allein ergibt sich

$$\sigma_{SN} = \sqrt{N} = \frac{N}{\sqrt{N}} = \frac{C}{\sqrt{N}} \cdot \frac{1}{C/N} . \tag{3.56}$$

Abb. 3.15: Beispiel für eine gute Abbildungsqualität mit SAR bei einem C/N von 5 dB und weniger. Die Szene zeigt das DLR-Gelände (unten) mit dem Flughafen, aufgenommen im C-Band ($\lambda = 5$ cm) aus einer Flughöhe von 914 m. Die Abmessungen der Szene sind 2700 m × 270 m, prozessiert mit 8 Looks, (Quelle: DLR).

Das gesuchte Signal C resultiert aus

$$C = P_{C+N} - N. \tag{3.57}$$

Die Varianz σ_{SC} der gesuchten Meßgröße ist demnach

$$\sigma_{SC}^2 = \sigma_{S(C+N)}^2 + \sigma_{SN}^2. \tag{3.58}$$

Damit erhält man aus Gl. (3.55) und Gl. (3.56):

$$\frac{\sigma_{SC}}{C} = \frac{1}{\sqrt{n}} \cdot \left[1 + \frac{2}{C/N} + \frac{2}{(C/N)^2}\right]^{1/2}. \tag{3.59}$$

Wenn sich das Signal-Rausch-Verhältnis zwischen 1 und ∞ verändert, dann verändert sich dabei die auf den Mittelwert bezogene Streuung nur um den Faktor 2.2, d. h. um etwa 3 dB. Hierin liegt begründet, warum man beim SAR auch mit sehr niedrigen Signal-Rausch-Verhältnissen noch qualitativ recht gute Abbildungen erhält. So lag das Clutter-Rausch-Verhältnis C/N in Abb. 3.15 nur bei etwa 5 dB, und dennoch kam dabei ein Bild mit reicher Struktur und großem Informationsinhalt auch im Fernbereich zustande.

3.3.2 Additives Systemrauschen

Während bisher im wesentlichen interferenzbedingte Signalfluktuationen, sogenanntes multiplikatives Rauschen, Beachtung fanden, sollen der Vollständigkeit halber auch die Einflüsse additiven Systemrauschens auf die Genauigkeit von Radarmessungen zusammengestellt werden. Für die Standardabweichung σ_{0Si} von Messungen der Laufzeit ($i = 1$), der Dopplerfrequenz ($i = 2$) und von Winkeln ($i = 3$) bei Radar gilt [8]:

$$\sigma_{0Si} \geq \frac{1}{\alpha_i \cdot \sqrt{2 \cdot E/N_0}} \qquad i = 1, 2, 3. \tag{3.60}$$

Dabei sind die α_i spezifische Konstanten, E ist die Signalenergie, d. h. die Signalleistung pro Bandbreite, und N_0 ist die Rauschenergie, d. h. die Rauschleistung pro Hertz. Man sieht über die bereits dargestellten Zusammenhänge hinaus: Das Eigenrauschen von Mikrowellensystemen bestimmt deren Effizienz wesentlich.

3.4 Mehrdeutigkeiten bei Entfernungs- und Geschwindigkeitsmessungen

3.4.1 Entfernungsmehrdeutigkeit

Bei einem Pulsradar wird die Eindeutigkeit der Entfernungsmessung durch die Pulsfolgefrequenz (auch Pulsfrequenz) f_P bestimmt. Die Pulsfolgefrequenz ist gegeben durch den zeitlichen Abstand zwischen zwei aufeinander folgenden Impulsen. Ist dieser Abstand immer konstant T_P, dann gilt

$$f_P = \frac{1}{T_P}, \qquad (3.61)$$

wobei T_P als Impulsabstand bezeichnet wird. Wenn die Laufzeit eines Impulses vom Radar zum Ziel und zurück kleiner ist als dieser zeitliche Pulsabstand, dann ist auch die Messung eindeutig. Wird die Laufzeit länger und sind die Impulse nicht so gekennzeichnet, daß man sie voneinander deutlich unterscheiden kann, dann wird die Messung mehrdeutig, weil man nicht feststellen kann, ob gerade der erste Impuls mit einer Laufzeit t_1, der zweite Impuls mit einer Laufzeit $t_1 + T_P$, oder der n-te Impuls mit einer Laufzeit $t_1 + n \cdot T_P$ empfangen wird. Das bedeutet: Eindeutigkeit ist nur gewährleistet, solange gilt

$$t_1 < T_P = \frac{1}{f_P}. \qquad (3.62)$$

Mit der Laufzeitrelation nach Gl. (2.81) aus Kap. 2 erhält man daraus den Eindeutigkeitsbereich

$$R_{eind} \leq \frac{c_0}{2 \cdot f_P}. \qquad (3.63)$$

3.4.2 Geschwindigkeitsmehrdeutigkeit

Bei einem Pulsradar ist, wie ausgeführt, im allgemeinen das Sendesignal eine periodische Folge von Rechteck-Impulsen (Kap. 2.4.3). Das Spektrum eines derartigen Signals ist ein kammförmiges Linienspektrum, dessen einzelne benachbarte Linien im allgemeinen nicht durch Amplitudenvergleich voneinander getrennt werden können. Der Linienabstand ist gerade gleich der Pulsfolgefrequenz. Das dopplerverschobene Empfangsspektrum kann man also nur dann eindeutig zur Geschwindigkeitsmessung heranziehen, wenn gilt:

$$f_D \leq f_P. \qquad (3.64)$$

Mit der Geschwindigkeitsrelation nach Gl. (2.80) $f_D = 2 \cdot f \cdot v/c_0$ erhält man demnach den eindeutig meßbaren Geschwindigkeitsbereich:

$$v_{eind} \leq \frac{c_0}{2} \cdot \frac{f_P}{f}. \qquad (3.65)$$

Dies gilt, wenn man nur Ziele in Betracht zieht, die sich entweder dem Radar nähern oder aber sich vom Radar entfernen. Will man beide Fälle gleichzeitig betrachten, dann halbiert sich der eindeutige Dopplerbereich.

Für die Eindeutigkeitsrelation erhält man deswegen

$$v_{\text{eind}} \leq \frac{c_0}{4} \cdot \frac{f_P}{f} \,. \tag{3.66}$$

Setzt man in Gl. (3.66) für f_P den aus Gl. (3.63) resultierenden Wert ein, dann folgt:

$$R_{\text{eind}} \cdot v_{\text{eind}} \leq \frac{c_0^2}{8 \cdot f} \,. \tag{3.67}$$

Diese Gleichung ist eine Art Unschärferelation für die gleichzeitige Messung von Entfernung und Geschwindigkeit eines Ziels. Sie besagt, daß die Wahl der Frequenz eines Pulsdopplerradars bestimmt, inwieweit man gleichzeitig Entfernung und Geschwindigkeit von Radarzielen eindeutig messen kann, bzw. daß man eine Frequenzgrenze festlegt, wenn man die eindeutig zu messenden Werte für beide Größen vorgibt.

Beispiel: $v_{\text{eind}} = 300$ m/s und $R_{\text{eind}} = 40$ km.

Daraus resultiert die Forderung: $f < 1$ GHz.

Literaturverzeichnis

[1] Barton, D.K.: *Radar Systems Analysis.* Norwood, MA: Artech, 1977, p. 100

[2] Beckmann, P., Spizichino A.: *The Scattering of Electromagnetic Waves from Rough Surfaces.* Oxford: Pergamon Press, 1963

[3] Blake, L.V.: *Radar Range-Performance Analysis.* Norwood, MA: Artech, 1986, p. 105

[4] Börner, W. (ed.), et al.: *Direct and Inverse Methods in Radar Polarimetry.* NATO ASI Series, Series C: Mathematical and Physical Sciences, Vol. 350, Part 1 and 2, Dordrecht: Kluwer, 1992

[5] Long, M.W.: *Radar Reflectivity of Land and Sea.* Norwood, MA: Artech, 1983

[6] Morchin, W.C.: *Airborne Early Warning Radar.* Norwood, MA: Artech, 1990, p. 150

[7] Mott, H.: *Antennas for Radar and Communications. A Polarimetric Approach.* New York: Wiley, 1992

[8] Skolnik, M.I. (ed.): *Radar Handbook.* 1. ed., New York: McGraw-Hill, 1970

[9] Skolnik, M.I. (ed.): *Radar Handbook.* 2. ed., New York: McGraw-Hill, 1990

[10] Ulaby, F.T., Dobson, M.C.: *Handbook of Radar Scattering Statistics for Terrain.* Norwood, MA: Artech, 1989

[11] Ulaby, F.T., Moore R.K., Fung A.K.: *Microwave Remote Sensing, Active and Passive.* Vol. I, Vol. II, Vol. III, Reading, MA: Addison Wesley, 1981, 1982, 1986.

[12] Ulaby, F.T.: *Vegetation Clutter Model.* IEEE Trans. Antennas and Propagation, Vol. 38, No. 5, May 1980, p. 693–703

[13] Swerling, P.: *More on Detection of Fluctuating Targets.* IEEE Trans. Information Theory, Vol. 11, July 1970

[14] Barton, D.K.: *Land Clutter Model for Radar Design and Analysis.* Proc. IEEE, Vol. 73, No. 3, p. 198–204

[15] Klement, D., Preißner, J., Stein, V.: *Special Problems in Applying the Physical Optics Method for Backscattering Computations of Complicated Objects.* IEEE Trans. Antennas and Propagation, Vol. 36, No. 2, Febr. 1988, p. 228–237

[16] Frieß, W., et al.: *Mono- and Bistatic RCS-Analysis of a Generic Airplane Design with Stealth Characteristics Using Low and High Frequency Computational Methods.* Ground Target Modeling & Validation Conference, 6th Annual Proc., Houghton, Michigan/USA, Aug. 1995

[17] Graf, G.: *High Resolution Imaging of Radar Targets with Microwaves.* Proc. Military Microwaves 78, London, 1978, p. 295–302

[18] Hartl, Ph.: *Persönliche Kommunikation.* TU Stuttgart, Institut für Navigation

[19] Keydel, W.: *Stochastische Prozesse in der Mikrowellen-Fernerkundung.* Kleinheubacher Berichte, Bd. 32, 1989, S. 151–161

[20] Keydel, W.: *Application and Experimental Verification of an Empirical Backscattering Cross Section Model for the Earths Surfaces.* IEEE Trans. Geoscience and Remote Sensing, Vol. GE-20, No. 1, Jan. 1982

[21] Knott, E.F.: *Radar Cross Section.* In: [9], Chapter 11

[22] Long, W.H., et al.: *Pulse Doppler Radar.* In: [9], Chapter 17

[23] Lüneburg, E.: *Principles of Radar Polarimetry.* In: IEICE Trans. Electronics (Special Issue on Electromagnetic Theory), Vol. E78-C, No. 10, 1995, p. 1339–1345

[24] Mott, H.: *Definitions of Polarization in Radar.* In: [4] Chapter I-1, p. 117–154

[25] Sauer, T.: *Abbildung geradlinig bewegter Objekte durch Inverses-Synthetik-Apertur-Radar und automatische Objektklassifikation.* Dissertation, Universität der Bundeswehr München, 1996

[26] Stein, V.: *RCS Prediction Models Based on PO and PTD and State of Validation.* Proc. AGARD, 48th AGARD-EPP Symp. on Target and Clutter Scattering and Their Effects on Military Radar Performance, Ottawa/Canada, May 1991, p. 12-1 to 12-15

[27] Klement, D., et al.: *State of Development, Validation and Application of the Radar Signature Models SIGMA and BISTRO at DLR.* Ground Target Modeling & Validation Conference, 5th Annual Proc., Houghton, Michigan/USA, Aug. 1994

[28] Hahn, G. J., Shapiro, S.S., Hahn, G.H.: *Statistical Models in Engineering*. New York: Wiley, 1994

[29] Krogager, E., Börner, W.M., Madsen, S.N.: *Feature-motivated Sinclair Matrix (sphere/diplane/helix) Decomposition and its Application to Target Sorting for Land Feature Classification*. Proc. of SPIE Vol. 3120, 1997, p. 144–154

[30] Henderson, F.M., Lewis, A.J.: *Principles & Applications of Imaging Radar*. Manual of Remote Sensing, 3. ed., Band 2, Falls Church: American Society of Photogrammetry, 1998

4 Auflösungsvermögen

4.1 Definition

Das geometrische Auflösungsvermögen ist ein Maß für die Trennbarkeit zweier benachbarter Ziele mit gleichem Radarrückstreuquerschnitt und wird angegeben als minimaler unterscheidbarer Abstand in Entfernung, Winkel oder Geschwindigkeit. Diese Größen bestimmen die Auflösungszelle.

Die für abbildende Systeme ebenfalls relevante radiometrische Auflösung wurde bereits in Kap. 3.2 behandelt.

Beim Radar mit realer Apertur (RAR: **R**eal **A**perture **R**adar) läßt sich der Winkel in Azimut und Elevation, unter dem zwei benachbarte Ziele noch aufgelöst werden können, aus der Richtcharakteristik der Antenne ermitteln und resultiert als Halbwertsbreite aus der Summe kohärent integrierter Teilsignale über der realen Antennenapertur. Die Halbwertsbreite ist der Winkelbereich der Hauptkeule, innerhalb dessen das Feldstärkequadrat bzw. die Strahlungsdichte auf nicht weniger als die Hälfte des Maximalwertes absinkt [1], [2]. Die Querauflösung, d.h. die Auflösung orthogonal zur Entfernung, resultiert aus der Multiplikation der Halbwertsbreite im Bogenmaß mit der jeweiligen Entfernung zum Ziel.

Beim Radar mit synthetischer Apertur (SAR: **S**ynthetic **A**perture **R**adar) erfolgt eine Vergrößerung der wirksamen Apertur der Antenne zur Verbesserung der Winkelauflösung bzw. Verringerung der wirksamen Halbwertsbreite durch kohärente Verarbeitung zeitlich aufeinanderfolgender Abtastwerte bei bewegter Antenne infolge der Änderung des Aspektwinkels (Kap. 8).

Die Auflösung in radialer Richtung ist im wesentlichen durch die Sendeimpulsdauer beziehungsweise die Bandbreite des Sendesignals festgelegt und beim Radar mit realer und synthetischer Apertur gleich groß [3].

Die Geschwindigkeitsauflösung ergibt sich aus dem Unterschied der Dopplerfrequenzen zwischen den Zielechosignalen sowie der Bandbreite des Auswertefilters im Radarempfänger [3].

4.2 Auflösung beim Radar mit realer Apertur

4.2.1 Winkel- und Querauflösung

Zur Bestimmung der Winkelauflösung wird die Richtcharakteristik der Antenne im ebenen Fall betrachtet, d. h. es erfolgt die Berechnung des Betrags der Feldstärke E als Funktion des Winkels zwischen der Aperturnormalen und dem Ziel am Empfangsort, d. h. $E(\phi)$ für eine Linienquelle [4], [5], [6], [7] mit der Koordinate x entlang der realen Antennenapertur der Länge d (Abb. 4.1). Sie besteht aus einer großen Zahl von Dipolen. Alle Dipole senden bzw. empfangen gleichzeitig, und jedes einzelne Element empfängt die rückgestreute Energie, welche von allen ausgestrahlt wurde. Das rückgestreute Signal eines punktförmigen Ziels unter dem Winkel ϕ zum Blickwinkel von 90° zur Antenne hat für $R_Z \gg d$ die elektrische Phasenverschiebung

$$\varphi(x) = \frac{2\pi}{\lambda} \cdot \Delta R = \frac{2\pi}{\lambda} \cdot x \cdot \sin\phi \qquad (4.1)$$

mit $\Delta R = x \cdot \sin\phi$ [4].

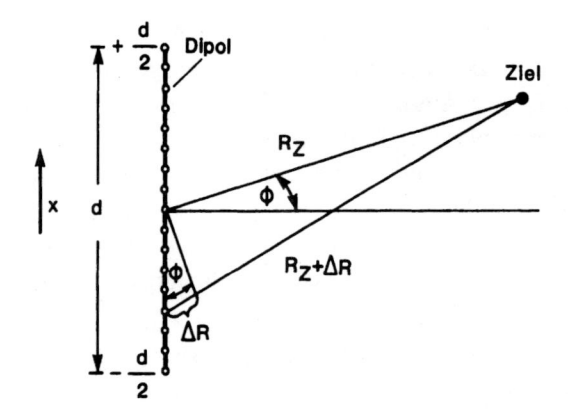

Abb. 4.1: Zur Winkelauflösung der Antenne mit realer Apertur (Quelle: Lit. [4]).

Es gilt:

$$E(\phi) = \int_{-d/2}^{+d/2} A(x) \cdot e^{j \cdot \varphi(x)} dx = \int_{-d/2}^{+d/2} A(x) \cdot e^{j \cdot \left(\frac{2\pi}{\lambda} \cdot x \cdot \sin\phi\right)} dx . \qquad (4.2)$$

Daraus folgt die Komponentendarstellung mit Real- und Imaginärteil zu:

$$E(\phi) = \int_{-d/2}^{+d/2} A(x) \cdot \cos\left(\frac{2\pi}{\lambda} \cdot x \cdot \sin\phi\right) dx + j \cdot \int_{-d/2}^{+d/2} A(x) \cdot \sin\left(\frac{2\pi}{\lambda} \cdot x \cdot \sin\phi\right) dx . \qquad (4.3)$$

Hierbei ist $A(x)$ die Belegungsfunktion der Antenne. Der einfachste Fall ist die gleichförmige Belegung, d. h. es gilt $A(x) = A_0$ für $|x| \leq d/2$ und sonst 0. Das Integral

4.2 Auflösung beim Radar mit realer Apertur

über dem Imaginärteil wird zu Null; für den Realteil gilt mit $d \gg \lambda$:

$$E(\phi) = A_0 \cdot d \cdot \frac{\sin\left(\frac{\pi}{\lambda} \cdot d \cdot \sin\phi\right)}{\left(\frac{\pi}{\lambda} \cdot d \cdot \sin\phi\right)} \,. \tag{4.4}$$

Der relative Verlauf der Richtcharakteristik $C(\phi)$ ergibt sich aus der Normierung von $E(\phi)$ auf den Maximalwert $E(0)$:

$$C(\phi) = \frac{E(\phi)}{E(0)} \,. \tag{4.5}$$

Daraus folgt der relative Leistungsverlauf:

$$|C(\phi)|^2 = \frac{\sin^2\left(\frac{\pi}{\lambda} \cdot d \cdot \sin\phi\right)}{\left(\frac{\pi}{\lambda} \cdot d \cdot \sin\phi\right)^2} \,, \tag{4.6}$$

wie in Abb. 4.2 dargestellt als kartesisches und als polares Diagramm. Der Pegel der ersten Nebenkeule liegt bei dieser gleichförmigen Belegung 13,2 dB unter dem des Strahlungsmaximums.

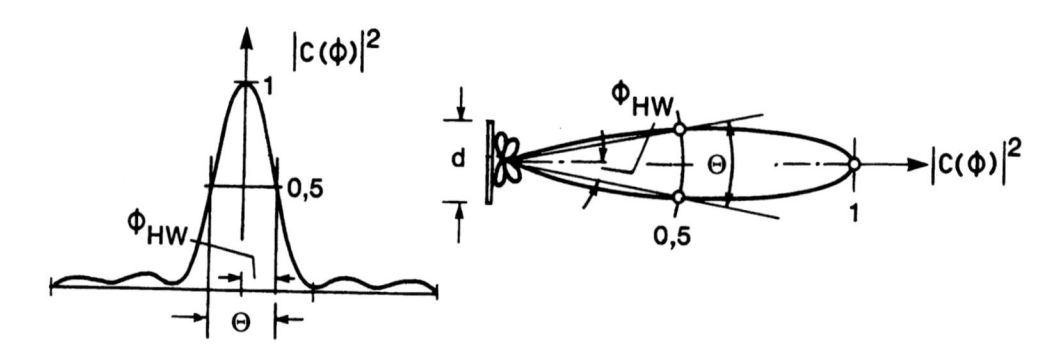

Abb. 4.2: Strahlungsdiagramm der Antenne: a) Kartesische Koordinaten, b) Polarkoordinaten.

Die Breite der Hauptkeule bei der halben Leistung errechnet sich mit Hilfe des Winkels ϕ_{HW} zwischen der Aperturnormalen und dem Ziel, d. h. dem Winkel zwischen der Richtung des Strahlungsmaximums und der Richtung halber Strahlungsleistung [4]. Diesen Winkel ϕ_{HW} nennt man Halbwertswinkel. Es gilt

$$\frac{\sin^2\left(\frac{\pi}{\lambda} \cdot d \cdot \sin\phi_{HW}\right)}{\left(\frac{\pi}{\lambda} \cdot d \cdot \sin\phi_{HW}\right)^2} = \frac{1}{2} \tag{4.7}$$

mit der Lösung

$$\sin\phi_{HW} \approx \pm 0,44 \cdot \frac{\lambda}{d} \,. \tag{4.8}$$

Für kleine Winkel ϕ_{HW} gilt $\sin\phi_{HW} \approx \phi_{HW}$, und damit ist die Breite der Hauptkeule θ bei der halben Leistung gleich dem doppelten Halbwertswinkel mit

$$\theta \approx 0{,}88 \cdot \frac{\lambda}{d}. \tag{4.9}$$

Der Winkel θ heißt Halbwertsbreite und beschreibt im wesentlichen das Strahlungsdiagramm einer Antenne (Kap. 6.1). Die zu θ in der Entfernung R_Z gehörende Distanz δ_{ra} (Index ra für engl. ‚real aperture', deutsch ‚Reale Apertur'), d. h. die Querauflösung, beträgt

$$\delta_{ra} = \theta \cdot R_Z \approx 0{,}88 \cdot \frac{\lambda}{d} \cdot R_Z. \tag{4.10}$$

Wird für Senden und Empfangen die gleiche Antenne verwendet, so durchläuft das Meßsignal zweimal die Richtcharakteristik der Antenne [4]. Daraus folgt

$$\frac{\sin^4\left(\frac{\pi}{\lambda} \cdot d \cdot \sin\phi_{HW}\right)}{\left(\frac{\pi}{\lambda} \cdot d \cdot \sin\phi_{HW}\right)^4} = \frac{1}{2}. \tag{4.11}$$

Die Halbwertsbreite θ beträgt dann

$$\theta \approx 0{,}64 \cdot \frac{\lambda}{d} \tag{4.12}$$

und die zugehörige Querauflösung δ_{ra}

$$\delta_{ra} \approx 0{,}64 \cdot \frac{\lambda}{d} \cdot R_Z. \tag{4.13}$$

Je schmaler die Richtcharakteristik ist, desto kleiner ist der minimale Winkel, unter dem zwei Ziele liegen dürfen, damit sie noch als getrennt registriert werden. Die Bündelung der Richtcharakteristik und damit die Querauflösung nimmt bei vorgegebener Wellenlänge λ mit wachsender Antennenabmessung d zu, weil der Antennenöffnungswinkel θ, der die Breite der Antennenhauptkeule bei der halben Leistung angibt, proportional dem zugehörigen Quotienten aus Wellenlänge und Antennenabmessung ist.

4.2.2 Entfernungsauflösung

Die Entfernungsauflösung erfolgt durch die Aussendung von elektromagnetischer Energie in kurzen Impulsen der Länge τ_p, die mit Lichtgeschwindigkeit c_0 zum Ziel Z und zurück wandern. Damit zwei in radialer Richtung hintereinander liegende Ziele Z_1 und Z_2 noch getrennt angezeigt werden können, müssen sie so weit auseinander liegen, daß die Empfangssignale sich nicht überlagern [3], [7], [8], [9]. Abb. 4.3 zeigt die Meßgeometrie zur Herleitung der Entfernungsauflösung [7], [8].

Ein Sendesignal $S_S(t)$ der Dauer τ_p mit rechteckförmiger Einhüllender wird an zwei im Abstand ΔR_Z hintereinander liegenden Zielen Z_1 und Z_2 reflektiert, nämlich zuerst

4.2 Auflösung beim Radar mit realer Apertur

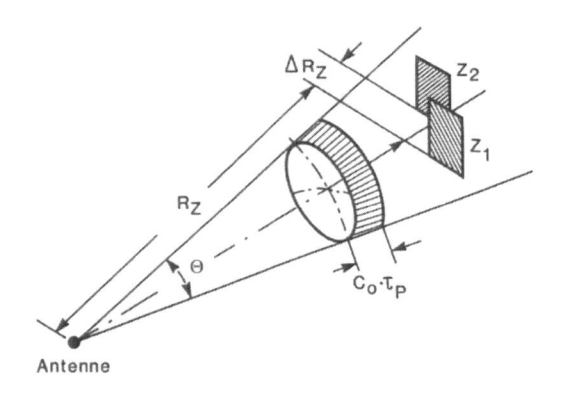

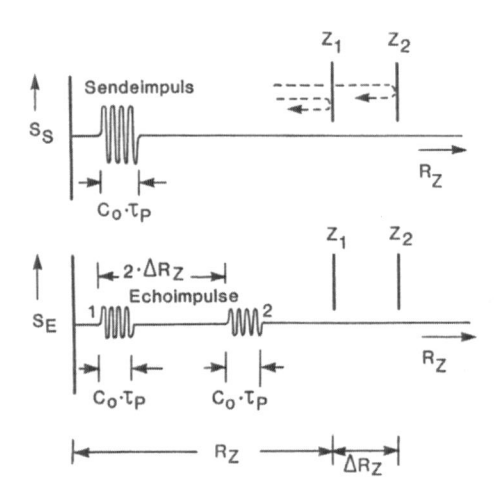

Abb. 4.3: Meßgeometrie zur Herleitung der Entfernungsauflösung (Quelle: Lit. [7], [8]).

an Z_1 und nach der Zeit $\Delta R_Z/c_0$ an Z_2. Zu diesem Zeitpunkt hat das Empfangssignal $S_E(t)$ von Ziel Z_1 bereits die Strecke ΔR_Z in Richtung des Empfängers zurückgelegt. Der Wegunterschied zwischen den beiden Vorderflanken der Signale beträgt $2 \cdot \Delta R_Z$, und die Ziele werden dann getrennt, wenn die beiden Empfangssignale sich nicht überlappen, d. h. es muß

$$2 \cdot \Delta R_Z - c_0 \cdot \tau_p \geq 0 \tag{4.14}$$

gelten. Aus dieser Beziehung folgt der minimale Abstand zu

$$\Delta R_{Zmin} = \frac{c_0 \cdot \tau_p}{2}, \tag{4.15}$$

welcher die Entfernungsauflösung δ_r (Index r für engl. ‚range‘, deutsch ‚Entfernung‘)

darstellt:

$$\delta_r = \frac{c_0 \cdot \tau_p}{2} = \frac{c_0}{2 \cdot B} \tag{4.16}$$

mit $B \cdot \tau_p = 1$ bei der reinen Impulsmodulation. Die Auflösung δ_r ist direkt von der Sendeimpulsdauer τ_p beziehungsweise reziprok von der Bandbreite B des Sendesignals abhängig, d. h. je schmaler der Sendeimpuls beziehungsweise je größer die Bandbreite des Sendesignals ist, desto besser ist das Auflösungsvermögen in der Entfernung. Eine gute Entfernungsauflösung kann also mit einer großen Bandbreite des Sendesignals erreicht werden. Es gibt zwei Möglichkeiten, eine große Bandbreite zu bekommen:

1. Man verwendet möglichst kurze Sendeimpulse. Verringert man aber die Impulsdauer, dann verringert sich auch die Signalenergie; damit erhält man eine kleinere Entdeckungswahrscheinlichkeit und eine geringere Meßgenauigkeit. Dies müßte, wenn es praktisch überhaupt möglich ist, durch eine höhere Sendeleistung ausgeglichen werden.

2. Man verwendet lange Sendeimpulse mit einer großen effektiven Signaldauer, die so in der Frequenz oder der Phase moduliert sind, daß sie eine große effektive Bandbreite besitzen. Geläufige Verfahren sind die analoge lineare Frequenzmodulation und die digitale Phasenmodulation mittels eines Barker-Codes.

Bei Signalen mit großer Signaldauer und großer effektiver Bandbreite besteht die Möglichkeit, eine sogenannte Impulskompression durchzuführen [3], [10], [11]. Bei der Impulskompression wird ein langer modulierter Sendeimpuls abgestrahlt und das Empfangssignal mit Hilfe geeigneter Signalverarbeitung durch ein Optimalfilter im Empfänger zu einem kurzen Impuls mit gleicher Energie und hoher Entfernungsauflösung verarbeitet. Voraussetzung zur Realisierung der Impulskompression ist die Verwendung von Signalen mit großem Zeit-Bandbreite-Produkt

$$B \cdot \tau_p \gg 1 \,. \tag{4.17}$$

Das Zeit-Bandbreite-Produkt ist ein Maß dafür, wie gut ein Signal für den Meßprozeß geeignet ist. Optimale Radarempfänger führen eine Impulskompression mittels Optimalfilter durch (Kap. 5.8). Ein solches Filter komprimiert das Eingangssignal immer mehr oder weniger gut. Wie gut es dies tut, hängt primär nicht vom Filter ab, sondern von der Signalform, für welches das Filter ausgelegt ist. Ein Optimalfilter ist in seiner Übertragungsfunktion ein Abbild der Spektralfunktion des Sendesignals, d. h. bei gegebenem Sendesignal ist auch das Optimalfilter in seinen Eigenschaften festgelegt. Liegt nun ein Signal mit großem Zeit-Bandbreite-Produkt am Eingang eines Optimalfilters, so entsteht am Ausgang ein entsprechend komprimierter Impuls, dessen Breite umgekehrt proportional zur Modulationsbandbreite ist. Das Verfahren der Impulskompression wird in Kap. 5.9 ausführlich behandelt.

4.2.3 Auflösungszelle

Bei flugzeuggetragenen Radarsystemen ist die Entfernungsauflösung am Boden δ_g (Index g für engl. ‚ground', deutsch ‚Boden') wichtig [7]. Sie folgt aus der geometrischen Situation (Abb. 4.4a) mit dem Neigungswinkel von der Horizontalen aus, dem Depressionswinkel ϵ_D, zu

$$\delta_g = \frac{c_0 \cdot \tau_p}{2 \cdot \cos \epsilon_D} = \frac{c_0}{2 \cdot B \cdot \cos \epsilon_D} \, . \tag{4.18}$$

Die Entfernungsauflösung am Boden δ_g wird umso schlechter, je steiler die Antenne

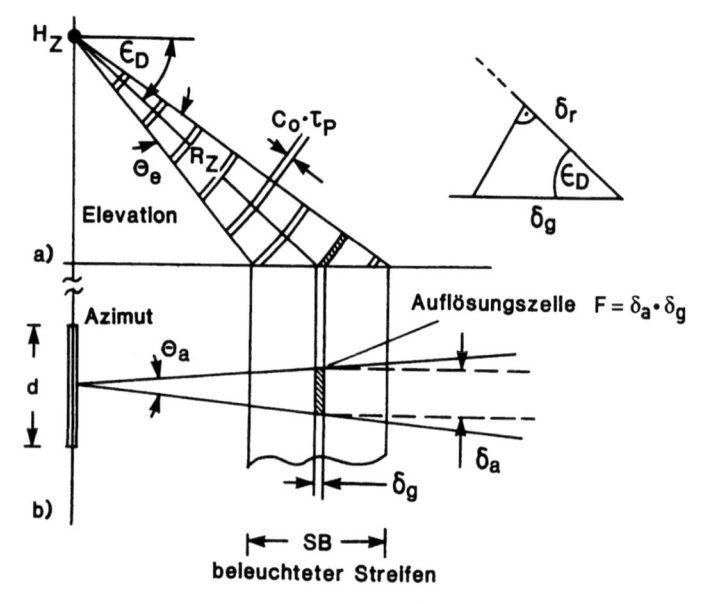

Abb. 4.4: Zur Definition der Auflösungszelle (Quelle: Lit. [7]).

zum Boden gerichtet ist. Sie variiert über der beleuchteten Streifenbreite SB innerhalb der Halbwertsbreite der Antenne in Elevation θ_e (Index e für engl. ‚elevation', deutsch ‚Elevation')

$$\frac{c_0 \cdot \tau_p}{2 \cdot \cos(\epsilon_D - \theta_e/2)} \leq \delta_g \leq \frac{c_0 \cdot \tau_p}{2 \cdot \cos(\epsilon_D + \theta_e/2)} \, . \tag{4.19}$$

Mit größer werdender Entfernung R_Z zum Ziel bei vorgegebener Einsatzhöhe H_Z nähert sich die Entfernungsauflösung am Boden δ_g bei einer festen Impulsdauer τ_p asymptotisch der Entfernungsauflösung δ_r, jedoch entstehen bei sehr kleinen Depressionswinkeln bzw. sehr kleinen Winkeln am Ende des beleuchteten Streifens dann Abschattungen. Infolge von Abschattungen des Beobachtungsgebietes durch Vegetation und Geländeformationen erreicht das ausgestrahlte Meßsignal bei flachen Einfallswinkeln nicht das abzubildende Ziel. Als Faustregel gilt, daß bei Winkeln unter 5° die Sichtbarkeit erheblich reduziert wird. Außerdem kann die Erdkrümmung als Folge der Kugelgestalt der Erde Einfluß auf die Reichweite des Radarsystems nehmen. Dieser Effekt tritt jedoch erst bei großen Höhen, speziell bei Satelliten als Trägerplattform in den Vordergrund, während bei flugzeuggetragenen Radarsystemen die Abschattungen infolge von Vegetation und Geländeformationen maßgebend sind.

Die Fläche F der Auflösungszelle ist nach Abb. 4.4b durch die Querauflösung in Azimut δ_a (Index a für engl. ‚azimuth', deutsch ‚Azimut') analog zu Gl. (4.13) mit

$$\delta_a \approx 0{,}64 \cdot \frac{\lambda}{d_a} \cdot R_Z \tag{4.20}$$

und die Entfernungsauflösung am Boden δ_g nach Gl. (4.18) gegeben:

$$F = \delta_a \cdot \delta_g = 0{,}64 \cdot \frac{\lambda \cdot c_0 \cdot \tau_p}{2 \cdot d_a} \cdot \frac{H_Z}{\sin \epsilon_D \cdot \cos \epsilon_D} \tag{4.21}$$

mit $R_Z = H_Z / \sin \epsilon_D$. Man erkennt, daß die Fläche F der Auflösungszelle für eine konstante Einsatzhöhe H_Z bei $\cos \epsilon_D = \sin \epsilon_D$, d. h. bei $\epsilon_D = 45°$ minimal wird, jedoch die maximal mögliche Entfernungsauflösung in den meisten Fällen dann nicht genutzt wird.

Die hergeleiteten Beziehungen für die Auflösungszelle am Boden nach Abb. 4.4 gelten für eine Beleuchtungsgeometrie mit kleinen Depressionswinkeln ϵ_D (pulsbegrenzter Fall). Hierbei wird die Auflösungszelle durch die Breite der Antennenkeule in Azimut θ_a und durch die Sendeimpulsdauer τ_p festgelegt. Mit wachsendem Depressionswinkel ϵ_D wird die Antennenkeule immer steiler zum Boden gerichtet, und die Auflösungszelle am Boden wird zunehmend durch die Breite der Antennenkeule in Azimut θ_a und Elevation θ_e bestimmt (strahlbegrenzter Fall) und nicht mehr von der Sendeimpulsdauer τ_p, d. h. die Länge der Auflösungszelle am Boden wird durch die Halbwertsbreite der Antenne in Elevation, θ_e, bestimmt. Die Auflösungszelle hat im strahlbegrenzten Fall eine elliptische Form. Es gilt [13]:

$$F = \frac{\pi}{4} \cdot R_Z^2 \cdot \theta_a \cdot \theta_e \cdot \frac{1}{\sin \epsilon_D} . \tag{4.22}$$

Abb. 4.5 zeigt noch einmal die Beleuchtungsgeometrie in Elevation mit allen zur Systemauslegung notwendigen Winkeln und Strecken. Die Beleuchtungsgeometrie in Elevation ist unabhängig vom Radarprinzip und wird je nach vorgegebenen Eingangsparametern wie z. B. Höhe der Trägerplattform H_Z, Reichweite R_Z oder zu beleuchtende Streifenbreite SB festgelegt.

Bei einem Boden-Luft-Radar ist die Auflösungszelle durch die zum Himmel gerichtete Antenne gegeben, und es wird, solange die Antennenkeule nicht den Boden berührt, keine Energie zum Boden abgestrahlt. Bei diesem Beleuchtungsfall erhält man eine räumliche Auflösungszelle mit dem Volumen V_m (Abb. 4.6). Diese räumliche Auflösungszelle wird jetzt sowohl durch den Öffnungswinkel der Antenne in Azimut θ_a

4.2 Auflösung beim Radar mit realer Apertur

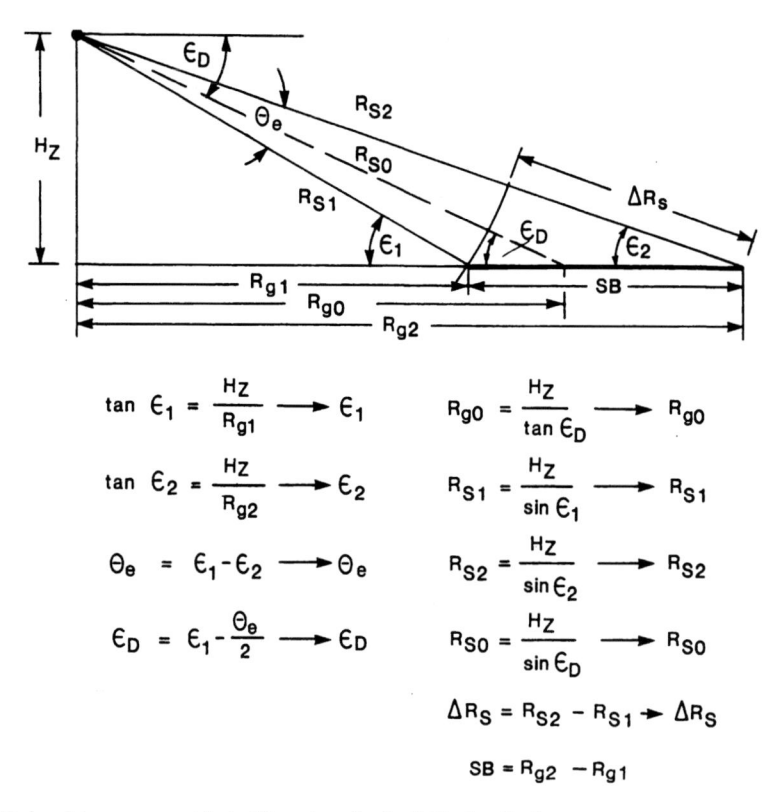

$$\tan \epsilon_1 = \frac{H_Z}{R_{g1}} \longrightarrow \epsilon_1 \qquad R_{g0} = \frac{H_Z}{\tan \epsilon_D} \longrightarrow R_{g0}$$

$$\tan \epsilon_2 = \frac{H_Z}{R_{g2}} \longrightarrow \epsilon_2 \qquad R_{S1} = \frac{H_Z}{\sin \epsilon_1} \longrightarrow R_{S1}$$

$$\theta_e = \epsilon_1 - \epsilon_2 \longrightarrow \theta_e \qquad R_{S2} = \frac{H_Z}{\sin \epsilon_2} \longrightarrow R_{S2}$$

$$\epsilon_D = \epsilon_1 - \frac{\theta_e}{2} \longrightarrow \epsilon_D \qquad R_{S0} = \frac{H_Z}{\sin \epsilon_D} \longrightarrow R_{S0}$$

$$\Delta R_S = R_{S2} - R_{S1} \longrightarrow \Delta R_S$$

$$SB = R_{g2} - R_{g1}$$

Abb. 4.5: Beleuchtungsgeometrie in Elevation des Luft-Boden-Radars.

und in Elevation θ_e als auch durch die Sendeimpulsdauer τ_p bestimmt [3], [14]. Es gilt:

$$V_m = \delta_a \cdot \delta_e \cdot \delta_r = R_Z^2 \cdot \theta_a \cdot \theta_e \cdot \frac{c_0 \cdot \tau_p}{2} \ . \tag{4.23}$$

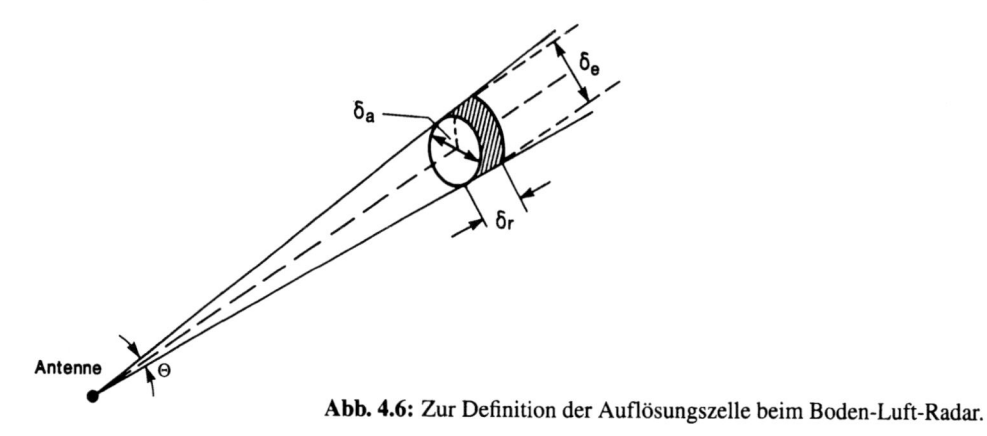

Abb. 4.6: Zur Definition der Auflösungszelle beim Boden-Luft-Radar.

4.2.4 Geschwindigkeitsauflösung

Bei der Anwendung des Dauerstrich- oder Puls-Doppler-Verfahrens (Kap. 7.1 bzw. Kap. 7.3) in Radaren weisen die von den Zielen reflektierten Echosignale bzgl. ihrer Frequenz f_E einen Unterschied zur Sendefrequenz f_S auf:

$$f_E = f_S \pm f_D \,. \tag{4.24}$$

Diese Frequenzdifferenz f_D wird als Dopplerfrequenz bezeichnet. Sie steht mit der radialen Zielgeschwindigkeit v_r nach Bild 7.1 in Bezug auf das Radar in folgendem Zusammenhang:

$$f_D = 2 \cdot \frac{v_r \cdot f_S}{c_0}, \tag{4.25}$$

wobei c_0 die Lichtgeschwindigkeit ist. Das positive Vorzeichen in Gl. (4.24) bezieht sich auf den Fall, daß sich das Ziel dem Radar annähert, das negative Vorzeichen, daß sich das Ziel entfernt. Sind nun Ziele mit unterschiedlichen Radialgeschwindigkeiten vorhanden, so werden deren Echosignale Unterschiede in der Dopplerfrequenz aufweisen (Abb. 4.7). Im Vergleich zueinander ergeben sich Dopplerfrequenzdiffe-

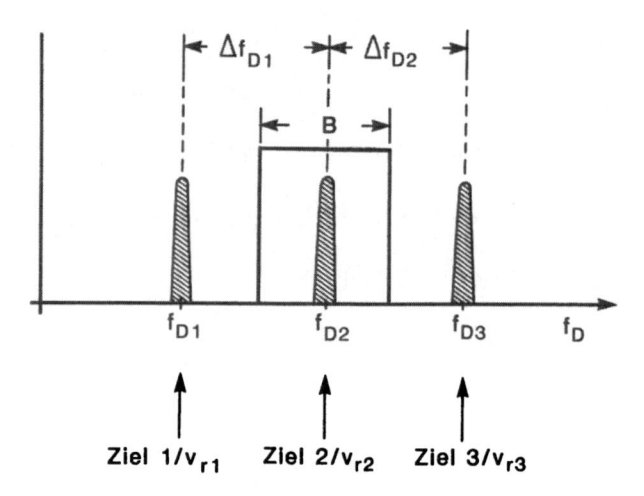

Abb. 4.7: Zur Geschwindigkeitsauflösung im Radarempfänger.

renzen Δf_{Di}, die auf unterschiedliche Zielgeschwindigkeitsdifferenzen Δv_{ri} hindeuten. Im Radarempfänger werden zur Selektion schmalbandige Auswertefilter eingesetzt. Damit können dann auch Zielechosignale unterschiedlicher Dopplerfrequenz voneinander getrennt werden, vorausgesetzt, daß der Unterschied in der Dopplerfrequenz größer oder wenigstens gleich groß im Vergleich zur Bandbreite B der schmalbandigen Auswertefilter ist:

$$\Delta f_{Di} = 2 \cdot \frac{\Delta v_{ri} \cdot f_S}{c_0} \geq B \,. \tag{4.26}$$

Daraus ergibt sich dann die Bedingung für die Auflösung von Zielen aufgrund ihrer Radialgeschwindigkeitsdifferenzen zu:

$$\Delta v_{ri} \geq \frac{B \cdot c_0}{2 \cdot f_S}. \tag{4.27}$$

Die geschwindigkeitsbezogene Auflösung von Zielen ist also umso besser, je schmäler das Auswertefilter im Radarempfänger realisiert ist und je höher die Sendefrequenz gewählt werden kann.

4.3 Auflösung beim Radar mit synthetischer Apertur

Eine Verbesserung der Winkelauflösung einer realen Apertur ist bei vorgegebener Entfernung zum Ziel und Wellenlänge des Meßsignals durch Vergrößerung der Antennenapertur nur in Grenzen möglich, die von der Anwendung und Einbausituation vorgegeben sind. Beim Radar mit synthetischer Apertur wird der Flugweg eines flugzeuggetragenen Radars zu einer ‚synthetischen' Vergrößerung der Apertur genutzt [13], [15], [16], [17].

Die synthetische Apertur entsteht dadurch, daß ein punktförmiges Ziel Z innerhalb der Keule einer realen Antenne, die sich längs des Flugweges bewegt, beleuchtet wird und alle Empfangsechos nach Betrag und Phase gespeichert werden. Diesen während der Beleuchtung des Ziels zurückgelegten Flugweg nennt man synthetische Apertur. Wegen der sich dabei ändernden Entfernung zwischen Antenne und Ziel weist das empfangene Echosignal gegenüber dem Sendesignal eine Dopplerfrequenzverschiebung auf. Jedes Ziel ist durch seinen charakteristischen Dopplerfrequenzverlauf gekennzeichnet und kann prinzipiell von benachbarten Zielen unterschieden werden.

4.3.1 Doppler-Effekt

Das von einem punktförmigen Ziel empfangene Echosignal weist eine Frequenzverschiebung auf, die proportional der Relativgeschwindigkeit v_R zwischen der Antenne und dem Ziel Z am Boden und reziprok zur Lichtgeschwindigkeit c_0 ist [7], [12]. Abb. 4.8 zeigt die Geometrie zur Herleitung des *Doppler*-Effektes bei einem flugzeuggetragenen SAR.

Ein Sender, der sich mit der Geschwindigkeit v unter dem seitlichen Blickwinkel χ und Depressionswinkel ϵ_D zum Ziel Z bewegt, strahlt über die Antenne eine elektromagnetische Welle mit der konstanten Sendefrequenz f_S ab. Trifft diese Welle auf das Ziel Z, so gilt für deren Frequenz f_1

$$f_1 = f_S \cdot \frac{(1 + \frac{v_R}{c_0})}{\sqrt{1 - (\frac{v}{c_0})^2}}. \tag{4.28}$$

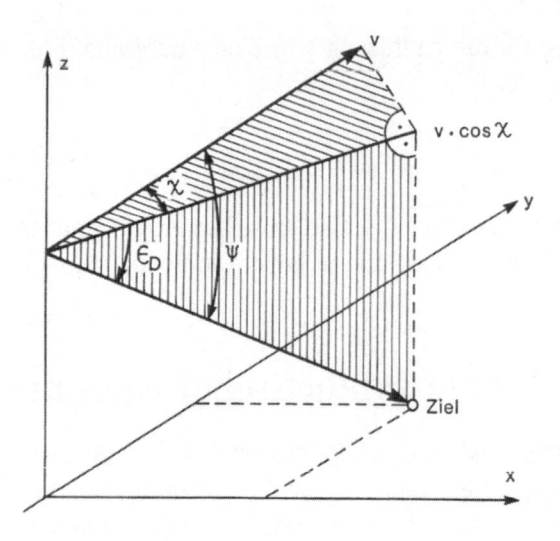

Abb. 4.8: Geometrie zur Herleitung des *Doppler*-Effektes (Quelle: Lit. [7]).

Mit

$$v_R = v \cdot \cos\chi \cdot \cos\epsilon_D \qquad (4.29)$$

aus Abb. 4.8 folgt für f_1:

$$f_1 = f_S \cdot \frac{(1 + \frac{v}{c_0} \cdot \cos\chi \cdot \cos\epsilon_D)}{\sqrt{1 - (\frac{v}{c_0})^2}} . \qquad (4.30)$$

Die am Ziel Z eintreffende Welle wird in Richtung des Senders reflektiert, und die Frequenz der Welle ist beim Empfang abermals durch den *Doppler*-Effekt verändert. Für die Frequenz f_2 beim Empfang gilt mit Gl. (4.30):

$$f_2 = f_S \cdot \frac{(1 + \frac{v}{c_0} \cdot \cos\chi \cdot \cos\epsilon_D)^2}{1 - (\frac{v}{c_0})^2} . \qquad (4.31)$$

Im Rahmen der hier vorgestellten Radarverfahren gilt immer $v^2/c_0^2 \ll 1$, wodurch sich die Betrachtung der Frequenz f_2 durch Übergang in die nicht-relativistische Betrachtung zu

$$f_2 = f_S \cdot (1 + 2 \cdot \frac{v}{c_0} \cdot \cos\chi \cdot \cos\epsilon_D) \qquad (4.32)$$

vereinfacht.

Die Dopplerfrequenz f_D ist die Differenz zwischen Sende- und Empfangsfrequenz. Es gilt:

$$f_D = f_2 - f_S = 2 \cdot f_S \cdot \frac{v}{c_0} \cdot \cos\chi \cdot \cos\epsilon_D . \qquad (4.33)$$

4.3 Auflösung beim Radar mit synthetischer Apertur

Mit der Relativgeschwindigkeit $v_R = v \cdot \cos\chi \cdot \cos\epsilon_D$ und der Wellenlänge $\lambda = c_0/f_S$ folgt

$$f_D = 2 \cdot \frac{v_R}{\lambda} = \frac{2 \cdot v}{\lambda} \cdot \cos\chi \cdot \cos\epsilon_D \, . \tag{4.34}$$

In der Regel wird bei einem flugzeuggetragenen Radar direkt der Winkel ψ zwischen der Flugrichtung und der Blickrichtung zum Ziel angegeben. Für den Winkel ψ gilt nach Abb. 4.8 und dem Seitenkosinussatz für das rechtwinklige Dreieck dann $\cos\psi = \cos\chi \cdot \cos\epsilon_D$. Damit folgt

$$f_S = \frac{2 \cdot v}{\lambda} \cdot \cos\psi \, . \tag{4.35}$$

Bewegt sich der Sender direkt auf das Ziel Z zu, d. h. $\psi = 0°$, so gilt

$$f_D = \frac{2 \cdot v}{\lambda} \, . \tag{4.36}$$

Die Dopplerfrequenz f_D schwankt zwischen 0 Hz bei $\psi = 90°$ und der maximal möglichen Frequenz $2v/\lambda$ bei $\psi = 0°$, welche dann durch die Geschwindigkeit v der Trägerplattform und die Wellenlänge λ gegeben ist.

4.3.2 Winkel- und Querauflösung

Abb. 4.9 zeigt die Beleuchtungsgeometrie zur Herleitung der Winkel- und Querauflösung. Ein Flugzeug bewegt sich mit konstanter Geschwindigkeit v entlang einer linearen Flugbahn und beleuchtet die beiden Ziele Z_1 und Z_2 im mittleren seitli-

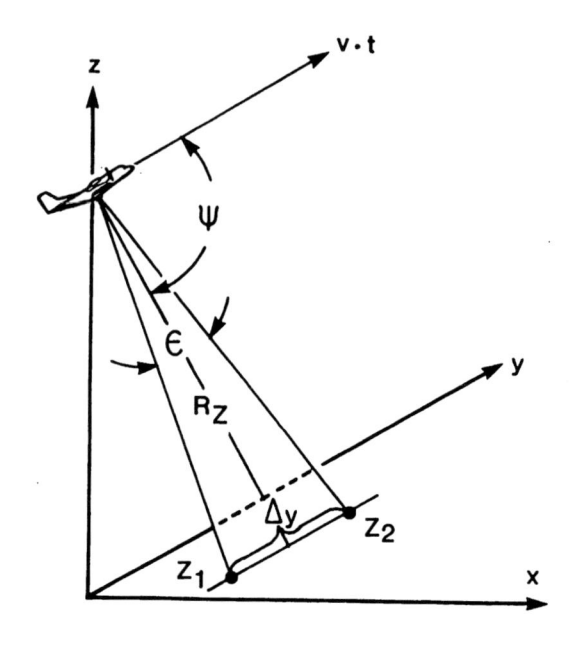

Abb. 4.9: Zur Herleitung der Winkel- und Querauflösung (Quelle: Lit. [7]).

chen Abstand R_Z. Die beiden Ziele reflektieren, je nach Radarrückstreuquerschnitt, die vom Radar ausgestrahlte Energie. Dabei wird angenommen, daß die beiden Ziele den gleichen Radarrückstreuquerschnitt besitzen. Z_1 und Z_2, die nach Abb. 4.9 unter dem Aspektwinkel ϵ gesehen werden und damit in der mittleren Entfernung R_Z untereinander einen seitlichen Abstand Δy haben, sind dann um die Dopplerfrequenz Δf_D versetzt.

Nach Abb. 4.9 entsprechen den beiden Zielen Z_1 und Z_2 mit dem Winkel ψ zwischen der Flugrichtung und der Winkelhalbierenden von ϵ die Dopplerfrequenzverschiebungen

$$f_{D1} = \frac{2 \cdot v}{\lambda} \cdot \cos(\psi + \frac{\epsilon}{2}) \tag{4.37}$$

und

$$f_{D2} = \frac{2 \cdot v}{\lambda} \cdot \cos(\psi - \frac{\epsilon}{2}) \,. \tag{4.38}$$

Mit Hilfe der Additionstheoreme trigonometrischer Funktionen

$$\cos(\psi \pm \frac{\epsilon}{2}) = \cos\psi \cdot \cos\frac{\epsilon}{2} \mp \sin\psi \cdot \sin\frac{\epsilon}{2} \tag{4.39}$$

und den Näherungen für kleine Winkel $\cos\frac{\epsilon}{2} \approx 1$ und $\sin\frac{\epsilon}{2} \approx \frac{\epsilon}{2}$ folgt die Frequenzauflösung Δf_D zu

$$\Delta f_D = f_{D2} - f_{D1} = \frac{2 \cdot v}{\lambda} \cdot \sin\psi \cdot \epsilon \,. \tag{4.40}$$

Aus der Forderung nach maximaler Frequenz folgt die beim SAR charakteristische Antennenblickrichtung unter $\psi = 90°$ zur Bewegungsrichtung der Trägerplattform. Mit

$$\epsilon \approx \frac{\Delta y}{R_Z} \tag{4.41}$$

erhält man mit hinreichender Genauigkeit

$$\Delta f_D = \frac{2 \cdot v}{\lambda} \cdot \frac{\Delta y}{R_Z} \,. \tag{4.42}$$

Die Signaltheorie lehrt, daß die Frequenzauflösung Δf_D etwa dem Reziprokwert der Meßzeit gleichgesetzt werden kann. Das ist die Beleuchtungsdauer T_{sa} (Index sa für engl. ‚synthetic aperture', deutsch ‚Synthetische Apertur') des Ziels, auch Integrationsdauer genannt, die von der Länge L_{sa} des Flugweges während der Beleuchtung und von der Geschwindigkeit v der Trägerplattform abhängt (Abb. 4.10). Den Flugweg der Länge L_{sa} während der Beleuchtung eines Ziels nennt man synthetische Apertur.

4.3 Auflösung beim Radar mit synthetischer Apertur

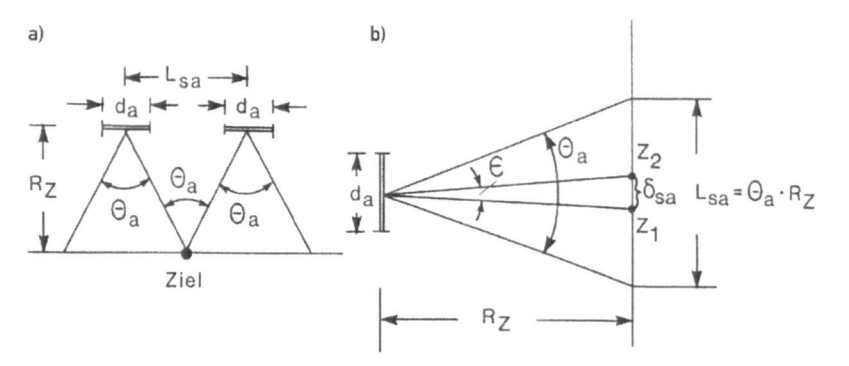

Abb. 4.10: Bildung der synthetischen Apertur:
a) Bildung der synthetischen Apertur, b) Zusammenhang zwischen realer und synthetischer Apertur (Quelle: Lit. [7]).

Für Δf_D gilt [17]

$$\Delta f_D = \frac{0,88}{T_{sa}} = 0,88 \cdot \frac{v}{L_{sa}}. \tag{4.43}$$

Hieraus folgt mit Gl. (4.42) für die Querauflösung δ_{sa}, also den kleinsten Abstand Δy_{min} zweier noch auflösbarer Ziele,

$$\delta_{sa} = 0,88 \cdot \frac{\lambda}{2 \cdot L_{sa}} \cdot R_Z. \tag{4.44}$$

Ein Vergleich zwischen der Querauflösung beim Radar mit realer Apertur (RAR) nach Gl. (4.10) und dem Radar mit synthetischer Apertur (SAR) nach Gl. (4.44) zeigt, daß die Antennenlänge d beim RAR bis auf den Faktor 2 der synthetischen Apertur L_{sa} beim SAR entspricht. Nach Abb. 4.10 und Gl. (4.9) hängt die Länge der synthetischen Apertur L_{sa} von der Halbwertsbreite θ_a der realen Antenne in Azimut ab:

$$L_{sa} = \theta_a \cdot R_Z = 0,88 \cdot \frac{\lambda \cdot R_Z}{d_a}. \tag{4.45}$$

Setzt man Gl. (4.45) in Gl. (4.44) ein, so folgt für die Querauflösung δ_{sa} beim SAR

$$\delta_{sa} = \frac{d_a}{2}. \tag{4.46}$$

Die Querauflösung ist beim Radar mit synthetischer Apertur von Wellenlänge und Entfernung zum Ziel unabhängig!

Je kleiner die Antennenlänge d_a ist, desto größer wird die Halbwertsbreite θ_a, um so größer wird die Länge L_{sa} der synthetischen Apertur und desto besser wird die Querauflösung δ_{sa}. Beim RAR wird umgekehrt die Querauflösung mit wachsender Antennenlänge d_a besser, was jedoch schnell an Realisierungsgrenzen stößt.

Voraussetzung für das Ergebnis nach Gl. (4.46) ist die Annahme, daß beim Senden und Empfangen die gleiche Antenne benutzt wird und sich das beleuchtete Ziel im

Fernfeld der Antenne befindet. Die Fernfeldbedingung besagt, daß die Phasenfläche des rückgestreuten Signals hinreichend eben sein soll. Dann wird das Echosignal phasenrichtig über der gesamten Aperturlänge summiert. Beim SAR sind die realisierten synthetischen Aperturen wesentlich größer als die Aperturen beim RAR, weshalb die Phasenkorrektur hier ein fester Bestandteil der Signalverarbeitung ist. Der Übergang vom Nah- in das Fernfeld ist fließend, und die Bereichsgrenzen werden oft nach der geforderten Auflösung festgelegt. Eine in der Antennenmeßtechnik häufig verwendete Definition läßt für den Fall der Zweiweg-Signalausbreitung eine maximale Phasentoleranz von $\pi/2$ für den Hin- und Rückweg, entsprechend einer Wegdifferenz von $\lambda/8$ am Rand der synthetischen Apertur, zu [15], [16]. Solange die Wegdifferenz am Rand kleiner als $\lambda/8$ ist, braucht keine Korrektur vorgenommen zu werden. Die maximal zulässige Länge L_{samax} der synthetischen Apertur ohne Erfordernis einer Phasenkorrektur errechnet sich mit der maximal zugelassenen Wegdifferenz von $\lambda/8$ durch folgende Ungleichung:

$$R_Z^2 + \left(\frac{L_{sa}}{2}\right)^2 \leq \left(R_Z + \frac{\lambda}{8}\right)^2. \tag{4.47}$$

Daraus resultiert die maximal zulässige Länge L_{samax} der synthetischen Apertur zu

$$L_{samax} = \sqrt{\lambda \cdot R_Z}, \tag{4.48}$$

wobei der Term $\lambda^2/64$ vernachlässigt wurde.

Die zugehörige Querauflösung δ_{sa} beträgt dann

$$\delta_{sa} = \frac{\lambda}{2 \cdot L_{samax}} \cdot R_Z = \frac{\sqrt{\lambda \cdot R_Z}}{2}. \tag{4.49}$$

Die Verschlechterung der Auflösung bei der Signalverarbeitung ohne Phasenkorrektur entsteht dadurch, daß nur über die Länge $L_{samax} = \sqrt{\lambda \cdot R_Z}$ integriert wird. Soll über die gesamte Länge der synthetischen Apertur, welche durch die Halbwertsbreite θ_a der Antenne gegeben ist, integriert werden, so muß jede zusätzliche Phasendifferenz kom-

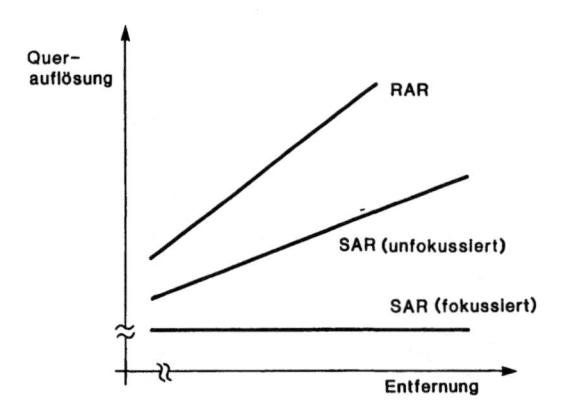

Abb. 4.11: Verlauf der Querauflösung beim RAR und SAR.

pensiert werden. Dieser Vorgang wird Fokussierung genannt. Durch die Fokussierung erhält man entlang der synthetischen Apertur eine konstante Phasenbelegung entsprechend einer ebenen Welle, und die Auflösung ist die maximal mögliche, nämlich $d_a/2$.

Abb. 4.11 zeigt den Verlauf der Querauflösung in Azimut für das Radar mit realer Apertur (RAR) nach Gl. (4.20), die Querauflösung beim Radar mit synthetischer Apertur (SAR) für den fokussierten Fall nach Gl. (4.46) und den unfokussierten Fall nach Gl. (4.49) als Funktion der Entfernung.

Literaturverzeichnis

[1] Hanle, E. (Red.): *Begriffe aus dem Gebiet Radar und allgemeine Funkortung, ITG/DGON 2.4-01-Empfehlung 1991*. Frankfurt/Main: ITG, 1992

[2] Detlefsen, J.: *Abbildung mit Mikrowellen*. Fortschritt-Berichte der VDI-Zeitschriften, Reihe 10, Nr. 5, 1979

[3] Baur, E.: *Einführung in die Radartechnik*. Stuttgart: Teubner, 1985

[4] Wehner, D.: *High Resolution Radar*. 2. ed., Norwood, MA: Artech, 1995

[5] Hansen, R.C.: *Microwave Scanning Antennas, Vol. I: Apertures*. New York: Academic Press, 1964

[6] Kovaly, J.J.: *Synthetic Aperture Radar*. Dedham, MA: Artech, 1976

[7] Klausing, H.: *Realisierbarkeit eines Radars mit synthetischer Apertur durch rotierende Antennen*. Dissertation, Universität Karlsruhe, 1989

[8] Unger, H.-G.: *Hochfrequenztechnik in Funk und Radar*. Stuttgart: Teubner, 1988

[9] Detlefsen, J.: *Radartechnik*. Berlin: Springer, 1989

[10] Ludloff, A.: *Handbuch Radar und Radarsignalverarbeitung*. Braunschweig: Vieweg, 1993

[11] Farnett, E.C., Stevens, G.H.: *Pulse Compression Radar*. In: Radar Handbook (M.I. Skolnik, ed.), 2. ed., Chapter 10, New York: McGraw-Hill, 1990

[12] Jackson, J.D.: *Klassische Elektrodynamik*. Berlin: de Gruyter, 1983

[13] Ulaby, F.T., Moore, R.K., Fung, A.K.: *Microwave Remote Sensing, Vol. II: Radar Remote Sensing and Surface Scattering and Emission Theory*. Reading, MA: Addison Wesley, 1982

[14] Gerlitzki, W.: *Die Radargleichung*. Ulm: AEG-TELEFUNKEN, 1984

[15] Cutrona, L.J.: *Synthetic Aperture Radar*. In: Radar Handbook (M.I. Skolnik, ed.), 2. ed., Chapter 21, New York: McGraw-Hill, 1990

[16] Hovanessian, S.A.: *Introduction to Synthetic Array and Imaging Radars*. Dedham, MA: Artech, 1980

[17] Harger, R.O.: *Synthetic Aperture Radar Systems, Theory and Design*, New York: Academic Press, 1970

5 Radargleichung

5.1 Allgemeine Herleitung

Die Radargleichung beschreibt den physikalischen Zusammenhang zwischen gesendeter und empfangener Leistung als Funktion der Systemparameter einer Radaranlage und den Ausbreitungserscheinungen der elektromagnetischen Welle ([1] bis [9]). Sie dient einer Abschätzung der erzielbaren Reichweite bei vorgegebenem minimalem Signal-Rausch-Verhältnis am Empfängerausgang. Mit ihrer Hilfe kann somit eine Optimierung des Systems vorgenommen werden, da alle gerätespezifischen Parameter vom Entwickler beeinflußt werden können. Abb. 5.1 zeigt die Meßgeometrie und das Flußdiagramm mit den zur Herleitung der Radargleichung benötigten Parametern für ein Impulsradar im monostatischen Fall.

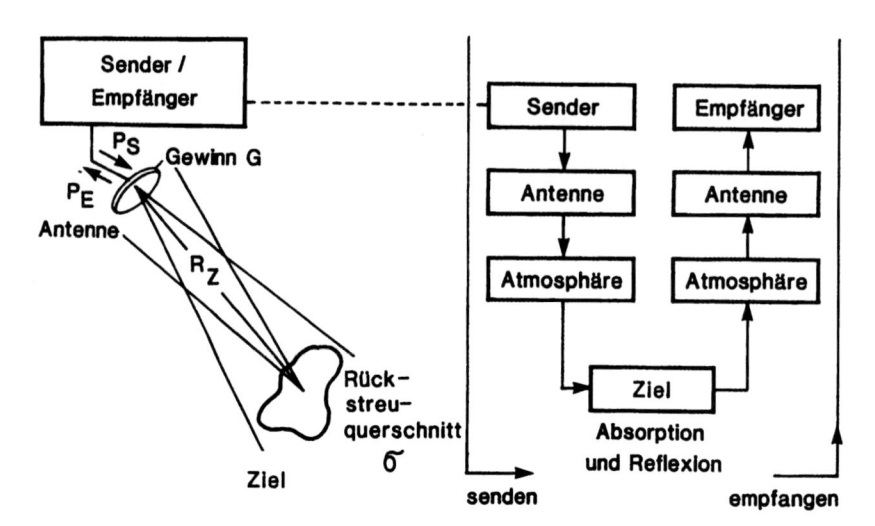

Abb. 5.1: Geometrie zur Herleitung der Radargleichung (Quelle: Lit. [8]).

Ein Radarsender strahlt über die Antenne die Leistung P_S ab. Wird die Leistung gleichmäßig in alle Richtungen abgestrahlt, so erhält man die Leistungsdichte $S_S(r)$ auf einer Kugeloberfläche mit dem Radius r zu

$$S_S(r) = \frac{P_S}{4\pi r^2}, \qquad (5.1)$$

wobei der Term $1/(4\pi r^2)$ der Übertragungsdämpfung elektromagnetischer Energie Rechnung trägt. In der Radartechnik verwendet man in der Regel bündelnde Antennen mit vorgegebener Richtcharakteristik. Das Verhältnis der maximalen Leistungsdichte einer solchen Richtantenne zur Leistungsdichte der isotropen Antenne wird als Antennengewinn G bezeichnet. Man erhält dann die Leistungsdichte S_Z am Ziel in der Entfernung R_Z zu

$$S_Z = \frac{P_S \cdot G}{4\pi \cdot R_Z^2} \ . \tag{5.2}$$

Multipliziert man die Leistungsdichte S_Z am Ziel mit dessen Radarrückstreuquerschnitt σ, so erhält man die vom Ziel zurückgestreute Leistung P_R zu

$$P_R = S_Z \cdot \sigma \ , \tag{5.3}$$

wobei das Rückstreuverhalten des Ziels als isotrop angesetzt wird.

Der Radarrückstreuquerschnitt σ (Einheit: m^2) beschreibt das Reflexionsverhalten des Ziels, d. h. die Fähigkeit, einfallende elektromagnetische Wellen zum Radarempfänger zu reflektieren, und kennzeichnet so Radarziele (Kap. 3). Die Leistungsdichte S_E am Empfänger im Abstand R_Z beträgt damit

$$S_E = \frac{P_R}{4\pi \cdot R_Z^2} = \frac{P_S \cdot G \cdot \sigma}{(4\pi)^2 \cdot R_Z^4} \ . \tag{5.4}$$

Hierbei wurde wieder die Übertragungsdämpfung berücksichtigt. Hat die Antenne eine wirksame Fläche A_e, so beträgt die Empfangsleistung P_E

$$P_E = S_E \cdot A_e = \frac{P_S \cdot G \cdot \sigma \cdot A_e}{(4\pi)^2 \cdot R_Z^4} \ . \tag{5.5}$$

Der Zusammenhang zwischen dieser wirksamen Fläche A_e der Antenne und ihrem Gewinn ist gegeben durch

$$A_e = \frac{\lambda^2 \cdot G}{4\pi} \ . \tag{5.6}$$

Zusätzlich gehen Verlustfaktoren in die Radargleichung ein. Diese Verluste, die während des Sende- und Empfangsvorganges entstehen, können z. B. Systemverluste durch die Geräteauslegung (L_{SYS}) sein, aber auch die Dämpfung des Meßsignals entlang des Ausbreitungsweges (L_D) und Zielfluktuationen (L_F) gehen als Verluste in die Radargleichung ein [5]. Alle Verlustfaktoren addieren sich im logarithmischen Maßstab und werden als Gesamtverlust L_{ges} in der Radargleichung berücksichtigt. Für die empfangene Leistung P_E folgt

$$P_E = \frac{P_S \cdot G^2 \cdot \lambda^2 \cdot \sigma}{(4\pi)^3 \cdot R_Z^4 \cdot L_{ges}} \ . \tag{5.7}$$

5.1 Allgemeine Herleitung

Die maximale Reichweite R_{Zmax} des Radarempfängers ist dann gegeben, wenn die Empfangsleistung P_E auf die minimal detektierbare Leistung $P_{E\,min}$ abgesunken ist:

$$R_{Zmax}^4 = \frac{P_S \cdot G^2 \cdot \lambda^2 \cdot \sigma}{P_{Emin} \cdot (4\pi)^3 \cdot L_{ges}} . \tag{5.8}$$

Die Fähigkeit des Radarempfängers, ein schwaches Echosignal zu detektieren, wird durch die Rauschleistung im Empfänger begrenzt. Dabei hat das thermische Rauschen einen wesentlichen Einfluß, welches durch thermische Bewegungen der Leitungselektronen im Empfänger entsteht. Weiterhin trägt unter anderem das über die Antenne aufgenommene Rauschen externer Quellen, z. B. kosmisches Rauschen, zur gesamten Rauschleistung bei. Alle Rauschanteile werden in der effektiven Rauschtemperatur $T_{eff} = T_{re} + T_{ex}$ zusammengefaßt, wobei mit T_{re} die Rauschtemperatur des Empfängers und mit T_{ex} die Rauschtemperatur bezüglich der externen Rauschquellen bezeichnet ist [5], [6], [7]. Die Rauschleistung N_{aus} am Ausgang des Empfängers wird somit

$$N_{aus} = k \cdot T_{eff} \cdot B \cdot V = k \cdot T_{eff} \cdot \frac{V}{\tau_p} . \tag{5.9}$$

Dabei ist k die *Boltzmann*-Konstante, V die Verstärkung und B die Bandbreite des Empfängers. Für einen ideal signalangepaßten Empfänger gilt mit einem rechteckförmigen Sendeimpuls der Dauer τ_p:

$$B \cdot \tau_p \approx 1 . \tag{5.10}$$

Eine zweite Größe zur Beschreibung des Empfängerrauschens ist die Rauschzahl F_n. Sie steht mit T_{eff} in folgender Beziehung:

$$F_n = 1 + \frac{T_{eff}}{T_0} , \tag{5.11}$$

wobei $T_0 = 290$ K als Standardtemperatur gilt. Die effektive Rauschtemperatur eines idealen Empfängers ist 0 K ($F_n = 1$). Bezeichnet V das Verhältnis von Signalausgangsleistung P_{aus} zu Signaleingangsleistung P_{ein} des Radarempfängers, so kann man aus der Beziehung für die oben bezeichnete Rauschleistung N_{aus} folgenden Ausdruck für die Empfangsleistung P_{ein} gewinnen:

$$P_{ein} = k \cdot \frac{T_{eff}}{\tau_p} \cdot \frac{P_{aus}}{N_{aus}} . \tag{5.12}$$

Daraus ergibt sich für die minimal detektierbare Signalempfangsleistung:

$$P_{ein\,min} = k \cdot \frac{T_{eff}}{\tau_p} \cdot \left(\frac{P_{aus}}{N_{aus}}\right)_{min} , \tag{5.13}$$

wobei $(P_{aus}/N_{aus})_{min}$ das am Empfängerausgang minimal zu fordernde Signal-Rausch-

Verhältnis darstellt, welches meist mit S/N bezeichnet wird. Dann gilt für die Radargleichung

$$\left(\frac{S}{N}\right)_{\min} = \frac{P_S \cdot G^2 \cdot \lambda^2 \cdot \sigma \cdot \tau_p}{(4\pi)^3 \cdot k \cdot T_{\text{eff}} \cdot R_{\text{Zmax}}^4 \cdot L_{\text{ges}}} . \qquad (5.14)$$

Im allgemeinen interessiert die maximal erzielbare Reichweite R_{Zmax}, die man aus Gl. (5.14) mit dem zur Zielerfassung mindestens notwendigen S/N erhält:

$$R_{\text{Zmax}}^4 = \frac{P_S \cdot G^2 \cdot \lambda^2 \cdot \sigma \cdot \tau_p}{(4\pi)^3 \cdot k \cdot T_{\text{eff}} \cdot \left(\frac{S}{N}\right)_{\min} \cdot L_{\text{ges}}} . \qquad (5.15)$$

Diese Gleichung gilt allgemein unter der Voraussetzung, daß die Fernfeldbedingung eingehalten wird, eine homogene Ausbreitung der Welle erfolgt und keine parasitären Wege berücksichtigt werden müssen.

Die hergeleitete Radargleichung zeigt, daß vom Radarentwickler folgende Parameter, die von Geräteauslegung und Wellenlänge abhängig sind, grundsätzlich beeinflußt werden können [5]:

- P_S Sendeleistung
- G Antennengewinn
- λ Wellenlänge
- τ_p Sendeimpulsdauer
- T_{eff} Effektive Rauschtemperatur
- L_{SYS} Anteile des Radargerätes am Gesamtverlust

Dazu enthält die Radargleichung Parameter, die unter anderem statistischer Natur sind:

- σ Radarrückstreuquerschnitt
- S/N Signal-Rausch-Verhältnis
- L_F Fluktuationsverluste
- L_D Verluste durch Dämpfung, wobei hier nur die Dämpfung in der Atmosphäre und bei Regen betrachtet wird

Das erzielbare Signal-Rausch-Verhältnis kann durch die Art der Signalverarbeitung im Radarempfänger (z. B. ‚Optimalfilter') grundsätzlich beeinflußt werden, wobei das dem Echosignal überlagerte Rauschen statistischer Natur ist. Auch das Verhalten des Radarbedieners ist nicht bestimmt vorhersehbar.

Schließlich sind in der Radargleichung noch die beiden mathematisch-physikalischen Konstanten

- $(4\pi)^3 \approx 2000$
- $k = 1{,}3805 \cdot 10^{-23}$ Ws/K   *Boltzmann*-Konstante

enthalten.

5.2 Signalwiederholung und Sendeleistung

Bei einem Impulsradar wird ein Ziel während der Beleuchtung in der Regel von mehreren Impulsen getroffen. Die Anzahl von abgestrahlten Impulsen pro Sekunde wird durch die sogenannte Pulsfrequenz f_p (Einheit: Hz) festgelegt. Der Reziprokwert von f_p ist der Impulsabstand $T_p = 1/f_p$. Die Pulsfrequenz bzw. der Impulsabstand sind wichtige Kenngrößen eines Radargerätes. Das Produkt aus der Anzahl n der Impulse während der Beleuchtung eines Ziels und des Impulsabstands T_p wird als Zielverweilzeit T_d bezeichnet. Es gilt mit der Pulsfrequenz f_p

$$T_d = n \cdot T_p = \frac{n}{f_p} . \tag{5.16}$$

Die Radargleichung erhält im idealen Fall mit der Anzahl n von Impulsen folgende Form:

$$\left(\frac{S}{N}\right)_{min} = \frac{P_S \cdot G^2 \cdot \lambda^2 \cdot \sigma \cdot \tau_p \cdot n}{(4\pi)^3 \cdot k \cdot T_{eff} \cdot R_{Zmax}^4 \cdot L_{ges}} . \tag{5.17}$$

Dabei wurde kohärente Summation aller während der Beleuchtung eines Ziels reflektierten Echosignale angenommen. Kohärente Summation bedeutet, daß bei der Integration von n Impulsen die Phase jedes Echosignales erhalten bleibt. Dies ist dann gewährleistet, wenn die Integration vor dem Detektor stattfindet. Im idealen Fall wächst dabei das Signal-Rausch-Verhältnis S/N proportional zur Anzahl n der Impulse, d. h. es gilt

$$\left(\frac{S}{N}\right)_n = n \cdot \left(\frac{S}{N}\right)_1 . \tag{5.18}$$

In der Praxis liegt aufgrund der Verluste realer Integrationsverfahren die Verbesserung des Signal-Rausch-Verhältnisses zwischen $\sqrt{n}$ und n. Bei kleinen Werten von $n < 10$ liegt der Integrationsgewinn näherungsweise bei n, während bei einer größeren Anzahl von integrierten Impulsen der Gewinn asymptotisch gegen $\sqrt{n}$ geht [2].

Für ein Rundsuchradar, bei dem ein in Azimut scharf und in Elevation schwach gebündelter Antennenstrahl die Umgebung mit konstanter Umdrehungsgeschwindigkeit abtastet, folgt für die Anzahl n der während der Beleuchtung eines Zieles integrierten Impulse [5]

$$n = \frac{\theta_a [°] \cdot f_p [\text{Hz}]}{6 \cdot U [\text{min}^{-1}]} . \tag{5.19}$$

Dabei ist θ_a die Halbwertsbreite der Antennenkeule in Azimut in Grad, f_p die Pulsfrequenz in Hz und U die Zahl der Antennenumdrehungen je Minute anzugeben.

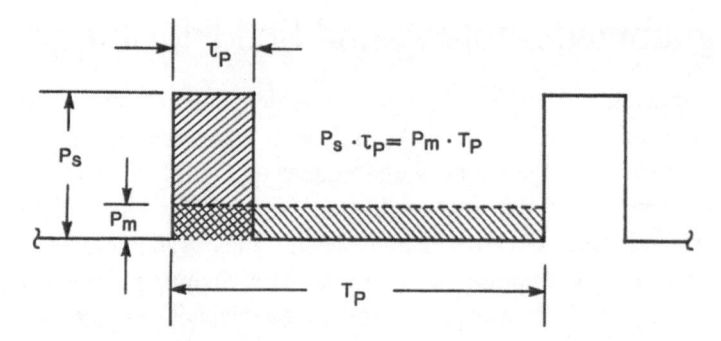

Abb. 5.2: Zur Berechnung der mittleren Leistung.

Die Sendeimpulsdauer τ_p und der Impulsabstand T_p bestimmen für eine vorgegebene Spitzenleistung P_S des Senders die mittlere Leistung P_m des Impulsradars. Es ergibt sich folgender Zusammenhang (Abb. 5.2):

$$P_m = P_S \cdot \frac{\tau_p}{T_p} = P_S \cdot \tau_p \cdot f_p \; . \tag{5.20}$$

Mit Hilfe der Zielverweilzeit T_d und der mittleren Leistung P_m erhält man die endgültige Form der Radargleichung zu

$$\left(\frac{S}{N}\right)_{min} = \frac{P_m \cdot G^2 \cdot \lambda^2 \cdot \sigma \cdot T_d}{(4\pi)^3 \cdot k \cdot T_{eff} \cdot R_{Zmax}^4 \cdot L_{ges}} \tag{5.21}$$

bzw. für die maximal erzielbare Reichweite R_{Zmax}

$$R_{Zmax}^4 = \frac{P_m \cdot G^2 \cdot \lambda^2 \cdot \sigma \cdot T_d}{(4\pi)^3 \cdot k \cdot T_{eff} \cdot \left(\frac{S}{N}\right)_{min} \cdot L_{ges}} \; . \tag{5.22}$$

Die erzielbare Reichweite bzw. das Signal-Rausch-Verhältnis zeigt eine starke Abhängigkeit von den geräteabhängigen Parametern Leistung, Antennengewinn und Zielverweilzeit, jedoch geht nur die mittlere Leistung und nicht die Impulsspitzenleistung des Senders in die Radargleichung ein.

5.3 Zielentdeckung

Die Radargleichung zeigt, daß die Fähigkeit des Empfängers, noch ein schwaches Zielsignal zu entdecken, sehr stark vom gleichzeitig empfangenen und diesem Nutzsignal überlagerten Rauschen abhängt. Im Gegensatz zum Zielecho, welches nur in relativ großen zeitlichen Abständen erscheint, ist das Rauschen jederzeit und für jede gemessene Entfernung vorhanden. Die Qualität der Zielentdeckung ist somit direkt abhängig vom Signal-Rausch-Verhältnis S/N. Im Radarempfänger muß dann die Entscheidung getroffen werden, ob ein empfangenes Echosignal von einem Ziel herrührt oder seine Ursache im Rauschen hat. Diese Entscheidung fällt natürlich umso schwerer, je

5.3 Zielentdeckung

schwächer das empfangene Echosignal ist. Deshalb erfolgt im Empfänger mit Hilfe eines einzustellenden Schwellwertes die Entscheidung, ob ein Echosignal von einem Ziel herrührt oder nicht. Ein Ziel gilt dann als entdeckt, wenn sein Signal über den eingestellten Schwellwert hinausragt. Abb. 5.3 zeigt den Signalverlauf am Empfängerausgang mit dem eingestellten Schwellwert.

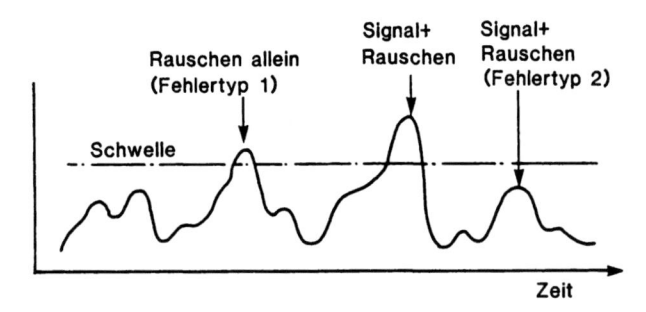

Abb. 5.3: Signalverlauf am Empfängerausgang und Schwellwertsetzung.

Der Radarbediener hat nun die Aufgabe, diesen Schwellwert einzustellen. Dabei gibt es folgende Fehlermöglichkeiten:

1. Eine Rauschspitze überschreitet die Schwelle und wird als Zielecho angezeigt, d. h. es entsteht ein Falschalarm (Fehlertyp 1).

2. Das Echosignal eines vorhandenen Zieles ist zu schwach und wird im Schwellwertdetektor unterdrückt (Fehlertyp 2).

Das Einstellen des Schwellwertes relativ zu den Amplituden des empfangenen Gemisches aus Zielsignal und Rauschen läßt sich mit Hilfe der beiden Größen

p_D: Entdeckungswahrscheinlichkeit, d. h. die Wahrscheinlichkeit, daß ein Zielsignal die Schwelle überschreitet,

p_N: Falschalarmwahrscheinlichkeit, d. h. die Wahrscheinlichkeit, daß ein Rauschsignal die Schwelle überschreitet und als Zielsignal angezeigt wird,

und des davon abhängigen (S/N)-Verhältnisses bestimmen.

Das Anheben des Schwellwertes vermindert die Falschalarmwahrscheinlichkeit p_N; soll jedoch die Entdeckungswahrscheinlichkeit p_D dabei konstant bleiben, so muß das notwendige (S/N)-Verhältnis angehoben werden. Abb. 5.4 zeigt die Abhängigkeit der Entdeckungswahrscheinlichkeit p_D als Funktion des erforderlichen (S/N)-Verhältnisses mit der Falschalarmwahrscheinlichkeit p_N als Parameter [2].

Abb. 5.4 zeigt, daß kleine Falschalarm- und große Entdeckungswahrscheinlichkeiten gegensätzliche Forderungen sind und durch mehr Leistung, d. h. höheres (S/N)-Verhältnis, erkauft werden müssen. Bei einer Empfängerbandbreite B von z. B.

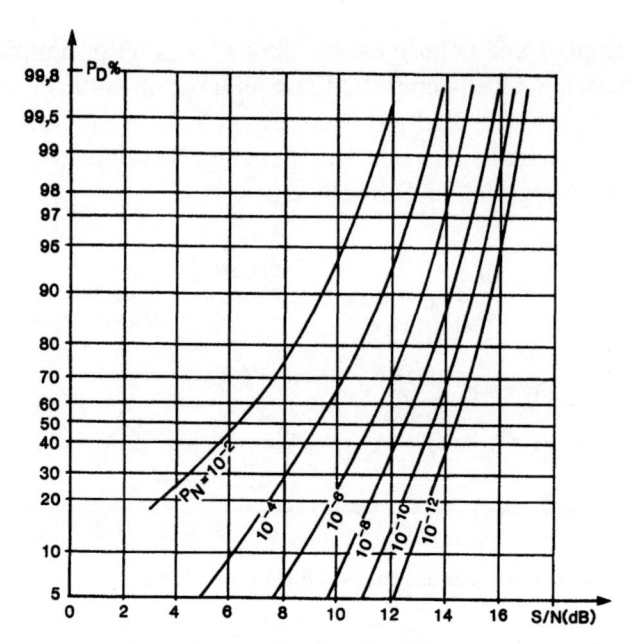

Abb. 5.4: Entdeckungswahrscheinlichkeit p_D als Funktion des Signal-Rausch-Verhältnisses S/N mit der Falschalarmwahrscheinlichkeit p_N als Paramater (Quelle: Lit. [5]).

1 MHz, einer vorgegebenen Falschalarmwahrscheinlichkeit von $p_N = 10^{-6}$ und einer geforderten Entdeckungswahrscheinlichkeit von $p_D = 90\,\%$ muß nach Abb. 5.4 ein (S/N)-Verhältnis von etwa 13 dB vorhanden sein. Hier wird auch noch einmal deutlich, welchen Vorteil die Integration mehrerer Impulse hinsichtlich des Entdeckungsvorganges mit sich bringt [9].

5.4 Radarrückstreuquerschnitt

Der Radarrückstreuquerschnitt und die Fluktuationsmodelle wurden in Kap. 3 ausführlich behandelt. Nachfolgend werden sie ergänzend noch einmal vereinfacht dargestellt [10].

Der Radarrückstreuquerschnitt σ beschreibt das Reflexionsverhalten des Ziels und kann aus der Radargleichung (Abschnitt 5.1) durch Auflösen nach σ bestimmt werden. σ hat die Dimension einer Fläche. Befinden sich Sender und Empfänger am gleichen Ort, so spricht man auch von einem monostatischen Rückstreuquerschnitt, sonst von einem bistatischen.

Der Radarrückstreuquerschnitt σ ist definiert als die äquivalente Echofläche eines Zieles, die, multipliziert mit der Strahlungsdichte am Zielort, bei kugelförmiger Ausbreitung am Empfangsort die gleiche Strahlungsdichte wie die wirkliche Reflexion hervorruft. Der Radarrückstreuquerschnitt ist abhängig von mehreren Faktoren wie Aspektwinkel, Frequenz und Polarisation, jedoch unabhängig von der Entfernung

5.4 Radarrückstreuquerschnitt

vom Ziel zum Empfänger, vorausgesetzt diese ist groß gegenüber der Ausdehnung des Zieles. Beim bistatischen Radar tritt an die Stelle des Rückstreuquerschnittes der Streuquerschnitt bei gleicher Definition [11].

Danach wird das Ziel als ein isotroper Reflektor angesehen, d. h. σ ist die Querschnittsfläche derjenigen Metallkugel, die bei gleicher Entfernung am Radarempfänger dasselbe Echo hervorrufen würde wie das Ziel selbst.

Bei üblichen Radarzielen (Abmessungen $\gg \lambda$) wird jedoch vom Ziel aspektwinkel- und frequenzabhängig zur Empfangsantenne reflektiert. Dies hat zur Folge, daß der Radarrückstreuquerschnitt nicht mehr nur von der Projektionsfläche allein abhängt, wie bei der Kugel, sondern hauptsächlich von der dem Radar zugewandten Oberflächengestalt und der Frequenz. Diese Abhängigkeiten werden für einfache geometrische Körper in Abb. 5.5 gezeigt.

Komplexe Zielstrukturen können in einfache, wie in Abb. 5.5 gezeigte, Körper zerlegt werden. Deren Reflexionen werden dann phasenrichtig zum gesamten Rückstreusignal aufaddiert. Da die Phasenlagen der Einzelsignale stark von Frequenz und Aspektwinkel abhängen, können sich die Rückstreuflächen der Einzelkomponenten sowohl addieren als auch subtrahieren, wodurch sehr starke Schwankungen des gesamten Radarrückstreuquerschnitts auftreten können.

Reflektortyp	Abmessungen	σ	Proportionalität zu λ
Kugel	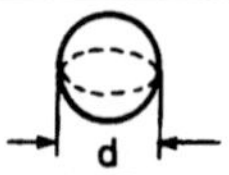 d	$\dfrac{\pi \cdot d^2}{4}$	----
Zylinder	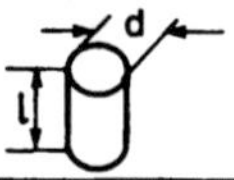 d, l	$\dfrac{\pi \cdot d}{\lambda} \cdot l^2$	λ^{-1}
Planspiegel	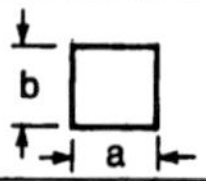 a, b	$4\pi \cdot \dfrac{(a \cdot b)^2}{\lambda^2}$	λ^{-2}
Zweiecken-Reflektor	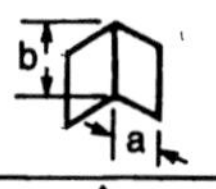 a, b	$8\pi \cdot \dfrac{a^2 \cdot b^2}{\lambda^2}$	λ^{-2}
Tripel-Spiegel dreieckige Wände	 a	$\dfrac{4}{3}\pi \cdot \dfrac{a^4}{\lambda^2}$	λ^{-2}
Tripel-Spiegel quadratische Wände	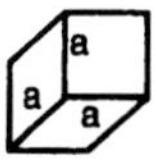 a	$12\pi \cdot \dfrac{a^4}{\lambda^2}$	λ^{-2}
Tripel-Spiegel Kreissektor Wände	 a	$\dfrac{16}{3}\pi \cdot \dfrac{a^4}{\lambda^2}$	λ^{-2}

Abb. 5.5: Radarrückstreuquerschnitt einfacher geometrischer Körper.

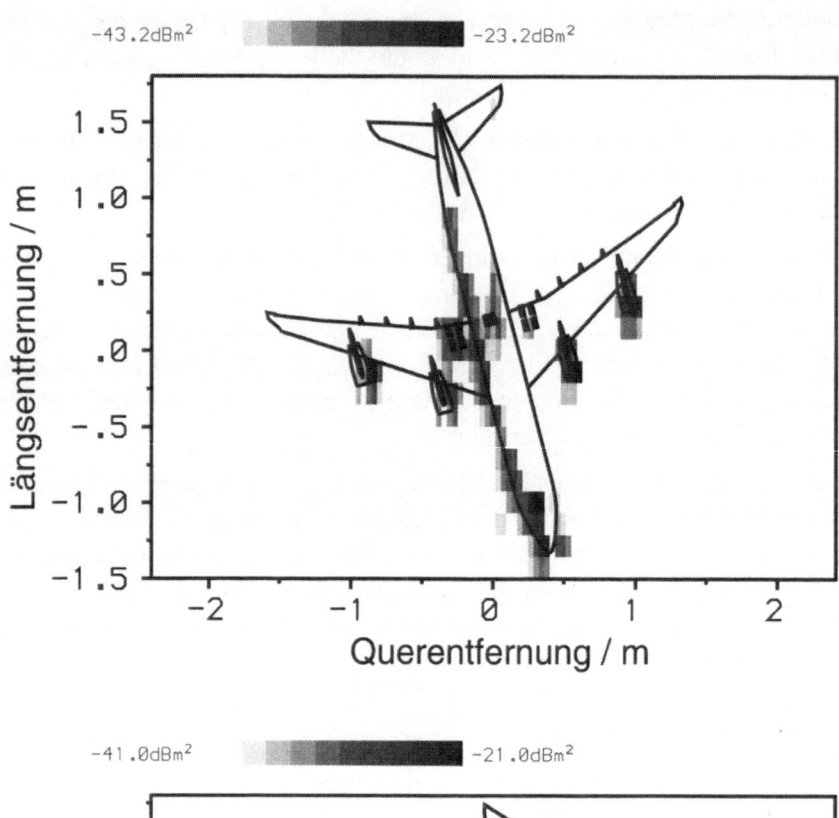

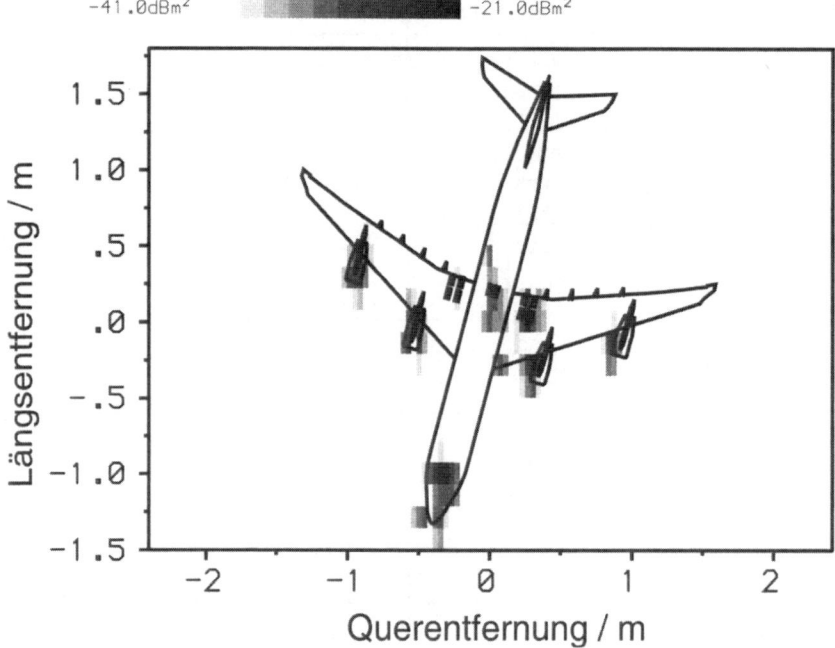

Abb. 5.6: Rückstreuzentren eines Airbus A340-Modells bei 17,5 GHz, HH-Polarisation. Das Modell hatte Fenster nur auf der rechten Seite. Oben: Seite mit Fenster zum Radar geneigt, unten: Seite ohne Fenster (Quelle: DLR).

5.4 Radarrückstreuquerschnitt

Die in der Radartechnik beobachteten Ziele haben in der Regel eine komplexe Gestalt, wie z. B. Flugzeuge und Schiffe, und der Radarrückstreuquerschnitt σ ist neben der Frequenz sehr stark vom Aspektwinkel abhängig. Abb. 5.6 zeigt die Rückstreuzentren eines Airbus A340-Modells bei 17,5 GHz. Da sich das Rückstreudiagramm durch Überlagerung der Beiträge vieler einzelner Streuzentren ergibt und sich deren Lage ständig durch die Bewegung des Flugzeuges ändert, kann eine Aspektwinkeländerung von einigen zehntel Grad bereits zu erheblichen Änderungen des Radarrückstreuquerschnitts führen (Abb. 3.6). Aus diesem Grund können die Echoamplituden aufeinanderfolgender Impulse oder aufeinanderfolgender Antennenüberläufe sehr stark schwanken. In der Radartechnik ordnet man deshalb jedem komplexen Ziel, wie hier dem Flugzeug, einen empirisch bestimmten mittleren Radarrückstreuquerschnitt zu und faßt die Echoschwankungen in den sogenannten Fluktuationsverlusten zusammen.

Die Auswirkungen der Zielfluktuation auf die Radargleichung wurden von *P. Swerling* [12] grundlegend untersucht. Dabei wurden vier Fluktuationsmodelle entwickelt, die unter der Bezeichnung *Swerling*-Fälle 1 bis 4 bekannt sind. *Swerling* zeigte, daß Zielfluktuationen zusätzliche Verluste in die Radargleichung einbringen. Die vier *Swerling*-Fälle sollen hier kurz beschrieben werden.

- *Swerling*-Fall 1: Beim *Swerling*-Fall 1 erfolgt eine Zielfluktuation von Abtastung zu Abtastung (engl.: scan-to-scan fluctuation). Die Echoamplituden bleiben während eines Umlaufes der Antenne und damit während der Zielverweilzeit konstant. Die Größe der Echoamplituden sind in aufeinanderfolgenden Abtastungen voneinander verschieden und unkorreliert. Die Wahrscheinlichkeitsdichteverteilung $p(\sigma)$ des Radarrückstreuquerschnitts σ ist durch die *Rayleigh*-Funktion gegeben:

$$p(\sigma) = \frac{1}{\bar{\sigma}} \cdot e^{-\frac{\sigma}{\bar{\sigma}}} . \tag{5.23}$$

$\bar{\sigma}$: Mittelwert aller auftretenden Radarrückstreuquerschnitte.
Dieses Zielmodell erfordert die höchste Leistungsreserve.

- *Swerling*-Fall 2: Beim *Swerling*-Fall 2 bleiben während des Antennenüberlaufs die Echoamplituden nicht konstant, sondern sind von Impuls zu Impuls verschieden (engl.: pulse-to-pulse fluctuation). Die Wahrscheinlichkeitsdichteverteilung $p(\sigma)$ ist ebenfalls durch die *Rayleigh*-Funktion gegeben, jedoch erfolgt die Fluktuation wesentlich schneller.

Die Swerling-Fälle 1 und 2 beschreiben das Verhalten von Zielen, die sich aus einer großen Anzahl statistisch unabhängiger Rückstreuelemente etwa gleicher Größe zusammensetzen, deren Phasenlage statistisch schwankt. Dies ist z. B. bei Flugzeugen der Fall. Die beiden Fälle unterscheiden sich in ihrer Fluktuationsgeschwindigkeit.

- *Swerling*-Fälle 3 und 4: Die Fluktuation beim *Swerling*-Fall 3 erfolgt analog zu Fall 1 von Abtastung zu Abtastung, jedoch ist hier die Wahrscheinlichkeitsdichteverteilung $p(\sigma)$ nach

$$p(\sigma) = \frac{4\sigma}{\bar{\sigma}^2} \cdot e^{-\frac{2\sigma}{\bar{\sigma}}} \qquad (5.24)$$

gegeben.

Beim *Swerling*-Fall 4 erfolgt die Fluktuation von Impuls zu Impuls mit der gleichen Wahrscheinlichkeitsdichteverteilung $p(\sigma)$ wie im Fall 3, nur wesentlich schneller. Die *Swerling*-Fälle 3 und 4 beschreiben das Zielverhalten, wo ein starker Reflektor unter mehreren kleinen Reflektoren dominiert oder ein großer Reflektor sich im Aspektwinkel innerhalb kleiner Grenzen ändert. Diese beiden Fälle treffen im wesentlichen für Schiffsziele zu.

In der Praxis finden hauptsächlich die beiden Fälle 1 und 3 Anwendung, da der Zustand schneller Impuls-zu-Impuls-Fluktuation entweder bei Zielgeschwindigkeiten, die wesentlich höher als die von Flugzeugen (z. B. von Flugkörpern) sind, oder bei langen Zielverweilzeiten auftritt.

Abb. 5.7 zeigt die Entdeckungswahrscheinlichkeit p_D als Funktion der Fluktuationsverluste L_F für die *Swerling*-Fälle 1 und 3 mit der Falschalarmwahrscheinlichkeit p_N als Parameter [5], [12].

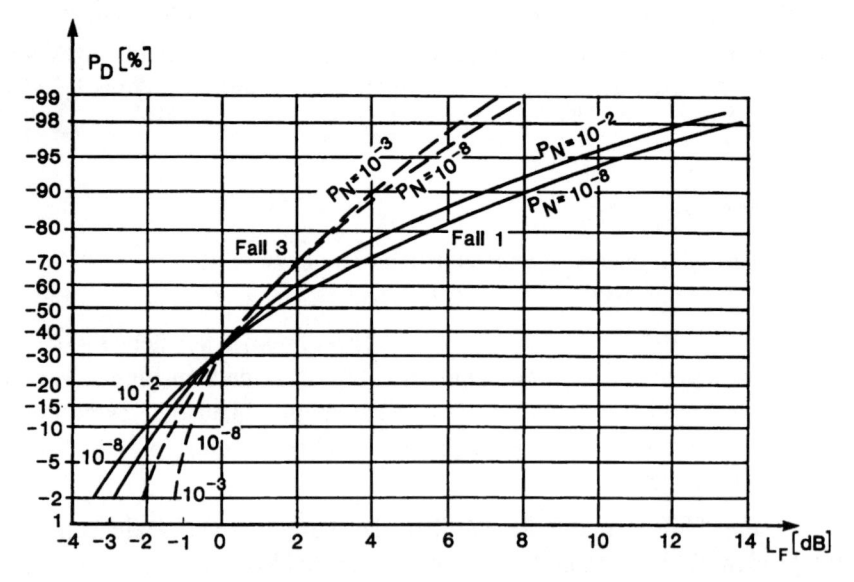

Abb. 5.7: Entdeckungswahrscheinlichkeit als Funktion der Fluktuationsverluste L_F für die *Swerling*-Fälle 1 und 3 mit der Falschalarmwahrscheinlichkeit p_N als Parameter (Quelle: Lit. [5]).

5.5 Dämpfung des Meßsignals

Während der Meßsignalausbreitung erfolgt eine Dämpfung entlang des Ausbreitungsweges im wesentlichen durch:

- Sauerstoff und Wasserdampf in der Atmosphäre und
- Wettereinflüsse, wobei hier nur Regen betrachtet wird.

Alle Dämpfungseinflüsse sind frequenzabhängig. Die Dämpfung durch atmosphärische Gase und durch Wettereinflüsse kann wesentlich zur Reichweitenverringerung beitragen. Der charakteristischen atmosphärischen Dämpfung durch Gase L_{DAt} überlagert sich je nach Intensität die Dämpfung durch Regen L_{DRe}. Die beiden Dämpfungswerte L_{DAt} und L_{DRe} lassen sich im logarithmischen Maßstab zur Gesamtdämpfung L_D

$$L_D = L_{DAt} + L_{DRe} \tag{5.25}$$

addieren; diese Gesamtdämpfung L_D geht dann als Verlust in die Radargleichung ein.

5.5.1 Dämpfung in der Atmosphäre durch Gase

Eine Dämpfung des Meßsignals in der Atmosphäre erfolgt im Radarfrequenzbereich im wesentlichen aufgrund von Absorption durch Sauerstoff und Wasserdampf [7], [13], [14]. Abb. 5.8 zeigt den vereinfachten Gesamtverlauf der Dämpfungskonstanten für Sauerstoff l_S und Wasserdampf l_W (Einheit: dB/km) als Funktion der Frequenz.

Für eine vorgegebene Reichweite R_Z errechnet sich die atmosphärische Dämpfung durch Gase L_{DAt} (Einheit: dB) für den Hin- und Rückweg zu

$$L_{DAt} = 2 \cdot (l_S + l_W) \cdot R_Z . \tag{5.26}$$

Für die Dämpfung durch atmosphärische Gase sind vor allem die neutralen Sauerstoffmoleküle und die Moleküle des nicht kondensierten Wasserdampfes verantwortlich. Sie zeigt eine deutliche Frequenzabhängigkeit. Ausgesprochene Absorptionslinien findet man für Wasserdampf bei ca. 20 GHz und 180 GHz, für Sauerstoff bei 60 GHz und 120 GHz. Zwischen diesen Dämpfungsmaxima liegen die atmosphärischen Fenster geringer Dämpfung, die für den Radarbetrieb von besonderem Interesse sind. Die Dämpfungskonstanten l_S und l_W sind proportional der Gasdichte und der Temperatur. Während für Sauerstoff die Gasdichte in Bodennähe etwa konstant ist, schwankt die Dichte des Wasserdampfes je nach Jahreszeit [2], [7], [13], [14]. Da sich die Dämpfung mit Druck und Temperatur ändert, hängt sie auch von der Höhe ab. Sie spielt unterhalb von 1 GHz eine unwesentliche Rolle. Über 10 GHz dagegen kann sie von erheblicher Bedeutung sein, vor allem was den unteren Höhenbereich der Atmosphäre anbelangt. Die Dämpfung durch Wasserdampf nimmt mit zunehmender Höhe schneller ab als die Dämpfung durch Sauerstoff. Abb. 5.8 gilt für einen Wasserdampfgehalt von 7,5 g/m^3, einer Temperatur von 20 °C und einem Luftdruck von 1 bar.

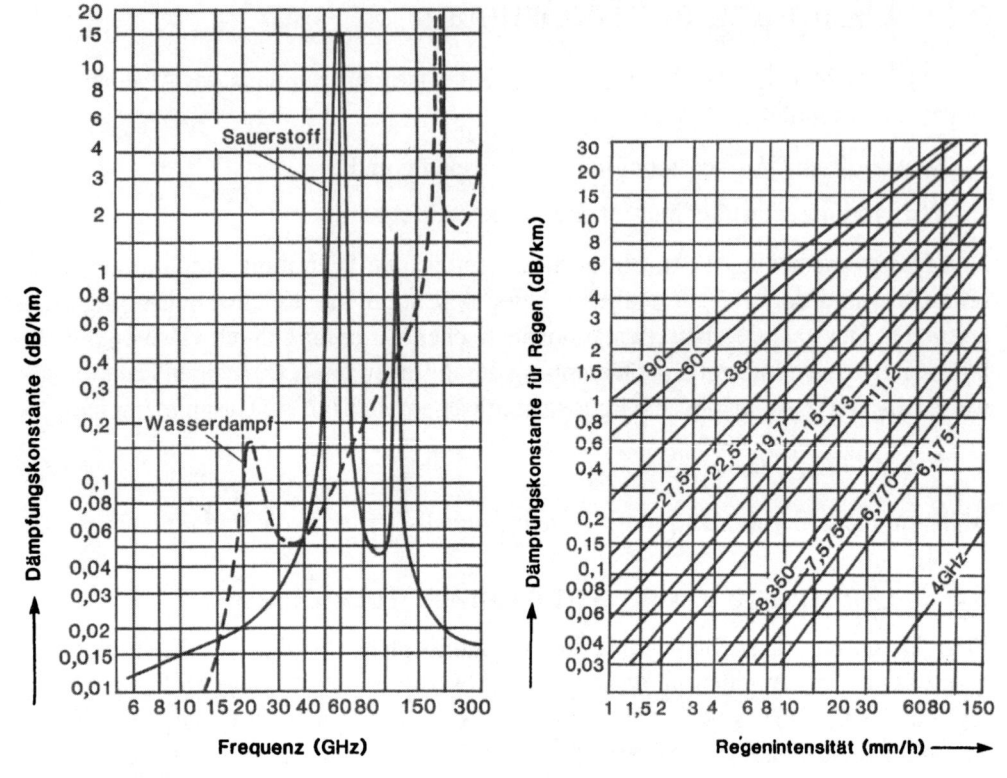

Abb. 5.8: Atmosphärische Dämpfung durch Sauerstoff und Wasserdampf als Funktion der Frequenz (Quelle: Lit. [14]).

Abb. 5.9: Dämpfung durch Regen als Funktion der Regenintensität mit der Frequenz als Parameter (Quelle: Lit. [14]).

5.5.2 Dämpfung durch Regen

Regen kann eine wesentlich höhere Dämpfung als die gasförmigen Bestandteile der Atmosphäre verursachen. Abb. 5.9 zeigt den Verlauf der Dämpfungskonstanten für Regen l_{Re} (Einheit: dB/km) als Funktion der Regenintensität mit der Frequenz als Parameter. Dabei wird eine gleichbleibende Dämpfung über der gesamten Regenstrecke angenommen. Auch hier gilt wieder, daß unterhalb von 1 GHz die Regendämpfung fast ohne Bedeutung ist; für Frequenzen von 1 GHz aufwärts nimmt ihr Einfluß jedoch auf die Radarreichweite stetig zu [7], [14].

Man unterscheidet im wesentlichen zwischen folgenden Regenraten [7]:

Nieselregen:	0 – 1 mm/h	
leichter Regen:	1 – 3 mm/h	(durchschnittliche europäische Regenfronten)
mäßiger Regen:	3 – 10 mm/h	(typische britische Regenfronten)
starker Regen:	10 – 30 mm/h	(Gewitterschauer)
sehr starker Regen:	mehr als 30 mm/h	(Gewitterkernregen)

Hier gilt für die Berechnung der Regendämpfung L_{DRe} analog zur Berechnung der atmosphärischen Dämpfung durch Gase mit der Dämpfungskonstanten für Regen, l_{Re}, für den Hin- und Rückweg:

$$L_{\text{DRe}} = 2 \cdot l_{\text{Re}} \cdot R_Z . \tag{5.27}$$

5.6 Radargleichung bei Berücksichtigung externer Störeinflüsse

Bei der hergeleiteten Radargleichung wurde immer der ideale Fall eines isolierten, punktförmigen Ziels angenommen, dessen Echosignal nur vom Rauschsignal des Empfängers überlagert wurde und damit das Signal-Rausch-Verhältnis definierte. In der Praxis wird das Echosignal (Nutzsignal) eines Zieles in den meisten Fällen durch Störsignale anderer unerwünschter Ziele überlagert, die sich innerhalb der gleichen Auflösungszelle befinden. Diese Störsignale werden als Clutter (,Wirrwarr') bezeichnet und können z. B. vom Erdboden, aber auch von Regen, Wolken und Seegangechos herrühren. Im militärischen Bereich können noch gewollte Störungen (,Jamming') des Nutzsignales durch gegnerische Maßnahmen auftreten [5]. Alle diese Einflüsse bewirken rückgestreute Störsignale, die sich mit dem Nutzsignal überlagern. Wesentlich ist dabei, daß der Radarrückstreuquerschnitt dafür nicht mehr nach den in Abschnitt 5.4 gemachten Aussagen ermittelt werden kann. Als Beispiel werden hier die Radargleichungen für Bodenclutter, Regen und gewollte Störung des Radargerätes hergeleitet.

5.6.1 Radargleichung für Bodenclutter

Zur Berechnung der Radargleichung für Bodenclutter wird noch einmal die Fläche der Auflösungszelle am Boden nach Abb. 4.4 betrachtet. Es gilt (Faktor 0,64 wird vernachlässigt) für den hier angenommenen pulsbegrenzten Fall, d.h. für die Beleuchtung bei kleinen Depressionswinkeln ($\cos \epsilon_D \approx 1$):

$$F_{\text{Cl}} \approx R_Z \cdot \theta_a \cdot \frac{c_0 \cdot \tau_p}{2} . \tag{5.28}$$

Nimmt man an, daß der Radarrückstreuquerschnitt σ_{Cl} des in dieser ebenen Auflösungszelle enthaltenen Clutters gleichmäßig verteilt ist, dann läßt sich ein spezifischer Rückstreufaktor σ_0 des Bodens angeben. Dieser Faktor σ_0 gibt die mittlere Rückstreufläche in Form von m^2/m^2 Fläche an [5], [7]. Es folgt damit für den Radarrückstreuquerschnitt σ_{Cl} der Clutterzelle:

$$\sigma_{\text{Cl}} = \sigma_0 \cdot F_{\text{Cl}} . \tag{5.29}$$

Diese Beziehungen gelten in erster Linie für die Beleuchtung bei kleinen Depressionswinkeln (pulsbegrenzter Fall). Für den strahlbegrenzten Fall bei größeren

Depressionswinkeln wird die Fläche der Clutterzelle mehr durch die Antennenkeule in Azimut und Elevation bestimmt. Beim Boden-Luft-Radar wird nur dann Clutterleistung empfangen, wenn die Antennenkeule auf dem Erdboden aufliegt. Hierbei können unter der Annahme ebener Erde jedoch nur Störsignale bis zum Radarhorizont empfangen werden.

Für die empfangene Clutterleistung P_{Cl} folgt mit dem Radarrückstreuquerschnitt σ_{Cl}

$$P_{Cl} = \frac{P_S \cdot G^2 \cdot \lambda^2 \cdot \sigma_0 \cdot \theta_a \cdot c_0 \cdot \tau_p}{2 \cdot (4\pi)^3 \cdot R_Z^3 \cdot L_{ges}} \,. \tag{5.30}$$

Die Clutterleistung P_{Cl} ändert sich bei kleinen Depressionswinkeln (pulsbegrenzter Fall) proportional zu R_Z^3, während im Falle steiler Depressionswinkel (strahlbegrenzter Fall) sich die Clutterleistung proportional zu R_Z^2 ändert. Mit P_{Cl} läßt sich sowohl das Clutter-Rausch-Verhältnis als auch das für die Praxis interessante Signal-Clutter-Verhältnis, der Kontrast, bilden [2].

5.6.2 Radargleichung für Regen

Im folgenden wird die in das Radar durch Regentropfen reflektierte Streuleistung berechnet. Dazu wird die empfangene Streuleistung P_{Re} bei Regen mit Hilfe der allgemeinen Radargleichung hergeleitet. Bei Regen kann nicht mehr mit dem Radarrückstreuquerschnitt σ eines punktförmigen Ziels gerechnet werden, vielmehr besteht Regen aus einer großen Anzahl von Partikeln (‚Hydrometeoren'), d. h. Tropfen mit dem spezifischen Rückstreuquerschnitt σ_i [2].

Analog zu Gl. (5.7) gilt allgemein für die Streuleistung bei Regen

$$P_{Re} = \frac{P_S \cdot G^2 \cdot \lambda^2 \cdot \sigma_{Re}}{(4\pi)^3 \cdot R_Z^4 \cdot L_{ges}} \,. \tag{5.31}$$

Der Radarrückstreuquerschnitt σ_{Re} innerhalb der Auflösungszelle folgt mit dem mittleren Radarrückstreuquerschnitt η der Partikel pro Volumeneinheit

$$\eta = \sum_i \sigma_i \,, \tag{5.32}$$

zu

$$\sigma_{Re} = V_m \cdot \eta = V_m \cdot \sum_i \sigma_i \,. \tag{5.33}$$

Dabei ist V_m das Volumen der Auflösungszelle nach Abb. 4.6 und Gl. (4.23)

$$V_m = R_Z^2 \cdot \theta_a \cdot \theta_e \cdot \frac{c_0 \cdot \tau_p}{2} \,.$$

5.6 Radargleichung bei Berücksichtigung externer Störeinflüsse

Für die Radargleichung folgt

$$P_{\text{Re}} = \frac{P_S \cdot G^2 \cdot \lambda^2 \cdot \theta_a \cdot \theta_e \cdot c_0 \cdot \tau_p}{2 \cdot (4\pi)^3 \cdot R_Z^2 \cdot L_{\text{ges}}} \cdot \sum_i \sigma_i$$

$$= \frac{P_S \cdot G^2 \cdot \lambda^2 \cdot \theta_a \cdot \theta_e \cdot c_0 \cdot \tau_p}{2 \cdot (4\pi)^3 \cdot R_Z^2 \cdot L_{\text{ges}}} \cdot \eta \,. \tag{5.34}$$

Solange die Wellenlänge λ groß gegen den Durchmesser d_i der Regentropfen ist, kann der Radarrückstreuquerschnitt σ_i eines einzelnen Tropfens durch die *Rayleigh-Streuung* beschrieben werden. Es gilt [2]

$$\sigma_i = \frac{\pi^5 \cdot d_i^6}{\lambda^4} \cdot |K_E|^2 \,. \tag{5.35}$$

Der Radarrückstreuquerschnitt wächst mit der vierten Potenz der Frequenz. Der Faktor $|K_E|^2$ ist abhängig von der Dielektrizitätskonstanten der streuenden Partikel und variiert bei Wasser mit der Temperatur und der Wellenlänge. Der Wert von $|K_E|^2$ beträgt für Wasser bei einer Temperatur von 10 °C und einer Wellenlänge von 10 cm etwa 0,93. Für die weiteren Betrachtungen wird $|K_E|^2$ zu 1 angenommen. In [2] wird mit einer experimentell ermittelten Verteilung der Tropfengröße in Abhängigkeit von der Regenrate r_{Re} folgende Gleichung angegeben:

$$\eta = \frac{\pi^5}{\lambda^4} \cdot 200 \cdot r_{\text{Re}}^{1.6} \cdot 10^{-6} \, \frac{\text{m}^2}{\text{m}^3} \,. \tag{5.36}$$

Dabei ist besonders beim Einsetzen von λ und r_{Re} auf die Dimension zu achten:

λ Wellenlänge in mm
r_{Re} Regenrate in mm/h

In der Praxis kann die Entdeckungswahrscheinlichkeit von Zielen in Regenclutter noch erhöht werden, wenn Zirkularpolarisation verwendet wird [2].

5.6.3 Radargleichung bei gewollter Störung

Im militärischen Bereich kann zum Eigenschutz des Zieles vor Ortung und Verfolgung eine gewollte Störung durch eine elektronische Gegenmaßnahme erwünscht sein. Dazu sendet das Ziel Stör- und Täuschsignale aus, die sich am Radargerät mit den Nutzsignalen überlagern, was zu Fehlinformationen über das Ziel und als Folge davon zu verkehrten Maßnahmen beim Gegner führen soll.

Neben den aktiven Verfahren zum Stören und Täuschen gibt es passive Mittel wie Düppel und Täuschreflektoren, aber auch reflexionsarme Konstruktionen, besonders bei Kampfflugzeugen, und spezielle Werkstoffe [15].

Zu den Auswirkungen von Stör- und Täuschmaßnahmen auf die Radargleichung existiert eine umfangreiche Literatur ([2], [5], [16], [17]).

Nachfolgend wird als Beispiel die Radargleichung für den Fall der Selbstmaskierung betrachtet, d.h. das Radarziel trägt einen Störer mit sich, wodurch das Echosignal des Zieles durch ein vom Ziel erzeugtes Störsignal überlagert wird (engl.: Self-Screening Jamming).

Die empfangene Störleistung $P_{E,J}$ des durch einen breitbandigen Rauschstörer (engl.: Jammer) gestörten Radars errechnet sich nach [2] und [5] zu:

$$P_{E,J} = \frac{P_{S,J} \cdot G_J \cdot G \cdot \lambda^2}{(4\pi)^2 \cdot R_J^2 \cdot L_{Jges}} \cdot \frac{B}{B_J} \tag{5.37}$$

mit

$P_{E,J}$	vom Radargerät empfangene Störleistung	$P_{S,J}$	Störleistung
G_J	Gewinn der Störantenne in Richtung des Radargerätes	G	Gewinn der Radarantenne in Richtung des Störers
B	Bandbreite des Empfängers	B_J	Bandbreite des Störers
L_{Jges}	Dämpfungsverluste des Störsignals	R_J	Entfernung des Störers
λ	Wellenlänge		($= R_Z$ für Self-Screening Jammer)

Diese Gleichung gilt für Störsender, die sich direkt am Radarziel befinden. Nähert sich das erfaßte Ziel dem Radar, so wächst die Echoleistung mit R_Z^4, die Störleistung nur mit R_Z^2. Daraus folgt, daß ab einer gewissen Entfernung das Echosignal wieder aus dem Störsignal hervortritt.

Voraussetzung für Gl. (5.37) ist die Überdeckung der Bandbreite des Empfängers B durch die Bandbreite des Störers B_J. Ist dies nicht der Fall, müssen entsprechende Überdeckungsanteile berechnet werden.

5.7 Radargleichung für SAR

Beim Radar mit synthetischer Apertur (SAR) erfolgt eine kohärente Integration der Echosignale während der Beleuchtungsdauer T_{sa} eines Zieles. Damit erhöht sich das Signal-Rausch-Verhältnis proportional zu T_{sa} [18]. Die Beleuchtungsdauer T_{sa}, auch Integrationsdauer genannt, ist von der Länge L_{sa} des Flugweges während der Beleuchtung und von der Geschwindigkeit v der Trägerplattform abhängig.

Zur Herleitung der Radargleichung beim SAR betrachten wir noch einmal den Zusammenhang für die Radargleichung beim Radar mit realer Apertur (RAR) nach Gl. (5.15):

$$R_{Zmax}^4 = \frac{P_S \cdot G^2 \cdot \lambda^2 \cdot \sigma \cdot \tau_p}{(4\pi)^3 \cdot k \cdot T_{eff} \cdot \left(\frac{S}{N}\right)_{min} \cdot L_{ges}} \, .$$

Beim SAR beträgt die Anzahl n_{sa} kohärent integrierter Echosignale während der Beleuchtungsdauer T_{sa} und mit der Pulsfrequenz f_p:

$$n_{sa} = T_{sa} \cdot f_p = \frac{L_{sa}}{v} \cdot f_p . \tag{5.38}$$

Mit Hilfe von Gl. (4.44) folgt:

$$n_{sa} = 0,88 \cdot \frac{\lambda \cdot R_Z}{2 \cdot \delta_{sa} \cdot v} \cdot f_p . \tag{5.39}$$

Die Radargleichung für das SAR folgt aus der Radargleichung für das RAR durch Multiplikation mit der Anzahl n_{sa} kohärent integrierter Echosignale. Es gilt:

$$R_{Zmax}^3 = \frac{0,44 \cdot P_S \cdot G^2 \cdot \lambda^3 \cdot \sigma \cdot \tau_p \cdot f_p}{(4\pi)^3 \cdot k \cdot T_{eff} \cdot \left(\frac{S}{N}\right)_{min} \cdot L_{ges} \cdot \delta_{sa} \cdot v} . \tag{5.40}$$

Die maximale Radarreichweite R_{Zmax} geht beim SAR nur noch mit der dritten Potenz in die Radargleichung ein. Dieses Ergebnis wird jedoch erst nach der Signalverarbeitung wirksam, weil die prozessierte Querauflösung δ_{sa} ebenfalls in die Radargleichung eingeht [8], [18].

5.8 Optimalfilter

Eine wesentliche Aufgabe für einen Radarempfänger besteht in der Entdeckung der Zielechos auch in Gegenwart starker Störsignale. Dabei spielt im Gegensatz zur normalen Nachrichtentechnik der zeitliche Verlauf der Signale eine sekundäre Rolle. Wichtig ist zunächst vielmehr, zu entscheiden, ob ein Zielechosignal vorhanden ist oder nicht [7], [19].

Die Signalentdeckung erfolgt normalerweise über eine Schwellwertentscheidung. Dabei werden für die Wirkungsweise eines Radarempfängers zu einem bestimmten Zeitpunkt t_0 zwei Hypothesen aufgestellt: das Ausgangssignal des Empfängers $U_a(t_0)$ hat seine Ursache allein im Rauschen (Hypothese H_0), oder $U_a(t_0)$ rührt von Nutzsignal + Rauschen her (Hypothese H_1). Man legt nun eine Schwellenspannung U_s fest und entscheidet sich für H_0, wenn $U_a(t_0) < U_s$, andernfalls für H_1. Überschreitet Rauschen allein die Schwelle, entsteht eine Falschmeldung oder ein Falschalarm. Auch kann es vorkommen, daß Nutzsignal + Rauschen unter der Schwelle bleiben. Letzteres führt zu einer Entdeckungswahrscheinlichkeit < 100%. Abb. 5.10 illustriert diese Vorgänge. Es zeigt das Ausgangssignal $U_a(t)$ des Empfängers im Videobereich. Zum Zeitpunkt $t = t_{01}$ überschreitet Rauschen allein die Schwelle U_s, also Falschalarm (Fehlertyp 1); bei $t = t_{02}$ liegt Nutzsignal + Rauschen über der Schwelle, d.h. Ziel entdeckt und im Zeitpunkt $t = t_{03}$ bleibt Nutzsignal + Rauschen unterhalb der Schwelle (Fehlertyp 2).

Der Radarempfänger ist also so auszulegen, daß die Schwelle U_s bei Vorhandensein eines Nutzsignals mit möglichst großer Wahrscheinlichkeit überschritten wird, und sei

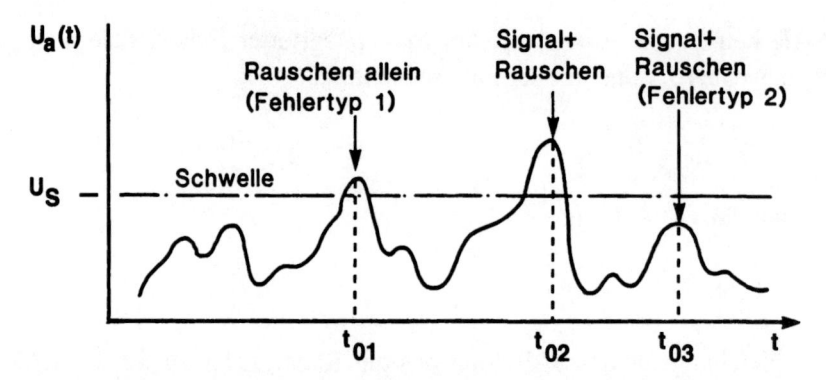

Abb. 5.10: Ausgangssignal des Empfängers und Schwellensetzung (Quelle: Lit. [7]).

es nur für ein kleines Zeitintervall. Man müßte also ein Filter anstreben, das während des Signaleinlaufs die Signalenergie kontinuierlich speichert, um sie danach in Form eines extrem kurzen Impulses wieder abzugeben. Die gesamte Signalenergie wäre dann auf ein kurzes Intervall komprimiert, die momentane Signalleistung würde damit sehr groß und die Schwelle mit hoher Wahrscheinlichkeit überschritten.

Aus den vorstehenden Darlegungen kann die Aufgabenstellung für ein optimales Empfangsfilter (‚Optimalfilter') angegeben werden. Es muß zu einem bestimmten Zeitpunkt $t = t_0$ das Verhältnis von momentaner maximaler Nutzsignalleistung $|s_2(t_0)|^2_{max}$ zu mittlerer Rauschleistung N_2 zum Maximum machen:

$$\rho = \frac{|s_2(t_0)|^2_{max}}{N_2} \rightarrow \text{Maximum}. \qquad (5.41)$$

Beschreibt man das Eingangsnutzsignal des Filters mit $s_1(t)$ im Zeitbereich und mit $S_1(f)$ im Frequenzbereich und definiert das Optimalfilter durch seine Übertragungsfunktion $H(f)$ und die entsprechende Impulsantwort $h(t)$, dann errechnet sich das Ausgangsnutzsignal aus:

$$s_2(t) = \int_{-\infty}^{+\infty} S_1(f) H(f) e^{j2\pi ft} df . \qquad (5.42)$$

Dabei sind sowohl $s_1(t)$ und $S_1(f)$ als auch $h(t)$ und $H(f)$ gegenseitige Fouriertransformierte. Die Rauschleistung N_2 am Filterausgang gewinnt man aus dem Integral:

$$N_2 = \int_0^\infty |H(f)|^2 N_{01}(f) df , \qquad (5.43)$$

wobei $N_{01}(f)$ die Eingangsrauschleistungsdichte ist. Unter der Annahme von weißem Rauschen mit konstanter Leistungsdichte N_0 am Filtereingang, durch Ausdehnung der unteren Integrationsgrenze in Gl. (5.43) bis $-\infty$ und Einführen der beiden Beziehungen

5.8 Optimalfilter

nach Gl. (5.42) und Gl. (5.43) in Gl. (5.41) erhält man für das gesuchte Leistungsverhältnis ρ:

$$\rho = \frac{\left|\int\limits_{-\infty}^{+\infty} S_1(f)H(f)e^{j2\pi f t_0}\mathrm{d}f\right|^2}{\frac{1}{2}N_0 \cdot \int\limits_{-\infty}^{+\infty} |H(f)|^2 \mathrm{d}f} . \tag{5.44}$$

Mit Hilfe der *Schwarzschen* Ungleichung

$$\int P^*(f)P(f)\mathrm{d}f \int Q^*(f)Q(f)\mathrm{d}f \geq \left|\int P^*(f)Q(f)\mathrm{d}f\right|^2 , \tag{5.45}$$

wobei $P(f)$ und $Q(f)$ komplexe Funktionen und $P^*(f)$ und $Q^*(f)$ die dazugehörigen konjugiert komplexen Größen sind, den Ansätzen

$$P^*(f) = S_1(f)e^{j2\pi f t_0} , \tag{5.46}$$
$$Q(f) = H(f) \tag{5.47}$$

und der Beziehung

$$\int P^*(f)P(f)\mathrm{d}f = \int |P(f)|^2 \mathrm{d}f , \tag{5.48}$$

kann Gl. (5.44) in folgende einfache Form gebracht werden:

$$\rho \leq \frac{2}{N_0} \cdot \int\limits_{-\infty}^{+\infty} |S_1(f)|^2 \mathrm{d}f . \tag{5.49}$$

In der *Schwarzschen* Ungleichung kommt das Gleichheitszeichen zum Tragen, wenn

$$Q(f) = k \cdot P(f) \tag{5.50}$$

und k eine Konstante ist. Damit erreicht das Leistungsverhältnis ρ seinen Maximalwert für folgende Form der Übertragungsfunktion des Optimalfilters:

$$H(f) = kS_1^*(f)e^{-j2\pi f t_0} . \tag{5.51}$$

Abgesehen von einem Dämpfungsfaktor k und einer Zeitverzögerung t_0 ist die Übertragungsfunktion $H(f)$ des Optimalfilters gleich dem konjugiert komplexen Spektrum des Eingangssignals.

Bei Benutzung des *Parsevalschen* Theorems

$$\int\limits_{-\infty}^{+\infty} |S(f)|^2 \mathrm{d}f = \int\limits_{-\infty}^{+\infty} |s(t)|^2 \mathrm{d}t , \tag{5.52}$$

in dem beide Ausdrücke die Signalenergie E darstellen, erhält man aus Gl. (5.49) für das Leistungsverhältnis:

$$\rho \leq \frac{2E}{N_0} \ . \tag{5.53}$$

In Gl. (5.53) zeigt sich eine Eigenschaft des Optimalfilters. Das sich maximal ergebende Verhältnis von Signalspitzenleistung zu mittlerer Rauschleistung ist unabhängig von der Form des Eingangsnutzsignals und einfach gleich dem Verhältnis aus der zweifachen im Signal enthaltenen Energie und der Rauschleistungsdichte.

Das Optimalfilter kann außer durch sein Übertragungsverhalten $H(f)$ auch durch die Fouriertransformierte, die Impulsantwort $h(t)$, beschrieben werden:

$$h(t) = \int_{-\infty}^{\infty} H(f) e^{j2\pi ft} \mathrm{d}f \ . \tag{5.54}$$

Daraus ergibt sich mit Hilfe von Gl. (5.51):

$$h(t) = k \cdot \int_{-\infty}^{\infty} S_1^*(f) e^{-j2\pi f(t_0 - t)} \mathrm{d}f \ . \tag{5.55}$$

Da für das Eingangssignal

$$s_1(t) = \int_{-\infty}^{\infty} S_1(-f) e^{-j2\pi ft} \mathrm{d}f \tag{5.56}$$

und außerdem $S_1^*(f) = S_1(-f)$ gilt, findet man durch Vergleich der beiden Beziehungen Gl. (5.55) und Gl. (5.56)

$$h(t) = k \cdot s_1(t_0 - t) \ . \tag{5.57}$$

Die Impulsantwort entspricht also, abgesehen von der zeitlichen Verschiebung t_0 und dem Amplitudenfaktor k, dem zeitinversen Eingangssignal. Ein Beispiel zeigt Abb. 5.11.

Das Ausgangsnutzsignal des Optimalfilters läßt sich entweder aus Gl. (5.42) oder durch Falten des Eingangssignals $s_1(t)$ mit der Impulsantwort $h(t)$ des Optimalfilters gewinnen:

$$s_2(t) = s_1(t) * h(t) = \int_{-\infty}^{\infty} s_1(\vartheta) h(t - \vartheta) \mathrm{d}\vartheta \ . \tag{5.58}$$

5.8 Optimalfilter

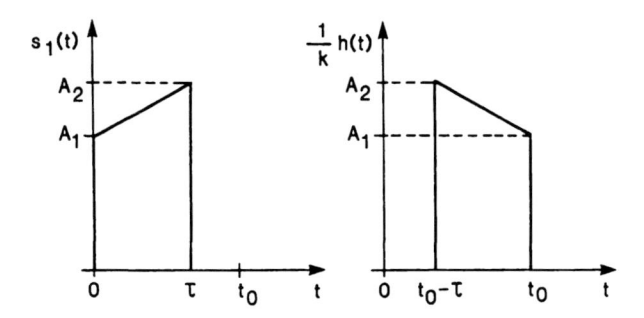

Abb. 5.11: Impulsantwort eines Optimalfilters (Quelle: Lit. [7]).

Durch Ersetzen von $h(t)$ gemäß Gl. (5.57) und der vereinfachenden Annahme $k = 1$ wird aus Gl. (5.58)

$$s_2(t) = \int_{-\infty}^{\infty} s_1(\vartheta) s_1(\vartheta + t_0 - t) \mathrm{d}\vartheta . \tag{5.59}$$

Diese Funktion entspricht aber, wenn man von der Zeitverschiebung t_0 absieht, der Autokorrelationsfunktion (AKF) $R_{11}(t)$ des Eingangssignals:

$$R_{11}(t) = \int_{-\infty}^{\infty} s_1(\tau) s_1(\tau - t) d\tau . \tag{5.60}$$

Sieht man von Einflüssen auf dem Ausbreitungsweg ab, dann ist die Übertragungsfunktion des Optimalfilters ein Abbild der Spektralfunktion des Sendesignals. Das bedeutet, daß bei gegebenem Sendesignal auch das Optimalfilter in seinen Eigenschaften festliegt. Das Optimalfilter kann damit als eine Einrichtung betrachtet werden, die zur Erzeugung eines Ausgangssignals die Kreuzkorrelationsfunktion aus Sende- und Eingangssignal bildet, wobei das letztere im allgemeinen Fall sich aus Nutz- und Rauschsignal zusammensetzt.

Betrachtet man als Beispiel einen Rechteckimpuls der Dauer τ_p entsprechend Abb. 5.12, so läßt sich dieser in normierter Form durch die Zeitfunktion

$$s_1(t) = \frac{1}{\sqrt{\tau_p}} \mathrm{rect}\left(\frac{t}{\tau_p}\right) \tag{5.61}$$

und das dazugehörige Frequenzspektrum (Fouriertransformierte von $s_1(t)$) durch

$$S_1(f) = \int_{-\infty}^{\infty} s_1(t) e^{-j2\pi ft} \mathrm{d}t = \sqrt{\tau_p} \cdot \frac{\sin(\pi f \tau_p)}{\pi f \tau_p} = \sqrt{\tau_p} \cdot \mathrm{sinc}(f \tau_p) \tag{5.62}$$

beschreiben.

Die Frequenzcharakteristik des Optimalfilters entspricht somit nach Gl. (5.51) für einen Rechteckimpuls als Eingangssignal einem $\frac{\sin x}{x}$-förmigen Bandpaß. Als Ausgangssignal des Optimalfilters nach Gl. (5.60) erhält man damit mit Gl. (5.61):

$$s_2(t) = \int_{-\infty}^{\infty} s_1(\vartheta)s_1(\vartheta - t)\mathrm{d}\vartheta = \mathrm{rect}\left(\frac{t}{2\cdot\tau_\mathrm{p}}\right)\left(1 - \frac{|t|}{\tau_\mathrm{p}}\right). \tag{5.63}$$

Es ergibt sich ein dreieckförmiger Impuls mit der Dauer $2\tau_\mathrm{p}$, also der doppelten Breite des Eingangsimpulses (Abb. 5.13).

In der Praxis erweist es sich jedoch meist als äußerst schwierig, das Optimalfilter in seiner exakten Form zu realisieren (z. B. $\frac{\sin x}{x}$-förmiger Bandpaß). Aus diesem Grunde ist zu prüfen, welche Effektivität andere Filterformen im Vergleich zum Optimalfilter besitzen. Tab. 5.1 zeigt für einige Filterformen beispielhaft auf, welches optimale Zeit-Bandbreite-Produkt $B \cdot \tau_\mathrm{p}$ (B = Filterbandbreite, τ_p = Impulsdauer) jeweils zu wählen ist und welcher (S/N)-Verlust sich einstellt. Wie die geringe (S/N)-Einbuße andeutet, gibt es durchaus vom Optimalfilter abweichende Formen mit akzeptablen Eigenschaften.

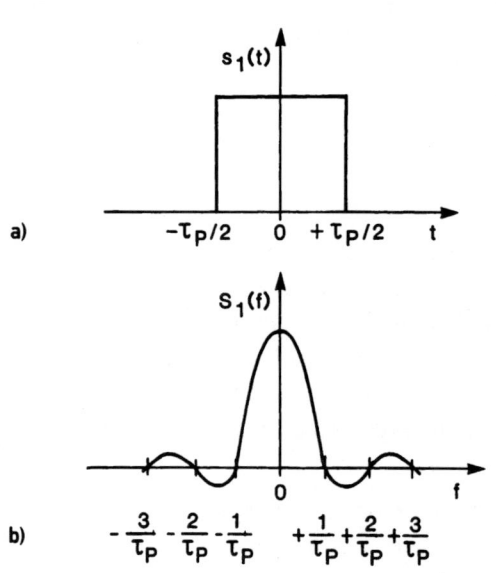

Abb. 5.12: Rechteckimpuls: a) Zeitfunktion, b) Spektralfunktion (Quelle: Lit. [7]).

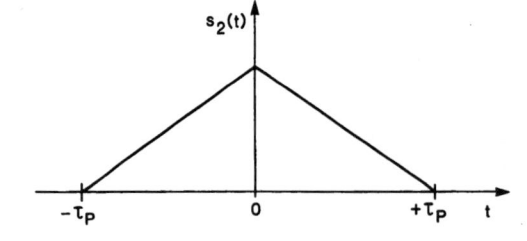

Abb. 5.13: Ausgangssignal des Optimalfilters bei einem rechteckförmigen Eingangssignal (Quelle: Lit. [7]).

Tab. 5.1: Eigenschaften verschiedenartiger Filter im Vergleich zum Optimalfilter bei rechteckförmigem Eingangssignal (Quelle: Lit. [7])

Filter	opt. $B \cdot \tau_p$	S/N-Verlust in dB
$\frac{\sin x}{x}$-förmig	1	0
rechteckförmig	1,37	0,85
glockenförmig	0,72	0,49
einkreisiger RLC-Bandpaß	0,40	0,88
zweikreisiger RLC-Bandpaß	0,61	0,56

5.9 Impulskompression

Mit Hilfe eines Optimalfilters kann zwar das Verhältnis von momentaner, maximaler Signalleistung zu mittlerer Rauschleistung zum Maximum gemacht werden, jedoch ist es damit noch keineswegs gelungen, die Signalenergie am Filterausgang auf ein sehr kurzes Zeitintervall zu komprimieren, was für eine sichere Schwellenüberschreitung von großem Vorteil wäre.

Betrachtet man in diesem Zusammenhang auch die Forderungen nach großer Reichweite und hoher Entfernungsauflösung, was z. B. für Weitbereichsradare typisch ist, so muß festgestellt werden, daß die erste Forderung eine hohe mittlere Sendeleistung verlangt, die man technisch und ökonomisch vernünftig mit mäßiger Spitzenleistung und großer Sendeimpulsdauer realisiert, während die zweite Forderung eine kleine Auflösungszelle in der Entfernung bedeutet, d. h. einen zeitlich möglichst kurzen (komprimierten) Impuls am Empfängerausgang.

Um diese sich bei Anwendung der ‚klassischen' Impulsmodulation widersprechenden Forderungen doch zu befriedigen, ist die Frage zu stellen, ob es außer den konventionellen Signalformen andere gibt, mit Hilfe derer es gelingt, im Radarempfänger die Dauer des Ausgangssignals relativ zur Dauer des Sendesignals extrem kurz zu machen, das Empfangssignal also zu komprimieren und damit die momentane Signalleistung extrem groß zu machen. Signale dieser Art existieren tatsächlich. Es sind solche, welche im Gegensatz zum ‚konventionellen' Radarimpuls ($B \cdot \tau_p \approx 1$) ein Zeit-Bandbreite-Produkt $B \cdot \tau_p \gg 1$ besitzen. Wenn man von Impulskompression spricht, meint man also die Anwendung von Sendesignalen großen Zeit-Bandbreite-Produktes [2], [7], [6], [19], [20], [21], [22], [23]. Ein Optimalfilter komprimiert immer mehr oder weniger gut, betreibt also Impulskompression im weitesten Sinn des Wortes. Wie gut es dies kann, hängt primär nicht vom Filter ab, sondern von der Art des Signals, für welches das Filter ausgelegt ist. Die Übertragungsfunktion des Optimalfilters wird bekanntlich durch das Sendesignal festgelegt. Das Ausgangsnutzsignal des Optimalfilters stellt ein Abbild der Autokorrelationsfunktion (AKF) des Sendesignals dar. Es ist daher nach Signalformen zu suchen, deren AKF einen möglichst schmalen Impuls ergeben. Geeignete Signale erhält man, wenn der Sendeimpuls intern moduliert wird, z. B. in der Phase oder Frequenz. Steigende Bandbreite beim Sendesignal hat einen kürzer werdenden Ausgangsimpuls des Optimalfilters zur Folge. Da größer werdende Sendeimpulsbreite bei gleicher Spitzenleistung auch größere Sendeenergie und damit größere Reichweite bedeutet, kann man das Zeit-Bandbreite-Produkt $B \cdot \tau_p$ als eine Art Gütefaktor für das Sendesignal betrachten. Näherungsweise ist das Zeit-Bandbreite-Produkt identisch mit dem Verhältnis aus Signaldauer τ_p vor und Impulsbreite T hinter dem Optimalfilter und ebenfalls mit dem Verhältnis der Spitzenleistungen von komprimiertem Impuls P_T und unkomprimiertem Impuls P_τ:

$$B \cdot \tau_p \approx \frac{\tau_p}{T} = \frac{P_T}{P_\tau}, \qquad (5.64)$$

da bei Vernachlässigung von Verlusten der Energieinhalt von Eingangs- und Ausgangsimpuls gleich sein muß und $B \approx 1/T$ gesetzt werden kann. Man nennt τ_p/T das Impulskompressionsverhältnis. Nachteilig bei so erzeugten schmalen Impulsen ist, daß sie nicht reinrassig gewonnen werden, sondern zu beiden Seiten dieser Impulse zusätzliche, parasitäre Signale entstehen, sogenannte Nebenzipfel, die beim Detektionsprozeß z. B. zu Mehrdeutigkeiten Anlaß geben können.

Es folgt nun ein spezielles Beispiel zur Realisierung der Impulskompression, die Anwendung eines Sendesignals mit impulsinterner, linearer Frequenzmodulation (FM).

Die Einhüllende des Sendesignals ist ein rechteckförmiger Impuls der Dauer τ_p (Abb. 5.14a); die Trägerfrequenz steigt über der Impulsdauer von f_1 auf f_2 linear an (Abb. 5.14b). Abb. 5.14c zeigt die resultierende Zeitfunktion.

Man kann die Signalmodulation durch

$$s_1(t) = \frac{1}{\sqrt{\tau_p}} \text{rect}\left(\frac{t}{\tau_p}\right) e^{j\pi k t^2} \qquad (5.65)$$

beschreiben. Die Momentanfrequenz ergibt sich daraus zu

$$f(t) = \frac{1}{2\pi} \cdot \frac{d\phi(t)}{dt} = kt, \qquad (5.66)$$

wobei k ein Maß für die zeitliche Frequenzänderung darstellt. Ist B diese Änderung der Momentanfrequenz während der Signaldauer τ_p, dann erhält man

$$|k| = B/\tau_p. \qquad (5.67)$$

Das Vorzeichen von k bestimmt die Richtung der Frequenzänderung; positives k bedeutet, wie im vorliegenden Fall, Frequenzzunahme, negatives k Frequenzabnahme während der Signaldauer. Für große Zeit-Bandbreite-Produkte hat das Spektrum angenähert Rechteckform; entsprechendes gilt dann auch für die Übertragungsfunktion des Optimalfilters.

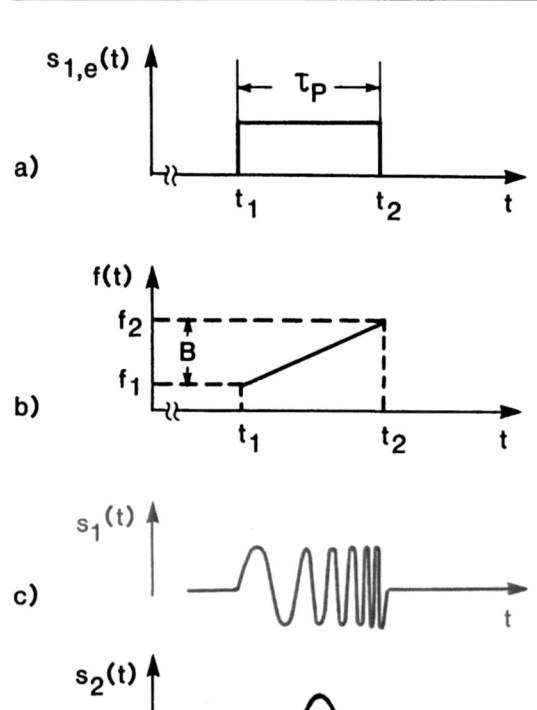

5.9 Impulskompression

Abb. 5.14: Impulskompression mit impulsinterner linearer FM: a) Sendesignal/Einhüllende, b) Sendesignal/Frequenzverlauf, c) Sendesignal/Zeitverlauf, d) Ausgangssignal des IKF (Quelle: Lit. [2], [7]).

Durch Einsetzen von Gl. (5.65) in Gl. (5.60) wird das Ausgangssignal des Optimalfilters (Impulskompressionsfilter (IKF)) gewonnen:

$$s_2(t) = \int_{-\infty}^{\infty} s_1(\vartheta) s_1^*(\vartheta - t) d\vartheta$$

$$= \frac{1}{\tau_p} \int_{-\infty}^{\infty} \text{rect}\left(\frac{\vartheta}{\tau_p}\right) \text{rect}\left(\frac{\vartheta - t}{\tau_p}\right) e^{j\pi k[\vartheta^2 - (\vartheta - t)^2]} d\vartheta . \qquad (5.68)$$

Die Auswertung des Integrals führt zu folgendem Ergebnis:

$$s_2(t) = \text{rect}\left(\frac{t}{2 \cdot \tau_p}\right) \left(1 - \frac{|t|}{\tau_p}\right) \text{sinc}\left[B \cdot t \left(1 - \frac{|t|}{\tau_p}\right)\right] . \qquad (5.69)$$

Das Signal setzt sich multiplikativ aus drei Teilfunktionen zusammen. Die erste legt die Signaldauer von $2\tau_p$ fest, die zweite bewirkt eine mit t langsame, dreieckförmige

Amplitudenänderung und die dritte gibt die Feinstruktur wieder. Zur Diskussion des Verhaltens von $s_2(t)$ kann man sich deshalb auf die Betrachtung der Teilfunktion

$$s_{2,3}(t) = \text{sinc}(B \cdot t) \tag{5.70}$$

beschränken. Das Impulskompressionsfilter wird in diesem Fall so ausgelegt, daß die Ausbreitungsgeschwindigkeit im Filter eine Funktion der Frequenz ist, d. h. die höheren Frequenzen am Impulsende erfahren eine schnellere Ausbreitung als die niedrigeren Frequenzen am Impulsanfang. Dadurch wird die im ursprünglich langen Impuls der Breite τ_p enthaltene Energie in einen kürzeren Impuls der Dauer T komprimiert. Die Form des komprimierten Impulses entspricht nach Gl. (5.70) bzw. Abb. 5.14d einer $\sin x/x$-Funktion. Seine Dauer T kann ungefähr gleich $1/B$ gesetzt werden. Aus Abb. 5.14d erkennt man auch, daß neben dem komprimierten Impuls die bereits erwähnten Seitenzipfel auftreten. Die Dämpfung des ersten Nebenzipfels auf den Hauptimpuls bezogen beträgt 13,5 dB. Der komprimierte Impuls nach Gl. (5.69) besitzt ein rechteckförmiges Spektrum. Impulskompressionsfilter dieser Art können z. B. mit dispersiven Verzögerungsleitungen realisiert werden.

Literaturverzeichnis

[1] Blake, L.V.: *Prediction of Radar Range*. In: Radar Handbook (M.I. Skolnik, ed.), 2. ed., Chapter 2, New York: McGraw-Hill, 1990

[2] Skolnik, M.I.: *Introduction to Radar Systems*. 2. ed., New York: McGraw-Hill, 1981

[3] Blake, L.V.: *Radar Range-Performance Analysis*. 2. ed., Norwood, MA: Artech, 1986

[4] Barton, D.K.: *Modern Radar System Analysis*. Norwood, MA: Artech, 1988

[5] Gerlitzki, W.: *Die Radargleichung*. Ulm: AEG-TELEFUNKEN, 1984

[6] Ludloff, A.: *Handbuch Radar und Radarsignalverarbeitung*. Braunschweig: Vieweg, 1993

[7] Baur, E.: *Einführung in die Radartechnik*. Stuttgart: Teubner, 1985

[8] Klausing, H.: *Realisierbarkeit eines Radars mit synthetischer Apertur durch rotierende Antennen*. Dissertation, Universität Karlsruhe, 1989

[9] Marcum, J.I.: *A Statistical Theory of Detection by Pulsed Radar, and Mathematical Appendix*. IRE Trans., Vol. IT-6, April 1960, p. 59–267 (Originally published as RAND Corp. Research Memo RM-754, December 1947, and RM-753, July 1948)

[10] Knott, E.F.: *Radar Cross Section*. In: Radar Handbook (M.I. Skolnik, ed.), 2. ed., Chapter 11, New York: McGraw-Hill, 1990

[11] Hanle, E. (Red.): *Begriffe aus dem Gebiet Radar und allgemeine Funkortung, ITG/DGON 2.4-01-Empfehlung 1991*. Frankfurt/Main: ITG, 1992

[12] Swerling, P.: *Probability of Detection for Fluctuating Targets.* IRE Trans., Vol. IT-6, April 1960, p. 269–308 (Originally published as RAND Corp. Research Memo RM-1217, March 1954)

[13] Meinke, H., Gundlach, F.W.: *Taschenbuch der Hochfrequenztechnik, Band 1: Grundlagen.* Berlin: Springer, 1986, H12

[14] Roth, K.-H.: *Antennentechnik und Wellenausbreitung.* Neubiberg: Karamanolis Verlag, 1985, S. 29–32

[15] Grabau, R.: *Funküberwachung und elektronische Kampfführung.* Stuttgart: Franckh, 1986

[16] Wehner, D.R.: *High Resolution Radar.* 2. ed., Norwood, MA: Artech, 1995

[17] Farina, A.: *Electronic Counter-Countermeasures.* In: *Radar Handbook* (M.I. Skolnik, ed.), 2. ed., Chapter 9, New York, McGraw-Hill, 1990, p. 9.28–9.31

[18] Bößwetter, C. *Die Leistungs- und Kontrastbilanz bei SLAR und SAR.* CCG-Lehrgang P2.06/4, Oberpfaffenhofen: Carl-Cranz-Gesellschaft, 1984

[19] Cook, C.E., Bernfeld, M.: *Radar Signals.* New York: Academic Press, 1993

[20] Farnett, E.C., Stevens, G.H.: *Pulse Compression Radar.* In: Radar Handbook (M.I. Skolnik, ed.), 2. ed., Chapter 10, New York: McGraw-Hill, 1990

[21] Rihaczek, A.W.: *Principles of High Resolution Radar.* New York: McGraw-Hill, 1996

[22] Lewis, B.L., Kretschmer, F.F., Wesley, W.S.: *Aspects of Radar Signal Processing.* Norwood, MA: Artech, 1986

[23] Hovanessian, S.A.: *Introduction to Synthetic Array and Imaging Radars.* Dedham, MA: Artech, 1980

6 Antennen

Der Antenne kommt in ihrer grundsätzlichen Funktion als reziproker Wellentypwandler eine zentrale Aufgabe in jedem Radarsystem zu. Im Sendefall transformiert sie eine leitungsgebundene Welle im Gerät in eine ausbreitungsfähige Raumwelle, im Empfangsfall läuft dieser Vorgang in umgekehrter Reihenfolge ab. Aus der Amplituden- und Phasenverteilung innerhalb der Antennenstruktur folgt eine spezifische Ausleuchtungsgeometrie des umgebenden Raumes. Diese Richtcharakteristik bestimmt maßgeblich Reichweite, Auflösungsvermögen und Einsatzfähigkeit des Radarsystems.

Die technischen Ausführungsformen von Antennen sind außerordentlich vielgestaltig. Eine grobe, auf ihrem Wirkungsprinzip beruhende Einteilung kann in sogenannte Einzelstrahler und Aperturstrahler vorgenommen werden. Große Bedeutung hat in der Vergangenheit darüber hinaus die Zusammenfassung einzelner Strahlerelemente zu Strahlergruppen erlangt. Entsprechend dieser Einteilung sollen im folgenden die grundsätzliche Wirkungsweise der einzelnen Kategorien sowie einige Beispiele moderner Radarantennen vorgestellt werden. Zuvor jedoch müssen die zur Charakterisierung einer Antenne notwendigen Kenngrößen definiert werden ([1] bis [8]).

6.1 Allgemeine Kenngrößen

Eine Radarantenne wird aufgabengemäß immer so gestaltet sein, daß sie die von ihr erzeugte bzw. empfangene Feldstärke vorwiegend auf einen bestimmten räumlichen Sektor in ihrer Umgebung konzentriert. Im Gegensatz zum oft als Referenz benutzten isotropen Kugelstrahler, der mit einer winkelunabhängigen Leistungsdichte gleichmäßig in alle Raumrichtungen strahlt, ist sie durch eine Richtcharakteristik gekennzeichnet. Das Feldstärkemaximum ist dabei in der Hauptkeule enthalten, daneben existieren in anderen Strahlungsrichtungen unerwünschte, aber physikalisch unumgängliche Nebenkeulen mit geringeren Leistungsanteilen [9].

Die Wellenausbreitung zwischen Sende- und Empfangsort wird beschrieben durch den Vektor der elektromagnetischen Leistungsdichte $\vec{S}$, auch ‚Poynting-Vektor' genannt. $\vec{S}$ ist das vektorielle Produkt aus den elektrischen und magnetischen Feldstärken $\vec{E}$ und $\vec{H}$ der sich ausbreitenden Welle, zwischen denen im allgemeinen Fall eine Phasenverschiebung besteht:

$$\vec{S} = \vec{E} \times \vec{H}^* . \tag{6.1}$$

Unter realen Umständen wird die Länge r einer Ausbreitungsstrecke groß gegenüber den geometrischen Abmessungen der Sende- und Empfangsantenne und im Falle hoher Frequenzen auch groß gegenüber der Betriebswellenlänge sein. Die Empfangsantenne befindet sich dann im Fernfeld der Sendeantenne, für das im Grenzfall $r \to \infty$ gilt. Hier ist der elektrische Feldvektor $\vec{E}$ orthogonal zum magnetischen Feldvektor $\vec{H}$ orientiert, beide sind gleichphasig und bilden mit dem *Poyntingschen* Vektor $\vec{S}$ ein Rechtssystem. Aus dem Vektor $\vec{S}$ wird für diesen Fall die skalare Größe

$$S = \frac{1}{2}[E \cdot H] . \tag{6.2}$$

Technisch wird dieser Sachverhalt näherungsweise schon für endliche Werte r erreicht, sofern gilt

$$r_F > \frac{2 \cdot d^2}{\lambda} . \tag{6.3}$$

Der Wert d ist hierbei die größte geometrische Abmessung der Antenne, also z. B. der Spiegeldurchmesser einer Reflektorantenne, λ ist die Betriebswellenlänge in Luft. Der Wert r_F legt nach dieser Beziehung die untere Grenze des Fernfeldes einer Antenne fest. Während im Nahfeld noch Blindleistungsanteile vorhanden sind, wird im Fernfeld nur Wirkleistung übertragen; es kommt hier zur vollständigen Ausbildung der Richtcharakteristik. Quantitativ betrachtet liegt r_F für übliche Mikrowellenantennen je nach Typ und Betriebsfrequenz zwischen einigen Metern und einigen hundert Metern. Die exakten Herleitungen der Nahfeld-Fernfeld-Relationen finden sich in Kap. 2.2.5.

Die bereits erwähnte Richtcharakteristik, d. h. die Richtungsabhängigkeit der von einer Antenne erzeugten oder empfangenen Feldstärke wird üblicherweise graphisch dargestellt anhand des Richt- oder Strahlungsdiagramms. Ein dafür geeignetes Bezugssystem sind Kugelkoordinaten mit den Komponenten r, ϑ und φ. Die elektrischen Feldstärken E_ϑ und E_φ bzw. die analogen magnetischen Anteile H_ϑ und H_φ beschreiben die Winkelabhängigkeit der Amplitude des abgestrahlten Feldes. Abb. 6.1 zeigt dieses Kugelkoordinatensystem und seine Relationen zu einem entsprechenden karte-

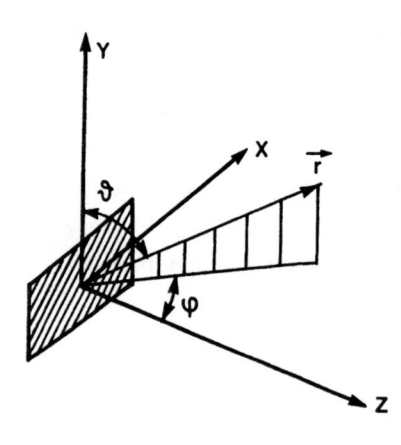

Abb. 6.1: Zusammenhang zwischen Kugel- und kartesischem Koordinatensystem zur Darstellung von Richtdiagrammen (Quelle: Lit. [7]).

6.1 Allgemeine Kenngrößen

sischen System, welches insbesondere für die Diagrammdarstellung stark bündelnder Antennen vorteilhaft ist.

Im Falle einer Radarantenne, die eine flächige Ausdehnung in der x-y-Ebene und die Hauptstrahlrichtung z haben soll, wird man die x-z-Ebene als Bezugsebene für das Horizontaldiagramm wählen. Das Vertikaldiagramm wird dann in der y-z-Ebene dargestellt. Abb. 6.2 zeigt die Gegenüberstellung eines typischen Horizontaldiagramms einer Richtantenne in Kugel- und kartesischen Koordinaten. Die Darstellung der Feldstärke erfolgt zweckmäßigerweise in einem logarithmischen Maßstab, d.h. in dB.

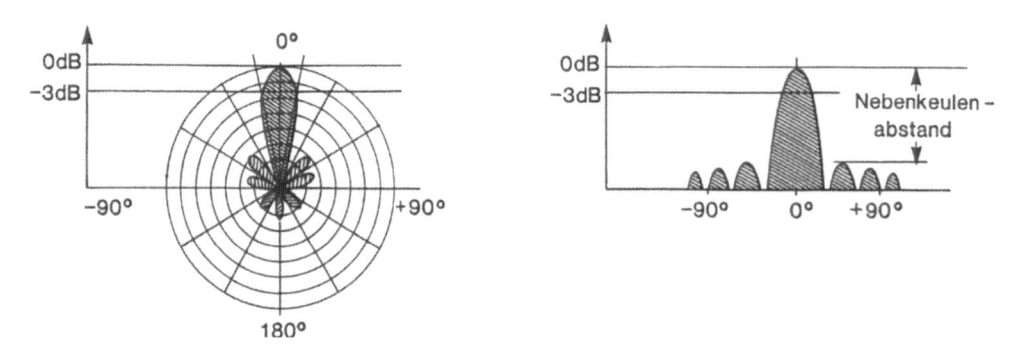

Abb. 6.2: Horizontaldiagramm einer Antenne in Kugel- und kartesischen Koordinaten.

Wesentliches Element des Richtdiagramms ist die Hauptkeule der Antenne, die das Feldstärkemaximum enthält. Sie wird begrenzt von den Richtungen der ersten Feldstärkeminima. Das primäre Kriterium zur Beschreibung der Hauptkeule ist die Halbwertsbreite, definiert als der Winkelbereich, innerhalb dessen die Feldstärke auf den Faktor $1/\sqrt{2}$ bzw. die Strahlungsdichte auf die Hälfte des jeweiligen Maximalwertes abgesunken ist. Für die Abschätzung der Halbwertsbreite kann die folgende Näherung verwendet werden:

$$\theta \approx \frac{180°}{\pi} \cdot \frac{1}{\sqrt{q}} \cdot \frac{\lambda}{d} \approx 70° \cdot \frac{\lambda}{d} . \tag{6.4}$$

Dabei ist q ein angenommener, aber realistischer Flächenwirkungsgrad der Antenne von 0,67. Eine exakte Herleitung der Halbwertsbreite findet sich in Kap. 4.1.

Im Winkelbereich außerhalb der Hauptkeule existiert in der Regel ein Spektrum von Nebenkeulen. Da sie unerwünscht sind, interessiert der Wert der Nebenkeulendämpfung, d.h. die minimale Dämpfung einer oder mehrerer Nebenkeulen bezogen auf das Hauptkeulenmaximum. Die räumliche Gestalt des Strahlungsdiagramms kann je nach Anwendung sehr unterschiedlich sein. Sie reicht von einfachen rotationssymmetrischen Keulen unterschiedlicher Halbwertsbreite für Suchradare über elliptische Hauptkeulenquerschnitte mit ungleichen Halbwertsbreiten in den Hauptebenen bis zu Kosekans-Quadrat (cosec²)-Diagrammen für Flugüberwachungsradare mit hoher Bündelung im Azimut und nahezu entfernungsunabhängiger Echofeldstärke in der Elevationsebene.

Die Verknüpfung idealer und realer Verhältnisse erfolgt im technischen Bereich bekanntermaßen durch den Wirkungsgrad. Für die Beschreibung von Antennen sind der Strahlungswirkungsgrad η und der bei der Abschätzung der Halbwertsbreite bereits erwähnte Flächenwirkungsgrad q von Belang. Der Strahlungswirkungsgrad ist definiert als der Quotient aus der von der Antenne tatsächlich in Strahlung umgesetzten Leistung, d.h. ihrer Strahlungsleistung P_t und der ihr vom Sender zugeführten Leistung P_{to}

$$\eta = \frac{P_t}{P_{to}}. \tag{6.5}$$

Der Flächenwirkungsgrad q folgt aus der effektiven Fläche A_e, einer Größe, die grundsätzlich jeder Antenne zugeordnet werden kann und die z. B. für eine Aperturantenne auch einigermaßen anschaulich vorstellbar ist. Die effektive Fläche A_e stellt eine zur Ausbreitungsrichtung einer Welle orthogonal orientierte Fläche dar, die bei gegebener Strahlungsdichte S von der Leistung P_r durchdrungen wird.

P_r ist dabei zwangsläufig proportional zu S, A_e ist der Proportionalitätsfaktor mit der Dimension einer Fläche

$$A_e = \frac{P_r}{S}. \tag{6.6}$$

Die erwähnte Anschaulichkeit für eine Aperturantenne verknüpft deren geometrische Fläche A_g über die beiden Wirkungsgrade η und q mit A_e

$$A_e = q \cdot \eta \cdot A_g. \tag{6.7}$$

Mit diesen Wirkungsgraden können die noch ausstehenden Kenngrößen, insbesondere der Antennengewinn, definiert werden. Die dazu zunächst benötigte Größe ist der Richtfaktor D. D ist die zur graphischen Darstellung des Strahlungsdiagramms analoge rechnerische Größe und damit festgelegt als der Quotient aus der maximalen Strahlungsdichte S_r der betreffenden Antenne und der Strahlungsdichte S_i eines isotropen Kugelstrahlers bei gleicher abgestrahlter Leistung P_t

$$D = \frac{S_r}{S_i}. \tag{6.8}$$

Die für den praktischen Betrieb wichtigere Größe des Gewinns G folgt aus dem Richtfaktor mit dem Strahlungswirkungsgrad dergestalt

$$G = \eta \cdot D. \tag{6.9}$$

Im theoretischen Fall einer verlustlosen Antenne wären also Gewinn und Richtfaktor

6.1 Allgemeine Kenngrößen

identisch. Im Sinne besserer Handhabung werden D und G üblicherweise als logarithmische Größen in dB angegeben

$$D' \text{ [dB]} = 10\log_{10} D \tag{6.10}$$

$$G' \text{ [dB]} = 10\log_{10} G. \tag{6.11}$$

Als Bezugsgröße für Gewinnangaben dient der zu 1 (0 dB) festgelegte Gewinn eines isotropen Kugelstrahlers; G' wird dann in dBi (dB$_{\text{isotrop}}$) angegeben. Schließlich können noch Gewinn und effektive Fläche wie folgt verknüpft werden

$$G = \frac{4\pi}{\lambda^2} \cdot A_e. \tag{6.12}$$

Eine wichtige, nicht nur antennen-, sondern gerätebezogene Kenngröße beschreibt die tatsächlichen Verhältnisse im Strahlungsfeld, indem sie Sendeleistung und Antennengewinn verknüpft: die ‚effektive Strahlungsleistung' P_{eff}, häufig abgekürzt mit *ERP* (**E**ffective **R**adiated **P**ower). Damit wird

$$P_{\text{eff}} = P_t \cdot G = ERP. \tag{6.13}$$

Sind Antennen besonderen Umweltbedingungen ausgesetzt, so benötigen sie eine sie umgebende Hülle, ein Radom. Solche Umweltbedingungen können die Gefahr von Vereisung oder das Einwirken von Salzwasser bei stationären Anlagen oder aerodynamische Erfordernisse z. B. bei Flugkörpern sein. Aus elektrischer Sicht soll ein Radom die Strahlungscharakteristik und die abgestrahlte Leistung möglichst nicht beeinflussen. Diese Randbedingungen führen oft zu sich widersprechenden elektrischen und mechanischen Forderungen für die Realisierung. Die effektive Radomdämpfung setzt sich zusammen aus einem durch Transmission und einem durch Reflexion verursachten Anteil. Die Transmissionsdämpfung kann minimiert werden durch möglichst dünne Wandstärken und Materialien mit geringen Verlusten. Lassen sich Wandstärken von weniger als $\lambda_\epsilon/10$ aus verlustarmen Materialien mit Dielektrizitätskonstanten ϵ_r zwischen 2 und 3 realisieren, so ergeben sich darüber hinaus auch vernachlässigbare Reflexionsdämpfungen über große Betriebsbandbreiten. Ist letzteres nicht möglich, so kann auf frequenzangepaßte Radome mit Wandstärken von $n \cdot \lambda_\epsilon/2$ zurückgegriffen werden, die dann allerdings zwangsläufig schmalbandig sind. Hohe Anforderungen an die Homogenität des Radommaterials und sehr konstante Wandstärken im durchstrahlten Bereich müssen insbesondere dann gestellt werden, wenn ein Radom zusammen mit einer peilfähigen Antenne eingesetzt werden soll. Nur so können ein Schielen oder anderweitige Verzerrungen des Strahlungsdiagramms vermieden werden.

Abschließend sei noch die Polarisation eines von einer Antenne erzeugten Strahlungsfeldes erwähnt. Die Polarisation einer elektromagnetischen Welle ist, wie bereits gezeigt, definiert als die Schwingungsebene des Vektors der elektrischen Feldstärke $\vec{E}$.

Eine Radarantenne ist anwendungs- und bauartbedingt für Sendung und Empfang einer bestimmten Polarisation ausgelegt. Alle anderen Polarisationen sind in der Regel nicht erwünscht. Dies führt zur Kenngröße der Kreuzpolarisationsentkopplung, deren Wert als Gütemaß für die Antenne möglichst hoch sein soll. Sie gibt an, um welchen Betrag z. B. bei linearer Polarisation die dazu orthogonale, d. h. die um 90° um die Ausbreitungsachse gedrehte Polarisation, oder bei zirkularer Polarisation diejenige mit entgegengesetztem Drehsinn abgesenkt ist.

6.2 Einzelstrahler

Einzelstrahler dienen vorwiegend als Grundelemente zum Aufbau komplexerer Antennensysteme. Sie können in dieser Funktion z. B. die Basis für Strahlergruppen oder Primärstrahler für Reflektorantennen darstellen. Eine typische Bauform eines Einzelstrahlers ist der Linearstrahler, definiert als Gebilde von überwiegend linienförmiger Geometrie, wie sie beispielsweise der Dipol aufweist. Auf ihm beruht eine große Anzahl von Antennentypen, insbesondere für tiefere Frequenzen. In der Radartechnik hat jedoch seine Komplementärform, der Schlitzstrahler, größere Bedeutung erlangt. Die theoretische Grundlage für seine Komplementärfunktion bezüglich des Dipols bildet das aus der Optik und der Akustik bekannte und auf Vektorfelder erweiterte *Babinetsche* Prinzip. Vertauscht man nach ihm in den *Maxwellschen* Gleichungen die elektrische gegen die magnetische Feldstärke sowie einen Leiter gegen einen Isolator, so entsteht in vollkommener Äquivalenz das Feldbild eines Schlitzstrahlers aus dem eines Dipols. Analytisch am einfachsten zu behandeln ist dabei der Fall eines strahlenden Schlitzes in einer unendlich ausgedehnten Fläche, entsprechend dem Dipol im freien Raum. Der Schlitz soll eine Länge von $\lambda/2$ und eine Breite $b \ll \lambda$ aufweisen und in der Mitte seiner Längsseite gespeist werden. Das von ihm erzeugte Feldbild entspricht dann dem in Abb. 6.3 gezeigten im Vergleich zum Dipol.

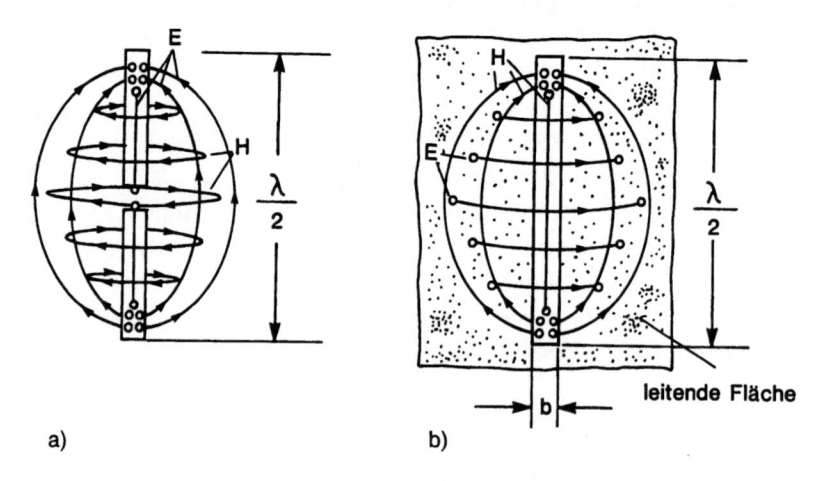

Abb. 6.3: Vergleich der Feldbilder von Dipol a) und Schlitzstrahler b) (Quelle: Lit. [8]).

6.2 Einzelstrahler

Die in der Radartechnik am häufigsten realisierte Variante eines Schlitzstrahlers sind die Hohlleiterschlitzantennen, die ihrerseits häufig zu einer planaren Antennengruppe zusammengefaßt werden. Der grundsätzliche Aufbau besteht aus einem Rechteckhohlleiter, dessen Schmal- oder Breitseite Schlitze aufweist. Diese werden durch die sich ausbreitende Hohlleiterwelle zur Strahlung angeregt. Die Schlitze mit einer Breite $b \ll \lambda$ sind nach Abb. 6.4 entweder als Längsschlitze in der Hohlleiterbreitseite oder als Schrägschlitze in der Schmalseite angebracht. In beiden Fällen beruht ihre Funktion auf der Unterbrechung von Wandströmen des Hohlleiters, die sich über die Schlitze hinweg als Verschiebungsströme fortsetzen und ein quer zum Schlitz orientiertes elektrisches Feld zur Folge haben. Dieses Feld erzeugt ein orthogonales Magnetfeld entsprechend Abb. 6.3, und es entsteht so ein strahlungsfähiges Element (Abb. 6.4).

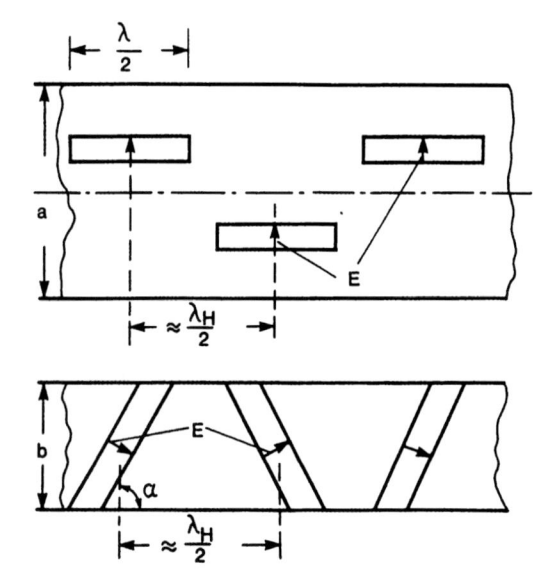

Abb. 6.4: Längs- und Schrägschlitze als Grundelemente einer Hohlleiterschlitzantenne.

Die geometrischen Voraussetzungen verlangen eine Schlitzlänge von einer halben Betriebswellenlänge in Luft ($\lambda/2$), um die Resonanzbedingung zu erfüllen, sowie einen gegenseitigen Schlitzabstand von einer halben Hohlleiterwellenlänge ($\lambda_H/2$), um entsprechend dem Vorzeichenwechsel der Phase der Hohlleiterwelle gleichphasige Anregung benachbarter Schlitze zu erreichen. Die Abstrahlung erfolgt für Längs- und Schrägschlitze jeweils senkrecht zur geschlitzten Ebene. Die ausgekoppelte Leistung hängt im Falle von Schlitzen in der Breitseite a von deren Abstand x zur Hohlleitermitte ab entsprechend der Proportionalität $P \sim \cos^2 \frac{\pi x}{a}$, für Schrägschlitze bestimmt der Neigungswinkel α gemäß $P \sim \alpha$ die Intensität der Abstrahlung. Bestmögliche Eingangsanpassung zeigt eine solche Hohlleiteranordnung, wenn das Ende des Hohlleiters reflexionsfrei, d. h. mit seinem Wellenwiderstand abgeschlossen ist.

Hohlleiterschlitzantennen bieten konstruktionsbedingte Vorteile wie planaren Aufbau und mechanische Stabilität. Ihre elektrischen Eigenschaften gestatten es, mit geringem Aufwand nahezu beliebige Amplitudenverteilungen entlang des Strahlers und damit z. B. hohe Nebenkeulendämpfungen zu realisieren. Zahlreiche Anwendungen reichen von einfachen Strahlerzeilen, welche horizontal ausgerichtet mit hoher Bündelung in der Azimutebene und geringer Elevationsbündelung für Sekundär- und Schiffsradare eingesetzt werden oder als Linienquellen zur Ausleuchtung von Zylinderparabolen in deren Brennlinie angeordnet sind. Ihre größte Bedeutung haben Hohlleiterschlitzantennen aber wohl als zweidimensionale Gruppen in der Funktion von Bordradarantennen in Flugzeugen oder auf Erderkundungssatelliten erlangt.

Mit der Zielsetzung, planare Antennen aus Leitungsstrukturen zu realisieren, entstand ein weiterer Typ eines Einzelstrahlers entsprechend den technologischen Fortschritten der Mikrostreifenleitung [10]. Das Grundelement einer solchen Antenne ist ein zumeist rechteckförmiger Resonator im Zuge einer Mikrostreifenleitung. Seine Wirkung als strahlendes Element beruht auf einer Inhomogenität des Wellenwiderstandes im Verlauf oder als Abschluß einer Leitung und der dadurch hervorgerufenen Wellentypwandlung. Abb. 6.5 zeigt ein solches Grundelement einer Planarantenne.

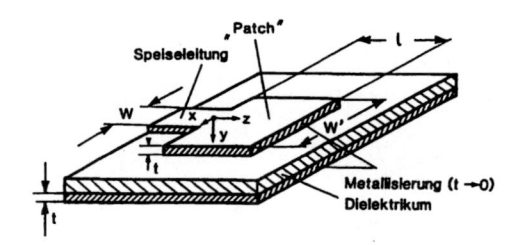

Abb. 6.5: Grundelement einer Mikrostreifenleitungs-Antenne (Quelle: Lit. [8]).

Die Leitung der Breite w endet in einem Resonator der Breite $w' \gg w$ und der Länge $l \approx \lambda_Z/2$. Es entsteht so näherungsweise ein an beiden Enden offener Leitungsresonator, wobei die Feldlinien an seinen Leitungsenden bei $z = 0$ und $z = l$ eine Phasendifferenz von 180° aufweisen und sich in ihrer Abstrahlung addieren. Die elektrischen Feldlinien treten hier so weit aus dem Substrat heraus, daß zusammen mit dem über der Leitung befindlichen magnetischen Feld eine Wellenablösung senkrecht zur Leiterebene erfolgen kann.

Wie bei der Hohlleiterschlitzantenne werden zur Erzielung einer Richtwirkung eine mehr oder weniger große Anzahl solcher Einzelelemente zu Gruppen zusammengefaßt. Die wesentlichen Vorteile von Mikrostreifenleitungs-Antennen liegen in der flachen Bauweise und in der Möglichkeit einer kostengünstigen und gut reproduzierbaren Herstellung in Photoätz- oder Siebdrucktechnik. Nachteile bestehen in der geringen Betriebsbandbreite von nur wenigen Prozent und dem relativ schlechten Antennenwirkungsgrad aufgrund von Verlusten in der dielektrischen Grundfläche.

Die wesentlichen Anwendungsgebiete planarer Mikrostreifenleitungs-Antennen lagen in der Vergangenheit bei Radarsensoren für geringe Reichweiten und entsprechend kleinen Leistungen, z. B. im industriellen Bereich. Hier kommen insbesondere die geringen Abmessungen und niedrigen Herstellungskosten zum Tragen. Durch verbesserte Materialien und computeroptimierte Ausführungsformen steigt jedoch die Vielfalt der Anwendungsmöglichkeiten.

Neben den beiden beschriebenen wesentlichen Vertretern von Einzelstrahlern, die in der Radartechnik von Bedeutung sind, seien der Vollständigkeit halber noch dielektrische Stiel- und Kugelstrahler erwähnt. Verlustarme dielektrische Materialien, vorwiegend Kunststoffe und Keramiken, werden hier zur Wellenführung und -abstrahlung benutzt. Die Speisung solcher Strahler erfolgt in der Regel durch einen Hohlleiter, dessen Abschluß sie bilden. Ihre Formgebung bestimmt in erster Linie das Strahlungsdiagramm. Für Anwendungen, bei denen keine allzu hohen Bündelungen verlangt sind, kommen dielektrische Strahler als direkt strahlende Antennen zum Einsatz, im übrigen werden sie als Elemente für Strahlergruppen oder zur Speisung von Reflektorantennen verwendet.

6.3 Strahlergruppen

Mit zeilen- oder flächenförmigen Anordnungen von Einzelstrahlern zu Strahlergruppen können wirkungsvolle Richtantennen realisiert werden [11]. Die Strahlungsanteile der Einzelstrahler überlagern sich dabei im Fernfeld zu einer Richtcharakteristik. Die räumliche Richtcharakteristik ergibt sich durch Multiplikation des Gruppenfaktors der entsprechenden Gruppe von Punktquellen mit dem Elementfaktor, d. h. der Strahlungscharakteristik eines Einzelstrahlers. In Abhängigkeit vom gegenseitigen Abstand der Elemente einer Strahlergruppe sowie von Amplitude und Phase ihrer Speiseströme können unterschiedliche Strahlungsdiagramme erzeugt werden. In der Praxis werden Strahlergruppen hinsichtlich der Elementabstände und Speiseströme meist gewisse Symmetrien aufweisen und bestimmten Vorgaben unterliegen. So werden beispielsweise die geometrischen Abstände ebenso wie die Phasendifferenzen φ zwischen den Einzelelementen gleich sein. Werden pro Betriebswellenlänge zwei Elemente angeordnet, so weicht das Strahlungsdiagramm einer solchermaßen dimensionierten Gruppe noch nicht wesentlich von dem einer kontinuierlichen Belegung gleicher Gesamtlänge ab. Für größere Abstände ergeben sich zunehmend Diagrammabweichungen, und es entstehen sekundäre Hauptkeulen (engl.: grating lobes). Diese befinden sich im Winkelabstand von einigen Nebenkeulen von der Hauptkeule und können, insbesondere bei der Radaranwendung, zu unerwünschten Mehrdeutigkeiten führen. Im für Radaranwendungen wichtigsten Spezialfall einer gleichphasigen Speisung aller Elemente einer linearen oder flächigen Gruppe entsteht ein sogenannter Querstrahler. Die Hauptkeule seines Strahlungsdiagramms ist orthogonal zur Fläche der Gruppe orientiert.

Eine lineare Gruppe wird zum Längsstrahler, wenn die Phasendifferenz der Speiseströme gleich dem in elektrischen Graden gemessenen Elementabstand gewählt wird. Die bedeutendste Ausführungsform eines Längsstrahlers ist die *Yagi-Uda*-Antenne mit parasitär gespeisten Elementen.

Betrachtet man zunächst den Fall eines linearen Querstrahlers mit entsprechend Abb. 6.1 auf der x-Achse symmetrisch zum Ursprung angeordneten Punktquellen der Anzahl m mit konstantem Abstand L, gemessen in elektrischen Graden, und einer amplituden- und phasengleichen Speisung, so gilt für das Strahlungsdiagramm

$$E(\varphi,\vartheta) = \frac{\sin\left[\frac{m}{2} \cdot (L \cdot \cos\varphi \cdot \sin\vartheta)\right]}{m \cdot \sin\left[\frac{1}{2} \cdot (L \cdot \cos\varphi \cdot \sin\vartheta)\right]}. \tag{6.14}$$

Für den Fall einer flächig in der x-y-Ebene angeordneten Gruppe wird diese Betrachtung sinngemäß um eine lineare Anordnung einer entsprechenden Anzahl n von Punktquellen entlang der y-Achse erweitert. Dieser Schritt führt dann zu einer in der x-y-Ebene liegenden Gruppe mit m Spalten und n Zeilen. Gleichförmig, d. h. mit gleicher Amplitude und Phase belegte Gruppen besitzen den größten Gewinn verglichen mit anderen Belegungsarten. Damit einher geht jedoch eine relativ geringe Nebenkeulendämpfung von 13,2 dB für die erste Nebenkeule. Bei der technischen Realisierung von Strahlergruppen erreicht man höhere Nebenkeulendämpfungen durch Absenken der Leistungspegel der Einzelelemente von der Mitte der Gruppe zum Rand hin. Zwangsweise folgt dann natürlich ein geringerer Gewinn bei einer gleichzeitig breiteren Hauptkeule. Wählt man statt einer gleichförmigen z. B. eine *Dolph-Tschebyscheff*-Verteilung, so erhält man die schmalste Hauptkeule bei gegebener Nebenkeulendämpfung.

Das sogenannte ‚Flat-Plate-Array', eine Strahlergruppe, deren Basis eine Hohlleiterschlitzantenne ist, kennzeichnet den derzeitigen Stand eingeführter Bordradarantennen für Flugzeuge. Die Antenne hat für diese Anwendung, da sie dem Rumpfquerschnitt der Flugzeugspitze angepaßt sein muß, eine kreisrunde Form. Abb. 6.6 zeigt als Beispiel das Bordradargerät APG-73 von Hughes, eingebaut in ein Flugzeug vom Typ McDonnell Douglas F-18.

Die Antenne besteht aus 30 querstrahlenden Zeilen mit jeweils 6 bis 30 Elementen. Sie ist entlang ihrer horizontalen und vertikalen Symmetrieachse elektrisch in vier Quadranten aufgeteilt, um Monopulsbetrieb zu ermöglichen. Auf ihrer Rückseite trägt sie ein integriertes Speise- und Monopuls-Komparator-Netzwerk in Hohlleiter-Technik sowohl zur Leistungsverteilung auf die vier Quadranten und deren Zeilen als auch zur Bildung eines Summendiagramms und zweier Differenzdiagramme zur Peilung in Azimut und Elevation. Die erforderliche Diagrammschwenkung wird erreicht durch eine mechanische Schwenkung der gesamten Antenne um ±60° bis 70° in Azimut und Elevation. Die unterschiedlichen Betriebsarten des Radars, von der Tiefflug-Hindernisvermeidung bis zur Feuerleitung, erfordern teilweise sehr hohe Schwenkgeschwindigkeiten und Winkelbeschleunigungen, woraus sich die Forderungen nach einem geringen Trägheitsmoment und entsprechender Leichtbauweise ergeben. Typische Betriebsbandbreiten solcher Hohlleiterschlitz-Gruppen liegen bei 5 %, Keulenbreiten um 3° bei einem Gewinn von 30 dB bis 40 dB und einer Nebenkeulendämpfung in derselben Größenordnung.

6.4 Aperturstrahler

Abb. 6.6: Flugzeug-Bordradar APG-73 (Quelle: Wehrtechnik 1/95).

Strahlergruppen in Mikrostreifenleitungs-Technologie bestehen üblicherweise aus einer wesentlich geringeren Anzahl von Einzelelementen, da es anderenfalls zu nicht mehr akzeptablen Verlusten im Speisenetzwerk kommt. Diese Technologie bietet sich insbesondere für die Realisierung von ‚konformen Strahlergruppen' an, die in eine gekrümmte Oberfläche von Trägern, z. B. Flugkörpern, integriert sind. Diese Oberflächen sind vorwiegend Zylinder und Kegel. Entsprechend der gewünschten Hauptstrahlrichtung müssen die Einzelstrahler mit unterschiedlichen Phasen gespeist werden, um im Fernfeld phasengleiche Überlagerung der Teilwellen zu erreichen. Sind größere Schwenkwinkel gefordert, so wird zwischen verschiedenen gespeisten Zonen der Strahlergruppe umgeschaltet. Die offensichtlichen Vorteile konformer Strahlergruppen liegen in der vollkommenen Integration von vorgegebenem Träger und Antennenebene und somit, wieder beispielsweise im Falle eines Flugkörpers, in einer minimalen Beeinflussung der Aerodynamik.

6.4 Aperturstrahler

Wird die zunächst endliche Anzahl von Einzelstrahlern einer Strahlergruppe gedanklich auf eine unendliche Anzahl von Punktquellen erhöht und verringert sich gleichzeitig deren gegenseitiger Abstand auf infinitesimal kleine Werte, so entsteht ein Aperturstrahler. Dieser Aperturstrahler ist in der Regel groß gegenüber der abgestrahlten Wellenlänge, er kann deshalb, zumindest näherungsweise, nach optischen Gesetzmäßigkeiten beschrieben werden. Die für die Radartechnik relevanten Aperturstrahler werden zunächst durch einfache Hornstrahler realisiert, dann durch die große Gruppe der Reflektorantennen und nicht zuletzt durch Linsenantennen. Die erwähnte Parallelität zur Optik beruht auf der Lösung eines Beugungsproblems nach dem *Huygensschen* Prinzip, das jeden Punkt einer Wellenfront als Ausgangspunkt einer Kugelwelle interpretiert. Diese Kugelwellen überlagern sich im Fernfeld eines Aperturstrahlers zu der Richtcharakteristik. Den Zusammenhang zwischen Fernfeldcharakteristik $F(u)$ und Belegungsfunktion $g(v)$ der Apertur, d. h. der Amplituden- und Phasenverteilung der Erregerströme über die einzelnen fiktiven Punktquellen, stellt eine *Fourier*-Transformation dar. Die Fernfeldcharakteristik in der Azimutebene, nach Abb. 6.1 also in der x-z-Ebene mit $y = 0$, ergibt sich dann mit $u = \frac{\pi a}{x} \sin \vartheta$ und $v = \frac{2x}{a}$ (a ist die Ausdehnung der Apertur in x-Richtung) zu

$$F(u) = \int_{-1}^{+1} g(v) \cdot e^{juv} dv. \tag{6.15}$$

Diese Beziehung gilt für den räumlichen Bereich der Hauptstrahlachse und unter der Bedingung einer konstanten Phasenbelegung der Apertur. Als Variable verbleibt die Amplitudenbelegung. Wird diese ebenso konstant über die gesamte Apertur gewählt, so führt dies, analog zur Strahlergruppe, zum theoretisch größtmöglichen Gewinn der Antenne, verbunden jedoch mit einer sich zwangsläufig ergebenden, für Anwendungen oft unzureichenden Unterdrückung der Nebenkeulen. Aufgabe jeder Optimierungsarbeit bei der Entwicklung von Aperturantennen muß es demnach sein, Belegungsfunktionen der Apertur zu realisieren, welche gleichzeitig hohe Flächenwirkungsgrade und hohe Nebenkeulenunterdrückung zum Ergebnis haben.

6.4.1 Hornstrahler

Ein Aperturstrahler ergibt sich im einfachsten Fall in Form eines offenen Endes eines Wellenleiters [12]. Ein offen endender Hohlleiter beispielsweise stellt keinen vollkommenen Leerlauf mit einem Reflexionsfaktor von 1 dar, vielmehr wird ein Teil der ankommenden Leistung abgestrahlt. Für die Realisierung eines technisch brauchbaren Aperturstrahlers muß ein vernachlässigbar kleiner Reflexionsfaktor angestrebt, d. h. der Wellenwiderstand des Hohlleiters dem des freien Raumes möglichst ideal angepaßt werden. Erreicht wird dies im Falle des Rechteckhohlleiters durch die Aufweitung einer oder beider Hohlleiterseiten zu einem Horn und beim Rundhohlleiter durch stetiges Vergrößern des Durchmessers. Abb. 6.7 zeigt die grundsätzlichen Bauformen von Hornstrahlern.

Entsprechend der Aperturymmetrie erzeugen quadratische oder kreisförmige Aperturen rotationssymmetrische Strahlungsdiagramme, wogegen rechteckförmige Sektorhörner teilweise sehr unterschiedliche Halbwertsbreiten in der Azimut- und Elevationsebene haben können. Grundsätzlich verhalten sich die Halbwertsbreiten umgekehrt proportional zur Aperturfläche, bei Sektorhörnern sind sie für die nicht aufgeweitete

6.4 Aperturstrahler

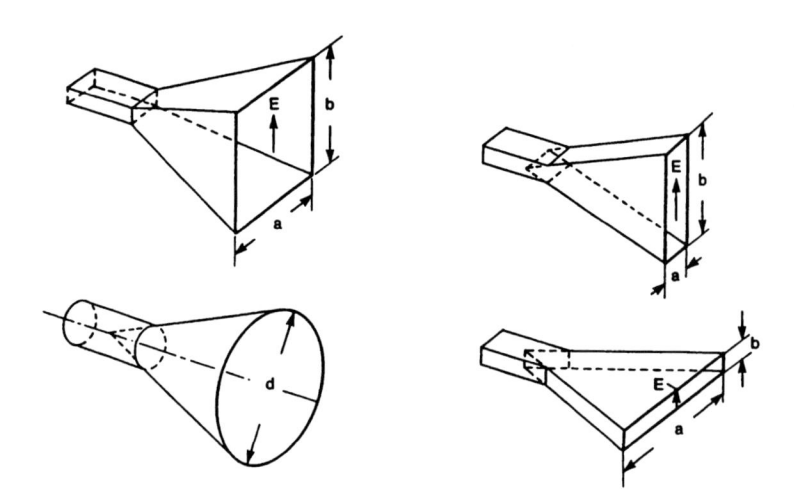

Abb. 6.7: Bauformen von Hornstrahlern (Quelle: Lit. [7]).

Hohlleiterseite nahezu identisch mit denen eines frei endenden Hohlleiters. Für die Gewinne von Hornstrahlern gelten die folgenden Beziehungen, sofern sie von einem Rechteckhohlleiter mit dem H_{10}-Mode bzw. von einem Rundhohlleiter mit dem H_{11}-Mode gespeist werden:

$$G\,[\text{dB}] = 10\log_{10}\frac{32 \cdot a \cdot b}{\pi \cdot \lambda^2} \qquad \text{für das Pyramidenhorn,} \tag{6.16}$$

$$G\,[\text{dB}] = 10\log_{10}\frac{8,25 \cdot d^2}{\lambda^2} \qquad \text{für das Kegelhorn.} \tag{6.17}$$

Werden Hornstrahler als Erreger für Reflektorantennen eingesetzt, so ist zu deren Berechnung die Kenntnis des Phasenzentrums des Hornstrahlers von Bedeutung. Es liegt immer auf der längsgerichteten Symmetrieachse des Hornstrahlers, jedoch nur für kleine Hornöffnungswinkel, d. h. lange Hörner, auch nahe der Aperturebene. Für größere Öffnungswinkel wandert das Phasenzentrum von der Ebene weg in Richtung zum Hornscheitel.

In der Antennenmeßtechnik ist das sogenannte ‚Standard-Gain-Horn' als Bezugsnormal für Gewinnmessungen von Bedeutung. Es ist in der Regel als Pyramidenhorn ausgeführt und weist einen sehr genau bekannten Gewinn auf.

6.4.2 Reflektorantennen

Die Realisierung sehr stark bündelnder Radarantennen mit hohem Gewinn ist mit einfachen Hornstrahlern nur theoretisch möglich. In der Praxis werden sie aufgrund der notwendigen großen Aperturfläche mit niedrigen Phasenfehlern unhandlich lang. Sind darüber hinaus Strahlungsdiagramme gefordert, die von der Rotationssymmetrie abweichen, also komplizierteren Belegungsfunktionen gehorchen müssen, so kann dies eine direkt strahlende Apertur nicht mehr ohne weiteres erfüllen. Die schon klassische Reflektorantenne bietet hier sehr viel größere Flexibilität, natürlich verbunden mit entsprechendem mechanischem Aufwand [13], [14].

Grundsätzlich bestehen Reflektorantennen aus einem theoretisch als Punkt- oder Linienquelle wirkenden Speisesystem und einem Reflektor zur Transformation der von dieser Quelle ausgehenden Kugelwellen in eine ebene Wellenfront in der Projektionsfläche der Spiegelapertur. Technisch kann das Speisesystem z. B. als Hornstrahler ausgeführt sein; für die Antennendimensionierung sind dann die erwähnte Punktquelle für den Reflektor und das Phasenzentrum des Speisestrahlers identisch. Der Spiegel wird in aller Regel ein Paraboloid sein; für ein rotationssymmetrisches Strahlungsdiagramm analog ein Rotationskörper, für ein elliptisches Diagramm ein Parabolzylinder oder ein in orthogonalen Schnittebenen unterschiedlich gekrümmtes Paraboloid. Allen Bauformen ist das von der Optik abgeleitete Prinzip gleich langer Strahlenwege vom Brennpunkt oder der Brennlinie eines Paraboloids über die Reflexion an seiner Spiegelfläche zur Apertur-Projektionsfläche gemeinsam. Die daraus resultierende gleichphasige Belegung in dieser Fläche hat die Abstrahlung einer zur Ausbreitungsrichtung senkrecht orientierten, ebenen Welle zur Folge. Dem Reziprozitätsgesetz folgend wird eine einfallende ebene Welle nach der Reflexion im Brennpunkt fokussiert; es kommt an diesem Ort zu einer gleichphasigen Überlagerung aller Wellenanteile. Abb. 6.8 zeigt den prinzipiellen Strahlengang einer Parabol-Reflektorantenne.

Der Strahlengang innerhalb der Antennenstruktur ist zunächst keiner Frequenzabhängigkeit unterworfen. Eine Bandbreiteneinschränkung wird primär durch die Eigenschaften des Speisesystems bestimmt. Dieses Speisesystem, z. B. ein Hornstrahler, wird so positioniert, daß sein Phasenzentrum mit dem Brennpunkt F des

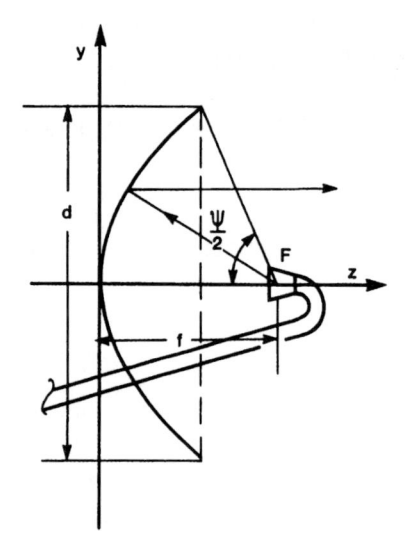

Abb. 6.8: Prinzipieller Strahlengang einer Parabol-Reflektorantenne.

Paraboloids identisch ist, der um den Betrag der Brennweite f vom Scheitel entfernt liegt. Die Dimensionierung des Speisesystems erfolgt mit dem Ziel, den Reflektor hinsichtlich des Flächenwirkungsgrades q und einer akzeptablen Nebenkeulendämpfung optimal auszuleuchten. Zur Erfüllung dieser Forderung muß allerdings zunächst eine Einschränkung für die Wahl des Verhältnisses von Spiegeldurchmesser d und Brennweite f vorgenommen werden. Der Wert q erreicht sein Maximum für einen bestimmten Öffnungswinkel ψ des Paraboloids, der im Bereich 50° bis 70° liegt. Für größere Winkel, d. h. für größere Werte d/f ist der Spiegel zu stark gekrümmt, und die Aperturbelegung wird unregelmäßig. Im umgekehrten Fall, also für kleinere Werte ψ bzw. d/f, wird der Spiegel zu flach, und es kommt zu einer Überstrahlung des Spiegelrandes. In beiden Fällen erreicht q nicht den möglichen Maximalwert.

Wie schon für Strahlergruppen gezeigt, wird über diese geometrische Maßnahme hinaus keine gleichförmige Amplitudenbelegung der Apertur gewählt, sondern das Strahlungsdiagramm des Speisesystems so gestaltet, daß es zu einer Pegelabsenkung am Rand des Spiegels von etwa 15 dB bis 20 dB kommt. Neben der Reduzierung von Randüberstrahlungen wird dadurch die Nebenkeulendämpfung im hauptkeulennahen Bereich des Strahlungsdiagramms auf Werte von bis zu 30 dB gebracht.

Die Halbwertsbreite θ einer kreisförmigen Parabol-Reflektorantenne kann nach Gl. (6.4) abgeschätzt werden zu

$$\theta \approx 70° \cdot \frac{\lambda}{d} . \tag{6.18}$$

Der Richtfaktor D ergibt sich nach Gl. (6.7), Gl. (6.9) und Gl. (6.12) zu

$$D = q \cdot \left(\frac{\pi \cdot d}{\lambda}\right)^2 . \tag{6.19}$$

Übliche Werte für q liegen zwischen 0,5 und 0,6. Der Strahlungswirkungsgrad kann infolge technisch realisierbarer geringer ohmscher Verluste im Antennensystem näherungsweise zu 1 angenommen werden. Damit gilt für den Gewinn nach Gl. (6.9)

$$G \approx D . \tag{6.20}$$

Ein konstruktiv bedingter Nachteil einer Anordnung nach Abb. 6.8 ist die Anwesenheit des Speisesystems und seiner Zuleitung im Strahlungsbereich der Antenne. Die dadurch verursachte Abschattung der Apertur und Strahlstreuung an den Hindernissen führt zu einer negativen Beeinflussung des Strahlungsfeldes. Sie äußert sich in einer Anhebung des Nebenkeulenpegels auf Kosten der Hauptkeule. Diesen Nachteil vermeidet eine sogenannte asymmetrische Reflektorantenne, deren Spiegel nur aus einem Parabolausschnitt besteht. Nach Abb. 6.8 ist dies etwa die obere Hälfte. Speisesystem, Zuleitung und mechanische Elemente zur Halterung liegen dann außerhalb oder zumindest am Rande des Strahlungsbereiches. Das Speisesystem wird dabei zur optimalen Ausleuchtung des Reflektors gegenüber der Parabolachse gekippt. Abb. 6.9

Abb. 6.9: Antenne der Rundsichtradaranlage SRE-M8 (Quelle: Daimler-Benz Aerospace AG).

zeigt eine solche asymmetrische Reflektorantenne am Beispiel der Rundsichtradaranlage SRE-M8 (Surveillance Radar Equipment M8) [15].

Die SRE-M8 Anlage ist die neueste Version einer bei der Daimler-Benz Aerospace AG entwickelten Familie von Mittel- und Weitbereichs-Radaren für die zivile Flugverkehrs-Führung. Sie arbeitet im L-Band (1250 MHz – 1350 MHz) und erzielt mit einer Impulsausgangsleistung von 75 kW eine Reichweite von etwa 400 km gegen ein Ziel mit 2 m² Rückstreuquerschnitt. Die Antenne mit einer Reflektorhöhe von 9 m und einer -breite von 14,5 m hat in der Azimutebene eine Halbwertsbreite von 1,1°. Ihr Gewinn liegt bei 39 dB, die Nebenkeulendämpfung bei > 24 dB. Das Elevationsdiagramm weist eine bereits in Abschnitt 6.1 erwähnte $cosec^2$-Charakteristik auf. Dies wird durch ein gegenüber der idealen Parabolkontur gezielt deformiertes Reflektorprofil erreicht. Ein sich relativ zur Antenne in konstanter Höhe bewegendes Ziel erzeugt dadurch über einen weiten Entfernungsbereich einen nahezu entfernungsunabhängigen Signalpegel an der Antenne. Ein weiteres wesentliches Merkmal des Antennensystems ist die Möglichkeit der Clutteranpassung, d. h. einer definierten Verringerung des Empfangs von Bodenclutter. Abhängig vom Aufstellungsort ist eine individuelle azimut- und entfernungsabhängige Anpassung der unteren Diagrammbegrenzung an die jeweiligen topographischen Gegebenheiten möglich. Störende

6.4 Aperturstrahler

Festziele können dabei durch kurzzeitiges elektronisches Anheben des im Azimut umlaufenden Strahlungsdiagramms ausgeblendet werden. Dadurch wird eine wesentliche Kontrastverbesserung von Nutzzielen über solchen Bodenclutterbereichen erreicht.

In einer weiteren Analogie zur Optik finden Doppelspiegelsysteme Anwendung als Radarantennen. Der wichtigste Vertreter dieser Gruppe ist die *Cassegrain*-Antenne, benannt nach *N. Cassegrain*, einem französischen Physiker und Astronom im 17. Jahrhundert. Sie besteht aus einem Paraboloid als Hauptreflektor und einem Hyperboloid in der Rolle eines Subreflektors. Abb. 6.10 zeigt die Geometrie der *Cassegrain*-Antenne.

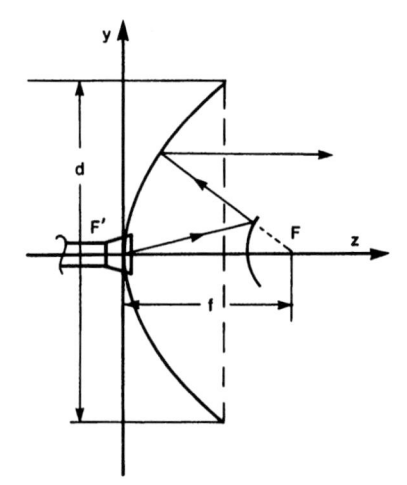

Abb. 6.10: Geometrie der *Cassegrain*-Antenne.

Die Anordnung der beiden Kegelschnitte ist so gewählt, daß der eine Brennpunkt F des Rotationshyperboloids mit dem Brennpunkt des Paraboloids zusammenfällt und der zweite, also F', im Phasenzentrum des Speisesystems liegt. Dieses wird möglichst in der Nähe des Parabolscheitels angeordnet. Aus den so gegebenen gleichen Längen aller Strahlwege von F' über zweimalige Reflexion bis zur Aperturebene resultiert wie bei direkt gespeisten Reflektorantennen eine ebene Welle, die zur Abstrahlung gelangt. *Cassegrain*-Antennen werden bevorzugt dann eingesetzt, wenn ein hoher Gewinn und damit große Reflektordurchmesser erforderlich sind. Für diesen Fall bieten sie die Vorteile einer kurzen Bauform sowie minimaler Leitungslängen zum Speisesystem mit entsprechend geringen Verlusten. Ein Nachteil ergibt sich aus der Aperturabschattung durch den Subreflektor.

Abb. 6.11 zeigt eine *Cassegrain*-Antenne für das W-Band (75 GHz – 110 GHz) als Teil eines Radarsuchkopfes für einen endphasengelenkten Flugkörper zusammen mit einem sphärischen Radom aus Polystyrol.

Der Hauptreflektor der Antenne hat einen Durchmesser von 90 mm, woraus sich nach Gl. (6.18) bzw. Gl. (6.20) eine theoretische Halbwertsbreite von 2,5° und ein Gewinn

Abb. 6.11: *Cassegrain*-Antenne für den Millimeterwellenbereich (Quelle: Daimler-Benz Aerospace AG).

von 36,3 dB ergeben. Die Antenne ist in der Lage, eine Peilung nach dem ‚Conical-Scan'-Verfahren durchzuführen (siehe Kap. 7.5.3). Dazu rotiert der Subreflektor auf der Achse eines Miniatur-Elektromotors exzentrisch um die Symmetrieachse der Antenne. Die daraus resultierende, auf einer Kegeloberfläche umlaufende Hauptkeule des Richtdiagramms bietet die Möglichkeit, die Winkelablage eines Zieles nach Betrag und Richtung bezogen auf die Flugkörperlängsachse zu bestimmen. Die Träger für Subreflektor und Motor bestehen aus verlustarmem Kunststoff, ihr Einfluß auf das Strahlungsdiagramm ist vernachlässigbar. Die gesamte Antenne ist in einem Kardanrahmen schwenkbar aufgehängt, um eine Zielsuche in größeren Winkelbereichen zu ermöglichen.

6.4.3 Linsenantennen

Zum Abschluß der Betrachtungen über Aperturantennen soll auf die Gruppe der Linsenantennen eingegangen werden, für die die Analogie von Mikrowellenantennen und optischen Systemen offensichtlich wird [2], [4]. Auch sie erfüllen die grundsätzliche Funktion, die von einer Punktquelle, z. B. von einem elektrisch kurzen Hornstrahler, ausgehenden Kugelwellen in ebene Wellen umzuwandeln. Diese Aufgabe kann durch Linsen auf zwei Arten gelöst werden: entweder werden Strahlungsanteile im Zentrum der Apertur verzögert, was durch konvexe Verzögerungslinsen erreicht werden kann, oder es werden Randstrahlen mittels konkaver Beschleunigungslinsen beschleunigt. In beiden Fällen ist der Brechungsindex des Linsenmaterials von Bedeutung, für den gilt

$$n = \frac{\lambda}{\lambda_\epsilon} (= \sqrt{\epsilon_r} \quad \text{für dielektrische Linsen}) . \tag{6.21}$$

6.4 Aperturstrahler

In dieser Gleichung sind ϵ_r die Dielektrizitätskonstante des Linsenmaterials und λ_ϵ die Wellenlänge im Dielektrikum, also in der Linse.

Während in der Optik nur Verzögerungslinsen mit $n > 1$ existieren, können im Mikrowellenbereich auch Beschleunigungslinsen mit $n < 1$ realisiert werden. Für diesen Fall muß die Phasengeschwindigkeit v_{ph} der Welle in Teilbereichen der Linse größer als die Lichtgeschwindigkeit c_0 sein. Abb. 6.12 zeigt die Strahlengänge der beiden Linsentypen.

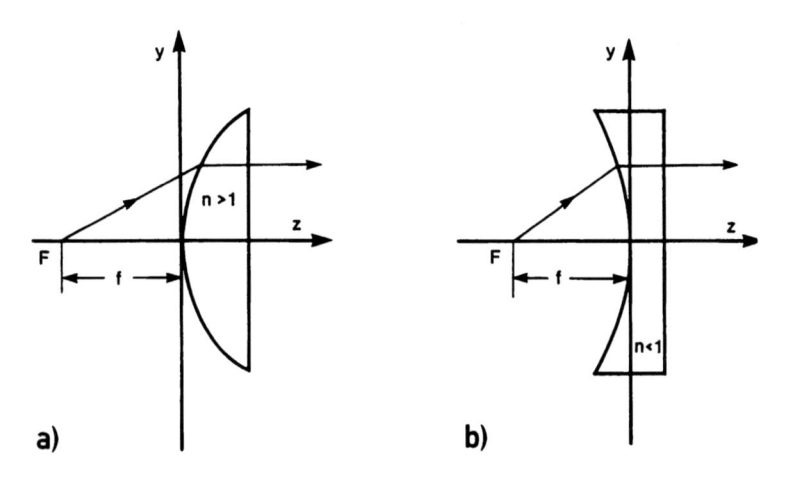

Abb. 6.12: Strahlengänge: Verzögerungslinse a), Beschleunigungslinse b).

Die technische Realisierung erfolgt im Falle von Verzögerungslinsen in der Regel in Form vom plankonvexen Linsen aus verlustarmen dielektrischen Materialien wie Polystyrol, Plexiglas oder Keramik. Beschleunigungslinsen haben konkaven Querschnitt und bestehen aus Hohlleiteranordnungen oder parallel zur Polarisationsebene der Welle orientierten, leitenden Platten. Sie machen sich die Tatsache zunutze, daß in solchen Anordnungen die Bedingung $v_{ph} > c_0$ erfüllbar ist.

Da Linsen größeren Durchmessers und entsprechender Dicke zwangsläufig schwer und zunehmend verlustbehaftet werden, finden in solchen Fällen meist sogenannte Zonenlinsen Anwendung. Abb. 6.13 zeigt die Entstehung dieser Ausführungsform aus der jeweiligen Grundgeometrie einer Verzögerungs- und einer Beschleunigungslinse.

Die Geometrie solcher Linsen ist so dimensioniert, daß sich die Strahlenwege in benachbarten Zonen jeweils um eine Wellenlänge unterscheiden. Die sich daraus ergebende Wirkungsweise gleicht, über die gesamte Apertur betrachtet, der einer Voll-Linse. Den Vorteilen von Zonenlinsen, geringes Gewicht und niedrige Verluste, steht allerdings der Nachteil einer reduzierten Betriebsbandbreite infolge der Frequenzabhängigkeit der Phasengeschwindigkeit gegenüber.

Das Hauptanwendungsgebiet von Linsenantennen liegt bei der Millimeterwellen-Radarsensorik. Es existieren dort für eine Vielzahl von Anwendungen im automobilen

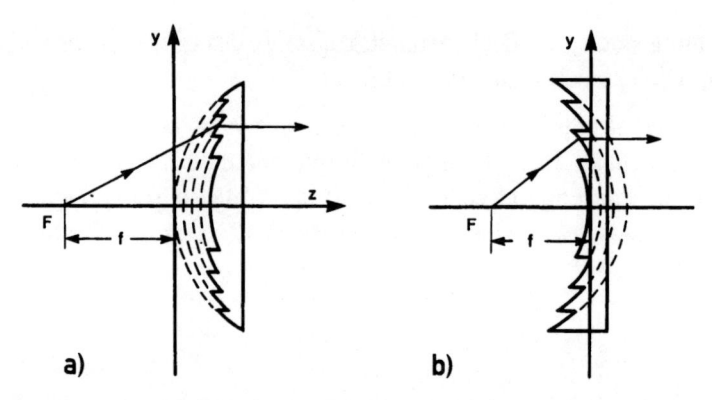

Abb. 6.13: Strahlengänge: Verzögerungs-Zonenline a), Beschleunigungs-Zonenlinse b).

und industriellen Bereich kompakte Sensoren, für die Linsenantennen aufgrund ihres einfachen Aufbaus, der meist auch ein Radom entbehrlich macht, eine sehr wirtschaftliche Lösung darstellen.

6.5 Phasengesteuerte Antennen

Die Anforderungen an moderne Radarsysteme bezüglich hoher Schwenkgeschwindigkeit des Strahlungsdiagramms und Flexibilität der Betriebsarten können mit herkömmlichen, mechanisch bewegten Antennen häufig nicht mehr erfüllt werden. Multifunktionsradare beispielsweise müssen in der Lage sein, zeitmultiplex Ortung und Verfolgung mehrerer Ziele durchzuführen. Voraussetzung zur Erfüllung dieser Aufgabe ist eine sehr schnelle elektronische Strahlschwenkung sowie ebenfalls schnelle Diagrammformung mittels einer phasengesteuerten Antenne. Die Basis solcher ‚Phased Arrays' bilden Strahlergruppen, wie sie in Kap. 6.3 beschrieben wurden [16]. Während dort jedoch alle Elemente der Gruppe mit konstanter Phase und Amplitude gespeist werden, sorgen elektronisch steuerbare Phasenschieber in den Zuleitungen zu den Strahlerelementen einer phasengesteuerten Antenne für die Möglichkeit, deren Ansteuersignale individuell bezüglich ihrer Phasenlage zu beeinflussen.

Die Vorteile einer solchen Antenne, nahezu verzögerungsfreie Strahlschwenkung unter Verzicht auf mechanisch bewegte Teile, müssen jedoch mit einem erheblichen gerätetechnischen Aufwand erkauft werden. Dennoch wird man in zukünftigen Bordradaren für Flugzeuge oder in bodengebundenen Zielverfolgungsradaren ausschließlich ‚Phased Arrays' einsetzen.

Bezüglich der Leistungserzeugung unterscheidet man zwei Ausführungsformen: aktives und passives ‚Phased Array'. Im aktiven Fall ist jedem Strahlerelement der Gruppe ein komplettes Sende/Empfangs-Modul zugeordnet. Vorteile bietet diese Lösung insbesondere in der Möglichkeit, auf die konzentrierte Erzeugung hoher Leistung verzichten zu können, sowie in hoher Betriebssicherheit, da durch die Verteilung der Sende- und Empfangs-Funktionen auf alle Elemente der Gruppe auch beim Ausfall

6.5 Phasengesteuerte Antennen

einzelner Elemente noch weitgehend ungestörter Betrieb möglich ist. Von großer Bedeutung bei der Realisierung aktiver ‚Phased Arrays' ist die korrekte Synchronisation der Einzelmodule.

Beim passiven ‚Phased Array' wird die gesamte Sendeleistung zentral erzeugt und über ein Speisenetzwerk auf die Strahlerelemente verteilt. Auch wird in der Regel nur ein Empfänger benutzt.

Beiden Verfahren gemeinsam sind die rein antennenbezogenen Eigenschaften, die im folgenden erläutert werden sollen. Grundsätzlich bestehen die einzelnen Elemente der Gruppe aus dem eigentlichen Strahler und einem Phasenschieber. Beide sind nach dem Reziprozitätsgesetz für Sendung und Empfang wirksam. Als Strahler kommen vorwiegend Dipole, Schlitz- oder Stielstrahler oder planare Elemente in Mikrostreifenleitungs-Technologie zum Einsatz. Phasenschieber sind für diese Anwendung entweder als Ferrit- oder PIN-Dioden-Phasenschieber ausgeführt.

Die Verknüpfung zwischen einer gegebenen Phasenschieber-Konfiguration und der sich ergebenden Strahlschwenkung zeigt Abb. 6.14 anhand einer linearen Gruppe.

Die Gruppe in Abb. 6.14 besteht aus m in einer Linie angeordneten Elementen mit jeweils gleichen gegenseitigen Abständen $L < \lambda/2$. Die Elemente werden mit einer konstanten Phasendifferenz $\Delta\varphi$ gespeist, so daß vom ersten bis zum m-ten Element die Phasendifferenz stufenweise von 0 auf $m \cdot \Delta\varphi$ anwächst. Der Schwenkwinkel ϑ_S der Phasenfront gegenüber der Strahlerebene bzw. der Strahlrichtung gegenüber der z-Achse ergibt sich dann zu

$$\vartheta_S = \arcsin \frac{\lambda}{2\pi \cdot L} \cdot \Delta\varphi. \tag{6.22}$$

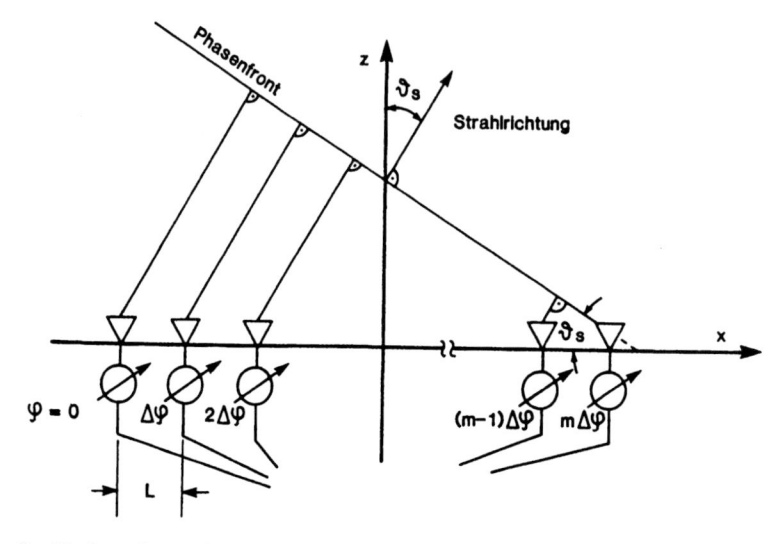

Abb. 6.14: Strahlschwenkung einer linearen Gruppe.

Die Strahlschwenkung in der x-z-Ebene kann durch Erweiterung der linearen zu einer ebenen Gruppe in der x-y-Ebene mit insgesamt $m \cdot n$ Elementen zu einer räumlichen Schwenkung erweitert werden.

Bei der technischen Realisierung können die Schwenkwinkel ϑ_S nicht beliebig groß gewählt werden, die Strahlrichtung deckt also nicht den gesamten Halbraum vor der Antenne ab. Mit zunehmenden Schwenkwinkeln wird die von der abgestrahlten Wellenfront auf die Apertur projizierte Fläche, d. h. letztlich die effektive Antennenfläche A_e, stetig kleiner entsprechend dem folgenden Zusammenhang

$$A_e = A_g \cdot \cos \vartheta_S. \tag{6.23}$$

Als Konsequenz sinken mit A_e auch Richtfaktor D und Gewinn G der Antenne parallel zu einer Vergrößerung der Halbwertsbreite. Für die genannten Größen gilt

$$G \approx D = \frac{4\pi}{\lambda^2} \cdot A_g \cdot \cos \vartheta_S , \tag{6.24}$$

$$\theta \approx 70° \cdot \frac{\lambda}{d \cdot \cos \vartheta_S} . \tag{6.25}$$

Für Gl. (6.25) sind die gleichen Voraussetzungen wie für Gl. (6.4) angenommen, d. h. ein Flächenwirkungsgrad $q = 0,67$ und eine geometrische Ausdehnung d der Gruppe in der Ebene, für die θ bestimmt werden soll.

Zu den genannten Effekten kommt eine mit dem Schwenkwinkel wachsende Strahlungskopplung der Elemente untereinander. Diese kann zwar theoretisch durch größere Elementabstände reduziert werden, praktisch würde dieses Vorgehen aber zu den bereits in Kap. 6.3 erwähnten unerwünschten sekundären Hauptkeulen führen. In der Praxis erweisen sich aus allen oben genannten Gründen Schwenkwinkel von etwa 60° als die noch vertretbar zu realisierende Obergrenze.

Ein modernes, dreidimensional abtastendes Luft- und Seeraum-Überwachungsradar ist ein typischer Anwendungsfall für eine phasengesteuerte Antenne. Ein solches bei der deutschen Bundeswehr eingesetztes mobiles System trägt die Bezeichnung TRMS (**TEL**EFUNKEN **R**adar **M**obil **S**uch) [15], [17]. Das gesamte System ist auf zwei Lkws untergebracht, aufgeteilt in das eigentliche Radargerät und eine Signalverarbeitungseinheit. Abb. 6.15 zeigt das Antennenfahrzeug, Abb. 6.16 einen Ausschnitt aus der Strahlergruppe und dem Speisenetzwerk.

Das Radar arbeitet im Frequenzbereich um 6 GHz mit einer mittleren Leistung von einigen Kilowatt. Die Antenne kann auf eine Höhe von bis zu 10 m über Grund gebracht werden. Sie tastet den zu überwachenden Luftraum in der Elevationsebene elektronisch geschwenkt und im Azimut mittels mechanischer Drehung ab. Die Abtastung in der Elevationsebene erfolgt in einem Winkelbereich von 0° bis 45° in 25 bis 50 diskreten Schritten. Das ‚Array' besteht aus fast 4000 Einzelstrahlern, die in 86 Reihen angeordnet sind. Die azimutale Keulenbreite ist konstant, in der

6.5 Phasengesteuerte Antennen

Abb. 6.15: TRMS Antennenfahrzeug
(Quelle: Daimler-Benz Aerospace AG).

Abb. 6.16: Ausschnitt aus der TRMS-Strahlergruppe
(Quelle: Daimler-Benz Aerospace AG).

Elevation wird sie mit zunehmendem Schwenkwinkel größer, um kurze Abtastzeiten zu realisieren. Die Polarisation kann bei jedem Wechsel der vertikalen Abtastposition zwischen linear, links- oder rechtsdrehend zirkular umgeschaltet werden.

Literaturverzeichnis

[1] Balanis, C.: *Antenna Theory, Analysis, and Design*. New York: Harper and Row, 1982

[2] Johnson, R.C., Jasik, H.: *Antenna Engineering Handbook*. New York: McGraw-Hill, 1984

[3] Kraus, J.D.: *Antennas*. New York: McGraw-Hill, 1988

[4] Rudge, A.W., et al.: *The Handbook of Antenna Design*. London: Peregrinus, 1982

[5] Schroth, A., Stein, V.: *Moderne numerische Verfahren zur Lösung von Antennen- und Streuproblemen*. München: Oldenbourg, 1985

[6] Wolff, E.A.: *Antenna Analysis*. Norwood, MA: Artech, 1988

[7] Meinke, H., Gundlach, F.W.: *Taschenbuch der Hochfrequenztechnik*. Berlin: Springer, 1986

[8] Zinke, O., Brunswig, H.: *Lehrbuch der Hochfrequenztechnik*. Berlin: Springer, 1990

[9] NTG 2.1/01: *Begriffe aus dem Gebiet der Antennen. Elektrische Eigenschaften und Kenngrößen*. ntz, Bd. 39, Heft 9, 1986, S. 669–672

[10] James, J.R., et al.: *Microstrip Antennas*. Stevenage: Peregrinus, 1981

[11] Ma, M.T.: *Theory and Application of Antenna Arrays*. New York: Wiley, 1974

[12] Love, A.W.: *Electromagnetic Horn Antennas*. New York: IEEE Press, 1976

[13] Love, A.W.: *Reflector Antennas*. New York: IEEE Press, 1978

[14] Wood, P.J.: *Reflector Antenna Analysis and Design*. London: Peregrinus, 1980

[15] Bürkle, H.: *Die Radartechnik bei AEG-TELEFUNKEN*. Ulm: AEG-TELEFUNKEN, 1979

[16] Oliner, A.A., Knittel, G.H.: *Phased Array Antennas*. Dedham, MA: Artech, 1972

[17] Gerlitzki, W.J.: *TRMS, a Mobile 3D-Radar*. Proc. Military Microwaves 88, London, 1988, p. 133–141

7 Radarverfahren

7.1 Dauerstrich-Verfahren

Ein Dauerstrich- oder CW(Continuous Wave)-Signal kann durch die Zeitfunktion

$$S_S(t) = A_S \cdot \sin(\omega_S t + \varphi_0) \tag{7.1}$$

dargestellt werden; dabei bedeutet:

A_S die Signalamplitude
$\omega_S = 2\pi \cdot f_S$ die Kreisfrequenz
f_S die Signalfrequenz und
φ_0 einen konstanten Phasenwert

$S_S(t)$ soll das Sendesignal eines CW-Radars beschreiben. Um im monostatischen Fall einen Weg $2R_Z$ Radar–Ziel–Radar zurückzulegen, benötigt das Signal eine Zeit $t_L = 2 \cdot R_Z/c_0$, wenn c_0 ($3 \cdot 10^8$ m/s) die Ausbreitungsgeschwindigkeit (Lichtgeschwindigkeit) elektromagnetischer Wellen ist. Das am Radar wieder ankommende Signal $S_E(t)$ entspricht dann dem um die Zeit t_L verzögerten Sendesignal:

$$S_E(t) = A_E \cdot \sin\left(\omega_S t - \frac{2 \cdot \omega_S \cdot R_Z}{c_0} + \varphi_0\right). \tag{7.2}$$

Den Phasenunterschied zwischen Sende- und Empfangssignal von

$$\Delta\varphi = 2 \cdot \omega_S \cdot \frac{R_Z}{c_0} \tag{7.3}$$

kann man zur Bestimmung der Zielentfernung R_Z heranziehen. Dazu wird in einem Phasendetektor nach Zuführung von Sende- und Empfangssignal eine der Phasendifferenz $\Delta\varphi$ zwischen beiden Signalen proportionale Spannung erzeugt und in einem anschließenden Indikator als Entfernungsinformation dargestellt:

$$R_Z = \frac{c_0}{4\pi \cdot f_S} \cdot \Delta\varphi. \tag{7.4}$$

Die Messung der Zielentfernung R_Z ist auf die Messung einer Phasendifferenz zurückgeführt. Da die Phase eine Periodizität von 2π aufweist, ist sie nur im Bereich

$\Delta\varphi \leq 2\pi$ eindeutig. Somit ergibt sich auch eine Grenze für die eindeutig meßbare Entfernung:

$$R_{\text{Zeind}} = \frac{c_0}{4\pi \cdot f_S} \cdot 2\pi = \frac{c_0}{2 \cdot f_S} = \frac{\lambda_S}{2}, \tag{7.5}$$

wobei die Beziehung $c_0 = \lambda_S \cdot f_S$ (λ_S = Signalwellenlänge) benutzt wurde. Die Entfernungsmessung ist also mit $\lambda_S/2$ mehrdeutig. Um nennenswerte Reichweiten zu erhalten, muß man große Wellenlängen wählen.

Für die Radartechnik besitzt dieses Verfahren zur Entfernungsmessung nur eine geringe Bedeutung, da einerseits bei großen Wellenlängen aus Abmessungsgründen keine nennenswerten Antennenrichtwirkungen mehr realisierbar sind und andererseits extrem kurze Entfernungen selten gefordert werden.

Ist die Zielentfernung R_Z nicht konstant, sondern bewegt sich das Ziel mit einer Radial- oder Annäherungsgeschwindigkeit v_r bezüglich des Radars, dann kann man R_Z durch folgende Zeitfunktion beschreiben:

$$R_Z(t) = R_{Z0} \pm v_r(t - t_0), \tag{7.6}$$

dabei ist R_{Z0} die Zielentfernung zur Zeit $t = t_0$. Das positive Vorzeichen in Gl. (7.6) bedeutet, daß das Ziel sich vom Radar wegbewegt, während das negative Vorzeichen eine Zielannäherung ausdrücken soll. Nun setzt man die zeitvariable Entfernung $R_Z(t)$ nach Gl.(7.6) in Gl. (7.3) ein und erhält

$$\Delta\varphi = \frac{2 \cdot \omega_S}{c_0} \cdot R_Z(t) = \frac{2 \cdot \omega_S}{c_0} \cdot (R_{Z0} \mp v_r \cdot t_0) \pm \frac{2 \cdot \omega_S}{c_0} \cdot v_r \cdot t. \tag{7.7}$$

Die Phase $\Delta\varphi$ setzt sich aus einem konstanten und einem zeitvariablen Anteil zusammen. Das Radarempfangssignal wird aus Gl. (7.2) durch Einsetzen des Phasenausdrucks von Gl. (7.7) gewonnen:

$$S_E(t) = A_E \cdot \sin\left[\omega_S \cdot \left(1 \pm \frac{2 \cdot v_r}{c_0}\right)t - \frac{2 \cdot \omega_S}{c_0} \cdot (R_{Z0} \pm v_r \cdot t_0) + \varphi_0\right]. \tag{7.8}$$

Außer einem zusätzlichen konstanten Phasenwert, der für die folgenden Betrachtungen ohne Bedeutung ist, tritt nun noch ein Frequenzunterschied zwischen Sende- und Empfangssignal auf; das Empfangssignal besitzt die Frequenz

$$f_E = f_S \cdot \left(1 \pm 2 \cdot \frac{v_r}{c_0}\right). \tag{7.9}$$

Dabei ergibt sich die Frequenzerhöhung (positives Vorzeichen) bei sich näherndem und die Frequenzerniedrigung (negatives Vorzeichen) bei sich entfernendem Ziel. Den

7.1 Dauerstrich-Verfahren

Frequenzunterschied f_D zwischen Sende- und Empfangssignal nennt man Dopplerverschiebung oder Dopplerfrequenz:

$$f_D = 2 \cdot f_S \cdot \frac{v_r}{c_0} = 2 \cdot \frac{v_r}{\lambda_S}. \tag{7.10}$$

Die Messung der Dopplerfrequenz kann zur Bestimmung der Radialgeschwindigkeit eines Zieles ausgenutzt werden. Nun bewegt sich im allgemeinen ein Ziel nicht direkt auf ein Radar zu, so daß man zwischen Radialgeschwindigkeit v_r und der tatsächlichen Geschwindigkeit v_Z eines Zieles unterscheiden muß. Zwischen diesen beiden Geschwindigkeiten besteht nach Abb. 7.1 folgender Zusammenhang:

$$v_r = v_Z \cdot \cos\gamma, \tag{7.11}$$

wobei mit γ der Winkel zwischen Zielbewegungsrichtung und Richtung Ziel/Radar bezeichnet wird.

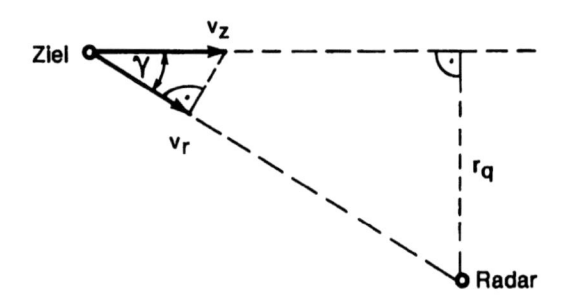

Abb. 7.1: Radar/Ziel-Geometrie bei geradliniger Zielbewegung.

In Abhängigkeit von der Zeit ergibt sich für einen Zielvorbeiflug in Bezug auf das Radar nach Abb. 7.1 für die Frequenz des Empfangssignals der in Abb. 7.2 dargestellte Verlauf mit der Querablage r_q, der während des Vorbifluges auftretenden kürzesten Entfernung zwischen Radar und Ziel als Parameter.

Im Grenzfall des direkten Anfluges ($r_q = 0$) erhält man die maximale Empfangs-

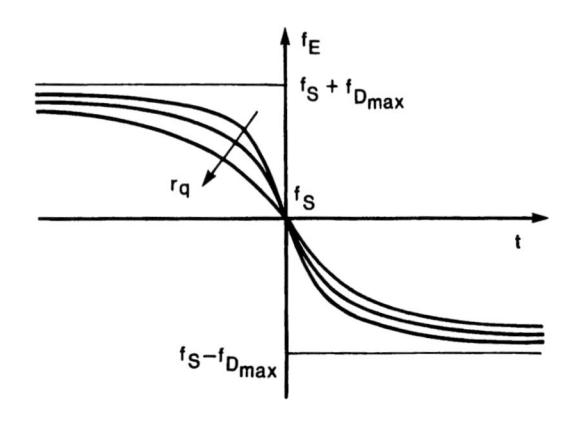

Abb. 7.2: Zeitabhängiger Verlauf der Empfangsfrequenz.

frequenz $f_S + f_{Dmax}$, bei entsprechendem Abflug die minimale Empfangsfrequenz $f_S - f_{Dmax}$, also im Moment des unmittelbaren Vorbeifluges den bekannten Frequenzsprung. Für $r_q \neq 0$ hat die Frequenz einen kontinuierlichen Verlauf. Die maximale Dopplerfrequenz, das Maß für die tatsächliche Zielgeschwindigkeit v_Z, tritt bei $\gamma = 0°$ auf:

$$f_{Dmax} = \frac{2 \cdot v_Z}{\lambda_S} . \tag{7.12}$$

v_Z kann also aus der Dopplerfrequenz bei großer Zielentfernung abgeschätzt werden.

Wie ein einfaches Dopplerradar, das nach dem CW-Verfahren arbeitet, im Prinzip aufgebaut sein kann, zeigt Abb. 7.3. Das Radar strahlt ein unmoduliertes CW-Signal der Frequenz f_S in Richtung zum Ziel ab. Sender und Empfänger arbeiten beide mit derselben Antenne. Besitzt das Ziel in bezug auf das Radar eine Radialgeschwindigkeit, so weist das reflektierte Signal infolge des Dopplereffektes eine Frequenz $f_S \pm f_D$ auf. Das Echosignal wird zusammen mit einem Teil des Sendesignals (direkt vom Sender in den Empfänger eingekoppelt) im Empfänger einem Detektor zugeführt. Der sich anschließende Dopplerverstärker hat die Aufgabe, die Echosignale der Bewegtziele von den meist unerwünschten Festzielechos zu trennen sowie die Signale entsprechend zu verstärken. Die untere Frequenzgrenze des Dopplerverstärkers muß dann hoch genug liegen, um die Festziele zu eliminieren, aber auch entsprechend niedrig, um das Dopplersignal mit der niedrigsten noch zu erwartenden Frequenz passieren zu lassen. Nach oben richtet sich die Frequenzgrenze nach der höchsten sich ergebenden Dopplerfrequenz. Das Dopplervorzeichen geht hierbei verloren. Das Übersprechen vom Sende- auf den Empfangsweg bei Verwendung von nur einer Antenne für Senden und Empfangen ist zwar in diesem Fall gewünscht (Abb. 7.3), jedoch von der Stärke her einzuschränken. Der Empfänger darf nicht durch zu hohe eingekoppelte Sendeleistung einer Übersteuerung oder gar Zerstörung ausgesetzt oder die Empfängerempfindlichkeit durch zu starkes Senderrauschen beeinträchtigt werden. Eine Lösung dieses Problems liegt im Bedarfsfalle in der Anwendung von Sende/Empfangsweichen (Hybride, Zirkulatoren). Man kann auch zu getrennten Antennen für Senden und Empfangen übergehen.

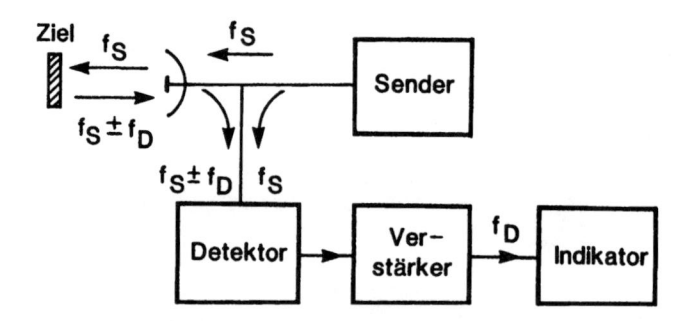

Abb. 7.3: Blockschaltbild eines einfachen CW-Dopplerradars.

7.1 Dauerstrich-Verfahren

Ein weiteres einfaches CW-Radar wird durch Abb. 7.4 beschrieben. Sender und Mischer sind in einer sogenannten selbstschwingenden Mischstufe (SSMS) zusammengefaßt. Solche Schaltungen sind auf kleine Leistungen begrenzt; ihr Einsatzbereich ist stark eingeschränkt.

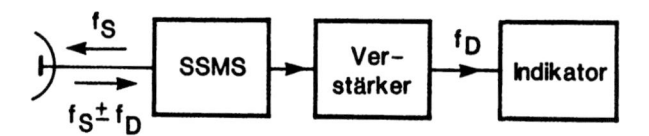

Abb. 7.4: Blockschaltbild eines CW-Radars mit selbstschwingender Mischstufe.

Abb. 7.5 zeigt in Form eines Blockschaltbildes ein CW-Radar mit Überlagerungsempfänger. Ein Empfänger dieser Art ist im allgemeinen empfindlicher als die in den vorangegangenen beiden Beispielen behandelten. Dies beruht darauf, daß bei höheren Frequenzen das Funkelrauschen weitaus geringer ist als bei niedrigeren. Es entsteht in Halbleiterschaltungen, aber auch in Kathoden von Röhren und ändert sich in der Leistung mit der Frequenz etwa nach dem $1/f$-Gesetz. Bei einem Überlagerungsempfänger kann man die Zwischenfrequenz (ZF) so wählen, daß das Funkelrauschen klein bleibt und einen zulässigen Wert nicht überschreitet. Getrennte Antennen für Senden und Empfangen dienen der Entkopplung von Sende- und Empfangsweg. Das Referenzsignal für den Empfangszweig wird durch Mischen eines Teils des Sendesignals mit einem im ZF-Bereich liegenden Oszillatorsignal gewonnen. Durch ein Einseiten-

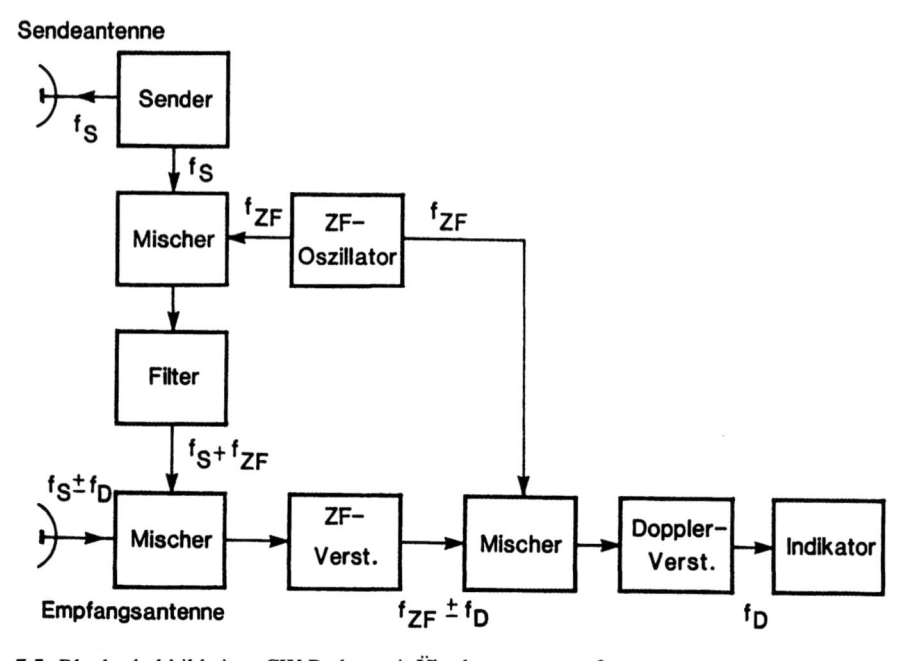

Abb. 7.5: Blockschaltbild eines CW-Radars mit Überlagerungsempfänger.

bandfilter erfolgt die Selektion des Signals mit der Frequenz $f_S + f_{ZF}$. Im Prinzip kann man das Referenzsignal auch mittels eines separaten Lokaloszillators erzeugen, wenn nur Oszillatorfrequenz und Sendefrequenz ausreichend stabil gehalten werden können, während bei der Konfiguration nach Abb. 7.5 nur der ZF-Oszillator stabil zu sein braucht. Letzteres ist auch wegen der niedrigeren Frequenzen einfacher zu realisieren. Die Empfindlichkeit eines Überlagerungsempfängers liegt ungefähr 30 dB über derjenigen einfacherer Empfänger, wie sie in Abb. 7.3 und Abb. 7.4 dargestellt sind.

Wesentlich bei der Auslegung der Verstärker bei CW-Radaren ist die Wahl der Bandbreite derart, daß der gesamte zu erwartende Dopplerbereich erfaßt wird. In den meisten Fällen interessiert ein Dopplerbereich größer als das Frequenzspektrum eines einzelnen Zielsignals, d. h. die Verstärkerbandbreite ist nicht an das Zielsignal angepaßt. Es muß dann mit starkem Rauscheinfluß und verminderter Empfängerempfindlichkeit gerechnet werden. Bei bekannter Dopplerverschiebung besteht jedoch die Möglichkeit, ein Schmalbandfilter einzusetzen, das bei gegebener Form des Echosignals dann auch als Optimalfilter ausgelegt werden kann. Die erforderliche Bandbreite eines solchen Schmalbandfilters wird durch mehrere Faktoren bestimmt; zwei wesentliche sind die endliche Dauer des Empfangssignals und die im allgemeinen nicht konstante radiale Zielgeschwindigkeit. Ist das Echosignal frequenzmäßig jedoch nicht genau bekannt, so kann man, um den Rauscheinfluß in Grenzen zu halten und die Empfängerempfindlichkeit nicht zu reduzieren, statt das Filter zu verbreitern auch von einer sogenannten Filterbank Gebrauch machen. Eine Dopplerfilterbank ist im HF-, ZF- oder Videobereich einsetzbar. Abb. 7.6 zeigt beispielhaft einen Aufbau.

Die Lage der Einzelfilter ist so zu wählen, daß durch eine gewisse Überlappung der gesamte Dopplerbereich nahtlos überdeckt wird. Mit der Anwendung einer Filterbank ist auch der Vorteil verbunden, entsprechend der Breite der Einzelfilter Ziele geschwindigkeitsmäßig voneinander trennen zu können. Damit bleibt das Dopplerverfahren nicht nur auf die Verarbeitung von Einzelzielen beschränkt. Im Falle einer HF- oder ZF-Filterbank ist auch das Vorzeichen des Dopplers zu gewinnen; die Filterbank muß nur zu beiden Seiten von f_S bzw. f_{ZF} jeweils den in Frage kommenden Frequenzbereich überdecken. Im Videobereich ist dazu ein zusätzlicher Schaltungsaufwand erforderlich.

Um das Dauerstrichverfahren doch noch für eine Entfernungsmessung nutzbar zu machen, ist eine zusätzliche Frequenzmodulation nötig. Die Gewinnung der Zielentfernung erfolgt bei einem FM/CW-Radar (FM: Frequenz-Modulation) unter Ausnutzung der Signallaufzeit durch Messung der Differenz zwischen Sende- und Empfangsfrequenz. Abb. 7.7 zeigt im Blockschaltbild das FM/CW-Radarprinzip.

Es ist durch eine zeitabhängige Änderung der Sendefrequenz charakterisiert. Mit Hilfe dieser Modulation wird die Möglichkeit geschaffen, die äußerst begrenzte Fähigkeit eines CW-Radars für eine Entfernungsmessung auszuweiten. Es sind eine Reihe von Modulationsfunktionen denkbar. Im Empfänger wird das vom Ziel reflektierte Signal mit dem vom Sender abgezweigten Referenzsignal gemischt. Nach einer entsprechen-

7.1 Dauerstrich-Verfahren

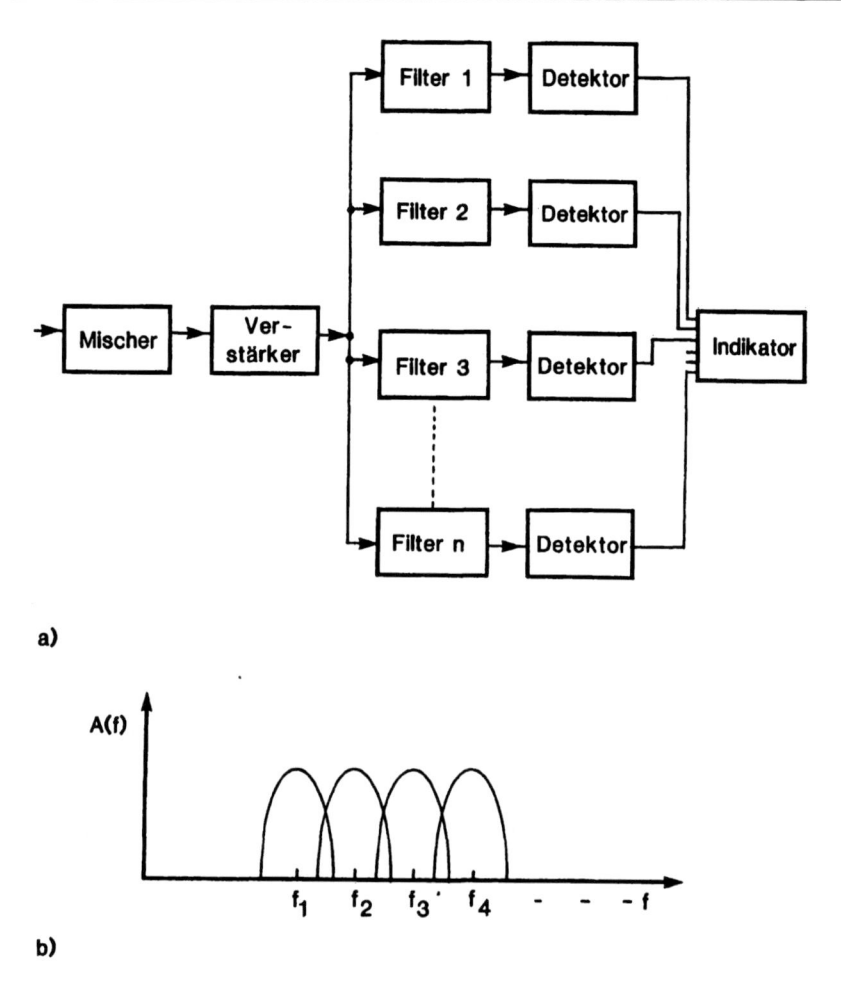

Abb. 7.6: Dopplerfilterbank: a) Blockschaltbild, b) Übertragungsverhalten.

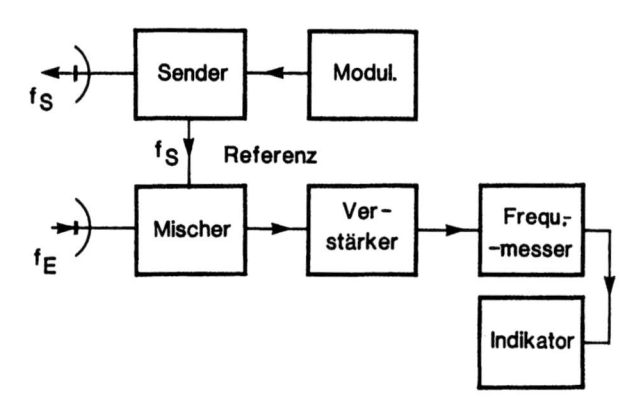

Abb. 7.7: Blockschaltbild eines FM/CW-Radars.

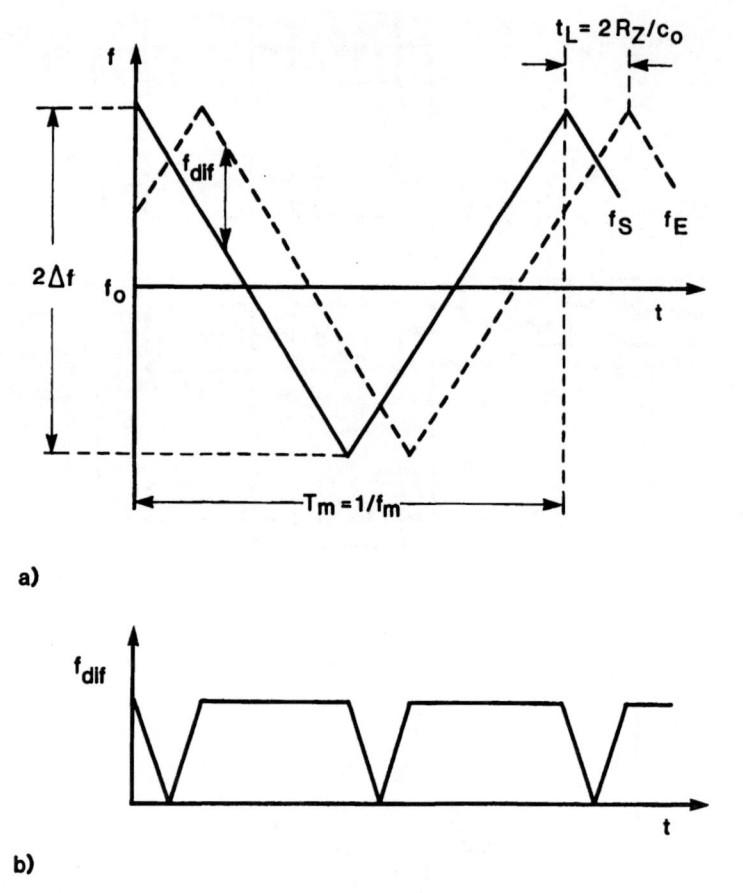

Abb. 7.8: FM/CW-Verfahren mit Dreieckmodulation bei stationärem Ziel: a) Verlauf von Sende- und Empfangsfrequenz, b) Differenzfrequenzverlauf.

den Verstärkung und Signalselektion folgt die Messung der Differenzfrequenz. Sie ist ein Maß für die Zielentfernung. Beispielhaft soll hier eine Dreieckmodulation behandelt werden. Dabei ändert sich die Sendefrequenz f_S mit der Zeit entsprechend Abb. 7.8a.

Die Modulationsperiode ist $T_m = 1/f_m$ (f_m = Modulationsfrequenz), die Trägerfrequenz f_0 und der Frequenzhub Δf. In den einzelnen Zeitbereichen gilt für die Sendefrequenz:

$$f_S = f_0 + \Delta f \cdot \left(1 - 4 \cdot \frac{t - n \cdot T_m}{T_m}\right)$$
$$\text{für} \quad n \cdot T_m \leq t \leq \left(n + \frac{1}{2}\right) \cdot T_m, \qquad n = 0, 1, 2, \ldots \tag{7.13}$$

7.1 Dauerstrich-Verfahren

und

$$f_S = f_0 - \Delta f \cdot \left(3 - 4 \cdot \frac{t - n \cdot T_m}{T_m}\right)$$

$$\text{für} \quad \left(n + \frac{1}{2}\right) \cdot T_m \leq t \leq (n+1) \cdot T_m, \quad n = 0, 1, 2, \ldots \tag{7.14}$$

Die Laufzeit eines Signals für den Weg $2 \cdot R_Z$ vom Sender über das Ziel zurück zum Empfänger beträgt bekanntlich $t_L = 2 \cdot R_Z/c$. Bei ruhendem Ziel ergibt sich damit den Gln. (7.13) und (7.14) entsprechend für die Empfangsfrequenz:

$$f_E = f_0 + \Delta f - 4 \cdot \frac{\Delta f}{T_m} \cdot \left(t - n \cdot T_m - \frac{2 \cdot R_Z}{c_0}\right)$$

$$\text{für} \quad n \cdot T_m + \frac{2 \cdot R_Z}{c_0} \leq t \leq \left(n + \frac{1}{2}\right) \cdot T_m + \frac{2 \cdot R_Z}{c_0}, \tag{7.15}$$

beziehungsweise

$$f_E = f_0 - 3 \cdot \Delta f + 4 \cdot \frac{\Delta f}{T_m} \cdot \left(t - n \cdot T_m - \frac{2 \cdot R_Z}{c_0}\right)$$

$$\text{für} \quad \left(n + \frac{1}{2}\right) \cdot T_m + \frac{2 \cdot R_Z}{c_0} \leq t \leq (n+1) \cdot T_m + \frac{2 \cdot R_Z}{c_0}. \tag{7.16}$$

Nach Mischung von Sende- und Empfangssignal gewinnt man, wenn in einem anschließenden Verstärker das Summenfrequenzsignal unterdrückt wird, das gewünschte Differenzfrequenzsignal mit der Frequenz

$$f_{\text{dif}} = f_E - f_S \ (\text{bzw. } f_S - f_E) = \frac{8 \cdot \Delta f \cdot R_Z}{T_m \cdot c_0} \tag{7.17}$$

in den Zeitbereichen, in welchen sowohl Sende- als auch Empfangsfrequenz gleichartigen Verlauf zeigen (Abb. 7.8b). Es ergibt sich praktisch ein konstanter Wert für f_{dif}, wenn $t_L \ll T_m$ ist. Damit besteht also zwischen der Zielentfernung R_Z und der Differenzfrequenz f_{dif} der Zusammenhang:

$$R_Z = \frac{T_m \cdot c_0}{8 \cdot \Delta f} \cdot f_{\text{dif}} = \frac{c_0}{8 \cdot \Delta f \cdot f_m} \cdot f_{\text{dif}}. \tag{7.18}$$

Um eine hohe Meßgenauigkeit in der Entfernung zu erhalten, sollte das Produkt aus Δf und f_m möglichst groß gewählt werden.

Ist das Ziel jedoch nicht stationär, sondern besitzt eine Radialgeschwindigkeit v_r, so tritt in der Differenzfrequenz noch ein zusätzlicher Frequenzterm $f_D = 2 \cdot v_r/\lambda_S$ durch den *Doppler*-Effekt auf. Vernachlässigt man den Einfluß der durch die Modulation bedingten Frequenzänderung auf den Doppler sowie die durch die Entfernungsänderung

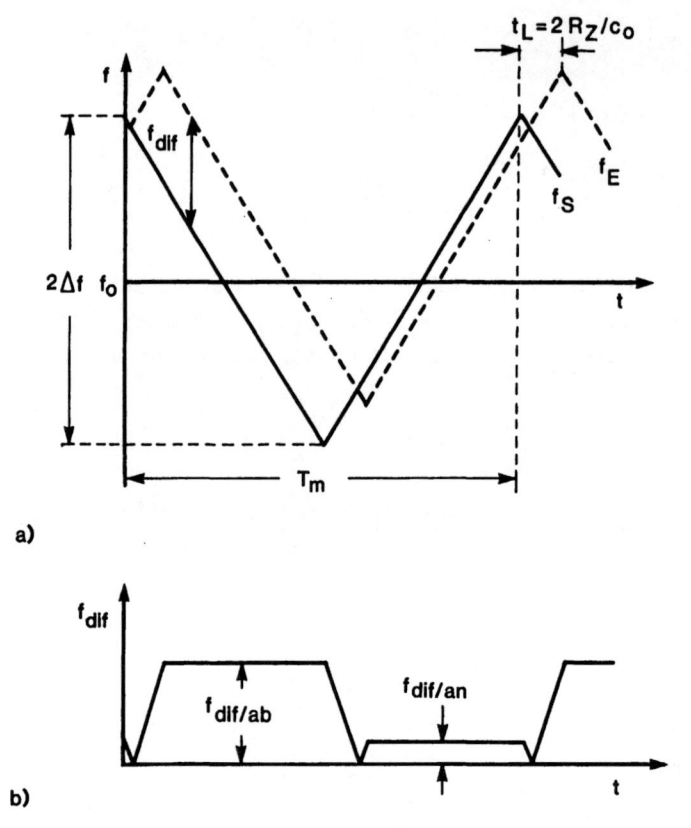

Abb. 7.9: FM/CW-Verfahren mit Dreieckmodulation bei bewegtem, sich näherndem Ziel: a) Verlauf von Sende- und Empfangsfrequenz, b) Differenzfrequenzverlauf.

verursachte Frequenzänderung, dann können die sich bei Zielannäherung ergebenden Frequenzverhältnisse aus Abb. 7.9 entnommen werden.

In den Zeitbereichen ansteigender Frequenzfunktionen bekommt man für die Differenzfrequenz:

$$f_{\text{dif/an}} = f_{\text{r}} - f_{\text{D}} = 8 \cdot \frac{\Delta f \cdot R_{\text{Z}}}{T_{\text{m}} \cdot c_0} - \frac{2 \cdot v_{\text{r}}}{\lambda} \tag{7.19}$$

und in denjenigen abfallender Frequenzfunktionen:

$$f_{\text{dif/ab}} = f_{\text{r}} + f_{\text{D}} = 8 \cdot \frac{\Delta f \cdot R_{\text{Z}}}{T_{\text{m}} \cdot c_0} + \frac{2 \cdot v_{\text{r}}}{\lambda} \; . \tag{7.20}$$

Der die Entfernung enthaltende Frequenzterm f_{r} ist aus den Gln. (7.19) und (7.20) durch Mittelwertbildung zu gewinnen:

$$\frac{1}{2} \cdot \left(f_{\text{dif/ab}} + f_{\text{dif/an}} \right) = f_{\text{r}} \; . \tag{7.21}$$

Werden die Differenzfrequenzen $f_{\text{diff/ab}}$ und $f_{\text{diff/an}}$ pro halbe Modulationsperiode

7.2 Impulsverfahren

getrennt gemessen und bildet man davon anschließend die halbe Differenz, so ergibt sich der die radiale Zielgeschwindigkeit enthaltende Frequenzterm

$$\frac{1}{2} \cdot \left(f_{\text{dif/ab}} - f_{\text{dif/an}} \right) = f_\text{D} \,. \tag{7.22}$$

Die beiden Gln. (7.21) und (7.22) gelten für $f_\text{r} > f_\text{D}$. Für $f_\text{D} > f_\text{r}$, den Fall hoher Radialgeschwindigkeit und geringer Entfernung, ist in diesen Beziehungen f_r durch f_D und umgekehrt zu ersetzen. Mit Hilfe eines FM/CW-Verfahrens besteht also die Möglichkeit, sowohl Entfernung als auch Radialgeschwindigkeit eines Zieles zu messen.

Falls im Auffaßbereich eines FM/CW-Radars mehr als nur ein stationäres Ziel vorhanden ist, entstehen am Mischerausgang (Abb. 7.7), wenn die Ziele unterschiedliche Entfernungen aufweisen, auch Signale mit unterschiedlichen Differenzfrequenzen. Jedem Ziel entspricht dann ein bestimmter Frequenzwert. Um diese Frequenzen messen zu können, muß man die einzelnen Signale voneinander trennen. Zu diesem Zweck kann eine aus schmalen Einzelfiltern bestehende Filterbank eingesetzt werden. Eine solche Anordnung ermöglicht auch eine Zielselektion in der Entfernung. Bei einer Filterbreite B ist nach Gl. (7.18) eine Zielauflösung für einen gegenseitigen Mindestabstand von $\Delta R_\text{Z} = c_0 \cdot B / (8 \cdot \Delta f \cdot f_\text{m})$ gegeben.

7.2 Impulsverfahren

Beim Impulsverfahren arbeitet man meist mit einer Folge von rechteckförmigen Impulsen konstanter Breite und konstanten Abstands. Solche Impulsfolgen (Abb. 7.10) sind durch die Größen

A	Impulsamplitude
f_S	Signalfrequenz
T_P	Impulsabstand oder Impulsperiode
$f_\text{P} = 1/T_\text{P}$	Pulsfrequenz
τ_P	Impulsdauer oder Impulsbreite
$\varkappa = \tau_\text{P}/T_\text{P}$	Tastverhältnis

charakterisiert.

Ein Impulsradar ist im Prinzip wie in Abb. 7.11 dargestellt aufgebaut. Ein Taktgenerator erzeugt fortlaufend schmale Impulse mit konstanter Zeitfolge. Mit diesen

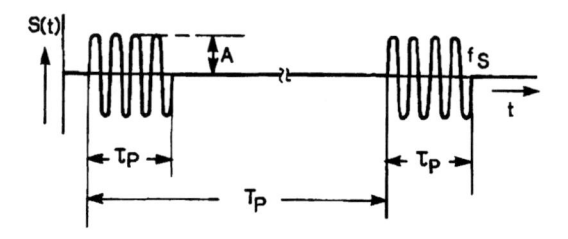

Abb. 7.10: Impulsfolge.

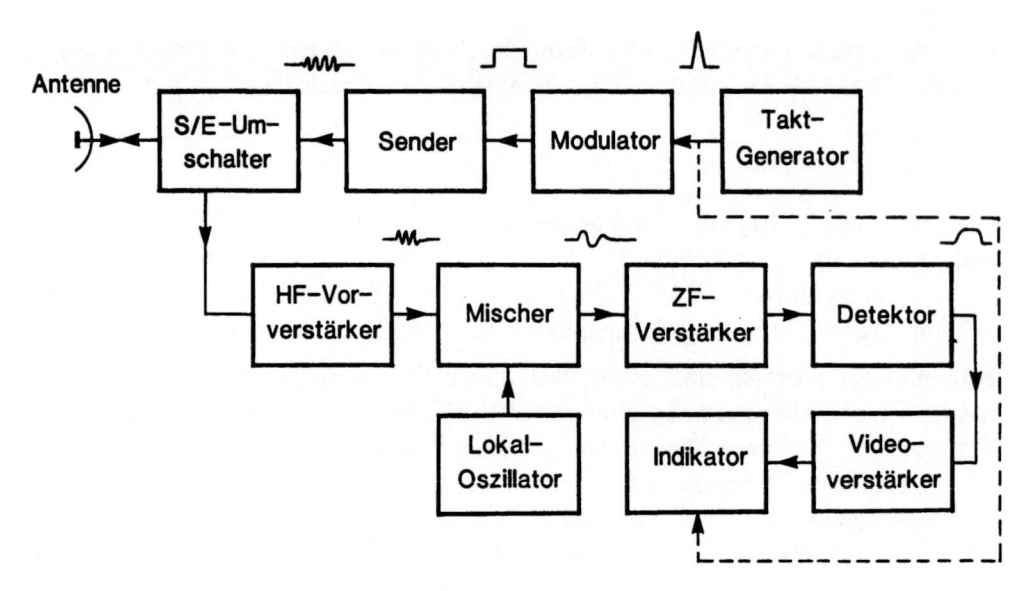

Abb. 7.11: Blockschaltbild eines Impulsradars.

Impulsen wird ein Modulator geschaltet, der seinerseits wiederum in demselben zeitlichen Abstand die Impulse der gewünschten Form und Breite generiert und damit den Sender ansteuert. Das hochfrequente Anschwingen von Impuls zu Impuls kann dabei mit willkürlicher Phase erfolgen, d. h. zwischen den einzelnen Impulsen muß nicht notwendigerweise Kohärenz bestehen. Die hochfrequenten (HF-) Impulse werden vom Sender über die Antenne in den Raum abgestrahlt. Im allgemeinen wird bei Impulsbetrieb eine Antenne für Senden und Empfangen benutzt. Ein schnelles Schaltelement, der sogenannte Sende/Empfangsumschalter (Duplexer), trennt während der Sendezeit den Empfänger von der Antenne, um letzteren vor Überlastung oder gar Zerstörung zu schützen. Sobald der Sendeimpuls über die Antenne abgegeben ist, wird der Empfänger wieder aufgeschaltet. Der Teil der vom Ziel zum Radar zurückgestrahlten Sendeenergie wird über dieselbe Antenne, über die auch gesendet worden ist, wieder aufgenommen. Der Duplexer bewirkt durch eine entsprechende Schaltfunktion, daß während der Empfangsperiode die Empfangsenergie voll in den Empfänger gelangt und keine Verluste durch Signalstreuung in den Sendezweig auftreten. Im Falle, daß für Senden und Empfangen getrennte Antennen benutzt werden, erübrigt sich ein Duplexer, vorausgesetzt, daß die räumliche Trennung der beiden Antennen ausreichend groß ist, um die notwendige Entkopplung zwischen Sende- und Empfangsweg zu gewährleisten.

Der Radarempfänger ist aus Empfindlichkeitsgründen im allgemeinen ein Überlagerungsempfänger. In der ersten Stufe verwendet man vielfach rauscharme HF-Vorverstärker. Das Empfangssignal wird danach in einem Mischer mit Hilfe eines Lokaloszillator-Signals (LO) auf eine Zwischenfrequenz (ZF) umgesetzt. Bei niedrigen Frequenzen sind schmalbandige Verstärker hohen Gewinns leichter zu realisieren

7.2 Impulsverfahren

als bei hohen Frequenzen. Nach dem Mischer geht es über einen ZF-Verstärker auf einen Detektor, in dem das Zielsignal gleichgerichtet und in einem anschließenden Videoverstärker auf den erforderlichen Pegel gebracht wird. Es folgt die eigentliche Zieldarstellung auf einem geeigneten Indikator, z. B. einer Kathodenstrahlröhre. Die nötige Zeitreferenz wird aus dem Taktgenerator bezogen. Damit ergibt sich die Möglichkeit zur Darstellung von Entfernungsinformationen auf einem Bildschirm.

Ein Impulsradar eignet sich besonders zur Entfernungsmessung. Dazu wird im Empfänger die Impulslaufzeit t_L ermittelt, die der Impuls für den Weg Sender/Ziel/Empfänger benötigt. Sie ist der Zielentfernung R_Z direkt proportional:

$$R_Z = \frac{1}{2} \cdot c_0 \cdot t_L \,. \tag{7.23}$$

Die charakteristischen Größen einer Impulsfolge sind in ganz bestimmter Weise mit den Eigenschaften eines Radarsystems verknüpft.

Für die Impulsamplitude A ergibt sich im wesentlichen ein Zusammenhang über die Leistung mit der Reichweite nach der Radargleichung.

Die Signalfrequenz f_S (bzw. Wellenlänge λ_S) steht in Beziehung zur Halbwertsbreite (θ_{ra}) einer Antenne und deren Abmessung (d), wobei letzterer natürlich hinsichtlich Unterbringbarkeit durch die verfügbare Fläche Grenzen gesetzt sind. Wird ein Richtstrahler betrachtet, so kann der erwähnte Zusammenhang durch $\theta_{ra}(\text{Grad}) \approx 70° \cdot \lambda_S/d$ beschrieben werden. Bei einem Radar ist die Antennenhalbwertsbreite bekanntlich auch das Maß für die Zielauflösung im Winkel.

Die Pulsfrequenz f_P bestimmt die Datenrate und die eindeutige Reichweite. Bei einer Pulsfrequenz von beispielsweise 100 Hz fällt alle 10 ms eine Zielinformation, also eine Entfernungsaussage an. Um eine bestimmte Datenrate zu erhalten, muß man fordern, daß während der Zeitdauer T_d, in der sich ein Ziel im Erfassungsbereich der Antenne befindet, eine entsprechende Anzahl n von am Ziel reflektierten Impulsen vom Radar empfangen werden. Man nennt T_d die Zielverweilzeit. Die sogenannte Trefferzahl n folgt aus der Beziehung

$$T_d = n \cdot T_P = \frac{n}{f_P} \,. \tag{7.24}$$

Der Einfluß der geforderten eindeutig meßbaren Entfernung R_{Zeind} auf die Wahl der Pulsfrequenz f_P wird in Kap. 3.4.1 beschrieben. Danach ergibt sich eine maximal mögliche Pulsfrequenz von

$$f_{Pmax} = \frac{c_0}{2 \cdot R_{Zeind}} \,. \tag{7.25}$$

In der Praxis ist jedoch ein davon abweichender Wert zu verwenden. Man muß außer der reinen Signallaufzeit noch eine Art Totzeit (t_{tot}) berücksichtigen, um technisch bedingte Stellvorgänge (Umschalten von Empfangs- auf Sendebetrieb, Rücklaufzeit des Elektronenstrahls in Radarbildröhren) zu erfassen. Folgende Bedingung muß gelten, wenn man mit T'_P den zu realisierenden Impulsabstand bezeichnet:

$$t_L + t_{tot} \leq T'_P. \tag{7.26}$$

Man kann diese Totzeit durch den Ausnutzungsfaktor

$$K = \frac{t_{Lmax}}{t_{Lmax} + t_{tot}} = 1 - \frac{t_{tot}}{t_{Lmax} + t_{tot}} \tag{7.27}$$

berücksichtigen. Damit ergibt sich dann die maximal zulässige Pulsfrequenz f'_{Pmax} aus

$$f'_{Pmax} = \frac{c_0}{2 \cdot R_{Zeind}} \cdot K = K \cdot f_{Pmax}. \tag{7.28}$$

Bei einer eindeutig meßbaren Entfernung von 150 km und einer Totzeit von 100 µs errechnet man einen Ausnutzungsfaktor von etwa 0,9 und damit eine maximal zulässige Pulsfrequenz von 900 Hz anstatt 1 kHz.

Die Impulsdauer τ_P beeinflußt wesentlich die mittlere Sendeleistung. Es gilt zwischen Impulsspitzenleistung P_S und mittlerer Leistung P_m der Zusammenhang

$$P_m = \frac{P_S \cdot \tau_P}{T_P}. \tag{7.29}$$

Im Hinblick auf niedrige Verlustleistung und geringe Kühlungsprobleme sollte eine kleine mittlere Sendeleistung angestrebt werden, was gleichbedeutend ist mit einem kleinen Tastverhältnis

$$\varkappa = \frac{\tau_P}{T_P}. \tag{7.30}$$

Die Impulsdauer bestimmt auch die Entfernungsauflösung eines Impulsradars (siehe Kap. 4.2.2) sowie die kleinste noch erfaßbare Zielentfernung R_{Zmin}. Da bei Einantennensystemen der Empfänger mindestens während der Sendephase, also für die Zeit τ_P (Impulsdauer) gesperrt ist, können Ziele nur dann erfaßt werden, wenn sie sich in einer Entfernung von

$$R_Z \geq \Delta R_{Zmin} = \frac{c_0 \cdot \tau_P}{2} \tag{7.31}$$

befinden.

7.3 Puls-Doppler-Verfahren

7.3.1 MTI-Verfahren

Mit einem Impulsradar wird zunächst einmal ohne Berücksichtigung ob Fest- oder Bewegtziel die Zielposition bestimmt. Ist jedoch eine derartige Unterscheidung zu treffen, dann sind zusätzliche Signaleigenschaften auszunutzen, wie

7.3 Puls-Doppler-Verfahren

- die Änderung der Echoleistung
- die Änderung der Echolaufzeit der Impulse oder
- die Änderung der Phase des Echosignals gegenüber einem Referenzsignal (Sendesignal)

Von den aufgezählten Bewegungskriterien ist die Phasenänderung zwischen Sende- und Empfangssignal das ergiebigste. Eine Realisierung erfordert die Kombination von Impuls- und Dauerstrichverfahren im sogenannten **Puls-Doppler-Radar (PD)**. Abb. 7.12 erläutert das Grundprinzip.

Die CW-Radar-Prinzipschaltung ist lediglich um einen Impulsmodulator erweitert. Der wesentliche Unterschied zum Impulsradar (Abb. 7.11) besteht darin, daß ein geringer Teil des CW-Oszillatorsignals zum Empfänger abgezweigt wird und als Lokaloszillatorsignal dient. Dieses Signal bedeutet aber mehr als nur einen Ersatz für das Lokaloszillatorsignal, es stellt die kohärente Referenz dar, die zur Gewinnung der Dopplerverschiebung erforderlich ist. Kohärent heißt hier die Erhaltung der Phaseninformation des Sendesignals im Referenzsignal.

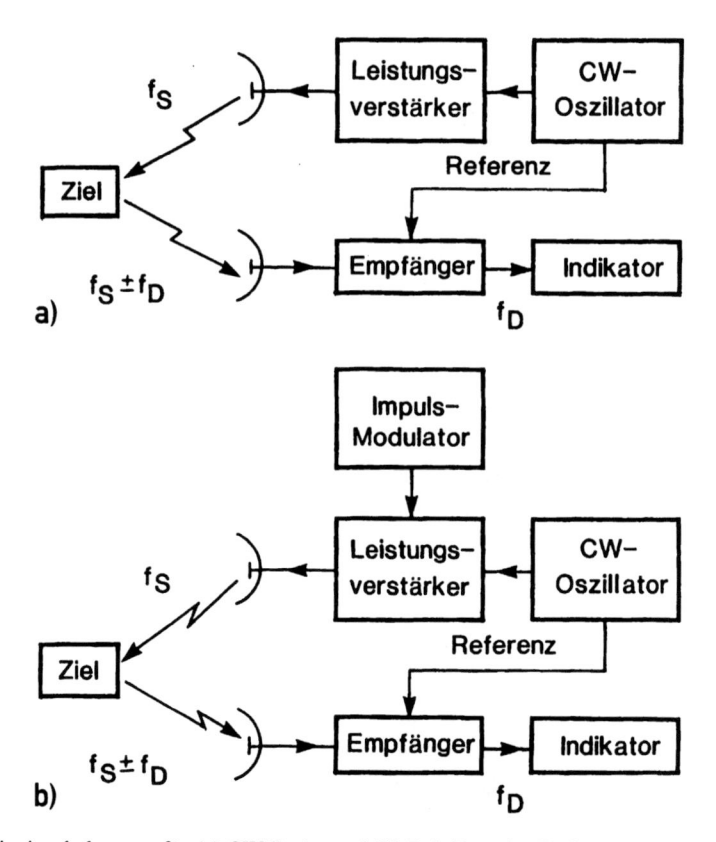

Abb. 7.12: Prinzipschaltungen für (a) CW-Radar und (b) Puls-Doppler-Radar.

Das getastete Dauerstrichsignal $S_E(t)$ (Abb. 7.13a) am Empfängereingang enthält im CW-Signalanteil die auszuwertende Bewegungsinformation. Zwar erfährt auch die Tastfrequenz durch die Zielbewegung eine Dopplerverschiebung, sie ist jedoch im allgemeinen geringfügig und ohne Bedeutung.

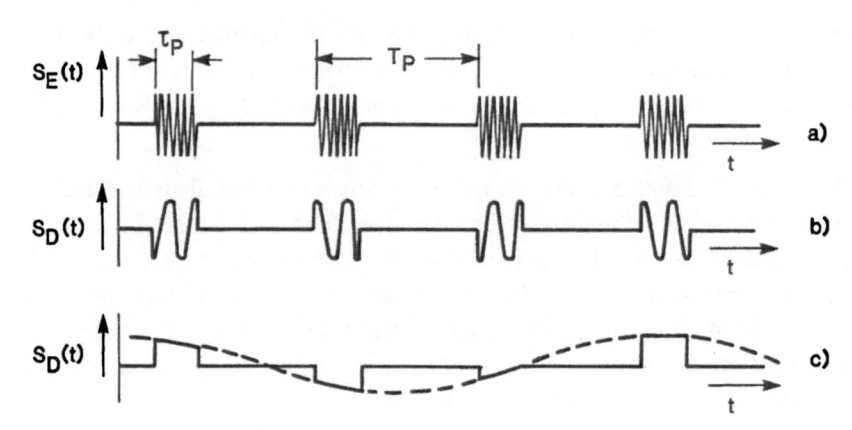

Abb. 7.13: Getastetes Dauerstrichsignal: a) HF-Zielechoimpulse, b) Videoimpulse bei Doppler $f_D > 1/\tau_P$, c) Videoimpulse bei Doppler $f_D < 1/\tau_P$.

Man kann also im Radarempfänger den Bewegungszustand eines Zieles durch das Dopplersignal

$$S_D(t) = A_D \cdot \sin(\omega_D t + \varphi) \tag{7.32}$$

beschreiben, das man durch Mischen von Sende- und Empfangssignal erhält. Bei einem stationären Ziel wird S_D nach Gl. (7.32) einen konstanten Wert annehmen, während es bei einem Bewegtziel eine zeitliche Abhängigkeit aufweist. Man muß entsprechend Abb. 7.13 zwei Fälle unterscheiden. Im Fall b) ist die Dopplerfrequenz $f_D > 1/\tau_P$, d. h. die Dopplerinformation kann aus einem einzigen Impuls gewonnen werden. Für $f_D < 1/\tau_P$, also im Fall c), sind die Impulse mit der Dopplerfrequenz in der Amplitude moduliert; mehrere Impulse sind zur Gewinnung der Dopplerinformation erforderlich. Der Fall c) ist der Normalfall.

Sowohl Bewegtziele als auch Festziele können z. B. durch Betrachten der Videosignale auf einem Bildschirm bei Anwendung der sogenannten A-Darstellung (Amplitude über Entfernung) erkannt und auch unterschieden werden. Nach Abb. 7.14 sind Festziele amplitudenmäßig zeitlich konstant, Bewegtziele dagegen veränderlich.

Dieses Amplitudenkriterium ist nicht mehr auswertbar, wenn die Zieldarstellung wie häufig auf eine andere Art erfolgt, z. B. nach dem PPI-Verfahren (R, α-Darstellung, Kap. 7.6), oder Fest- und Bewegtziel sich gar in derselben Auflösungszelle befinden. Im letzteren Fall kommt erschwerend hinzu, daß typischerweise Festziele im Vergleich zu Bewegtzielen meist einen weitaus größeren Rückstreuquerschnitt besitzen, sodaß bei Gegenwart von Festzielen durchaus mit einer ‚Tarnung' oder ‚Maskierung' von

7.3 Puls-Doppler-Verfahren

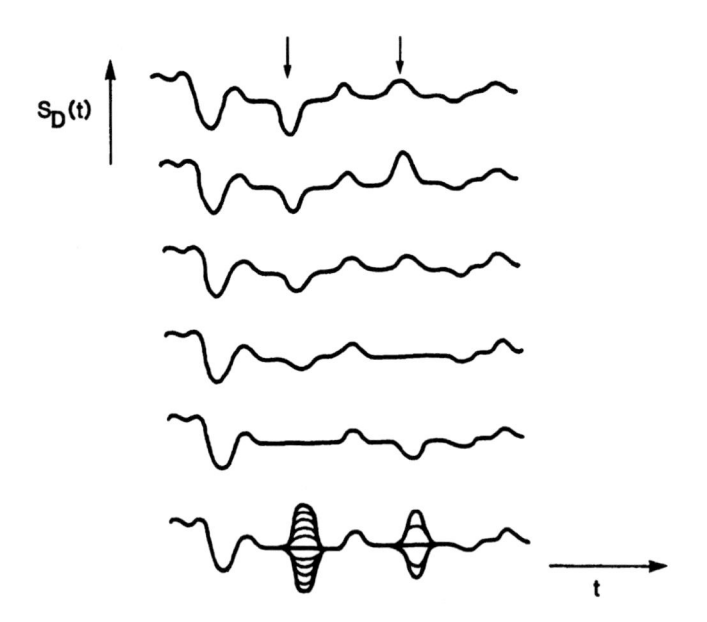

Abb. 7.14: Verhalten von Bewegt- und Festzielsignalen auf einem Bildschirm bei A-Darstellung.

Bewegtzielen gerechnet werden muß. Es gibt nun Verfahren, die es gestatten, Festzielsignale zu unterdrücken oder zumeist in ihrer Wirkung wesentlich abzuschwächen. Eine geeignete Methode zeigt Abb. 7.15; sie beruht auf dem sogenannten MTI-Verfahren (Moving Target Indication).

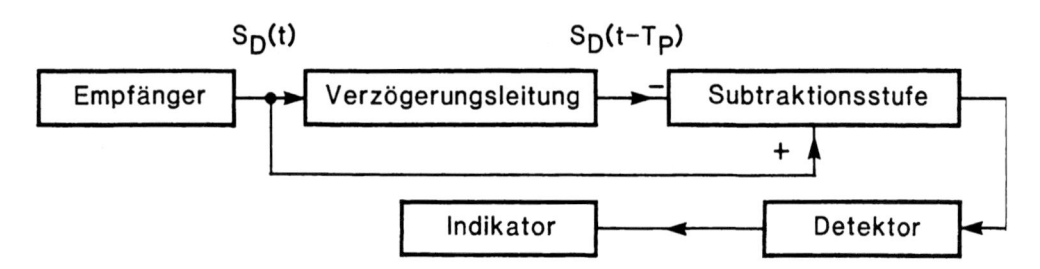

Abb. 7.15: Prinzipschaltung zur Festzielunterdrückung nach dem MTI-Verfahren.

Der Radarempfänger enthält einen zweikanaligen Aufbau; außer einem Normalkanal existiert ein weiterer Kanal mit einer Verzögerungsleitung, in welchem die Impulse eine Verzögerung um genau eine Impulswiederholperiode T_P erfahren. Die Ausgänge beider Kanäle gehen auf eine Subtraktionsstufe. Festzielsignale mit von Impuls zu Impuls konstanten Amplituden werden bei der Subtraktion gelöscht, während die Amplituden von Bewegtzielechos von Impuls zu Impuls zeitlich schwanken und deshalb keine Löschung eintritt. Eine solche Schaltung wirkt wie ein Filter, welches Gleichspannungssignale von Festzielen eliminiert und Wechselspannungssignale von Bewegtzielen passieren läßt.

An den Eingängen der Subtraktionsstufe stehen die zwei folgenden Signale, wenn wieder die CW-Signalanteile betrachtet werden:

$$S_D(t) = A_D \cdot \sin(\omega_D t + \varphi) \text{ und} \tag{7.33}$$

$$S_D(t - T_P) = A_D \cdot \sin[\omega_D(t - T_P) + \varphi] . \tag{7.34}$$

Am Ausgang erhält man mit Hilfe einer trigonometrischen Umformung:

$$\Delta S_D(t) = S_D(t) - S_D(t - T_P)$$
$$= 2 \cdot A_D \cdot \sin(\pi \cdot f_D \cdot T_P) \cdot \cos\left(\omega_D \left[t - \frac{T_P}{2}\right] + \varphi\right) . \tag{7.35}$$

Das so gewonnene Signal am Ausgang der Subtraktionsstufe ist eine kosinusförmige Zeitfunktion mit der Frequenz f_D (Dopplerfrequenz) und der Amplitude $2 \cdot A_D \cdot \sin(\pi \cdot f_D \cdot T_P)$. Normiert man die Amplitude auf den Maximalwert $2 \cdot A_D$, so findet man für das Übertragungsverhalten dieses sogenannten MTI-Filters

$$A(f_D) = |\sin(\pi \cdot f_D \cdot T_P)| . \tag{7.36}$$

$A(f_D)$ ist eine Funktion der Dopplerfrequenz und Impulsperiodendauer und verhält sich wie in Abb. 7.16 dargestellt.

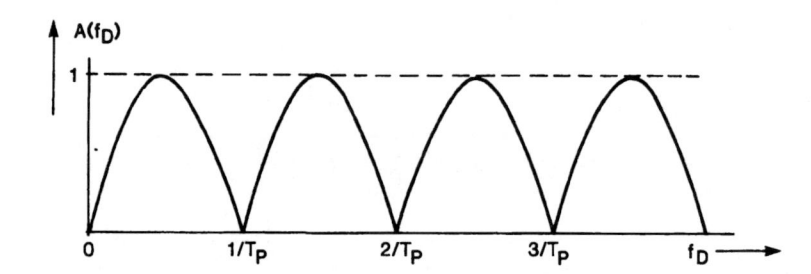

Abb. 7.16: Übertragungsverhalten eines einfachen MTI-Filters.

Man nennt $A(f_D)$ auch den Sichtbarkeitsfaktor. Er wird zu null, wann immer das Argument des Sinus von Gl. (7.36) die Werte $n \cdot \pi$ annimmt, also

$$f_D = \frac{2 \cdot v_r}{\lambda_S} = \frac{n}{T_P} = n \cdot f_P \quad \text{für } n = 0, 1, 2, 3, \ldots \tag{7.37}$$

ist.

Mittels dieses MTI-Verfahrens eliminiert man ungewollterweise nicht nur Signale von Festzielen, sondern auch Zielsignale mit Dopplerfrequenzen, die gerade identisch mit der Pulsfrequenz f_P oder einem ganzzahligen Vielfachen davon sind. Die

7.3 Puls-Doppler-Verfahren

Geschwindigkeiten solcher Ziele, die nicht zur Anzeige gelangen, heißen Blindgeschwindigkeiten. Sie sind gegeben durch

$$v_n = \frac{n \cdot \lambda_S}{2 \cdot T_P} = \frac{n \cdot \lambda_S \cdot f_P}{2}, \qquad (7.38)$$

mit $n = 1, 2, 3, \ldots$, wobei man v_n als die n-te Blindgeschwindigkeit bezeichnet.

Soll die erste Blindgeschwindigkeit größer als die maximal zu erwartende radiale Zielgeschwindigkeit sein, dann muß das Produkt $\lambda_S \cdot f_P$ groß gehalten werden. Das bedeutet, daß das MTI-Radar entweder bei großen Wellenlängen oder mit hohen Pulsfrequenzen arbeiten muß oder aber mit beidem. Es gibt jedoch außer den Blindgeschwindigkeiten noch andere wesentliche Kriterien, welche ebenfalls die Wahl von Wellenlänge und Pulsfrequenz beeinflussen. Niedrige Frequenzen haben den Nachteil, daß bei vorgegebener Antennengröße die Diagrammbreiten sich stark aufweiten, was sich negativ auf Winkelmeßgenauigkeit, Winkelauflösung und Gewinn auswirkt. Auch die Pulsfrequenz kann nicht über große Wertebereiche variiert werden, da sie in erster Linie durch die eindeutig meßbare Entfernung festlegt. Es ist somit nicht einfach, Blindgeschwindigkeiten zu vermeiden. Da man für die meisten Anwendungsfälle keine Ideallösungen finden kann, müssen entweder Kompromisse eingegangen oder aber aufwendigere Verfahren gewählt werden.

In Abb. 7.17 ist der Zusammenhang zwischen der ersten Blindgeschwindigkeit v_1 und der erzielbaren eindeutigen Zielentfernung mit der Frequenz als Parameter aufgetragen. Es gilt unter Berücksichtigung von Gl. (7.25) folgende Beziehung:

$$v_1 = \frac{\lambda_S \cdot f_P}{2} = \frac{\lambda_S \cdot c_0}{4 \cdot R_{Zeind}} = \frac{c_0^2}{4 \cdot f_S \cdot R_{Zeind}}. \qquad (7.39)$$

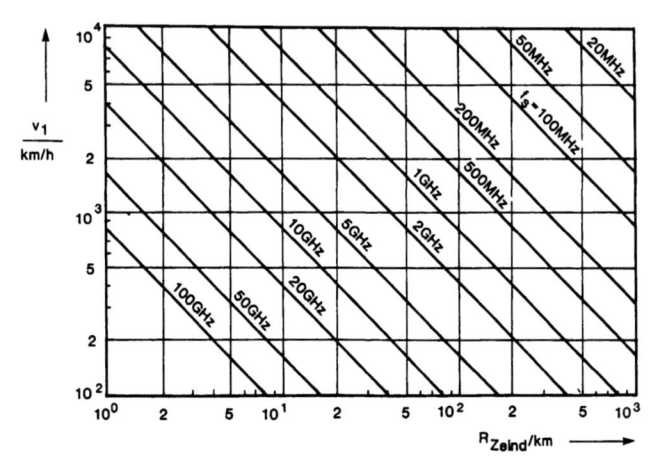

Abb. 7.17: Erste Blindgeschwindigkeit als Funktion der eindeutig meßbaren Entfernung beim MTI-Verfahren mit der Frequenz als Parameter.

Liegt in der Entfernung die wesentliche Information, dann wählt man in der Regel ein Verfahren, welches einen eindeutigen Entfernungsbereich garantiert, dafür jedoch Blindgeschwindigkeiten verursacht. Natürlich bewirkt das Vorhandensein von Blindgeschwindigkeiten innerhalb des Zieldopplerbereiches wie auch der nichtkonstante Verlauf der Übertragungsfunktion des MTI-Filters im in Frage kommenden Dopplerbereich Einschränkungen in der Leistungsfähigkeit des Radars hinsichtlich Zielentdeckung. Fordert man jedoch primär hohe MTI-Eigenschaft, dann muß eine mehrdeutige Entfernungsinformation in Kauf genommen werden. Blindgeschwindigkeiten fallen dann nicht in den Zieldopplerbereich.

Ein Verfahren zur Eliminierung von Blindgeschwindigkeiten verdeutlicht Abb. 7.18. Es werden abwechselnd zwei unterschiedliche Tastfrequenzen benutzt, die im Beispiel von Abb. 7.18 so gewählt sind, daß sie im Verhältnis $T_1/T_2 = f_{P2}/f_{P1} = 4/5$ zueinander stehen. Das resultierende Übertragungsverhalten zeigt Abb.7.18c; es weist im interessierenden Bereich in gewissen Frequenzabschnitten nicht unbedeutende Einbrüche auf.

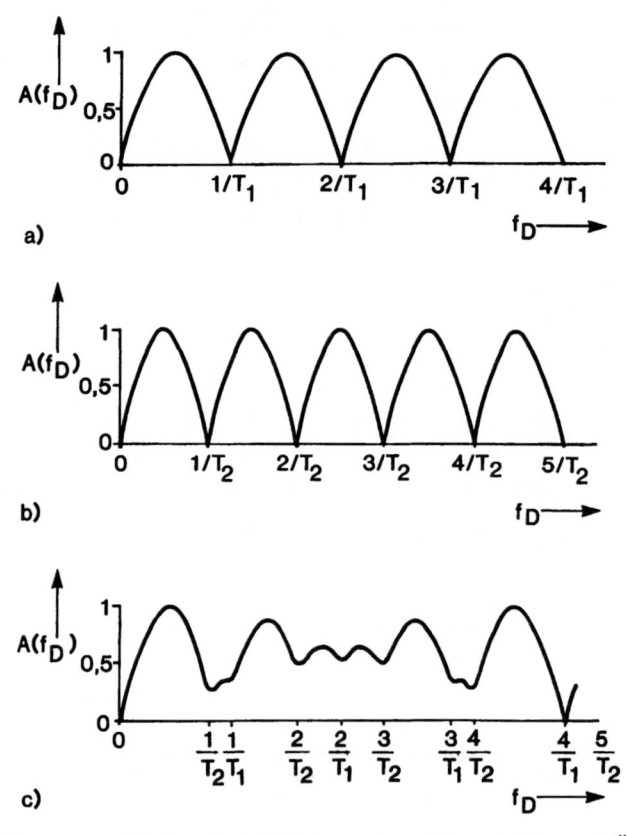

Abb. 7.18: Eliminierung von Blindgeschwindigkeiten mit zwei Impulsfolgen: a) Übertragungsverhalten eines MTI-Filters mit $f_{P1} = 1/T_1$, b) Übertragungsverhalten eines MTI-Filters mit $f_{P2} = 1/T_2$, c) resultierendes Übertragungsverhalten mit $T_1/T_2 = 4/5$.

7.3 Puls-Doppler-Verfahren

Das Übertragungsverhalten einer MTI-Anordnung mit einer Verzögerungsleitung hat im Festzielbereich eine oft zu kleine Selektionsbreite. Denn Festziele werden in der Praxis nicht durch Frequenzlinien dargestellt, sondern infolge verschiedener Ursachen (z. B. Senderinstabilitäten, Bewegungen des Bodenbewuchses, Seegang) durch mehr oder minder breite Spektralbereiche (Abb. 7.19a). Abhilfe kann man durch die Anwendung einer Mehrfach-MTI-Anordnung, aus mehreren Verzögerungsleitungen und Subtraktionsgliedern aufgebaut, schaffen. Am Beispiel einer Zweifach- oder Doppelanordnung (Abb. 7.19b und 7.19c) soll das Verhalten beschrieben werden.

Am Ausgang der Doppler-MTI-Anordnung erhält man das Signal

$$\Delta\Delta S_D(t) = \Delta S_D(t - T_P) - \Delta S_D(t)$$
$$= 2 \cdot \sin^2(\pi \cdot f_D \cdot T_P) \cdot \sin[2 \cdot \pi \cdot f_D(t - T_P) + \varphi] \;. \tag{7.40}$$

Die Amplitude gehorcht nun einer $\sin^2$-Funktion anstatt einer einfachen sin-Funktion wie bei der Einfachanordnung (Abb. 7.19a). Bei der Verwendung von höheren

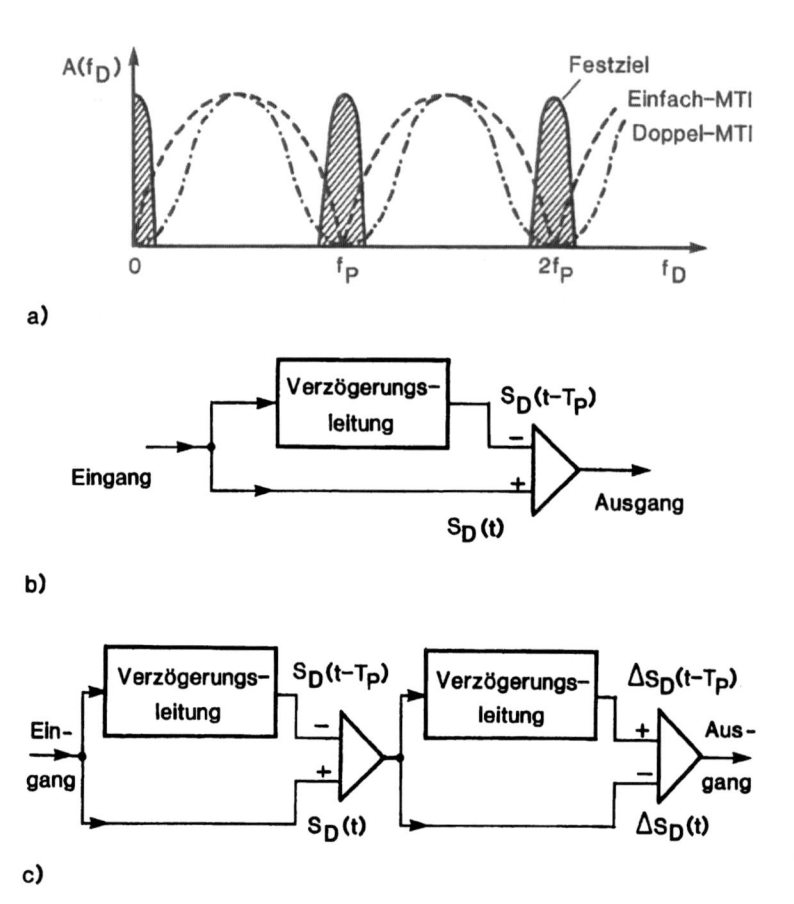

Abb. 7.19: MTI-Filter: a) Übertragungsverhalten, b) Einfach-MTI-Schaltbild, c) Doppel-MTI-Schaltbild.

Mehrfachanordnungen kann man die Festzielunterdrückung noch weiter steigern. Jedoch muß dabei beachtet werden, daß dann eine weitere Erschwerung in der Entdeckung von Bewegtzielen zu verkraften ist. Die Empfindlichkeit eines MTI-Radars erweist sich bekanntlich als keineswegs konstant über den gesamten eindeutigen Geschwindigkeitsbereich. Dagegen weist das normale Impulsverfahren ohne Festzielunterdrückung keine solche Abhängigkeit auf. Folglich ist beim MTI-Verfahren die Zielentdeckung unter erschwerteren Bedingungen zu realisieren als beim normalen Impulsverfahren.

Der mit MTI-Systemen gegenüber normalen Radaren erreichbare Grad an Festzielunterdrückung kann durch einen sogenannten MTI-Verbesserungsfaktor J ausgedrückt werden. Er ist definiert als das Verhältnis der Ziel-zu-Clutter-Leistungen von Ausgang und Eingang einer MTI-Anordnung:

$$\left(\frac{S}{C}\right)_A = J \cdot \left(\frac{S}{C}\right)_E . \tag{7.41}$$

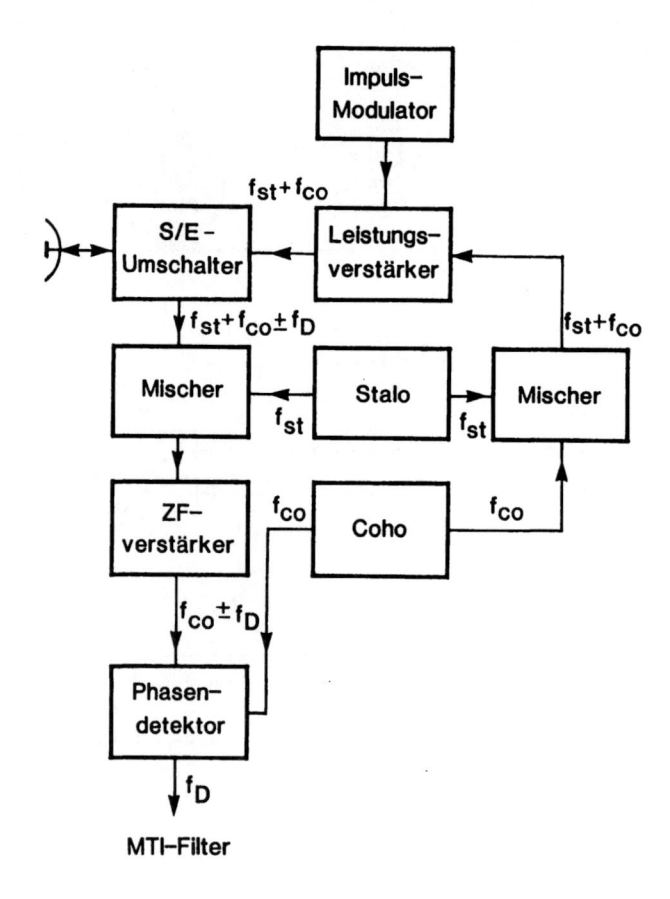

Abb. 7.20: Blockschaltbild eines MTI-Radars mit Stalo und Coho.

Die in der Praxis erreichbaren Verbesserungen mit MTI-Systemen liegen etwa zwischen 15 dB und 40 dB je nach Systemauslegung und Aufwand.

Einen typischen Aufbau eines MTI-Radars zeigt Abb. 7.20. Das Referenzsignal wird vom sogenannten ‚Coho' (**coh**erent **o**scillator) erzeugt. Der Coho ist ein stabiler Oszillator, dessen Frequenz im Empfänger als Zwischenfrequenz dient. Als Charakteristikum eines MTI-Radars gilt bekanntlich die Kohärenz in der Phase zwischen Sende- und Referenzsignal. Um dies zu erreichen, wird das Sendesignal durch Hochmischen des Cohosignals mit dem Lokaloszillatorsignal generiert. Der Lokaloszillator (LO), der sogenannte ‚Stalo' (**sta**ble **l**ocal **o**scillator), ist ebenfalls frequenzstabil ausgelegt. Obgleich die Phase des Stalosignals die Phase des Sendesignals beeinflußt, wird jede Phasenänderung des Stalos im Empfänger eliminiert, da der Stalo ja auch als Lokaloszillator wirkt. Durch Mischung des hochfrequenten Empfangssignals mit dem Stalosignal erhält man das übliche ZF-Signal. Das Referenzsignal des Cohos und das ZF-Echosignal werden zusammen in einem Phasendetektor verarbeitet. Am Ausgang steht das gewünschte Dopplersignal zur Verfügung. An den Phasendetektor schließt sich die Anordnung zur Festzeichenunterdrückung, das MTI-Filter, an.

7.3.2 Puls-Doppler-Verfahren mit Entfernungstoren (PD)

Zur Festzielunterdrückung wird häufig auch ein **P**uls-**D**oppler (PD)-Verfahren mit Entfernungstoren und Schmalbandfiltern angewandt. Gerade dieses Prinzip bezeichnet man nicht selten als das Puls-Doppler-Verfahren. Charakteristisch dafür sind auch vielfach eine hohe Pulsfrequenz, eindeutige Doppler- und mehrdeutige Entfernungsinformation. Eine weitere besonders hervorzuhebende Eigenschaft ist im Vergleich zum MTI-Verfahren eine noch bessere Festzielunterdrückung. Allerdings erfordert dies auch einen größeren technischen Aufwand. Mit diesen PD-Verfahren erreicht man bezogen auf das reine Impulsverfahren Verbesserungen im S/C-Verhältnis von 50 dB und mehr. Grund dafür ist die Realisierbarkeit von Schmalbandfiltern hoher Sperrdämpfung und gleichmäßiger Durchlaßdämpfung.

Bei einem Überwachungsradar hat man bei Anwendung dieses Verfahrens den zu erfassenden Entfernungsbereich in kleine Intervalle zu unterteilen, deren Breite sich nach der gewünschten Entfernungsauflösung und dem tolerierbaren Aufwand richtet. Diesen Entfernungsintervallen entsprechen radarseitig sogenannte Entfernungstore, die nahtlos aneinander anschließen, als Schalter arbeiten und einmal nacheinander für die Zeit τ während jeder Impulsfolgeperiode geöffnet werden. Die Öffnungszeit der Tore kann in der Größe der verwendeten Impulsdauer liegen. Jedem Entfernungstor ist ein gleiches Dopplerfilter nachgeschaltet. Danach folgen Detektor, Tiefpaß und Schwelle. Eine Prinzipschaltung ist in Abb. 7.21 dargestellt.

Es entsteht ein n-kanaliger Aufbau. Jedem Kanal ist ein bestimmtes Entfernungsintervall $\Delta R_Z = c_0 \cdot \tau/2$ zugeordnet. Hat τ beispielsweise einen Wert von 1 μs, dann beträgt ein Entfernungsintervall 150 m. Bei einem gegebenen Entfernungsbereich eines Radars von 150 km ergibt sich somit eine erforderliche Kanalzahl von 1000.

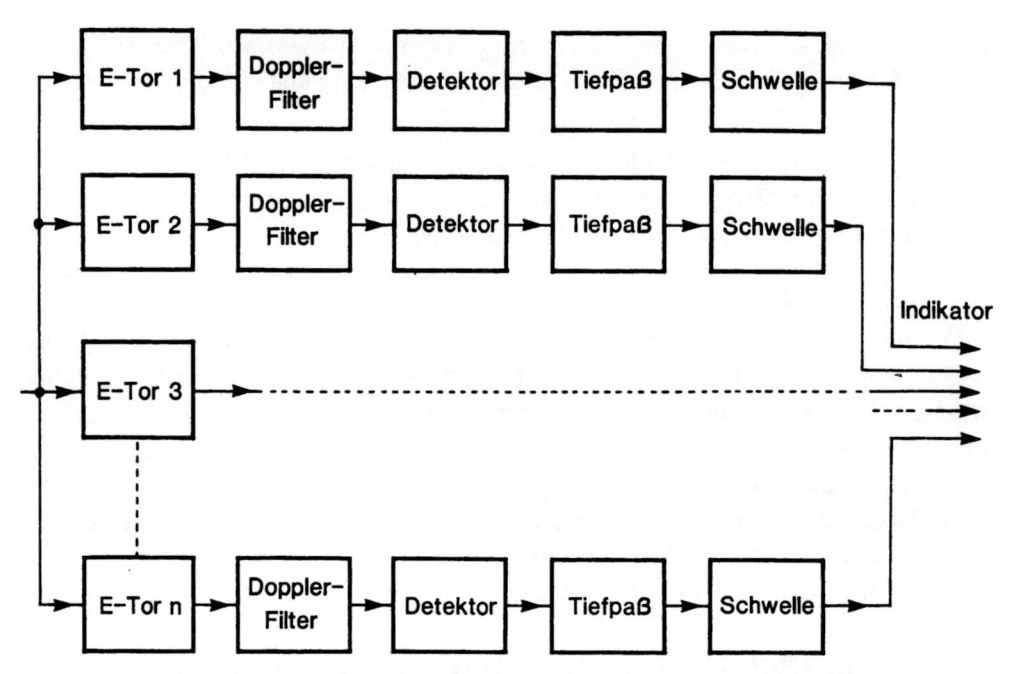

Abb. 7.21: n-kanaliger Aufbau im Empfänger eines PD-Radars mit Entfernungstoren und Dopplerfiltern.

Am Ausgang der Tore erscheinen von Festzielen gepulste Signale, die keine Dopplerverschiebung aufweisen, und von Bewegtzielen solche, die dopplerverschoben sind. Die Schmalbandfilter haben Bandpaßcharakter und dienen zur Eliminierung der Festzielsignale. Die Bandgrenzen dieser Dopplerfilter werden einerseits durch die Charakteristik des Clutterspektrums und andererseits durch den geforderten Dopplerbereich bestimmt. In Abb.7.22 ist das Spektrum eines gepulsten CW-Signals sowohl für den Sende- als auch den Empfangsfall (Bewegtziel) und der eindeutige Dopplerbereich dargestellt.

Das Empfangsspektrum zeigt gegenüber dem Sendespektrum eine Verschiebung um die Dopplerfrequenz. Bei anfliegendem Ziel (positiver Doppler) liegt die Empfangsfrequenz oberhalb der Sendefrequenz f_S und bei sich entfernendem Ziel (negativer Doppler) unterhalb. Um eine Frequenzüberlappung durch positiven und negativen Doppler über die jeweiligen Harmonischen der Tastfrequenz f_P zu verhindern und eine Eindeutigkeit in der Geschwindigkeitsinformation zu gewährleisten, muß der auszuwertende Dopplerbereich zu beiden Seiten von f_S auf $< f_P/2$ beschränkt bleiben. Sind jedoch ausschließlich an- oder abfliegende Ziele vorhanden, dann kann der Dopplerbereich auf eine Seite von f_S beschränkt und auf $< f_P$ erweitert werden. Das Empfangsspektrum von Festzielen entspricht in der Frequenzlage dem in Abb. 7.22 dargestellten Sendespektrum.

Deckt man z. B. lediglich mit je einem Filter zu beiden Seiten der Mittenfrequenz den gesamtem zu erfassenden Zielgeschwindigkeitsbereich ab, dann kann keine Ziel-

7.3 Puls-Doppler-Verfahren

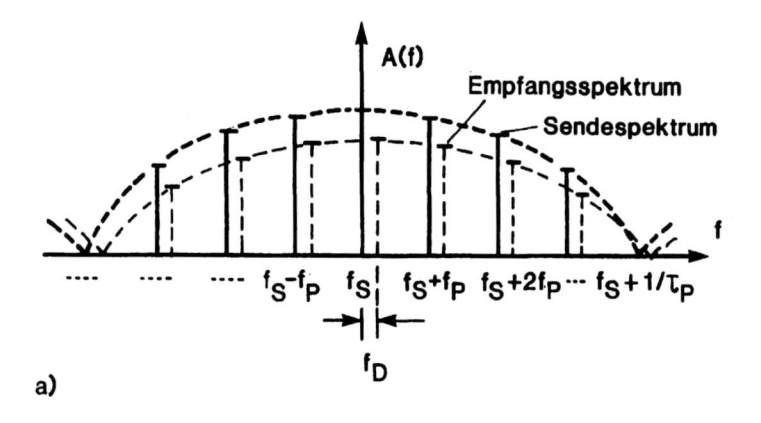

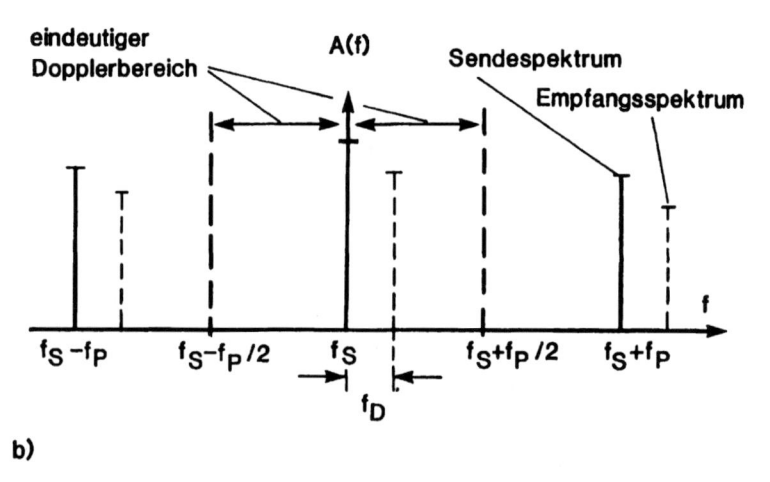

Abb. 7.22: Spektrum eines gepulsten CW-Signals: a) Sende- und Empfangsfall (Bewegtziel), b) eindeutiger Dopplerbereich.

trennung nach der Geschwindigkeit durchgeführt werden. Besteht aber nicht nur die Forderung nach Festzielunterdrückung, sondern ist zusätzlich für Bewegtziele eine bestimmte Geschwindigkeitsauflösung verlangt, muß eine schaltungstechnische Änderung erfolgen. Man ersetzt das einzelne Dopplerfilter z. B. durch eine Dopplerfilterbank, deren Einzelfilter durch ihre Bandbreite die Geschwindigkeitsauflösung bewirken (Kap. 4.2.4) und deren Anzahl so zu bemessen ist, daß der gesamte Dopplerbereich lückenlos abgedeckt wird. In der Praxis wird das breite Dopplerfilter auch als zusätzliches Clutterfilter verwendet, um eine erhöhte Festzielunterdrückung zu erhalten.

Betrachtet man ein Verfolgungsradar, welches nur ein Ziel zu vermessen hat, dann kommt man mit einem einzigen Entfernungskanal aus. Das Entfernungstor ist dabei laufend dem Ziel nachzuführen. Bei eindeutiger Geschwindigkeits- aber mehrdeutiger Entfernungsinformation treten sogenannte Entfernungsblindzonen auf. Sie entstehen, während ein Sendeimpuls abgegeben wird, da zu diesem Zeitpunkt der Empfangsweg unterbrochen ist. Um die eindeutig meßbare Entfernung zu erweitern, kann man z. B. auch in diesem Fall mit zwei Impulsfolgen unterschiedlicher Folgefrequenz arbeiten. Aus dem zeitlichen Abstand zwischen Koinzidenz von Sende- und Empfangsimpulsen der beiden Impulsfolgen wird die eindeutige Entfernung gewonnen.

Die Eindeutigkeit muß jedoch bei Anwendung einer Impulsfolge keineswegs immer in der Geschwindigkeitsinformation liegen. Durch das Systemkonzept bedingt, können die Mehrdeutigkeiten auch in der Geschwindigkeit auftreten oder aber auf Geschwindigkeit und Entfernung aufgeteilt sein. Es existiert gemäß Kap. 3.4.2 ein sogenanntes Eindeutigkeitsprodukt aus eindeutig meßbarer Entfernung R_{Zeind} und eindeutig meßbarer Radialgeschwindigkeit v_{reind}

$$R_{\text{Zeind}} \cdot v_{\text{reind}} = \frac{c_0^2}{8 \cdot f_S} = \frac{1}{8} \cdot c_0 \cdot \lambda_S \ . \tag{7.42}$$

7.4 Sekundärradar-Verfahren

7.4.1 Allgemeine Beschreibung

Sekundärradar ist ein Funkortungsverfahren, bei dem im Gegensatz zur Primärradar-Technik nicht das passive Echo ausgewertet wird. Vielmehr befindet sich an Bord des Zieles ein aktives Antwortgerät, der Transponder. Dieser ‚beantwortet die Fragen' des Abfragegerätes (Interrogator); beides in Form von Impulstelegrammen [5], [6].

Die Einführung des Transponders bringt für das System einige entscheidende Vorteile:

- Die empfangene Antwortleistung nimmt mit zunehmender Entfernung R nur mit dem Faktor $1/R^2$ ab, im Gegensatz zum Primärradar-Verfahren, bei dem die Abnahme mit $1/R^4$ verläuft. Man kann also am Boden und an Bord mit geringerer Sendeleistung und größerem Signal-zu-Rausch-Verhältnis S/N arbeiten.
- Es besteht die Möglichkeit, Abfrage und Antwort auf zwei unterschiedlichen Trägerfrequenzen zu übertragen. Dadurch entfallen unerwünschte Echos, z. B. Boden- und Wolkenzielechos.
- Das Antwortgerät läßt sich als Empfänger und Sender von codierten Nachrichten verwenden. Es findet dann zusätzlich zur eigentlichen Radarortung auch noch ein Informationsaustausch statt. Dies ist die wesentliche Eigenschaft des Sekundärradar-Verfahrens.

Die Ortung geschieht bezüglich der Entfernung mit Hilfe einer Laufzeitmessung, wobei allerdings die Längen der Informationstelegramme sowie die möglichst konstant zu haltenden Verarbeitungszeiten im Transponder und im Abfragegerät zu berücksichtigen sind. Die Richtung zum Ziel wird mit Richtantennen ermittelt, wobei aus

Systemgründen häufig nicht mit optimalen Antennen gearbeitet werden kann. Der Transponder sollte mit einer rundumstrahlenden Antenne ausgerüstet sein, denn die Richtung der Abfrage ist a priori meist nicht bekannt. Diese Rundumbedeckung ist wegen der Schattenwirkung der Transponderplattform mit einer einzelnen Antenne kaum zu erreichen.

Da nicht vorausgesetzt werden kann, daß alle Ziele innerhalb eines Überwachungsgebietes mit einem funktionsfähigen Transponder ausgerüstet sind, kommen häufig kombinierte Primär-/Sekundär-Radaranlagen zum Einsatz. Dabei muß streng darauf geachtet werden, daß die Informationen dieser beiden Anlagen einem Ziel eindeutig zugeordnet werden (Abb. 1.8).

7.4.2 Freund-Feind-Kennung

Unmittelbarer Anlaß für die Entwicklung der Sekundärradar-Technik war die Erkenntnis, daß dem Primärradar-System eine wesentliche Information fehlt: die Angabe ob es sich bei dem erfaßten Ziel um einen Freund oder einen Feind handelt. Die Unterscheidung von Freund und Feind ist aber die Basis jeder militärischen Handlung.

Dabei spricht man modernen Primärradar-Geräten oft Fähigkeiten zu, die sie gar nicht haben. Tatsächlich sollte man unterscheiden:

- Detektion (einschließlich Ortsbestimmung)
- Klassifizierung (z. B. Festzielunterdrückung)
- Typ-Identifizierung (abbildende Radarverfahren)
- ‚Freund-Feind'-Identifizierung IFF (engl.: Identification Friend or Foe)

Diese Reihenfolge, aufsteigend im Schwierigkeitsgrad, sollte rückwärts-kompatibel sein, d. h. alle Vorstufen ohne allzugroßen Verlust an Information, speziell der Ortungsgenauigkeit mit einschließen.

Daß ein Primärradar-Gerät nach heutigem Erkenntnisstand bei der Freund-Feind-Identifizierung versagt, läßt sich am besten damit erklären, daß es sich hierbei nicht um physikalische Eigenschaften handelt, sondern um den juristischen Status eines Zieles. Die Notwendigkeit einer direkten Kennung wurde bereits im Zweiten Weltkrieg klar erkannt, und es wurden auf beiden Seiten Zusatzgeräte geschaffen, die eine Kennzeichnung eigener Flugzeuge auf dem Radarbild ermöglichten.

Wie in Kap. 7.4.5 noch beschrieben wird, tritt diese Anforderung auch bei der Zivilluftfahrt auf. Ein Radarecho ohne eindeutig zugeordnete Identität ist für eine positive Flugsicherung nicht brauchbar. Hier kam zugute, daß das militärische Kennsystem ‚Mark X' nach Aufhebung der Geheimhaltung bereits Mitte der fünfziger Jahre für die zivile Flugsicherung freigegeben und von der ICAO (International Civil Aviation Organization) für die Flugsicherung als SSR (Secondary Surveillance Radar) standardisiert wurde.

Die in der westlichen Allianz eingeführten Kennsysteme ‚Mark X-A' und ‚Mark XII' arbeiten nach dem Sekundärradar-Prinzip. Die im Bereich der ehemaligen UdSSR eingeführten Kennsysteme sind ebenfalls Sekundärradar-Systeme, jedoch mit abweichenden Kenngrößen; sie werden im weiteren nicht näher beschrieben. Nachdem ein Sekundärradar-System bereits Ortungsdaten liefert, stellt sich die Frage: Brauche ich dann noch ein Primärradar-Gerät? Selbstverständlich, denn das Sekundärradar ist ein kooperatives System, mit dem alleine noch kein ‚Freund-Feind'-Kennsystem realisiert werden kann, denn erkannt werden nur die Antworten der Freunde. Im strengen Sinne darf man demnach nur von einem Freund-Kennsystem sprechen.

Der Zusammenhang

$$\{\text{Freunde}\} \subset \{\text{alle Ziele}\}$$
$$\{\text{Feinde}\} = \{\text{alle entdeckten Ziele}\} \setminus \{\text{Freunde}\}$$

zeigt, daß die Feinde aus der Abwesenheit einer Antwort als solche definiert werden. Einwandfreie Funktion aller Systemkomponenten ist daher für eine sichere Freundkennung unerläßlich. Für die Erfassung aller Ziele braucht man nach wie vor das Primärradar-Gerät.

Die wesentlichen Kennwerte der Systeme IFF Mark X-A/Mark XII bzw. SSR sind in Tab. 7.1 zusammengestellt.

Tab. 7.1: Sekundärradar-Kennwerte (Quelle: Lit. [5])

Systemreichweite*	$R = 200\,\text{NM} \approx 370\,\text{km}$
Frequenzband	L-Band
Abfragefrequenz	$f_i = 1030\,\text{MHz}$
Antwortfrequenz	$f_t = 1090\,\text{MHz}$
Abfragehäufigkeit (engl.: **I**nterrogation **R**epetition **F**requency)	$IRF < 450$ Abfragen/s
Sendeleistung (Impulsspitze)	
Abfragegerät (Interrogator)*	$P_i < 1500\,\text{W}$
Antwortgerät (Transponder)	$P_t = 500\,\text{W}$
Empfängerempfindlichkeit (ausreichend für einwandfreie Decodierung)	$MTL = $ **M**inimum **T**rigger **L**evel
Abfragegerät (Interrogator)*	$MTL_i = -82\,\text{dBm}$
Antwortgerät (Transponder)	$MTL_t = -75\,\text{dBm}$
Impulsanstiegszeiten	$50\,\text{ns} < t < 100\,\text{ns}$
Videobandbreite	etwa 5 MHz
Antenne des Abfragegerätes	Richtantenne (meist Fächerstrahl)
Antenne des Antwortgerätes	Rundstrahlantenne
Polarisation	vertikal

⋆ Bezugspunkt für die Aufstellung von Pegelplänen ist der Transponder! Sollen Systeme mit einer anderen Reichweite dimensioniert werden, so dürfen nur die Sendeleistung und die Empfängerempfindlichkeit des Abfragegerätes verändert werden.

7.4 Sekundärradar-Verfahren

Der Informationsfluß im Kennsystem Mark X-A

Durch das IFF-System soll der vom Primärradar abgetastete Luftraum erfaßt werden. Da die Mehrzahl der Primärradar-Anlagen auch heute noch mit mechanisch angetriebenen Rundsuchantennen arbeitet, wurde der Datenaustausch des IFF-Systems auf diesen Fall zugeschnitten. Damit ist praktisch nur ein Anruf ‚an alle' möglich; die Unterscheidung der Ziele erfolgt mit Hilfe des Antwortcodes. Es gibt allerdings auch bei der Abfrage eine Verschlüsselung in Form der 4 Abfragemodi, wobei die Modi 1, 2 und 3 für militärische Anwendungen vorgesehen sind. Diese bestehen aus dem Impulspaar P_1 und P_3, deren zeitlicher Abstand T die Codierung der Abfrage bildet. Ein zusätzlicher Impuls P_2 dient der Nebenkeulenunterdrückung (Abb. 7.23).

Die Antwort besteht aus 2 Rahmenimpulsen F_1 und F_2 mit 12 dazwischen liegenden Informationsimpulsen; ggf. wird noch der Identifizierungssonderimpuls SPI (SPI: Special Position Identification) angefügt. Für die Übertragung der an Bord gemessenen Flughöhe auf die Abfrage in Modus C hin ist ein spezieller zyklischer 11-Bit-Code vorgesehen. Die Transponderverzögerungszeit beträgt $3\ \mu s \pm 0,5\ \mu s$.

Es sei darauf hingewiesen, daß der Antwortcode zunächst nur eine Zahl darstellt. Seine Bedeutung läßt sich immer erst mit dem zugehörigen Abfragemodus entschlüsseln.

Der Codeumfang von 4096 Codeworten pro Modus gestattet die Unterscheidung einzelner Ziele für Flugsicherungszwecke und taktische Aufgaben. Eine fälschungssichere Freundkennung ist mit diesem geringen Codevorrat nicht möglich. Eine gesicherte Freundinformation bietet erst das Kennsystem Mark XII.

Dieses enthält über Mark X-A hinaus eine weitere Betriebsart: Modus 4. Modus 4 überträgt nur eine einzige Information: ‚Freund'. Sie ist allerdings so umfangreich verschlüsselt, daß eine Ausspähung und Nachahmung durch den Gegner praktisch unmöglich ist.

Da ein einzelnes Frage-Antwort-Spiel zunächst nur eine endliche Sicherheit bietet, wird in einem speziellen Modus 4-Auswerter jeweils eine ganze Kette von Frage-Antwort-Spielen einer Abtastperiode ausgewertet.

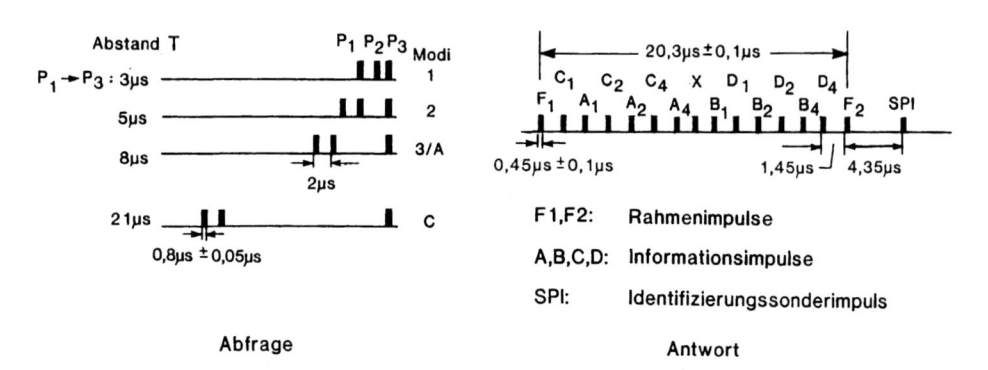

Abb. 7.23: Verschlüsselung der Abfrage (Abfragemodi) und der Antwort.

Darstellung der Antwortinformation

Die Kenninformation wird in der Bodenstation ausgewertet. Dazu muß das Antwortimpulstelegramm mit dem Primärradar-Signal zeitlich und örtlich korreliert und in eine Form gebracht werden, die eine Weiterverarbeitung gestattet. Hierzu sind im wesentlichen 3 Methoden gebräuchlich:

- Die Kennzeichnung desjenigen Flugzieles auf dem Radarbildschirm, das die erwartete Antwort abgibt. Diese ‚passive' Decodierung beantwortet die Frage ‚Ziel, wo bist du?' mit verschiedenen Varianten, etwa der Kennzeichnung aller Flugzeuge, die auf den abgefragten Modus hin eine beliebige Antwort abgeben, meist jedoch die Kennzeichnung desjenigen Flugzeuges, das auf den abgefragten Modus mit dem erwarteten Code antwortet (Abb. 7.24).

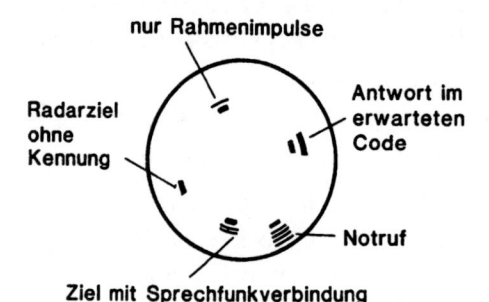

Abb. 7.24: Darstellung der Passivdecodierung am Radarbildschirm (Quelle: Lit. [5]).

Besonders vorteilhaft ist die Kennzeichnung desjenigen Zieles, mit dem gerade eine Sprechfunkverbindung besteht. Auf Anforderung der Bodenstelle schaltet der Pilot den Transponder auf die Betriebsart I/P (Identification of Position). Dadurch wird während der Dauer der Sprechverbindung der Identifizierungssonderimpuls angefügt. Der Radarbeobachter erkennt seinen Gesprächspartner auf dem Radarbildschirm an einem Doppelstrich. Für die Signalisierung von Notfällen gibt es spezielle Codes, die optischen und akustischen Alarm auslösen.

- Die numerische Anzeige der Antwort eines beliebig auf dem Radarschirm ausgewählten Zieles, die ‚aktive' Decodierung, beantwortet die Frage: ‚Wer bist du?', bzw. ‚Welche Flughöhe zeigt dein Höhenmesser?'.

  Die Zielauswahl erfolgt mit Hilfe einer „Lichtpistole" (engl.: light gun), die auf das gewünschte Ziel am Bildschirm aufgesetzt wird und aus der Helligkeitsmodulation des Zielpunktes ein Auslösesignal für die Decodierung gewinnt. Eine andere Möglichkeit ergibt sich aus der Markierung eines bestimmten Zieles mit einem Steuerknüppel oder einer Rollkugel.

- Die automatische Decodierung (Zieldaten-Extraktion). Mit dem Übergang zur EDV bei der Flugsicherung wurden auch Anlagen realisiert, mit denen parallel zu den Primärradar-Extraktoren die Informationen der Sekundärradar-Geräte digital

7.4 Sekundärradar-Verfahren

extrahiert und mit den Primärradar-Daten korreliert werden können. Meist arbeitet ein solcher Sekundärradar-Extraktor in zwei Schritten. Der eigentliche Extraktor, ein nicht frei programmierbarer Spezialrechner übernimmt die anfallenden Informationen im Takt des Sekundärradar-Gerätes in Realzeit und nimmt eine erste Aussiebung redundanter Informationen sowie von Störsignalen vor. Häufig ist dies ein aus der Primärradar-Technik bekannter Wanderfenster-Detektor. Er muß hier allerdings wegen der Nachrichteninhalte pro Entfernungszelle eine entsprechende Speichertiefe aufweisen.

Sein Ausgang ist mit einem Pufferspeicher verbunden, dem ein frei programmierbarer Rechner, u. U. ein universell einsetzbarer Minirechner gleichmäßig in seinem Systemtakt die Information zur weiteren Bearbeitung entnimmt. Dazu gehören die Korrelation aller Kenninformationen in allen Modi mit dem Ortungsergebnis, die Zielmittenbestimmung, eine Verbesserung des Ortungsergebnisses aufgrund von Plausibilitätsbetrachtungen, eine selbständige Adaption an die Funkraumbelastung und die Koordinatentransformation der Ortungsergebnisse.

Als Zwischenergebnis stehen dann von allen antwortenden Flugzeugen als Zielmeldungen (‚Plots') folgende Informationen zur Verfügung:
- die Kenninformationen in allen Modi
- die Höheninformation
- kartesische Koordinaten zu einem Bezugspunkt
- Qualitätsnoten für die vorstehenden Informationen

Diese Plots werden nun zusammen mit den Primärradar-Daten weiterverarbeitet. Dies geschieht für das einzelne Ziel in Form einer Flugspur (engl.: Track), für die Gesamtdarstellung in Form synthetischer Luftlagedarstellungen, aber auch in Form von Vorhersagebildern, die eine frühzeitige Erkennung künftiger Konflikte ermöglichen. Durch die Aufbereitung der Information ist es aber auch möglich, sie mit einfachen technischen Mitteln schmalbandig und wirtschaftlich zu weit entfernten Zentralen zu übertragen.

IFF-Abfragegerät (‚Interrogator')

Das Abfragegerät (engl.: Interrogator) besteht ähnlich wie das Primärradargerät aus zwei Zweigen, dem Sendeweg und dem Empfangsweg.

Wegen der günstigeren Ausbreitungsbedingungen kommt man allerdings mit geringeren Sendeleistungen und Empfängerempfindlichkeiten aus. Für die Übertragung von Dateninhalten kommen Coder, Decoder, Defruiter, Auswerter und Extraktoren hinzu. Eine enge Verknüpfung mit dem Primärradar-Gerät stellt sicher, daß die Sekundärradar-Information jedem Radarziel eindeutig zugeordnet werden kann.

Allgemein kann noch erwähnt werden, daß IFF-Abfragegeräte je nach Aufgabe des zugehörigen Primärradar-Gerätes in den unterschiedlichsten Konfigurationen konzipiert werden.

IFF-Antwortgerät (‚Transponder')

Das IFF-Antwortgerät (engl.: Transponder) an Bord des Flugzeuges oder Schiffes empfängt seine Abfragen über eine Rundstrahlantenne. Auf die Sende-Empfangsweiche folgt ein Überlagerungsempfänger, der an seinem Ausgang die Frage als Videosignal an den Decoder abgibt. Dort werden die Frage erkannt und der Coder veranlaßt, eine Antwort zu bilden, die sowohl der Frage, als auch der Einstellung am Bediengerät entspricht. Diese Antwort wird vom Modulator als Impulsmodulation dem HF-Träger des Senders aufgeprägt, der das Signal über die Weiche an die bereits erwähnte Rundstrahlantenne gibt, von wo es zur Abfragestation zurückgestrahlt wird.

Von besonderer Bedeutung ist dabei der ‚Diversity-Transponder'. Wie in Kap. 7.4.3 ausgeführt wird, besteht für die Identifizierungswahrscheinlichkeit eine ernstzunehmende ‚Verlustquelle' für Antworten darin, daß die Transponderantenne am Flugzeug niemals so angebracht werden kann, daß sie tatsächlich einen Rundempfang hat. Nahezu die Hälfte des Raumes wird immer von der Flugzeugzelle abgeschattet sein. In früheren Zeiten behalf man sich damit, daß man zwei Antennen vorsah und diese über einen Umschalter im Rhythmus von 15 Hz bis 45 Hz abwechselnd an den Transponder schaltete (‚Lobe Switching'). Damit wurde zwar die Bedeckung verbessert, die Wahrscheinlichkeit für die Erreichbarkeit aus einem bestimmten Raumwinkel sank dabei allerdings zwangsläufig unter 50%.

Eine Abhilfe hiergegen bietet die Anwendung des Antennendiversity-Gedankens, wie er im IFF-Transponder STR 700 der Siemens AG 1972 erstmalig serienmäßig realisiert wurde. Dieser Transponder hat zwei getrennte Empfänger (Abb. 7.25) und kann selbst erkennen, über welche Antenne eine Abfrage aufgenommen wurde; über eben diese Antenne wird dann die zugehörige Antwort abgestrahlt.

7.4.3 Systemeigene Störungen

In den militärischen Systemen erkannte man sehr schnell, daß bei größerer Ausdehnung eines Sekundärradar-Systems mit vielen Teilnehmern Schwierigkeiten in der Zusammenarbeit, aber auch gegenseitige Störungen auftreten. Da sichergestellt werden muß, daß jede Abfragestation mit jedem Transponder möglichst zu jeder Zeit korrespondieren kann und sich aus diesem Grund der gesamte Verkehr auf einer einzigen Abfragefrequenz und einer dazu gehörenden anderen Antwortfrequenz abspielt, hat das System eine endliche Kapazität. Einige der wesentlichen Probleme sollen hier von ihrer Erscheinungsform her kurz erklärt und Abhilfemaßnahmen beschrieben werden.

Nichtsynchrone Antwortstörungen (engl.: Fruit)

Mit ‚Fruit' bezeichnet man eine für das Sekundärradar-Verfahren typische Störerscheinung, die sich dadurch ergibt, daß eine Abfragestation A von einem Flugzeug nicht nur Antworten auf ihre eigenen Abfragen erhält, sondern auch Antworten, die das Flugzeug über seine Rundstrahlantenne auf Abfragen anderer Bodenstationen B, C usw. abstrahlt (Abb. 7.26).

7.4 Sekundärradar-Verfahren

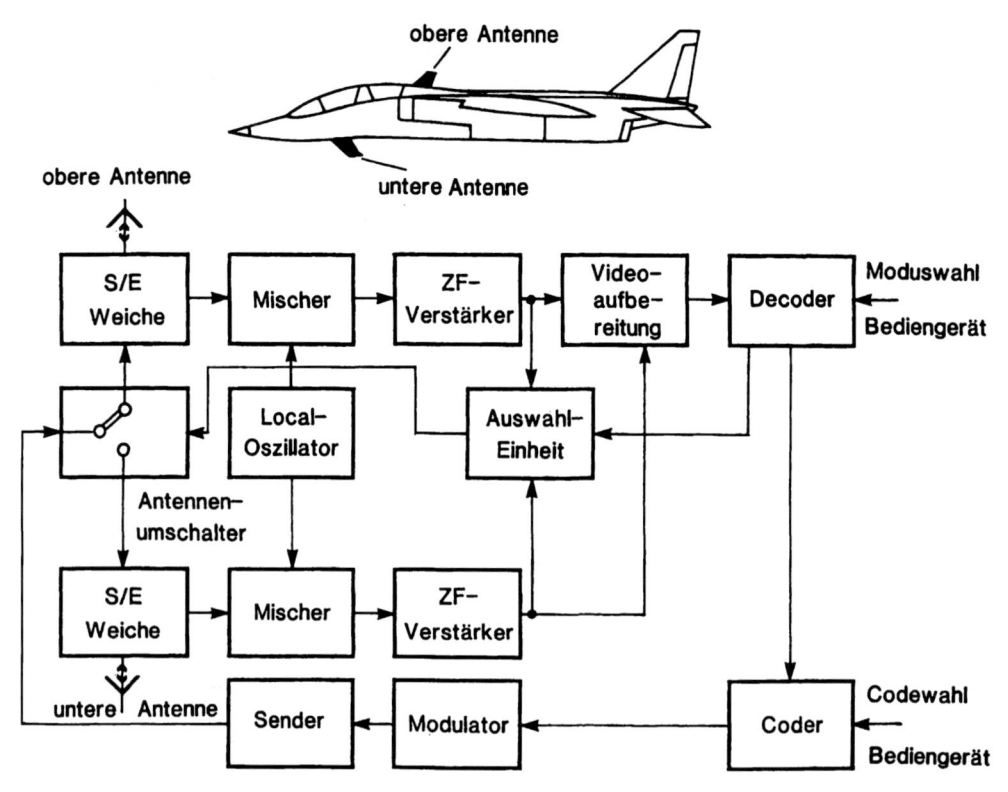

Abb. 7.25: Antennendiversity (Quelle: Lit. [5]).

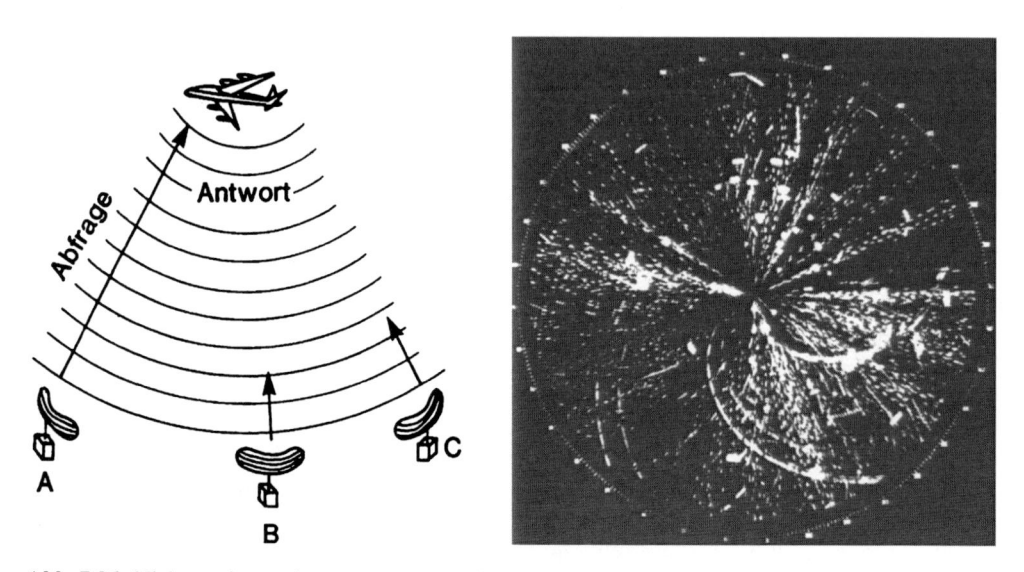

Abb. 7.26: Nichtsynchrone Antwortstörungen (Quelle: Lit. [5]).

Auf dem Bildschirm der Station A erscheint also nicht nur die gewünschte Antwort, sondern meist über den ganzen Bildschirm verteilt eine Fülle von Antwortimpulsen, die mit der Frage in keinerlei Zusammenhang stehen; das Radarbild sieht dann aus wie eine aufgeschnittene ‚Grapefruit'.

Man muß sich dabei auch der Tatsache bewußt sein, daß eine codierte Nachricht zunächst nur eine Folge von Zeichen (Impulsen) ist, die ihre Bedeutung erst im Zusammenhang mit der Frage erhält.

Eine technische Einrichtung zur Unterdrückung der nichtsynchronen Antworten ist der ‚Defruiter'. Es handelt sich dabei um ein Zeitfilter, das über mindestens zwei Abfrageperioden hinweg jede einlaufende Antwort daraufhin prüft, ob sie in strengem Synchronismus mit der eigenen Abfrage eintrifft. Alle Antworten, die auf fremde Abfragen zurückzuführen sind und denen dieser Synchronismus zwangsläufig fehlt, werden zurückgewiesen. Da die zuerst eingelaufene Antwort nur zur Erzeugung eines Zeittores benutzt wird, ergibt sich ein Verlust an Nutzinformation. Durch den Vergleich von mehr als zwei Abfrageperioden kann man die Filterwirkung verschärfen, muß dann allerdings auch einen höheren Verlust von Nutzinformation in Kauf nehmen.

Codeverwirrung (engl.: Garbling)

In jedem Radarsystem besteht eine Dualität von Raum und Zeit. Aus der Signallaufzeit wird die Zielentfernung errechnet; umgekehrt bedeutet jede Signallänge, wie etwa ein Abfrage- oder Antwortsignal die Überdeckung eines bestimmten Entfernungsbereiches. Hat z. B. das Antworttelegramm eine Länge von 20,3 µs, so entspricht dies im Raum einer Entfernung (Hin- und Rückweg) von etwa 3 km. Befinden sich im Erfassungsbereich der Abfragerichtantenne (meist ein Fächerstrahl ohne Höhendiskriminierung) gleichzeitig zwei Flugzeuge mit einem radialen Entfernungsunterschied von weniger als 3 km, laufen die Impulstelegramme der beiden Antworten ineinander.

Man hat zwei Fälle zu betrachten:

1. Die nichtsynchrone Antwortüberlappung (engl.: Interleave).

    Hier liegen die Antworten so übereinander, daß ihre beiden Zeitraster nicht aufeinanderfallen. Solche Antworten können im Rahmen des Auflösungsvermögens der Decoder getrennt und einzeln entschlüsselt werden (Abb. 7.27 oben).

2. Bei der synchronen Antwortüberlappung liegen zwei oder mehrere Antworten so übereinander, daß sie ein gemeinsames Zeitraster haben. Es läßt sich am Empfängerausgang nicht mehr feststellen, ob ein einzelner Impuls dem einen oder dem anderen Antworttelegramm angehört (Abb. 7.27 unten). In diesem Fall wird in aller Regel eine verfälschte Information decodiert, sofern man dies nicht mit einer Logikschaltung (engl.: Degarbler) unterbindet.

    Anmerkung: Eine andere Terminologie versteht unter asynchronem Garbling solches, das durch Fruit erzeugt wird. Synchrones Garbling ist dann die Antwortüberlappung eng benachbarter Ziele.

7.4 Sekundärradar-Verfahren

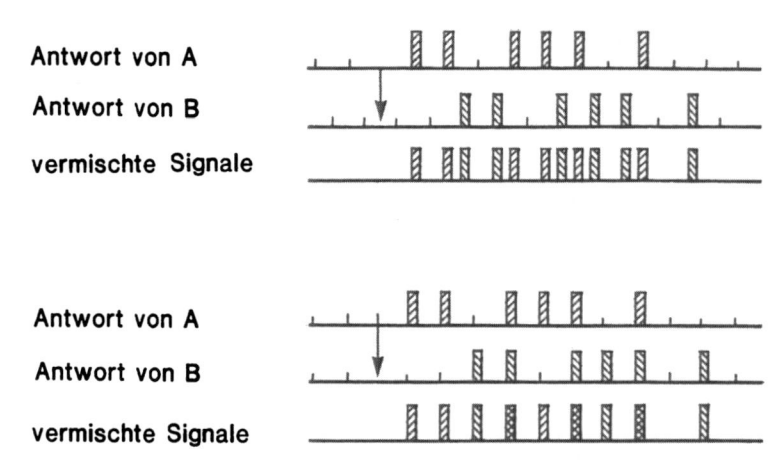

Antwort von A

Antwort von B

vermischte Signale

Antwort von A

Antwort von B

vermischte Signale

Abb. 7.27: Codeverwirrung (Quelle: Lit. [5]).

Nebenkeulenunterdrückung (SLS: Side Lobe Suppression)

Die in der Radartechnik verwendeten Richtantennen haben neben ihrer erwünschten Hauptkeule noch zahlreiche Nebenkeulen. Diese treten beim Sekundärradar-Verfahren besonders in Erscheinung, weil die Apertur der Abfrageantenne häufig kleiner ist als die der zugehörigen Radarantenne. Sie hat dann nicht nur schlechtere Bündelungseigenschaften, sondern meist auch höhere Nebenkeulen. Folglich werden Flugzeuge im Nahbereich nicht nur über die Hauptkeule, sondern auch über die Nebenkeulen abgefragt; eine eindeutige Winkelzuordnung ist dann nicht mehr möglich.

Eine Abhilfe dagegen bieten zwei Verfahren zur Nebenkeulenunterdrückung.

Abfragenebenkeulenunterdrückung
(ISLS: Interrogation Side Lobe Suppression,)

Dieses Verfahren beruht darauf, daß zusätzlich zur eigentlichen Abfrage, die über die Richtantenne abgestrahlt wird, ein weiteres Signal in einem definierten zeitlichen Bezug über eine Antenne mit einer unterschiedlichen Charakteristik (z. B. einer Rundstrahlcharakteristik) ausgestrahlt wird, das im Raum ein Referenzsignal liefert (Abb. 7.28). Im Transponder wird durch einen Feldstärkevergleich ermittelt, ob das Signal von einer Hauptkeule oder von einer Nebenkeule herrührt; Abfragen über Nebenkeulen werden nicht beantwortet. Dabei gilt folgende Definition:

- Wenn $P_2 \geq P_1$, dann muß die Antwort unterdrückt werden.
- Wenn $P_1 \geq (P_2 + 9\,\text{dB})$, dann muß die Antwort erfolgen.

In dem dazwischenliegenden 9 dB breiten Bereich, der ‚grauen Zone', kann eine Antwort erfolgen oder nicht. Durch die graue Zone wird die wirksame Abfragebreite beeinflußt (Abb. 7.29a).

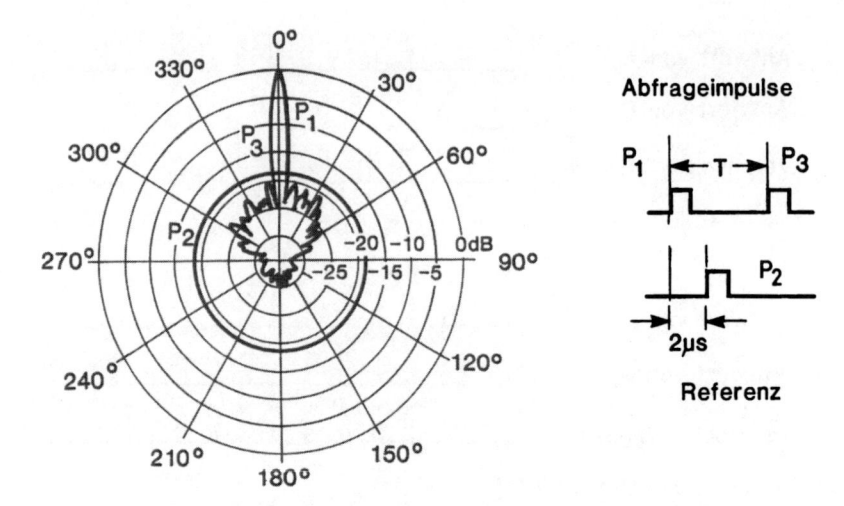

Abb. 7.28: Abfragenebenkeulenunterdrückung *ISLS* (Quelle: Lit. [5]).

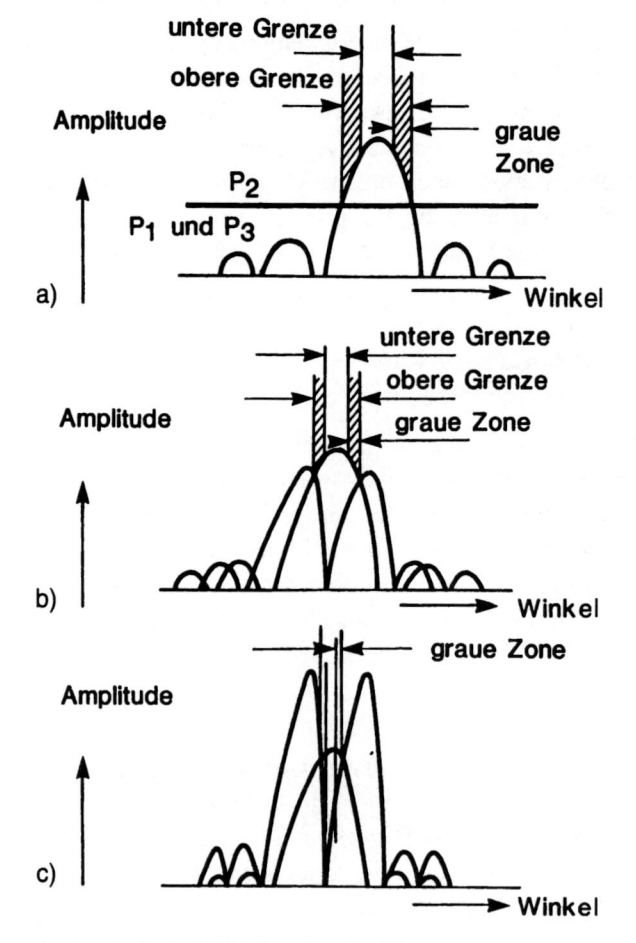

Abb. 7.29: Wirksame Abfragebreite bei *ISLS* (Quelle: Lit. [5]).

7.4 Sekundärradar-Verfahren

Der Nachteil, daß bei Antennen mit kleiner Apertur die Hauptkeule eine schlechte Bündelung aufweist, kann in gewissem Umfang durch modifizierte *SLS*-Verfahren abgefangen werden. Hierzu verwendet man Antennen (Abb. 7.29b), deren Strahlungscharakteristik sich in ein Summen (Σ)- und in ein Differenz (Δ)-Diagramm aufspalten läßt (Monopulsantenne). Überhöht man das Signal des Δ-Kanals gegenüber dem Σ-Kanal, so ergibt sich gemäß der obigen Definition durch Einfügen einer additiven Konstante eine künstliche Einengung der wirksamen Antennenkeule (Abb. 7.29c). Da Antworten außerhalb durch die *ISLS* unterdrückt werden, ist dies auch eine echte Verbesserung der Winkelauflösung.

**Nebenkeulenunterdrückung im Empfangsweg
(RSLS: Receiving Side Lobe Suppression)**

Bei diesem Verfahren werden von der Bodenstation alle Antworten gleichzeitig über zwei getrennte Kanäle empfangen, einmal über eine Richtantenne mit nachfolgendem Empfänger und einmal über eine Rundstrahlantenne mit nachfolgendem Empfänger. Die beiden Empfängerausgänge sind über Komparatoren derart miteinander logisch verknüpft, daß nur Signale, die von der Hauptkeule erfaßt wurden, zur Anzeige gebracht werden. Bei Verwendung einer Referenzantenne mit einer Nullstelle in der Hauptstrahlrichtung kann man analog zu dem im vorigen Abschnitt beschriebenen Verfahren eine Verringerung der wirksamen Anzeigebreite erreichen, insbesondere wenn man die Verstärkung der beiden Kanäle unterschiedlich einstellt (K-Faktor).

Anmerkung: Es ist dies allerdings kein echtes Monopulsverfahren, da es keine numerische Angabe über die Abweichung von der Peilachse liefert.

Systemantwortwahrscheinlichkeit

Auch beim Sekundärradar-Verfahren hat man mit Wahrscheinlichkeiten zu rechnen, deren statistische Herkunft sich allerdings ganz wesentlich von denen der Primärradar-Technik unterscheidet. Nicht jede Abfrage löst eine Antwort aus. Tatsächlich fallen immer wieder Antworten aus. Zu den Ursachen zählen:

- Defruiter bzw. Auswerter (bei denen Nutzantworten zur Bildung von Annahmetoren verwendet werden)
- Garbling
- Transpondertotzeit (sie verhindert die Annahme neuer Abfragen, solange die zuerst eingetroffene bearbeitet wird)
- ISLS-Totzeit (sie verhindert die Annahme neuer Abfragen während der SLS-Auswertung)
- Verriegelung des Transponders durch andere Avioniksysteme
- Überabfrage (wie sie z. B. bei absichtlicher Störung auftritt)

- Antennenumschaltung (Lobe switching der Transponderantenne, wie in Kap. 7.4.2 bereits ausgeführt)
- Unsicherheit des Übertragungskanales

Insbesondere der letzte Punkt sollte etwas genauer betrachtet werden, da hier bei der Systemplanung häufig Fehler gemacht werden. Es genügt, wenn im folgenden eine Richtung des Abfragekanals betrachtet wird; die Gegenrichtung gehorcht dem selben Gesetz. Die Sendeleistung P_S des Abfragegerätes muß unter Berücksichtigung der Antennengewinne G_S, G_E so groß gewählt werden, daß nach Abzug aller Verluste (Kabeldämpfungen a_K und Grundübertragungsdämpfung L_O des freien Raumes) in der größten geforderten Entfernung die Ansprechschwelle P_E (MTL: Minimum Trigger Level) des Transponders mit einem für die Decodierung brauchbaren Signal-zu-Rausch-Abstand S/N überschritten wird,

$$P_S - P_E \geq L_O + a_{K1} + a_{K2} - G_S - G_E \ . \tag{7.43}$$

Dies ist eine einfache Rechnung, sofern man die Zahlenwerte kennt. Tatsächlich sind diese Größen nicht fest, sondern einer statistischen Streuung unterworfen. Ein typisches Beispiel hierfür ist die Aufzipfelung von Antennencharakteristiken durch Reflexion. Der Gewinn der Antenne darf nicht mehr durch einen festen Zahlenwert beschrieben werden, sondern nur noch durch seine Wahrscheinlichkeitsverteilung, d. h. einer Angabe darüber, in wieviel Prozent aller Fälle ein bestimmter Wert des Gewinns vorhanden ist oder überschritten wird (Abb.7.30).

Eine Verbesserung der Bedingungen läßt sich meist erst aus einer Veränderung der Geometrie erzielen, wie sie sich durch die Bewegung des Zieles ergibt. Das bedeutet aber, daß man mit langen Dekorrelationszeiten rechnen muß. Ähnliches gilt für fast alle anderen Größen der Leistungsbilanz.

Mit Hilfe statistischer Rechenmethoden kann man aus den einzelnen Wahrscheinlichkeitsverteilungen ausrechnen, wie groß die Ansprechwahrscheinlichkeit des Trans-

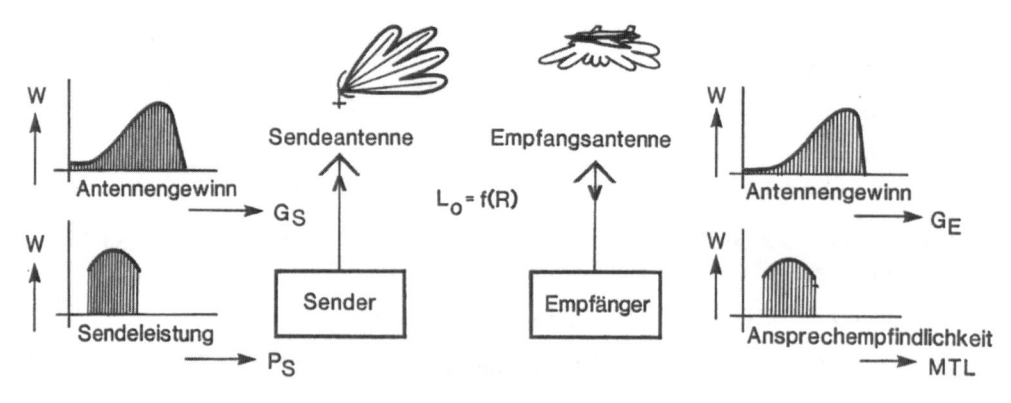

Abb. 7.30: Statistische Streuung von Kennwerten eines Sekundärradar-Systems.

7.4 Sekundärradar-Verfahren

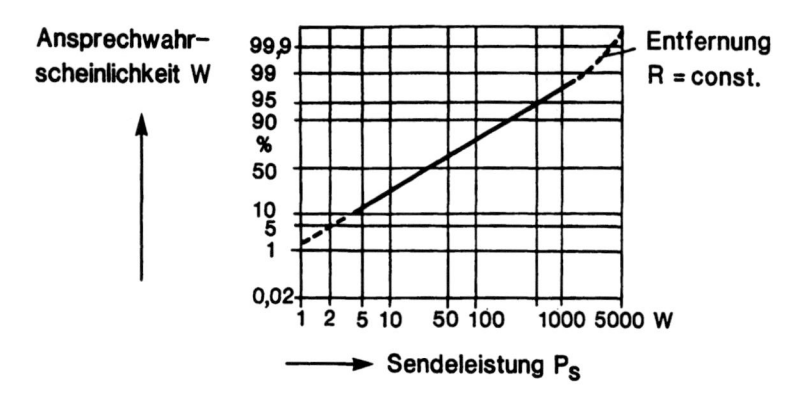

Abb. 7.31: Ansprechwahrscheinlichkeit eines Transponders in Entfernung R.

ponders für eine bestimmte Sendeleistung an der vom System her vorgesehenen Reichweitengrenze ist. Man sieht in Abb. 7.31, daß man mit einer Steigerung der Sendeleistung tatsächlich die Ansprechwahrscheinlichkeit erhöhen kann, daß allerdings oberhalb 90% für eine nur noch geringe Zunahme der Ansprechwahrscheinlichkeit die Sendeleistung sehr stark erhöht werden muß. Auf der anderen Seite darf man nicht übersehen, daß mit einer geringen Wahrscheinlichkeit sehr große Überreichweiten erzielt werden. Die Überreichweite bedeutet jedoch, daß die übrigen Ursachen von Antwortausfällen in Betracht gezogen werden müssen, besonders Überabfrage, Totzeiten und Fruit. Trägt man für den Einfluß dieser Größen eine Wahrscheinlichkeitskurve auf, so ist zu erkennen, daß sich mit steigenden Leistungspegeln (im Gesamtsystem und für alle Teilnehmer) die Ansprechwahrscheinlichkeit verschlechtert.

Ziel der Systemplanung ist daher, die Ansprechwahrscheinlichkeit für die Einzelanlage so niedrig festzulegen, daß sich für das gesamte Sekundärradar-System ein Optimum ergibt.

Nach einer Faustformel errechnet sich die notwendige Sendeleistung P_{eff} für die Reichweitengrenze R in km zu

$$P_{\text{eff}} = 4 + 20 \cdot \log_{10} R, \tag{7.44}$$

wobei P_{eff} die effektiv abgestrahlte Leistung in dBW ist, d. h. die Sendeleistung P_S verstärkt um den Antennengewinn und vermindert um die Leitungsverluste.

7.4.4 Zukunftstendenzen der militärischen Kenntechnik

Gerade weil das Kennsystem so wichtig ist, wird ein Gegner versuchen, das System entweder zu überlisten, es auszuschalten oder gar für seine eigenen Zwecke zu verwenden. Es muß daher stets weiterentwickelt werden. Eine solche Neuentwicklung war ‚NIS' (NATO Identification System), zu dem bereits ein Standardisierungsübereinkommen vorlag. Dieses definierte sowohl eine Komponente der direkten Kennung (**Direct Sub System, DSS**), als auch eine der indirekten Kennung (**Indirect Sub System,**

ISS), um den erhöhten Ansprüchen der Identifizierungssicherheit gerecht zu werden. Im ISS werden alle auch noch so unbedeutend erscheinenden Informationen über ein Ziel gesammelt und zu einer Gesamtaussage fusioniert. Der DSS-Anteil war dabei wiederum ein Sekundärradar-System.

NIS wurde wegen der veränderten Bedrohungslage und wegen der drastisch reduzierten Wehretats nicht weiter verfolgt.

Seither bemühen sich sowohl die europäischen NATO-Partner als auch die US-Industrie darum, eine Rückfallposition mit der Programmbezeichnung ‚NGIFF' (Next Generation **IFF**) zu erarbeiten.

Um Störungen ziviler Dienste zu verringern und geringere Kosten zu verursachen, geht man von zwei Einsatzszenarien aus. Im NGIFF sind daher zwei Modi, Modus 7 (Frieden, ATC-verträglich) und Modus 8 (ECM-fest) vorgesehen.

Durch die Anwendung der bandspreizenden Modulationsart MSK (**Minimum Shift Keying**) wird die zugeteilte Bandbreite von ±5 MHz wesentlich besser als bisher ausgenützt. Ein Fortschritt liegt in der Verwendung von Absolutzeitquellen zur Authentisierung der Abfrage. Damit ist es dem Gegener verwehrt, durch Lockabfragen in das System einzudringen.

Zum weiteren muß auch in Zukunft sichergestellt werden, daß militärische Luftfahrzeuge auch an einem modernisierten Sekundärradar-System teilnehmen können.

7.4.5 Sekundärradar in der zivilen Flugsicherung

Auch in der zivilen Flugsicherung erhält das Ortungsergebnis eines Primärradar-Gerätes erst dann einen eindeutigen Sinn, wenn es einem bestimmten Ziel zugeordnet werden kann. Das zivile Sekundärradar-System SSR wurde ursprünglich direkt aus dem IFF-System Mark X übernommen und von der ICAO im Annex X standardisiert [7]. Es unterscheidet sich nur in den zusätzlichen Abfragemodi A (Identifizierung) und C (Höhenabfrage), wie sie bereits in Abb. 7.23 dargestellt wurden und der gerätetechnischen Ausstattung. Damit sind die genannten militärischen und zivilen Systeme miteinander voll kompatibel; dies ist eine wichtige Grundlage für eine gemeinsame Flugsicherung.

Eine wichtige Verbesserungsmöglichkeit für das SSR besteht in der Einführung von Monopuls-Empfangs-Systemen. Hierbei wird nicht nur die Genauigkeit der Azimut-Messung gesteigert, was letztlich zu wesentlich glatteren Flugspuren führt. Dadurch, daß jeder empfangene Impuls auch mit einer Kenngröße seiner Empfangsrichtung versehen werden kann, ergibt sich die Möglichkeit, in einem speziellen Monopuls-Extraktor eine wesentlich verfeinerte Trennung von überlagerten bzw. Fruit-Antworten zu erzielen.

Mit steigender Anzahl von Teilnehmern wachsen auch die Probleme von Fruit, Überabfrage und Garbling. Diese Störerscheinungen lassen sich eigentlich auf eine

7.4 Sekundärradar-Verfahren

gemeinsame Ursache zurückführen, auf die ‚Abtaststrategie', die von den bisherigen Radargeräten übernommen worden war. Die Abfrage erfolgt mehrmals während der Zielüberstreichung durch die Antennenkeule. Die einzelnen Informationstelegramme haben keine Datensicherungsvorkehrungen, außer der mehrfachen Wiederholung; die Zielmitte wird aus Anfang und Ende des Zielbogens ermittelt. Dies bedingt den ‚Anruf an alle' und den damit verbundenen ungleichen Datenstrom für die Abfrage- und Antwortrichtung. Dies läßt sich vermeiden, wenn man die einzelnen Flugzeuge gezielt anspricht; dann kann man auch längere Impulsdiagramme mit Datensicherungsmaßnahmen übertragen. Elektronisch gesteuerte Antennen bieten die Möglichkeit, jeden beliebigen Raumwinkel nahezu trägheitslos anzusteuern und auf ihm solange zu verweilen, bis der Datenaustausch abgeschlossen ist. Handelt es sich dabei um eine Monopuls-Antenne, so ist bereits bei einem einzigen ‚Frage-Antwort-Spiel' eine genaue Winkelbestimmung möglich. Die EDV ist in der Lage, auch komplexe Luftlagebilder über längere Zeit zu speichern, die gesammelten Daten zu verknüpfen und die Antenne so zu steuern, wie es zur laufenden Überwachung aller Flugzeuge notwendig ist.

Diese Systemerweiterung wurde mittlerweile von der ICAO im Annex X [7] als Modus S weltweit genormt. Das bisherige SSR-System, das in Gebieten geringerer Verkehrsdichte auch weiterhin beibehalten werden soll, ist nur noch eine Untermenge [8]. Da die Betriebsarten des ursprünglichen SSR und Modus S dieselben Trägerfrequenzen verwenden (1030 MHz und 1090 MHz), wird die Unterscheidung durch das Datenformat und die Modulationsart getroffen. Sie sind so, daß die Geräte des einen Systems für Nachrichten des anderen Systems ‚taub' sind.

Modus S verwendet in Abfragerichtung ein Telegramm, das mit einem SLS-Impulspaar beginnt, welches die SSR-Funktion sperrt und überträgt die eigentliche Abfrage innerhalb eines Impulses P_6 mit DPSK (**D**ifferential **P**hase **S**hift **K**eying). P_6 kann eine Dauer von 16,25 μs oder 30,25 μs haben und erhält dann 56 bzw. 112 Informationsbits. Eine Nebenkeulenunterdrückung ist vorgesehen durch P_5, der von einem eigenen Sender erzeugt, über die Bezugsantenne abgestrahlt wird und im entsprechenden Fall die Synchronisation der DPSK-Modulation verhindert.

Die Modus S-Antwort beginnt mit einer charakteristischen Präambel. Die Informationsübertragung erfolgt in PPM (**P**ulse **P**osition **M**odulation), ebenfalls mit 56 oder 112 Informationsbits.

Aufbauend auf diese Telegramme wurden im Abfrageweg und im Antwortweg je 25 sogenannte ‚Up Link Formats' UF 0 bis 24 und 25 ‚Down Link Formats' DF 0 bis 24 definiert, die innerhalb der verfügbaren 56 bzw. 112 Informationsbits Felder und Unterfelder mit vorgegebener Bedeutung enthalten. Dabei wird noch zwischen ‚wesentlichen Feldern' (Formatfeld mit 5 Bit und das AP (**A**ddress/**P**arity)-Feld mit 24 Bit) und zwischen ‚Missionsfeldern' (mit Unterfeldern) unterschieden. Diese Felder bestimmen die eigentliche Bedeutung der Informationsbits. Eine Darstellung der UF- und DF-Formate ist hier aus typografischen Gründen nicht möglich. Es wird auf den Annex X der ICAO verwiesen.

Da man durch die Verwendung der Monopulstechnik für die Winkelbestimmung mit einem einzigen ‚Frage-Antwort-Spiel' auskommt, sind selbstverständlich Datensicherungsmaßnahmen vorgesehen. Dazu wird aus 32 bzw. aus 88 Informationsbits ein 24-Bit-Parity-Code gebildet und der 24-Bit-Adresse überlagert. Dies ergibt dann das Feld AP. Es ermöglicht im Abfrageweg eine Fehlererkennung (Übertragungsfehler führen zu einer falschen Adresse, die vom abgefragten Transponder nicht akzeptiert wird), im Antwortweg bis zu einer bestimmten Bit-Fehlerrate sogar eine Fehlerkorrektur (denn die Adresse ist ja a priori bekannt).

Eine weitere Erhöhung der Systemzuverlässigkeit erreicht man durch den Einsatz von Bodenmonitoren. Das sind Transponder mit Meßgerätequalitäten, die an Festpunkten im Fernfeld der Abfragegeräte aufgestellt werden. Sie gestatten eine kontinuierliche Integritätsmessung einschließlich des Strahlungsverhaltens der Abfrageantenne.

All dies läßt erkennen, daß mit Modus S außer der reinen Kennung auch andere standardisierte Nachrichten der Luftfahrt mit hoher Sicherheit übertragen werden können. Diese ‚Data-Link-Fähigkeit' macht den Modus S zu einem der möglichen Verbindungswege des ATN (**Aeronautical Telecommunication Network**), dem Datennetz eines modernen ATM (**Air Traffic Management**).

7.4.6 Kollisionswarnsysteme

Autonome Kollisionswarnsysteme für Flugzeuge werden schon seit Jahrzehnten in der ICAO unter der Bezeichnung ACAS (**Airborne Collision Avoidance Systems**) diskutiert [10]. Theoretische Überlegungen haben ergeben, daß die Gefährdung durch einen Eindringling in den eigenen Schutzraum am besten durch das ‚Tau'-Kriterium, das ist die vorausberechnete Zeit τ bis zum Erreichen des geringsten Abstandes charakterisiert wird. Die Größe τ ergibt sich aus dem Verhältnis der Entfernung zur Annäherungsgeschwindigkeit. Eine weitere Größe für die Beurteilung der Gefahr ist die Flughöhe des Eindringlings und ihre Änderung. Das Vorhandensein einer Quelle für die Identität und vor allem für die Höhe eines Flugzeuges hatte bald nach Einführung des SSR zum Vorschlag des Kollisionswarnsystems BCAS (**Beacon Assisted Collision Avoidance System**) angeregt. In diesem wurden vom BCAS-Empfänger in zeitlicher Nähe zu SSR-Abfragesignalen die Modus-C-Antworten eventuell vorhandener weiterer Transponder erfaßt und miteinander verknüpft. Hieraus ließ sich τ errechnen und bei Unterschreiten einer bestimmten Größe von τ eine Warnung ausgeben. Die Verwendung von Zufallssignalen ergab jedoch nicht in allen Fällen die geforderte Konflikt-Entdeckungs-Wahrscheinlichkeit; zum anderen kam es bei hoher Verkehrsdichte zu einer hohen Falschalarmrate, so daß BCAS nicht weiterverfolgt wurde.

Mit Einführung von Modus S wurde die Idee jedoch auf wesentlich verbesserter Grundlage wieder aufgenommen und führte zum System TCAS (**Traffic Alert And Collision Avoidance System**) [9].

7.4 Sekundärradar-Verfahren

TCAS besteht neben dem Modus S-Transponder aus einer TCAS-Einheit (diese enthält ein Sekundärradar-Abfragegerät und einen Auswerterechner), zwei zusätzlichen (Richt-)Antennen, sowie optischen und akustischen Anzeigen für den Piloten.

Die Rolle des Modus S-Transponders im TCAS soll in aller Kürze wie folgt beschrieben werden. Jeder Transponder sendet, sofern er nicht sowieso von einer Bodenstation Abfragen im UF 11 erhält, Streuantworten (das sind Antworten ohne Abfrage, engl.: Squitter) im Format DF 11 mit einer Rate von 0,8 – 1,2 Streuantworten pro Sekunde, die allen anderen TCAS-Empfängern seine Adresse mitteilen. Der TCAS-Abfrager kann nun gezielt von allen Modus S-Transpondern der Umgebung mit den Formaten UF 0 oder UF 16 die zur Kollisionsvermeidung benötigten Informationen in den Formaten DF 0 oder DF 16 abrufen. Eindringlinge, die nur mit einem SSR-Transponder ausgerüstet sind, werden vom TCAS-Abfrager im Modus C abgefragt.

Da TCAS in seiner vollen Ausbaustufe sehr aufwendig ist, wurden für unterschiedliche Anforderungen bisher 3 Stufen TCAS I, II und III definiert. Die Geräteanforderungen und die erzielbaren Schutzfunktionen, nämlich Warnung, Ausweichempfehlungen und gegenseitige Absprachen über Ausweichmanöver sind in der nachfolgenden Tab. 7.2 zusammengestellt.

Tab. 7.2: Schutzwirkung der verschiedenen TCAS-Stufen

Ausrüstung des Eindringlings	Ausrüstung des eigenen Flugzeugs		
	TCAS I	TCAS II	TCAS III
SSR-Modus-A-XPDR	WH	WH	WH
SSR-Modus-C- oder Modus-S-XPDR (mit Höhenübertragung)	WH	WH VAE	WH VAE HAE
TCAS I	WH	WH VAE	WH VAE HAE
TCAS II	WH	WH VAE TTK	WH VAE HAE TTK
TCAS III	WH	WH VAE TTK	WH VAE HAE TTK

Legende der Abkürzungen:	WH	Warnhinweis
	VAE	Vertikale Ausweichempfehlung
	HAE	Horizontale Ausweichempfehlung
	TTK	TCAS-TCAS Koordination
	XPDR	Transponder

Den Warnhinweisen und Ausweichempfehlungen liegen je nach Ansprechstufe (höhenabhängig) bestimmmte Tau-Kriterien zugrunde.

Eine weitere Verbesserung von TCAS kann sich aus der Einbeziehung von Ortsdaten ergeben, die u. a. mit dem Ortungssystem GPS (**G**lobal **P**ositioning **S**ystem) ermittelt und über den sog. ‚Extended Squitter' im Datenformat DF 17 ausgetauscht werden.

7.5 Winkelmeßverfahren

7.5.1 Abtaststrategien

In der Radartechnik besteht die Aufgabe vorgegebene Räume nach Zielen abzusuchen und darin deren Anwesenheit festzustellen. Nach erfolgter Entdeckung sind die Ziele in ihren Koordinaten (Azimut, Elevation, Entfernung, Geschwindigkeit) festzulegen. Zum winkelmäßigen Absuchen eines Raumes in Azimut und Elevation zwecks Zielerfassung mittels eines speziell dazu ausgelegten Antennensystems gibt es eine Reihe von Abtaststrategien. Sie lassen sich in zwei Kategorien einteilen:

1. Raumabtastung, d. h. in Azimut über 360°, in der Elevation eingeschränkt, z. B. von 0° bis 60°, und

2. Sektorabtastung, d. h. eingeschränkter Bereich in Azimut und Elevation.

Eine Auswahl gebräuchlicher Verfahren enthält Abb. 7.32; dabei sind (a) und (b) Strategien zur Raumabtastung, die Verfahren (c) und (d) eignen sich für Sektorabtastung.

Die Strahlschwenkung des Antennensystems kann mechanisch, aber auch elektronisch bei Verwendung von phasengesteuerten Antennen durchgeführt werden. Letzteres hat den großen Vorteil, daß die Diagrammschwenkung nahezu verzugslos erfolgen kann.

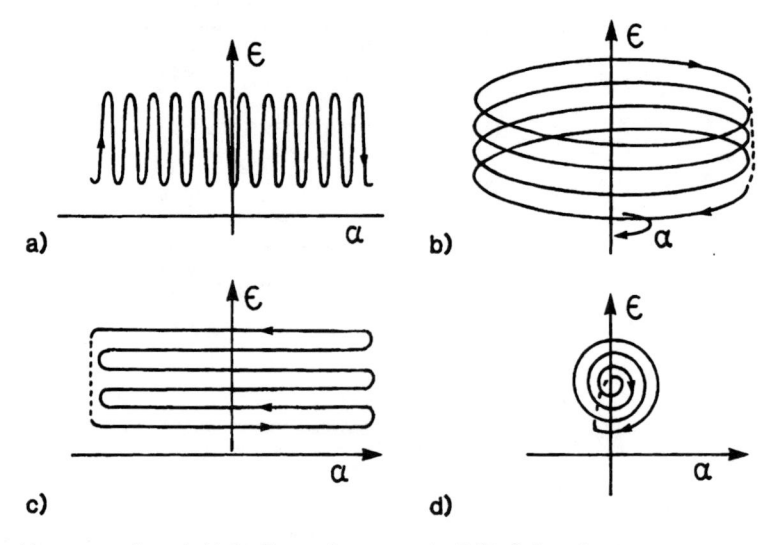

Abb. 7.32: Abtaststrategien: a), b) für Raumabtastung; c), d) für Sektorabtastung.

Aus Aufwandsgründen findet man auch kombinierte Verfahren, z. B. mechanische Schwenkung in Azimut und elektronische in der Elevation. Zur räumlichen Abtastung, also in Azimut und Elevation, werden bleistiftförmige Antennendiagramme benutzt. Bei ebenen Verfahren, also Abtastung in nur einer Winkelkoordinate, z. B. Azimut, verwendet man Antennendiagramme, welche in Azimut ebenfalls schmal sind, in der Elevation jedoch breit zur Abdeckung des ganzen geforderten Winkelbereichs.

Wenn man an die Meßgenauigkeit keine allzu hohen Anforderungen stellt, kann man bei der Bestimmung der Winkelkoordinaten davon Gebrauch machen, daß beim Überstreichen des Zieles durch die Antennenkeule das Zielechosignal durch deren Charakteristik in der Amplitude moduliert wird. Die Zielrichtung ist dann durch das Modulationsmaximum gegeben. Empfängerrauschen, externes Rauschen und Fluktuationen der Zielechos beeinflussen die Meßgenauigkeit.

7.5.2 Amplitudenmonopuls-Verfahren

Eine genaue Winkelmessung spielt in der Radartechnik vor allem bei der Zielverfolgung eine wesentliche Rolle. Hierbei müssen über eine gewisse Zeitspanne die Zielkoordinaten mit großer Genauigkeit verfügbar sein. Zur genauen Winkelmessung gibt es amplituden- und phasensensitive Verfahren. Bei Amplitudenverfahren beruht sie auf der Richtwirkung der Radarantennen. Die Charakteristiken sind dann im allgemeinen keulenförmig. Solche Antennen haben großen Gewinn, wegen der geringen Halbwertsbreite hohes Selektionsvermögen (Trennung von Zielen) und ermöglichen eine hohe Winkelmeßgenauigkeit. Winkelmeßverfahren dieser Art zeichnen sich dadurch aus, daß Spannungswerte für Azimut und Elevation entstehen, die Größe und Richtung der Zielablage bezüglich einer Referenz beschreiben. Die Zielablagen sind dabei verfahrensbedingt auf kleine Werte beschränkt. Das am häufigsten angewandte amplitudensensitive Winkelmeßverfahren ist das Amplitudenmonopuls-Verfahren (AM), zu dessen Realisierung mehrere Strahlungsdiagramme gebraucht werden. Die Zielablagewinkel können aus den über die einzelnen Diagramme empfangenen Echosignalen durch Amplitudenvergleich gewonnen werden. Dieses Verfahren kommt zur Informationsgewinnung mit einem Impuls aus. Aus diesem Grund ist es bezüglich vom Ziel ausgehender Amplitudenfluktuationen nur wenig störanfällig. Beim Amplitudenmonopuls-Verfahren erfolgt der Empfang des Zielechosignals pro Meßebene über zwei feststehende, gleiche, jedoch winkelmäßig geneigte und sich überlappende Richtdiagramme (Abb. 7.33 a). Aus den so gewonnenen Signalen wird die Summe Σ (Abb. 7.33 b) und pro Meßebene die entsprechende Differenz Δ (Abb. 7.33 c) gebildet. Abb. 7.33 zeigt das Prinzip, sowohl in polarer als auch in kartesischer Darstellung für den ebenen Fall. Während die Differenzdiagramme nur für den Empfangsfall von Bedeutung sind, ist es das Summendiagramm auch für die Sendephase. Mit den Differenzdiagrammen wird der Betrag der Zielwinkelablage erfaßt, das Summensignal dient zur Entfernungsmessung und als Referenz zur Bestimmung des Vorzeichens der Winkelablage. Ziele, die außerhalb des Diagrammschnittpunktes

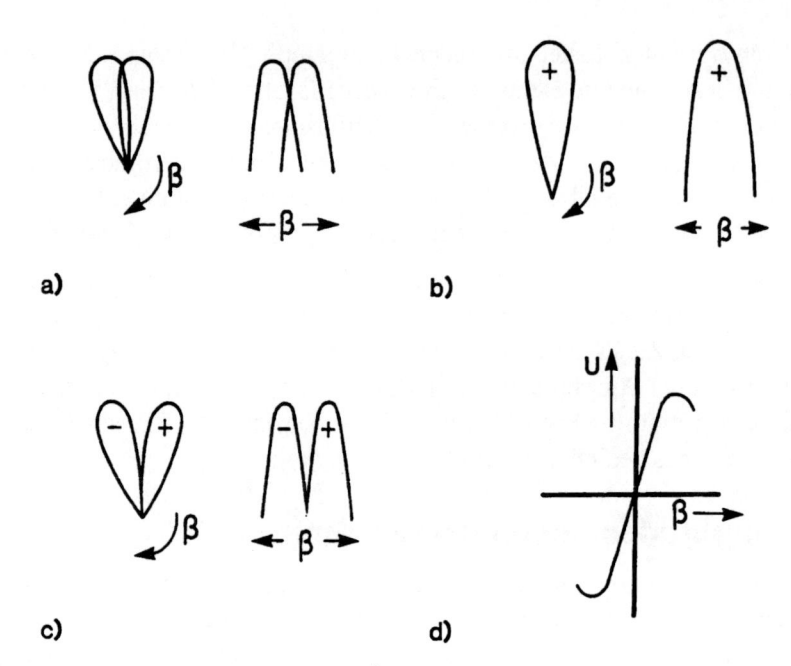

Abb. 7.33: Prinzip des Amplitudenmonopuls: a) Überlappende Einzeldiagramme, b) Summendiagramm, c) Differenzdiagramm, d) Winkelablagesignal.

liegen, verursachen ein entsprechendes Winkelablagesignal (Abb. 7.33d). Es liegt im positiven Bereich, wenn Summen- und Differenzsignal in Phase sind, und im negativen Bereich, wenn beide Signale einen Phasenunterschied von 180° aufweisen.

Bei der Realisierung des Monopulsverfahrens mit Reflektorantennen erhält man die beiden Diagramme für eine Ebene z. B. durch zwei beidseitig des Brennpunktes angebrachte Erreger. Für räumliche Vermessung sind in der dazu orthogonalen Ebene zwei weitere Erreger, d. h. insgesamt dann vier Primärstrahler erforderlich. Verwendet man planare Strukturen mit einer Vielzahl von flächenhaft angeordneten Strahlern, dann können durch eine entsprechende Zusammenfassung und gezielte elektronische Phasenansteuerung derselben auch die geneigten Diagramme erzeugt werden.

Um nun ein sich bewegendes Ziel laufend winkelmäßig vermessen zu können, ist zur Aufrechterhaltung des Meßvorganges über eine größere Zeitspanne die Antenne dem Ziel nachzuführen. In diesem Falle spricht man von einer Zielverfolgung durch das Radar. Wie ein solcher Vorgang zu realisieren ist, soll anhand von Abb. 7.34 erläutert werden. Es enthält in Form eines einfachen übersichtlichen Blockschaltbildes den Aufbau eines **Z**iel**v**erfolgungs**r**adars (**ZVR**) mit dem Verfahren des Amplitudenmonopuls zur Winkelmessung. Im Sendefall wird über eine S/E-Weiche (Duplexer) nach zweimaliger Halbierung in einem Komparator jeder der vier Erreger bei Verwendung einer Reflektorantenne gleichphasig mit einem Viertel der Sendeleistung gespeist. Die resultierende Summencharakteristik bildet das Sendestrahlungsdiagramm. Die von den vier Erregern wieder aufgenommene Echoenergie gelangt zurück an den Komparator, der

7.5 Winkelmeßverfahren

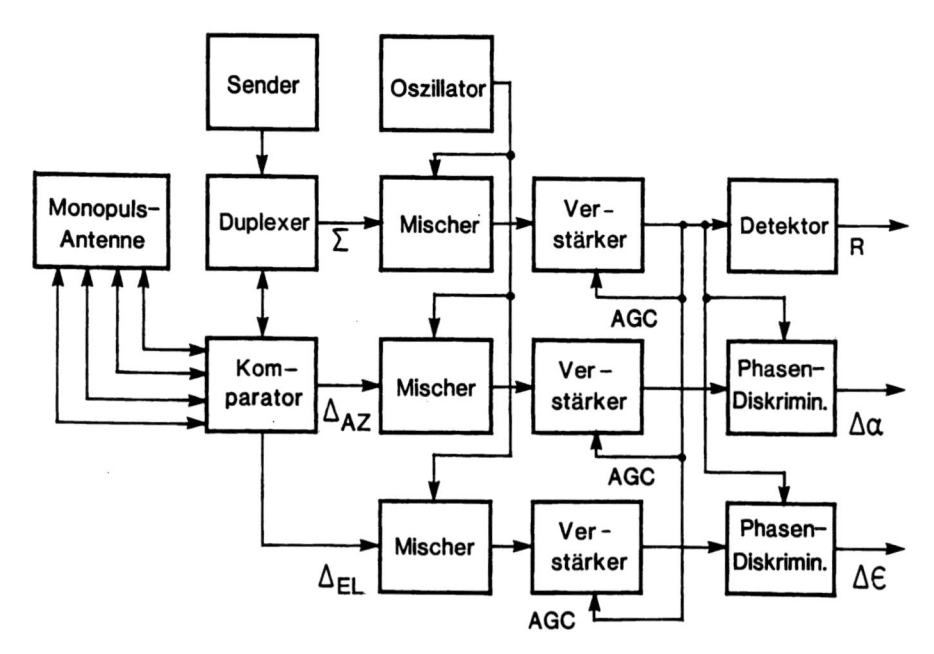

Abb. 7.34: Blockschaltbild eines Zielverfolgungsradars mit Amplitudenmonopuls zur Winkelmessung.

die entsprechenden Differenzsignale für Azimut und Elevation sowie das Summensignal erzeugt. Diese drei Signale (ΔAZ, ΔEL und Σ) werden in getrennten Mischstufen auf die *ZF*-Ebene umgesetzt und dann verstärkt. Mit Hilfe einer vom Summenkanal aus gesteuerten AGC (**A**utomatic **G**ain **C**ontrol) erfolgt in allen drei Kanälen eine Normierung auf das Summensignal, so daß man konstanten Summenkanalausgangspegel, für alle Signale gleiche Verstärkung und Unabhängigkeit von Änderungen der Echoamplitude erzielt. In zwei Phasendiskriminatoren werden sodann die die Beträge der Winkelsignale beschreibenden Differenzsignale mit dem zur Richtungsbestimmung benötigten Referenz- (Summen-) Signal phasenmäßig verglichen und bei Zielablagen entsprechende Spannungswerte erzeugt, die zur automatischen Nachsteuerung der Antenne dienen. Der Summenkanal liefert zugleich das Videosignal für die Entfernungsmessung.

Dem Vorteil der Unempfindlichkeit des Amplitudenmonopuls bezüglich Zielechofluktuationen steht der technische Aufwand durch die erforderliche Drei-Kanaligkeit im Empfänger gegenüber. In der Praxis wird letzteres zugunsten hoher Meßgenauigkeit jedoch meist in Kauf genommen.

7.5.3 Konisches Abtastverfahren

Ein zweites bekanntes amplitudensensitives Verfahren ist die konische Abtastung. Bei diesem Verfahren, auch unter der Bezeichnung ‚Conical Scan' bekannt, weist die Antennendiagrammachse *A* eine Neigung um den Winkel β_N gegen die Antennenachse *B* auf (Abb. 7.35); die geneigte Richtkeule rotiert um *B*.

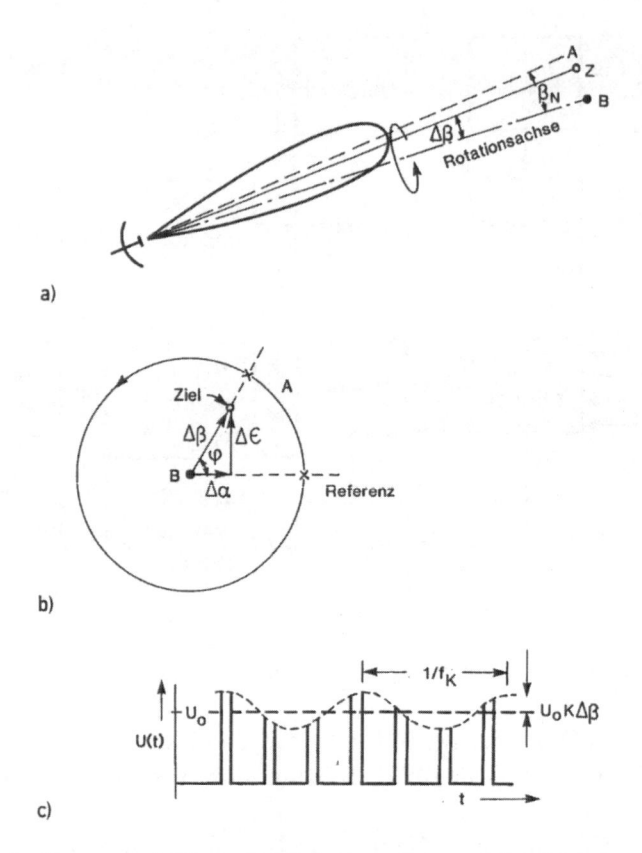

Abb. 7.35: Konische Abtastung: a) Prinzip, b) Winkeldarstellung, c) Winkelsignal.

Liegt das Ziel Z nun genau in Richtung der Antennenachse, so bleibt die Amplitude des Zielechosignals von der Rotation unbeeinflußt. Besteht dagegen eine Zielablage $\Delta\beta$ von der Antennenachse, dann wird das Zielechosignal mit der Diagramm-Umlauffrequenz f_K („Scan'-Frequenz) amplitudenmoduliert. Die Amplitude dieser cosinusförmigen Modulation ist ein Maß für den Betrag und ihre Phasenlage, bezogen auf eine Referenz, ein Maß für die Richtung der Ablage. Die Referenz gewinnt man aus einem synchron mit der Diagrammrotation arbeitenden Phasengenerator.

Für die Einhüllende des Winkelsignals (Abb.7.32c) kann folgende Zeitfunktion angesetzt werden:

$$U(t) = U_0 [1 + K \cdot \Delta\beta \cdot \cos(\omega_K t - \varphi)] . \tag{7.45}$$

Es sind nur geringe Zielablagen von der Rotationsachse B angenommen, so daß im interessierenden Meßbereich über den Proportionalitätsfaktor K und U_0 ein linearer Zusammenhang zwischen Modulationsamplitude und Zielablage vorliegt. Das Winkelsignal wird mittels einer AGC auf einem mittleren Amplitudenwert U_0 gehalten. Dabei ist die AGC so auszulegen, daß mit Ausnahme der Abtastmodulation möglichst alle anderen störenden Signalmodulationen eliminiert werden.

Die verfahrensmäßige Gewinnung der Winkelablagen in der Azimut- und Elevationsebene ($\Delta\alpha$ und $\Delta\varepsilon$ nach Abb.7.32b) ist durch Herausfiltern der ‚Scan'-Information

$$U_S(t) = U_0 \cdot K \cdot \Delta\beta \cdot \cos(\omega_K t - \varphi) \tag{7.46}$$

aus dem Winkelsignal nach Gl. (7.45) und Verarbeitung derselben in zwei Phasendiskriminatoren unter Benutzung der erwähnten Referenz zu erreichen. Man erhält so den Winkelablagen

$$\Delta\alpha = \Delta\beta \cdot \cos\varphi \tag{7.47}$$

und

$$\Delta\varepsilon = \Delta\beta \cdot \sin\varphi \tag{7.48}$$

proportionale Signale.

Bei Anwendung eines normalen Reflektor-Antennensystems besteht eine mögliche Realisierung der konischen Abtastung darin, daß der Primärstrahler etwas seitlich außerhalb des Spiegelbrennpunktes angebracht wird. Dadurch erreicht man die Neigung des Strahlungsdiagramms gegen die Spiegelachse, die auch die Referenzrichtung vorgibt. Mit Hilfe einer speziellen motorischen Vorrichtung wird nun dieser versetzte Erreger um den Reflektorbrennpunkt herumgeführt, d. h. das geneigte Strahlungsdiagramm rotiert um die Antennenachse und erzeugt damit die konische Abtastung. Eine Realisierungsmöglichkeit besteht natürlich auch mit elektronisch phasengesteuerten Antennen. Dabei entfällt dann jegliche mechanische Komponente zur Diagrammrotation.

Beim konischen Abtastverfahren steht die Zielablageinformation erst nach einem vollen Diagrammumlauf zur Verfügung. Während dieser Zeit kann sich aber die Echoamplitude u. U. erheblich ändern. Fällt die Frequenz solcher Amplitudenfluktuationen mit der Abtastfrequenz zusammen oder in deren unmittelbare Nähe, so daß sie filtertechnisch nicht mehr trennbar sind, wird die Nutzinformation über die Zielablage gestört. Dieser Meßfehler wirkt sich sehr nachteilig im Vergleich zum Amplituden-Monopulsverfahren aus, bei welchem dieser Fehlereinfluß vernachlässigbar ist.

Dagegen ergeben sich bei der Realisierung eines Radars zur Zielverfolgung bei Anwendung der konischen Abtastung wieder Vorteile, weil der dafür erforderliche technische Aufwand durch den nur einkanaligen Aufbau deutlich geringer ist als beim Amplitudenmonopuls-Verfahren.

7.5.4 Phasenmonopuls-Verfahren

Die beiden besprochenen Winkelmeßverfahren basieren auf der Auswertung von Amplitudendifferenzen oder Amplitudenänderungen. Eine Zielrichtung kann jedoch auch aus einem Phasenvergleich gewonnen werden. Abb. 7.36 zeigt das Prinzip für den Fall einer Meßebene.

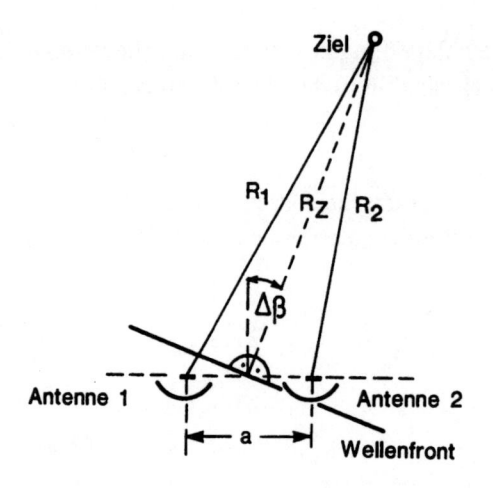

Abb. 7.36: Prinzip des Phasenmonopuls-Verfahrens, ebener Fall.

Zwei im Abstand a angeordnete Antennen nehmen die Zielechosignale auf. Der Phasenunterschied $\Delta\varphi$ der beiden Antennensignale ist ein Maß für die Zielrichtung $\Delta\beta$. Sie ist auf die Normale des Antennensystems bezogen. Bei identischer Phase für beide Signale liegt das Ziel in Normalenrichtung. Die Antennen sind parallel ausgerichtet und brauchen nicht notwendigerweise Richtwirkung zu haben. Man nennt dieses Prinzip ‚**Phasenm**onopuls-Verfahren' (PM). Es entspricht dem Interferometerprinzip, das zur Winkelmessung in der Radioastronomie benutzt wird. In der Radartechnik verwendet man jedoch im Gegensatz zur Astronomie aktive Interferometer. Für die räumliche Winkelmessung benötigt man die gleiche Antennenanordnung wie im besprochenen ebenen Fall zusätzlich für die Orthogonalebene. Dabei kann eine Antenne für beide Meßebenen benutzt werden, so daß insgesamt drei Einzelstrahler ausreichend sind.

Geht man von der Darstellung in Abb. 7.36 aus, dann ergeben sich für $R_Z \gg a$ (R_Z = Entfernung Ziel/Mittelpunkt des Antennensystems) folgende Beziehungen:

$$R_1 \approx R_Z + \frac{a}{2} \cdot \sin\Delta\beta \tag{7.49}$$

für die Entfernung Antenne 1 – Ziel und

$$R_2 \approx R_Z - \frac{a}{2} \cdot \sin\Delta\beta \tag{7.50}$$

für die Entfernung Antenne 2 – Ziel.

Zwischen der Phasendifferenz $\Delta\varphi$ der beiden Antennensignale und dem Entfernungsunterschied $\Delta R = R_1 - R_2$ der beiden Antennen zum Ziel besteht der Zusammenhang:

$$\Delta\varphi = \frac{2\pi}{\lambda} \cdot \Delta R = \frac{2\pi}{\lambda} \cdot a \cdot \sin\Delta\beta. \tag{7.51}$$

7.6 Informationsdarstellung

Daraus erhält man

$$\Delta\beta = \arcsin\left(\frac{\Delta\varphi}{2\pi} \cdot \frac{\lambda}{a}\right) \qquad (7.52)$$

und weiter, wenn die auf die Normale der Antennenanordnung bezogene Zielablagewinkel klein sind, so daß $\sin\Delta\beta \approx \Delta\beta$ gesetzt werden kann:

$$\Delta\beta \approx \frac{\Delta\varphi}{2\pi} \cdot \frac{\lambda}{a}. \qquad (7.53)$$

Da die Phase mit 2π periodisch ist, ergibt sich für die Winkelmessung nur im Bereich $\Delta\varphi = \pm\pi$ Eindeutigkeit. Damit bekommt man als Grenze für den eindeutig meßbaren Zielablagewinkel nach Gl. (7.52)

$$\Delta\beta_{\text{eind}} = \pm\arcsin\left(\frac{\lambda}{2 \cdot a}\right). \qquad (7.54)$$

Um einen großen Winkelbereich eindeutig erfassen zu können, muß der Antennenabstand entsprechend klein gewählt werden, und zwar um so kleiner, je kürzer die Wellenlänge ist. Da man jedoch bei der Realisierung kleiner Antennenabstände aus räumlichen Gründen häufig Einschränkungen unterliegt, bleibt der eindeutige Winkelmeßbereich dann auch entsprechend begrenzt.

7.6 Informationsdarstellung

Die Darstellung von Radarinformationen geschieht mit Vorzug auf dem Bildschirm von Kathodenstrahlröhren. Der Elektronenstrahl läßt sich schnell und mit großer Genauigkeit über den Schirm auslenken. Ziele können mit Hilfe der Echosignale durch Helltastung als Leuchtpunkte sichtbar gemacht werden. Die Möglichkeit der Informationsdarstellung direkt auf dem Schirm der Sichtröhre ergibt gegenüber derjenigen mittels Projektion wesentlich bessere Bilder, außerdem vereinfacht sich der Geräteaufbau durch den Wegfall komplizierter Projektionsoptiken. Für größere Bilddarstellungen setzt man jedoch Projektionsverfahren ein, da den Schirmen der Kathodenstrahlröhren von der Größe her Grenzen gesetzt sind.

Neben den Kathodenstrahlröhren werden auch Flachdisplays verwendet. Sie beruhen z. B. auf der Nutzung von Plasmen, welche bei partieller Anregung Lumineszenz zeigen. Auch Leuchtdioden, sogenannte LEDs (**L**ight **E**mitting **D**iode) und Flüssigkeitskristalle können genutzt werden. Man findet Ein- und Mehrfarbendisplays.

Für die Bildschirmdarstellung können die empfangenen Zielechos in roher oder in verarbeiteter synthetischer Form herangezogen werden. Unter einem Rohvideo versteht man ein Signal, das ohne nennenswerte weitere Verarbeitung direkt vom Empfänger zum Anzeigegerät gelangt. Je nach Distanz des Radars zum Ziel und Größe desselben ist die Intensität der Videosignale unterschiedlich stark. Ein synthetisches Video dagegen ist ein Signal, das vor der Anzeige in einem speziellen Signalprozessor verarbeitet und aufbereitet wird. Es ensteht ein ‚reines' Radarbild ohne Störungen. Intensität und Dauer des Empfangssignals sind dabei ohne Bedeutung. Der Leuchtpunkt ist durch eine Gruppe von Symbolen, Buchstaben und Ziffern ersetzt. Damit kann man sich je nach Wahl dieser Zeichen noch zusätzliche Informationen verschaffen wie z. B. Auskunft über Flugzeugtyp, Flugnummer und Flughöhe. Bei solchen Sichtgeräten erfolgt die Auslenkung des Elektronenstrahls nicht mehr zeilenweise, sondern von einem Rechner gesteuert von Ziel zu Ziel. Dadurch ist es möglich, ein Sichtgerät besser auszunutzen und ohne Nachleuchtschirm mit hoher Wiederholfrequenz helle, flimmerfreie Bilder zu schreiben. Die Anwendung von Mehrfarbenröhren bringt eine weitere Steigerung des Informationsinhalts von Radarbildern.

Es gibt eine Reihe von unterschiedlichen Darstellungsarten. Einige wesentliche sind in Abb. 7.37 zusammengestellt. Man unterteilt in ein-, zwei- und dreidimensionale Darstellung.

Einfache, eindimensionale Anzeigearten sind Oszillogramme mit linearer und kreisförmiger Zeitskala, die *A*- und die *J*-Darstellung. Der Anfang der Zeitskala ist durch den Sendeimpuls festgelegt. Das Zielechosignal lenkt den Leuchtpunkt senkrecht zur Zeitskala aus. Der Abstand der Auslenkung vom Skalenanfang ist ein Maß für die Entfernung Radar/Ziel. Man erhält aus dem Radarbild keine Information über den Zielwinkel (Azimut, Elevation).

Ein zweidimensionales Radarbild entsteht z. B. bei der sogenannten *B*-Darstellung. In einem kartesischen Koordinatensystem ist die Zielentfernung über dem Azimutwinkel aufgetragen. Das Echosignal tastet an der entsprechenden Stelle den Bildschirm hell. Diese Art der Anzeige wird vor allem zur Erfassung begrenzter Zielräume mit großer Auflösung benutzt.

Eine häufig verwendete zweidimensionale Darstellungsart trägt die Bezeichnung PPI (**P**lan **P**osition **I**ndicator), auch Rundsicht- oder Panoramadarstellung genannt. Die schwach aufgehellte Zeitachse rotiert um den Mittelpunkt des Bildschirms synchron mit dem horizontalen Umlauf des Antennendiagramms. Man erhält ein Bild in Polarkoordinaten. Die Ziele werden wieder durch Helltastung des Schreibstrahls markiert. Linien konstanten Abstandes um den Radarstandort erscheinen als Kreise. Solche Distanzringe können elektronisch eingeblendet werden. Auf einer Peilskala ist das Azimut abzulesen.

Bei der *AZ*- oder der *EL*-Darstellung handelt es sich um Sektoranzeigen. Sie werden eingesetzt, wenn vom Radar nur ein ausgewählter, eingeschränkter Winkelbereich zu überdecken ist, so z. B. die *AZ*-Darstellung bei Landeradaren und die *EL*-Darstellung bei Höhenmeßradaren.

Zur Wiedergabe von dreidimensionalen Radarbildern benutzt man entweder Mehrfachdarstellungen oder man schreibt die dritte Koordinate mit Zahlen oder Buchstaben ins Schirmbild ein (beim PPI die Höheninformation). Die *AZ-EL*-Darstellung ist beispielsweise eine Kombination aus zwei Darstellungsarten. Man kann auf diese Weise auf einem Bildschirm den Flugweg eines landenden Flugzeuges sowohl in Azimut als auch in Elevation verfolgen.

7.6 Informationsdarstellung

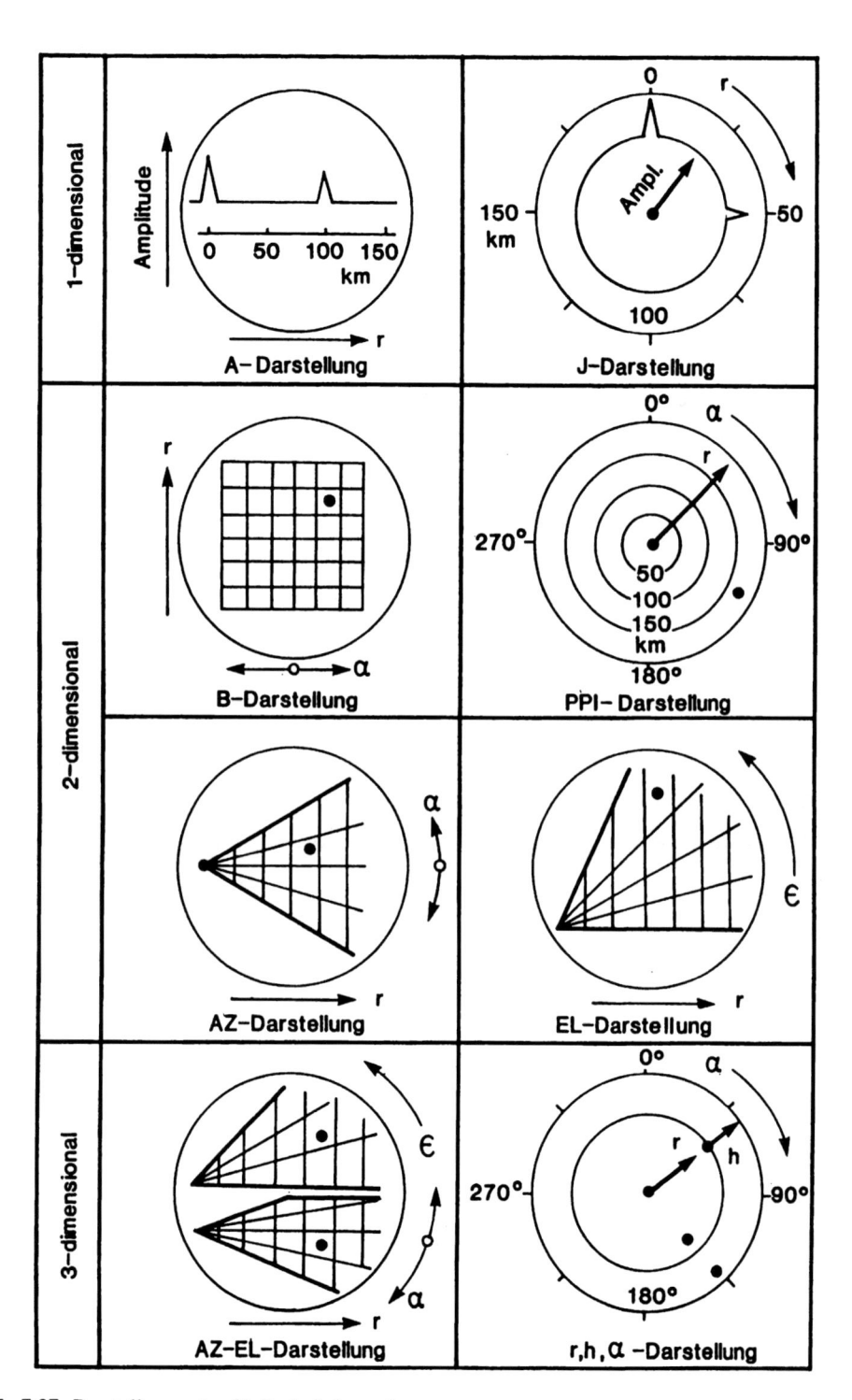

Abb. 7.37: Darstellungsarten für Radarinformationen.

Literaturverzeichnis

[1] Barton, D.K.: *Modern Radar System Analysis*. Dedham, MA: Artech, 1988

[2] Baur, E.: *Einführung in die Radartechnik*. Stuttgart: Teubner, 1985

[3] Berkowitz, R.S.: *Modern Radar*. New York: Wiley, 1965

[4] Gerlitzki, W.: *Die Radargleichung*. Ulm: AEG-TELEFUNKEN, 1984

[5] Honold, P.: *Sekundär-Radar*. Berlin: Siemens, 1971

[6] Honold, P.: *Secondary Radar*. Reprint, London: Heyden, 1981

[7] *Annex X to the Convention of International Civil Aviation ICAO Aeronautical Telecommunications*, Volume 1, Ch. 3.8.8, Montreal, 1996

[8] Federal Aviation Administration des US-Verkehrsministeriums DOT: *Mode S Beacon System: Functional Description*. DOT/FAA 86/19, Proj. Rep. ATC 42 Rev. D

[9] Radio Technical Commission for Aeronautics (RTCA): *Minimum Operational Performance Standards (Mops) for Traffic Alert and Collision Avoidance Systems (TCAS) Airborne Equipment*. Do-185, Vol. 1 u. 2

[10] Williamson, Th., Spencer, N.: *Development and Operation of the Traffic Alert and Collision Avoidance System (TCAS)*. Proc. IEEE, Vol. 77, Nov. 1989, p. 1735–1744

[11] Skolnik, M.I.: *Introduction to Radar Systems*. 2. ed., New York: McGraw-Hill, 1981

[12] Skolnik, M.I. (ed.): *Radar Handbook*. 2. ed., New York: McGraw-Hill, 1990

[13] Stevens, M.: *Secondary Surveillance Radar*. Boston, MA: Artech, 1988

Abb. 3.2: Polarimetrisches Bild, aufgenommen mit dem Radar mit synthetischer Apertur des DLR (E-SAR) im L-Band, farbcodiert: blau: HH+VV (einfache Reflexion), rot: HH−VV (zweifache Reflexion), grün: HV+VH (diffuse Streuung).

Abb. 8.2: Polarimetrisches SAR-Bild (L-Band) mit Falschfarbdarstellung. VV-Polarisation rot, HH-Polarisation blau und Kreuzpolarisationen grün. Die nominalen Sensor- und Verarbeitungsparameter bei dieser Aufnahme sind: Flughöhe: 3830 m, Fluggeschwindigkeit: 81 m/s, Auflösung: 3 m × 3 m, Anzahl der Looks: 4. Die Bilddimensionen betragen 3410 m × 4720 m (Azimut × Entfernung).

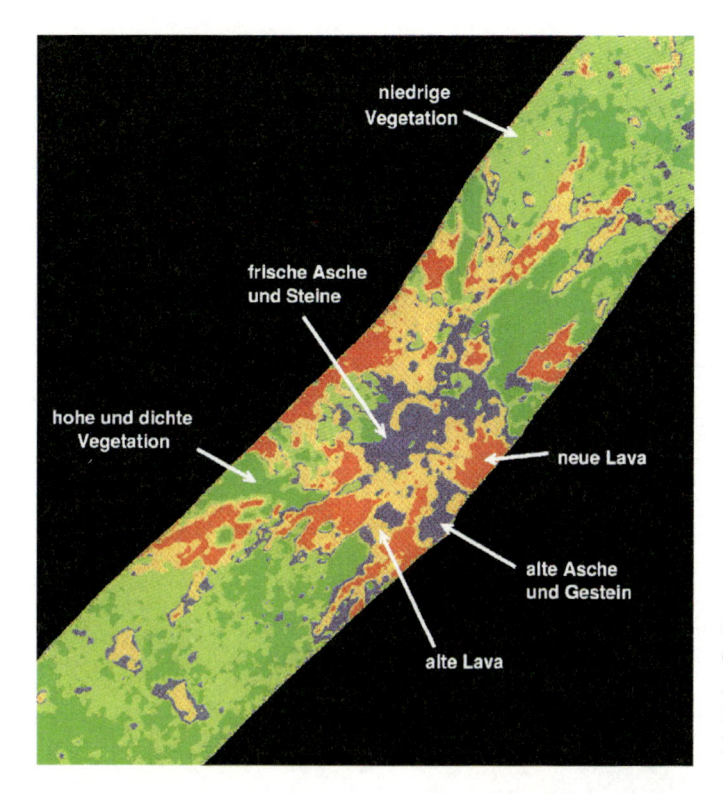

Abb. 8.40: Klassifikation des Gebietes um den Vulkan Ätna mit Verwendung der Kohärenz im L-, C- und X-Band.

Bildbeschriftungen: niedrige Vegetation, frische Asche und Steine, hohe und dichte Vegetation, neue Lava, alte Asche und Gestein, alte Lava.

Entfernung

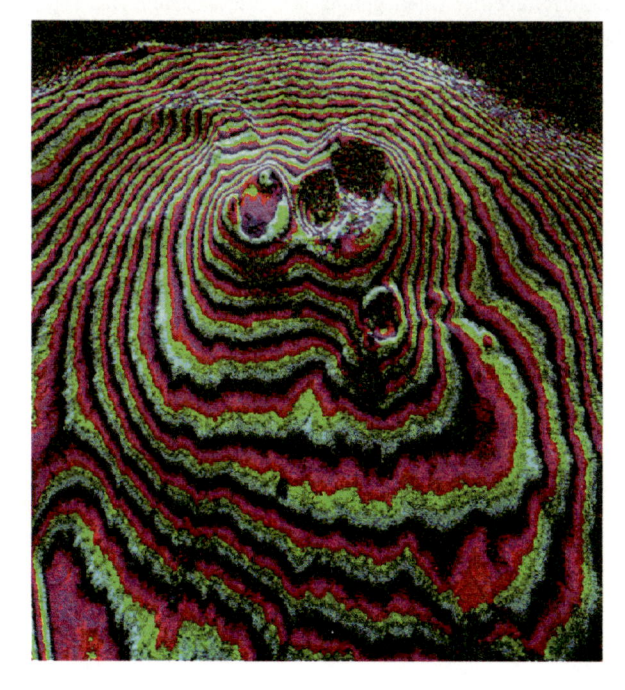

Abb. 8.44: Interferogramm des Vulkans Ätna auf Sizilien, Italien. Jeder Farbzyklus entspricht einer Phasenvariation von 360°.

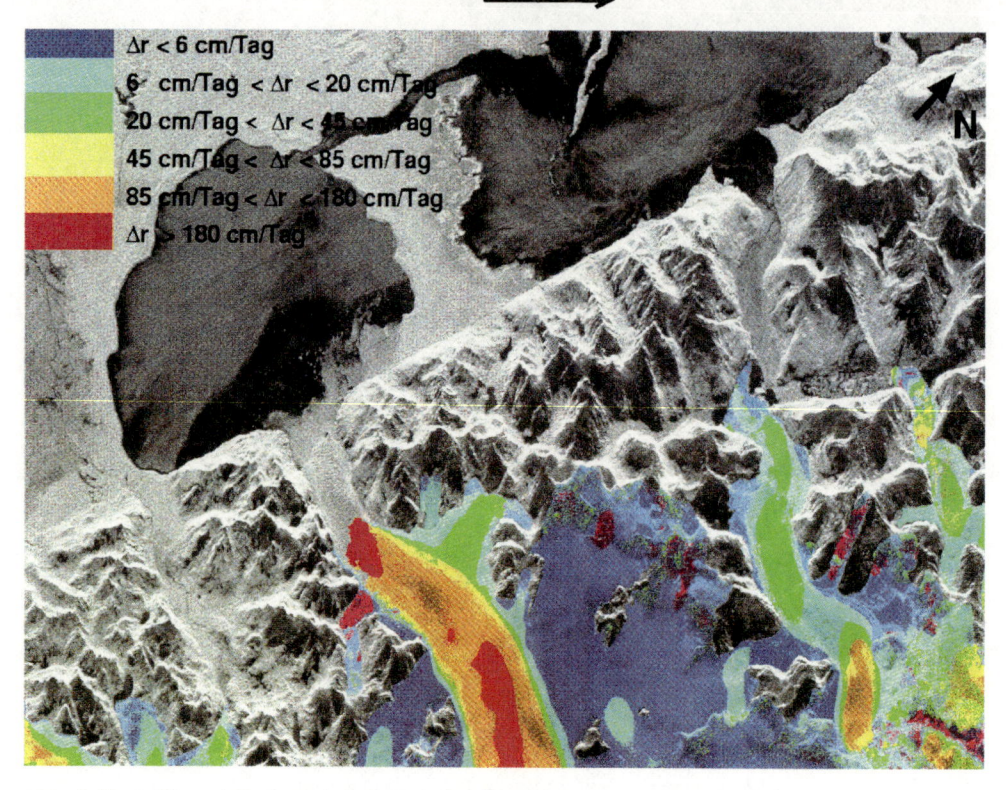

Abb. 8.47: Differentielle Radarinterferometrie: Überlagerung des Schwarz/Weiß-Radarbildes mit der farbkodierten Geschwindigkeitsinformation der Eisbewegung des San Rafael Gletschers, Chile. Die Bilddimensionen betragen 50 km × 30 km (Verarbeitung von NASA/JPL).

8 Radar mit synthetischer Apertur

Abbildende Radarsysteme ermöglichen eine zweidimensionale Abbildung des überflogenen Gebiets. Aus der Rückstreuung des Radarsignals kann man wichtige Informationen über Rauhigkeit, geometrische Struktur und elektrische Eigenschaften der Oberfläche und der Bereiche unmittelbar unter der Oberfläche gewinnen. Die Eindringtiefe der elektromagnetischen Wellen ist von der Wellenlänge und von den elektrischen Eigenschaften des abgebildeten Gebiets abhängig.

In Ergänzung zu den passiven Sensoren liefern abbildende Radarsysteme zusätzliche, teilweise komplementäre Informationen, so daß man ein vielseitiges Sensorpaket aufbauen kann. Im Gegensatz zu passiven Sensoren hat ein Abbildungsradarsystem seine eigene Beleuchtungsquelle, so daß die Abbildung unabhängig vom Tageslicht erfolgen kann. Darüber hinaus wählt man in der Regel Sendefrequenzen mit einer Wellenlänge größer als 1 cm, wodurch sich eine weitgehende Allwettertauglichkeit ergibt.

Ein Seitensichtradar mit realer Apertur (SLAR: Side Looking Airborne Radar) wird bei konstanter Fluggeschwindigkeit betrieben. Die Antennenachse steht dabei senkrecht zum Geschwindigkeitsvektor (siehe Abb. 8.1). Die orthogonalen Bildkoordinaten sind Entfernung (engl.: range) und Azimut (Flugrichtung). Die Entfernungsauflösung wird durch die Bandbreite der gesendeten Pulse bestimmt. Die Azimutauflösung wird durch die einsetzbare Antennenlänge auf der Plattform[1] begrenzt und wird mit zunehmender Entfernung schlechter. SLAR-Systeme sind deswegen für große Flughöhe bei sehr vielen Anwendungen nicht mehr nutzbar. Betrachtet man z. B. ein SLAR-System auf einem Satelliten (Bahnhöhe 800 km, Azimutantennenlänge 15 m, C-Band), so beträgt die Azimutauflösung nur etwa 3 km.

Das Abbildungsradarsystem mit synthetischer Apertur (SAR: Synthetic Aperture Radar), das 1951 von *Carl Wiley* zum Patent angemeldet wurde, ermöglicht eine wesentliche Verbesserung der geometrischen Auflösung in Azimutrichtung. SAR-Systeme sind in vielen Bereichen sehr nützlich, wie z. B. in Ozeanographie, Land- und Forstwirtschaft, Geologie, Vulkanologie, Eisbeobachtung, Erkennung von Meeresverschmutzung sowie in sicherheitsrelevanten Aufgaben.

SAR-Systeme besitzen eine Antenne mit einem breiten Richtdiagramm in Azimut.

---

[1] In diesem Zusammenhang ist die Plattform ein Träger (z. B. Flugzeug, Satellit), in den das SAR-System eingebaut wird.

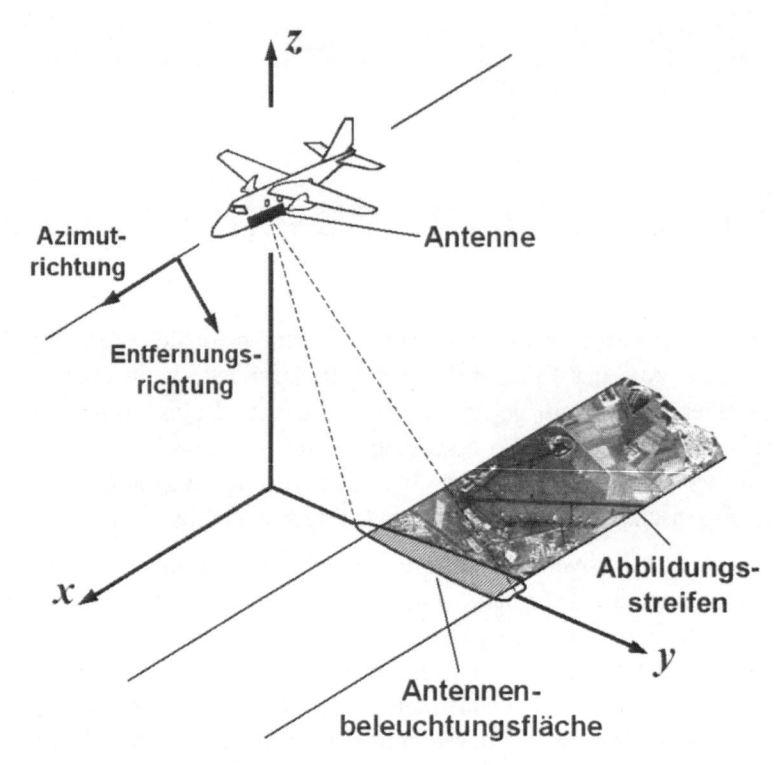

Abb. 8.1: Geometrie eines Seitensichtradars im Streifenmodus. Die Plattform fliegt in *x*-Richtung und bildet einen Streifen ab, der sich seitlich vom Flugweg befindet.

Durch die Vorwärtsbewegung der Plattform und die kohärente Verarbeitung des Rückstreusignals erzeugt man eine lange, synthetische Apertur. Die Länge der synthetischen Apertur ergibt sich aus der Beleuchtungsdauer eines Zieles, welche durch das Richtdiagramm der realen Apertur und die Entfernung zum Ziel bestimmt wird. Da die Länge der synthetischen Apertur sich proportional zur Entfernung vergrößert, kann man schließlich eine entfernungsunabhängige Azimutauflösung erzielen.

Abb. 8.2 zeigt ein Bildbeispiel, aufgenommen mit dem experimentellen SAR-System des DLR, E-SAR. Dargestellt ist ein polarimetrisches SAR-Bild im L-Band der Landebahn von Oberpfaffenhofen bei München. Durch Falschfarbkodierung sind die unterschiedlichen Rückstreueigenschaften der verschiedenen Polarisationen deutlicher dargestellt. Die Rückstreuung der Kreuzpolarisationen (HV und VH) ist wegen der symmetrischen Eigenschaften der Polarisationsmatrix gemittelt und um 6 dB verstärkt. Damit ist ein Amplitudenausgleich mit den anderen Polarisationen bei der Falschfarbdarstellung gegeben. Deutlich zu sehen sind der Waldbereich in Grün, der Stadtbereich in Rot und Weiß und die diversen agrarwirtschaftlich genutzten Felder. Die unterschiedlichen Farben zeigen, daß jede Polarisation andere Informationen liefert. Nur in den weißen Arealen ist der Informationsgehalt der drei betrachteten Polarisationen gleich.

8.1 Grundprinzip

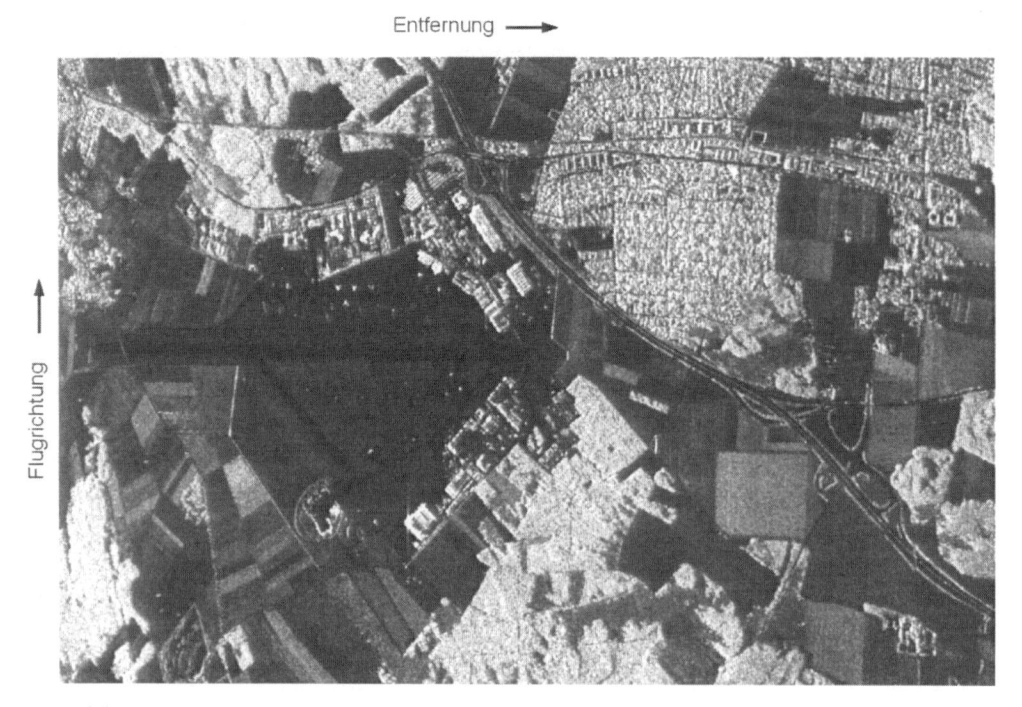

Abb. 8.2: Polarimetrisches SAR-Bild (L-Band) mit Falschfarbdarstellung. VV-Polarisation rot, HH-Polarisation blau und Kreuzpolarisationen grün. Die nominalen Sensor- und Verarbeitungsparameter bei dieser Aufnahme sind: Flughöhe: 3830 m, Fluggeschwindigkeit: 81 m/s, Auflösung: 3 m × 3 m, Anzahl der Looks: 4. Die Bilddimensionen betragen 3410 m × 4720 m (Azimut × Entfernung); (siehe auch Farbseiten in der Mitte des Buches).

8.1 Grundprinzip

Das Abbildungsradar mit synthetischer Apertur führt eine zweidimensionale Abbildung des vom Radar beleuchteten Gebiets durch [10], [12], [51]. Die Dimension in Flugrichtung wird mit Azimut, die andere Dimension mit Entfernung bezeichnet. Die Auflösung in Entfernungsrichtung ist durch Bandbreite bzw. Pulslänge des Sendesignals bestimmt. Die Auflösung in Flugrichtung ist durch die Länge der synthetischen Apertur gegeben.

Die Winkelauflösung θ_a in Azimut (hier als die 3-dB-Breite der Antennenhauptkeule definiert) einer realen Antenne mit der Länge d_a bei einer Wellenlänge λ ergibt sich zu

$$\theta_a = \frac{\lambda}{d_a}. \tag{8.1}$$

Die Winkelauflösung kann nur durch eine Verringerung der Wellenlänge oder durch eine Vergrößerung der Antennenlänge verbessert werden. Durch Bildung der synthetischen Apertur läßt sich aber die Winkelauflösung wesentlich verbessern. Die Winkelauflösung θ_{sa} der synthetischen Apertur kann man bis auf einen Faktor 2 wie bei der realen Apertur darstellen:

$$\theta_{sa} = \frac{\lambda}{2 \cdot L_{sa}}. \tag{8.2}$$

L_{sa} ist die Länge der synthetischen Apertur. Die synthetische Apertur entsteht erst nach der Aufnahmezeit, nachdem mehrere Radarimpulse gesendet und die einzelnen Antennenelemente künstlich erzeugt worden sind.

Der Faktor 2 in Gl. (8.2) resultiert aus der unterschiedlichen Ansteuerung der Antennenelemente. Im Fall einer realen Antenne wird das Radarsignal von allen Elementen gleichzeitig abgestrahlt. Der Phasengradient des Empfangssignals der realen Antenne entsteht damit nur auf dem Signalrückweg (vom Ziel zum Radar). Bei der synthetischen Apertur senden die einzelnen Elemente getrennt und nacheinander, so daß der Hinweg (vom Radar zum Ziel) des Sendesignals ebenso eingeht wie der gleich lange Rückweg (vom Ziel zum Radar). Die Phasenunterschiede zwischen Sende- und Empfangssignalen sind deswegen im Fall der synthetischen Apertur gerade doppelt so groß wie bei der realen Antenne.

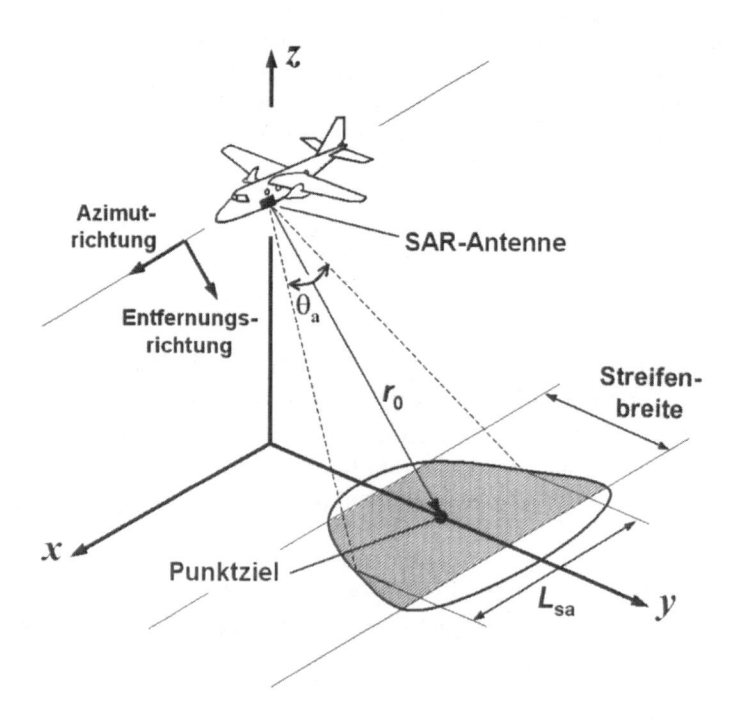

Abb. 8.3: Bestimmung der SAR-Azimutauflösung im Streifenmodus. Das Punktziel wird von der Radarantenne beleuchtet, die eine Winkelauflösung θ_a in Azimutrichtung (Flugrichtung) hat. L_{sa} entspricht der Länge der synthetischen Apertur und ist die Strecke am Boden, die von der Antenne beleuchtet wird.

8.1 Grundprinzip

Die maximale Länge L_{sa} der synthetischen Apertur entspricht der Länge, die von der realen Antenne in Azimutrichtung beleuchtet wird (siehe Abb. 8.3). Sie ist gleich dem Produkt aus Winkelauflösung der realen Apertur θ_a und Entfernung r_0:

$$L_{sa} = \theta_a \cdot r_0 = \frac{\lambda}{d_a} \cdot r_0 \,. \tag{8.3}$$

Die maximale Winkelauflösung der synthetischen Apertur erhält man mit Gl. (8.2) und Gl. (8.3):

$$\theta_{sa} = \frac{d_a}{2 \cdot r_0} \,. \tag{8.4}$$

Die maximale Auflösung der synthetischen Apertur δ_{sa} ist das Produkt der maximalen Winkelauflösung mit der Entfernung r_0 und ergibt sich zu

$$\delta_{sa} = \frac{d_a}{2} \,. \tag{8.5}$$

Die maximale Auflösung der synthetischen Apertur δ_{sa} entspricht der maximalen Auflösung in Azimutrichtung δ_a und ist gleich der halben Antennenlänge. Sie ist von der Entfernung unabhängig.

Abb. 8.4 veranschaulicht schematisch die Bildung einer synthetischen Apertur mit anschließender Bildrekonstruktion[1]. Beim Vorbeifliegen sendet der SAR-Sensor periodisch mehrere Pulse aus, die von den beleuchteten Zielen unterschiedlich zurückgestreut, wieder empfangen und abgespeichert werden. In der SAR-Verarbeitung korrigiert man den Phasenunterschied entsprechend dem Zweiweg-Entfernungsunterschied zwischen SAR-Antenne und Punktziel. Die nach der Verarbeitung resultierende Impulsantwort eines Punktziels ist um ein Vielfaches höher aufgelöst als die Impulsantwort, welche man mit einer realen Apertur erhalten würde.

Der Unterschied zwischen realer und synthetischer Apertur wird in Abb. 8.4 verdeutlicht. Die reale Apertur ist durch das Zweiweg-Antennendiagramm der verwendeten Antenne im SAR-Sensor bestimmt. Der Betrag des empfangenen Amplitudenverlaufs vor der SAR-Verarbeitung entspricht dem Antennendiagramm der realen Apertur. Die synthetische Apertur besteht aus der Zusammensetzung mehrerer Antennenelemente, die durch das periodische Senden und Empfangen während des Vorbeiflugs des SAR-Sensors künstlich nacheinander gebildet werden. Nach der Verarbeitung erhält man eine hochaufgelöste Impulsantwort, wobei die Auflösung von der Anzahl der aufsummierten Antennenelemente abhängt. Die maximal erzielbare Auflösung ist dabei die halbe Antennenlänge in Azimutrichtung (vgl. Gl. (8.5)).

Zur Generierung eines SAR-Bildes ist grundsätzlich eine zweidimensionale Verarbeitung des empfangenen Signals notwendig. Abb. 8.5 zeigt eine vereinfachte Darstellung

---

[1] Die SAR-Bildrekonstruktion nennt man SAR-Verarbeitung. Das Rechnersystem zur SAR-Verarbeitung einschließlich der Software ist der SAR-Prozessor.

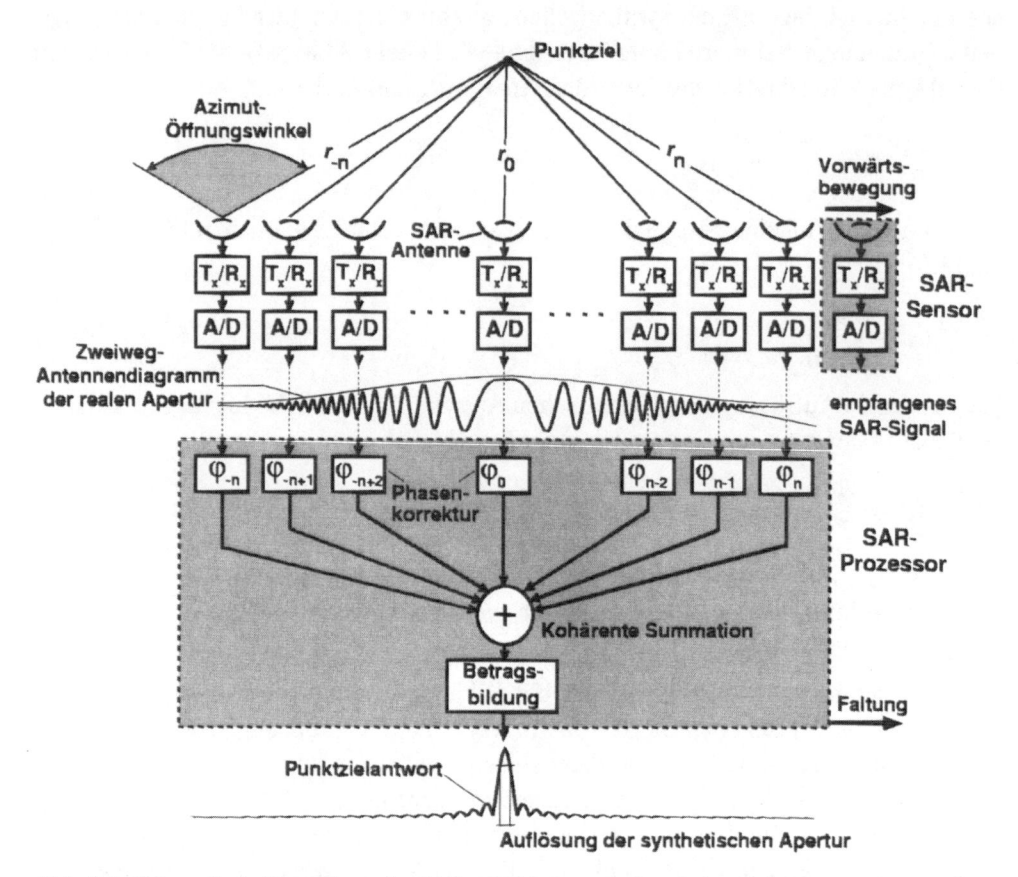

Abb. 8.4: Schematische Darstellung der SAR-Abbildung und -Verarbeitung eines Punktziels. Während des Vorbeiflugs wird die synthetische Antenne gebildet. Die hohe Auflösung erzielt man erst nach der SAR-Verarbeitung.

der Verarbeitungsschritte zur SAR-Bildgenerierung. In den meisten Fällen kann diese Verarbeitung in zwei eindimensionale Schritte aufgeteilt werden:

- **Verarbeitung in Entfernungsrichtung**
  Meist erfolgt diese Verarbeitung gemäß der Theorie des Optimalfilters mittels Impulskompression, wobei eine Faltung des empfangenen Signals mit der konjugiert komplexen, zeitinvertierten Replik des gesendeten, modulierten Impulses durchgeführt wird. Diese Replik wird als Entfernungsreferenzfunktion[1] bezeichnet.

- **Verarbeitung in Azimutrichtung zur Bildung der synthetischen Apertur**
  Diesen Verarbeitungsschritt kann man ebenfalls als eine Impulskompression betrachten, wobei die Kodierung des Rückstreusignals durch die natürliche Bewegung der Plattform und den damit verbundenen *Doppler*-Effekt verursacht wird.

---

[1] Bei SAR-Systemen benutzt man als Referenzfunktion das von einem Punktziel erwartete Signal.

8.1 Grundprinzip

Die Referenzfunktion wird in diesem Fall aus der Geometrie der Abbildung, den Bewegungsparametern der Plattform und der Wellenlänge des gesendeten Impulses berechnet. Für jede Entfernung ergibt sich somit eine andere Referenzfunktion in Azimut (siehe Abb. 8.5). Für die SAR-Verarbeitung in Azimutrichtung benötigt man allerdings weitere Prozessierungsschritte (z. B. Korrektur der Zielentfernungsänderung, Bestimmung des Dopplerschwerpunkts und automatische Fokussierung), um eine hohe Bildqualität zu erreichen.

Den hier vorgestellten Abbildungsmodus nennt man auch den Streifenmodus eines SAR (engl.: stripmap mode), weil damit kontinuierlich ein Streifen parallel zur Flugrichtung abgebildet wird. Daneben sind noch andere Abbildungsmodi möglich, mit denen man z. B. die Streifenbreite vergrößern oder die Auflösung verbessern kann. Derzeit haben die größte Bedeutung folgende SAR-Abbildungsmodi:

- **Streifenmodus**
  Es wird ein Gebiet rechts oder links der Plattform abgebildet. Die Antenne wird häufig senkrecht zur Flugrichtung gerichtet. Das Ergebnis ist ein Bildstreifen, dessen Breite dem abgetasteten Entfernungsbereich und dessen Länge dem überflogenen Meßweg entspricht. Die maximal erzielbare Auflösung in Flugrichtung ist durch die Aperturlänge in Flugrichtung gegeben (vgl. Gl. (8.3)). Abb. 8.3 gibt die Beleuchtungsgeometrie des Streifenmodus wieder.

- **ScanSAR-Modus**
  Dieser SAR-Modus verwendet eine in Elevation elektronisch schwenkbare Antenne, um die abzubildende Streifenbreite zu erhöhen. Ein sehr breiter Gesamtstreifen wird durch die Zusammenfassung mehrerer Teilstreifen gebildet. Der ScanSAR-Modus wird in Kapitel 8.5.1 genauer beschrieben.

- **Spotlight-Modus**
  Mit diesem Verfahren wird die von der Aperturlänge L_{sa} beschränkte Auflösung in Flugrichtung erhöht. Dies wird durch die Nachführung des Antennendiagramms in Azimut realisiert, was eine größere Integrationszeit bzw. synthetische Apertur bedeutet [5]. Kapitel 8.5.2 beschreibt den Spotlight-Modus zur hochauflösenden Abbildung näher.

- **Inverser SAR-Modus**
  Das Verfahren verwendet ein feststehendes Radargerät, das ein bewegtes Ziel beobachtet. Die Verbesserung der Azimutauflösung resultiert grundsätzlich aus der Zielbewegung [1].

Der Streifenmodus ist der meistbenutzte SAR-Modus. Häufig benutzt man ein kohärentes Pulsradar, dessen Blockdiagramm in Abb. 8.6 dargestellt ist. Ein Pulsradar benötigt grundsätzlich einen Sender, der das Sendesignal mit einer bestimmten Pulsfrequenz (PRF) erzeugt, und einen Sende/Empfangsschalter, falls dieselbe Antenne

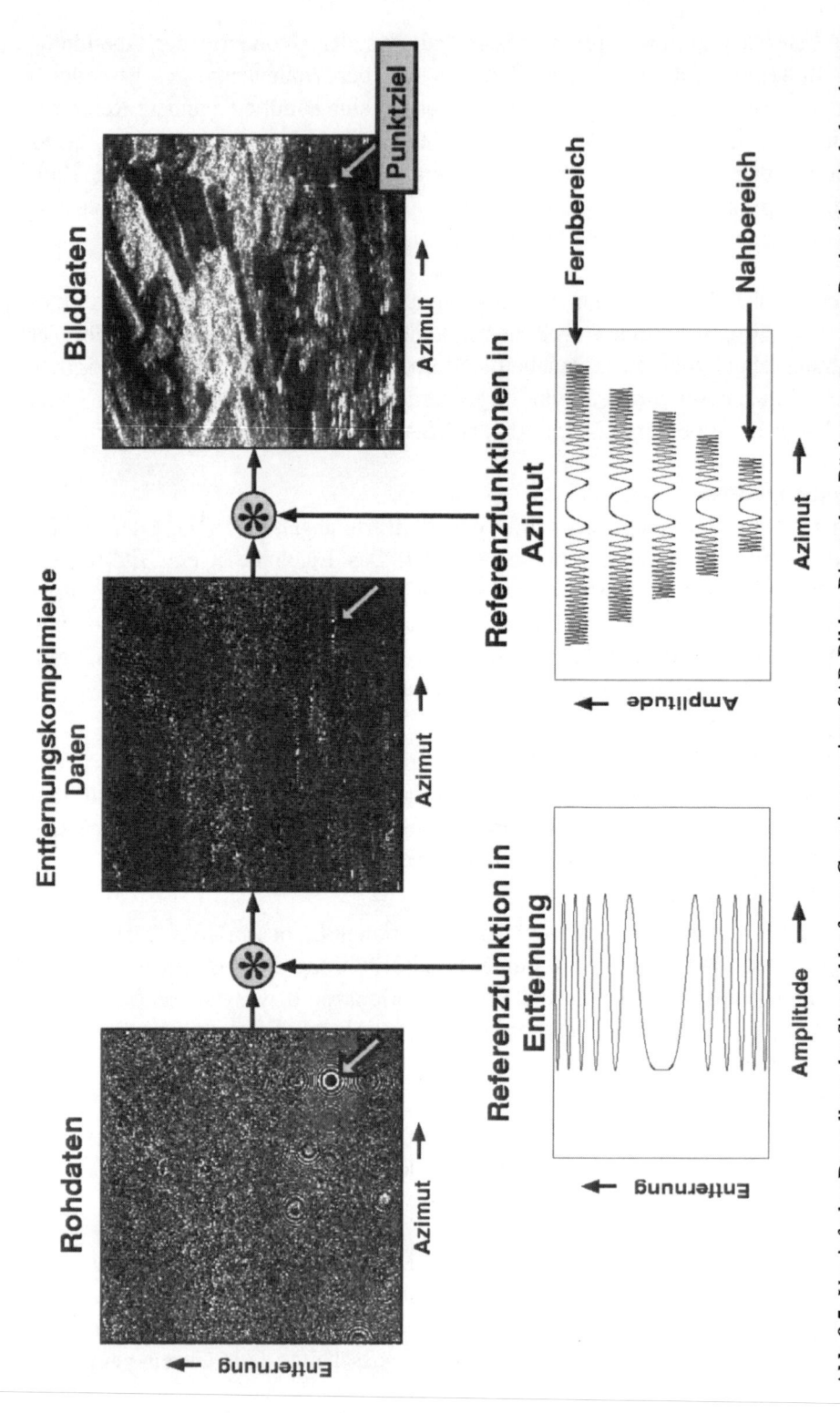

Abb. 8.5: Vereinfachte Darstellung des Signalablaufs zur Generierung eines SAR-Bildes. Die starken Rückstreuungen von Punktzielen sind als schwarze und weiße Ringe (*Fresnel-Zonen*) bei den Rohdaten zu sehen. Die Referenzfunktion in Azimut wird für jeden Entfernungsbereich aktualisiert.

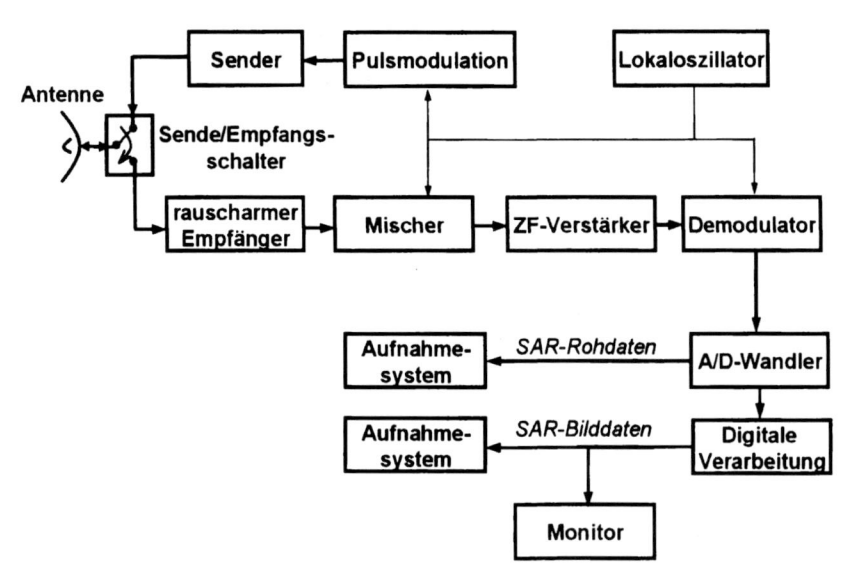

Abb. 8.6: Blockdiagramm eines SAR-Systems. Dieses System arbeitet im Pulsbetrieb. Das Rückstreusignal wird empfangen, heruntergemischt, digitalisiert, digital verarbeitet und gespeichert.

für Senden und Empfangen benutzt wird. Der Empfangszweig besteht aus einem rauscharmen Verstärker, der das Rückstreusignal verstärkt, einem Mischer, der die Empfangsfrequenz in eine Zwischenfrequenz (ZF) umsetzt, und einem Demodulator, der das Signal in der ZF-Ebene z. B. in Quadratur demoduliert. Das digitale Subsystem schließt eine Analog/Digital-Umsetzung mit der dazugehörigen digitalen Echtzeitverarbeitung und ein Aufnahmesystem mit ein. Ein Lokaloszillator erzeugt kohärent die intern benötigten Frequenzen und Takte. Die Kohärenz ist dabei unabdingbar, da zum Aufbau der synthetischen Apertur die Phase des Empfangssignals ausgewertet wird.

8.2 Empfangenes SAR-Signal und Punktzielantwort

Die Abbildungsgeometrie von Abb. 8.7 wird zur Modellierung des empfangenen Signals eines SAR-Systems benutzt. Das Radarsystem auf der Plattform sendet periodisch Impulse, die von einem einzigen abgebildeten Punktziel in der Position (x_0, r_0) mit der komplexen Reflektivität γ zurückgestreut werden. Es wird gezeigt, daß das empfangene Signal als eine zweidimensionale Faltung der komplexen Reflektivität mit einer ebenfalls zweidimensionalen Modulationsfunktion dargestellt werden kann [35], [53]. Für die gesendeten Radarimpulse $q_n(t)$ gilt

$$q_n(t) = a_\mathrm{r}(t - nT) \cdot \cos\left[2\pi f_\mathrm{s} \cdot (t - nT) + \varphi_\mathrm{r}(t - nT)\right], \tag{8.6}$$

wobei $a_\mathrm{r}(t)$ die Hüllkurve des gesendeten Impulses, f_s die Sendefrequenz, $\varphi_\mathrm{r}(t)$ die Phasenmodulation des gesendeten Impulses, T die Pulsperiodendauer und n die Pulsnummer ist. Die vom Radarsystem beleuchtete Streifenbreite am Boden definiert man durch den Antennenöffnungswinkel in Entfernungsrichtung, den Depressionswinkel

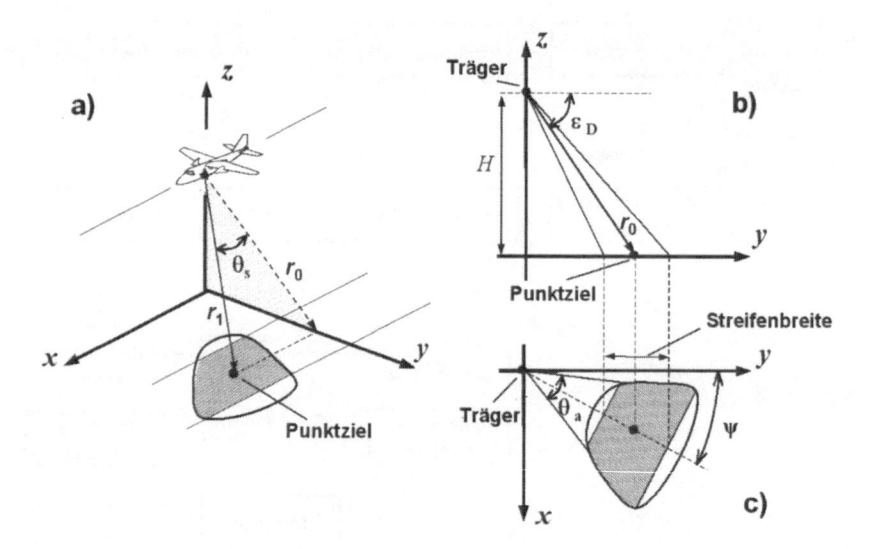

Abb. 8.7: Abbildungsgeometrie mit Berücksichtigung des Schielwinkels θ_s: a) Perspektive, b) Seitensicht und c) Draufsicht. Ψ ist die Projektion des Schielwinkels am Boden und wird als Driftwinkel bezeichnet. ϵ_D ist der Depressionswinkel.

und die Höhe des Trägers (siehe Abb. 8.7). Nach dem Senden werden die elektromagnetischen Wellen von Zielobjekten zurückgestreut und von der Radarantenne empfangen. Die Zeitverzögerung zwischen Senden und Empfangen ist

$$t_d = \frac{2 \cdot r(nT)}{c_0}, \tag{8.7}$$

wobei $r(nT)$ die Entfernung der Plattform zum Ziel ist. Durch das breite Richtdiagramm der SAR-Antenne in Azimut wird jedes Zielobjekt innerhalb der abgebildeten Streifenbreite von mehreren Sendeimpulsen beleuchtet. Nach dem Mischen des empfangenen Signals in die Zwischenfrequenzebene und der Demodulation mit Quadraturkanälen bekommt man das empfangene Signal im Basisband. Die zweidimensionale Formulierung dieses Signals beinhaltet die Impulsmodulation s_r in Entfernung und auch die Dopplermodulation s_a in Azimut. Die zweidimensionale Darstellung des empfangenen Signals läßt sich folgendermaßen beschreiben:

$$s(x,r) = \gamma \cdot s_a(x,r) * s_r(x,r) \tag{8.8a}$$

mit

$$s_r(x,r) = a_r(r) \cdot e^{j \cdot \varphi_r(r)} \cdot \delta(x) \tag{8.8b}$$

und

$$s_a(x,r) = g_a(x) \cdot e^{-j \cdot 4 \cdot \pi \cdot r_1(x)/\lambda} \cdot \delta(r - r_1(x)). \tag{8.8c}$$

8.2 Empfangenes SAR-Signal und Punktzielantwort

γ ist dabei die komplexe Reflektivität[1], δ die Dirac-Funktion, $*$ die zweidimensionale Faltung, g_a das Zweiweg-Antennendiagramm in Azimutrichtung und r_l die Zielentfernungsänderung. Die Gln. (8.8a) bis (8.8c) stellen die Basis für die Modellierung des empfangenen Radarsignals dar. Die Funktion $s_r(x, r)$ ist gleich dem gesendeten modulierten Impuls ohne die Trägerfrequenz. Diese Modulation ist von der Azimutposition x unabhängig und entspricht einer Modulation der empfangenen Radardaten in Entfernungsrichtung. Die Funktion $s_a(x, r)$ entspricht einer Modulation der empfangenen Radardaten in Azimutrichtung. Die Azimutmodulation ist auf die Entfernungsänderung zwischen Plattform und Ziel während der Zielbeleuchtungszeit zurückzuführen. Der geometrische Ort dieser Modulation ist zweidimensional und wird von der Dirac-Funktion $\delta(r - r_l(x))$ in Gl. (8.8c) bestimmt. Die Zielentfernungsänderung (engl.: range migration) entspricht der Wanderung dieser Funktion in Entfernungsrichtung während der Zielbeleuchtung.

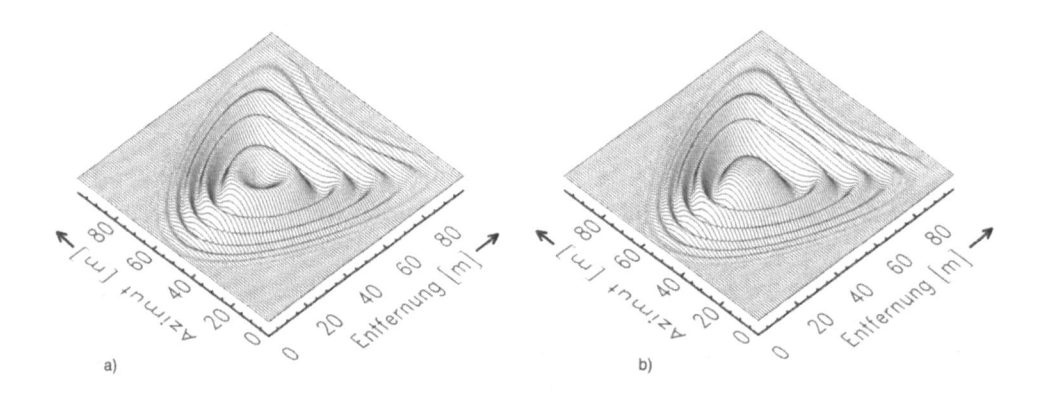

Abb. 8.8: Empfangenes SAR-Signal für ein Punktziel ($\gamma = 1$): a) Inphasekomponente und b) Quadraturkomponente.

Abb. 8.8 zeigt eine zweidimensionale Darstellung des empfangenen Signals $s(x, r)$, wobei die Inphase- und Quadraturkomponenten dargestellt sind (s_i und s_q). Die Darstellung von Abb. 8.8 für $\gamma = 1$ entspricht der SAR-Systemantwort für ein einzelnes Punktziel. Eine natürliche Abbildungsszene besteht aus vielen Streuzentren, wobei jeder Position (x, r) eine komplexe Reflektivität $\gamma(x, r)$ zugeordnet ist. Das empfangene Signal $s(x, r)$ kann dann als eine Faltung jedes Streuzentrums mit der SAR-Systemantwort modelliert werden. Das empfangene SAR-Signal entsteht aus einer zweidimensionalen Faltung der Gelände-Rückstreuung mit der SAR-Systemantwort.

---

[1] Die Reflektivität γ ist eine komplexe Funktion, welche die Rückstreueigenschaften des Zieles beschreibt. Die Intensitätsdaten des prozessierten SAR-Bildes entsprechen den Werten des Rückstreukoeffizienten σ_0.

8.2.1 Doppler(Azimut)-Modulation

Für eine gerade Flugbahn mit konstanter Geschwindigkeit v und für ein nichtbewegtes Punktziel erhält man (siehe Abb. 8.7)

$$r_1(x) = \sqrt{r_0^2 + x^2} \,. \tag{8.9}$$

Dabei ist r_1 die Entfernungsvariation (Zielentfernungsänderung) in Abhängigkeit von der Azimutposition x, und r_0 ist die minimale Entfernung zwischen Ziel und Plattform. Die Entwicklung von Gl. (8.9) in eine *Taylor*-Reihe unter der Annahme eines Azimutöffnungswinkels $\theta_a \ll 20°$ führt zu

$$r_1(x) \approx r_0 + \frac{x^2}{2 \cdot r_0} \,. \tag{8.10}$$

Mit der Bestimmung des Entfernungsverlaufs kann man die Phasenmodulation φ_a in Azimut bestimmen, die eine quadratische Funktion der Zeit ist, nämlich

$$\varphi_a(t) = -\frac{4 \cdot \pi}{\lambda} \cdot \left[r_0 + \frac{v^2 \cdot t^2}{2 \cdot r_0} \right], \qquad |t| \leq \frac{r_0 \cdot \theta_a}{2 \cdot v}, \tag{8.11}$$

wobei $t = x/v$ die Zeitvariable in Azimutrichtung ist. Aus Gl. (8.11) wird der Frequenzverlauf der Azimutmodulation aus der Ableitung von φ_a nach t berechnet:

$$f_a(t) = -\frac{2 \cdot v^2}{\lambda \cdot r_0} \cdot t \,. \tag{8.12}$$

Gl. (8.12) stellt eine lineare Abhängigkeit der Frequenz von der Zeit dar. Die gesamte Bandbreite wird als Dopplerbandbreite bezeichnet, da die Frequenzvariation auf das Annähern und Entfernen der Plattform in bezug auf das Ziel zurückzuführen ist (*Doppler*-Effekt). Aus Gl. (8.12) folgt die Dopplerbandbreite

$$B_a = \frac{2 \cdot v \cdot \theta_a}{\lambda} = \frac{2 \cdot v}{d_a} \,. \tag{8.13}$$

Je kleiner die Antennenlänge ist, desto größer wird die Dopplerbandbreite, da sich bei einem größeren Öffnungswinkel eine höhere Variationsrate der Entfernung ergibt.

Abb. 8.9 zeigt Phasenmodulation, Frequenzmodulation und Amplitudenverlauf des empfangenen SAR-Signals für ein Punktziel. Die angenommenen Flugparameter für diese Simulation sind typisch für ein Flugzeug-SAR-System ($v = 70$ m/s, $\lambda = 0{,}056$ m und $r_0 = 5000$ m).

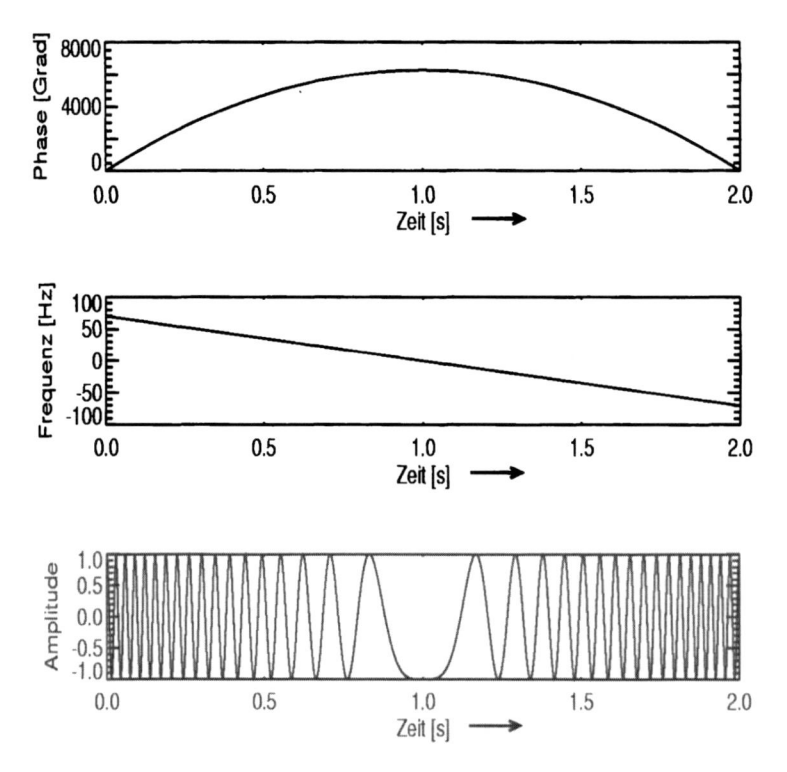

8.2 Empfangenes SAR-Signal und Punktzielantwort

Abb. 8.9: Phasen-, Frequenz- und Amplitudenverlauf des Azimutsignals.

Dopplerschwerpunkt und Dopplerrate

Mit Berücksichtigung des Schielwinkels θ_s (engl.: squint angle) erhält man aus Gl. (8.12) für den Frequenzverlauf der Azimutmodulation (siehe Abb. 8.7):

$$f_a(t) = \frac{2 \cdot v \cdot \sin \theta_s}{\lambda} - \frac{2 \cdot v^2}{\lambda \cdot r_0} \cdot t \,. \tag{8.14}$$

Der Schielwinkel θ_s ist der Winkel zwischen der Senkrechten auf dem Geschwindigkeitsvektor und der Entfernungsrichtung zum Ziel in der Mitte der Beleuchtungszeit. Die Terme in Gl. (8.14) entsprechen der linearen bzw. der quadratischen Komponente der Zielentfernungsänderung.

Der erste Term wird durch den Schielwinkel verursacht; er resultiert aus der linearen Entfernungsänderung. Dieser Term wird als Dopplerschwerpunkt bezeichnet und entspricht dem Wert f_D der Dopplerfrequenz in der mittleren Position der Beleuchtungsgeometrie.

Der lineare Frequenzverlauf (zweiter Term in Gl. (8.14)) resultiert aus der quadratischen Entfernungsänderung der Phase. Den Koeffizienten des zweiten Terms bezeichnet man als Dopplerrate k_a. Gl. (8.14) kann als eine Funktion der Parameter f_D und k_a dargestellt werden:

$$f_a(t) = f_D + k_a \cdot t, \tag{8.15}$$

wobei

$$f_D = \frac{2 \cdot v \cdot \sin \theta_s}{\lambda} \tag{8.16}$$

und

$$k_a = -\frac{2 \cdot v^2}{\lambda \cdot r_0} \tag{8.17}$$

ist. Die Gln. (8.15), (8.16) und (8.17) definieren vollständig die Azimutmodulation, die von der Plattformbewegung, der Geometrie zum Ziel (d. h. von r_0 und θ_s) und von der Wellenlänge abhängt.

8.2.2 Impulsmodulation – Das Chirp-Signal

Bei einem Radarsystem ohne Frequenzmodulation des Sendesignals wird ein Impuls kurzer Dauer periodisch gesendet, das zurückgestreute Signal empfangen und nach seinem Umsetzen in das Basisband digitalisiert. Durch die Verringerung der Impulsdauer τ_p erhält man eine hohe Entfernungsauflösung. Durch die Erhöhung der Sendespitzenleistung P werden die Reichweite vergrößert und das Signal/Rausch-Verhältnis verbessert. Die Impulsdauer und die Spitzensendeleistung sind entscheidend für die Leistungsfähigkeit des Radarsystems, stellen aber gegenläufige Anforderungen an das Radarsystem dar, da keine beliebig hohe Spitzensendeleistung in kurzer Zeit aufzubringen ist. Um diese Problematik zu überwinden, wird das Verfahren der Impulskompression angewendet (siehe Kapitel 5).

Anstelle eines zeitkomprimierten Impulses benutzt man ein zeitgedehntes Signal mit einer Modulation. Häufig wird die lineare Frequenzmodulation verwendet, die mit analogen Bauelementen oder mit einer digitalen Schaltung mit nachfolgendem D/A-Wandler erzeugt werden kann. Bei Verwendung analoger Bauelemente wird ein Verzögerungsnetzwerk (engl.: **Surface Acoustic Wave, SAW**) eingesetzt. Das zeitgedehnte, frequenzmodulierte Signal wird als Chirp bezeichnet.

Die Frequenzmodulation eines Signals erweitert dessen Möglichkeit zur Entfernungsauflösung, da diese nur von der Bandbreite der Frequenzmodulation abhängt. Falls die Bandbreite B_r der Frequenzmodulation erhöht wird, so daß die gleiche Bandbreite eines sehr kurzen Signals resultiert, erhält man nach der Impulskompression des zeitgedehnten Signals die gleiche Entfernungsauflösung wie beim Impuls kurzer Dauer.

8.2 Empfangenes SAR-Signal und Punktzielantwort

Die Modulation in der Entfernung $s_r(x,r)$ gemäß Gl. (8.8b) wird durch die Impulsmodulation im Radarsystem definiert. In den meisten Fällen verwendet man eine quadratische Phasenmodulation,

$$\varphi_r(t) = \pi \cdot k_r \cdot t^2 \,, \qquad -\tau_p/2 \leq t \leq \tau_p/2 \,, \tag{8.18}$$

wobei k_r die Modulationsrate und τ_p die Dauer des gesendeten Impulses ist. Aus Gl. (8.18) ergibt sich die Frequenzmodulation

$$f_r(t) = k_r \cdot t \,. \tag{8.19}$$

Die Bandbreite des gesendeten Impulses ist

$$B_r = k_r \cdot \tau_p \,. \tag{8.20}$$

Dabei ist erforderlich, daß die Bandbreite des Hochfrequenzteils des Radarsystems größer als B_r ausgelegt ist und daß die Abtastfrequenz der Analog/Digital-Wandlung für ein komplexes Format des demodulierten Signals größer als B_r ist.

Abb. 8.10 zeigt Phasenmodulation, Frequenzmodulation und Amplitudenverlauf des gesendeten Impulses (Chirp-Signal). Die angenommenen Modulationsparameter für diese Simulation sind $B_r = 100$ MHz, $\tau_p = 5$ µs.

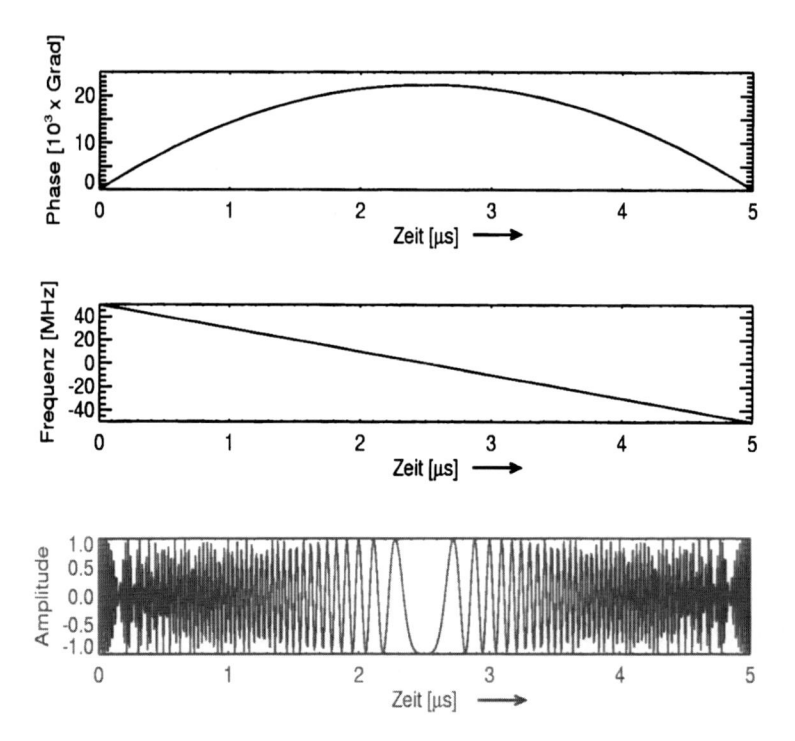

Abb. 8.10: Phasen-, Frequenz- und Amplitudenverlauf des Chirp-Signals.

8.2.3 Optimalfilter (Matched Filter)

Bei der SAR-Verarbeitung wird im allgemeinen eine zweidimensionale Verarbeitung der empfangenen, digitalisierten Daten durchgeführt; man wertet dabei die Entfernungs- und Azimutvariationen der Phase aus. Diese Operation entspricht der Impulskompression mit einem Optimalfilter [23]. Nach Impulskompression, Betragsbildung und Kalibrierung [14] der SAR-Daten entspricht die Intensität an der Position (x, r) dem Wert des Rückstreukoeffizienten σ_0 an dieser Stelle.

Die Übertragungsfunktion des Optimalfilters entspricht der konjugiert komplexen, zeitinvertierten SAR-Systemantwort s_0

$$h_0(x, r) = m \cdot s_0^*(x_0 - x, r_0 - r), \tag{8.21}$$

wobei m eine Konstante zur Normierung und s_0^* die zu s_0 konjugiert komplexe Funktion ist. Gemäß der Theorie des Optimalfilters wird das Signal $s_0(x, r)$ mit der Funktion $h_0(x, r)$ gefaltet, wodurch das maximale Signal/Rausch-Verhältnis für die gefalteten Daten gewährleistet ist. Dabei wird angenommen, daß ein weißes Rauschen mit konstanter Leistungsdichte vorhanden ist. Das Faltungsintegral lautet allgemein

$$u_0(t) = s_0(t) * h_0(t) = \int_{-\infty}^{\infty} s_0(\tau) \cdot h_0(t - \tau) \, d\tau, \tag{8.22}$$

wobei

$$s_0(t) = w(t) \cdot e^{jbt^2} \tag{8.23}$$

und

$$h_0(t) = m \cdot e^{-jbt'^2} \quad |t'| \leq \frac{T_i}{2}, \tag{8.24}$$

mit $t' = t - t_0$ und T_i als Integrationszeit. Mit Einsetzen der Gln. (8.23) und (8.24) in (8.22) erhält man

$$|u_0(t)| = \left| \sqrt{\frac{B}{T_i}} \cdot \int_{-T_i/2}^{T_i/2} w(\tau) \cdot e^{jbt' \cdot \tau} \, d\tau \right|. \tag{8.25}$$

Gl. (8.25) entpricht der *Fourier*-Transformation der Gewichtungsfunktion $w(t)$. Beim Faltungsintegral in Azimut ist die Gewichtungsfunktion $w(t)$ durch das Antennendiagramm $g_a(x)$ gegeben. In Entfernung ist $w(t)$ durch die Hüllkurve $a_r(t)$ des gesendeten Impulses gegeben. Zusätzlich kann man in der Referenzfunktion $h_0(t)$ in Azimut und Entfernung eine Gewichtung einfügen und damit die Nebenzipfel der Impulsantwort stark reduzieren. In der folgenden Entwicklung wird $w(t) = 1$ angenommen, woraus folgt

$$|u_0(t)| = \left| \sqrt{B \cdot T_i} \cdot \operatorname{sinc}\left[T_i \cdot b \cdot (t - t_0) \right] \right|, \tag{8.26}$$

wobei $\operatorname{sinc}(x) = \sin(x)/x$ und $\sqrt{B \cdot T_i}$ der Gewinn der Korrelation ist.

8.2 Empfangenes SAR-Signal und Punktzielantwort

Der Kompressionsfaktor der Korrelation entspricht dem Zeit-Bandbreite-Produkt des modulierten Signals. Für die Kompression in Azimut- und Entfernungsrichtung wird der Korrelationsgewinn (in dB) folgendermaßen definiert:

$$K_a = 10 \cdot \log_{10}(B_a \cdot T_a) \tag{8.27}$$

und

$$K_r = 10 \cdot \log_{10}(B_r \cdot \tau_p) \, . \tag{8.28}$$

Eine große Signalbandbreite oder eine lange Integrationszeit ist notwendig, falls ein großer Korrelationsgewinn gewünscht wird.

8.2.4 Impulsantwort

Eine wichtige Funktion für die Charakterisierung eines SAR-Systems ist die Impulsantwort. Sie ist auch in der SAR-Verarbeitung von großer Bedeutung. Aus dieser Antwort können viele Qualitätseigenschaften des Endbildes, wie geometrische Auflösung und Nebenzipfelunterdrückung, bestimmt werden. Die Impulsantwort ist die Abbildung eines normierten Punktzieles, d.h. die Impulsantwort $|u_0(x,r)|$ ist die Funktion $|u(x,r)|$ für ein Punktziel mit $\gamma = 1$. Dabei wird zunächst kein Rauschen berücksichtigt, und die Position des Punktziels ist (x_0, r_0). Aus Gl. (8.26) ergibt sich für die Impulsantwort in Azimut $|u_a(x,r)|$ und die Impulsantwort in Entfernung $|u_r(x,r)|$

$$|u_a(x,r)| = \left| \sqrt{B_a \cdot T_a} \cdot \operatorname{sinc}\left[\pi \cdot \left(\frac{B_a \cdot (x - x_0)}{v} \right) \right] \right| , \tag{8.29}$$

$$|u_r(x,r)| = \left| \sqrt{B_r \cdot \tau_p} \cdot \operatorname{sinc}\left[\frac{2\pi \cdot B_r \cdot (r - r_0)}{c_0} \right] \right| . \tag{8.30}$$

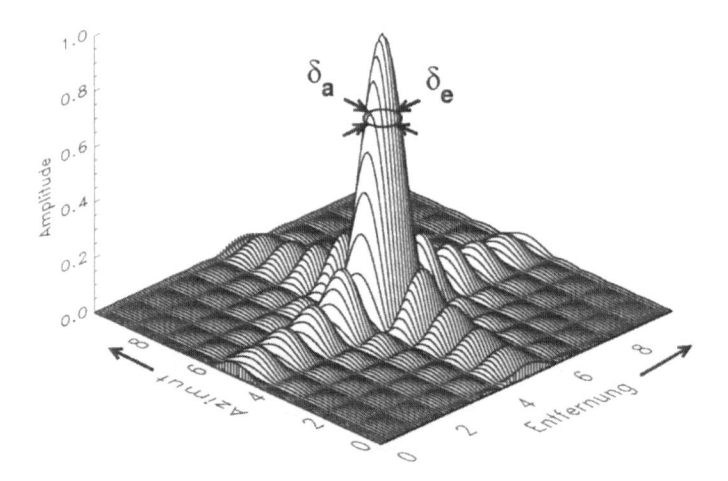

Abb. 8.11: Zweidimensionale Impulsantwort $|u_0(x,r)|$ eines SAR-Systems nach der Datenverarbeitung.

Abb. 8.11 veranschaulicht die zweidimensionale Impulsantwort, wobei keine Gewichtung der Antenne oder der Referenzfunktion berücksichtigt wurde. Die Impulsantwort ist in diesem Fall eine zweidimensionale sinc-Funktion, deren höchste Nebenkeule bei 13,2 dB unterhalb des Maximums liegt. In der Praxis wird eine Gewichtung in die Referenzfunktion eingefügt, so daß das Nebenkeulen-Niveau auf mindestens 20 dB unterdrückt wird. In [19] werden verschiedene Gewichtsfunktionen beschrieben.

Geometrische Auflösung

Die geometrische Auflösung wird als die 3-dB-Breite des Hauptmaximums der Impulsantwort definiert. Für die sinc-Funktion beträgt die 3-dB-Breite ca. 44 % der Hauptkeulenbreite, die durch die erste Nullstelle links und rechts des Maximums der Impulsantwort definiert wird. Die Azimut- und Entfernungsauflösung können folgendermaßen bestimmt werden:

$$\delta_a = k_a \cdot \frac{v}{B_a} = k_a \cdot \frac{d_a}{2} \tag{8.31}$$

und

$$\delta_r = k_r \cdot \frac{c_0}{2 \cdot B_r}, \tag{8.32}$$

wobei k_a und k_r konstant sind. Im Fall der sinc-Impulsantwort sind k_a und k_r gleich 0,89. Für eine Amplitudengewichtung in der Referenzfunktion in Azimut- oder Entfernungsrichtung verschlechtert sich die Auflösung bis zu rund 50 %. Für eine *Hamming*-Gewichtung ist k_r oder k_a gleich 1,30 [19]. Die Gewichtung verursacht aber auch eine Reduktion des Korrelationsgewinns.

Die Gln. (8.31) und (8.32) stellen ein wichtiges Ergebnis der SAR-Theorie dar. Die beste Azimutauflösung entspricht der halben Antennenlänge in Azimut und ist von der Entfernung unabhängig. Die Entfernungsauflösung ist umgekehrt proportional zur Bandbreite des gesendeten Impulses. Gl. (8.32) gilt für die schräge Entfernungsauflösung in Antennenblickrichtung und ist in allen Fällen besser als die Entfernungsauflösung am Boden δ_{rg}. Für letztere gilt

$$\delta_{rg} = k_r \cdot \frac{c_0}{2 \cdot B_r \cdot \cos\theta_i}, \tag{8.33}$$

wobei θ_i der Einfallswinkel des gesendeten Signals ist, der von der Höhe, der Entfernung und der Bodenneigung abhängt.

Peak Sidelobe Ratio (*PSLR*) und Integrated Sidelobe Ratio (*ISLR*)

Wichtige Kenngrößen für die SAR-Bildqualität sind *PSLR* und *ISLR*. Sie sind ein Maß für das Verhältnis der Energie in der Hauptkeule zu der Energie der Nebenzipfel. *PSLR* ist definiert als das Verhältnis der Amplituden des Maximums der Punktzielantwort zur

Amplitude des höchsten Nebenzipfels. Im Idealfall ist die Punktzielantwort symmetrisch, und die Nebenzipfel mit der höchsten Amplitude befinden sich als erste direkt links und rechts neben der Hauptkeule. In diesem Fall ist das *PSLR* gleich dem ersten *SLR* (engl.: **S**idelobe **R**atio).

Die Definition der *ISLR* (in dB) ist

$$ISLR = 10 \cdot \log_{10} \left[\frac{E_1}{E_2} \right] . \tag{8.34}$$

E_1 ist dabei die Energie der Punktzielantwort in einem um das Maximum zentrierten Bereich mit der zweifachen Ausdehnung der 3-dB-Auflösung. E_2 ist die Energie in einem ebenfalls um das Maximum zentrierten Bereich mit zwanzigfacher Ausdehnung der 3-dB-Auflösung abzüglich der Energie E_1.

PSLR und *ISLR* sind entscheidend für eine gute Bildqualität. Für Punktziele müssen die Nebenzipfel so weit unterdrückt sein, daß sie für die festgelegte Bilddynamik nicht erscheinen oder eine sehr kleine Amplitude in bezug auf das Maximum der Punktzielantwort haben. Ein schlechtes *ISLR* führt zu einem Bild mit wenig Kontrast, da ein Großteil der Energie der Punktzielantwort in den Nebenzipfeln verteilt ist.

Für eine $\sin(x)/x$-Punktzielantwort ohne Gewichtung erhält man *PSLR* = 13 dB und *ISLR* = 9,8 dB. Mit Anwendung einer *Hamming*-Gewichtung erhält man *PSLR* = 43 dB und *ISLR* = 21 dB.

8.3 Abbildung verteilter Ziele

Aufgrund der kohärenten Verarbeitung tritt in SAR-Bildern das sogenannte Speckle-Rauschen auf. Besonders intensiv tritt es in Erscheinung bei Flächenzielen mit einer Oberflächenrauhigkeit in der Größenordnung der Radarwellenlänge. Die Verteilungsdichte der prozessierten Intensitätsdaten gehorcht im allgemeinen einer Exponentialverteilung. Dabei ist die Standardabweichung gleich dem Mittelwert, was eine sehr große Streuung in den Bilddaten bedeutet. Die Bildinterpretation wird beeinträchtigt, da die Wahrscheinlichkeit, Punktziele auf Flächen zu detektieren, reduziert und die Klassifizierung von Flächenzielen sowie die Bestimmung ihrer Grenzen erschwert wird.

Zur Reduktion des Speckle-Rauschens benutzt man oft die sogenannte Multilook-Verarbeitung. Diese Verarbeitung besteht aus einer inkohärenten Addition von statistisch unabhängigen Bildern (Sichten oder Looks) der gleichen Szene. Die verschiedenen Looks gewinnt man z. B. bei der üblichen SAR-Datenverarbeitung durch eine Aufteilung der verfügbaren Signalbandbreite in Bereiche mit gleicher Bandbreite([18], [30], [43]). Die Aufteilung kann sowohl im Azimutspektrum als auch im Entfernungsspektrum erfolgen. Auch durch die Nutzung der Unterschiede in Polarisation, Zeit und Raum können unabhängige Bilder (Looks) generiert werden. Das Ergebnis dieser Verarbeitung sind Bilder der gleichen Szene, die für Flächenziele statistisch voneinander unabhängig sind. Die inkohärente Addition dieser Bilder führt zu einem Endbild mit reduziertem Speckle-Rauschen. Die Standardabweichung der Intensität der Flächenziele im Endbild nimmt dabei mit der Wurzel aus der Anzahl von Looks ab, was zu einer besseren radiometrischen Auflösung führt.

8.3.1 Statistische Eigenschaften

Im folgenden wird exemplarisch die Abbildung von Flächenzielen zugrundegelegt, deren Oberflächenrauhigkeit mit der Wellenlänge des Radarsystems vergleichbar ist. Das empfangene komplexe SAR-Signal hat in diesem Fall eine *Gauß*-verteilte Amplitude mit dem Mittelwert null und eine gleichverteilte Phase im Intervall von $-\pi$ bis π [43], [27]. Die prozessierten SAR-Daten bei der Abbildung eines Flächenzieles mit Reflektivität $\gamma(x,r)$ können mit Hilfe von Gln. (8.8a) und (8.60) bestimmt werden:

$$|u(x,r)| = |g_r(r) \cdot \gamma(x,r) * u_0(x,r)|. \tag{8.35}$$

Gemäß Gl. (8.35) entstehen die prozessierten Daten grundsätzlich durch eine Faltung der Impulsantwort $u_0(x,r)$ mit der Reflektivität $\gamma(x,r)$. Wenn viele Streuzentren mit statistisch unabhängigen Amplituden und Phasen innerhalb einer Auflösungszelle von $u_0(x,r)$ vorhanden sind, dann weist das Ergebnis der Faltung auch eine *Gauß*-verteilte Amplitude mit Mittelwert null auf, da die Faltung als eine Summierung aller Streuzentren innerhalb der Auflösungszelle interpretiert werden kann. Für die Varianz von $u(x,r)$ gilt deswegen

$$\sigma_u^2 = E[|u|^2] = E[u_i^2] + E[u_q^2] = P, \tag{8.36}$$

wobei $E[|u|^2]$ der erwartete Wert der prozessierten Intensitätsdaten $|u|^2$, u_i und u_q die reelle bzw. imaginäre Komponente von $u(x,r)$ und P die mittlere Rückstreuleistung ist. Aus Gl. (8.36) erhält man für die Varianz $\sigma_{u_i}^2$ und $\sigma_{u_q}^2$ von u_i bzw. u_q

$$\sigma_{u_i}^2 = \sigma_{u_q}^2 = \frac{1}{2} \cdot \sigma_u^2 = \frac{1}{2} \cdot P. \tag{8.37}$$

Damit ergibt sich für die Wahrscheinlichkeitsdichte p von u_i und u_q

$$\begin{aligned} p(u_i, u_q) &= p(u_i) \cdot p(u_q) \\ &= \frac{1}{2\pi \cdot \sigma_{u_i}^2} \cdot e^{-\frac{u_i^2 + u_q^2}{2 \cdot \sigma_{u_i}^2}}. \end{aligned} \tag{8.38}$$

Im Fall der Darstellung des SAR-Bildes mit Intensitätswerten $|u|^2 = u_i^2 + u_q^2$ gilt folgende Wahrscheinlichkeitsdichte:

$$p(|u|^2) = \frac{1}{2 \cdot \sigma_{u_i}^2} \cdot e^{\frac{-|u|^2}{2 \cdot \sigma_{u_i}^2}} = \frac{1}{P} \cdot e^{-\frac{|u|^2}{P}}. \tag{8.39}$$

8.3 Abbildung verteilter Ziele

Die Intensitätsdaten weisen eine Exponentialverteilung auf, wobei die Standardabweichung der Daten gleich dem Erwartungswert und auch gleich der mittleren Rückstreuleistung P ist. Für die Auswertung der SAR-Bilder in vielen wissenschaftlichen Bereichen ist eine hohe radiometrische Auflösung erforderlich, so daß die hohe Varianz der prozessierten Daten unerwünscht ist. Die Intensitätsdaten werden auch als Speckle-Rauschen mit der Varianz σ_u^2 bezeichnet. Aus Gl. (8.39) erhält man für die Intensitätsdaten

$$|u|^2 = P \cdot n_s, \tag{8.40}$$

wobei n_s das Speckle-Rauschen mit der Wahrscheinlichkeitsverteilung

$$p(n_s) = e^{-n_s} \tag{8.41}$$

ist. Das Speckle-Rauschen hat gemäß Gl. (8.40) einen multiplikativen Charakter, da es mit der Rückstreuleistung P multipliziert wird. Das heißt, je höher die Rückstreuleistung ist, desto größer ist die Varianz der Bilddaten.

Für die Amplitudenwerte der Bildpunkte $|u| = \sqrt{u_i^2 + u_q^2}$ erhält man mit Gl. (8.38) eine *Rayleigh*-Verteilung

$$p(|u|) = \frac{2 \cdot |u|}{P} \cdot e^{-\frac{|u|^2}{P}}. \tag{8.42}$$

Der Erwartungswert beträgt in diesem Fall $\sqrt{\pi \cdot P / 4}$ und die Standardabweichung $\sqrt{P \cdot (1 - \pi/4)}$, wobei auch hier die multiplikative Charakteristik festzustellen ist. Die Amplitudendaten können folgendermaßen dargestellt werden:

$$|u| = \sqrt{\frac{P}{2}} \cdot n_s, \tag{8.43}$$

wobei

$$p(n_s) = n_s \cdot e^{-\frac{n_s^2}{2}}. \tag{8.44}$$

Die Zufallsvariable n_s entspricht in diesem Fall dem Speckle-Rauschen mit einer Gamma-Verteilung, wobei die Standardabweichung der Amplitudendaten mit der Wurzel aus der Rückstreuleistung zunimmt.

8.3.2 Multilook-Verarbeitung

Die Multilook-Verarbeitung (Verarbeitung mehrfacher Sichten) dient zur Reduktion des Speckle-Rauschens in SAR-Bildern. Sie besteht aus einer inkohärenten Addition von statistisch unabhängigen Bildern (Looks). Falls die Looks völlig unkorreliert sind, wird die Standardabweichung der Intensität für eine homogene Szene mit der Wurzel aus der Anzahl der Looks reduziert. In Kap. 8.3.3 wird eine detaillierte Modellierung mit Berücksichtigung der Korrelation zwischen den Looks durchgeführt.

Die Korrelation ist dabei auf die Überlappung von Frequenzbereichen benachbarter Looks zurückzuführen. Durch die Überlappung erreicht man eine bessere Ausnutzung der verfügbaren Bandbreite, da üblicherweise eine Gewichtung zur Reduktion der Nebenkeulen in den einzelnen Frequenzbereichen eingeführt wird [38].

Abb. 8.12 zeigt eine Konfiguration zur Multilook-Verarbeitung in Azimut mit drei Looks, 50 % Überlappung und Gewichtung, wobei die Looks aus drei Aspektwinkelbereichen $\Delta\theta_{a_i}$ des Azimutantennendiagramms gebildet werden. Aus Gl. (8.20) ergibt sich eine direkte Beziehung zwischen der Bandbreite und dem Aspektwinkelbereich eines jeden Looks, nämlich

$$B_{a_i} = \frac{2 \cdot v}{\lambda} \cdot \Delta\theta_{a_i} . \tag{8.45}$$

Hierbei ist $\Delta\theta_{a_i}$ der Aspektwinkelbereich in Azimut des Looks i und B_{a_i} die entsprechende Dopplerbandbreite. Für jeden Aspektwinkelbereich wird eine Referenzfunktion berechnet, die dem Optimalfilter für diesen Bereich entspricht. Für die Impulsantwort $|u_0(x,r)|$ der Multilook-Verarbeitung gilt

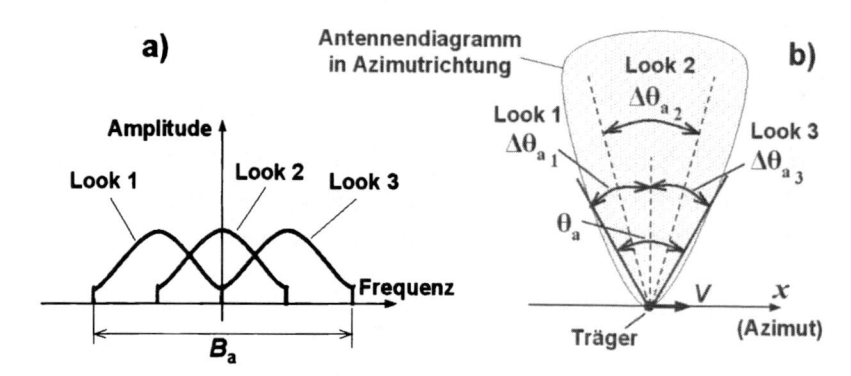

Abb. 8.12: a) Multilook-Verarbeitung mit drei überlappenden Looks im Frequenzbereich, b) entsprechende Aufteilung des Azimutantennendiagramms in Aspektwinkelbereiche.

$$|u_0(x,r)|^2 = \frac{\sum\limits_{i=1}^{L} |s_a(x,r) * h_{a_i}(x,r)|^2}{L} , \tag{8.46}$$

$h_{a_i}(x,r)$ ist dabei die Referenzfunktion des i-ten Looks und L die Anzahl von überlappenden Looks. Zwischen der Überlappung ubp und der Anzahl von nicht überlappten Looks L_0 besteht folgender Zusammenhang:

$$L = 1 + \frac{L_0 - 1}{1 - ubp} . \tag{8.47}$$

Falls keine Überlappung verwendet wird, entspricht L_0 der Anzahl von Looks L bei der Verarbeitung. Läßt man die Looks sich überlappen, dann ist L immer größer als

8.3 Abbildung verteilter Ziele

L_0. Für das Beispiel von Abb. 8.12 gilt $L_0 = 2$ und $L = 3$. Aus Gl. (8.31) ersieht man, daß die Azimutauflösung durch die Verkleinerung der Bandbreite schlechter wird:

$$\delta_{al} = \delta_a \cdot L_0 = k_a \cdot \frac{v \cdot L_0}{B_a} . \tag{8.48}$$

Die Azimutauflösung δ_{al} wird bei der Multilook-Verarbeitung mit wachsender Anzahl von unabhängigen, nicht überlappenden Looks L_0 schlechter.

Im Fall der Multilook-Verarbeitung mit L überlappenden Looks ist die effektive Anzahl von Looks L_{eff} kleiner als L. Dies ist auf die Korrelation zwischen den Looks zurückzuführen. L_{eff} entspricht der Anzahl von statistisch unabhängigen Looks und wird definiert als

$$L_{eff} = \frac{\left\{ E\left[|u|^2\right]\right\}^2}{\sigma_u^2} . \tag{8.49}$$

Die radiometrische Auflösung des SAR-Bildes unter Berücksichtigung des Systemrauschens hängt von L_{eff} ab, sie ist definiert als

$$\gamma_a = 10 \cdot \log_{10}\left[\frac{1 + (S/N)^{-1}}{\sqrt{L_{eff}}}\right] . \tag{8.50}$$

S/N ist dabei das Signal/Rausch-Verhältnis. Für ein $S/N \gg 5$ dB hängt die radiometrische Auflösung nur noch von L_{eff} ab. Deshalb ist die Multilook-Verarbeitung für SAR-Systeme mit hoher Bildqualitätsanforderung unentbehrlich.

Zwischen der radiometrischen Auflösung und der geometrischen Auflösung besteht ein direkter Zusammenhang, wie in Gln. (8.48) und (8.50) dargestellt ist. Die radiometrische Auflösung verbessert sich mit der Anzahl der Looks, während sich die geometrische Auflösung verschlechtert. Für bestimmte Bereiche der Bildanalyse und -auswertung ist oft eine hohe radiometrische Auflösung zu Lasten der geometrischen Auflösung erforderlich. Die Anzahl der Looks sollte daher in der Multilook-Verarbeitung ein flexibler Parameter sein.

Abb. 8.13 zeigt ein Beispiel, das den Effekt des Speckle-Rauschens bzw. der Multilook-Verarbeitung in SAR-Bildern verdeutlicht. Oben wird ein Standard-Bildprodukt des E-SAR-Systems dargestellt, wobei hier die SAR-Verarbeitung mit 8 Looks und 3 m Auflösung in Azimutrichtung durchgeführt wurde. Das Speckle-Rauschen wird durch die große Anzahl von Looks stark unterdrückt. Beim unteren Bild wurde die Verarbeitung mit einem Look und 0,5 m Auflösung durchgeführt. Dies führt zu einem wesentlich stärkeren Speckle-Rauschen; andererseits lassen sich aber die Punktziele durch die Verbesserung der geometrischen Auflösung besser voneinander trennen (siehe Flugzeug in der Mitte des rechten Bildes).

Ähnliche Ergebnisse wie bei der Multilook-Verarbeitung kann man durch eine zweidimensionale Filterung des prozessierten SAR-Bildes erreichen. Durch eine einfache Mittelwertfilterung kann man z. B. die Standardabweichung des Speckle-Rauschens

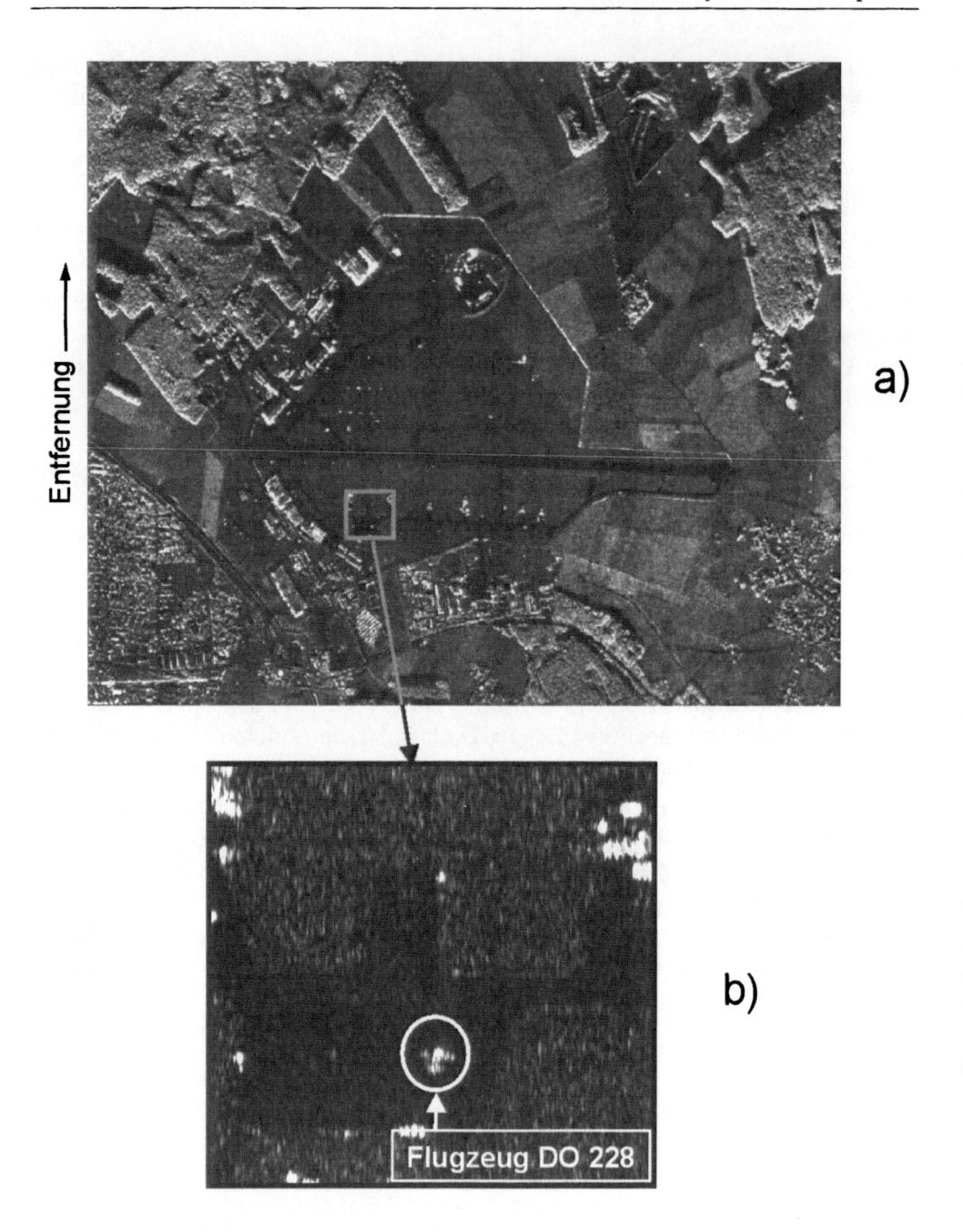

Abb. 8.13: SAR-Bild des experimentellen SAR-Systems des DLR. a) Verarbeitung mit 8 Looks und 3 m Auflösung. Gezeigt wird die Landebahn von Oberpfaffenhofen bei München. b) Verarbeitung eines Teilbereichs mit einem Look und 0,5 m Auflösung.

8.3 Abbildung verteilter Ziele

mit der Wurzel aus der Anzahl der summierten Bildpunkte reduzieren. Die Form der so gefilterten Impulsantwort ähnelt der Filter-Impulsantwort. Im Fall der gleitenden Mittelwertfilterung ist die Filter-Impulsantwort ein Rechteck. Die Wirkung verschiedener Filterfunktionen auf die Reduktion des Speckle-Rauschens wird in [30] beschrieben.

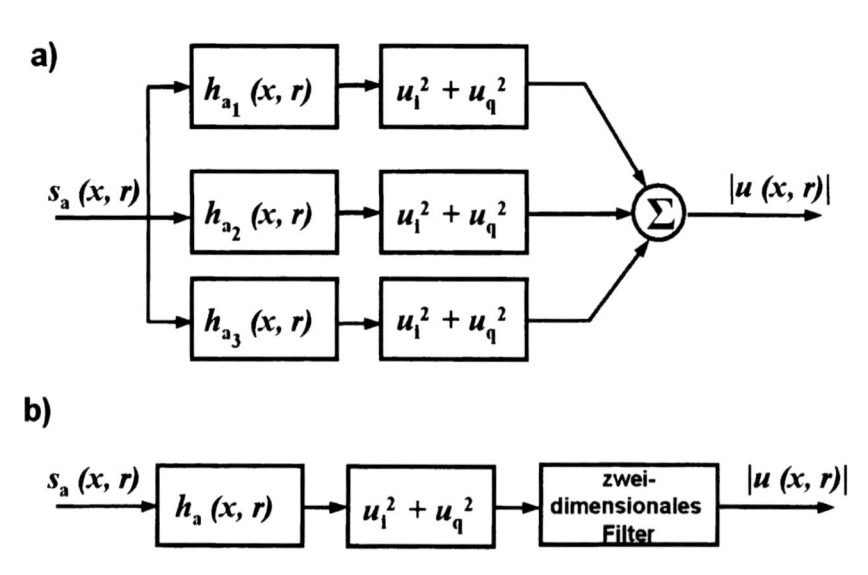

Abb. 8.14: a) Blockdiagramm der Multilook-Verarbeitung; b) Blockdiagramm der Verarbeitung mit Filterung der prozessierten Daten.

Abb. 8.14 zeigt schematisch das Blockdiagramm einer Multilook-Verarbeitung und einer Verarbeitung mit Filterung der prozessierten Daten. Die Multilook-Verarbeitung wird am häufigsten benutzt, da man hierbei die Datenrate unmittelbar nach der Faltung mit der Referenzfunktion eines jeden Looks reduzieren kann (die Bandbreite eines jeden Looks ist kleiner als die gesamte Bandbreite); das führt zu einer Beschleunigung der Verarbeitung. Im Fall der Filterung der prozessierten Daten kann die Reduktion der Datenrate erst nach der zweidimensionalen Filterung erfolgen. In [11] und [26] sind mehrere adaptive Verfahren zur Filterung der prozessierten Daten entwickelt worden, die wesentlich bessere Ergebnisse als die einfache Mittelung der Bilddaten liefern. Diese Verfahren haben in der Regel keinen großen Berechnungsaufwand und können zusätzlich zu der Multilook-Verarbeitung zur weiteren Reduktion des Speckle-Rauschens verwendet werden.

8.3.3 Statistische Eigenschaften der Multilook-Verarbeitung

Im folgenden wird die statistische Modellierung der Azimutverarbeitung dargestellt [27], [38]. Diese Modellierung ist auch für die Verarbeitung in Entfernungsrichtung gültig. Abb. 8.15 zeigt schematisch die Verarbeitung mit zwei Looks. Nach der Betragsbildung gehorchen die Intensitätsdaten eines jeden Looks einer Exponential-

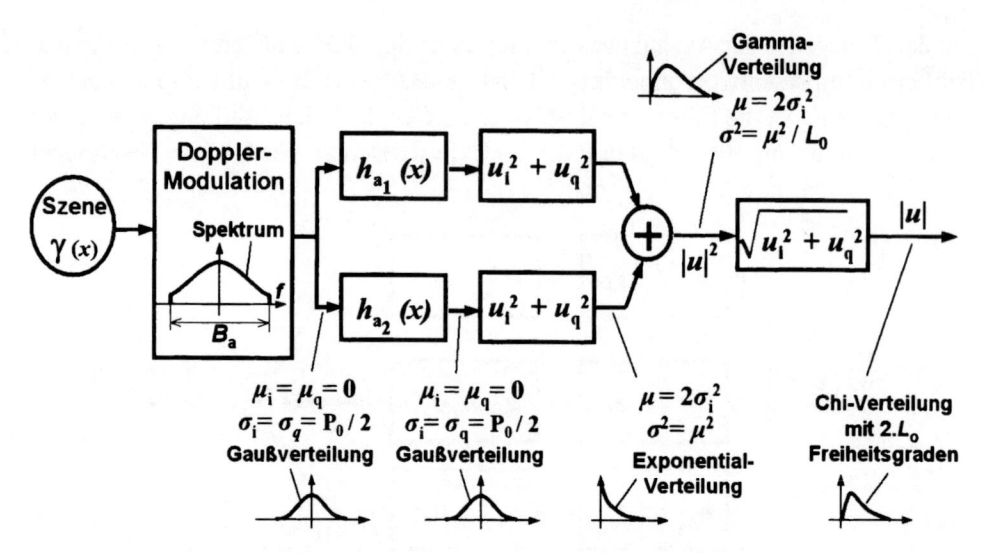

Abb. 8.15: Blockdiagramm für die Modellierung der Multilook-Verarbeitung, wobei nur die Azimutverarbeitung berücksichtigt ist. Für den Erwartungswert ist die Bezeichnung μ eingeführt.

verteilung gemäß Gl. (8.39). Nach der inkohärenten Summierung der L Looks erhält man

$$p(|u|^2) = \frac{|u|^{2\cdot(L-1)}}{\left(\frac{P}{L}\right)^L \cdot (L-1)!} \cdot e^{\frac{-|u|^2 \cdot L}{P}}, \qquad (8.51)$$

wobei p eine Gamma-Verteilung mit dem Erwartungswert P und mit der Standardabweichung $P/\sqrt{L}$ darstellt. Hierbei wurde angenommen, daß die Looks nicht korreliert sind, d. h. sich nicht überlappen. Somit ist die effektive Anzahl von Looks L_{eff} gleich der Anzahl L der gebildeten Looks.

Wegen der Gewichtung der einzelnen Looks zur Unterdrückung der Nebenkeulen der Impulsantwort kann man eine Überlappung der Looks zulassen, um eine bessere Ausnutzung der verfügbaren Bandbreite zu erreichen. Durch die Überlappung sind die Looks aber nicht mehr statistisch voneinander unabhängig. Der Korrelationsfaktor ρ, der von der Gewichtungsfunktion und von der Überlappung ubp der Looks abhängt, ergibt sich zu:

$$\rho(ubp) = \frac{\int_{-T_a/2}^{T_a/2-(1-ubp)\cdot T_a} w(t) \cdot w(t+(1-ubp)\cdot T_a)\, dt}{\int_{-T_a/2}^{T_a/2} w^2(t)\, dt}. \qquad (8.52)$$

Falls die Looks voneinander völlig unabhängig sind, hat der Korrelationsfaktor den Wert 0 ($\rho(0) = 0$). Im Falle einer vollständigen Überlappung ergibt sich der Wert 1 ($\rho(1) = 1$).

8.3 Abbildung verteilter Ziele

Für die Summe zweier Looks mit einer mittleren Rückstreuleistung P_1 und P_2 und der Varianz P_1^2 bzw. P_2^2 ergibt sich folgende Varianz und folgender Erwartungswert:

$$\sigma_u^2 = P_1^2 + P_2^2 + \rho_{12}^2(ubp) \cdot P_1 \cdot P_2 , \quad (8.53)$$

$$E[|u|^2] = P_1 + P_2 . \quad (8.54)$$

Dabei ist ρ_{12} der Korrelationsfaktor des ersten und zweiten Looks. Der dritte Term in Gl. (8.53) führt bei einer zunehmenden Überlappung zu einer Erhöhung der Varianz der Intensitätsdaten. Für die Summierung von L Looks erhält man aus Gl. (8.53)

$$\sigma_u^2 = \sum_{i=1}^{L} \sum_{j=1}^{L} \rho_{i,j}^2(ubp) \cdot P_i \cdot P_j , \quad (8.55)$$

wobei mit P_i bzw. P_j die mittlere Rückstreuleistung des Looks i bzw. des Looks j bezeichnet ist. Unter der Annahme gleicher mittlerer Rückstreuleistung der Looks ergibt sich

$$\sigma_u^2 = P^2 \cdot \sum_{i=1}^{L} \sum_{j=1}^{L} \rho_{i,j}^2(ubp) . \quad (8.56)$$

Mit $\rho_{i,j} = 1$ für alle $i = j$ und $\rho_{i,j} = \rho_{j,i}$ kann man die Varianz folgendermaßen dargestellen:

$$\sigma_u^2 = P^2 \cdot \left[L + 2 \cdot \sum_{j=1}^{L-1} (L-j) \cdot \rho_{1,j+1}^2(ubp) \right] . \quad (8.57)$$

Mit den Gln. (8.49) und (8.57) folgt für die effektive Anzahl von Looks

$$L_{\text{eff}} = \frac{L}{1 + 2 \cdot \sum_{j=1}^{L-1} \frac{L-j}{L} \cdot \rho_{1,j+1}^2(ubp)} . \quad (8.58)$$

Gl. (8.58) liefert die effektive Anzahl von Looks in Abhängigkeit von der Überlappung. Setzt man anstelle von L L_{eff} in Gl. (8.51) ein, erhält man die Wahrscheinlichkeitsverteilung der Intensitätsdaten bei Überlappung der Looks. Da L_{eff} nicht unbedingt ein ganzzahliger Wert ist, wird die Gammafunktion $\Gamma(L_{\text{eff}})$ eingeführt und Gl. (8.51) folgendermaßen umgeschrieben:

$$p(|u|^2) = \frac{|u|^{2 \cdot (L_{\text{eff}}-1)}}{\left(\frac{P}{L_{\text{eff}}}\right)^{L_{\text{eff}}} \cdot \Gamma(L_{\text{eff}})} \cdot e^{\frac{-|u|^2 \cdot L_{\text{eff}}}{P}} . \quad (8.59)$$

Die Wahrscheinlichkeitsdichte hat in diesem Fall die Form einer Gamma-Verteilung, wobei der Erwartungswert und die Standardabweichung P bzw. $P/(L_{\text{eff}})^{1/2}$ betragen.

8.3.4 Effektive Anzahl von Looks

Die Gln. (8.56) bis (8.59) stellen die Basis für die weiteren Überlegungen dar. Dabei wurde angenommen, daß die mittleren Rückstreuleistungen in allen Looks gleich sind. Dies bedeutet die Annahme eines in Azimutrichtung konstanten Antennendiagramms.

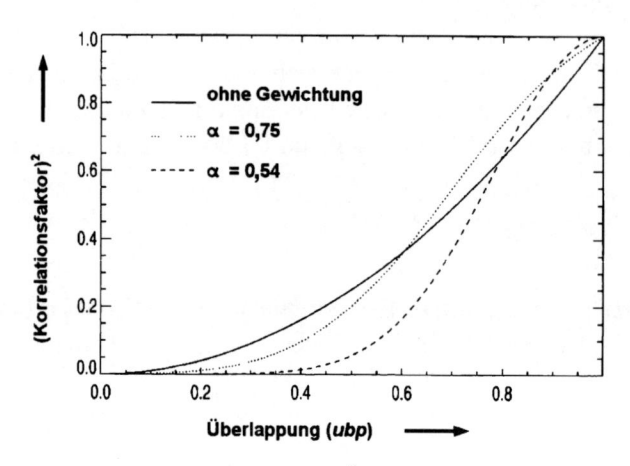

Abb. 8.16: Korrelationsfaktor in Abhängigkeit von der Überlappung bei einer Hamming-Gewichtung mit $\alpha = 0{,}54, 0{,}75$ und 1.

Abb. 8.16 stellt das Quadrat des Korrelationsfaktors ρ_{12} gemäß Gl. (8.52) in Abhängigkeit von der Überlappung für drei verschiedene Gewichtungsstärken dar ($\alpha = 0{,}54$, $\alpha = 0{,}75$ und $\alpha = 1{,}0$). Für eine starke *Hamming*-Gewichtung ($\alpha = 0{,}54$) und für eine Überlappung von 50 % beträgt das Quadrat des Korrelationsfaktors etwa 0,05. Dies bedeutet, daß die Looks fast unkorreliert sind. In diesem Fall entspricht die Anzahl von überlappenden Looks näherungsweise der effektiven Anzahl von Looks. Je kleiner die Stärke der Gewichtungsfunktion ist, desto größer wird der Korrelationsfaktor, was die effektive Anzahl von Looks reduziert.

Mit den Gln. (8.52) und (8.58) erhält man die in Abb. 8.17 dargestellte effektive Anzahl von Looks in Abhängigkeit von der Überlappung, wobei zwei Werte für die Anzahl der unabhängigen Looks ($L_0 = 2$ und $L_0 = 4$) angenommen wurden.

In dieser Analyse wird die Signalbandbreite B_a als konstant angenommen. Dies bedeutet, daß hier die geometrische Auflösung von der Überlappung der Looks unabhängig ist. Der maximale Wert von L_{eff} in Abb. 8.17 gibt dann den optimalen Wert für die Überlappung bei der Multilook-Verarbeitung an, da man die beste radiometrische Auflösung bei gleichbleibender geometrischer Auflösung erreicht.

Für $L_0 = 2$, $\alpha = 0{,}54$ und bei einer Überlappung von 50 % (siehe Abb. 8.17) beträgt die effektive Anzahl L_{eff} 2,81, wobei die gesamte Anzahl von Looks $L = 3$ ist. Dieser Wert von L_{eff} entspricht näherungsweise dem Maximum, das bei einer Überlappung von ca. 58 % erreicht wird. Da die Anzahl L der Looks nur ganzzahlige Werte annehmen kann, ist die Überlappung von 58 % nicht möglich. Für $L = 3$ wird eine Überlappung

8.3 Abbildung verteilter Ziele

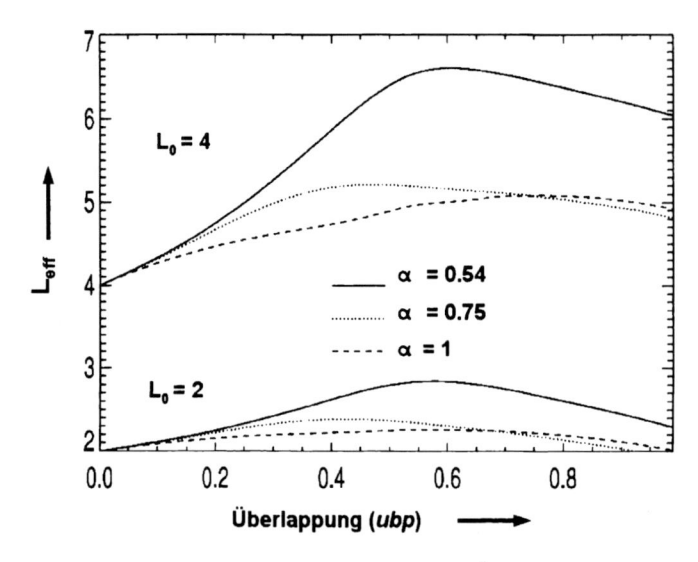

Abb. 8.17: Effektive Anzahl von Looks in Abhängigkeit von der Überlappung ubp.

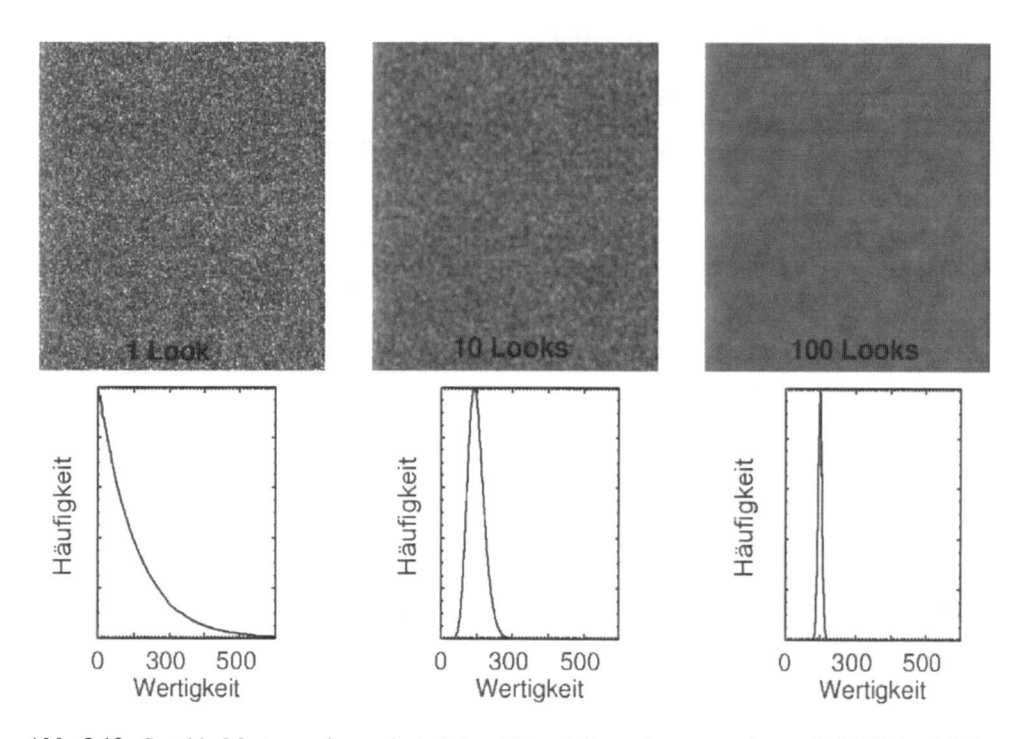

Abb. 8.18: Speckle-Muster und normierte Intensitätsverteilung des prozessierten SAR-Bildes bei der Verarbeitung mit 1, 10 und 100 Looks.

von 50% erzielt, während für $L = 4$ die Überlappung 67% beträgt. In der Regel wird bei der SAR-Verarbeitung eine Überlappung von 50% bevorzugt, da man etwa die gleiche radiometrische Auflösung mit weniger Rechnenaufwand erreicht als bei einer Überlappung von 67 %.

Abb. 8.18 zeigt drei Bilder, die mit simuliertem Speckle-Rauschen bei einer Verarbeitung mit 1, 10 und 100 Looks prozessiert wurden, sowie die dazugehörigen Intensitätsverteilungen. Die Intensitätsverteilung bei der Multilook-Verarbeitung hat die Form einer Gamma-Verteilung gemäß Gl. (8.59). Bei der Verarbeitung mit einem Look weisen die Intensitätsdaten eine Exponentialverteilung auf (siehe Gl. (8.39)). Deutlich zu sehen ist die Reduktion des Speckle-Rauschens bei Verwendung der Multilook-Verarbeitung sowie die Abnahme der Signalstreuung (Standardabweichung) der gezeigten Verteilungen.

8.4 Signalverarbeitung

Eine zweidimensionale Verarbeitung der empfangenen und digitalisierten Daten führt man durch, um die Entfernungs- und Azimutvariationen der Phase auszuwerten. Diese Operation entspricht der zweidimensionalen Impulskompression mit Optimalfilterung.

8.4.1 Modellierung des SAR-Systems

Die Impulsantwort h_0 des Optimalfilters ist gleich der konjugiert komplexen und zeitinvertierten SAR- Systemantwort s_0 (vgl. Gl. (8.21)). In der SAR-Verarbeitung wird das empfangene Signal $s(x,r)$ mit der Referenzfunktion $h_0(x,r)$ gefaltet. Der Betrag der gefalteten Daten $|u(x,r)|$ entspricht der Amplitude der Bilddaten. Aus den Gln. (8.21), (8.22) und (8.35) erhält man

$$|u(x,r)| = |g_r(r) \cdot \gamma(x,r) * s_0(x,r) * h_0(x,r)| . \tag{8.60}$$

Zur vollständigen Modellierung wird noch ein additives Rauschen $n(x,r)$ beim Empfang der Daten berücksichtigt:

$$|u(x,r)| = |\{[g_r(r) \cdot \gamma(x,r) * s_0(x,r)] + n(x,r)\} * h_0(x,r)| . \tag{8.61}$$

Das Blockdiagramm in Abb. 8.19 veranschaulicht Gl. (8.61). $h_0(x,r)$ ist die zweidimensionale Impulsantwort der Optimalfilter. Es gilt

$$h_0(x,r) = m \cdot h_r(x,r) * h_a(x,r) , \tag{8.62}$$

wobei $h_r(x,r) = m_r \cdot s_r^*(x_0 - x, r_0 - r)$ und $h_a(x,r) = m_a \cdot s_a^*(x_0 - x, r_0 - r)$ die Impulsantworten der Optimalfilter in Entfernungs- bzw. in Azimutrichtung sind. In der SAR-Datenverarbeitung werden $h_r(x,r)$ und $h_a(x,r)$ als Referenzfunktionen bezeichnet. Das Filter $h_r(x,r)$ komprimiert den gesendeten modulierten Impuls, das Filter $h_a(x,r)$ das Doppler-modulierte Azimutsignal. Die Funktion des Azimutfilters $h_a(x,r)$

8.4 Signalverarbeitung

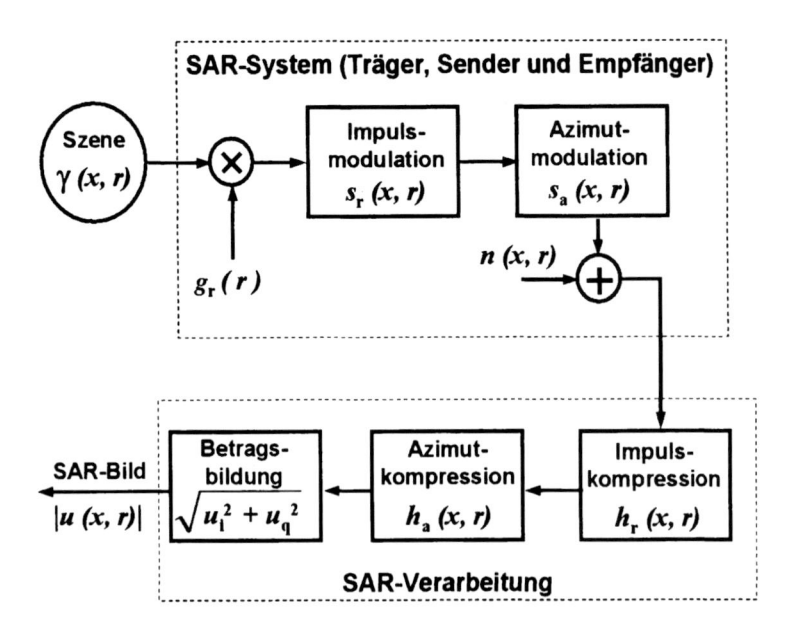

Abb. 8.19: Modell des SAR-Systems mit Verarbeitung zur Bildgenerierung.

kann auch als die Bildung einer synthetischen Apertur interpretiert werden, wobei der quadratische Phasenverlauf (vgl. Gl. (8.11)) des Azimutsignals durch die Faltung mit $h_a(x,r)$ kompensiert wird. Die maximale Länge der synthetischen Apertur ist $\theta_a \cdot r_0$ und nimmt mit der Entfernung zu. Die Bilddaten $|u(x,r)|$ sind zweidimensional in einem Streifen in Azimutrichtung x angeordnet.

8.4.2 Verfahren zur SAR-Datenverarbeitung

SAR-Bilder werden überwiegend durch eine digitale Verarbeitung generiert. Die analoge Verarbeitung der vorgestellten Faltungsintegrale war vor der Einführung der PC- und Workstation-Technologie verbreitet. Sie bietet den Vorteil einer sehr schnellen Verarbeitung in Echtzeit. Für die Impulskompression in Entfernung kann man z. B. ein Verzögerungsnetzwerk (SAW) benutzen. Die Azimutverarbeitung wird mittels analoger Bauelemente (z. B. CCD: Charge Coupled Devices) implementiert. Dabei muß man aber im Hinblick auf Dynamik, Flexibilität, Kalibrierung und Genauigkeit große Einschränkungen in Kauf nehmen. Bei der optischen Verarbeitung mit Linsen ist außerdem ein hoher Geräteaufwand erforderlich. Die moderne Rechnertechnik gestattet den Aufbau kleiner Prozessoren mit sehr hoher Rechengeschwindigkeit und großem Speicher, welche eine digitale Verarbeitung mit heute vergleichsweise geringem Aufwand ermöglichen.

In der digitalen Verarbeitung werden meistens handelsübliche Rechnersysteme (eventuell mit parallelen Prozessoren) oder spezielle Hardware-Anfertigungen verwendet. Die Verfahren zur SAR-Datenverarbeitung können in zwei Gruppen aufgeteilt werden:

- Optimale Verfahren, d. h. Verfahren gemäß der Theorie des Optimalfilters,
- Nichtoptimale Verfahren, d. h. Verfahren, bei denen Vereinfachungen im Verarbeitungsalgorithmus vorgenommen werden. Dabei werden grundsätzlich der Berechnungsaufwand reduziert und die Bildqualität schlechter. Ein Beispiel ist das Verarbeitungsverfahren ohne Fokussierung [37].

Grundsätzlich kann man die Verarbeitung sowohl im Zeitbereich als auch im Frequenzbereich vornehmen, wobei meist die Verarbeitung im Frequenzbereich aufgrund des reduzierten Rechenaufwands benutzt wird. Im folgenden werden einige Verfahren beschrieben, die häufig zur SAR-Datenverarbeitung benutzt werden.

Verarbeitung im Zeitbereich

Die Verarbeitung im Zeitbereich erfolgt nach der Theorie des Optimalfilters. Dabei wird die Faltung gemäß Gl. (8.22) durch eine diskrete Korrelation ersetzt. Mit einer diskreten Darstellung der Variablen $x = m_x \cdot d_x$ und $r = m_r \cdot d_r$ (Azimut- bzw. Entfernungsposition), wobei d_x und d_r die Abstände der Abtastwerte in Azimut- bzw. in Entfernungsrichtung und m_x und m_r die Nummern der Abtastwerte sind, erhält man für das komprimierte Signal in Entfernungsrichtung

$$u_r(m_x, m_r) = \sum_{k=-\infty}^{+\infty} s(m_x, k) \cdot h_r(m_x, k + m_r) \, . \tag{8.63}$$

Dieser Verarbeitungsschritt benötigt eine zeitlich invariante Referenzfunktion h_r. Das Blockdiagramm dieser Verarbeitung im Zeitbereich ist in Abb. 8.20 schematisch dargestellt (zur Vereinfachung der Darstellung sind hier spezielle Verarbeitungsschritte, wie die Bestimmung des Dopplerschwerpunkts nicht enthalten).

Nach der Kompression in Entfernungsrichtung werden die Daten so transponiert (im Sinne der Matrizenrechnung), daß ein Datenzugriff in Azimutrichtung möglich wird ($u_r(m_x, m_r) \to u_r(m_r, m_x)$). Dafür ist ein zweidimensionaler Speicher

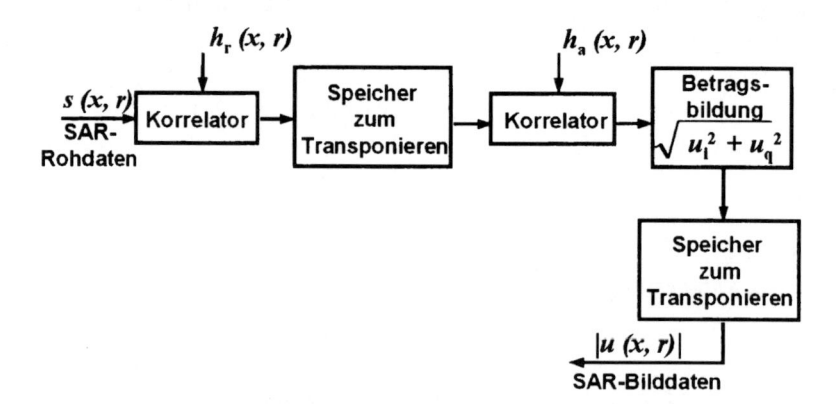

Abb. 8.20: Vereinfachtes Blockdiagramm der Verarbeitung im Zeitbereich.

8.4 Signalverarbeitung

notwendig, der in einer Richtung mindestens die Punktanzahl N_{ref} der Referenzfunktion und in der anderen Richtung die Anzahl N_{et} von Entfernungstoren speichern kann. Für die Azimutverarbeitung benötigt man wegen der Zielentfernungsänderung eine zweidimensionale Referenzfunktion h_a zur Korrelation. Den Rechenaufwand kann man reduzieren, wenn man die Zielentfernungsänderung vor der Korrelation korrigiert. Die zweidimensionale Azimutkorrelation lautet

$$u(m_r, m_x) = \sum_{k=-\infty}^{+\infty} \sum_{l=1}^{\frac{\Delta r_q + \Delta r_l}{d_r}} u_r(l, k) \cdot h_a(m_r + l, m_x + k) . \tag{8.64}$$

Der Term $\Delta r_q + \Delta r_l$ beschreibt die quadratische bzw. lineare Zielentfernungsänderung. Die Referenzfunktion $h_a(m_r, m_x)$ muß für jeden Tiefenschärfebereich[1] aktualisiert werden. Die Bilddaten werden nach der Betragsbildung transponiert ($|u(m_r, m_x)| \to |u(m_x, m_r)|$) und sequentiell in Entfernungsrichtung ausgegeben. Der Rechenaufwand der Verarbeitung im Zeitbereich nimmt proportional zur Punktanzahl N_{ref} der Referenzfunktion zu, d. h. N_{ref} komplexe Multiplikationen und ($N_{\text{ref}} - 1$) komplexe Additionen werden für jeden Korrelationswert benötigt. Für ein Zeit-Bandbreite-Produkt $\gg 30$ ist die Verarbeitung im Zeitbereich daher nicht mehr effizient.

Verarbeitung im Frequenzbereich (Range-Doppler-Algorithmus)

Die Verarbeitung im Frequenzbereich basiert auf dem Faltungstheorem der *Fourier*-Transformation, das besagt, daß die Faltung im Zeitbereich einer Multiplikation im Frequenzbereich entspricht [4], [35], [53]. Dabei wird der FFT (Fast Fourier Transform)-Algorithmus angewendet, um das SAR-Signal und die Referenzfunktion in den Frequenzbereich zu transformieren. Nach der Multiplikation im Frequenzbereich führt man die inverse Transformation durch:

$$u(t) = s(t) * h(t) = \mathcal{F}^{-1}\{\mathcal{F}\{s(t)\} \cdot \mathcal{F}\{h(t)\}\} , \tag{8.65}$$

$$u(t) = \mathcal{F}^{-1}\{S(f) \cdot H(f)\} . \tag{8.66}$$

$\mathcal{F}$ bzw. $\mathcal{F}^{-1}$ sind die diskrete *Fourier*-Transformation bzw. ihre Inversion, und S und H sind die *Fourier*-Transformierten von s bzw. h. Abb. 8.21 zeigt schematisch das Blockdiagramm der Verarbeitung im Frequenzbereich, die grundsätzlich aus zwei eindimensionalen Faltungen mit Verwendung des Faltungstheorems der *Fourier*-Transformation besteht. Zuerst führt man die Kompression in Entfernungsrichtung durch. Nach dem Transponieren der Daten und der Korrektur der Zielentfernungsänderung komprimiert man die Daten in Azimutrichtung.

---

[1] Unter Tiefenschärfe versteht man den maximalen Entfernungsbereich, in dem dieselbe Referenzfunktion für die Azimutverarbeitung verwendet werden kann, ohne daß eine Defokussierung des SAR-Bildes auftritt.

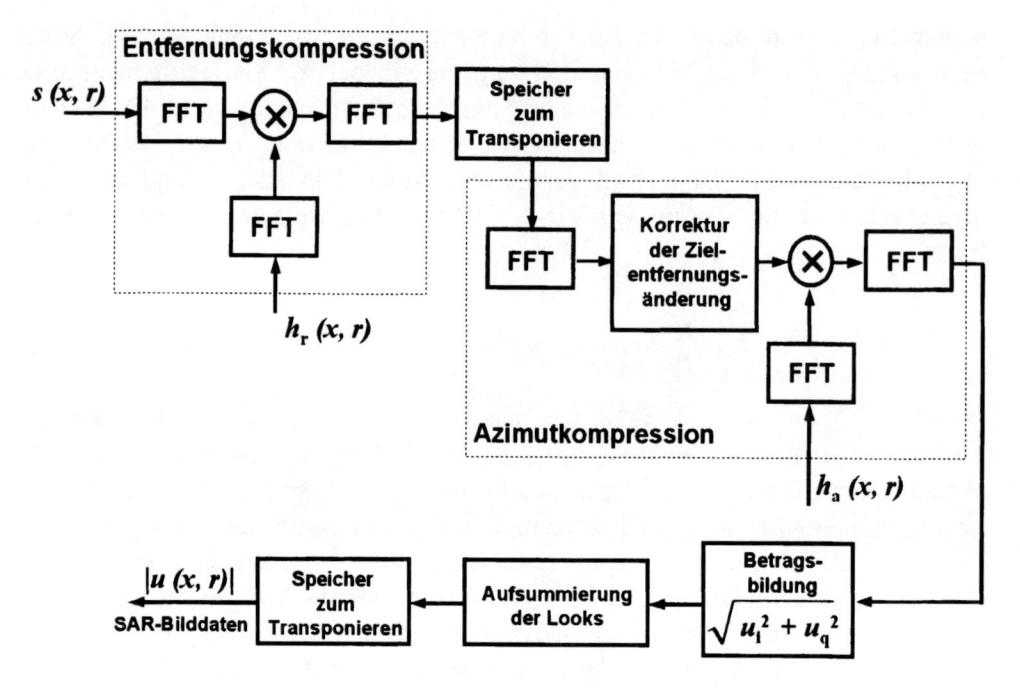

Abb. 8.21: Blockdiagramm der Verarbeitung im Frequenzbereich.

Der zweidimensionale Speicher für das Transponieren der Daten muß in diesem Fall in einer Richtung die Punktanzahl N_{FFT} der FFT in Azimutrichtung und in der anderen Richtung die Anzahl der Entfernungstore N_{et} aufnehmen können.

Die Korrektur der Zielentfernungsänderung erfolgt nach der Fourier-Transformation des Signals während der Azimutverarbeitung. Aufgrund der linearen Dopplermodulation ergibt sich ein direkter Zusammenhang zwischen Zeit- und Frequenzverlauf eines jeden Punktziels, so daß die Zielentfernungsänderung im Frequenzbereich einen ähnlichen Verlauf wie im Zeitbereich hat. Da nach einer FFT in Azimut die Zielentfernungsänderung von allen Zielen in einer Entfernung identisch ist, läßt sich die Zielentfernungsänderung im Frequenzbereich für alle Azimutsignale gleichzeitig korrigieren. Die Korrektur der Zielentfernungsänderung ist somit im Frequenzbereich wesentlich effizienter als im Zeitbereich. Nach der Korrektur der Zielentfernungsänderung liegt der Amplitudenverlauf der jeweiligen Azimutsignale innerhalb eines Entfernungstores und die Azimutverarbeitung kann nunmehr eindimensional durchgeführt werden.

Abb. 8.22 veranschaulicht die zweidimensionale Signaldarstellung (Konturplot) in den verschiedenen Schritten der Verarbeitung. Aufgrund der Korrektur der Zielentfernungsänderung im Azimutfrequenzbereich wird dieser Algorithmus als Range-Doppler-Algorithmus bezeichnet.

Da die Verarbeitung im Frequenzbereich einer zyklischen Faltung entspricht, sind jeweils $(N_{ref} - 1)$ Punkte nach der inversen FFT ungültig und müssen vernachlässigt

8.4 Signalverarbeitung

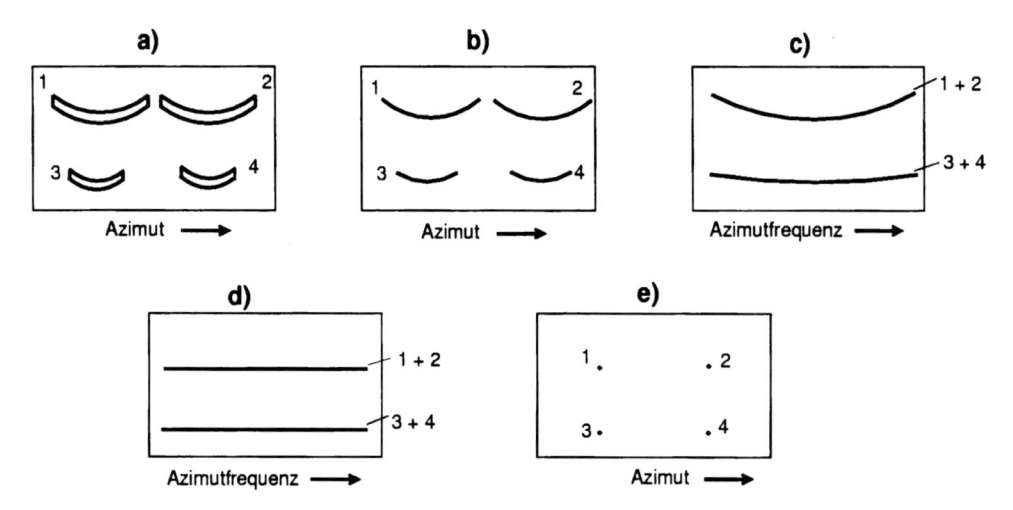

Abb. 8.22: Darstellung der Signalverläufe von 4 Punktzielen in den verschiedenen Schritten der Verarbeitung. a) Zeitbereich; b) nach Impulskompression in Entfernungsrichtung; c) Range-Doppler-Bereich; d) Range-Doppler-Bereich nach Korrektur der Zielentfernungsänderung und e) nach Azimutkompression.

werden. In Entfernungsrichtung kann der gesamte Entfernungsbereich einer FFT unterworfen werden, während in Azimut die Daten blockweise verarbeitet werden müssen. Dabei sind von jedem verarbeiteten Block $(N_{FFT} - N_{ref} + 1)$ Daten gültig. Für eine effiziente Azimutprozessierung wird die Punktanzahl N_{FFT} der FFT üblicherweise um mindestens den Faktor 3 größer als N_{ref} gewählt. Zusätzlich wird eine Überlappung benachbarter Azimutblöcke durchgeführt, so daß eine kontinuierliche Ausgabe von gültigen Daten gewährleistet ist.

Für die Korrektur der Zielentfernungsänderung im Frequenzbereich benötigt man zusätzliche Korrekturen, falls die Zielentfernungsänderung extrem groß ist [21]. Wird das Zeit-Bandbreite-Produkt des Azimutverlaufs eines Punktzieles innerhalb eines Entfernungstores kleiner als 2, verbreitet sich das Spektrum in Azimutrichtung bei der Verarbeitung im Frequenzbereich.

In [21] wird gezeigt, daß diese Verbreiterung zu einem Phasenfehler in Entfernungsrichtung führt. Dabei kann sich die Auflösung der Impulsantwort in Entfernung bis um den Faktor 15 verschlechtern. Durch eine Änderung der Modulationsrate des Optimalfilters in Entfernung kann die Verschlechterung der Auflösung vor der Azimutverarbeitung bereits kompensiert werden. Diese zusätzliche Korrektur wird als sekundäre Entfernungskompression bezeichnet und ist für die Verarbeitung von Daten mit hohem Schielwinkel (große lineare Zielentfernungsänderung) notwendig.

Wenn eine Verarbeitung mit L Looks erfolgen soll, müssen L Referenzfunktionen erzeugt, die entprechende Verarbeitung im Frequenzbereich durchgeführt und die L Looks nach der Betragsbildung aufsummiert werden. Nach dem Transponieren werden die Bilddaten schließlich ausgegeben.

Bei der Berechnung der Azimutreferenzfunktionen benötigt man eine automatische Fokussierung, wobei die korrekte Dopplerrate k_a für die Verarbeitung bestimmt wird. Aus der Kreuzkorrelation zwischen den unterschiedlichen Looks erhält man die relative Verschiebung Δx der Looks zueinander. Diese wird für die Bestimmung von k_a verwendet.

Mit der Verarbeitung im Frequenzbereich erreicht man eine wesentlich höhere Verarbeitungsgeschwindigkeit als im Zeitbereich, da der FFT-Algorithmus eine reduzierte Anzahl von Multiplikationen und Additionen benötigt. Der Berechnungsaufwand hängt grundsätzlich von der Punktanzahl der FFT ab. Für eine direkte oder inverse Transformation benötigt der FFT-Algorithmus $N_{FFT} \times \log_2(N_{FFT})$ komplexe Additionen und Multiplikationen bei einer Länge der FFT von N_{FFT} Punkten. Dadurch ergeben sich für die Azimut- oder Entfernungsverarbeitung $3 \cdot \log_2(N_{FFT}) + 1$ komplexe Additionen und Multiplikationen pro Bildpunkt. Für die Verarbeitung von Satellitendaten wird üblicherweise in Azimut ein Zeit-Bandbreite-Produkt größer als 700 verwendet, was zu einer Punktanzahl N_{ref} der Referenzfunktion von mindestens 700 führt. Im Vergleich zur Verarbeitung im Zeitbereich reduziert sich in praktischen Fällen der Berechnungsaufwand bei der Verarbeitung im Frequenzbereich um mindestens den Faktor 10.

Zweidimensionale Verarbeitung im Frequenzbereich

In [6], [13] wird eine zweidimensionale *Fourier*-Transformation und ein zweidimensionales Optimalfilter für die Verarbeitung im Frequenzbereich eingesetzt. Dabei enthält die Referenzfunktion die Modulationen in Entfernung und Azimut sowie die Zielentfernungsänderung. Dieser zweidimensionale Algorithmus ist aber nicht mehr effizient, wenn die Tiefenschärfe des Optimalfilters in Azimut kleiner als die Punktanzahl der FFT in Entfernung ist. In diesem Fall ist nur ein Entfernungsbereich der ganzen Streifenbreite optimal fokussiert.

In [44] wird die Anwendung der seismischen Wanderungstechnik (engl.: seismic migration technique) für die SAR-Datenverarbeitung in Azimut vorgeschlagen. Dieser Algorithmus basiert auf einer Aufteilung des empfangenen Signals in monochromatische, ebene Wellen. Die Zusammensetzung dieser Wellen mit der richtigen Zeitverzögerung und Phase führt zum Endbild. Die Implementierung dieses Algorithmus besteht grundsätzlich aus einer zweidimensionalen *Fourier*-Transformation, aus einer Phasenkorrektur und Interpolation im Frequenzbereich, sowie aus einer zweidimensionalen, inversen *Fourier*-Transformation. Aufgrund der Implementierung im zweidimensionalen Frequenzbereich wird dieser Algorithmus oft auch als Wavenumber-Prozessor bezeichnet.

Chirp Scaling-Verfahren

In [46] wird die zweidimensionale Verarbeitung im Frequenzbereich erweitert, um die Interpolation zur Korrektur der Zielentfernungsänderung zu vermeiden. Dadurch

8.4 Signalverarbeitung

erreicht man eine sehr hohe Phasengenauigkeit in der Verarbeitung, so daß der Algorithmus besonders gut für interferometrische Anwendungen geeignet ist. Das sogenannte Chirp Scaling-Verfahren basiert auf einer Verschiebung des Phasenzentrums des Signals in Entfernungsrichtung. Die Verschiebung entspricht dabei einer linearen Skalierung in Entfernungsrichtung. Sie wird im Range-Doppler-Bereich ausgeführt und besteht im wesentlichen aus der Multiplikation mit einer komplexen Funktion. Um eine lineare Skalierung in Entfernung zu erreichen, verwendet man eine komplexe Funktion mit einer quadratischen Phasenmodulation, die eine sehr kleine Modulationsrate aufweist. Abb. 8.23 veranschaulicht das Prinzip des Chirp Scaling-Verfahrens zur geometrischen Skalierung von frequenzmodulierten Signalen.

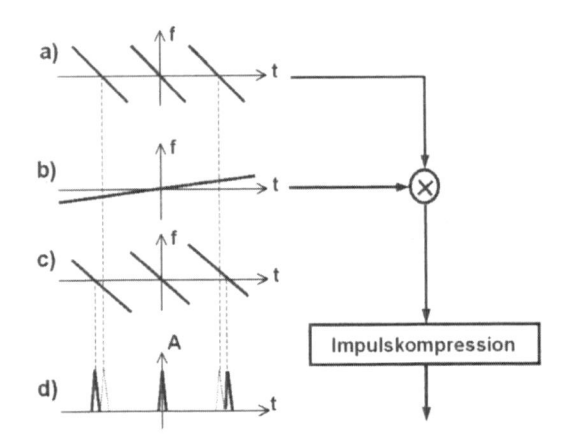

Abb. 8.23: Schematische Darstellung einer geometrischen Skalierung mit Verwendung des Chirp Scaling-Verfahrens: a) Frequenzverlauf von 3 Punktzielen, b) Chirp Scaling-Funktion, c) Frequenzverlauf der Punktziele nach Multiplikation mit der Chirp Scaling-Funktion und d) Amplitudenverlauf der Punktzielantworten nach der Impulskompression.

In [39] wurde das sogenannte Extended Chirp Scaling-Verfahren für die hochgenaue Verarbeitung von flugzeuggetragenen Radardaten vorgeschlagen. Dieses Verfahren basiert auf dem Grundprinzip des Chirp Scaling-Algorithmus, enthält aber folgende zusätzliche Verarbeitungsschritte:

- Hochgenaue Bewegungskompensation
- Aktualisierung des Dopplerschwerpunktes in Azimut- und Entfernungsrichtung
- Korrektur von Schielwinkeln bis zu 30°
- Zusätzliche Operationen für die Verarbeitung von ScanSAR- und Spotlight-Daten

Abb. 8.24 zeigt ein Blockdiagramm des Extended Chirp Scaling-Verfahrens mit der entsprechenden Darstellung der Signalform (Konturdarstellung) in den einzelnen Verarbeitungsschritten, die im folgenden zusammengefaßt sind.

- **Bewegungskompensation für Referenzentfernung**
  Durch eine Phasenkorrektur bezüglich einer Referenzentfernung (z. B. in der Bildmitte) werden die Abweichungen der Plattform von der Idealbahn zum großen

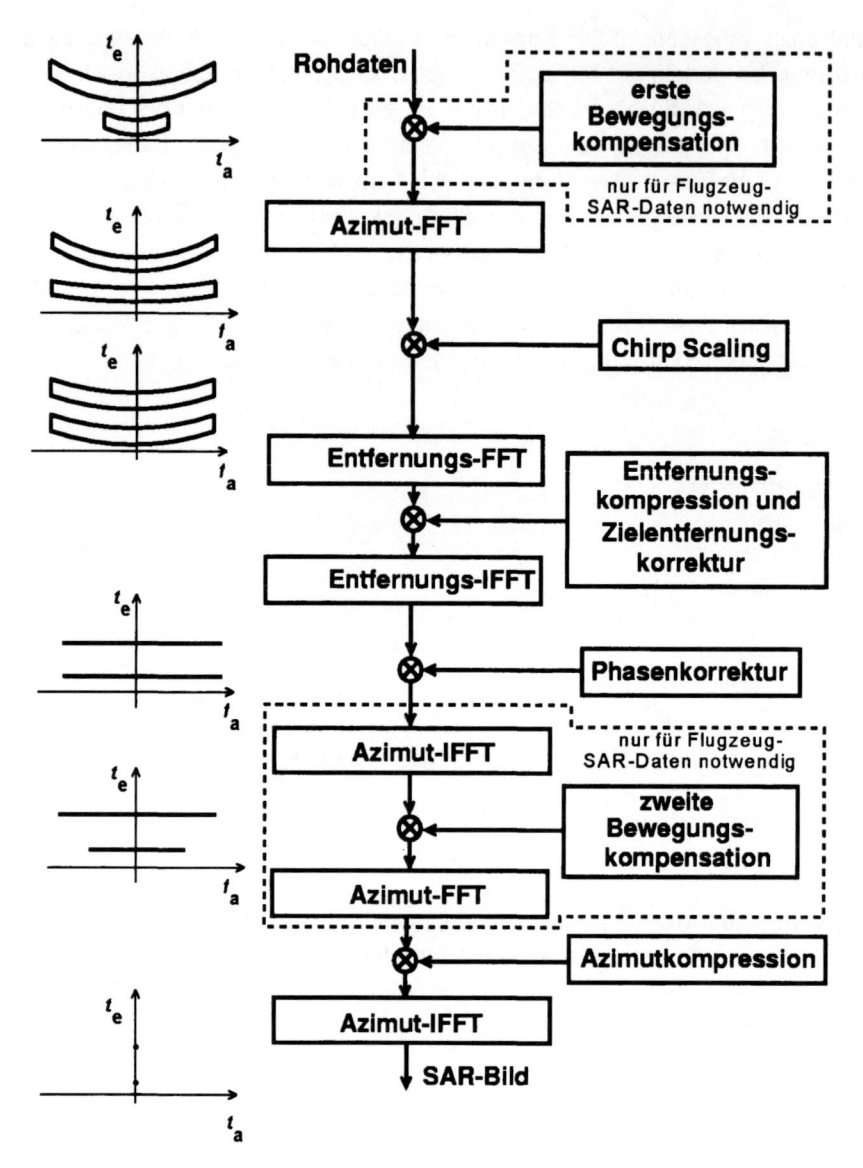

Abb. 8.24: Blockdiagramm des Extended Chirp Scaling-Verfahrens für die Datenverarbeitung mit genauer Bewegungskompensation. Links wird grafisch die Veränderung der Konturdarstellung der SAR-Daten für zwei Punktziele in den verschiedenen Verarbeitungsschritten gezeigt.

Teil ausgeglichen (siehe Kapitel 9). Eine vollständige Korrektur läßt sich in diesem Schritt noch nicht ausführen, da die Rohdaten noch die Entfernungsmodulation besitzen und damit nicht eindeutig einer Entfernung zugeordnet werden können.

- **Azimut-FFT und Chirp Scaling**
  Mittels Azimut-FFTs werden die SAR-Daten in den Frequenzbereich in Azimutrichtung (Range-Doppler-Bereich) transformiert. Durch die Multiplikation mit

8.4 Signalverarbeitung

einer komplexen Phasenfunktion, die einen quadratischen Verlauf in Abhängigkeit von der Entfernung aufweist, wird das Phasenzentrum der SAR-Daten so verschoben, daß die Zielentfernungsänderung für den gesamten Entfernungsbereich angeglichen wird. Mit diesem Verarbeitungsschritt ist zwar die Zielentfernungsänderung noch nicht vollständig korrigiert, weist aber die gleiche Krümmung für den gesamten Entfernungsbereich auf.

- **Entfernungskompression**
  Mittels FFT in Entfernungsrichtung werden die SAR-Daten in den Entfernungs-Frequenzbereich transformiert. Aufgrund der bereits durchgeführten Azimut-FFT befinden sich die SAR-Daten danach im zweidimensionalen Frequenzbereich (Wavenumber-Bereich). Dann werden die SAR-Daten in Entfernungsrichtung komprimiert und die gesamte Zielentfernungsänderung durch die Multiplikation mit einem linearen Phasenterm eliminiert. Die SAR-Daten werden anschließend durch eine inverse FFT in den Range-Doppler-Bereich zurücktransformiert.

- **Phasenkorrektur und Azimut-IFFT**
  Der durch die Phasenmultiplikation mit der Chirp Scaling-Funktion entstandene restliche Phasenfehler wird in diesem Schritt korrigiert. Mittels FFTs werden die SAR-Daten in den Zeitbereich zurücktransformiert.

- **Entfernungsabhängige Bewegungskompensation**
  Für die hochauflösende Abbildung bei flugzeuggetragenen SAR-Systemen mit einer instabilen Plattform ist die entfernungsabhängige Bewegungskompensation unentbehrlich. Da am Anfang der Verarbeitung die Bewegungskompensation für eine Referenzentfernung bereits durchgeführt wurde, wird hier nur der restliche Fehler korrigiert.

- **Azimut-Kompression**
  Nach Durchführung von Azimut-FFTs werden die SAR-Daten in Azimutrichtung komprimiert. Da die gesamte Zielentfernungsänderung bereits eliminiert wurde, besteht die Azimutreferenzfunktion aus einer eindimensionalen Funktion mit hyperbolischem Phasenverlauf. Anschließend werden die SAR-Daten mittels Azimut-IFFTs in den Zeitbereich zurücktransformiert. Mit der Intensitätsbildung erhält man eine Reflektivitätsdarstellung des abgebildeten Gebiets.

Die Simulationsergebnisse zeigen, daß das Extended Chirp Scaling-Verfahren zu einer fehlerfreien Impulsantwort für Schielwinkel bis zu 30° führt, was für die meisten praktischen Fälle ausreichend ist. Abb. 8.25 zeigt eine zweidimensionale Darstellung der Impulsantwort für 30° Schielwinkel für die Sensor- und Verarbeitungsparameter des E-SAR-Systems im C-Band. Die Verschlechterung der geometrischen Auflösung im Vergleich zum Nominalwert ist in diesem Fall in beiden Richtungen kleiner als 2%.

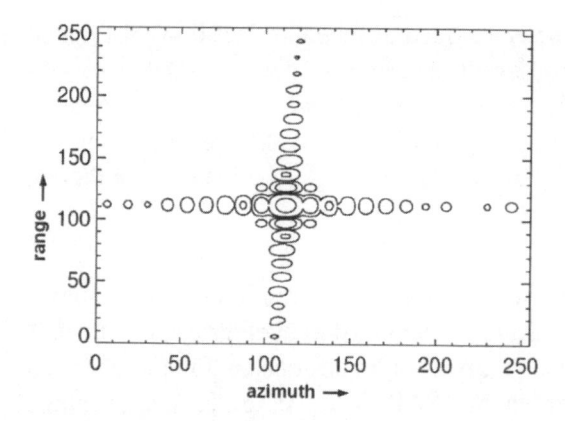

Abb. 8.25: Zweidimensionale Konturdarstellung der Impulsantwort beim Extended Chirp Scaling-Algorithmus. Die wesentlichen Sensor- und Verarbeitungsparameter sind: $\lambda = 0{,}0566$ m (C-Band), Geschwindigkeit = 75 m/s, *PRF* = 1000 Hz, Azimut- und Entfernungsauflösung: 0,3 m × 2,5 m (1 Look).

Andere Verfahren mit Anwendung der Fourier-Transformation

Grundsätzlich ermöglichen Verfahren zur SAR-Verarbeitung, die auf *Fourier*-Transformationen basieren, eine sehr effiziente Implementierung. Erwähnenswert sind in diesem Zusammenhang noch das **Spec**tral **An**alysis-Verfahren (SPECAN) und das Step Transform-Verfahren.

Das SPECAN-Verfahren erlaubt eine sehr schnelle SAR-Datenverarbeitung mit reduzierter Genauigkeit und Bildqualität [42], [50]. Bei diesem Verfahren wird zuerst eine Mischung des empfangenen Signals in Azimut- oder Entfernungsrichtung mit einer Funktion durchgeführt, die eine entgegengesetzte Frequenzmodulation hat. Im Prinzip erhält man für das Mischprodukt $q(t)$

$$q(t) = s(t) \cdot r(t) = m \cdot e^{j \cdot b \cdot (t-t_0)^2} \cdot e^{-j \cdot b \cdot t^2}$$
$$q(t) = m \cdot e^{j \cdot b \cdot (t_0^2 - 2 \cdot t \cdot t_0)}, \qquad |t - t_0| \leq T_i/2 \,. \tag{8.67}$$

Hierbei ist $s(t)$ das empfangene Signal, $r(t)$ das Signal mit entgegengesetzter Modulation, T_i die Integrationszeit und m eine Konstante. Gl. (8.67) zeigt, daß das Ergebnis der Mischung ein Signal mit konstanter Frequenz ist und daß diese Frequenz von der Position des Punktzieles (t_0) abhängt. Eine spektrale Analyse des gemischten Signals führt zu einer fokussierten Impulsantwort. Die normierte Impulsantwort $|U_0(f)|$ nach der *Fourier*-Transformation und Betragsbildung ist:

$$|U_0(f)| = |\mathcal{F}\{m \cdot e^{-j \cdot 2 \cdot b \cdot t_0 \cdot t}\}|$$
$$= |\text{sinc}[T_i \cdot (b \cdot t_0 - \pi \cdot f)]| \,. \tag{8.68}$$

Da die Frequenzmodulation des Signals $s(t)$ linear ist, gilt

$$\left| U_0 \left(\frac{b}{\pi} \cdot t \right) \right| = |\text{sinc}[T_i \cdot b \cdot (t - t_0)]| \,. \tag{8.69}$$

8.4 Signalverarbeitung

Gemäß Gl. (8.69) erhält man grundsätzlich dieselbe sinc-Funktion wie bei der Optimalfilter-Verarbeitung. Das SPECAN-Verfahren hat aber folgende Nachteile:

- Der Punktabstand der Ausgangsdaten $|U(b/\pi \cdot t)|$ hängt vom Modulationsparameter b ab, was dazu führt, daß die Ausgangsdaten bei der Azimutverarbeitung interpoliert werden müssen, damit man den gleichen Punktabstand im gesamten Entfernungsbereich erhält.
- Die Korrektur der linearen und quadratischen Entfernungsänderung muß zusätzlich vor der Azimutverarbeitung durchgeführt werden.
- Bei der Mischung wird eine optimale Anpassung des Signalverlaufs nur in der Position t_0 erreicht. Die anderen Signalverläufe werden nur teilweise gemischt, da die Dauer der Mischungsfunktion aufgrund der Abtastung auf T_i beschränkt ist. Damit entstehen Verluste bei der Verarbeitung, und das Endbild muß mit zusätzlichem Aufwand radiometrisch korrigiert werden.

Zur Behebung der Nachteile des SPECAN-Verfahrens und zur Verbesserung der Bildqualität wurde das Step Transform-Verfahren entwickelt. Dabei teilt man das Mischungssignal in kleine, überlappende Signale auf und ersetzt die direkte *Fourier*-Transformation durch mehrere Transformationen mit kleinerer Punktanzahl [42], [50], [54]. Das führt zwar zu hoher Bildqualität, aber der Berechnungsaufwand ist mit der traditionellen Verarbeitung im Frequenzbereich vergleichbar.

Verarbeitung ohne Fokussierung

Reduziert man die Länge der gebildeten synthetischen Apertur so, daß die Fernfeldbedingung gerade noch erfüllt wird, dann ist keine Fokussierung in der Verarbeitung notwendig [37]. Die Verarbeitung erfolgt zwar kohärent, aber nichtfokussierend, das heißt, die Phase des empfangenen Signals wird berücksichtigt, aber nicht korrigiert. Ein Phasenfehler bis zu $90°$ ($\lambda/4$) wird für das empfangene Signal zugelassen (siehe Abb. 8.26). Der Phasenfehler führt zu einer Impulsantwort mit höheren Nebenkeulen und die begrenzte Länge der synthetischen Apertur führt zu niedrigerer geometrischer Auflösung. Die Länge der synthetischen Apertur x_{unf} hängt mit dem erlaubten Phasenfehler φ_f bei der Verarbeitung zusammen. Aus Gl. (8.11) erhält man

$$x_{\text{unf}} = \sqrt{\frac{2 \cdot \lambda \cdot r_0 \cdot \varphi_f}{\pi}} . \qquad (8.70)$$

Mit einem maximal zulässigen Phasenfehler von $90°$ folgt aus Gl. (8.70) für die maximale Länge der synthetischen Apertur bei einer unfokussierten SAR-Verarbeitung

$$x_{\text{unf}} = \sqrt{\lambda \cdot r_0} . \qquad (8.71)$$

Da kein Phasenfehler bei der Verarbeitung zu korrigieren ist, hat die Referenzfunktion hier die Form eines Rechtecks, und das Faltungsintegral besteht einfach aus einer

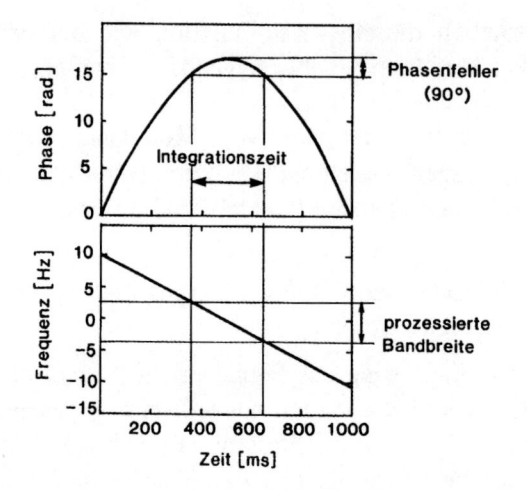

Abb. 8.26: Phasen- und Frequenzverlauf eines Punktziels in Azimut für eine Entfernung von 1500 m (Simulationsparameter des E-SAR-Systems im L-Band).

Integration des Azimutsignals, wobei die Integrationszeit durch die Länge der synthetischen Apertur bestimmt wird. Die Impulsantwort lautet damit

$$|f_{\text{unf}}(x)| = \left|s_a(x) * m \cdot \text{rect}\left[\frac{x - x_0}{x_{\text{unf}}}\right]\right|$$

$$= \left|m \cdot \int_{-\frac{x_{\text{unf}}}{2} - x_0}^{\frac{x_{\text{unf}}}{2} - x_0} s_a(\chi + x) \, d\chi\right|. \tag{8.72}$$

Die weitere Entwicklung von Gl. (8.72) führt zu

$$|f_{\text{unf}}(x)| = \sqrt{\frac{2 \cdot x_{\text{unf}}^2}{\lambda \cdot r_0}} \cdot \left\{[C(\varepsilon_1) + C(\varepsilon_2)]^2 + [S(\varepsilon_1) + S(\varepsilon_2)]^2\right\}^{\frac{1}{2}}. \tag{8.73}$$

$C(\varepsilon)$ und $S(\varepsilon)$ sind die reelle bzw. imaginäre Komponente des komplexen *Fresnel-Integrals*, wobei

$$\varepsilon_1 = \frac{x_{\text{unf}}}{\sqrt{\lambda \cdot r}} - \frac{2 \cdot (x - x_0)}{\sqrt{\lambda \cdot r}} \tag{8.74}$$

und

$$\varepsilon_2 = \frac{x_{\text{unf}}}{\sqrt{\lambda \cdot r}} + \frac{2 \cdot (x - x_0)}{\sqrt{\lambda \cdot r}}. \tag{8.75}$$

Abb. 8.27 zeigt die Impulsantwort für verschiedene Werte des Phasenfehlers φ_f. Je kleiner der Phasenfehler, desto niedriger sind die Nebenkeulen der Impulsantwort. Kleinere Phasenfehler, die der Verarbeitung von kleineren Signalbandbreiten entsprechen, führen zu reduzierter geometrischer Auflösung.

8.4 Signalverarbeitung

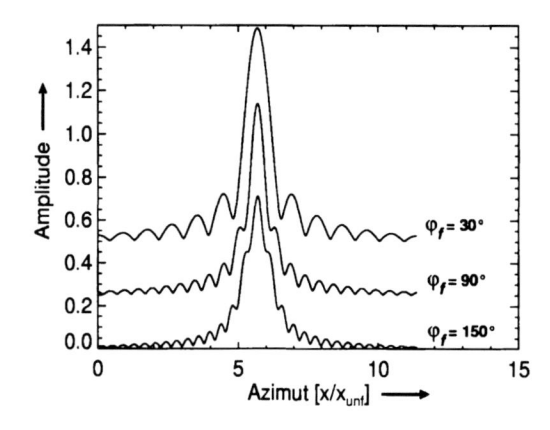

Abb. 8.27: Impulsantwort der Verarbeitung ohne Fokussierung für verschiedene Phasenfehler φ_f.

In [37] sind diesbezüglich die Eigenschaften der Impulsantwort (geometrische Auflösung, *PSLR* und *ISLR*) in Abhängigkeit vom Phasenfehler optimiert. Es stellte sich heraus, daß ein Phasenfehler von ca. 35° zu einem Bild mit bester Qualität führt. Die *PSLR*- und *ISLR*-Werte betragen dabei 12,5 dB bzw. 9,3 dB im Gegensatz zur traditionellen Impulsantwort mit 9 dB bzw. 6,3 dB.

Für die Implementierung der Verarbeitung ohne Fokussierung wird das gleitende Mittelwertverfahren angewendet. Dabei erfordert die Integration gemäß Gl. (8.72) nur geringen Aufwand. Man benötigt nur eine komplexe Addition und eine komplexe Subtraktion pro korreliertem Punkt. Dies reduziert den Verarbeitungsaufwand dramatisch.

Um die Eigenschaften der Impulsantwort weiter zu verbessern, kann man eine Gewichtung mit einer Dreieckfunktion in die Verarbeitung ohne Fokussierung einführen [37]. Dieser Algorithmus nutzt die Tatsache, daß die Faltung zweier Rechteckfunktionen gleicher Länge eine Dreieckfunktion ergibt. Durch zweimalige Anwendung des gleitenden Mittelwertverfahrens wird das Azimutsignal zweimal mit einer Rechteckfunktion gefaltet, was einer einzigen Korrelation mit einer Dreieckfunktion entspricht. Die Eigenschaften der Impulsantwort werden dadurch stark beeinflußt, weil die Gewichtungsfunktion ein kleineres Gewicht für den Bereich mit größerem Phasenfehler einfügt, d. h. an den Grenzen der synthetischen Apertur. Mit dieser Gewichtung kann ein größerer Phasenfehler bei der Verarbeitung zugelassen werden. Die optimierte Impulsantwort hat einen *PSLR*- und *ISLR*-Wert von 28,1 dB bzw. 13,9 dB für einen Phasenfehler von 115°.

Abb. 8.28 zeigt den Vergleich der Azimutprozessierung ohne und mit Fokussierung. Für die unfokussierte Verarbeitung wurde die Korrelation zweier Rechteckfunktionen verwendet, so daß die Nebenzipfel stark unterdrückt werden. Im Fall des ERS-1 verschlechtert sich die Azimutauflösung von 7 m auf 95 m bei der unfokussierten Verarbeitung. Während bei der fokussierten Verarbeitung die SAR-Daten mit einem Look in Azimut- und Entfernungsrichtung verarbeitet wurden, prozessierte man bei

Abb. 8.28: ERS1-Bild des Erdinger Flughafens bei München. a) Fokussierte Verarbeitung mit einem Look. Azimut- und Entfernungsauflösung betragen 7 m × 13 m. b) Unfokussierte Azimutverarbeitung mit vier fokussierten Looks in Entfernungsrichtung. Azimut- und Entfernungsauflösung betragen 95 m × 30 m.

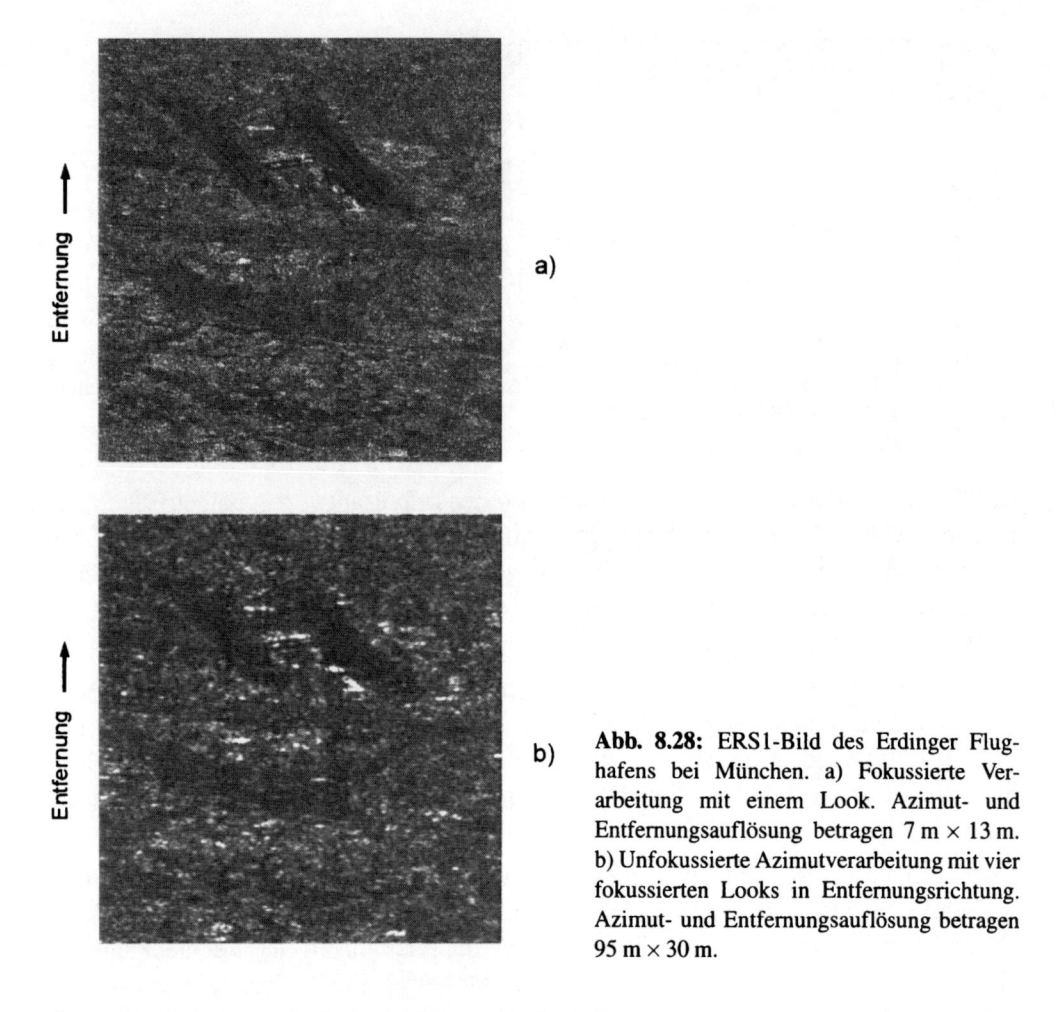

der unfokussierten Azimutverarbeitung die SAR-Daten mit vier Looks in Entfernungsrichtung, um einen Ausgleich der Auflösung in beiden Richtungen zu erreichen.

8.4.3 Zusätzliche Verarbeitungsschritte

Bilder mit höchster Qualität benötigen zusätzliche Verarbeitungsschritte, wie z. B. Bestimmung des Dopplerschwerpunktes, des eindeutigen PRF-Bands und der Dopplerrate. Für einige dieser Verarbeitungsschritte ist eine Spektralanalyse des empfangenen Signals notwendig.

Wegen der linearen Frequenzmodulation in Azimutrichtung besitzt das Leistungsspektrum eines einzelnen abgebildeten Punktziels die Form des Azimut-Antennendiagramms. Für homogene Gebiete erhält man durch ausreichende Mittelung der Spektren auch eine Abschätzung des Azimut-Antennendiagramms.

8.4 Signalverarbeitung

Bestimmung des Dopplerschwerpunktes

Die Bestimmung des Dopplerschwerpunkts des Azimutspektrums ist ausschlaggebend für die Verarbeitung in Azimut [28], [29], [32]. Falls eine Reduzierung der Azimutbandbreite für die Verarbeitung notwendig ist (zur Reduktion der Datenrate), muß das Bandpaßfilter um den Dopplerschwerpunkt zentriert werden, um eine Verschlechterung des Signal/Rausch-Verhältnisses zu vermeiden.

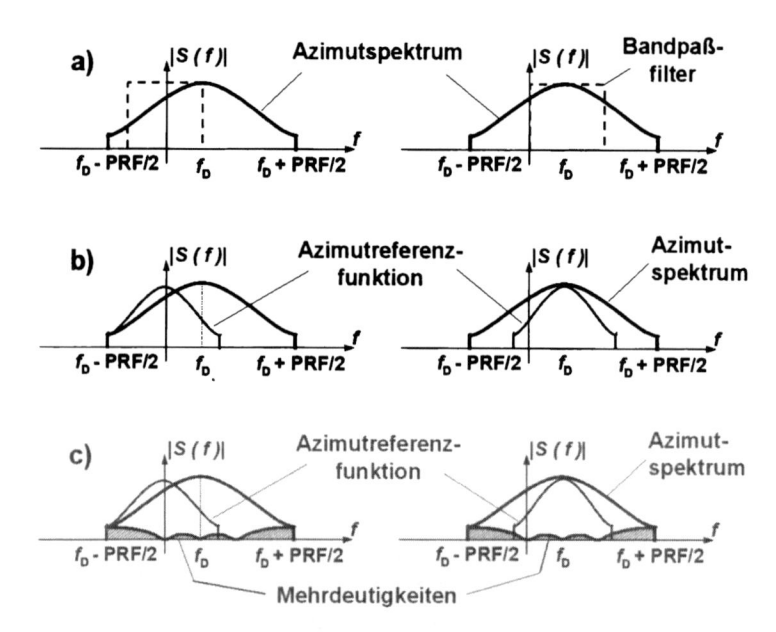

Abb. 8.29: Auswirkungen einer fehlerhaften Bestimmung des Dopplerschwerpunkts. a) Azimutbandpaßfilter; b) Anpassung der Referenzfunktion und c) Störung durch Mehrdeutigkeitsanteil.

Abb. 8.29 zeigt das Spektrum des digitalisierten Azimutsignals bei einer Abtastrate, die gleich der Pulsfrequenz[1] (PRF) ist. Dabei ist das Spektrum um den Dopplerschwerpunkt verschoben. Auf der linken Seite von Abb. 8.29a wird die falsche Positionierung des Bandpaßfilters gezeigt, wodurch eine Verschlechterung des Signal/Rausch-Verhältnisses verursacht wird. Mit der Filterung gemäß Abb. 8.29a rechts kann die Abtastung reduziert werden, wobei das Signal/Rausch-Verhältnis für die gefilterten Daten maximiert wird.

Ein weiterer Grund für die genaue Bestimmung des Dopplerschwerpunkts liegt in der Notwendigkeit der Anpassung der Azimutreferenzfunktion an den Frequenzverlauf der Azimutmodulation, wie Abb. 8.29b veranschaulicht. Falls ein falscher Wert

---

[1] In der Praxis muß die PRF um ca. 20 % größer als die Bandbreite des Azimutsignals sein, damit Mehrdeutigkeiten im Endbild vermieden werden. Die Länge der abgebildeten Streifenbreite, d. h. die Dauer des empfangenen Echos, bestimmt die obere Grenze für die PRF-Auswahl, da elektromagnetische Wellen nicht gleichzeitig empfangen und gesendet werden können.

des Dopplerschwerpunkts benutzt wird (Abb. 8.29 links), verschlechtert sich das Signal/Rausch-Verhältnis.

Anschließend wird in Abb. 8.29c links die Erhöhung des Mehrdeutigkeitsanteils bei der Bestimmung eines falschen Dopplerschwerpunkts gezeigt. Die Mehrdeutigkeiten (engl.: ambiguities) bei der Azimutverarbeitung hängen sowohl von den Nebenkeulen der Antenne in Azimutrichtung als auch von der Abtastung durch die Pulsfrequenz ab. Der Dopplerfrequenzbereich außerhalb der PRF-Bandbreite wird bei der Abtastung wieder in der PRF-Bandbreite gefaltet (siehe gestrichelte Fläche in Abb. 8.29c). Dieses gefaltete Signal führt zu Mehrdeutigkeiten im Endbild [28], die wesentlich stärker sind, falls die Azimutreferenzfunktion nicht um den Dopplerschwerpunkt zentriert ist (siehe Abb. 8.29c links).

Abb. 8.30 zeigt ein Beispiel zur Verarbeitung mit einer korrekten und einer fehlerhaften Bestimmung des Dopplerschwerpunktes. Deutlich sind die Mehrdeutigkeiten von starken Zielen zu sehen sowie der Kontrastverlust im Bereich der Landebahn beim Bild mit falschem Wert des Dopplerschwerpunktes.

Der Wert des Dopplerschwerpunkts kann entweder aus der Lageinformation der Plattform entnommen (falls sie genau genug verfügbar ist) oder aus dem Azimutspektrum berechnet werden. Am häufigsten wird das Verfahren des Ausgleichs von Energieanteilen (engl.: energy balance) für das Azimutspektrum [28] oder ein äquivalentes Verfahren im Zeitbereich [32] benutzt.

Das zuerst genannte Verfahren basiert auf der Aufteilung des Azimutspektrums in zwei Teile und auf der Berechnung der Energie eines jeden Teils, wobei die Position der Aufteilung des Spektrums einem geschätzten Wert des Dopplerschwerpunkts entspricht. Sind die Energien in beiden Teilen gleich, d. h. ist die Differenz der Energie beider Teile gleich null, dann entspricht der geschätzte Wert dem Optimalwert des Dopplerschwerpunkts. Vor der Berechnung der Energie in jedem Teil des Spektrums wird üblicherweise eine Mittelung mehrerer Azimutspektren durchgeführt. Dabei berechnet man für jedes Entfernungstor (Range Gate) ein Azimutspektrum. Die Mittelung über N Spektren verbessert die Genauigkeit der Dopplerschwerpunkt-Bestimmung für eine homogene Szene um den Faktor $\sqrt{N}$. Eine Gewichtung des Azimutspektrums vor der Berechnung der Energie kann die Genauigkeit der Bestimmung des Dopplerschwerpunkts maximieren [28].

Bestimmung des eindeutigen PRF-Bands des Dopplerschwerpunktes

Das Verfahren des Ausgleichs von Energieanteilen oder ein äquivalentes Verfahren gibt immer den Wert des Dopplerschwerpunktes im Basisband an, d. h. der berechnete Wert liegt zwischen $-PRF/2$ und $+PRF/2$. Dies führt dazu, daß der absolute Wert des Dopplerschwerpunkts nicht eindeutig, sondern nur mehrdeutig bestimmt werden kann. Die Mehrdeutigkeiten liegen bei $f_{D,bb} \pm n \cdot PRF$, wobei n eine ganze Zahl (PRF-Bandnummer) und $f_{D,bb}$ der berechnete Wert im Basisband des Dopplerschwerpunkts ist.

8.4 Signalverarbeitung

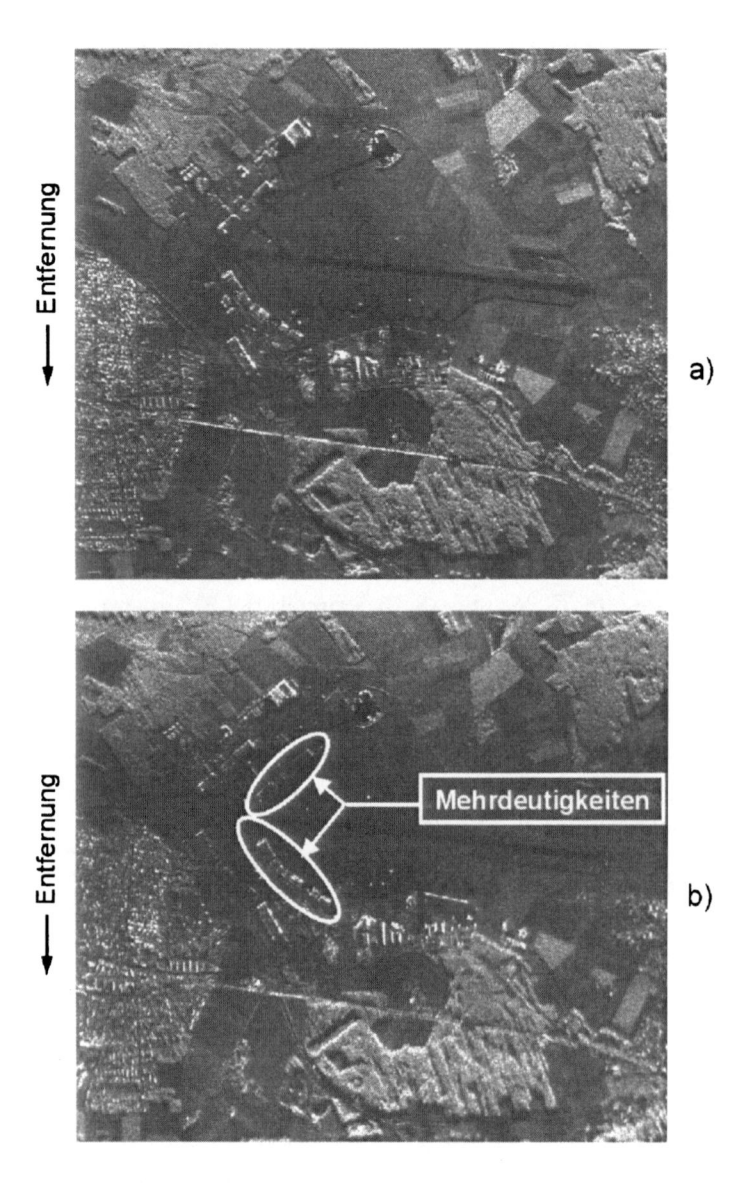

Abb. 8.30: Bild der Landebahn von Oberpfaffenhofen, das mit dem E-SAR System im C-Band aufgenommen wurde. a) Verarbeitung mit korrekter Bestimmung des Dopplerschwerpunktes, b) Verarbeitung mit fehlerhafter Bestimmung des Dopplerschwerpunktes.

Die Verwendung der mehrdeutigen, fehlerhaften Werte für den Dopplerschwerpunkt führt zu einer falschen Kompensation des linearen Terms der Zielentfernungsänderung und zu einer falschen Positionierung der Bildpunkte in Azimut- und Entfernungsrichtung. Darüber hinaus verursacht die falsche Kompensation der Zielentfernungsänderung eine Fehlanpassung des Optimalfilters an das Signal, so daß eine Verschlechterung der Punktzielantwort zu erwarten ist [10]. Zur Lösung der

Mehrdeutigkeit des Dopplerschwerpunkts werden in [2] und [10] einige Verfahren vorgeschlagen.

Üblicherweise wird die Mehrfach-PRF-Technik angewendet, die auf der Berechnung des Dopplerschwerpunkts mit drei verschiedenen PRF-Einstellungen basiert. Für jeden Wert der PRF gilt:

$$f_{D1} = n_1 \cdot PRF_1 + f_{D,bb1} , \qquad (8.76a)$$

$$f_{D2} = n_2 \cdot PRF_2 + f_{D,bb2} , \qquad (8.76b)$$

$$f_{D3} = n_3 \cdot PRF_3 + f_{D,bb3} , \qquad (8.76c)$$

wobei n_1, n_2 und n_3 die Mehrdeutigkeitsnummern, PRF_1, PRF_2 und PRF_3 die drei angewendeten PRFs, $f_{D,bb1}$, $f_{D,bb2}$ und $f_{D,bb3}$ die Werte des Dopplerschwerpunkts im Basisband und f_{D1}, f_{D2} und f_{D3} die eindeutigen Werte des Dopplerschwerpunkts sind. Die drei PRFs werden innerhalb eines kurzen Intervalls (etwa 1 s) umgeschaltet. Zur Bestimmung des eindeutigen Dopplerschwerpunktes werden verschiedene Werte von n_1, n_2 und n_3 in die Gln. (8.76a) bis (8.76c) eingesetzt. Bei einer richtigen Schätzung von n_1, n_2 und n_3 sollten die drei Werte des Dopplerschwerpunkts f_{D1}, f_{D2} und f_{D3} idealerweise gleich sein.

Ein anderes Verfahren zur Lösung der PRF-Mehrdeutigkeit basiert auf der Kreuzkorrelation in Entfernungsrichtung zweier Looks, die bei der Multilook-Verarbeitung in Azimut gewonnen werden. Durch die Kreuzkorrelation kann man eine Verschiebung in Entfernungsrichtung Δr zwischen den Looks bestimmen:

$$\Delta r = \Delta t \cdot v \cdot \sin \theta_s , \qquad (8.77)$$

Hierbei ist Δt das Zeitintervall zwischen den Looks. Mit Gl. (8.16) erhält man

$$\Delta r = \frac{\Delta t \cdot \lambda}{2} \cdot (f_{D,bb} + n \cdot PRF) = \frac{\Delta t \cdot \lambda}{2} \cdot f_D . \qquad (8.78)$$

Mit Gl. (8.78) kann der eindeutige Wert f_D des Dopplerschwerpunkts bestimmt werden, falls die Genauigkeit von Δr ausreicht. Für das X-SAR-System im Shuttle-Experiment von 1994 muß Δr mit einer Genauigkeit von 5% eines Entfernungstors ermittelt werden, um den Dopplerschwerpunkt eindeutig zu bestimmen. Diese Genauigkeit wird bei Szenen mit niedrigem Kontrast nicht erreicht. Deswegen verwendet man beispielsweise für das X-SAR-System am Anfang und Ende einer Datensatzaufnahme die Mehrfach-PRF-Technik.

Bestimmung der Dopplerrate

Die Bestimmung der Dopplerrate k_a spielt wie die Bestimmung des Dopplerschwerpunkts eine wichtige Rolle in der Azimutverarbeitung. Die Anpassung der Frequenzmodulation der Azimutreferenzfunktion an die des Azimutsignals muß gewährleisten,

8.4 Signalverarbeitung

daß sich die Eigenschaften der Impulsantwort nicht verschlechtern. In [8] wird diese Verschlechterung quantitativ analysiert.

Für eine Plattform mit konstanter Geschwindigkeit und gerader Flugbahn wird die Dopplerrate gemäß Gl. (8.12) berechnet. Falls die Flugparameter genau genug verfügbar sind, wird die Geschwindigkeit v und die Entfernung r_0 zwischen Plattform und Ziel in Gl. (8.12) eingesetzt und daraus die Dopplerrate bestimmt.

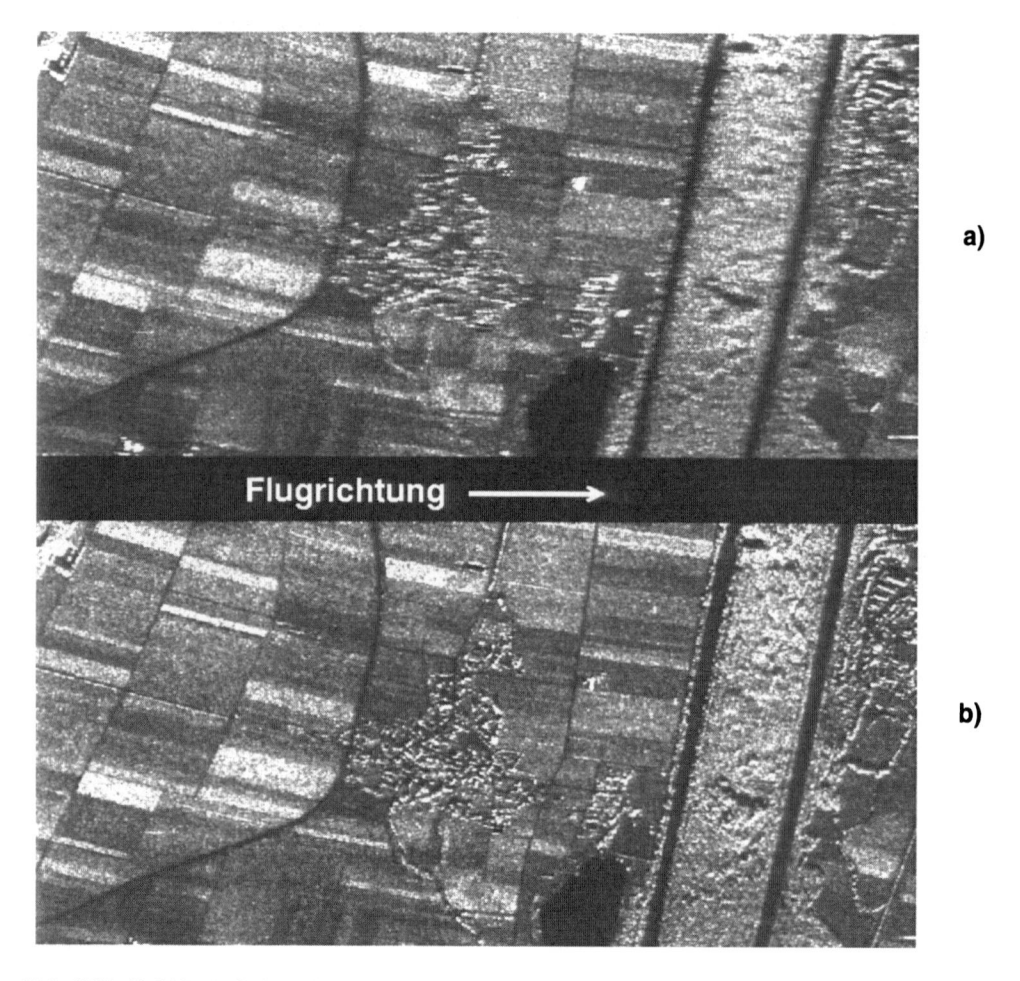

Abb. 8.31: E-SAR-Aufnahme der Iller bei Altenstadt (Bayern) im C-Band. a) ohne Auto-Fokus und b) mit Auto-Fokus.

Da sich die Bewegungsparameter der Plattform ändern und auch zum Teil ungenau gemessen werden, sind zur Bestimmung der Dopplerrate aus dem Azimutsignal verschiedene Verfahren entwickelt worden [28], [41]. Diese Verfahren werden als Auto-Fokus-Verfahren bezeichnet, weil durch ihre Anwendung eine automatische Fokussierung bei der Verarbeitung der SAR-Bilder erreicht wird. Abb. 8.31 zeigt ein

Beispiel der Verarbeitung ohne und mit Auto-Fokus. Die Geschwindigkeit in diesem Flug änderte sich von 87 m/s am Anfang der Aufnahme (links im Bild) auf 77 m/s am Ende (rechts im Bild). Da man eine konstante Geschwindigkeit von 87 m/s für die Verarbeitung ohne Auto-Fokus gewählt hat, sind beide Bilder am Anfang der Aufnahme gleich gut fokussiert. Das Bild ohne automatische Fokussierung wird im Lauf der Aufnahme immer weniger fokussiert, da der Geschwindigkeitsfehler bei der Verarbeitung größer wird. Am Ende der Aufnahme beträgt der Fehler ca. 10 m/s.

Für die automatische Fokussierung wird am häufigsten das Verfahren der Optimierung des Bildkontrasts sowie das Verfahren der Kreuzkorrelation zweier Looks angewendet.

Beim zuerst genannten Verfahren wird die Azimutverarbeitung mit Referenzfunktionen verschiedener Dopplerraten durchgeführt und der entsprechende Bildkontrast gemessen. Die Dopplerrate der Referenzfunktion, die zum höchsten Bildkontrast führt, wird dann als die optimale Rate angenommen.

Das zweite Verfahren benutzt bei der Multilook-Verarbeitung in Azimut das Ergebnis der Korrelation zweier Looks, die der gleichen Szene entsprechen. Da die Referenzfunktionen der Looks unterschiedliche Frequenzbereiche der Dopplermodulation umfassen, ist die Position von Look zu Look verschoben. Durch eine Kreuzkorrelation zwischen den Looks kann diese Verschiebung bestimmt werden. Falls die angenommene Dopplerrate für die Berechnung der Referenzfunktion korrekt ist, stimmt das Ergebnis der Kreuzkorrelation mit dem berechneten Wert der Verschiebung überein. Aus Gl. (8.12) erhält man für die räumliche Verschiebung x_{12}

$$x_{12} = \frac{v \cdot f_{12}}{k_a} = v \cdot t_{12} \,. \tag{8.79}$$

Dabei beschreibt t_{12} die zeitliche Verschiebung der Looks und f_{12} die Frequenzverschiebung der Referenzfunktion. Für eine falsche Dopplerrate k_{af} ändert sich auch die Verschiebung gemäß

$$x_{12f} = \frac{v \cdot f_{12}}{k_{af}} = \frac{v \cdot k_a \cdot t_{12}}{k_{af}} \,. \tag{8.80}$$

Durch die Kreuzkorrelation der beiden Looks kann die Verschiebung Δx in bezug auf x_{12} bestimmt werden:

$$\Delta x = x_{12f} - x_{12} = v \cdot \frac{(k - k_{af})}{k_{af}} \cdot t_{12} \,, \tag{8.81}$$

und die geschätzte Dopplerrate ist

$$k_a = k_{af} + \frac{k_{af} \cdot \Delta x}{v \cdot t_{12}} \,. \tag{8.82}$$

Damit kann man die korrekte Dopplerrate für die Azimutverarbeitung berechnen. Die Genauigkeit dieses Verfahrens reduziert sich, falls die Szene keine kontrastreichen Objekte oder Punktziele enthält. Das Ergebnis der Kreuzkorrelation gibt in diesem

8.4 Signalverarbeitung

Fall keine genaue Information über die Verschiebung Δx an, so daß die Anwendung von Gl. (8.82) nicht möglich ist.

Korrektur der Zielentfernungsänderung

Die Zielentfernungsänderung, bestehend aus den linearen und quadratischen Komponenten, wird durch den Schielwinkel bzw. die Entfernungsvariation zwischen Plattform und Ziel verursacht. Falls sich die Zielentfernungsänderung über mehrere Entfernungstore ausdehnt und nicht korrigiert wird, verschlechtert sich die Impulsantwort in Entfernungsrichtung und auch in Azimutrichtung, da der Ort des Optimalfilters nicht an das Azimutsignal angepaßt ist. Aus Gln. (8.10), (8.16) und (8.17) erhält man die Entfernungsvariation in Abhängigkeit von der Zeit:

$$r(t) = -\frac{\lambda}{2} \cdot \left(f_D \cdot t + \frac{k_a}{2} \cdot t^2 \right) , \quad |t| \leq \frac{r_0 \cdot \theta_a}{2 \cdot v} . \tag{8.83}$$

Abb. 8.32 stellt die lineare und quadratische Entfernungsänderung gemäß Gl. (8.83) für Nah- und Fernbereich dar. Die Korrektur der Zielentferungsänderung besteht aus einer Verschiebung der Bildpunkte in Entfernungsrichtung. Da die Verschiebung in der Regel nicht nur aus ganzen Abtastintervallen besteht, muß eine Interpolation durchgeführt werden. Ohne die Interpolation entstehen Amplitudenfehler im Signalverlauf eines Punktziels, die zu erhöhten Nebenkeulen im prozessierten Bild führen.

Der erste Term von Gl. (8.83) stellt die lineare Komponente der Zielentfernungsänderung dar, die eine von der Entfernung unabhängige Variationsrate hat, falls der Dopplerschwerpunkt in Abhängigkeit von der Entfernung als konstant betrachtet werden kann. In Abb. 8.32 ist zwar die gesamte Variation des linearen Anteils in Nah- und Fernbereich unterschiedlich, aber die Variationsrate ist aufgrund der Annahme eines konstanten Dopplerschwerpunkts gleich groß.

Die Korrektur der linearen Komponente ist erforderlich, falls die Entfernungsänderung

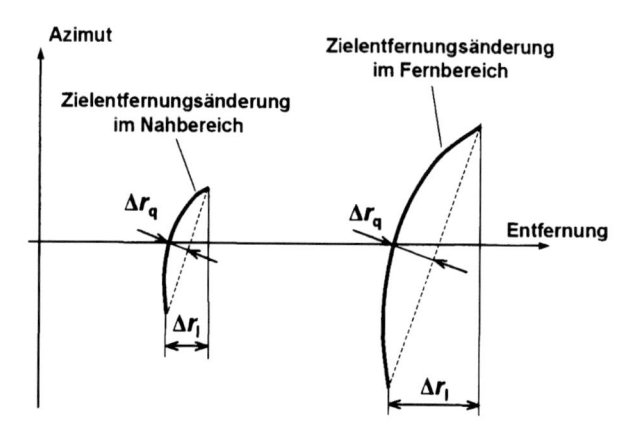

Abb. 8.32: Darstellung der linearen und quadratischen Entfernungsänderung für Nah- und Fernbereich.

größer als die halbe Auflösungszelle in Entfernungsrichtung ist. Mit Gl. (8.83) ergibt sich die lineare Entfernungsänderung innerhalb der Zeit, in der das Ziel beleuchtet wird. Es gilt

$$\Delta r_l = \frac{\lambda \cdot f_\mathrm{D} \cdot r_0 \cdot \theta_\mathrm{a}}{2 \cdot V}, \qquad (8.84)$$

wobei Δr_l die lineare Entfernungsänderung bezeichnet. Mit den Gln. (8.16) und (8.31) erhält man

$$\frac{\theta_\mathrm{s} \cdot r_0 \cdot \lambda}{\delta_\mathrm{a}} \geq \delta_\mathrm{r}. \qquad (8.85)$$

Gilt die Bedingung von Gl. (8.85), ist die Korrektur der linearen Zielentfernungsänderung notwendig.

Für den quadratischen Teil der Zielentfernungsänderung wird folgende Voraussetzung in bezug auf die Entfernungsauflösung gemacht:

$$\Delta r_\mathrm{q} = \frac{\lambda \cdot k_\mathrm{a} \cdot r_0^2 \cdot \theta_\mathrm{a}^2}{16 \cdot v^2} \geq \frac{\delta_\mathrm{r}}{2}. \qquad (8.86)$$

Aus den Gln. (8.13), (8.17) und (8.31) ergibt sich damit folgende Bedingung zur Notwendigkeit der Durchführung der quadratischen Zielentfernungsänderung:

$$\frac{r_0 \cdot \lambda^2}{16 \cdot \delta_\mathrm{a}^2} \geq \delta_\mathrm{r}. \qquad (8.87)$$

Die Abhängigkeit des Terms Δr_q von der Entfernung führt dazu, daß die Korrektur der quadratischen Zielentfernungsänderung nicht für den ganzen Entfernungsbereich mit gleicher Verschiebung oder Interpolation in Entfernungsrichtung durchgeführt werden kann. Der gesamte Entfernungsbereich muß in Teilbereiche unterteilt werden, in denen dieselbe quadratische Wanderung Δr_q angenommen werden kann. Die Ausdehnung der Bereiche wird so definiert, daß der Fehler der Korrektur der quadratischen Wanderung in jedem Bereich kleiner als $\delta_\mathrm{r}/2$ ist.

8.4.4 Echtzeit-SAR-Verarbeitung

Aufgrund der hohen Datenrate des empfangenen Signals (üblicherweise größer als 30 MBit/s) und der aufwendigen Datenverarbeitung zum Generieren eines SAR-Bildes sind häufig mehr als 5×10^9 Operationen/Sekunde notwendig, um eine Echtzeitverarbeitung mit hoher Bildqualität durchzuführen. Trotz des beträchtlichen gerätetechnischen Aufwands bietet die Echtzeitprozessierung wichtige Vorteile:

- Überwachung des SAR-Sensors in Echtzeit bezüglich seiner Funktionstüchtigkeit;
- Die Echtzeit-Abbildung des überflogenen Gebietes ermöglicht eine sofortige Auswertung der Bilder. Dies ist für viele Zwecke, wie z. B. im Sicherheitsbereich oder zur Katastrophenbeobachtung, unabdingbar;

8.4 Signalverarbeitung

- Die prozessierten Bilddaten haben gegenüber den Rohdaten eine reduzierte Datenrate, wodurch der Datenaufnahmeprozeß vereinfacht und die gespeicherte Datenmenge reduziert wird. Die Reduzierung der Datenrate ist auf die Anwendung der Multilook-Verarbeitung oder auf die Nutzung kleinerer Dopplerbandbreiten bei der SAR-Datenprozessierung zurückzuführen;
- Falls die Offline-Verarbeitung eine bessere Bildqualität ermöglicht, können die in Echtzeit prozessierten Bilddaten als Referenz benutzt werden, da für die Offline-Verarbeitung wegen der langen Verarbeitungszeit nur einige Teile des gesamten aufgenommenen Datensatzes ausgewählt werden können.

Diese Argumente sprechen für die Entwicklung eines hochauflösenden Echtzeitprozessors. Am Institut für Hochfrequenztechnik des DLR wurde ein hochauflösender Echtzeit-SAR-Prozessor für das E-SAR-System entwickelt, der die Impulskompression in Entfernungs- und Azimutrichtung unter Verwendung eines Subaperturverfahrens durchführt [37].

Es zeigt sich, daß man mit diesem Verfahren den Rechenaufwand für die Bildprozessierung wesentlich reduzieren kann, ohne die Bildqualität zu beeinträchtigen.

Tab. 8.1: Spezifikation des Echtzeit-SAR-Prozessors für das E-SAR-System des DLR

Spezifizierte Parameter	min.	typisch	max.
Plattformgeschwindigkeit [m/s]	50	80	300
Entfernung [m]	1000	4500	40000
PRF [Hz]	340	1000	2480
Azimutauflösung [m]	16	4	3
Entfernungsauflösung [m]	18	3	2,5
Anzahl von Looks	1	8	16

In Abb. 8.33 ist ein in Echtzeit prozessiertes Radarbild für das X-Band dargestellt. Deutlich zu sehen sind der Fluß Iller bei Altenstadt mit seinem Kanal und die Autobahn A7 in der Mitte des Bildes. Tab. 8.1 zeigt die technischen Parameter, die für den Echtzeitprozessor spezifiziert und erzielt wurden. Der dargestellte Bildausschnitt in Abb. 8.33 entspricht einer Flugzeit von rund einer Minute. Die Offline-Verarbeitung dieses Bildausschnittes dauert mit einem PC-Rechner vom Typ Pentium mit 400 MHz Taktfrequenz etwa 4 Stunden. Dies entspricht einer um den Faktor 240 langsameren Verarbeitung gegenüber der Echtzeitverarbeitung.

Die Entwicklung eines Echtzeitprozessors sowohl für Satelliten- als auch Flugzeug-SAR-Daten ist erforderlich, um mit vertretbarem Aufwand die Datenverarbeitung der zunehmenden Anzahl von SAR-Sensoren zu bewältigen.

Flugrichtung ⟶

Abb. 8.33: In Echtzeit prozessierte E-SAR-Daten mit 3 m × 4 m Auflösung in Entfernungs- und Azimutrichtung. Die Streifenbreite in Schrägentfernung beträgt jeweils rund 3 km × 4 km.

8.5 Spezielle SAR-Verfahren

Die bisherigen Ausführungen bezogen sich auf den sogenannten Streifenmodus (Stripmap Mode), bei dem das vom SAR-System abgebildete Gebiet grundsätzlich durch die geradlinige Trägerbewegung bestimmt ist. Um die Streifenbreite zu vergrößern oder die Azimutauflösung über das theoretische Maximum der halben Antennenlänge hinaus zu verbessern, wurden andere SAR-Modi eingeführt, die allgemein durch ein Schwenken der Antennenkeule charakterisiert sind.

In den nächsten Abschnitten werden drei Betriebsarten von SAR-Systemen beschrieben. Der ScanSAR-Betriebsmodus eignet sich für die großflächige Abbildung mit einer niedrigen oder mittleren geometrischen Auflösung. Beim Spotlight-Modus wird dagegen ein hochauflösendes Bild eines kleineren Zielgebietes prozessiert.

Die dritte Betriebsart ist der sogenannte ROSAR-Modus, der auf der Bildung einer kreisförmigen synthetischen Apertur durch die mechanische Rotation der realen Antenne basiert.

8.5 Spezielle SAR-Verfahren

8.5.1 ScanSAR

Bei satellitengetragenen SAR-Systemen im Streifenmodus wird die maximale Streifenbreite durch die PRF beschränkt, da die elektromagnetischen Wellen nicht gleichzeitig empfangen und gesendet werden können. Für eine PRF von 1500 Hz kann man eine theoretische Streifenbreite von ungefähr 100 km erreichen. Um diese Einschränkung zu umgehen, wendet man das ScanSAR-Prinzip an, bei dem mit in Entfernungsrichtung versetzten Streifen abgebildet wird.

Abb. 8.34 zeigt die Abbildungsgeometrie eines ScanSAR-Systems, wobei die gesamte Streifenbreite beispielhaft durch die Zusammenfassung dreier Teilstreifen gebildet wird [36], [52]. Die Positionierung der einzelnen Teilstreifen wird meistens durch ein schrittweises elektronisches Schwenken der Antenne in Elevation bestimmt. Die Periode der Auslenkung muß so ausgelegt werden, daß eine kontinuierliche Abbildung eines jeden Teilstreifens erreicht wird. Dies setzt eine Beschränkung der Beleuchtungszeit in Azimut für jeden Teilstreifen voraus und führt dazu, daß die Signalbandbreite jedes Ziels entsprechend der Anzahl von Teilstreifen reduziert wird.

Zur effektiven ScanSAR-Verarbeitung benutzt man häufig das SPECAN-Verfahren. Falls eine hochgenaue Verarbeitung notwendig ist, kann das Extended Chirp Scaling-Verfahren mit Subaperturverarbeitung in Azimut verwendet werden [39]. Abb. 8.35 zeigt ein ScanSAR-Bild des SIR-C-Sensors im L-Band, das während der zweiten X-SAR/SIR-C-Mission aufgenommen wurde. Wichtigste Sensor- und Verarbeitungsparameter sind:

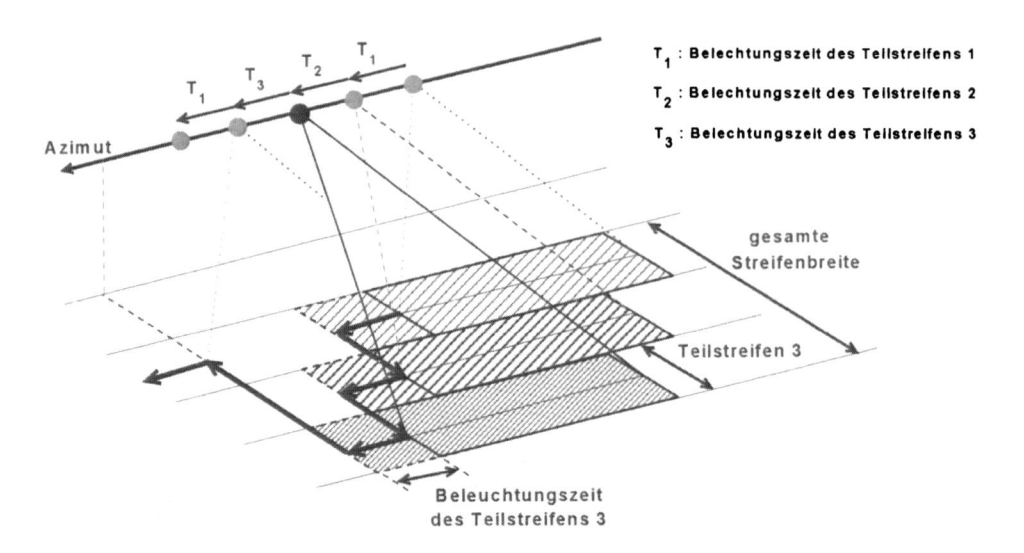

Abb. 8.34: Abbildungsgeometrie eines SAR-Systems im ScanSAR-Betriebsmodus. Die gesamte Streifenbreite setzt sich aus drei kleineren Teilstreifenbreiten zusammen.

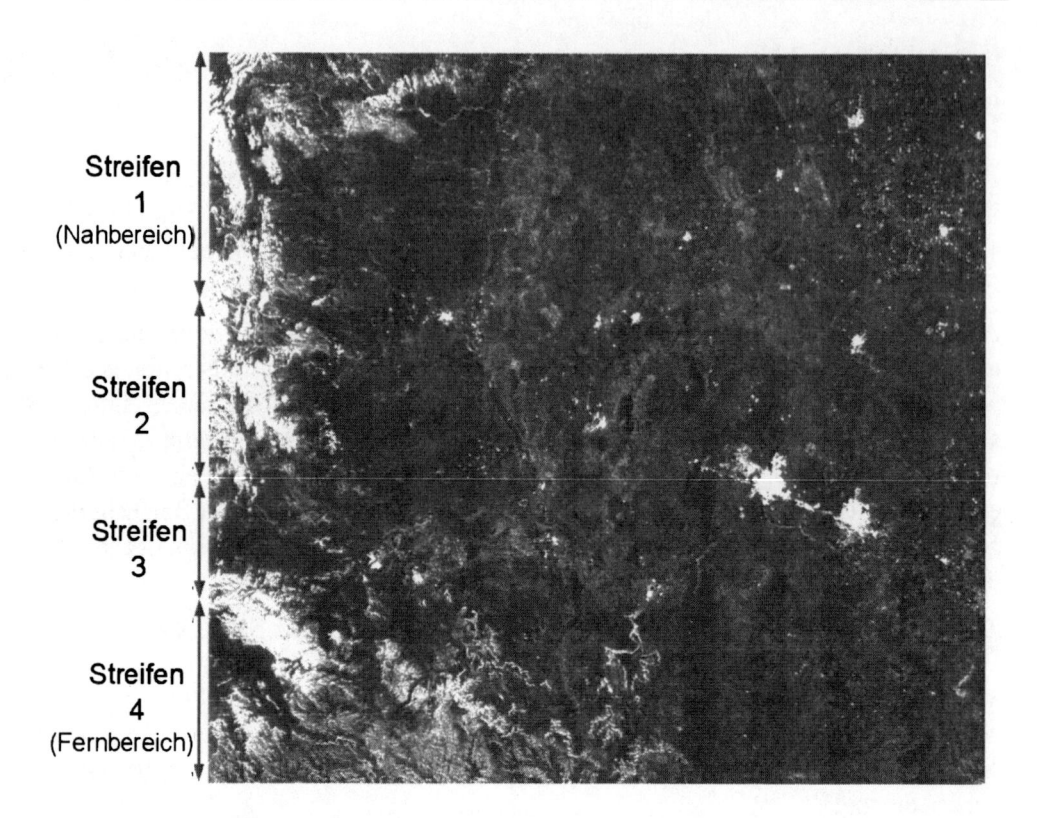

Abb. 8.35: ScanSAR-Bild des SIR-C-Sensors für das L-Band, Polarisation VV. Gezeigt wird das Gebiet von Chickasha, Oklahoma, USA (Datensatz 82.1 der zweiten X-SAR/SIR-C-Mission im Oktober 1994). Die Bilddimensionen betragen 236 km × 252 km in Entfernungs- und Azimutrichtung. Links vom Bild wird die Ausdehnung jeder Streifenbreite gezeigt.

- Flughöhe = 221 km
- Wellenlänge = 0,239 m
- Systembandbreite = 10 MHz
- Sensorgeschwindigkeit = 7200 m/s
- Anzahl der Teilstreifen = 4
- Azimut- und Entferungsauflösung nach Multilook-Verarbeitung: 180 m × 120 m
- Anzahl von Looks in Azimut und Entfernung: 4 × 6

Zur Zeit ist nur ein satellitengetragener SAR-Sensor (RADARSAT, Kanada) in Betrieb, der unter anderem im ScanSAR-Modus eingesetzt werden kann. Das Advanced SAR-System (ASAR) der ENVISAT-Plattform (voraussichtlicher Start im Jahr 2000) wird auch einen ScanSAR-Modus mit niedriger und mittlerer Auflösung für eine globale Abbildung der Erdoberfläche zur Verfügung stellen.

8.5.2 Spotlight

Bei der Abbildung im Streifenmodus ist die maximal erreichbare Azimutauflösung durch die Länge der synthetischen Apertur L_{sa} begrenzt. Aus Gln. (8.3) bis (8.5) erhält man:

$$\delta_a = r_0 \cdot \theta_{sa} = \frac{r_0 \cdot \lambda}{2 \cdot L_{sa}} \ . \tag{8.88}$$

Die Länge der synthetischen Apertur L_{sa} in Gl. (8.88) ist durch die Entfernung und den Azimutöffnungswinkel bestimmt, d. h. $L_{sa} = r_0 \cdot \theta_a$. Für eine gegebene Entfernung im Streifenmodus kann man die Länge der synthetischen Apertur nur vergrößern, indem man den Azimutöffnungswinkel vergrößert, d. h. die Azimutdimension der Antenne verkleinert. Dies hat zur Folge, daß die PRF und die gesamte Datenrate entsprechend erhöht werden muß. Um diesen Nachteil zu überwinden, kann das Spotlight-Verfahren angewendet werden. In diesem Betriebsmodus läßt sich durch eine elektronische oder mechanische Azimutnachführung des Antennendiagramms auf das Szenenzentrum eine sehr lange synthetische Apertur bilden (siehe Abb. 8.36). Dadurch erzielt man eine deutliche Verbesserung der Azimutauflösung. Die Größe des abgebildeten Gebietes wird dabei aber stark beschränkt.

Der Spotlight-Betriebsmodus unterscheidet sich gegenüber dem Streifenmodus in mehreren Aspekten. Die Länge der synthetischen Apertur ist nur noch von der Entfernung und dem Winkelbereich entsprechend der Antennennachführung abhängig:

$$L_{sa} = r_0 \cdot \Delta\theta_a \ . \tag{8.89}$$

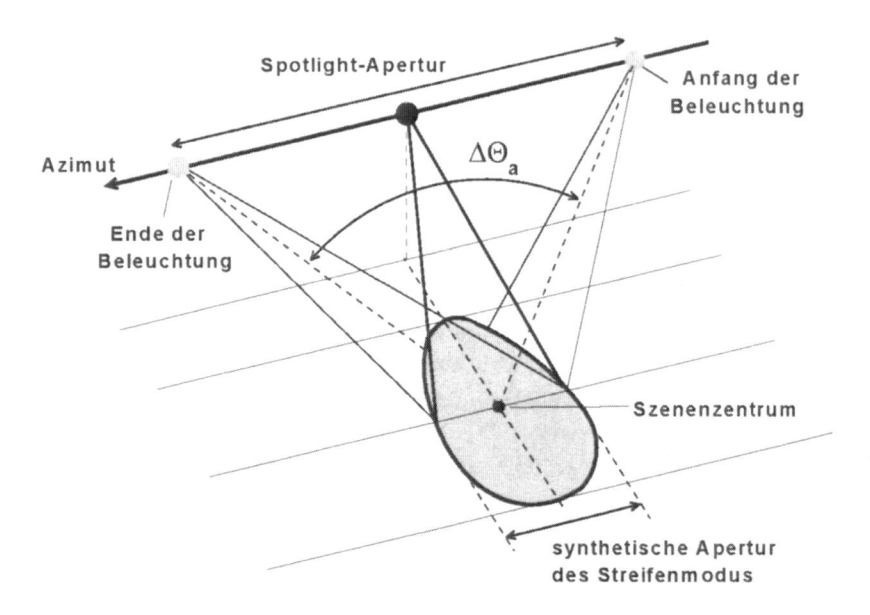

Abb. 8.36: Abbildungsgeometrie eines SAR-Systems im Spotlight-Betriebsmodus.

Für die Azimutauflösung ergibt sich mit Einsetzen von Gl. (8.89) in Gl. (8.88):

$$\delta_a = \frac{\lambda}{2 \cdot \Delta\theta_a} \ . \tag{8.90}$$

Je größer der Variationsbereich $\Delta\theta_a$ der Antenne in Azimut, desto besser ist die Azimutauflösung δ_a. Die Nachführung der Antenne beschränkt die Größe des abgebildeten Gebietes, so daß eine kontinuierliche Abbildung der gesamten überflogenen Strecke nicht mehr möglich ist. Falls die Nachführung genau auf das Szenenzentrum ausgerichtet wird, dann ist die Größe des abgebildeten Gebietes durch die Öffnung der realen Antenne bestimmt.

Die PRF und die resultierende Datenrate sind unabhängig vom Variationsbereich der Antennennachführung, da die momentane Dopplerbandbreite durch den Öffnungswinkel der realen Apertur bestimmt wird. Dies bedeutet, daß trotz der Verbesserung der Azimutauflösung die Werte von PRF und Datenrate dieselben sind wie bei der Abbildung im Streifenmodus.

In der Regel wählt man beim Spotlight-Modus die Entfernungsauflösung und Größe des abgebildeten Gebietes in Entfernungsrichtung so aus, daß ähnliche Werte wie in Azimutrichtung resultieren. Um eine entsprechend hohe Auflösung in Entfernungsrichtung zu erzielen, ist aber eine sehr hohe Systembandbreite erforderlich, was zu einer hohen Abtastfrequenz bei der A/D-Wandlung führt. Um die Abtastfrequenz bei der A/D-Wandlung zu reduzieren, verwendet man oft beim Spotlight-Modus das Verfahren vom Dechirp on Receive (siehe Abb. 8.37). Dieses Verfahren basiert auf der Verwendung einer linearen Frequenzmodulation (Chirp) als Sendesignal, dessen Länge aber größer als die ausgewählte Abbildungsdimension in Entfernungsrichtung ist. Dies ist beim Spotlight-Modus möglich, da die Szenendimensionen wegen der erhöhten Auflösung reduziert sind.

Das empfangene Signal in Abb. 8.37 mischt man mit einer Referenzfunktion, die die gleiche Frequenzmodulation wie das Sendesignal besitzt. Dadurch kompensiert man die Frequenzmodulation und das resultierende Signal hat nur noch Signalanteile mit konstanter Frequenz. Dies hat zur Folge, daß die resultierende Signalbandbreite reduziert ist, ohne die Auflösung zu verschlechtern. Die A/D-Wandlung kann mit reduzierter Abtastfrequenz erfolgen, was zu einer kleineren Datenrate führt.

Für die Verarbeitung der Spotlight-Daten verwendete man zuerst das sogenannte Polar Format-Verfahren, das auf einer zweidimensionalen Interpolation der Rohdaten zur Korrektur der Zielentfernungsänderung und zum Angleich der Entfernungsabhängigkeit der Azimutmodulation basiert [5]. Dieses Verfahren benötigt aber einen sehr hohen Berechnungsaufwand, so daß man zur Zeit meistens den Wavenumber- oder Chirp Scaling-Algorithmus verwendet. Durch die besondere Betriebsart des Spotlight-Modus benötigt auch der Chirp Scaling-Algorithmus einen Korrelationsschritt vor dem Anfang der Datenverarbeitung, um die Spotlight-Daten prozessieren zu können. Kürzlich wurde das Frequency Scaling-Verfahren zur genauen Spotlight-Verarbei-

8.5 Spezielle SAR-Verfahren

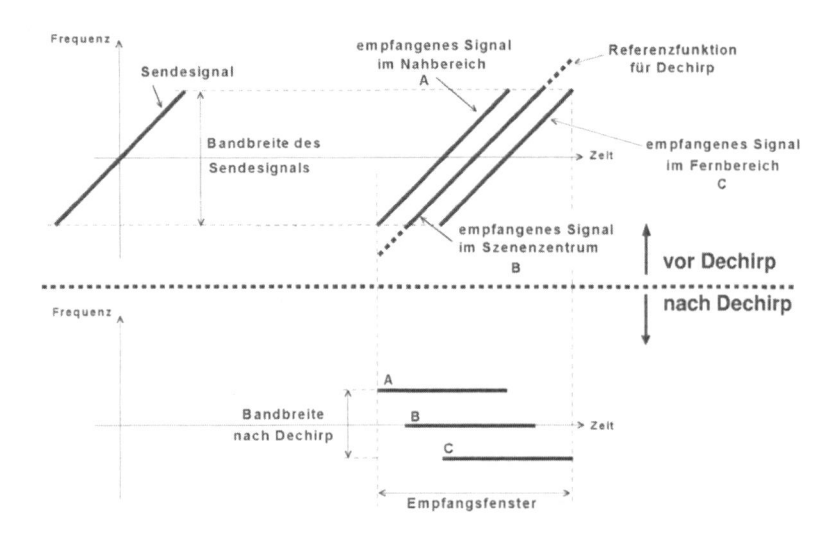

Abb. 8.37: Schematische Darstellung des Prinzips Dechirp on Receive zur Reduzierung der Empfangsbandbreite beim Spotlight-Modus.

tung vorgeschlagen, das eine effiziente Verarbeitung der Daten ohne Interpolation ermöglicht [34].

8.5.3 ROSAR

Radarsysteme mit synthetischer Apertur für Flugzeuge und Satelliten als Trägerplattform sind im allgemeinen für eine geradlinige Bewegung der Antenne ausgelegt. ROSAR (**Ro**tor-SAR) eignet sich besonders für Hubschrauber als Trägerplattform, wobei die Drehbewegung der Rotorblätter bzw. von Rotoren, die oberhalb des Rotorkopfes montiert sind, zur Erzeugung der synthetischen Apertur genutzt werden könnte [24], [25]. Dieses Prinzip ist jedoch auf allen sich drehenden Anordnungen gültig. Die Rotation der Antenne sorgt für eine Rundumsicht, d. h. ROSAR überdeckt den gesamten Winkelbereich von 360°. Durch die Bewegung der Antenne entlang einer Kreisbahn wird dann am Boden ein Kreisring ausgeleuchtet. Durch die Kreisbewegung des Rotors ändert sich der Abstand zwischen der Antenne und einem Ziel am Boden periodisch über den Drehwinkelbereich von 360°. Dabei wird von einer ebenen Drehbewegung mit konstanter Winkelgeschwindigkeit ω_0 ausgegangen.

Abb. 8.38 zeigt die Geometrie zur Berechnung der Entfernung r zwischen der Antenne und einem Punktziel unter der vereinfachten Bedingung, daß die Entfernung am Boden zum Punktziel groß gegen die Rotorlänge L und Einsatzhöhe H ist.

Das Empfangssignal $s(t)$ hat als Funktion des Drehwinkels folgende Form:

$$s(t) = e^{j \cdot \frac{4\pi}{\lambda} \cdot L \cdot (1 - \cos \omega_0 t)} \ . \tag{8.91}$$

Für ein Ziel ergibt sich hier im Gegensatz zur linearen Antennenbewegung ein zeitlich

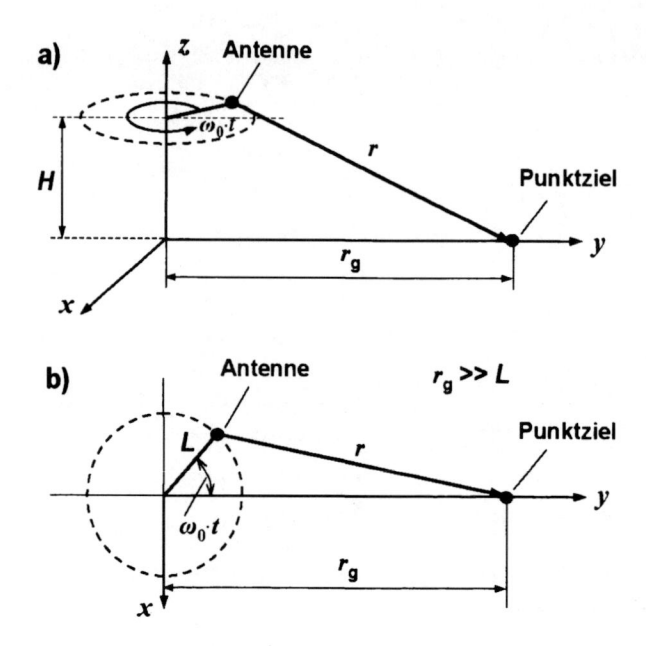

Abb. 8.38: ROSAR-Geometrie zur Berechnung der Entfernung r. a) Seitenansicht und b) Draufsicht.

kosinusförmiger Verlauf der Phase und ein sinusförmiger Verlauf der Dopplerfrequenz. Bei Verwendung eines isotropen Kugelstrahlers als Antenne erhält man damit pro Umdrehung des Rotors eine volle Periode des sinusförmigen Dopplerfrequenzverlaufs. Beachtet man jedoch, daß die Querauflösung direkt von der Dopplerbandbreite abhängt, so folgt, daß nur derjenige Drehwinkelbereich zur Auflösung beiträgt, welcher tatsächlich eine kontinuierliche Erhöhung der Dopplerbandbreite hervorruft. Dieser Winkelbereich ist auf den Halbkreis der Rotorebene begrenzt und erstreckt sich von $-90° \leq \omega_0 t \leq +90°$. Durch die Begrenzung der maximalen Länge der synthetischen Apertur auf den Halbkreis bleibt die Auflösung beim ROSAR im Gegensatz zum linearen SAR weiterhin entfernungsabhängig. Die mit dem ROSAR-Verfahren maximal erzielbare Querauflösung δ_{sa} beträgt:

$$\delta_{sa} = \frac{\lambda}{5 \cdot L} \cdot r_g , \qquad (8.92)$$

wobei r_g die Entfernung am Boden vom Drehpunkt zum Ziel bei $\omega_0 t = 0°$ bezeichnet. Das ROSAR-Konzept ermöglicht nicht nur eine Verbesserung der geometrischen Auflösung durch Verwendung des SAR-Prinzips, sondern auch eine allwettertaugliche Rundumsicht für den Hubschraubereinsatz.

8.6 Interferometrie

Interferometer gestatten grundsätzlich Entfernungsmessungen, deren Genauigkeit im Bereich von Bruchteilen der benutzten Wellenlänge liegen kann. Seit Ende der achtzi-

8.6 Interferometrie

ger Jahre kommt die SAR-Interferometrie in vielen Bereichen zur Anwendung. Beim interferometrischen SAR benutzt man, wie bei jeder interferometrischen Messung, einen zweiten Sensor (Antenne A_2), der räumlich vom ersten (Antenne A_1) getrennt ist. Die Distanz zwischen den beiden Antennen bezeichnet man als Basislinie (baseline).

Im Prinzip kann man die SAR-Interferometrie in zwei unterschiedlichen Modi betreiben (siehe Abb. 8.39):

- **Across-Track-Interferometrie**
  Die räumliche Anordnung der Antennen wird so gewählt, daß sich eine Basislinienkomponente quer zur Flugrichtung ergibt. Diese Anordnung dient zur Bestimmung der Geländetopographie (Terrainhöhe) des SAR-Bildes [31], [47], [55].

- **Along-Track-Interferometrie**
  Die Antennen sind räumlich in Flugrichtung versetzt, d. h. die Basislinie ist parallel zur Flugrichtung ausgerichtet. Die Along-Track-Interferometrie dient zur Bestimmung von langsamen Zielbewegungen (z. B. Fluß- und Meeresströmungen) [16]. Erfaßt wird nur die Komponente der Zielbewegung in Blickrichtung der SAR-Antenne.

In beiden Fällen (Along- und Across-Track) kann man die interferometrische Mes-

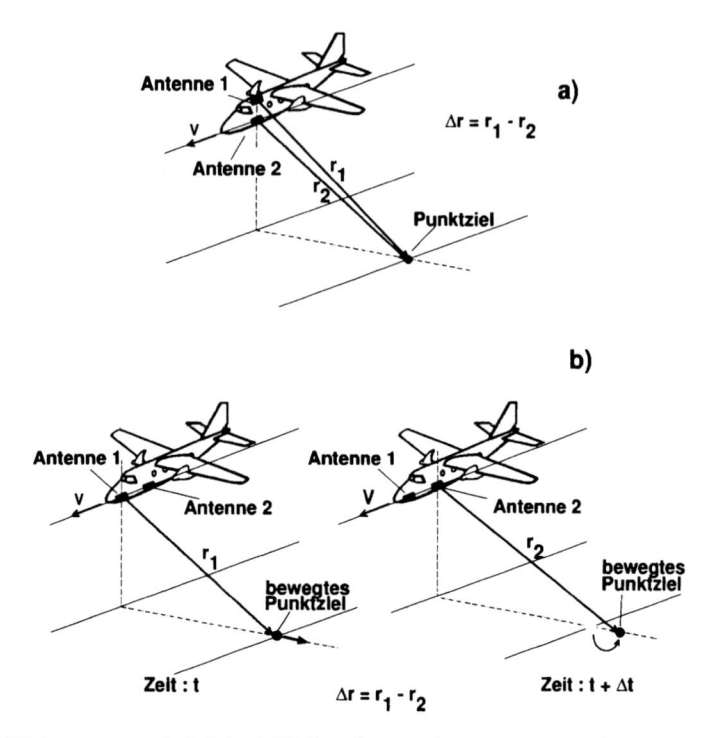

Abb. 8.39: Abbildungsgeometrie bei der SAR-Interferometrie. a) Across-Track-Interferometrie b) Along-Track-Interferometrie.

sung durch einen einzigen Überflug (Einpaß) oder durch zwei Überflüge (Zweipaß) durchführen. Bei flugzeuggetragenen Systemen verwendet man sowohl die Einpaß- als auch die Zweipaß-Interferometrie, während bei satellitengestützten SAR-Systemen z. Zt. nur die Zweipaß-Interferometrie zum Einsatz kommt. In 1999 wird die SRTM-Mission[1] gestartet, bei der ein Mast mit einem ausklappbaren Mechanismus im Space Shuttle eingesetzt wird, um eine Across-Track-Basislinie von ca. 60 m zu erzielen.

Bei der Zweipaß-Interferometrie spielt die Kohärenz zwischen den Bildern beider Überflüge eine wichtige Rolle. Die Kohärenz ist ein Maß der Korrelation beider Bilder. Falls die Kohärenz gleich null ist, besteht keine Korrelation zwischen den Bildern. Eine Kohärenz gleich eins bedeutet eine 100%-ige Korrelation.

Um ein Phaseninterferogramm guter Qualität zu erhalten, ist es erforderlich, daß sich das Rückstreuverhalten bei der ersten und zweiten Aufnahme nicht wesentlich verändert, was eine hohe Kohärenz der Bilder gewährleistet. Die Veränderung des Rückstreuverhaltens kann z. B. aufgrund von Regen, Temperatur- und Feuchtigkeitsänderung oder Pflanzenwachstum auftreten. Falls die Kohärenz sehr niedrig ist, enthält die Phase des Interferogramms einen sehr großen Anteil an nicht korrelierter Information, wodurch die Auswertung der Phase sehr erschwert oder sogar verhindert wird. In der Regel benötigt man Kohärenzwerte größer als 0,5, um eine zuverlässige Phasenauswertung durchführen zu können.

Die Auswertung der Kohärenz bei der Zweipaß-Interferometrie bietet ein großes Potential für die Klassifikation des überflogenen Gebiets. Die unterschiedlichen Klassen lassen sich anhand von Erfahrungswerten der Kohärenz identifizieren. Ein Ergebnis dieser Auswertung von der X-SAR/SIR-C-Mission des Gebietes um den Vulkan Ätna zeigt Abb. 8.40. Hier konnte man bis zu sechs Klassen identifizieren, wobei man die Kohärenzwerte für das L-, C- und X-Band verwendete, um die Klassifizierungsgenauigkeit zu erhöhen [9]. Im allgemeinen läßt sich für die Kohärenz bei der Zweipaß-Interferometrie folgende Tendenz feststellen:

- Eine wesentlich höhere Kohärenz erreicht man bei größerer Wellenlänge (L-Band) als bei kleinerer Wellenlänge (X-Band).
- Kleine Kohärenzwerte weisen Gebiete mit Vegetation auf. Insbesondere im X-Band sind die Kohärenzwerte kleiner als 0,3 für bewaldete Gebiete.
- Hohe Kohärenzwerte haben Gebiete mit trockenem und steinigem Boden wie Lava und Asche in Abb. 8.40.

Im nächsten Abschnitt wird die Einpaß-Interferometrie im Across-Track-Modus am Beispiel der Daten des E-SAR-Systems [48] näher behandelt.

---

[1] SRTM steht für Shuttle Radar Topographic Mission. Diese Mission wird im Rahmen einer bilateralen Kooperation zwischen den USA (NASA/JPL, C-Band interferometrisches SAR) und Deutschland (DLR/Dornier Satellitensysteme, X-Band interferometrisches SAR) durchgeführt.

8.6 Interferometrie 275

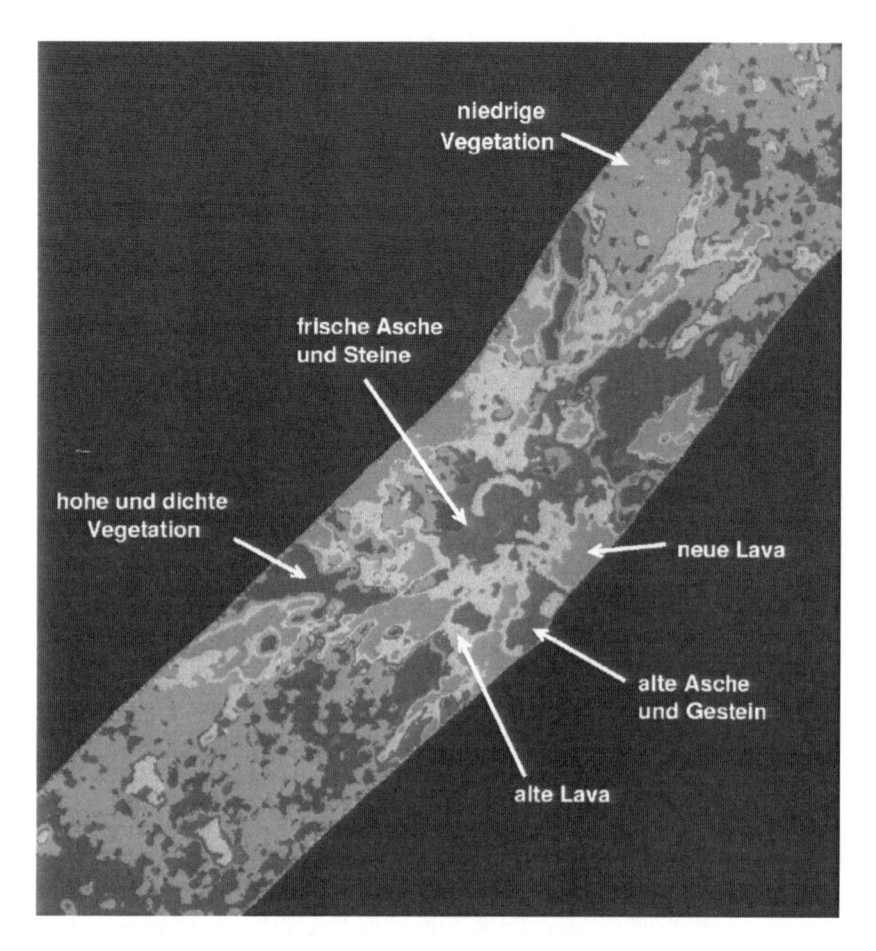

Abb. 8.40: Klassifikation des Gebietes um den Vulkan Ätna mit Verwendung der Kohärenz im L-, C- und X-Band (siehe auch Farbseiten in der Mitte des Buches).

8.6.1 Across-Track-Interferometrie

Ein abbildendes SAR-System liefert grundsätzlich nur eine zweidimensionale Abbildung der Erdoberfläche. Die Information bezüglich der Höhe eines Ziels über einer Bezugsebene läßt sich nur anhand der Angaben über den Depressionswinkel ϵ_D und die Entfernung r gewinnen. Der Depressionswinkel ist aber mit dem konventionellen SAR-Verfahren nicht mit der erforderlichen Genauigkeit zu bestimmen. Mit Einsatz der Across-Track-Interferometrie läßt sich der Depressionswinkel bestimmen und eine dreidimensionale Erfassung der Zielobjekte erreichen [31], [47], [55].

Bei der Across-Track-Interferometrie ähnelt die Aufnahmegeometrie derjenigen bekannter stereometrischer Verfahren und hat zur Folge, daß verschiedene Zielpunkte unterschiedliche Weglängendifferenzen zu den Antennenpositionen A_1 und A_2 besitzen. Während man bei stereoskopischen Auswertesystemen die Parallaxe durch direkte Messung der unterschiedlichen Beobachtungswinkel bestimmt, wird beim

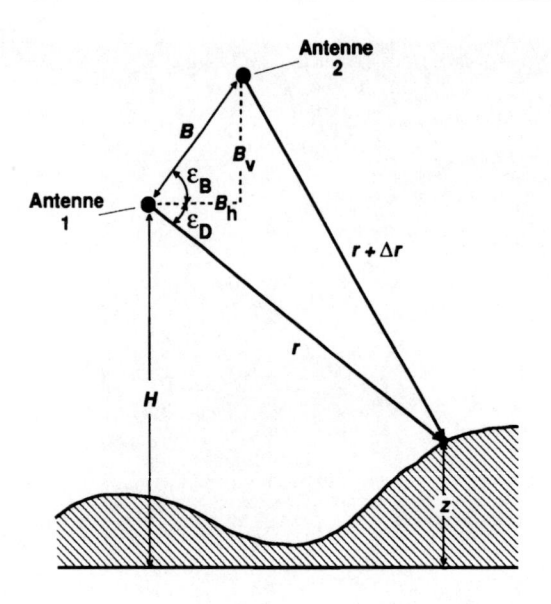

Abb. 8.41: Abbildungsgeometrie eines SAR-Systems mit Across-Track-Interferometrie.

interferometrischen SAR die Phasendifferenz zwischen den empfangenen Signalen beider Antennen A_1 und A_2 ausgewertet. Diese Phasendifferenz $\Delta\varphi$ entspricht einem Wegunterschied Δr gemäß (siehe Abb. 8.41):

$$\Delta\varphi = \frac{4\pi}{\lambda} \cdot \Delta r \, . \tag{8.93}$$

Der Faktor 4 in Gl. (8.93) setzt voraus, daß das Sendesignal abwechselnd von Antenne 1 oder 2 ausgestrahlt und das dazugehörige Rückstreusignal von der selben Antenne empfangen wird[1]. Für die Geländehöhe z in Abhängigkeit vom Depressionswinkel ϵ_D gilt

$$z = H - r \cdot \sin\epsilon_D \, , \tag{8.94}$$

Mit Verwendung des Kosinussatzes erhält man:

$$\cos(\epsilon_D + \epsilon_B) = \frac{r^2 + B^2 - (r + \Delta r)^2}{2 \cdot r \cdot B} \, , \tag{8.95}$$

wobei

$$\epsilon_B = \arctan(B_v / B_h) \, . \tag{8.96}$$

Die Höhe der Antenne A_1 über einer Bezugsebene werde mit H, die Entfernung zwischen Antenne A_1 und Ziel mit r bezeichnet; B ist die Basislinie, ϵ_B die Neigung der Basislinie, und B_v und B_h sind ihre Vertikal- und Horizontalkomponenten.

---

[1] Bei einigen SAR-Systemen wird die Einpaß-Interferometrie mit nur einer Sendeantenne durchgeführt, so daß sich ein Faktor 2 in Gl. (8.93) ergibt. Mit nur einer Sendeantenne ist zwar die Hardware-Realisierung einfacher, aber die interferometrische Phasenempfindlichkeit reduziert sich um den Faktor 2.

8.6 Interferometrie

Zur Bestimmung der Geländehöhe z berechnet man den Depressionswinkel anhand von Gl. (8.95) und setzt das Resultat in Gl. (8.94) ein. Da in der Regel die Referenzebene am Boden nicht zur Verfügung steht, benutzt man zusätzlich mindestens einen Referenzpunkt (engl.: tie point), um die Geländehöhe gemäß Gl. (8.94) zu berechnen.

Den Ablauf zur Geländehöhenbestimmung kann man folgendermaßen beschreiben (siehe Abb. 8.42):

- **SAR-Verarbeitung**
  Die Radarsignale (Rohdaten) der Antennen A_1 und A_2 werden mit möglichst hoher Entfernungs- und Azimutauflösung prozessiert. Unabdingbar ist die Anwendung einer phasenreinen Verarbeitung, damit die Phase des SAR-Signals nicht verfälscht wird. Das Ergebnis der Verarbeitung sind zwei komplex-wertige Bilder. Abb. 8.43 zeigt eine der beiden SAR-Aufnahmen, die in dem interferometrischen Betriebsmodus des E-SAR-Systems für das X-Band aufgenommen worden sind.

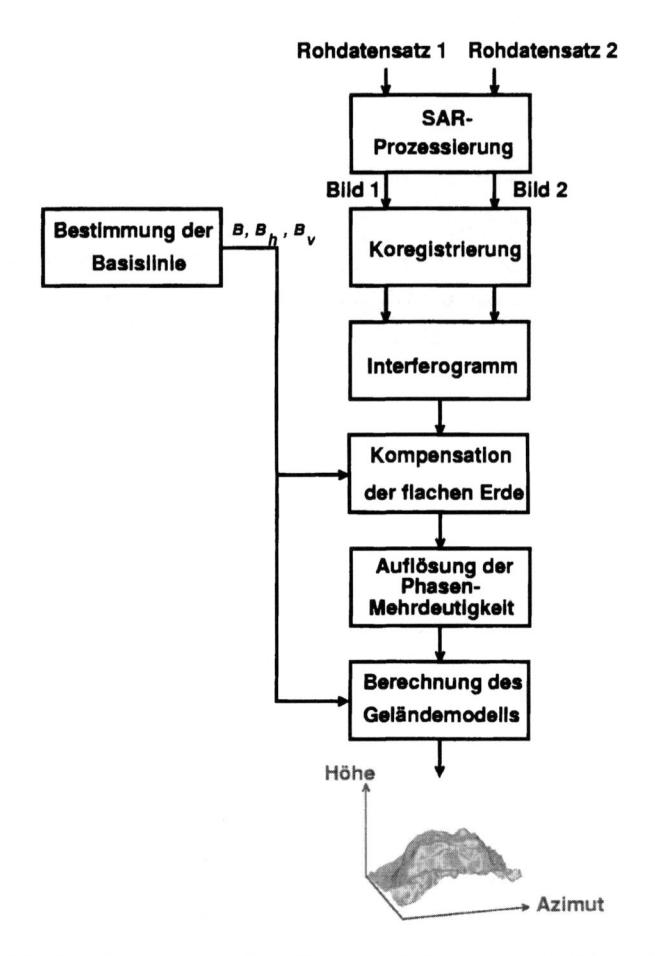

Abb. 8.42: Ablauf der interferometrischen SAR-Datenverarbeitung zur Geländehöhenbestimmung.

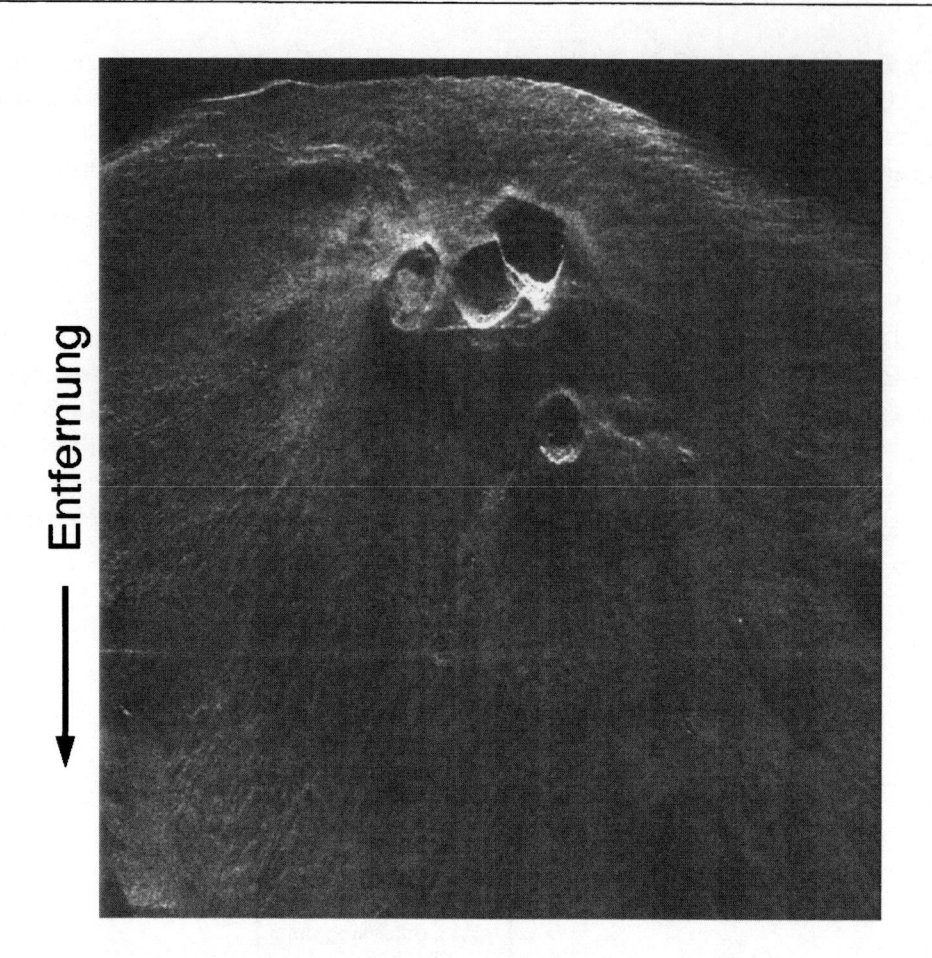

Abb. 8.43: SAR-Bild des Vulkans Ätna auf Sizilien, Italien. Die wichtigsten Sensor- und Verarbeitungsparameter lauten: X-Band, VV-Polarisation, Fluggeschwindigkeit: 89 m/s, Streifenbreite: etwa 3 km, Auflösung: 3 m × 3 m und Verarbeitung mit 8 Looks.

- **Koregistrierung**
  Aufgrund der unterschiedlichen Aufnahmepositionen haben beide SAR-Bilder unterschiedliche Bildgeometrien. Die Bilddaten sind gegeneinander verschoben und verzerrt und müssen durch ein Koregistrierungsverfahren aneinander angepaßt werden, um eine möglichst hohe geometrische Übereinstimmung beider SAR-Szenen zu gewährleisten.

- **Berechnung des Interferogramms**
  Das Interferogramm entsteht durch die Multiplikation des ersten SAR-Bildes mit dem konjugiert komplexen zweiten Bild. Für jeden Bildpunkt entspricht die Phase dieses Interferogramms der Phasendifferenz $\Delta\varphi$. Da die Phase des Interferogramms durch die Berechnung des Arkustangens bestimmt wird, befinden sich die Phasenwerte im Bereich zwischen $-\pi < \Delta\varphi < \pi$; die Messung ist daher

8.6 Interferometrie

im allgemeinen hochgradig mehrdeutig.

- **Kompensation des Phasenbeitrags der flachen Erde**
  Als Phasenbeitrag der *flachen Erde* bezeichnet man denjenigen Anteil der Interferogrammphase, der nicht durch die Topographie induziert wird. Der Phasenbeitrag der flachen Erde resultiert aus der spezifischen interferometrischen Aufnahmegeometrie, die wegen des Schrägsichtverfahrens unterschiedliche Entfernungsdifferenzen Δr in Abhängigkeit von der Blickrichtung verursacht. Diese Phase läßt sich anhand der Aufnahmegeometrie bestimmen und wird von der Interferogrammphase abgezogen, um ihre Mehrdeutigkeiten zu reduzieren. Abb. 8.44 zeigt die resultierende Phase des Ätna-Gebiets nach dem Abzug des Phasenanteils der flachen Erde.

- **Auflösung der Phasenmehrdeutigkeiten (Phase Unwrapping)**
  Die Verfahren zum Eliminieren der Phasenmehrdeutigkeit bestimmen die unbekannte Anzahl der 2π-Phasenzyklen in den verschiedenen Bereichen des Phasen-

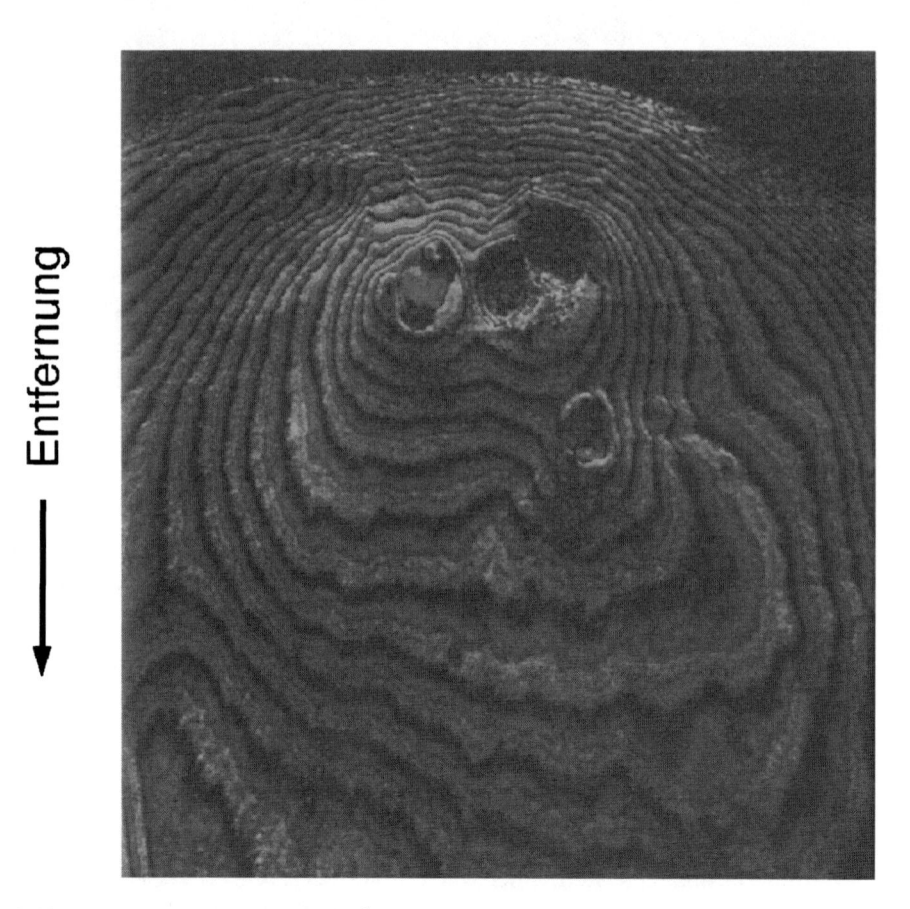

Abb. 8.44: Interferogramm des Vulkans Ätna auf Sizilien, Italien. Jeder Farbzyklus entspricht einer Phasenvariation von 360° (siehe auch Farbseiten in der Mitte des Buches).

interferogramms [17], [45]. Nach der Durchführung dieses Verfahrens erhält man eine eindeutige Phasendifferenz $\Delta\varphi$.

- **Berechnung des Geländemodells**
  Anhand von $\Delta\varphi$ läßt sich die Geländehöhe anhand der Gln. (8.93) bis (8.96) bestimmen. Man erhält damit ein zweidimensionales Geländemodell in der Schrägentfernungsgeometrie. Abb. 8.45 zeigt das resultierende Geländemodell des Ätna-Gebietes.

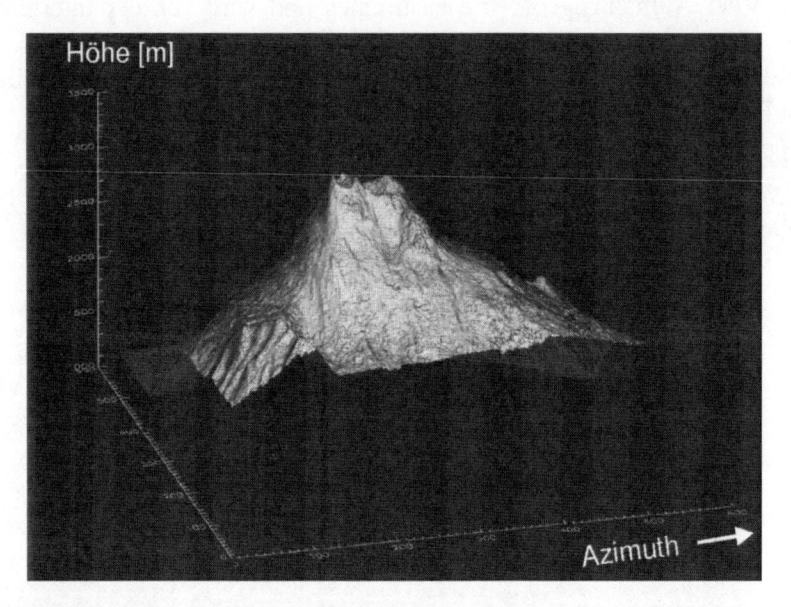

Abb. 8.45: Geländemodell des Vulkans Ätna. Die Höhenunterschiede in diesem Ausschnitt betragen ca. 700 m. Die Höhengenauigkeit des Geländemodells liegt in der Größenordnung von 4 m. Dieses Bild enstand durch die Zusammenarbeit des DLR mit IRECE (Istituto di Ricerca per l'Elettromagnetismo ed i Componenti Elettronici, Neapel, Italien).

Um das SAR-Bild und das Geländemodell für den Anwender nutzbar zu machen, müssen sie auf die Erdoberfläche referenziert werden. Diesen Schritt nennt man Geokodierung [49]. Für eine Geokodierung muß man die genaue Position jedes Bildpunktes im Raum ermitteln, um dessen Lage auf der gewünschten Projektionsfläche bestimmen zu können. Die Geokodierung läßt sich in zwei Schritten durchführen:

- Bestimmung der Funktion zur Transformation der Azimut/Entfernungsgeometrie in das Kartenkoordinatensystem.
- Projektion des Geländemodells, das in Schrägentfernungs-Geometrie vorliegt, in das Kartenkoordinatensystem anhand der zuvor berechneten Transformationsvorschrift. Sowohl das Geländemodell als auch das SAR-Bild werden interpoliert, um beide in geokodierter Form zu erhalten.

8.6 Interferometrie 281

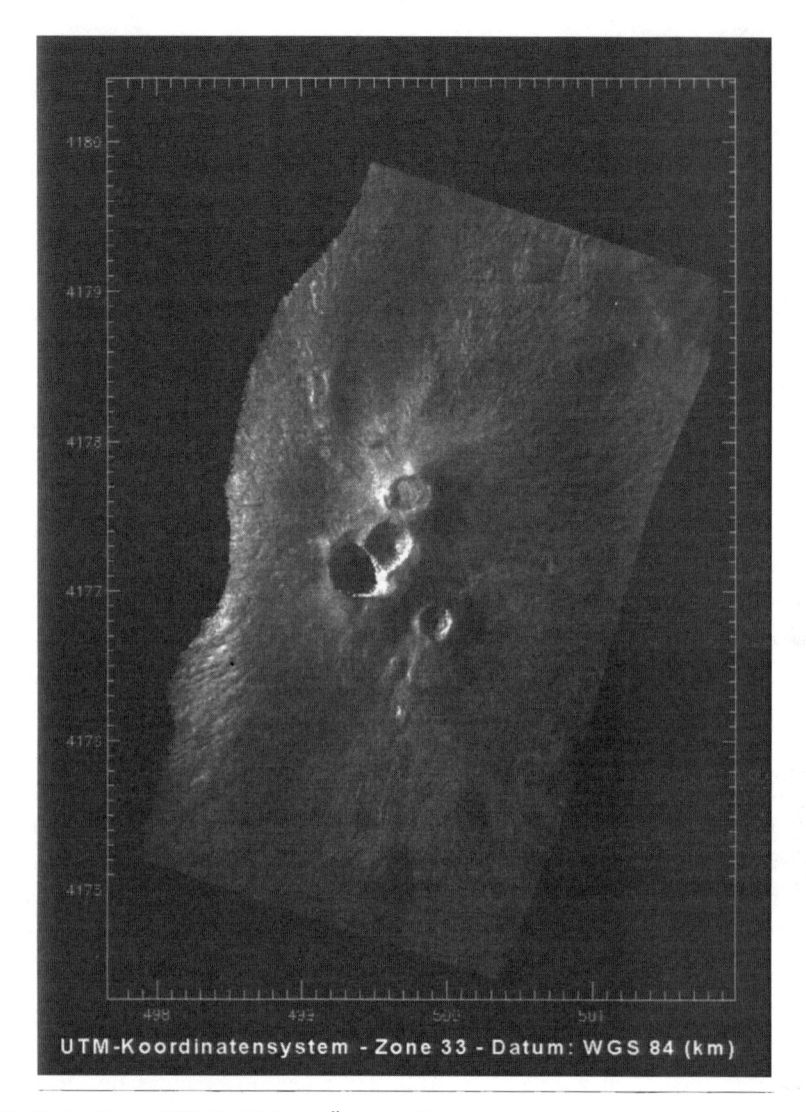

Abb. 8.46: Geokodiertes Bild des Vulkans Ätna mit Verwendung des Referenzsystems WGS84. Dieses Bild enstand durch die Zusammenarbeit des DLR mit IRECE (Istituto di Ricerca per l'Elettromagnetismo ed i Componenti Elettronici, Neapel, Italien).

Der Anwendungsbereich der geokodierten Produkte ist vielseitig, da sowohl das SAR-Bild als auch das Geländemodell direkt mit einer topographischen Karte verglichen werden können. Abb. 8.46 zeigt ein geokodiertes Bild des Vulkans Ätna. Das Bild ist unter Verwendung des WGS84-Referenzsystems in der entsprechenden UTM-Kartenprojektion (engl.: Universal Transverse Mercator) dargestellt. Die Positionierungsgenauigkeit beträgt ca. 4 m.

8.6.2 Differentielle Interferometrie

Ein großes Potential für die hochgenaue Beobachtung von geometrischen Verschiebungen bietet die differentielle Interferometrie mit SAR [15], [33]. In diesem Fall lassen sich langsame Verschiebungen der Erdoberfläche im Zentimeter- und sogar im Millimeterbereich erfassen. Gemessen wird nur die Komponente der Verschiebung in Blickrichtung des Radars, die zu einer Entfernungsänderung in der Größenordnung der Wellenlänge führt. Typische Anwendungen sind die Messungen von langsamen Erdverschiebungen aufgrund eines Erdbebens, Bewegungen von Eisblöcken auf dem Meer, Verschmelzungen von Gletschereis und die Wanderung von Sanddünen infolge von Wind.

Bei Satelliten benötigt man mindestens drei Flüge über das gleiche Gebiet, um eine differentielle Interferometrie durchführen zu können. Der erste und zweite Überflug gelten als Referenz und dienen zur Ermittelung des ersten Interferogramms, das die Information der Geländetopographie vor dem Auftreten der Verschiebung enthält. Beim dritten Überflug verwendet man eine möglichst kleine Basislinie zum zweiten Überflug. Das Phaseninterferogramm des zweiten und dritten Überflugs enthält Beiträge der Erdverschiebung wie auch der Geländetopographie. Um die Komponente der Verschiebung in Blickrichtung des Radars von der Komponente der Geländetopographie zu trennen, benutzt man das Phaseninterferogramm zwischen dem ersten und zweiten Überflug.

Aufgrund der unterschiedlichen Basislinien des ersten und zweiten Interferogramms muß man die Phase des ersten Interferogramms mit dem Verhältnis beider Basislinien so skalieren, daß die topographische Komponente beider Interferogramme die gleiche Amplitude erhält. Nach der Multiplikation des ersten Phaseninterferogramms mit dem konjugiert komplexen zweiten Phaseninterferogramm erhält man die Komponente der Verschiebung in Blickrichtung des Radars.

Abb. 8.47 zeigt ein Beispiel der differentiellen Interferometrie aus der zweiten X-SAR/SIR-C Mission für das L-Band, das aus drei Überflügen am 9., 10. und 11. Oktober 1994 gewonnen wurde. Die Abbildung veranschaulicht das Radarbild des San Rafael-Gletschers, Chile, mit einer farbkodierten Überlagerung der aus der differentiellen Interferometrie ermittelten Eisbewegung. Die erzielte Genauigkeit der Bewegungsmessung liegt in der Größenordung vom 5 mm.

Ein sehr aktuelles Forschungsgebiet ist die polarimetrische Interferometrie, die weitere Möglichkeiten zur Messung der interferometrischen Höhe der Phasenzentren der unterschiedlichen, polarimetrischen Streumechanismen bietet [7]. Darüber hinaus läßt sich die Kohärenz des Interferogramms durch eine Optimierung der Polarisationszustände maximieren.

8.7 Auflistung vorhandener SAR-Systeme

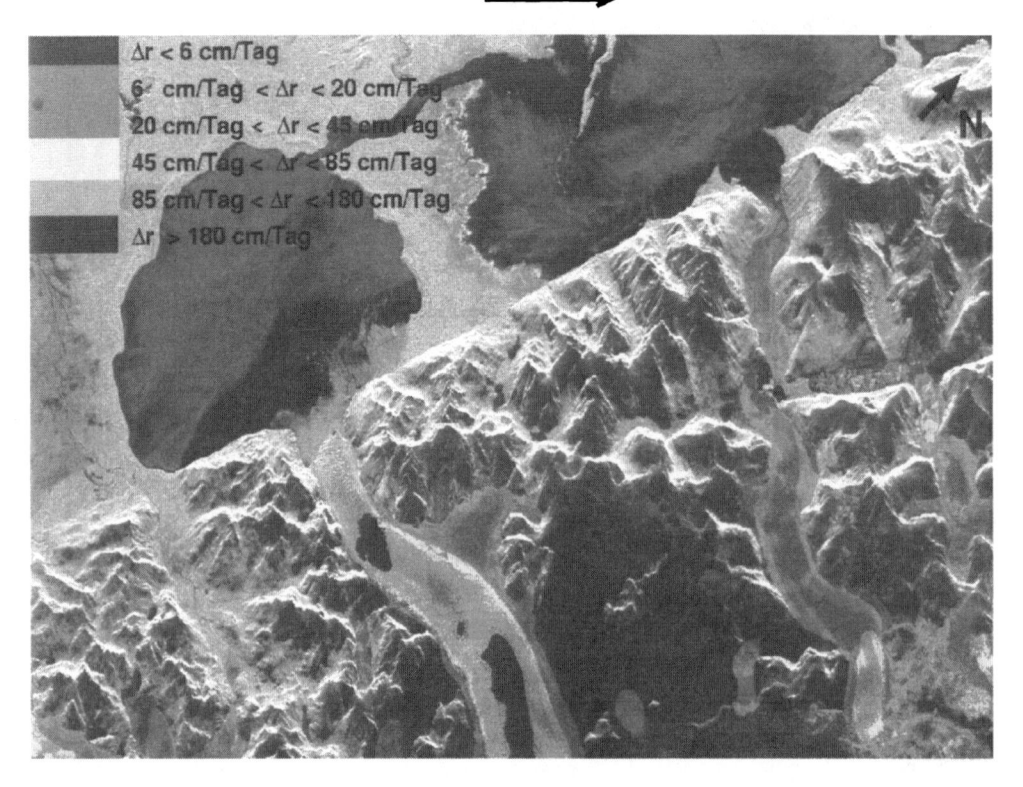

Abb. 8.47: Differentielle Radarinterferometrie: Überlagerung des Schwarz/Weiß-Radarbildes mit der farbkodierten Geschwindigkeitsinformation der Eisbewegung des San Rafael Gletschers, Chile. Die Bilddimensionen betragen 50 km × 30 km (Verarbeitung von NASA/JPL) (siehe auch Farbseiten in der Mitte des Buches).

8.7 Auflistung vorhandener SAR-Systeme

In den beiden nachfolgenden Tabellen wird ein Überblick über einige flugzeug- und satellitengestützte SAR-Systeme gegeben. Eine detaillierte Beschreibung von vorhandenen und sich in Entwicklung befindenden SAR-Systemen wird in [22] dargestellt.

Tab. 8.2: Zusammenstellung einiger satellitengestützter SAR-Systeme

System	Institution/Land	Träger	Band/Polarisation	Start/Betrieb	Kommentare
SEASAT	NASA/USA	Satellit	L-Band/HH	1978	erstes satellitengestütztes SAR-System
ALMAZ-1	NPO/Rußland	Satellit	S-Band/HH	1991-1992	40 km Streifenbreite, niedriges SNR
ERS-1	ESA/Europa	Satellit	C-Band/VV	1991 – heute	100 km Streifenbreite, 23° Einfallswinkel, sehr genauer Orbit
ERS-2	ESA/Europa	Satellit	C-Band/VV	1995 – heute	wie ERS-1, Betrieb in Tandem Modus zwischen 1995 und 1996 zur Interferometrie (Orbit von ERS-2 wurde um 24 Stunden gegenüber ERS-1 versetzt)
J-ERS-1	NASDA/Japan	Satellit	L-Band/HH	1992 – heute	100 km Streifenbreite, 35° Einfallswinkel, niedriges SNR
Radarsat	CSA/Kanada	Satellit	C-Band/HH	1995 – heute	Streifenbreite bis 500 km im ScanSAR-Betriebsmodus, variabler Einfallswinkel (20° bis 50°)
SIR-C/X-SAR	NASA-JPL/USA, DLR/Deutschland, ASI/Italien	Shuttle	L-Band, C-Band/vollpolarimetrisch, X-Band/VV	1994 (April und Oktober)	erstes weltraumgestütztes, vollpolarimetrisches SAR-System mit mehreren Frequenzbändern
SRTM	NASA-JPL/USA, DLR/Deutschland, ASI/Italien	Shuttle	C-Band/VV+HH, X-Band/VV	1999	erstes weltraumgestütztes SAR-System mit Einpaß-Interferometrie
ENVISAT	ESA/Europa	Satellit	C-Band/(VV+HH)	2000	variabler Einfallswinkel, Streifenbreite bis 450 km

8.7 Auflistung vorhandener SAR-Systeme

Tab. 8.3: Zusammenstellung einiger flugzeuggetragener SAR-Systeme

System	Institution/Land	Träger	Band/Polarisation	Kommentare
AirSAR	NASA-JPL/USA	DC-8	P-, L-, C-Band/ vollpolarimetrisch	Einfallswinkel von 10° bis 65°, Interferometrie möglich mit TOPSAR
NAVY/ERIM	ERIM/USA	P-3	UHF, L-, C-, X-Band/ vollpolarimetrisch	Nachweis der Zweipaß-Interferometrie im UHF-Bereich mit einer Auflösung von 1 Meter
EMISAR	TUD/Dänemark	Gulfstream G-3	L-, C-Band/ vollpolarimetrisch	Einfallswinkel von 20° bis 85°, 2 m × 2 m Auflösung
E-SAR	DLR/Deutschland	DO 228	P-, L-, C-, X-Band, polarimetrisch	Einpaß-Interferometrie im X-Band (Along- und Across-Track), polarimetrische Multi-Paß-Interferometrie im L- und P-Band.
AeS-1	AeroSensing/ Deutschland	Aero Commander	X-Band (HH), P-Band (HH)	Einpaß-Interferometrie im X-Band (400 MHz Bandbreite) und Zweipaß-Interferometrie im P-Band
IFSARE	TEC, DARPA/USA	Learjet 36a	X-Band	Einpaß-Interferometrie, 10 km Streifenbreite, ca. 3 m laterale Auflösung, 3 m Höhengenauigkeit
Do-SAR	Dornier/ Deutschland	Transall C-160	S-, C-, X- und Ka-Band/ vollpolarimetrisch	Einpaß-Interferometrie im C- und X-Band
GeoSAR	DARPA, JPL, Calgis/USA	Gulfstream II	X-Band (VV), P-Band (HH+HV oder VV+VH)	Einpaß-Interferometrie im X- und P-Band mit 2,6 bzw. 20 m Basislinie, 20 km Streifenbreite, Betrieb ab Jahr 2000

Literaturverzeichnis

[1] Ausherman, D.A.: *SAR Digital Image-Formation Processing.* Proc. SPIE Int. Soc. Opt. Eng., Vol. 528, Jan. 1985, p. 118–133.

[2] Bamler, R., Runge, H.: *PRF-Ambiguity Resolving by Wavelength Diversity.* IEEE Trans. Geoscience and Remote Sensing, Vol. 29, 1991, p. 997–1003

[3] Bamler, R.: *A Comparison of Range-Doppler and Wavenumber Domain SAR Focusing Algorithms.* IEEE Trans. Geoscience and Remote Sensing, Vol. 30, July 1992, p. 706–713

[4] Bennett, J.R., Cumming, I., Deane, R.: *The Digital Processing of SEASAT Synthetic Radar Data.* Proc. IEEE Int. Radar Conf., April 1980, p. 168–175

[5] Carrara, W., et al.: *Spotlight Synthetic Aperture Radar: Signal Processing Algorithms.* Boston, MA: Artech, 1995

[6] Cenzo, A.D.: *A New Look at NonSeparable Synthetic Aperture Radar Processing.* IEEE Trans. Aerosp. Electr. Syst., Vol. 24, No. 3, Mai 1988, p. 218–224

[7] Cloude, S.R., Papathanassiou, K.: *Polarimetric SAR Interferometry.* IEEE Trans. Geoscience and Remote Sensing, Vol. 36, No. 5, Sept. 1998

[8] Cook, C.E., Bernfeld, M.: *Radar Signals.* New York: Academic Press, 1993

[9] Coltelli, M., et al.: *SIR-C/X-SAR Interferometry over Mt. Etna: DEM Generation, Accuracy Assessment and Data Interpretation.* DLR-Forschungsbericht, FB 95-48, Feb. 1996

[10] Curlander, J.C., McDonough, R.N.: *Synthetic Aperture Radar: Systems and Signal Processing.* New York: Wiley, 1991

[11] Durand, J. M., et al.: *SAR Data Filtering for Classification.* IEEE Trans. Geoscience and Remote Sensing, Vol. 25, 1987, p. 629–637

[12] Elachi, C.: *Spaceborne Radar Remote Sensing: Applications and Technology.* New York: IEEE Press, 1988

[13] Franceschetti, G., Schirinzi, G.: *A SAR Processor Based on Two-Dimensional FFT Codes.* IEEE Trans. Aerosp. Electr. Syst., Vol. 26, No. 2, March 1990, p. 356–366

[14] Freeman, A.: *SAR Calibration: An Overview.* IEEE Trans. Geoscience and Remote Sensing, Vol. 30, No. 6, Nov. 1992, p. 1107–1121

[15] Gabriel, A.K., et al.: *Mapping Small Elevation Changes Over Large Areas: Differential Radar Interferometry.* J. Geophysical Research, Vol. 94, 1989, p. 9183–9191

[16] Goldstein, R.M., Zebker, H.A.: *Interferometric Radar Measurement of Ocean Surface Current.* Nature, Vol. 328, 1987, p. 707–709

[17] Goldstein, R.M., et al.: *Satellite Radar Interferometry: Twodimensional Phase Unwrapping.* Radio Science, Vol. 5, 1988, p. 416–425

[18] Goodman, J.W.: *Some Fundamental Properties of Speckle.* J. Opt. Soc. Am., Vol. 66, No. 11, Nov. 1976, p. 1145–1150

[19] Harris, F. J.: *On the Use of Windows for Harmonic Analysis with the Discret Fourier Transform.* IEEE Proc., Vol. 66, No. 1, Jan. 1978, p. 51–83

[20] Horn, R.: *DLR Airborne SAR Project, Objectives and Status.* Proc. First International Airborne Remote Sensing Conference and Exhibition, Straßburg, Sept. 1994

[21] Jin, M.Y. und Wu, C.: *A SAR Correlation Algorithm which Acommodates Large Range Migration.* IEEE Trans. Geoscience and Remote Sensing, Vol. 22, No. 6, Nov. 84, p. 592–597

[22] Kramer, H.J.: *Observation of the Earth and its Environment – Survey of Missions and Sensors.* Berlin: Springer, 1996

[23] Klauder, J.R., et al.: *The Theory and Design of Chirp Radars.* The Bell System Technical Journal, July 1960, p. 745–808

[24] Klausing, H.: *Realisierbarkeit eines Radars mit synthetischer Apertur durch rotierende Antennen.* Dissertation, Universität Karlsruhe, 1989

[25] Klausing, H.: *Synthetic Aperture Radar with Rotating Antennas.* Proc. Military Microwaves, London, 1990, p. 531–538

[26] Lee, J.S.: *Speckle Suppression and Analysis for Synthetic Aperture Radar Images.* J. Opt. Eng., Vol. 25, No.5, May 1986, p. 636–643

[27] Lee, J.S., et al.: *Intensity and Phase Statistics of Multilook Polarimetric and Interferometric SAR Imagery.* IEEE Trans. Geoscience and Remote Sensing, Vol. 32, No. 5, 1994, p. 1017–1028

[28] Li, F.K., Held, D.N., Curlander, J.C., Wu, C.: *Doppler Parameter Estimation for Spaceborne Synthetic-Aperture Radars.* IEEE Trans. Geoscience and Remote Sensing, Vol. 23, No. 1, Jan. 1985

[29] Li, F.K., Jonson, T.K.: *Ambiguities in Spaceborne Synthetic Aperture Radar Systems.* IEEE Trans. Aerosp. Electron. Syst., Vol. 19, No. 3, May 1983, p. 389–397

[30] Li, F.K., Croft, C., Held, D.: *Comparison of Several Techniques to Obtain Multiple-Look SAR Imagery.* IEEE Trans. Geoscience and Remote Sensing, Vol. 21, No. 3, July 1983

[31] Li, F.K., Goldstein, R.M.: *Studies of Multibaseline Spaceborne Interferometric Synthetic Aperture Radars.* IEEE Trans. Geoscience and Remote Sensing, Vol. 28, 1990, p. 88–96

[32] Madsen, S.N.: *Estimating the Doppler Centroid of SAR Data.* IEEE Trans. Aerosp. Electron. Syst., Vol. 25, No.2, March 1989

[33] Massonnet, D., Rabaute, T.: *Radar Interferometry: Limits and Potential.* IEEE Trans. Geoscience and Remote Sensing, Vol. 31, 1993, p. 455–464

[34] Mittermayer, J., et al.: *High Precision Processing of Spotlight SAR Data using the Extended Chirp Scaling Algorithm.* Proc. EUSAR-Tagung, Friedrichshafen, May 1998

[35] McDonough, R.N., et al.: *Image Formation from Spaceborne Synthetic Aperture Radar Signals.* John Hopkins APL Technical Digest, Vol. 6, No. 4, 1985, p. 300–312

[36] Moore, R.V., Claassen, J.P., Lin, Y.H.: *Scanning Spaceborne Synthetic Aperture Radar with Integrated Radiometer.* IEEE Trans. Aerosp. Electr. Syst., Vol. 17, 1981, p. 410–420

[37] Moreira, A.: *Ein Echtzeit-Subaperturverfahren zur digitalen Verarbeitung von SAR-Daten.* DLR-Forschungsbericht, FB 93-22, Juni 1993

[38] Moreira, A.: *Improved Multilook Techniques Applied to SAR and ScanSAR Imagery.* IEEE Trans. Geoscience and Remote Sensing, Vol. 29, No. 4, 1991

[39] Moreira, A., Mittermayer, J., Scheiber, R.: *Extended Chirp Scaling Algorithm for Air- and Spaceborne SAR Data Processing in Stripmap and ScanSAR Imaging Modes.* IEEE Trans. Geoscience and Remote Sensing, Vol. 34, No. 5, 1996

[40] Moreira, J.R.: *A New Method of Aircraft Motion Error Extraction from Radar Raw Data for Real Time Motion Compensation.* IEEE Trans. Geoscience and Remote Sensing, Vol. 28, No. 4, 1990

[41] Moreira, J.R.: *Bewegungsextraktionsverfahren für Radar mit Synthetischer Apertur.* DLR-Forschungsbericht, FB 92-31, 1992

[42] Perry, R.P., Martinson, L.W.: *Radar Matched Filtering in Radar Technology*, Chapter 11, Dedham, MA: Artech, 1978

[43] Porcello, L.J., et al.: *Speckle Reduction in Synthetic Aperture Radars.* J. Opt. Soc. Amer., Vol. 66, No. 2, 1976, p. 1305–1311

[44] Prati, C., et al.: *Seismic Migration for SAR Focusing: Interferometric Applications.* IEEE Trans. Geoscience and Remote Sensing, Vol. 28, No. 4, 1990, p. 627–639

[45] Pritt, M.D., Shipman, J.S.: *Least Square two-dimensional phase unwrapping using FFT's.* IEEE Trans. Geoscience and Remote Sensing, Vol. 32, No. 3, 1994, p. 706–708

[46] Raney, K., Runge, H., Bamler, R., Cumming, I.: *Precision SAR Processing without Interpolation for Range Cell Migration Correction.* IEEE Trans. Geoscience and Remote Sensing, Vol. 32, 1994

[47] Rodrigues, E., Martin, J.M.: *Theory and Design of Interferometric Synthetic Aperture Radars*, IEE Proceedings-F, Vol. 139, 1992, p. 147–159

[48] Scheiber, R.: *Single Pass Interferometry with the E-SAR System of DLR.* Proc. EUSAR-Tagung, Friedrichshafen, May 1998

[49] Schreier, G. (ed.): *SAR Geocoding: Data and Systems*. Karlsruhe: Wichmann, 1993

[50] Sack, M., Ito, M. R., Cumming, I. G.: *Application of Efficient Linear FM Matched Filtering Algorithms to Synthetic Aperture Radar Processing*. IEE Proc.-F., Vol. 132, No. 1, Febr. 1985, p. 45–57

[51] Tomiyasu, K.: *Tutorial Review of Synthetic-Aperture Radar (SAR) with Applications to Imaging of the Ocean Surface*. IEEE Proc., Vol. 66, No. 5, May 1978

[52] Tomiyasu, K.: *Conceptual Performance of a Satellite Borne, Wide Swath Synthetic Aperture Radar*. IEEE Trans. Geoscience and Remote Sensing, Vol. 19, No. 2, April 1981, p. 108–116

[53] Wu, C., Liu, K.Y., Jin, M.: *Modeling and a Correlation Algorithm for Spaceborne SAR Signals*. IEEE Trans. Aerosp. Electron. Syst., Vol. 18, Sept. 1982, p. 563–575

[54] Wu, K.H., Vant, M.R.: *Extensions to the Step Transform SAR Processing Technique*. IEEE Trans. Aerosp. Electron. Syst., Vol. 21, No. 3, May 1985, p. 338–344

[55] Zebker, H.A., Goldstein, R.M.: *Topographic Mapping from Interferometric Synthetic Aperture Radar Observations*. J. of Geophysical Research, Vol. 9, 1986, p. 4993–4999

9 Bewegungskompensation für flugzeuggetragene SAR-Systeme

Die Verwendung von abbildenden Radarsystemen, wie dem SLAR (engl.: Side Looking Airborne Radar, siehe Kap. 8) oder dem SAR (engl.: Synthetic Aperture Radar, siehe Kap. 8) auf Flugzeugen bietet gegenüber satellitengetragenen Systemen aufgrund der flexibleren Handhabbarkeit des Sensors unbestreitbare Vorteile. Für flugzeuggetragene Systeme sprechen die schnelle Verfügbarkeit vor Ort, die größere Freiheit bei der Auswahl des Einsatzortes und der Dauer des Einsatzes sowie die Möglichkeit der ständigen Wartung und Weiterentwicklung des Sensors und die vergleichsweise niedrigen Betriebskosten.

Allerdings bringt der Einsatz flugzeuggetragener Systeme auch die Problematik instabiler Flugeigenschaften mit sich, welche bei kleineren Flugzeugen, die zudem in geringeren Höhen operieren und somit Turbulenzen stärker ausgesetzt sind, umso stärker in den Vordergrund treten. Ideale Flugbedingungen, also die Annahme, die Plattform bewege sich mit konstanter Geschwindigkeit entlang der idealen Trajektorie, können bei Flugzeugen, im Gegensatz zu satellitengetragenen Systemen, nicht implizit vorausgesetzt werden. Es müssen eine variable Vorwärtsgeschwindigkeit, eine variable Flughöhe, seitliche Abweichungen von der nominellen Flugbahn und ein unerwünschtes Schwenken der Radarantenne in Betracht gezogen werden [1].

Folge dieser als Bewegungsfehler bezeichneten Abweichungen von der nominellen Position und Lage sind eine veränderte Phasenhistorie, Laufzeitschwankungen sowie eine Amplitudenmodulation des Rückstreusignals. Diese Störungen des Rückstreusignals bleiben nicht ohne Wirkung auf die Qualität des Radarbildes. Es stellen sich geometrische Verzerrungen, eine Verringerung der räumlichen Auflösung in Azimutrichtung und eine Verminderung des Bildkontrastes ein.

In Abb. 9.1 sind zur Demonstration dieser Effekte zwei SAR-Bilder einander gegenübergestellt, die aus Daten des flugzeuggetragenen Experimentellen SAR-Systems (E-SAR) erzeugt wurden, welches vom Institut für Hochfrequenztechnik des Deutschen Zentrums für Luft- und Raumfahrt (DLR) in Oberpfaffenhofen betrieben wird. Beide SAR-Bilder basieren auf dem gleichen Rohdatensatz, wobei das obere Bild ohne, das untere Bild mit Berücksichtigung der Bewegungsfehler prozessiert wurde. Die Bilder zeigen in der Mitte die Landebahn des Betriebsflughafens der Firma

SAR- Bild ohne Bewegungskompensation

SAR- Bild mit Bewegungskompensation

Abb. 9.1: Vergleich zweier SAR-Abbildungen, die ohne Bewegungskompensation (oben) und mit Bewegungskompensation (unten) prozessiert wurden.

Fairchild/Dornier in Oberpfaffenhofen. In der oberen Bildhälfte ist das Gelände des Deutschen Zentrums für Luft- und Raumfahrt zu sehen, rechts oben ist ein Teil des Ortes Gilching abgebildet, an welchem die Autobahn München-Lindau vorbeiführt.

Im unkompensierten Bild sind deutlich die Auswirkungen der Bewegungsfehler zu erkennen. Die geometrischen Verzerrungen zeigen sich z. B. durch die verkrümmte Abbildung der geradlinigen Rollwege. Die Auflösungsverschlechterung und die Abnahme des Kontrasts ist besonders bei der Ortschaft Gilching am rechten Bildrand erkennbar.

Das untere Bild wurde unter Berücksichtigung der Bewegungsfehler aus dem gleichen Rohdatensatz erzeugt. Hierzu wurden während des Fluges die Bewegungen des Flugzeugs mit Navigationsinstrumenten gemessen, in entsprechende Korrekturparameter umgerechnet und anschließend bei der Bildprozessierung zur rechnerischen Kompensation der Verzerrungen des Radarsignals herangezogen. Diese Vorgehensweise bezeichnet man als Bewegungskompensation.

Im Gegensatz zum SLAR beruht das SAR auf der kohärenten Verarbeitung der Radardaten. Das heißt, die genaue Kenntnis der Phase des Rückstreusignals ist von grundlegender Bedeutung für eine hochwertige Abbildung. Aufgrund der hohen Sensibilität der SAR-Signalverarbeitung gegenüber Phasenfehlern ist dieses Kapitel insbesondere dieser Problematik gewidmet. Es wird der Einfluß der Phasenfehler auf die Bildqualität beschrieben und ein Weg zur Spezifikation zulässiger Restphasenfehler aufgezeigt. Ferner wird ein vereinfachtes Verfahren zur genauen Positionsbestimmung des Flugzeugs und die Vorgehensweise bei der Kompensation von Bewegungsfehlern vorgestellt.

In Abb. 9.2 ist nochmals der Zusammenhang zwischen den Bewegungsfehlern, ihren Auswirkungen auf das Radarrückstreusignal und der Qualität der SAR-Abbildung schematisch dargestellt.

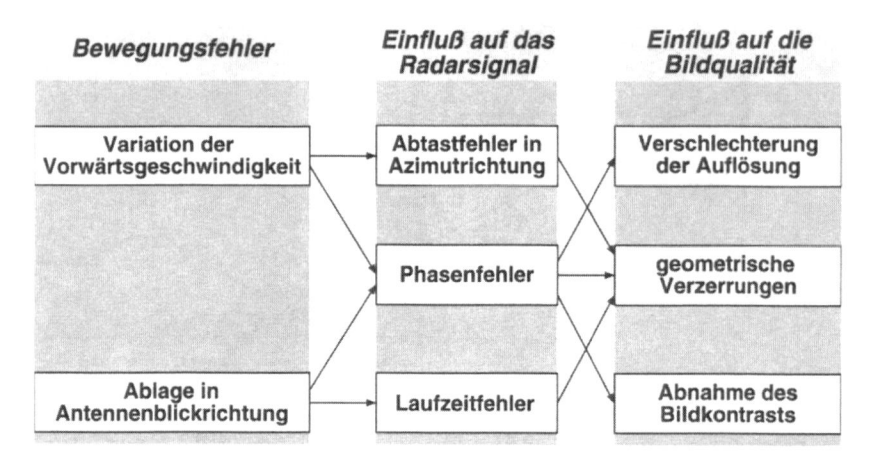

Abb. 9.2: Schematische Darstellung des Einflusses der Bewegungsfehler auf das Radarsignal und die Bildqualität.

9.1 Positionsfehler

Zur genauen Beschreibung der Bewegungsfehler ist zunächst die Festlegung eines geeigneten Koordinatensystems erforderlich, innerhalb dessen sich die Plattform bewegt (siehe Abb. 9.3). Zur Vereinfachung der geometrischen Verhältnisse bleibt die Erdkrümmung unberücksichtigt. Ferner wird das abgebildete Gelände als eben angenommen. Das im weiteren verwendete kartesische Koordinatensystem sei wie folgt definiert:

- Die X/Y-Ebene sei die Tangentialebene an das Referenzellipsoid der Erde.
- Die X-Achse weist längs des nominellen Flugweges bzw. der Azimutrichtung. Der Flugrichtung entspricht der positive Sinn der X-Achse.
- Die Y-Achse ist senkrecht zur X-Achse ausgerichtet. Der positive Sinn weist in Flugrichtung nach links.
- Die Z-Achse steht senkrecht auf der X/Y-Ebene, mit der positiven Richtung nach oben.
- Für die weiteren Betrachtungen sei die Radarantenne in Richtung der positiven Y-Achse ausgerichtet.

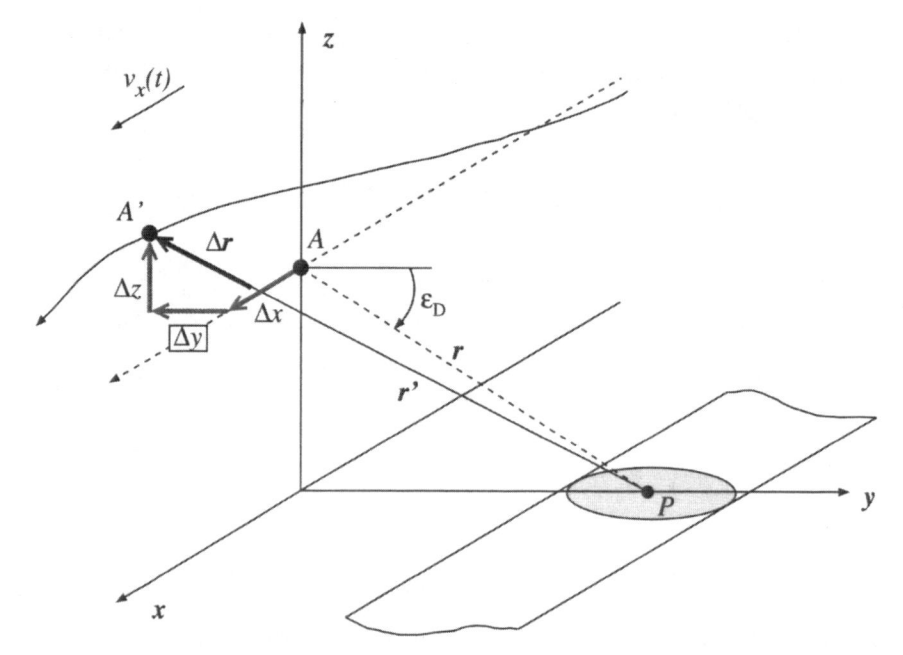

Abb. 9.3: Ablage der Plattform von der nominellen Flugbahn. Der nominelle Flugweg und die nominelle Schrägentfernung ist mit einer gestrichelten Linie gekennzeichnet. Mit A und A' ist die nominelle und tatsächliche Position des Phasenzentrums der Antenne bezeichnet.

Als Positionsfehler wird der Versatz des Phasenzentrums der Antenne gegenüber seiner Sollposition in bezug auf die Antennenblickrichtung bezeichnet. Das heißt, der nominelle Verlauf der Schrägentfernung $r(t)$ zwischen der Antenne und einem Punkt am Boden gemäß

$$r(t) = \sqrt{r_0^2 + (v_0 t)^2} \qquad (9.1)$$

kann nicht mehr vorausgesetzt werden. Es stellen sich zusätzliche Variationen der Schrägentfernung ein, die sich wiederum auf den Phasenverlauf des Rückstreusignals und die Laufzeit der Radarimpulse auswirken. In Gl. (9.1) bezeichnet r_0 die minimale Schrägentfernung zwischen der Antenne und einem Punkt am Boden sowie v_0 die mittlere Vorwärtsgeschwindigkeit.

Der Ablagefehler in Antennenblickrichtung $\Delta r(t)$ ist definiert als die Differenz des nominellen und des tatsächlichen Verlaufs der Schrägentfernung $r(t)$ und $r'(t)$:

$$\Delta r(t) = r'(t) - r(t). \qquad (9.2)$$

Der Ablagefehler in Antennenblickrichtung $\Delta r(t)$ setzt sich zusammen aus den Beiträgen des Positionsfehlers in den drei Achsenrichtungen $\Delta x(t)$, $\Delta y(t)$ und $\Delta z(t)$ und ergibt sich näherungsweise zu

$$\Delta r(t) \approx -\Delta x(t) \frac{v_0 t}{r_0} + \Delta y(t) \cos \epsilon_D - \Delta z(t) \sin \epsilon_D \quad \text{für} \quad r_0 \gg \Delta r(t), \qquad (9.3)$$

wobei ϵ_D den Depressionswinkel der Antenne bezeichnet (siehe Abb. 9.3). Diese Darstellung ist von Vorteil, wenn die Bewegung des Flugzeugs mit einem Inertialen Navigationssystem (INS) oder GPS-Empfänger im lokalen Referenzsystem gemessen und daraus die Ablage in Antennenblickrichtung $\Delta r(t)$ für die Kompensation der Bewegungsfehler ermittelt wird.

Die Ablage $\Delta r(t)$ hat eine Variation der Phase und der Laufzeit des Rückstreusignals zur Folge sowie eine räumliche Fehlabtastung in Azimutrichtung, welche durch eine variable Vorwärtsgeschwindigkeit bzw. die Fehlpositionierung $\Delta x(t)$ hervorgerufen wird.

9.2 Phasenfehler

Das SAR-Prinzip beruht auf der Auswertung der Phaseninformation des Rückstreusignals in Azimutrichtung. Das heißt, die genaue a priori Kenntnis der Phasenhistorie ist die essentielle Voraussetzung für die fehlerfreie Apertursynthese. Es ist somit absehbar, daß sich Phasenfehler gravierend auf die Impulsantwort beziehungsweise auf die Qualität der SAR-Abbildung auswirken. Die hohe Sensibilität der Apertursynthese gegenüber Phasenfehlern wird im folgenden besonders ausführlich behandelt.

Der mit einem Positionsfehler einhergehende Phasenfehler $\varphi_{\text{err}}(t)$ errechnet sich analog zu Gl. (9.2) gemäß

$$\varphi_{\text{err}}(t) = \varphi(t) - \varphi'(t) = -\frac{4\pi}{\lambda}\left[r'(t) - r(t)\right] = -\frac{4\pi}{\lambda}\Delta r(t). \tag{9.4}$$

Hierbei ist $\varphi(t)$ der nominelle und $\varphi'(t)$ der tatsächliche Phasenverlauf. Für das resultierende Radarrückstreusignal $s'(t)$ eines Punktziels gilt nunmehr

$$s'(t) = s(t) \cdot e^{j\varphi_{\text{err}}(t)} = g_{\text{a}}(t) \cdot e^{j\varphi(t)} \cdot e^{j\varphi_{\text{err}}(t)}. \tag{9.5}$$

Vereinfachend wird im weiteren eine konstante Gewichtung des Signalverlaufs in Azimutrichtung durch das Zweiweg-Antennendiagramm g_{a} angenommen. Es gelte somit $g_{\text{a}}(t) = G_{\text{a}}$. Aus Gl. (9.5) ist zudem ersichtlich, daß der Phasenfehler die Energiebilanz des Rückstreusignals nicht verändert. Es gilt stets $|s'(t)|^2 = |s(t)|^2$.

Die nun resultierende, verzerrte Impulsantwort $u'(t)$ ergibt sich aus der Faltung des Rückstreusignals $s'(t)$ mit der Referenzfunktion $h(t)$. Es gilt

$$u'(t) = s'(t) * h(t) \tag{9.6}$$

beziehungsweise

$$u'(t) = \int_{-\infty}^{+\infty} s'(\tau) \cdot h(t - \tau)\, d\tau. \tag{9.7}$$

Es sei hierbei

$$h(t) = K_{\text{a}} \cdot w(t) \cdot e^{-j\varphi(t)} \quad \text{die Referenzfunktion} \tag{9.8}$$

$$w(t) = \text{rect}(t/T_{\text{a}}) \quad \text{eine Rechteckgewichtung} \tag{9.9}$$

$$K_{\text{a}} = T_{\text{a}}\sqrt{\frac{k}{2\pi}} \quad \text{der Korrelationsgewinn} \tag{9.10}$$

$$k = \frac{4\pi}{\lambda} \cdot \frac{v_0^2}{r_0} \tag{9.11}$$

und T_{a} die Dauer der synthetischen Apertur. Durch Einsetzen in Gl. (9.7) ist ersichtlich, in welcher Weise der Phasenfehler $\varphi_{\text{err}}(t)$ in die Berechnung der Impulsantwort $u'(t)$ eingeht:

$$u'(t) = G_{\text{a}}K_{\text{a}} \int_{-\infty}^{+\infty} e^{-j\frac{1}{2}k\tau^2} \cdot e^{j\varphi_{\text{err}}(\tau)} \cdot w(t - \tau) \cdot e^{j\frac{1}{2}k(t-\tau)^2}\, d\tau. \tag{9.12}$$

Nimmt man an, die Gewichtungsfunktion $w(t)$ variiert langsam im Vergleich zu den

9.2 Phasenfehler

Phasentermen, d. h. $t \ll \tau$, und sie sei zudem symmetrisch, wobei $w(t) = w(-t)$ gilt, so vereinfacht sich der obige Ausdruck zu

$$u'(t) \approx G_a K_a e^{j\frac{1}{2}kt^2} \int_{-\infty}^{+\infty} e^{j\varphi_{\text{err}}(\tau)} \cdot w(\tau) \cdot e^{-jkt\tau} \, d\tau. \tag{9.13}$$

Gleichung (9.13) beschreibt näherungsweise die Faltung der *Fourier*-Transformierten der Fensterfunktion $\mathcal{F}\{w(t)\}$ mit der *Fourier*-Transformierten des Fehlerterms $\mathcal{F}\{e^{j\varphi_{\text{err}}(t)}\}$ gemäß

$$u'(t) \approx G_a K_a e^{j\frac{1}{2}kt^2} \cdot \mathcal{F}\{w(t)\} * \mathcal{F}\{e^{j\varphi_{\text{err}}(t)}\}. \tag{9.14}$$

Abb. 9.4 zeigt im Vergleich eine ideale und eine durch den Phasenfehler $\varphi_{\text{err}}(t)$ verzerrte Impulsantwort. Deutlich zu erkennen sind die Verschiebung und Verbreiterung der Hauptkeule sowie ein Ansteigen des Nebenkeulenniveaus. Diese Effekte, die sich in der SAR-Abbildung als geometrische Verzerrung, Auflösungsverschlechterung und Kontrastabnahme äußern, können leicht klassifiziert werden, wenn man vereinfachend einen sinusoidalen Phasenfehler mit der Amplitude Φ, der Frequenz f_0 und der Anfangsphase φ_0 gemäß

$$\varphi_{\text{err}}(t) = \Phi \cos(\omega_0 t + \varphi_0) \quad \text{mit} \quad \omega_0 = 2\pi f_0 \tag{9.15}$$

annimmt. Das Rückstreusignal ergibt sich nun zu

$$s'(t) = G_a \cdot e^{j\varphi(t)} \cdot e^{j\Phi \cos(\omega_0 t + \varphi_0)}. \tag{9.16}$$

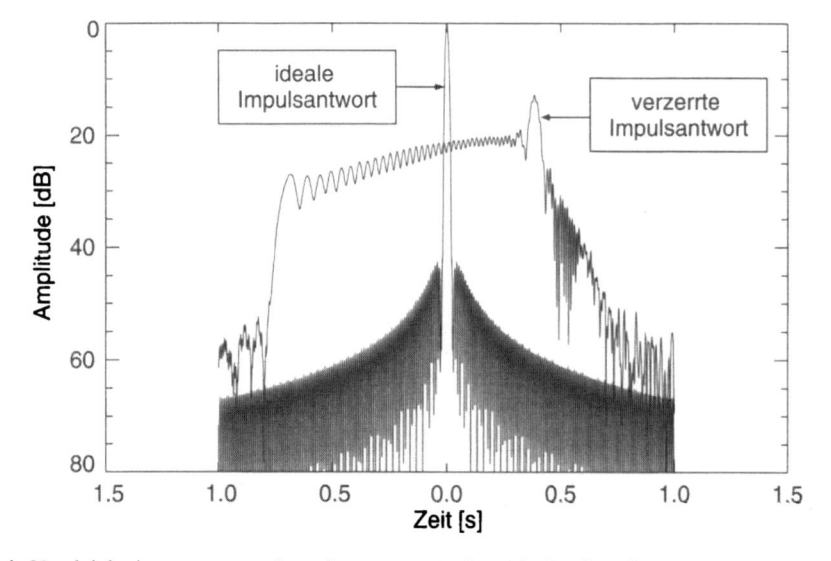

Abb. 9.4: Vergleich einer verzerrten Impulsantwort mit einer idealen Impulsantwort.

Der Term $e^{j\Phi\cos(\omega_0 t+\varphi_0)}$ beschreibt seinerseits eine Phasenmodulation und kann für einen kleinen Hub Φ folgendermaßen angenähert werden:

$$e^{j\Phi\cos(\omega_0 t+\varphi_0)} \approx 1 + j\Phi\cos(\omega_0 t + \varphi_0) \quad \text{für} \quad \Phi \ll 1. \tag{9.17}$$

Die Impulsantwort $u'(t)$ ergibt sich entsprechend Gl. (9.13) zu

$$u'(t) \approx G_a K_a e^{j\frac{1}{2}kt^2} \cdot \int_{-\infty}^{+\infty} w(\tau) \cdot \left[1 + j\Phi\cos(\omega_0 \tau + \varphi_0)\right] e^{-jkt\tau} d\tau. \tag{9.18}$$

Die Gl. (9.18) beschreibt wiederum die Faltung der *Fourier*-Transformierten der Fensterfunktion $\mathcal{W}(t) = \mathcal{F}\{w(\tau)\}$ mit der *Fourier*-Transformierten des Fehlerterms $1 + j\Phi\cos(\omega_0\tau + \varphi_0)$. Jetzt erhalten wir die Impulsantwort zu

$$u'(t) \approx G_a K_a \cdot e^{j\frac{1}{2}kt^2} \cdot \left[\mathcal{W}(t) + je^{+j\varphi_0} \cdot \frac{\Phi}{2} \cdot \mathcal{W}(t - t_0) + je^{-j\varphi_0} \cdot \frac{\Phi}{2} \cdot \mathcal{W}(t + t_0)\right] \tag{9.19}$$

$$\text{mit} \quad t_0 = \frac{2\pi f_0}{k}.$$

Aus Gl. (9.19) kann man erkennen, daß die ursprüngliche Impulsantwort wieder erscheint, sich aber an den Stellen $t = \pm 2\pi f_0/k$ mit der Amplitude $\Phi/2$ wiederholt (siehe Abb. 9.5). Diese Nebenmaxima werden auch als paarweise Echos des Hauptmaximums bezeichnet, die sich mit steigender Frequenz f_0 des Phasenfehlers vom Hauptmaximum entfernen bzw. sich mit fallender Frequenz dem Hauptmaximum nähern. Ein Grenzfall tritt für $f_0 \leq 1/T_a$ ein: Erhöht man die Periodendauer des

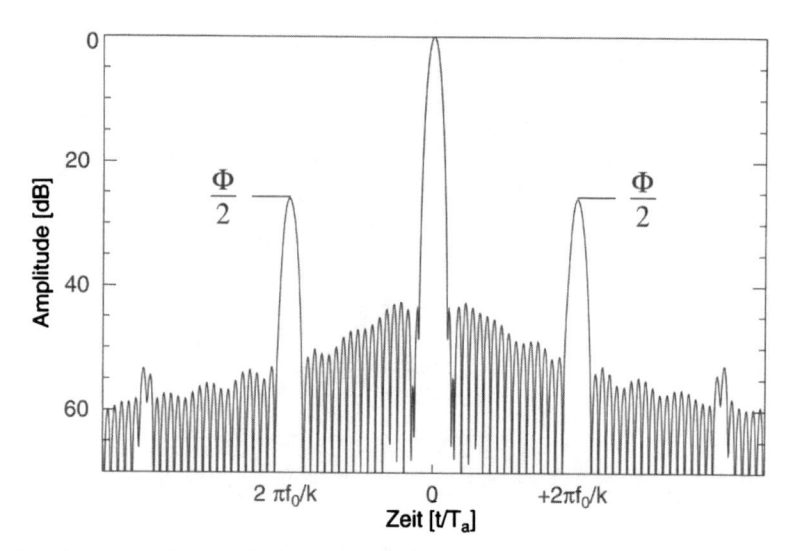

Abb. 9.5: Impulsantwort mit sinusoidalem Phasenfehler und paarweisen Echos an den Stellen $\pm 2\pi f_0/k$. Die Amplitude des Phasenfehlers beträgt $\Phi = 0.1$, das Maximum der Echos liegt daher 26 dB unter dem Hauptmaximum.

9.2 Phasenfehler

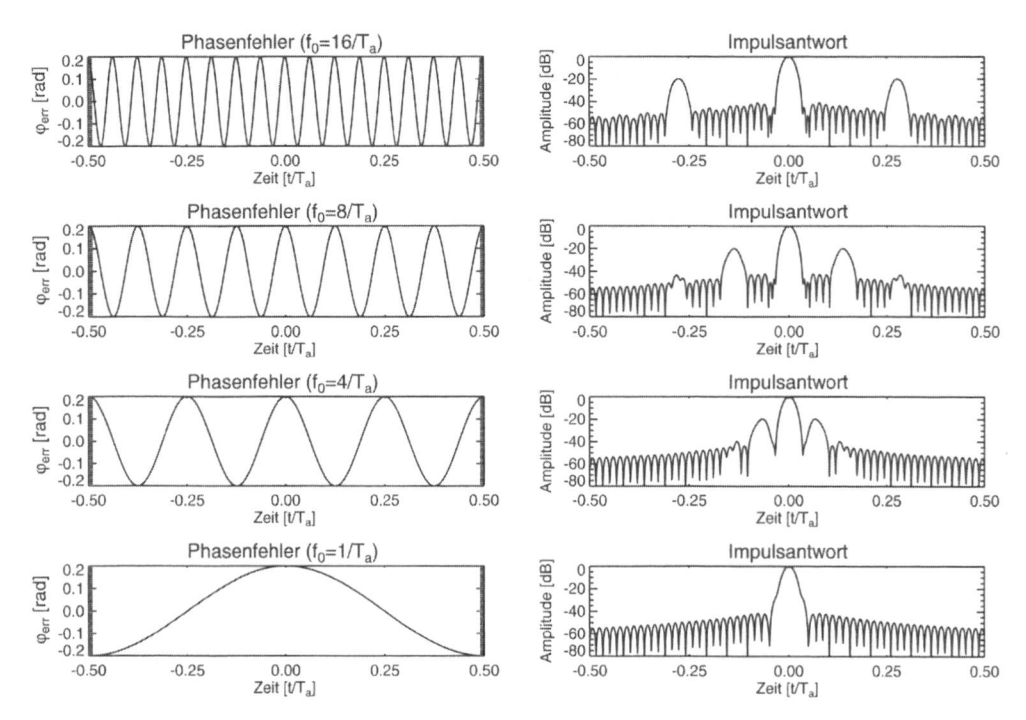

Abb. 9.6: Leistungsverlauf einer Impulsantwort mit kosinusförmigem Phasenfehler abnehmender Frequenz.

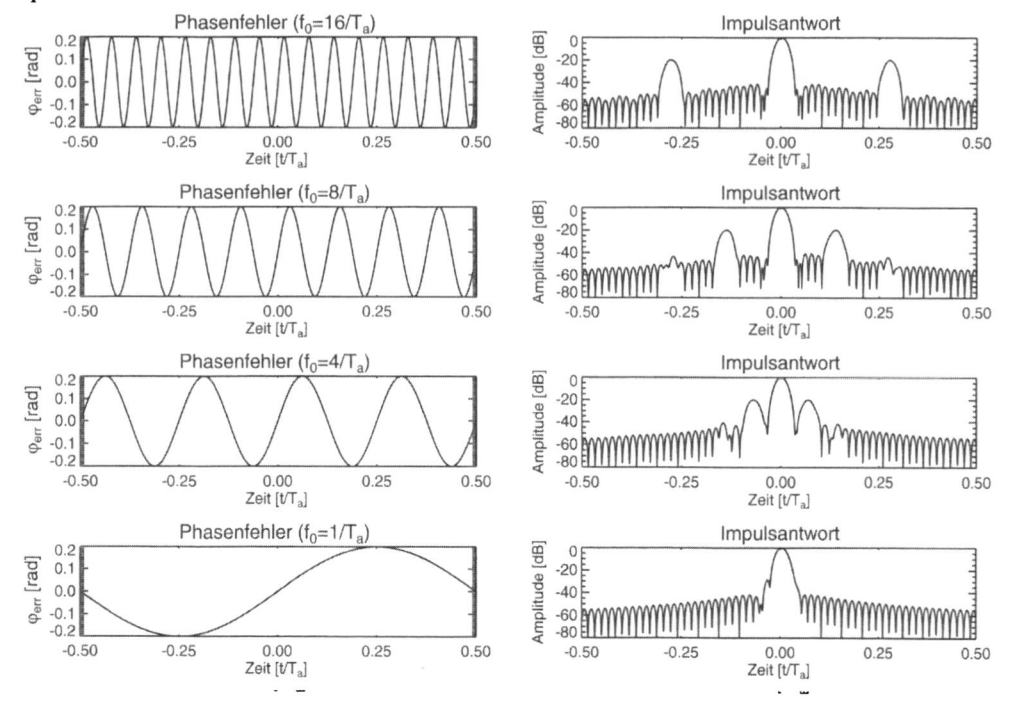

Abb. 9.7: Leistungsverlauf einer Impulsantwort mit sinusförmigem Phasenfehler abnehmender Frequenz.

Phasenfehlers so weit, daß sie größer oder gleich der Dauer der synthetischen Apertur T_a wird, kommt es zu einer Beeinflussung des Hauptmaximums durch die Nebenmaxima. Dabei ist die Anfangsphase φ_0 von Bedeutung. Es kann für $f_0 \leq 1/T_a$ generell zwischen zwei Fällen unterschieden werden:

- Der Phasenfehler ist kosinusförmig, d. h. in Gl. (9.15) gilt $\varphi_0 = 0$. In diesem Fall bewirkt die Überlagerung der Nebenkeulen eine Verbreiterung der Hauptkeule. Für $\varphi_0 = 0$ ändert sich Gl. (9.19) zu

$$u'(t) \approx G_a K_a \cdot e^{j\frac{1}{2}kt^2} \cdot \left[\mathcal{W}(t) + j\frac{\Phi}{2} \cdot \mathcal{W}(t-t_0) + j\frac{\Phi}{2} \cdot \mathcal{W}(t+t_0) \right] \quad (9.20)$$

Die Addition der Nebenkeulen zu beiden Seiten der Hauptkeule verursachen schließlich die Verbreiterung der Hauptkeule.

- Der Phasenfehler ist sinusförmig, d. h. für Gl. (9.15) gilt $\varphi_0 = -\pi/2$. In diesem Fall bewirkt die Überlagerung der Nebenkeulen im wesentlichen eine Verschiebung des Hauptmaximums. Für $\varphi_0 = -\pi/2$ erhält man:

$$u'(t) \approx G_a K_a \cdot e^{j\frac{1}{2}kt^2} \cdot \left[\mathcal{W}(t) + \frac{\Phi}{2} \cdot \mathcal{W}(t-t_0) - \frac{\Phi}{2} \cdot \mathcal{W}(t+t_0) \right] \quad (9.21)$$

Die Verschiebung der Hauptkeule wird somit durch die Addition der Nebenkeule auf einer Seite der Hauptkeule und die Subtraktion der Nebenkeule auf der gegenüberliegenden Seite erzwungen.

Die Abb. 9.6 und 9.7 zeigen für einen kosinus- und einen sinusförmigen Phasenfehler abnehmender Frequenz die Annäherung der Nebenkeulen an die Hauptkeule, bis eine Überlagerung eintritt.

Sobald für genügend hohe Frequenzen des Phasenfehlers, d. h. für $f_0 > 1/T_a$, keine gegenseitige Beeinflussung der Hauptkeule durch die paarweisen Echos auftritt (siehe Abb. 9.5), errechnet sich der Leistungsverlauf mit guter Näherung zu

$$\left| \frac{u'(t)}{u'(0)} \right|^2 \approx \left| \mathcal{W}(t) + \frac{\Phi}{2} \cdot \mathcal{W}(t-t_0) + \frac{\Phi}{2} \cdot \mathcal{W}(t+t_0) \right|^2 \quad (9.22)$$

9.2.1 Klassifizierung der Phasenfehler

Um eine Klassifizierung der Phasenfehler durchzuführen, ist eine Unterscheidung zwischen hoch- und niederfrequenten Phasenfehlern zweckmäßig. Diese Einteilung bezieht sich auf die Dauer der synthetischen Apertur T_a.

Nimmt man an, das Flugzeug folge einer sinusförmigen Flugbahn, so ist für die Unterscheidung von hoch- und niederfrequenten Phasenfehlern entscheidend, wieviele Schwingungszyklen während der Dauer der synthetischen Apertur abgeflogen werden. „Sieht" das Radar während der Aperturdauer mehrere Zyklen, gilt $f_0 > 1/T_a$ und man spricht von hochfrequenten Bewegungs- bzw. Phasenfehlern, welche die beschriebenen paarweisen Echos der Hauptkeule der Impulsantwort verursachen.

Als niederfrequent werden hingegen Frequenzanteile f_0 angesehen, die kleiner sind als die reziproke Aperturdauer $1/T_a$. Das heißt, es ist nur ein Teil eines vollständigen Schwingungszyklus während der Aperturdauer für das Radar ‚sichtbar'.

In den folgenden Abschnitten werden die Auswirkungen von nieder- und hochfrequenten Phasenfehlern auf die Qualität des SAR-Bildes tiefgreifender untersucht.

9.2.2 Niederfrequente Phasenfehler

Gegeben sei wiederum ein kosinusförmiger Phasenfehler $\varphi_{\text{err}}(t)$, dessen Frequenz der Bedingung $0 < f_0 < 1/T_a$ genügt. Die Potenzreihenentwicklung ergibt

$$\frac{\varphi_{\text{err}}(t)}{\Phi} = \cos(\omega_0 t + \varphi_0) = k_0 + k_1 t + k_2 t^2 + k_3 t^3 + \cdots$$

$$= \cos\varphi_0 - \omega_0 t \sin\varphi_0 - (\omega_0 t)^2 \frac{\cos\varphi_0}{2!} + (\omega_0 t)^3 \frac{\sin\varphi_0}{3!}$$

$$+ (\omega_0 t)^4 \frac{\cos\varphi_0}{4!} - \cdots + (\omega_0 t)^n \frac{\cos(\varphi_0 + \frac{n\pi}{2})}{n!} \pm \cdots . \qquad (9.23)$$

Es werden nachfolgend die einzelnen Terme von Gl. (9.23) getrennt voneinander untersucht, wobei insbesondere der lineare und der quadratische Term von Bedeutung sind. Der konstante Term hat nach der Betragsbildung der Impulsantwort keinerlei Auswirkung auf die Bildqualität und wird daher vernachlässigt. Der kubische sowie alle Terme höherer Ordnung repräsentieren hochfrequente Anteile des Phasenfehlerverlaufs und werden daher implizit bei der Betrachtung der hochfrequenten Phasenfehler berücksichtigt.

Lineare Phasenfehler – Für $\varphi_0 = -\pi/2$ dominiert in Gl. (9.23) der lineare Term, ebenso alle Terme ungerader Ordnung, wohingegen die Terme gerader Ordnung null ergeben. Die lineare Näherung eines sinusförmigen Phasenfehlers berechnet sich zu

$$\varphi_{\text{err}}(t) = \Phi \cos\left(\omega_0 t - \frac{\pi}{2}\right) = \Phi \sin(\omega_0 t) \approx \Phi \cdot \omega_0 t . \qquad (9.24)$$

Wie bereits im vorangegangenen Abschnitt angedeutet, verursacht ein rein sinusförmiger, niederfrequenter Phasenfehler eine Verschiebung der Hauptkeule der Impulsantwort. Im folgenden wird gezeigt, daß dies auf den linearen Anteil des Phasenfehlers zurückzuführen ist. Die gestörte Phasenhistorie $\varphi'(t)$ hat analog zu Gl. (9.4) den Verlauf

$$\varphi'(t) = \varphi(t) + \Phi \cdot \omega_0 t \approx -\frac{4\pi}{\lambda} \cdot \frac{(v_0 t)^2}{2r_0} + \Phi \cdot \omega_0 t . \qquad (9.25)$$

Durch Differentiation der Phasenhistorie erhält man den Verlauf der Dopplerfrequenz $f_a(t)$ zu

$$f_a(t) = \frac{1}{2\pi} \cdot \frac{d\varphi'}{dt} \approx -\frac{2}{\lambda} \cdot \frac{v_0^2 t}{r_0} + \Phi \cdot f_0. \tag{9.26}$$

Die Nullstelle des Dopplerfrequenzverlaufs kennzeichnet nun den Zeitversatz Δt der Impulsantwort bzw. die Position des Schwerpunkts des Dopplerfrequenzspektrums. Für $f_a(t) = 0$ errechnet sich der Zeitversatz zu

$$\Delta t = \frac{\lambda r_0}{2 v_0^2} \cdot f_0 \cdot \Phi. \tag{9.27}$$

Aus Gl. (9.27) ergibt sich mit $\Delta \ell = v_0 \Delta t$ der Versatz der Impulsantwort in Längeneinheiten

$$\Delta \ell = \frac{\lambda r_0}{2 v_0} \cdot f_0 \cdot \Phi. \tag{9.28}$$

Die Verschiebung der Impulsantwort in Azimutrichtung ist somit der Steigung des linearen Phasenfehlers proportional, welche eine Funktion der Frequenz f_0 und der Amplitude Φ ist.

Quadratische Phasenfehler – Setzt man $\varphi_0 = 0$, so verbleiben in Gl.(9.23) ausschließlich der quadratische, sowie alle weiteren Terme gerader Ordnung. Die Terme ungerader Ordnung ergeben null. Die quadratische Näherung eines kosinusförmigen Phasenfehlers ergibt somit

$$\varphi_{\text{err}}(t) = \Phi \cdot \cos(\omega_0 t) \approx \Phi \cdot \left[1 - \frac{1}{2}(2\pi f_0 t)^2\right]. \tag{9.29}$$

Vernachlässigt man den konstanten Term der Näherungsformel und betrachtet den Phasenfehler φ_q zu Beginn bzw. am Ende der synthetischen Apertur, also zu den Zeitpunkten $t = \pm T_a/2$, so ergibt sich aus Gl. (9.29)

$$\varphi_q = \varphi_{\text{err}}(t)\Big|_{t=T_a/2} \approx \left|\Phi f_0^2 \cdot \frac{1}{2}(\pi T_a)^2\right|. \tag{9.30}$$

Auch hier zeigt sich die Abhängigkeit des quadratischen Phasenfehlers von der Frequenz f_0 und der Amplitude Φ.

Wie bereits bei kosinusförmigen Phasenfehlern niedriger Frequenz veranschaulicht, stellt sich eine Verbreiterung der Hauptkeule der Impulsantwort beziehungsweise eine Verschlechterung der Azimutauflösung ein. Daneben verringert sich das Maximum der Hauptkeule, was auf den quadratischen Anteil des Phasenfehlers zurückzuführen ist. Das Verhältnis zwischen Verbreiterung der Hauptkeule und quadratischem Phasenfeh-

9.2 Phasenfehler

ler φ_q zum Zeitpunkt $t = T_a/2$ kann nach [2] quantitativ mittels

$$\frac{\delta_{\text{eff}}}{\delta_{\text{ideal}}} \approx \sqrt{1 + \left(\frac{\varphi_q}{\pi}\right)^2} \quad \text{für} \quad 0 \leq \varphi_q \leq \pi \tag{9.31}$$

angegeben werden. Gl. (9.31) gilt bei Verwendung einer ungewichteten Referenzfunktion. Die Auflösung der idealen Impulsantwort ist mit δ_{ideal} bezeichnet. Die durch den Phasenfehler verschlechterte Auflösung sei δ_{eff}. Ein Phasenfehler von $\varphi_q = \pi/2$ verursacht demzufolge eine Auflösungsverschlechterung von ca. 10 %. In der Praxis von größerer Bedeutung ist die Anwendung einer gewichteten Referenzfunktion (siehe Kap. 8.2.4). Für eine *Hamming*-Gewichtung ($\alpha = 0,54$) ergibt sich die Verringerung der Auflösung mittels der empirisch ermittelten Gl. (9.32) zu

$$\frac{\delta_{\text{eff}}}{\delta_{\text{ideal}}} \approx \sqrt{1 + 0.55\left(\frac{\varphi_q}{\pi}\right)^2} \quad \text{für} \quad 0 \leq \varphi_q \leq \pi. \tag{9.32}$$

In diesem Fall bezeichnet δ_{ideal} die ideale Auflösung der Impulsantwort, die aus der Korrelation mit der *Hamming*-gewichteten Referenzfunktion hervorgegangen ist. Für einen Phasenfehler von $\varphi_q = \pi/2$ ergibt sich eine Verbreiterung der Hauptkeule von ca. 6,6 %.

9.2.3 Hochfrequente Phasenfehler

Ausgangspunkt sei wiederum ein Phasenfehler der Form $\varphi_{\text{err}}(t) = \Phi \cdot \cos(\omega_0 t + \varphi_0)$, wobei für die Frequenz $1/T_a < f_0 < \infty$ gilt. Unter dieser Bedingung kann der Einfluß der Anfangsphase φ_0 vernachlässigt werden, und es treten die bereits beschriebenen paarweisen Echos zu beiden Seiten des Maximums der Impulsantwort auf. Die paarweisen Echos werden in der SAR-Abbildung insbesondere bei Punktzielen gut als ‚Geisterbilder' sichtbar. Allgemein verursacht das Ansteigen des Nebenkeulenniveaus eine Verringerung des Bildkontrastes. Quantitativ wird dieser Effekt durch das integrierte Nebenkeulenverhältnis, *ISLR* (engl.: **I**ntegrated **S**ide **L**obe **R**atio), beschrieben. Man versteht darunter das Verhältnis der Energie der Hauptkeule zur Energie der Nebenkeulen. Das *ISLR* läßt sich für eine Impulsantwort mit sinusoidalem Phasenfehler gemäß Gln. (9.19) bis (9.22) annähern durch

$$ISLR \approx \frac{\int_{-\delta_a/v_0}^{+\delta_a/v_0} |\mathcal{W}(t)|^2 \, dt}{\left(\frac{\Phi}{2}\right)^2 \int_{-\infty}^{-\delta_a/v_0} |\mathcal{W}(t-t_0)|^2 \, dt + \left(\frac{\Phi}{2}\right)^2 \int_{+\delta_a/v_0}^{+\infty} |\mathcal{W}(t+t_0)|^2 \, dt}, \tag{9.33}$$

wobei δ_a die Azimutauflösung bezeichnet. Dieser Zusammenhang gilt für $\Phi \ll 1$ mit $t_0 = 2\pi f_0/k$. Näherungsweise erhält man aus Gl. (9.33)

$$ISLR \approx \left(\frac{\Phi^2}{2}\right)^{-1}. \tag{9.34}$$

Ferner gilt für die Varianz eines sinusoidalen Phasenfehlers

$$\sigma_\varphi^2 = \lim_{T\to\infty} \frac{1}{T} \int_{-T/2}^{+T/2} \left[\Phi\cos(\omega_0 t + \varphi_0)\right]^2 dt = \frac{\Phi^2}{2}. \tag{9.35}$$

Das *ISLR* entspricht somit der reziproken Varianz σ_φ^2 eines Phasenfehlers mit kosinusförmigem Verlauf, der Amplitude Φ und der Frequenz f_0, für die $1/T_a < f_0 < \infty$ gilt.

Eine Zusammenschau von nieder- und hochfrequenten Phasenfehlern und der resultierenden Impulsantworten ist in Abb. 9.8 dargestellt.indexPhasenfehler|)

9.3 Spezifikation zulässiger Bewegungsfehler.

Wurde zunächst die Auswirkung von deterministischen Phasenfehlern auf die Impulsantwort beschrieben, die eher einer idealisierten Darstellung entsprechen, so soll nun eine praxisgerechtere Beschreibung der Problematik mit statistischen Methoden erfolgen. Das Auftreten von Bewegungsfehlern wird nun als stochastischer, ergodischer Prozeß aufgefaßt, der durch ein **L**eistungs**d**ichte**s**pektrum (LDS) beschrieben werden kann [1], [3], [4]. Das Ziel der folgenden Untersuchungen ist es, den Bezug zwischen dem Leistungsdichtespektrum, das die Flugzeugbewegungen beschreibt, und der geometrischen Abbildungstreue, der Auflösung und dem Kontrast der SAR-Abbildung herzustellen.

Es sei $\varphi_{\text{err}}(t)$ nunmehr die Musterfunktion eines ergodischen Prozesses. Aufgrund des *Parseval*-Theorems gilt

$$\lim_{T\to\infty} \frac{1}{T} \int_{-T/2}^{+T/2} \varphi_{\text{err}}^2(t)\, dt = \int_{-\infty}^{+\infty} P_\varphi(f)\, df = \sigma_\varphi^2 + \mu_\varphi^2 \tag{9.36}$$

Hierbei ist $P_\varphi(f)$ das Leistungsdichtespektrum des Phasenfehlers $\varphi_{\text{err}}(t)$ und σ_φ^2 die Varianz oder die Wechselleistung und μ_φ der Gleichanteil des Prozesses. Gl. (9.36) ermöglicht jetzt den Übergang von der deterministischen zur statistischen Betrachtungsweise. Wurde bislang ein sinusoidaler Phasenfehler mit fester Frequenz und Amplitude vorausgesetzt, so interpretiert man statistische Phasenfehler als die Summe vieler Sinusfunktionen unterschiedlicher Amplitude, Frequenz und Anfangsphase, die durch ein Leistungsdichtespektrum beschrieben werden können.

9.3 Spezifikation zulässiger Bewegungsfehler.

Niederfrequente Phasenfehler: $f_0 < \frac{1}{T_a}$

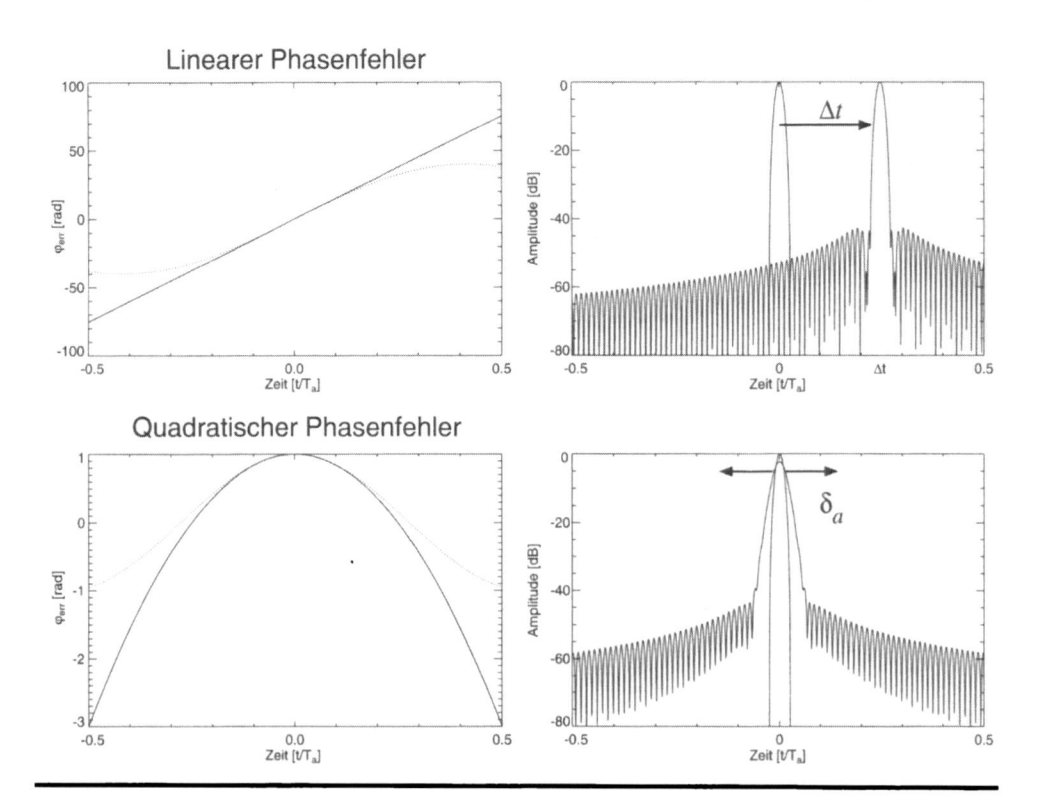

Linearer Phasenfehler

Quadratischer Phasenfehler

Hochfrequente Phasenfehler: $f_0 > \frac{1}{T_a}$

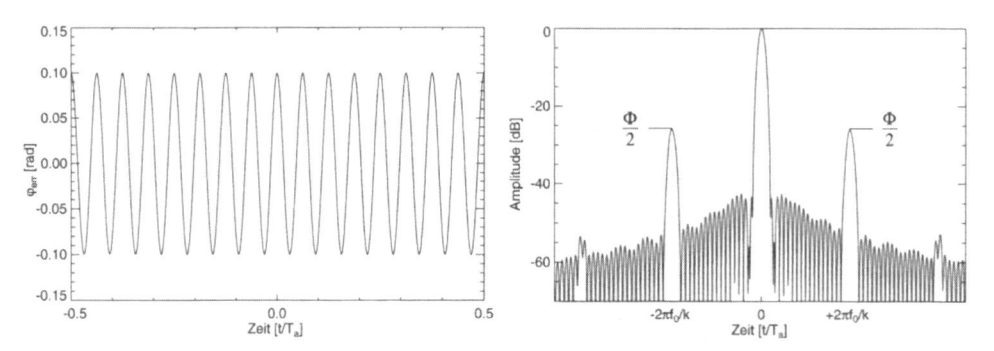

Abb. 9.8: Zusammenschau nieder- und hochfrequenter Phasenfehler. Bei den niederfrequenten Fehlern ist nur ein Teil des sinusförmigen Phasenfehlers (gestrichelte Linie) sichtbar, der linear bzw. quadratisch angenähert wird (durchgezogene Linie).

In Tab. 9.1 sind die Zusammenhänge zwischen deterministischer und statistischer Betrachtungsweise dargestellt. In der linken Spalte sind die zuvor hergeleiteten Gln. (9.28), (9.31) und (9.35) aufgeführt, die den Versatz der Impulsantwort, den quadratischen Phasenfehler und das *ISLR* für einen deterministischen, sinusoidalen Phasenfehler beschreiben. Die rechte Spalte enthält die hieraus abgeleiteten, statistischen Beschreibungen. Der Phasenfehler wird nun durch das Leistungsdichtespektrum $P_\varphi(f)$ und die Verschiebung der Impulsantwort, der quadratische Phasenfehler sowie das *ISLR* werden durch Varianzen beschrieben. Auch die Unterscheidung zwischen nieder- und hochfrequenten Phasenfehlern kommt anhand der unterschiedlichen Integrationsbereiche zum Ausdruck.

Die Gleichungen in der rechten Spalte von Tab. 9.1 ermöglichen bei gegebenem Leistungdichtespektrum des Phasenfehlers $P_\varphi(f)$ eine Vorhersage der zu erwartenden Bildqualität. Das heißt, es können die mittlere Verschiebung der Impulsantwort, der mittlere quadratische Phasenfehler bzw. die mittlere Auflösungsverschlechterung sowie das *ISLR* geschätzt werden. Es ist hierbei grundsätzlich unerheblich, ob die Phasenfehler von Bewegungsfehlern herrühren oder anderen Ursprungs sind. Bei-

Tab. 9.1: Gegenüberstellung der deterministischen und statistischen Beschreibung von Phasenfehlern

Deterministische Phasenfehler	*Statistische Phasenfehler*
$\varphi_{\text{err}}(t) = \Phi \cos(2\pi f_0 t + \varphi_0)$	$\displaystyle\int_{-\infty}^{+\infty} P_\varphi(f)\,df = \sigma_\varphi^2 + \mu_\varphi^2$
Verschiebung der Impulsantwort:	
$\Delta \ell \approx \dfrac{\lambda r_0}{2 v_0} \cdot f_0 \cdot \Phi$	$\sigma_\ell^2 \approx \left(\dfrac{\lambda r_0}{2 v_0}\right)^2 \displaystyle\int_0^{1/T_a} f^2 P_\varphi(f)\,df$
Quadratischer Phasenfehler:	
$\varphi_q \approx \dfrac{(\pi T_a)^2}{2} \cdot f_0^2 \cdot \Phi$	$\sigma_q^2 \approx \dfrac{(\pi T_a)^4}{4} \displaystyle\int_0^{1/T_a} f^4 P_\varphi(f)\,df$
Integriertes Nebenkeulenverhältnis:	
$ISLR \approx \left(\dfrac{\Phi^2}{2}\right)^{-1} = \dfrac{1}{\sigma_\varphi^2}$	$ISLR \approx \dfrac{1}{\displaystyle\int_{1/T_a}^{\infty} P_\varphi(f)\,df}$

9.3 Spezifikation zulässiger Bewegungsfehler.

spielsweise ist es auch möglich, einzelne Hardware-Komponenten des SAR-Sensors, die einen Einfluß auf die Signalphase haben, hinsichtlich der zu erwartenden Bildqualität zu beurteilen [5].

Es kann aber auch der umgekehrte Weg beschritten werden, indem zunächst eine zulässige Azimutverschiebung, Auflösungsverschlechterung und das *ISLR* festgelegt und anschließend ein Leistungsdichtespektrum berechnet wird, das nun die tolerierbaren Bewegungsfehler kennzeichnet. Durch Vergleich dieses spezifizierten Spektrums mit dem gemessenen LDS der Bewegungsfehler des Flugzeugs kann die Transferfunktion bzw. die erforderliche Empfindlichkeit eines Bewegungssensors für die Bewegungskompensation ermittelt werden.

Abb. 9.9 zeigt z. B. das LDS der Bewegungsfehler eines Flugzeugs vom Typ Dornier Do-228 [6] im Vergleich zu einem spezifizierten LDS, welches für das L-, C- und X-Band gleichermaßen eine maximale mittlere Verschiebung der Impulsantwort von 0,33 m, eine maximale mittlere Auflösungsverschlechterung von 10 % und ein *ISLR* von 20 dB garantiert. Dabei sollte bei einer Schrägentfernung von $r_0 = 6000$ m und einer Geschwindigkeit von $v_0 = 70$ m/s eine Azimutauflösung von $\delta_a = 0,66$ m erreicht werden.

Es sei angemerkt, daß in Abb. 9.9 nicht das LDS des Phasenfehlers $P_\varphi(f)$ abgebildet ist, sondern das LDS der Ablage in Antennenblickrichtung $P_d(f)$, wobei folgender Zusammenhang gilt:

$$P_\varphi(f) = \left(\frac{4\pi}{\lambda}\right)^2 P_d(f). \tag{9.37}$$

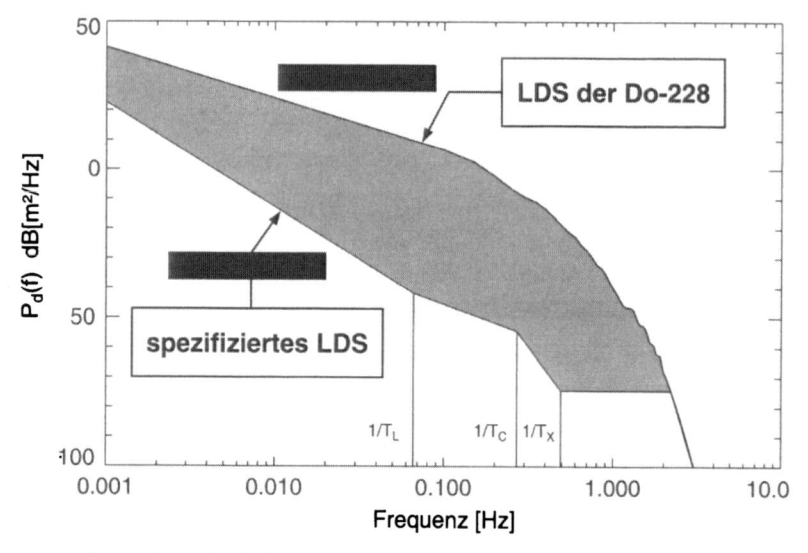

Abb. 9.9: Gegenüberstellung des Leistungsdichtespektrums eines Flugzeugs vom Typ Dornier Do-228 und des spezifizierten LDS. Der schattierte Bereich markiert die Leistung der zu kompensierenden Bewegungsfehler.

Nur in dieser Form ist es möglich, die unterschiedlichen Aperturzeiten T_L, T_C und T_X für die untersuchten Frequenzbänder gleichzeitig in einem Diagramm darzustellen.

Der grau schattierte Bereich in Abb. 9.9 kennzeichnet die Leistung der Bewegungsfehler, die der Spezifikation nicht entsprechen. Sie führen zu einer erheblichen Verschlechterung der SAR-Bildqualität und müssen daher kompensiert werden.

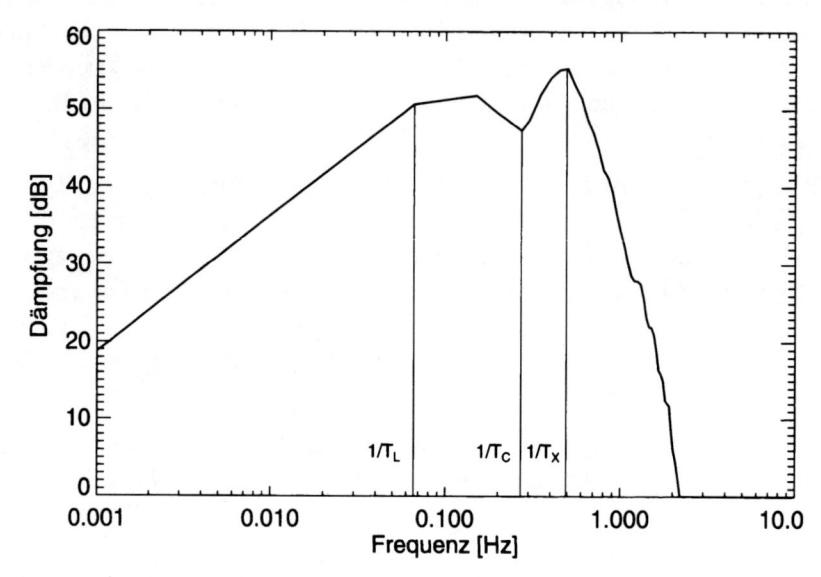

Abb. 9.10: Transferfunktion eines geeigneten Bewegungskompensationssystems zum Einsatz in der Do-228.

Abb. 9.10 zeigt die Transferfunktion, welche als der Quotient des spezifizierten und des gemessenen Spektrums des Flugzeugs Do-228 definiert ist. Sie veranschaulicht die erforderliche Bewegungskompensation in Abhängigkeit von der Frequenz.

9.4 Laufzeitfehler

Prinzipiell wirken sich Bewegungsfehler der Plattform auch auf die Phasenhistorie der gesendeten Einzelimpulse aus. Es kann jedoch leicht gezeigt werden, daß dieser Einfluß der Bewegungsfehler vernachlässigt werden kann.

Handelt es sich bei den Einzelimpulsen um linear frequenzmodulierte Chirp-Signale, kann die Auswirkung der Phasenfehler analog zu den vorangegangenen Betrachtungen untersucht werden. Nimmt man wiederum einen sinusoidalen Phasenfehler der Frequenz f_0 an, würde man nach der Impulskompression theoretisch paarweise Echos der Hauptkeule an den Stellen $\pm f_0 \frac{T_r}{B_r}$ in Entfernungsrichtung erhalten. Nun ist aber in der Praxis die Bandbreite des Chirps B_r um viele Zehnerpotenzen größer als die höchste denkbare Frequenz der Bewegungsfehler, und auch die Chirpdauer T_r ist in der Größenordnung von Mikrosekunden, so daß paarweise Echos nie beobachtet werden können und auch eine Verschlechterung der Entfernungsauflösung nicht gemessen werden kann.

Eine erheblich größere Auswirkung hat die Variation der Laufzeit, die eine fehlerhafte Zuordnung des Radarechos zu den entsprechenden Entfernungstoren bzw. Azimutzeilen des Radarbildes verursacht. In der SAR-Abbildung verursacht dies folgende Artefakte:

- Geometrische Verzerrungen in Entfernungsrichtung.
- Defokussierung der Impulsantworten in Azimutrichtung, da die falsche Zuordnung zu den Azimutzeilen auch die Korrelation mit der falschen Referenzfunktion zur Folge hat.
- Amplitudenmodulation des Rückstreusignals in Azimutrichtung. Die Verschiebung der Impulsantworten in Entfernungsrichtung hat zur Folge, daß bei der Impulskompression in Azimut eine scheinbar variable Amplitude des Rückstreusignals ‚gesehen' wird. Dies kann wie eine Amplitudenmodulation des Rückstreusignals interpretiert werden, wobei die Impulsantwort in Entfernungsrichtung die Modulationskennlinie darstellt.

Die zusätzliche Laufzeit $\Delta \tau_{err}$ errechnet sich mittels der Ausbreitungsgeschwindigkeit c_0 des Signals zu

$$\Delta \tau_{err} = \frac{2}{c_0} \cdot \left[r(t) - r'(t) \right]. \tag{9.38}$$

9.5 Variable Vorwärtsgeschwindigkeit

Eine Variation der Geschwindigkeit in Richtung der X-Achse hat, wie aus Gl. (9.3) und den folgenden Betrachtungen hervorgeht, Phasenfehler aufgrund der Fehlpositionierung der Antenne in Flugrichtung zur Folge. Zusätzlich wird verhindert, daß die Erdoberfläche räumlich äquidistant von den Radarimpulsen beleuchtet wird, die mit konstanter Pulsfrequenz gesendet werden. Das heißt, mit abnehmender Geschwindigkeit wird die Erdoberfläche dichter, mit zunehmender Geschwindigkeit wird sie weniger dicht abgetastet. Dies äußert sich durch eine Stauchung bzw. Dehnung der SAR-Abbildung in Azimutrichtung.

9.6 Lagefehler

Neben translatorischen Bewegungen treten während eines Fluges auch stets Rotationsbewegungen, das heißt Veränderungen der Lagewinkel des Flugzeuges, auf. In bezug auf das zuvor definierte Koordinatensystem unterscheidet man:

- Rollwinkel – Drehung um die X-Achse
- Nickwinkel – Drehung um die Y-Achse
- Gierwinkel – Drehung um die Z-Achse

Bisher wurden die Lagewinkel nominell zu null angenommen. Eine Veränderung der Winkel hat eine Variation der Ausleuchtung des Terrains durch das Antennendiagramm zur Folge, die zu einer Amplitudenmodulation des Radarrückstreusignals führt. Betrachtet man beispielsweise einen variablen Rollwinkel $\Omega(t)$, so stellt sich eine zeitvariable Gewichtung des Azimutrückstreusignals durch das Elevationsantennendiagramm $g_e(t,\Omega)$ ein. Für $s_a(t)$ gilt nunmehr

$$s_a(t) = G_a \cdot g_e(t,\Omega) \cdot e^{j\varphi(t)}. \tag{9.39}$$

Das Azimutrückstreusignal $s_a(t)$ sei nun gewichtet durch das Azimutantennendiagramm G_a einerseits und das Elevationsantennendiagramm g_e andererseits. Das Azimutantennendiagramm wird zur Vereinfachung weiterhin als konstant angenommen. Der Antennengewinn in Elevationsrichtung $g_e(t,\Omega)$ hingegen ist vom zeitvariablen Rollwinkel $\Omega(t)$ abhängig.

Wird die Halbwertsbreite des Antennendiagramms genügend breit im Verhältnis zur Amplitude der Winkelvariation gewählt, kann jedoch die Verminderung der Bildqualität vernachlässigt werden.

Neben der Amplitudenmodulation wirkt sich eine Fehlausrichtung der Antenne auch auf die Phase des Rückstreusignals aus. Wird die Antenne entgegen der nominellen Ausrichtung orthogonal zur Flugrichtung etwas nach vorne oder hinten ausgerichtet, so spricht man von einem Schielwinkel (engl.: squint angle). Der Schielwinkel θ_s stellt sich ein in Abhängigkeit vom Drift- bzw. Gierwinkel Ψ, dem Nickwinkel Θ und dem Depressionswinkel ϵ_D, gemäß

$$\sin\theta_s \approx \sin\Psi\cos\epsilon_D + \sin\Theta\sin\epsilon_D. \tag{9.40}$$

Wird das Flugzeug z. B. durch einen konstanten Seitenwind von seiner nominellen Flugbahn abgedrängt, so spricht man von einer Abdrift. Das heißt, ohne eine weitere Korrektur weist die Flugzeugnase nach wie vor in die gewünschte Richtung, der tatsächliche Flugweg ist jedoch gegenüber dem geplanten Flugweg um den Driftwinkel Ψ gedreht. Der Sollkurs kann eingehalten werden, wenn vom Piloten ein entsprechender Vorhaltewinkel (engl.: wind correction angle) in entgegengesetzter Richtung eingestellt wird. Der Vorhaltewinkel ist somit der Winkel zwischen der Flugzeuglängsachse und dem Sollkurs und entspricht dem negierten Driftwinkel. Dies hat zur Folge, daß die Antenne zwar orthogonal zur Flugzeuglängsachse, aber nicht mehr orthogonal zur Flugbahn ausgerichtet ist. Die Hauptachse der Antenne ist somit um den Schielwinkel θ_s zur nominellen Blickrichtung gedreht.

Ein nahezu konstanter Nickwinkel ergibt sich oftmals aufgrund der Zuladung und Geschwindigkeit des Flugzeugs. Zeigt z. B. die Nase des Flugzeugs etwas nach oben, so stellt sich eine Ausrichtung der Antenne nach vorne ein.

Aufgrund des Schielwinkels θ_s durchwandert ein Punktziel das Antennendiagramm etwas früher bzw. später und befindet sich zum Zeitpunkt $t = t_0$ auf der Linie der Aperturnormalen. Folgender Phasenverlauf stellt sich jetzt für ein Punktziel ein:

$$\varphi'(t) \approx -\frac{4\pi}{\lambda} \cdot \left[r_0 + \frac{v_0^2(t-t_0)^2}{2r_0} \right] \quad \text{mit} \quad t_0 = \frac{r_0}{v_0} \cdot \sin\theta_s. \tag{9.41}$$

Analog zu Gl. (9.25) verursacht die Verschiebung der Phasenhistorie um die Zeit t_0 einen linearen Phasenanteil, der in bekannter Weise zu einem Versatz der Impulsantwort in Azimutrichtung und zu geometrischen Verzerrungen im Bilde führt. Im Frequenzbereich korrespondiert dies mit einer Verschiebung des Dopplerspektrums. Durch Ableiten der Gl. (9.41) erhält man den Verlauf der Dopplerfrequenz zu

$$f_a(t) = \frac{1}{2\pi} \cdot \frac{d\varphi'}{dt} \approx -\frac{2}{\lambda} \cdot \left[\frac{v_0^2 t}{r_0} - v_0 \sin\theta_s \right]. \tag{9.42}$$

Die Verschiebung des Dopplerspektrums f_d errechnet sich demnach zu

$$f_d \approx \frac{2}{\lambda} \cdot v_0 \cdot \sin\theta_s. \tag{9.43}$$

Mit f_d bezeichnet man auch den Schwerpunkt des Dopplerspektrums (engl.: Doppler centroid), welcher nominell bei Null liegen sollte. In Extremfällen kann die Verschiebung des Spektrums größer als die PRF sein. Außerdem beinflußt der Schielwinkel auch den Verlauf der Zielwanderung, d.h. das Rückstreusignal durchwandert mehr Entfernungstore als im Normalfall ohne Schielwinkel (siehe Kap. 8.2.1).

9.7 Bewegungskompensation

Während des SAR-Meßvorganges wird kontinuierlich die Position des Flugzeugs bestimmt, um daraus einen Satz von Kompensationsparametern zur Korrektur der Radardaten zu ermitteln. Diese rechnerische Manipulation der Radardaten wird im allgemeinen als ‚Bewegungskompensation' bezeichnet, da bei der Impulskompression ideale Verhältnisse, also eine gerade Flugbahn und eine konstante Geschwindigkeit des Flugzeugs, zugrunde gelegt werden.

Eine wirkungsvolle Bewegungskompensation ist stets auf ein geeignetes Verfahren zur genauen Bestimmung von Position und Lage der Plattform während der Radarmessung angewiesen. Zum einen bieten sich hierfür Navigationsgeräte verschiedener Art an, zum anderen Verfahren zur Auswertung der Radardaten, da diese naturgemäß Informationen über die Plattformbewegung enthalten.

Die Auswertung der Radardaten beruht im allgemeinen auf einer Analyse des Frequenz-/Zeitverlaufs in Azimutrichtung mit unterschiedlichen Methoden. So kommen unter anderem Kurzzeit-FFTs [7] sowie die *Wigner-Ville*-Distribution [8] zur Anwendung. Ferner wird der Versatz einzelner Sichten (engl.: Looks) zueinander (siehe hierzu auch Kap. 8.4.3) oder auch die Verminderung des Bildkontrastes ausgewertet. Beides ist eine Folge der Defokussierung des SAR-Bildes aufgrund quadratischer Phasenfehler.

Allerdings sind diese sogenannten Autofokusverfahren sehr rechenaufwendig, und es wird im allgemeinen eine komplementäre Information, d. h. entweder die Vorwärtsgeschwindigkeit oder die Ablage in Antennenblickrichtung, benötigt. Zudem ist die Genauigkeit der Bewegungsschätzung stark vom Inhalt beziehungsweise vom Kontrast der Radarszene abhängig. So ist in den meisten Fällen das Vorhandensein von Punktzielen Voraussetzung für eine genaue Schätzung der Flugzeugbewegung.

Auch der Schielwinkel kann durch Auswertung der Radardaten bestimmt werden. Es kommen hierfür Verfahren zur Schätzung des Schwerpunktes des Dopplerspektrums (engl.: **D**oppler **C**entroid **E**stimator, DCE) zum Einsatz [9], [10]. Auch in diesem Fall hat der Inhalt der Radarszene Einfluß auf die Genauigkeit der Schätzung. Möglichst homogene Szenen, wie z. B. eine Meeresoberfläche, erweisen sich als besonders vorteilhaft. Es ergeben sich dann gering verrauschte Azimutspektren, welche die Bestimmung des Dopplerschwerpunkts erleichtern.

All diese Verfahren werden generell herangezogen, wenn die Bewegungsfehler gänzlich unbekannt sind oder bei satellitengetragenem SAR als ergänzende Methode zur genauen Schätzung der Geschwindigkeit.

Stand der Technik für flugzeuggetragene SAR-Systeme ist die Verwendung eines integrierten Navigationssystems, bestehend aus GPS (**G**lobal **P**ositioning **S**ystem) und einem Inertialsystem.

9.7.1 Inertialsysteme

Die Inertial- oder Trägheitsnavigation [11], [12] zieht Nutzen aus der Massenträgheit zur Messung von Beschleunigungen und Drehgeschwindigkeiten und berechnet aus diesen Werten die Richtung und den Betrag der zurückgelegten Strecke. Zur vollständigen Erfassung der Bewegungen im dreidimensionalen Raum dienen je drei Beschleunigungsmesser und Kreisel, deren Meßachsen orthogonal zueinander ausgerichtet sind. In modernen Strapdown-Systemen (aus dem Englischen: strap-down = festgeschnallt) sind die Sensoren fest mit dem Rumpf des Flugzeugs verbunden, wobei die Meßachsen entsprechend den Flugzeugachsen ausgerichtet werden. Die Bewegungsmessung erfolgt also im fahrzeugfesten Koordinatensystem. Um die Position und Fluglage im erdfesten Navigationskoordinatensystem angeben zu können, müssen die Meßwerte erst von einem Navigationsrechner verarbeitet werden. Ein inertiales Strapdown-System liefert laufend Informationen über [13]:

9.7 Bewegungskompensation

- die momentane Position
- die momentane Geschwindigkeit über Grund
- die Beschleunigungen im Flugzeug- und im Erdkoordinatensystem
- den wahren Kurs
- den Nick- und Rollwinkel
- die Drift

Die Berechnung dieser Parameter erfolgt mittels einer aufwendigen Verarbeitung der Signale der Inertialsensoren, die im wesentlichen folgende Schritte umfaßt:

- Kompensation der im Kreiselsignal enthaltenen Erddrehung und der Transportrate
- Bestimmung der Lagewinkel (Nick-, Gier- und Rollwinkel) des Flugzeugs
- Kompensation der im Beschleunigungsmessersignal enthaltenen Erdbeschleunigung mit den zuvor berechneten Lagewinkeln
- Projektion der Fahrzeugbeschleunigungen in das Navigationskoordinatensystem mittels der Lagewinkel
- Berechnung der Geschwindigkeiten in Nord- und Ostrichtung durch Integration
- Berechnung der momentanen Position durch Integration

Zur Klasse der Inertialsysteme zählt man Inertiale Navigationssysteme (INS), Inertiale Referenzsysteme (IRS) und Kurs/Lage-Referenzsysteme (AHRU – aus dem Englischen **A**ttitude and **H**eading **R**eference **U**nit). Letzteres stellt neben den Lagewinkeln die Beschleunigungen im erdfesten Koordinatensystem zur Verfügung, jedoch erfolgt keine Ausgabe der Position. Im Englischen ist auch der Begriff ‚Inertial Measuring Unit' (IMU) für Inertialsysteme im allgemeinen gebräuchlich.

Genauigkeit der Positionsbestimmung – Eine Aussage über die Genauigkeit der Positionsbestimmung mittels eines Inertialsystems kann z. B. durch die Analyse des Signals der Beschleunigungsmesser getroffen werden. Die gemessene Beschleunigung ist aufgrund von Meßfehlern von einem Offset und Rauschen überlagert. Der Offset führt nach einfacher Integration zu einer Drift der Geschwindigkeit. Nach zweifacher Integration wird ein Positionsverlauf generiert, der mit der Zeit quadratisch ansteigt, so daß ein hoher absoluter Positionsfehler zu erwarten ist. Um eine driftfreie Positionsmessung zu erhalten, müssen daher entsprechende Maßnahmen zur Kompensation dieser Fehler ergriffen werden. Das Positionsrauschen hingegen, das sich aus dem Rauschen der Beschleunigungsmessung ergibt, beeinträchtigt die Genauigkeit der Positionsmessung in wesentlich geringerem Maß. So kann eine Genauigkeit in der Größenordnung von Zentimetern erreicht werden. Genaue Angaben hierzu sind natürlich geräte- und herstellerabhängig. Für die SAR-Bewegungskompensation eignen sich Inertialsysteme vor allem aufgrund der hohen Meßdynamik und -bandbreite von mehr als 10 Hz, sowie der Verfügbarkeit der Lagewinkel.

9.7.2 Global Positioning System

Das GPS/NAVSTAR (Global Positioning System / Navigation System for Timing and Ranging) ist ein Radionavigationsverfahren, das auf der Auswertung von Signalen beruht, die von speziellen Satelliten zu Navigationszwecken ausgesendet werden. Die Konzeption von GPS/NAVSTAR wurde etwa 1974 vom amerikanischen Verteidigungsministerium begonnen mit dem Ziel, eine Navigationshilfe zur Verfügung zu stellen, die auf jedem Punkt der Erde, für 24 Stunden am Tag, bei jedem Wetter eine präzise Bestimmung der Geschwindigkeit über Grund, der Flughöhe, des Längen- und des Breitengrades sowie die Synchronisation von Uhren ermöglicht [14], [15].

Das GPS besteht aus drei Hauptsegmenten: den Bodenstationen, den Satelliten und dem Nutzersegment.

Bodenstationen – Die Aufgabe der Bodenstationen ist die passive Vermessung der Bahnen und das Sammeln der Abstandsinformationen während der Sichtbarkeit der Satelliten. In der Hauptkontrollstation (Master Control Station) werden daraus die endgültigen Bahnelemente berechnet und zur Initialisierung zusammen mit der Referenzzeit und anderen Systemdaten wieder zu den Satelliten geschickt.

Satelliten – Die Satelliten, NAVSTAR genannt, erhalten Initialisierungsdaten von den Bodenstationen und senden folgende Daten zu den Benutzersystemen:

- Status des Satelliten – dieser gibt Auskunft über die Verläßlichkeit der Navigationssignale
- Bahnelemente – sie beschreiben die Charakterisik der Umlaufbahn des Satelliten, der diese Daten sendet
- Almanach der Satellitenkonstellation – das sind ungefähre Angaben zur Umlaufbahn aller NAVSTAR-Satelliten
- Zeit der Satellitenuhr
- Signale zur Entfernungsmessung
- Korrekturdaten zur Berücksichtigung der atmosphärischen Einflüsse auf das Sendesignal

Nutzersegment – Das Nutzersegment ist die Gesamtheit der GPS-Empfänger, die die übertragenen Daten empfangen und auswerten, um daraus die Navigationsparameter und die Zeitinformation zu gewinnen. Die Empfänger kommen in Flugzeugen, Schiffen und Fahrzeugen zum Einsatz, dienen aber auch im Bereich der Geodäsie als Vermessungsinstrumente.

9.7 Bewegungskompensation

Positionsbestimmung – Die Positionsbestimmung mittels GPS beruht auf der Abstandsmessung zwischen dem Empfänger und mindestens drei sichtbaren Satelliten. Hierzu wird die Einweg-Laufzeit des Satellitensignals durch Vergleich der Satellitenuhr mit der Empfängeruhr gemessen. Der Synchronisationsfehler zwischen der Empfänger- und den Satellitenuhren kann durch die Auswertung eines vierten Satellitensignals berücksichtigt werden.

Zur Positionsbestimmung werden zwei unterschiedliche PRN-Codes (**p**seudo-**r**andom-**n**oise) gesendet, wobei von der Spreiz-Spektrum-Modulation (engl.: Spread Spectrum) Gebrauch gemacht wird:

- Der C/A-Code (**C**oarse **A**cquisition), der von jedem Nutzer des GPS ausgewertet werden kann, jedoch nicht die maximal mögliche Navigationsgenauigkeit zuläßt.
- Der P-Code (**P**recision), der nur den militärischen Nutzern der USA, der NATO und berechtigten zivilen Nutzern zugänglich ist und höchst genaue Navigation ermöglicht.

Die theoretische Entfernungsauflösung beträgt für den C/A-Code ca. 3 m, für den P-Code ca. 0,3 m. Diese Genauigkeiten werden in der Praxis aufgrund zusätzlicher Störfaktoren, wie Ausbreitungsfehlern, Uhreninstabilitäten, Einflüsse der Meßgeometrie etc. nicht erreicht. Die letztendlich erreichbare Positionsgenauigkeit liegt bei 6,6 m (1σ) für den P-Code und 10,8 m bis 13,9 m (1σ) für den C/A-Code.

Neben der Auswertung des PRN-Codes werden Verfahren zur Auswertung von Frequenz und Phase des Trägersignals eingesetzt [16]. Vor allem in der Geodäsie kommt die Trägerphasenauswertung zur Anwendung, wobei Genauigkeiten der Entfernungsmessung im Bereich von bis zu 2 mm bei stationären Messungen und im Zentimeterbereich bei kinematischen Messungen erreichbar sind. Allerdings müssen geeignete Strategien zur Eliminierung von Mehrdeutigkeiten der Phasenmessung verfolgt werden [17].

Für eine derart hochpräzise Positionsbestimmung ist der Einsatz von differentiellem GPS, d. h. dem zusätzlichen Betrieb einer GPS-Referenzstation, unabdingbar. Voraussetzung für den wirkungsvollen Einsatz dieses Verfahrens ist die genaue Kenntnis der Position des Referenzempfängers. In diesem Fall können für jeden sichtbaren Satelliten Korrekturwerte errechnet werden, die in die Positionsberechnung des zweiten Empfängers miteinbezogen werden.

Das differentielle Verfahren erlaubt die weitestgehende Eliminierung systematischer Fehler, wie sie z. B. durch den SA-Modus (engl.: Selective Availability, künstliche Verschlechterung des Navigationssignals) erzeugt werden oder sich bei der Ausbreitung des Signals von den Satelliten zur Empfangsstation einstellen. Die Fehlerkorrektur gelingt naturgemäß am besten, wenn sich die Antennen beider Empfänger am gleichen Ort befinden, da in diesem Fall die Signalpfade durch die Atmosphäre zu den Antennen identisch sind. Mit zunehmender Entfernung von der Referenzstation nehmen die

Fehler der Positionsbestimmung zu, wobei innerhalb eines Radius von 100 km keine bemerkenswerten Unterschiede in der Beeinflussung des Signals durch die Ionosphäre und Troposphäre auftreten. Bei größeren Abständen von der Referenzstation nehmen die Positionsfehler annähernd linear zu, bis schließlich in einer Entfernung von ca. 1000 km die Genauigkeit des herkömmlichen, nichtdifferentiellen Verfahrens erreicht ist.

Die Verwendung von GPS zur Bewegungskompensation von SAR bietet sich aufgrund der driftfreien und hochgenauen Messung der absoluten Position zumindest für niederfrequente Bewegungsfehler an. Die Messung der Lagewinkel ist prinzipiell bei Einsatz mehrerer GPS-Empfänger möglich, wobei der Laufzeitunterschied des Satellitensignals nach dem Interferometerprinzip ausgewertet werden kann.

Beschränkungen für den Einsatz von GPS ergeben sich im Augenblick noch aufgrund der begrenzten Bandbreite der errechneten Positionsdaten. Handelsübliche Empfänger geben pro Sekunde einen Satz von Positionsdaten aus, was auf eine maximale Bandbreite von 0,5 Hz schließen läßt. Diese Beschränkung dürfte jedoch in absehbarer Zeit durch die Entwicklung neuer Empfänger mit Datenraten im Millisekundenbereich kein Thema mehr sein.

9.7.3 Integration von GPS und Inertialsystemen

Die ursprüngliche Konzeption von GPS als ‚Supplementary Means of Navigation' erlaubt dessen Einsatz für die Flugzeugnavigation nur in Verbindung mit anderen Navigationssystemen [18]. Zur Ergänzung bieten sich vor allem Inertialsysteme an, wobei zur Verknüpfung der verschiedenen Sensortypen allgemein von der *Kalman*-Filtertechnik [19] Gebrauch gemacht wird [20], [21]. Das Inertialsystem gestattet Messungen hoher kurzzeitiger Dynamik – das GPS ergänzt und korrigiert diese Messungen durch langzeitstabile Positionsbestimmungen.

Die Integration von Inertialsystemen und GPS ermöglicht Positionsmessungen hoher Langzeitkonstanz und hoher Bandbreite. Ferner sorgt der Einsatz zweier Navigationssysteme für eine Redundanz der Meßergebnisse. In einem gekoppelten System können vergleichsweise preiswerte Sensoren eingesetzt werden, die gleichzeitig eine sehr hohe Genauigkeit und Integrität erreichen [20]. Die hohen Genauigkeiten sind allerdings nur bei Einsatz von differentiellem GPS zu erreichen.

Ein vereinfachtes Beispiel zur Koppelung von GPS- und Inertialdaten, das in seiner Struktur an ein kaskadiertes Kalmanfilter angelehnt ist, wird im folgenden besprochen und ist in Abb. 9.11 skizziert. Es wurde bereits erwähnt, daß die Beschleunigungsmessung eines Inertialsystems (IMU) stets einen Offset a_0 beinhaltet, welcher nach einfacher Integration eine lineare Drift der Geschwindigkeit und nach zweifacher Integration eine quadratische Positionsdrift verursacht. Es stellt sich also eine fehlerhafte Positionsmessung $p_{err}(t)$ ein, für die gilt

9.7 Bewegungskompensation

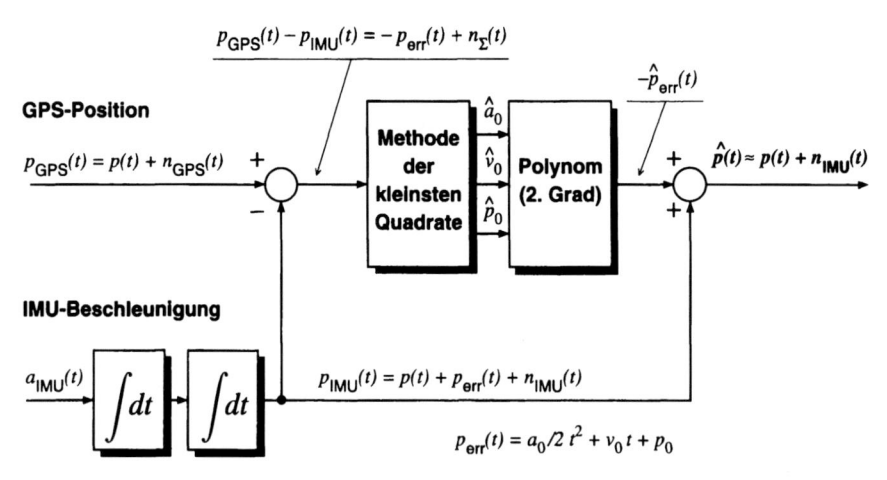

Abb. 9.11: Prinzipschaltbild zur Verkoppelung von GPS- und Inertialdaten.

$$p_{\text{err}}(t) = \frac{a_0}{2}t^2 + v_0 t + p_0, \quad (9.44)$$

wobei v_0 einen Offset der Geschwindigkeit und p_0 einen Positions-Offset bezeichnet. Nach zweifacher Integration des Beschleunigungssignals erhält man schließlich den Positionsverlauf $p_{\text{IMU}}(t)$ gemäß

$$p_{\text{IMU}}(t) = p(t) + p_{\text{err}}(t) + n_{\text{IMU}}(t). \quad (9.45)$$

Die resultierende Position $p_{\text{IMU}}(t)$ setzt sich zusammen aus der wahren Position $p(t)$, überlagert vom systematischen Fehler $p_{\text{err}}(t)$ und dem Positionsrauschen $n_{\text{IMU}}(t)$, das sich nach zweifacher Integration des Rauschanteils des Beschleunigungssignals ergibt.

Ziel ist es nun, mit Hilfe einer komplementären GPS-Positionsmessung die quadratische Positionsdrift möglichst genau zu schätzen, um eine Korrektur durchführen zu können.

Die GPS-Positionsmessung $p_{\text{GPS}}(t)$ sei gegeben durch

$$p_{\text{GPS}}(t) = p(t) + n_{\text{GPS}}(t), \quad (9.46)$$

wobei $n_{\text{GPS}}(t)$ das Rauschen der Positionsmessung sei. Bildet man im weiteren die Differenz $\Delta p(t)$ aus GPS- und Inertialmessung, ergibt sich

$$\Delta p(t) = p_{\text{GPS}}(t) - p_{\text{IMU}}(t) = -p_{\text{err}}(t) + n_\Sigma(t). \quad (9.47)$$

Das heißt, das Fehlersignal $p_{\text{err}}(t)$ liegt nunmehr vor, es ist jedoch noch von Rauschen $n_\Sigma(t)$ überlagert, das sich aus $n_\Sigma(t) = n_{\text{GPS}}(t) - n_{\text{IMU}}(t)$ zusammensetzt. Im nächsten Schritt wird das Rauschen herausgefiltert, indem mittels der Methode der kleinsten Quadrate der Verlauf von $p_{\text{err}}(t)$ geschätzt wird. Die Schätzung ergibt die Koeffizienten $\hat{a}_0$, $\hat{v}_0$ und $\hat{p}_0$ des Polynoms zweiter Ordnung $\hat{p}_{\text{err}}(t)$, dessen mittlere quadratische Abweichung von $\Delta p(t)$ minimal ist.

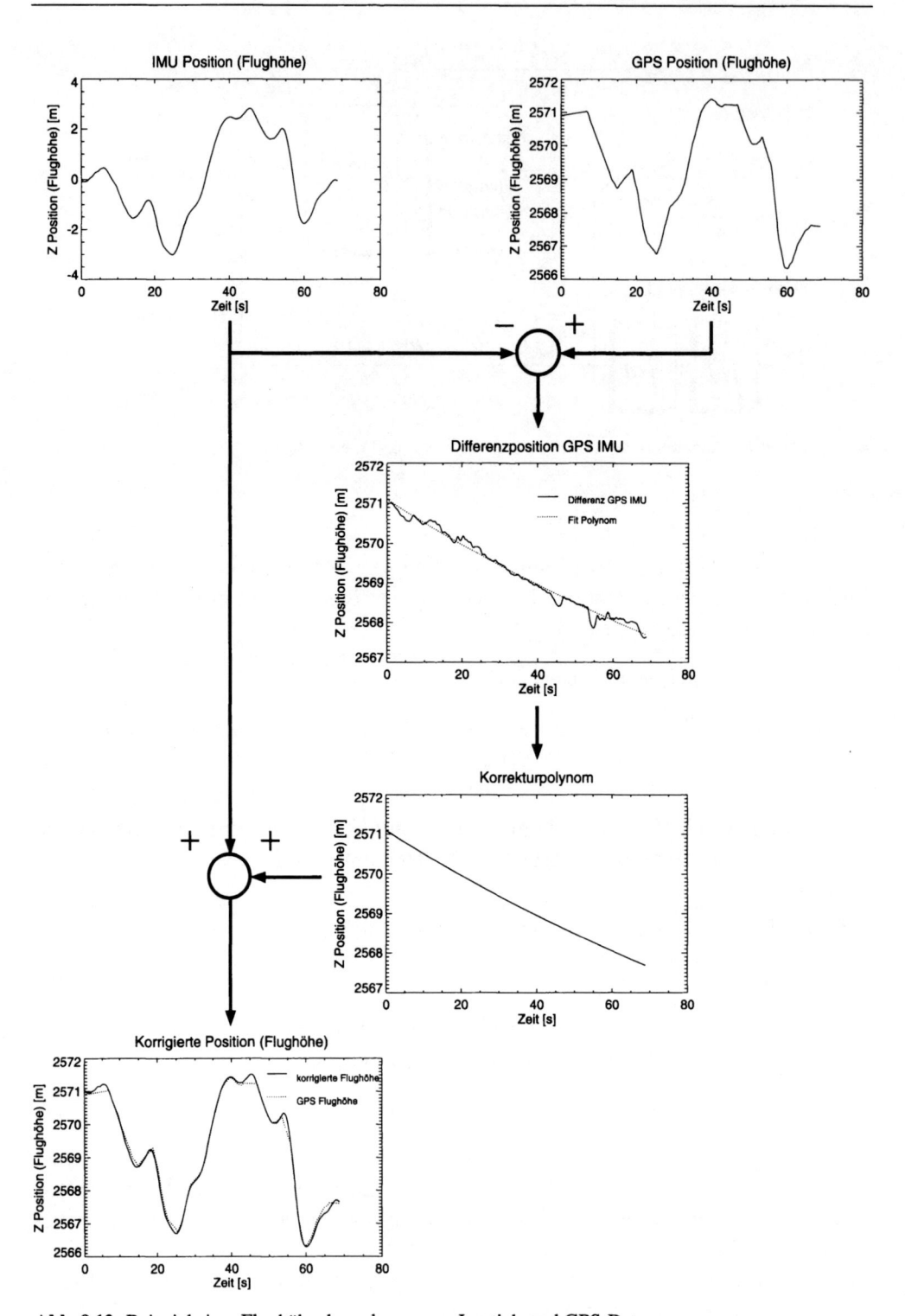

Abb. 9.12: Beispiel einer Flughöhenberechnung aus Inertial- und GPS-Daten.

9.8 Kompensation der Bewegungsfehler

Die Schätzwerte der Koeffizienten werden so bestimmt, daß gilt

$$\frac{1}{T} \int_{-T/2}^{+T/2} \left[\Delta p(t) - \left(\frac{\hat{a}_0}{2} t^2 + \hat{v}_0 t + \hat{p}_0 \right) \right]^2 dt \stackrel{!}{=} \min. \tag{9.48}$$

Der geschätzte bzw. gefilterte Verlauf der fehlerhaften Positionsmessung ergibt sich zu

$$\hat{p}_{\text{err}}(t) = \frac{\hat{a}_0}{2} t^2 + \hat{v}_0 t + \hat{p}_0. \tag{9.49}$$

Gelingt eine genaue Schätzung der Koeffizienten, so daß $\hat{a}_0 \approx a_0$, $\hat{v}_0 \approx v_0$ und $\hat{p}_0 \approx p_0$ beziehungsweise $\hat{p}_{\text{err}}(t) \approx p_{\text{err}}(t)$, kann durch Subtraktion des geschätzten Fehlers $\hat{p}_{\text{err}}(t)$ vom fehlerhaften Signal $p_{\text{IMU}}(t)$ der Fehler weitestgehend beseitigt werden. Man erhält so den geschätzten Positionsverlauf $\hat{p}(t)$ zu

$$\hat{p}(t) = p(t) + p_{\text{err}}(t) + n_{\text{IMU}}(t) - \hat{p}_{\text{err}}(t) \approx \tag{9.50}$$
$$\approx p(t) + n_{\text{IMU}}(t). \tag{9.51}$$

Der geschätzte Positionsverlauf zeigt näherungsweise keine systematischen Fehler mehr auf, ist aber noch vom Rauschen des Inertialsystems überlagert. Abb. 9.12 zeigt beispielhaft den Signalfluß gemäß des Blockdiagramms in Abb. 9.11 für die Berechnung der Flughöhe mit Inertial- und GPS-Daten.

9.8 Kompensation der Bewegungsfehler

Die Kompensation der Bewegungsfehler wird beispielhaft anhand eines einfachen Entfernungs/Doppler-Prozessors besprochen, der auf die wesentlichen Elemente beschränkt ist. Der prinzipielle Ablauf der SAR-Datenverarbeitung umfaßt die

- Kompression der Radardaten in Entfernungsrichtung
- Kompensation der Bewegungsfehler, die sich zusammensetzen aus der
    - Korrektur des Versatzes des Dopplerspektrums durch den Schielwinkel
    - Kompensation der Laufzeitfehler
    - Kompensation der Phasenfehler
    - Kompensation der Abtastfehler in Azimutrichtung
- Kompression der Radardaten in Azimutrichtung
- Detektion

Die Reihenfolge, in welcher die Bewegungsfehler kompensiert werden müssen, ist nicht beliebig variierbar. So muß die Korrektur des Versatzes des Dopplerspektrums als erstes vorgenommen werden, um die orthogonale Geometrie des SAR-Bildes wieder herzustellen. Anschließend ist die Kompensation der Laufzeitfehler erforderlich, damit bei der folgenden Phasenkorrektur in Azimutrichtung von der korrekten Zuordnung des Radarsignals zu den entsprechenden Entfernungstoren ausgegangen werden kann. Die Fehlabtastung aufgrund der variablen Vorwärtsgeschwindigkeit muß zuletzt korrigiert werden, da anschließend die Radardaten in Azimutrichtung räumlich, jedoch nicht mehr zeitlich äquidistant abgetastet vorliegen. Alle anderen Korrekturwerte liegen hingegen zeitlich äquidistant abgetastet vor und müßten bei anderer Prozessierungsreihenfolge ihrerseits erst neu abgetastet und anschließend zur Korrektur herangezogen werden. Ein Blockdiagramm mit dem beschriebenen Ablauf des Prozessors ist in Abb. 9.13 dargestellt.

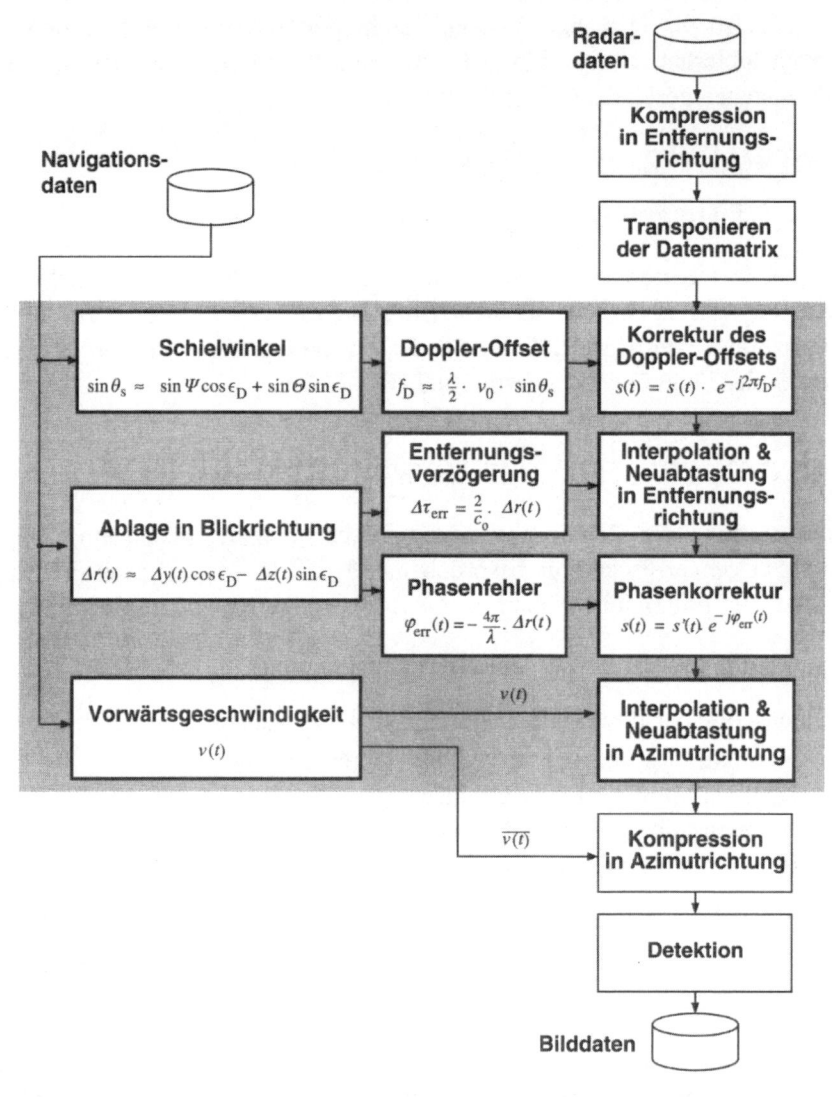

Abb. 9.13: Blockdiagramm eines Entfernungs/Doppler-Prozessors mit Bewegungskompensation.

9.8.1 Korrektur des Versatzes des Dopplerspektrums

Um das Azimutspektrum in seine nominelle Lage zu bringen, muß es um die Frequenz f_d (siehe Gl. (9.43)) verschoben werden. Dies kann durch folgende Operation im Zeitbereich durchgeführt werden:

$$s_{\text{korr}}(t) = s'(t) \cdot e^{-j2\pi f_D t}. \tag{9.52}$$

Hierbei ist $s_{\text{korr}}(t)$ das korrigierte Azimutsignal. Ferner wird angenommen, der Schielwinkel sei während der Meßdauer konstant. Es wird also nur ein Frequenz-Offset des Spektrums korrigiert. Wollte man einen variablen Schielwinkel berücksichtigen, müßte eine blockweise Verarbeitung des Azimutsignals ausgeführt werden, wobei eine gesonderte Korrektur für jeden Block zu erfolgen hätte. Zu beachten ist zudem die Entfernungsabhängigkeit des Schielwinkels aufgrund des variablen Depressionswinkels ϵ_D (siehe Gl. (9.40)). Das heißt, für jede Azimutzeile des Rohdatensatzes muß eine neue Frequenzverschiebung berechnet werden.

9.8.2 Kompensation der Laufzeitfehler

Die Kompensation der Laufzeitfehler erfolgt prinzipiell durch eine Rückverschiebung der Radardaten in Entfernungsrichtung gemäß Gl. (9.38) in die korrekten Entfernungstore. Allerdings verändert sich der Wert der Verschiebung nicht nur mit der Flugzeit, sondern auch in Abängigkeit von der Schrägetfernung r_0 bzw. dem Antennendepressionswinkel θ_d. Das heißt, es ist eine unterschiedliche Verschiebung einer Entfernungszeile für den Nah- und Fernbereich erforderlich. Diese entfernungsabhängige Verschiebung kann z. B. durch Interpolation und Neuabtastung der Entfernungszeilen erreicht werden. Allerdings genügt in vielen Fällen eine Verschiebung um einen konstanten, auf die Bildmitte bezogenen Faktor. Es sollte daher im Einzelfall genau untersucht werden, ob die zu erwartende Verbesserung der Bildqualität noch in einem günstigen Verhältnis zum investierten Rechenaufwand steht.

9.8.3 Kompensation der Phasenfehler

indexPhasenfehler Die Phasenkorrektur erfolgt durch komplexe Multiplikation des Radarsignals in Azimutrichtung mit der Korrekturphase $\varphi_{\text{korr}}(t)$, die mit Gl. (9.4) berechnet wird, wobei $\varphi_{\text{korr}}(t) = -\varphi_{\text{err}}(t)$ zu setzen ist. Es gilt somit für das korrigierte Signal $s_{\text{korr}}(t)$

$$s_{\text{korr}}(t) = s'(t) \cdot e^{j\varphi_{\text{korr}}(t)} = G_a e^{j\varphi(t)} \cdot e^{j\varphi_{\text{err}}(t)} \cdot e^{-j\varphi_{\text{err}}(t)}. \tag{9.53}$$

Bei der Berechnung der Korrekturphase setzt man gemäß Gl. (9.3)

$$\varphi_{\text{korr}}(t) \approx \frac{4\pi}{\lambda} \cdot \left[\Delta y(t) \cos \epsilon_D - \Delta z(t) \sin \epsilon_D \right]. \tag{9.54}$$

Auch hier ist neben der zeitlichen Variation von $\varphi_{\text{korr}}(t)$ die Abhängigkeit von der Schrägentfernung r_0 bzw. dem Antennendepressionswinkel θ_d zu berücksichtigen. Der

Beitrag der Ablage in Flugrichtung $\Delta x(t)$ (siehe auch Gl. (9.3)) zum Phasenfehler wird im nächsten Schritt eliminiert.

9.8.4 Kompensation der Abtastfehler in Azimutrichtung

Um die räumlich äquidistante Abtastung in Azimutrichtung herzustellen, müssen fehlende Werte durch Interpolation und Neuabtastung berechnet werden. Diese Maßnahme kompensiert automatisch den Phasenfehler, der durch die Ablage in Flugrichtung $\Delta x(t)$ hervorgerufen wurde, da nach der Kompensation Verhältnisse entsprechend einer konstanten Vorwärtsgeschwindigkeit existieren, die zu keinen weiteren Phasenfehlern führen. Prinzipiell entspricht dies einer Nachführung der Pulsfrequenz gemäß

$$PRF(t) = PRF_0 \cdot \frac{v(t)}{v_0}. \qquad (9.55)$$

Die Pulsfrequenz $PRF(t)$ ist proportional zur variablen Vorwärtsgeschwindigkeit $v(t)$ und die Referenz-PRF PRF_0 wird auf eine konstante Vorwärtsgeschwindigkeit v_0 bezogen. Hierfür wird z. B. die mittlere Vorwärtsgeschwindigkeit $v_0 = \overline{v(t)}$ gewählt. Es ist zu beachten, daß v_0 auch zur Berechnung der Azimutreferenzfunktion verwendet werden muß.

9.9 Schlußfolgerungen

Eine Kompensation der Bewegungsfehler flugzeuggetragener SAR-Systeme ist in jedem Fall erforderlich, wenn qualitativ hochwertige SAR-Bilder erstellt werden sollen. Die Anforderungen an die Genauigkeit der Navigation und der rechnerischen Berücksichtigung der Laufzeit-, Phasen- und Abtastfehler des Rückstreusignals bemißt sich stets an der gewünschten Bildqualität. Hiervon ausgehend kann mittels der Vorgehensweise gemäß Kap. 9.3 ein entsprechendes Navigationssystem spezifiziert werden.

Der beschriebenen Methode der rechnerischen Kompensation von Bewegungsfehlern während der SAR-Bildprozessierung sind theoretisch kaum Grenzen gesetzt, sofern Navigation und Signalverarbeitung mit entsprechend hohem Aufwand betrieben werden.

Eine Erleichterung, zumindest bei der SAR-Signalverarbeitung, kann aber erreicht werden, wenn die verwendeten Navigationsinstrumente mit einem Flugführungssystem gekoppelt werden. So kann man mittels des Autopiloten Abweichungen vom Sollflugweg bereits während der Messung zu einem gewissen Grad entgegensteuern und gravierende Bewegungsfehler werden bereits im Ansatz unterdrückt.

Besonders hohe Anforderungen an die Bewegungskompensation ergeben sich bei der SAR-Interferometrie (siehe Kap. 8.6), bei welcher die genaue Kenntnis der Basisline zwischen den beiden Empfangsantennen erforderlich ist. Insbesondere bei der Mehrpaß-Interferometrie, die mehrere parallele Überfüge erfordert, ist der Einsatz eines Flugführungssystems unabdingbar.

Ein anderer Weg, Bewegungsfehler bereits im Ansatz zu reduzieren, wäre die Wahl eines passenden Flugzeugtyps. So kann man allgemein davon ausgehen, daß sich mit zunehmender Masse, Geschwindigkeit und Flughöhe stabilere Flugeigenschaften einstellen. Allerdings erhöhen sich auch die Kosten des Flugbetriebes entsprechend.

Abschließend kann festgehalten werden, daß der Aspekt der Bewegungskompensation bereits bei der Konzeption eines flugzeuggetragenen SAR-Systems berücksichtigt werden muß. Ausgehend von der Spezifikation des Bildprodukts beeinflußt die Bewegungskompensation die Auslegung des SAR-Sensors bis hin zur Auswahl des Flugzeugtyps und betrifft natürlich auch die erforderliche Rechnerkapazität bei der SAR-Bildprozessierung.

Literaturverzeichnis

[1] Buckreuß, S.: *Bewegungskompensation für flugzeuggetragene SAR-Systeme.* DLR-Forschungsbericht, FB 94-17, 1994

[2] Kirk, J.: *Motion Compensation for Synthetic Aperture Radar.* IEEE Trans. on Aerosp. Electr. Syst., Vol. AES-11, No. 3, 1975, p. 338–348

[3] Haslam, G., Reid, B.: *Motion Sensing Requirements for Synthetic Aperture Radar.* IEEE Proc., Vol. 1, 1983, p. 126–131

[4] Papoulis, A.: *Probability, Random Variables and Stochastic Processes.* Tokyo: McGraw-Hill Kogakusha Ltd., 1965, p. 338–355

[5] Hounam, D., Panula-Ontto, E., Wägl, K.-H.: *Oscillator Noise and SAR Image Quality.* DLR-Forschungsbericht, FB 94-02, 1994

[6] Böhret, H.: *Berechnung der Leistungsspektraldichten verschiedener Flugzustandsgrößen infolge stochastischer Böen.* Aktenvermerk BM 40-52/82, Dornier, Friedrichshafen, 1985

[7] Moreira, J.: *Bewegungsextraktionsverfahren für Radar mit synthetischer Apertur.* DLR-Forschungsbericht, FB 92-31, 1992

[8] Riek, W.: *Zeit-Frequenz-Signal-Analyse für Radaranwendungen mit synthetischer Apertur (SAR).* Aachen: Shaker, 1998

[9] Bamler, R.: *Doppler Frequency Estimation and the Cramer-Rao Bound.* IEEE Trans. Geoscience and Remote Sensing, Vol. GE-29, No. 3, p. 385–390

[10] Madsen, S.N.: *Estimating the Doppler Centroid of SAR Data.* IEEE Trans. on Aerosp. Electr. Syst., Vol. AES-25, No. 2, 1989, p. 134–140

[11] Fabeck, W.: *Kreiselgeräte.* Würzburg: Vogel, 1980

[12] Stieler, B., Winter, H.: *Gyroscopic Instruments and their Application to Flight Testing.* NATO, AGARD, AGARDograph No. 160, Vol. 15, London, 1982

[13] Joos, D.: *Inertialnavigation in Strapdown Technik.* Sonderschrift Ortung und Navigation, Vol. 2, 1983, S. 165–189

[14] Navstar GPS Technical Support Group: *Technical Characteristics of the NAVSTAR GPS*, 1989

[15] Navstar GPS Technical Support Group: *User Equipment and Applications*, 1989

[16] Hartl, Ph.: *High Precision Navigation with Satellites.* In: Proceedings of an International Workshop, High Precision Navigation, organized by the Sonderforschungsbereich 228 (Special Collaborative Programme) of the Deutsche Forschungsgemeinschaft, Stuttgart and Altensteig, 1988, p. 3–14

[17] Euler, H.J., Landau, H.: *Fast GPS Ambiguity Resolution On-The-Fly for Real-Time Applications.* 6. Internat. Geodetic Symposium on Satellite Positioning, Columbus, Ohio, 1992

[18] Wacker, U., Jacob, T., Meyer-Hilberg, J.: *Integration von Satellitennavigation mit anderen Systemen.* DGON Seminar Satellitennavigationssysteme, Potsdam, 1992, p. 59–71

[19] Kalman, R.E.: *New methods and results in linear prediction and filtering theory.* Trans. of the ASME, Series D, Bd. 83, 1961, p. 95–108

[20] Schänzer, G.: *Satellitennavigation in der Luftfahrt.* DGON Seminar Satellitennavigationssysteme, Potsdam, Okt. 1992, p. 105–114

[21] Napier, M.: *Data Processing for GPS/INS Integration.* Proceedings of an International Workshop for High Precision Navigation, organized by the Sonderforschungsbereich 228 (Special Collaborative Programme) of the Deutsche Forschungsgemeinschaft, Stuttgart and Altensteig, 1988, p. 571–583

10 Gerätekomponenten

Die Radartechnik ist, was die technische Realisierung von Geräten anbelangt, untrennbar mit der Mikrowellentechnik verknüpft. Nur wenige spezielle Anwendungen weichen von dieser historisch gewachsenen Verbindung ab, so z. B. Überhorizont-Radare im Kurzwellenbereich. Mikrowellen decken den Frequenzbereich zwischen 1 GHz und 300 GHz ab; dies entspricht Wellenlängen zwischen 30 cm und 1 mm. Die daraus resultierenden Konsequenzen für die Realisierung von Bauelementen bestehen in grundsätzlichen Unterschieden zu den Verhältnissen in der Niederfrequenz- oder klassischen Hochfrequenztechnik. Während nämlich dort stets die Bedingung erfüllt ist, daß die Abmessungen von Bauelementen klein gegenüber den Betriebswellenlängen sind, kann man im Mikrowellenbereich nicht mehr von derart ‚konzentrierten' Elementen sprechen. Vielmehr kommen in diesem Frequenzbereich die Dimensionen von Bauelementen und Wellenlängen in dieselbe Größenordnung. Die sich im Zuge einer Schaltung ausbreitenden Signale bekommen Wellencharakter; die elektrischen und magnetischen Feldstärken erfahren neben der Zeit- auch eine Ortsabhängigkeit. Zur Beschreibung von Mikrowellenschaltungen werden deshalb die *Maxwellschen Gleichungen* für schnell veränderliche Felder notwendig. In der Praxis bedeutet dies, daß z. B. einfache Leitungsstücke die Funktionen von Induktivitäten, Kapazitäten oder Resonanzkreisen übernehmen können, oder allein Laufzeiteffekte in aktiven Elementen zur Schwingungserzeugung oder -verstärkung herangezogen werden können. Im Verlauf dieses Kapitels sollen die wesentlichen passiven und aktiven Mikrowellenkomponenten, die in der Radartechnik relevant sind, vorgestellt werden.

Im Gegensatz zu den physikalisch bedingten Besonderheiten bei der Schaltungsrealisierung zeigt die grundsätzliche Schaltungstechnik von Radarsendern und -empfängern viele Gemeinsamkeiten mit den Regeln, die beispielsweise für Geräte im Kommunikationsbereich bei tieferen Frequenzen gelten. Zunächst sollen deshalb diese systembezogenen Aspekte der Gerätetechnik dargestellt werden.

10.1 Grundsätzliche Schaltungstechnik

Die prinzipielle Aufgabe eines Senders innerhalb einer Kommunikationskette besteht in der Umsetzung der Information aus einer Signalquelle in eine zur drahtlosen Übertragung geeignete Frequenzlage und der Einspeisung dieses nun hochfrequenten Signals entsprechender Leistung in eine Antenne. Nach Durchlaufen der Übertragungsstrecke wird dieses Signal an einem anderen Ort von einem Empfänger aufgenommen, in die Originalfrequenzlage zurücktransformiert und verarbeitet [1], [2].

Für eine Radaranlage, insbesondere für ein monostatisches Radar, ergeben sich naturgemäß andere Verhältnisse. Sender und Empfänger befinden sich in diesem Fall am selben Ort, und die zu übertragende Information besteht in der Regel aus einem periodischen Puls- oder FM/CW-Signal. Der Empfänger verarbeitet somit nicht die Signale eines fremden sondern die des direkt zu ihm gehörenden, oft über eine gemeinsame Impuls- oder Frequenzzentrale verbundenen Senders. Üblicherweise spricht man deshalb in der Radartechnik von einem ‚Sendeempfänger' (engl.: transceiver).

10.1.1 Sender

Der Sender eines Radargerätes setzt sich aus folgenden Grundelementen zusammen: Frequenzerzeugung, Frequenzaufbereitung, Modulation, Leistungsverstärkung und Leistungsauskopplung. Abb. 10.1 zeigt das auf diese Detaillierungsebene reduzierte Blockschaltbild.

Das frequenzbestimmende Element des Steuersenders ist in der Regel ein hochstabiler Referenzoszillator. Von diesem Referenzoszillator werden im Zuge der Frequenzaufbereitung alle für den Sender und den Empfänger benötigten Mischfrequenzen abgeleitet. In der Modulatorstufe wird dem Trägersignal, das sich nun in einer Zwischenfrequenzlage oder bereits in der endgültigen Frequenzlage befindet, das Nutzsignal aufgeprägt. Das für die Sendung aufbereitete Mikrowellensignal wird im Leistungsverstärker auf einen Pegel gebracht, der den Reichweitenforderungen entspricht. Radar-Leistungsverstärker können, je nach Anwendungsfall, sehr unterschiedlich ausgelegt sein. So werden für Nahbereichs-Sensoren ausschließlich Halbleiterendstufen zum Einsatz gelangen, wogegen für Radare mittlerer und großer Reichweite nach wie vor Laufzeitröhren die vorherrschende Stellung einnehmen.

Ein Unterscheidungskriterium besteht bei Pulsradaren bezüglich der Kohärenz, d. h. der Phasenbeziehung zwischen gesendetem und empfangenem Signal. Im Fall des

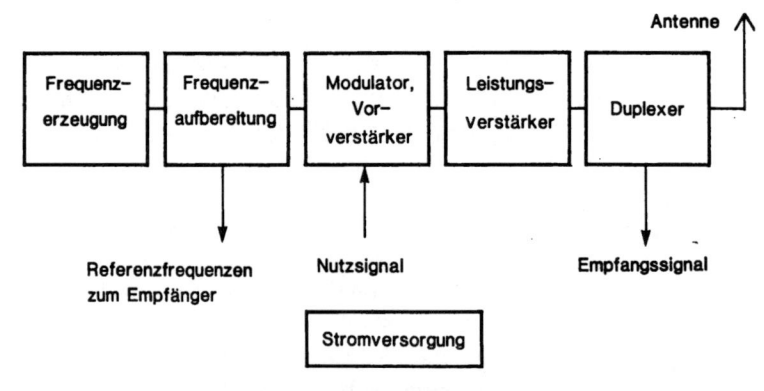

Abb. 10.1: Vereinfachtes Blockschaltbild eines Radarsenders.

10.1 Grundsätzliche Schaltungstechnik

einfachen nicht-kohärenten Pulsradars erzeugt z. B. ein freischwingendes, gleichspannungsgetastetes Magnetron die Sendeimpulse. Einen deutlich größeren Aufwand bei der Leistungsendstufe verlangt das vollkohärente Puls-(Doppler-)Radar. Solche Endstufen sind in der Regel als Wanderfeldröhren-Verstärker ausgeführt, die die geforderte Phasenkohärenz aus einem hochstabilen Oszillator ableiten. In analoger Weise gelten diese Kohärenzbedingungen natürlich auch für FM/CW-Radare. Die letzte Stufe des Senders bildet die Leistungsauskopplung zur Antenne. Beim monostatischen Radar wird normalerweise eine gemeinsame Antenne für Sendung und Empfang benutzt. Dies bedingt einen Duplexer als Weiche zwischen Sender, Empfänger und Antenne. Die notwendige Entkopplung zwischen Sender und Empfänger kann im Falle eines Pulsradars durch einen schnellen Schalter erfolgen, beim Dauerstrich-Radar wird die Sende-/Empfangsweiche durch einen Zirkulator realisiert.

Mikrowellen-Bauelemente und -Baugruppen finden sich im Sender eines Radargerätes in den Stufen Vorverstärkung, Leistungsverstärkung und Leistungsauskopplung.

10.1.2 Empfänger

Wie der Sender, so weist auch der Radarempfänger wesentliche Merkmale der im Kommunikationsbereich üblichen Empfängertechnik auf. So gelangt beispielsweise grundsätzlich das Überlagerungsprinzip zur Anwendung, d. h. das empfangene Mikrowellensignal wird zunächst in einen Zwischenfrequenzbereich abgemischt, dort gefiltert und verstärkt und danach in die Videofrequenzebene umgesetzt, wo die anschließende Signalverarbeitung erfolgt. Abb. 10.2 zeigt ein Blockschaltbild mit den wesentlichen Elementen eines Radarempfängers.

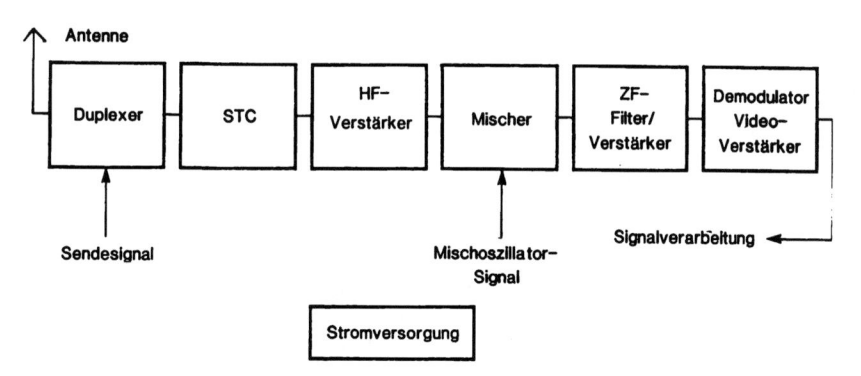

Abb. 10.2: Vereinfachtes Blockschaltbild eines Radarempfängers.

Den Eingang des Empfängers bildet der bereits beschriebene Duplexer. Danach folgt ein STC (Sensitivity Time Control)-Regelverstärker, der den Dynamikbereich so einengt, daß große Zielechos aus geringer Entfernung und kleine Echos von weiter entfernten Zielen am Eingang des Empfängers mit gleicher Amplitude erscheinen; die STC ist demgemäß eine entfernungsabhängige Verstärkungsregelung. Ein rauscharmer Vorverstärker hebt den Mikrowellen-Signalpegel vor der Abmischung in die ZF-Ebene an und bestimmt so maßgeblich die Gesamtrauschzahl des Empfängers. Der Mischer erhält sein Mischoszillatorsignal aus der mit dem Sender gemeinsamen Frequenzaufbereitung. Das ZF-Signal wird gefiltert, verstärkt und anschließend der Demodulatorstufe zugeführt. Nach einer weiteren Verstärkung gelangt das Videosignal zum Signalverarbeitungsteil des Empfängers. Auch im Fall des Empfängers wird zwischen kohärentem und nicht-kohärentem Betrieb unterschieden. Im komfortabelsten Fall einer vollkohärenten Radaranlage, also bei sehr stabilen Phasenbeziehungen zwischen Sende- und Empfangssignal, besteht die Möglichkeit, durch Zielbewegungen hervorgerufene Dopplerverschiebungen auszuwerten, d. h. radiale Geschwindigkeitskomponenten des Zieles zu erfassen. Ebenso läßt sich eine Festzielunterdrückung (MTI: Moving Target Indication) realisieren.

Für den in Abb. 10.2 gezeigten Empfänger erstreckt sich der Umfang der Mikrowellen-Baugruppen vom Duplexer bis zum Mischer.

10.2 Mikrowellen-Bauelemente

Eine Betrachtung von Mikrowellen-Bauelementen, die über deren Verhalten als abstrakter n-Pol eine phänomenologische Beschreibung beinhalten soll, muß die Kenntnis der in der Mikrowellentechnik üblichen Leitungsmedien voraussetzen. Damit können zunächst passive Bauelemente hinreichend charakterisiert werden. Zum Verständnis nichtreziproker Elemente ist darüber hinaus die Einbeziehung des Verhaltens gyromagnetischer Materie erforderlich. Die Funktion von Halbleitern und Elektronenröhren zur Schwingungserzeugung, -verstärkung und -mischung schließlich basiert auf dem Transport von Leitungselektronen in Festkörpern bzw. von Ladungsträgern im Vakuum [3], [4].

10.2.1 Leitungsmedien

Eine Einteilung der Leitungsmedien für den Mikrowellenbereich wird entsprechend der Gestalt der elektrischen und magnetischen Feldkomponenten einer sich ausbreitenden Welle vorgenommen. Leitungen, bei denen orthogonal zur Ausbreitungsrichtung nur reine elektrische oder magnetische Feldkomponenten existieren, werden als TE (transversal elektrische)- bzw. TM (transversal magnetische)-Leitungen bezeichnet. Der für die Mikrowellentechnik klassische Hohlleiter ist ein Vertreter dieses Leitungstyps.

TEM-Wellenleiter haben senkrecht zur Ausbreitungsrichtung sowohl elektrische als auch magnetische Feldkomponenten. Zu diesem Leitungstyp gehört die große Gruppe der planaren Leiter mit der Mikrostreifenleitung als wichtigstem Vertreter, aber auch Koaxialleitungen und die einfache Zweidrahtleitung sind TEM-Wellenleiter. Dielektrische Leitungen sind Oberflächen- oder hybride Wellenleiter von überwiegendem, jedoch nicht reinem TE- oder TM-Charakter ([5] bis [8]).

Hohlleiter

Ein sehr verlustarmes Leitungsmedium bis hin zu höchsten Frequenzen ist der Hohlleiter [9]. Der Energietransport in seinem Innern erfolgt im praktisch verlustfreien Dielektrikum ‚Luft'. Als allseitig geschlossener Körper weist er keine Abstrahlungsverluste auf, Dämpfung entsteht mithin nur als Folge von Wandstromverlusten.

Die sich in einem Hohlleiter ausbreitende Welle ist eine Interferenzwelle, die durch die Überlagerung zweier ebener, einer einfallenden und einer an der metallischen Hohlleiterwand reflektierten Partialwelle entsteht. Elektrische und magnetische Feldkomponenten können im Hohlleiter grundsätzlich in allen drei Raumachsen existieren. Eine in Ausbreitungsrichtung orientierte magnetische Feldkomponente ist das Charakteristikum einer H-Welle; sie entspricht der vorgenannten TE-Welle. In Analogie dazu sind E- (bzw. TM-) Wellen existenzfähig.

Wellenausbreitung im Hohlleiter findet erst oberhalb einer von seinen Querschnittsabmessungen abhängigen Grenz- oder kritischen Frequenz f_K statt. Dies ist eine Folge der Forderungen an Hohlleitergeometrie und anregende Wellenlänge zur Erfüllung der Interferenzbedingungen. Unterhalb der Grenzfrequenz sinken alle Feldkomponenten aperiodisch ab. Die niedrigste Grenzfrequenz in einem Rechteckhohlleiter hat die sogenannte magnetische Grundwelle H_{10}. Dieser Grenzfrequenz entspricht die Grenz- oder kritische Wellenlänge λ_K, für die gilt

$$\lambda_K = \frac{c_0}{f_K} = 2 \cdot a . \tag{10.1}$$

Gl. (10.1) entsteht aus der allgemeinen Beziehung für die kritische Wellenlänge

$$\lambda_K = \frac{2}{\sqrt{\left(\frac{m}{a}\right)^2 + \left(\frac{n}{b}\right)^2}} \tag{10.2}$$

für H_{mn}- und E_{mn}-Wellen, im Falle der H_{10}-Welle mit $m = 1$ und $n = 0$. Die Indizierung der Wellentypen dient der Unterscheidung zwischen den theoretisch unendlich vielen existenzfähigen Hohlleiterwellen oberhalb der Grenzfrequenz. Der Index m bezeichnet die Anzahl der Feldstärkemaxima entlang der Hohlleiterbreitseite a, der Index n zählt dieselben entlang der Hohlleiterschmalseite b.

Die größte technische Bedeutung hat die bereits erwähnte magnetische Grundwelle im Rechteckhohlleiter mit der Bezeichnung H_{10}. Abb. 10.3 zeigt den Feldverlauf dieser Welle.

Das Feldbild zeigt geschlossene magnetische Feldlinien parallel zu den Hohlleiterbreitseiten a. Diese haben Komponenten in Ausbreitungsrichtung, deshalb H-Welle, und Komponenten orthogonal dazu. Ursache für diese Felder muß nach dem Induktionsgesetz ein Strom sein. Dieser kann jedoch, da er senkrecht zur H-Ebene steht und sich somit im Innern des leitungsfreien Hohlleiters befindet, offensichtlich kein Lei-

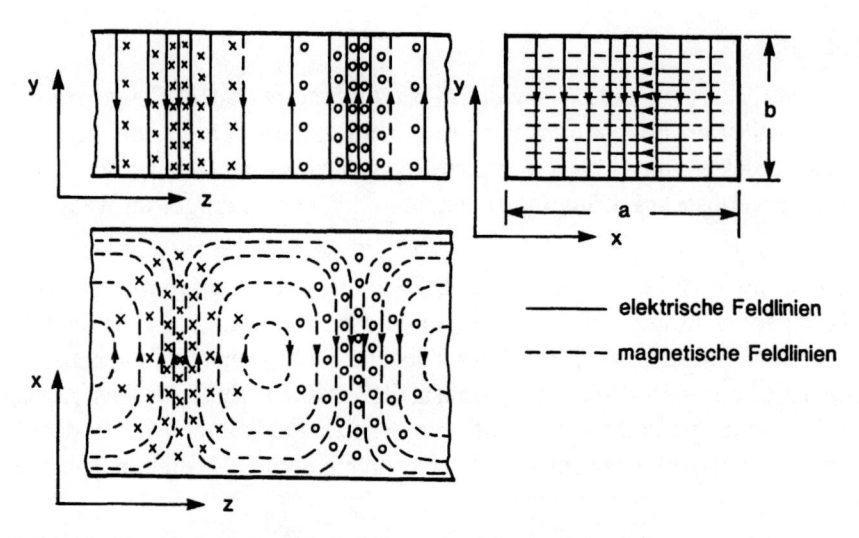

Abb. 10.3: Feldverlauf der H_{10}-Welle im Recheckhohlleiter (Quelle: Lit. [4]).

tungsstrom sein. An dieser Stelle muß deshalb der Begriff des ‚Verschiebungsstroms' eingeführt werden. Er ist nicht an einen metallischen Leiter gebunden und ergänzt die in den Hohlleiterwänden fließenden Ströme zu geschlossenen Stromkreisen. Nach der Vorstellung *Maxwells* entspricht ein Verschiebungsstrom einem sich ändernden elektrischen Feld mit den gleichen magnetischen Eigenschaften wie ein Leitungsstrom. Um den Verschiebungsstrom in der Mitte des Hohlleiters entstehen nach der Rechtsschraubenregel magnetische Felder sowie phasen- und räumlich verschobene elektrische Felder. Der Verlauf des elektrischen Feldes in der Querschnittsebene des Hohlleiters hat ein Maximum in der Mitte der Breitseite a (Index $m = 1$), aber keine Extremwerte entlang der Schmalseite b (Index $n = 0$). Bei Frequenzen oberhalb der Grenzfrequenz, also im Bereich ausbreitungsfähiger Wellen, haben diese eine Hohlleiterwellenlänge λ_H, die stets größer als die entsprechende Wellenlänge λ in Luft ist. Für λ_H gilt

$$\lambda_H = \frac{\lambda}{\sqrt{1 - \left(\frac{\lambda}{\lambda_K}\right)^2}} \ . \tag{10.3}$$

Für die Phasengeschwindigkeit v_{ph} einer Hohlleiterwelle, d. h. für die Änderungsgeschwindigkeit des Feldzustandes, gilt

$$v_{ph} = \lambda_H \cdot f = \frac{c_0}{\sqrt{1 - \left(\frac{\lambda}{\lambda_K}\right)^2}} \ . \tag{10.4}$$

Bemerkenswert ist die Tatsache, daß diese Phasengeschwindigkeit größer als die Lichtgeschwindigkeit c_0 ist. Dieser fiktiven Größe steht die Gruppengeschwindigkeit

v_{gr} gegenüber, mit der der physikalisch relevante Wirkleistungstransport erfolgt und die selbstverständlich kleiner als c_0 ist

$$v_{gr} = c_0 \cdot \sqrt{1 - \left(\frac{\lambda}{\lambda_K}\right)^2} \,. \tag{10.5}$$

Erhöht man die Frequenz der H_{10}-Welle, d. h. wird die Hohlleiterwellenlänge kleiner, so wird bei $\lambda_H = 0,5 \cdot \lambda_K$ der erste Wellentyp höherer Ordnung, die H_{20}-Welle ausbreitungsfähig. Damit wird der Eindeutigkeitsbereich der magnetischen Grundwelle überschritten. Im praktischen Betrieb schränkt man diesen Bereich noch weiter ein, um einerseits nicht in den Dämpfungsbereich nahe der Grenzfrequenz zu gelangen und um andererseits sicher im Eindeutigkeitsbereich der H_{10}-Welle zu bleiben. Ein Rechteckhohlleiter mit dem üblichen Seitenverhältnis $a = 2b$ wird demnach betrieben im Frequenzbereich

$$1,25 \cdot f_K < f < 1,90 \cdot f_K \,. \tag{10.6}$$

Für weiter ansteigende Frequenzen existieren in einem Hohlleiter gegebenen Querschnitts eine unendliche Anzahl von Wellentypen höherer Ordnung, von denen allerdings nur die niedrigsten von technischer Bedeutung sind.

Neben Hohlleitern mit rechteckigem Querschnitt werden für spezielle Anwendungen, wie z. B. für die Übertragung zirkular polarisierter Wellen, auch solche mit kreisförmigem Querschnitt eingesetzt. Zur Beschreibung ihrer Feldverteilungen werden statt trigonometrischer Funktionen, wie im Falle von Rechteckhohlleitern, *Bessel*-Funktionen verwendet, deren Amplituden mit wachsendem Argument abnehmen. Die Wellentypindizierung bezeichnet mit m die Anzahl der Halbperioden des elektrischen Feldes bei H-Wellen bzw. des magnetischen Feldes bei E-Wellen längs des halben Umfangs des Hohlleiters und mit n die Anzahl der entsprechenden Halbperioden entlang des halben Durchmessers D. Für die kritischen Wellenlängen gilt

$$\lambda_K = \frac{\pi \cdot D}{j_{mn}} \quad \text{für} \quad E_{mn}\text{-Wellen} \tag{10.7}$$

$$\lambda_K = \frac{\pi \cdot D}{j'_{mn}} \quad \text{für} \quad H_{mn}\text{-Wellen} \,. \tag{10.8}$$

In diesen Gleichungen sind j_{mn} die n-te Nullstelle der *Bessel*-Funktion J_m und j'_{mn} die n-te Nullstelle des 1. Differentialquotienten der *Bessel*-Funktion J_m. Die größte kritische Wellenlänge hat auch im Rundhohlleiter die magnetische Grundwelle H_{11} mit

$$\lambda_K = \frac{\pi \cdot D}{1,84} \,. \tag{10.9}$$

Die Beziehungen für Hohlleiterwellenlänge, Phasen- und Gruppengeschwindigkeit im

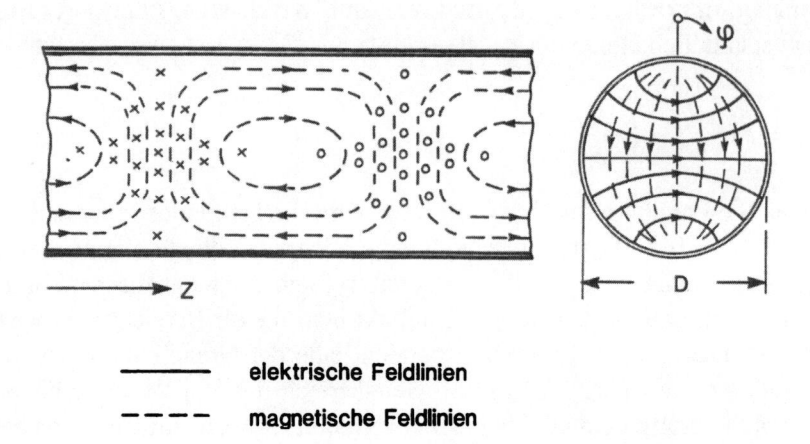

Abb. 10.4: Feldverlauf der magnetischen Grundwelle H_{11} im Rundhohlleiter (Quelle: Lit. [4]).

Rundhohlleiter sind mit denen des Rechteckhohlleiters identisch. Abb. 10.4 zeigt den grundsätzlichen Feldverlauf der H_{11}-Welle.

Zur Beschreibung der Impedanzverhältnisse in Hohlleitern allgemeinen Querschnitts ist die Definition des Feldwellenwiderstandes Z_F hilfreich, für den gilt

$$Z_F = \frac{Z_0}{\sqrt{1-\left(\frac{\lambda}{\lambda_K}\right)^2}} \quad \text{für} \quad H\text{-Wellen} \tag{10.10}$$

$$Z_F = Z_0 \cdot \sqrt{1-\left(\frac{\lambda}{\lambda_K}\right)^2} \quad \text{für E-Wellen} \,. \tag{10.11}$$

Die Größe Z_0 ist der Feldwellenwiderstand des freien Raumes, für den gilt

$$Z_0 = \sqrt{\frac{\mu_0}{\epsilon_0}} = 377\,\Omega\,. \tag{10.12}$$

In Gl. (10.12) bezeichnet $\mu_0 = 1{,}2566 \cdot 10^{-6}$ Vs/Am die magnetische und $\epsilon_0 = 8{,}8542 \cdot 10^{-12}$ As/Vm die elektrische Feldkonstante. Wesentlich ist, daß Z_F für H-Wellen stets größer und für E-Wellen stets kleiner als Z_0 ist. Ein Leitungswellenwiderstand ist im Hohlleiter wegen der immer vorhandenen Axialkomponenten des Feldes in herkömmlicher Weise nicht definierbar. Für Rechteckhohlleiter mit der üblichen Dimensionierung $a = 2b$ kann er jedoch näherungsweise gleich dem Feldwellenwiderstand angenommen werden.

Die wesentlichen Anwendungsbereiche für Hohlleiter sind heute Aufgaben wie die Übertragung sehr hoher Leistungen im Mikrowellenbereich oder die Realisierung der verlustärmsten technischen Leitung bei extrem hohen Frequenzen. Im Kleinleistungsbereich haben sich planare Leitungsmedien, d. h. die Mikrostreifenleitung und die von ihr abgeleiteten Bauformen, durchgesetzt.

Mikrostreifenleitung

Die Mikrostreifenleitung ist der bedeutendste Vertreter aller planarer Leitungstypen für den Mikrowellenbereich [10]. Sie bildet die Basis der meisten integrierten Schaltungen, insbesondere von monolithisch integrierten Mikrowellenschaltungen (MMIC: Microwave Monolithic Integrated Circuits). Die Vorteile dieses Leitungstyps bestehen im einfachen Aufbau, in sehr guter Miniaturisierbarkeit und der Möglichkeit, problemlos passive Schaltungskomponenten zu realisieren und aktive Bauelemente zu integrieren. Nachteile sind die, verglichen mit dem Hohlleiter, relativ hohe Leitungsdämpfung und das Problem von Abstrahlverlusten bzw. der möglichen Einkopplung von Störungen.

Die Mikrostreifenleitung ist für tiefe Frequenzen ein reiner *TEM*-Wellenleiter, elektrische und magnetische Feldkomponenten existieren nur orthogonal zur Ausbreitungsrichtung. Für diesen Betriebsfall muß für die Leiterbreite w und die Substratdicke h die Bedingung

$$w, h < \frac{\lambda}{40 \cdot \sqrt{\epsilon_r}} \qquad (10.13)$$

erfüllt sein. Für höhere Frequenzen entstehen zunehmend Longitudinalkomponenten des Feldes. Der Aufbau der Mikrostreifenleitung besteht aus einer metallischen Grundplatte der Dicke t als Bezugspotential, einem darauf liegenden dielektrischen Substrat der Dicke h mit einer Dielektrizitätskonstante ϵ_r sowie einem flachen leitenden Streifen mit derselben Dicke t der Grundplatte und der Breite w. Abb. 10.5 zeigt einen Schnitt durch die Mikrostreifenleitung und ihren näherungsweisen Feldverlauf.

Als Substratmaterialien kommen vorwiegend Al_2O_3-Keramik mit einer Dielektrizitätskonstante $\epsilon_r = 9{,}8$ sowie glasfaserverstärktes PTFE (Polytetrafluoräthylen) mit einem wählbaren ϵ_r zwischen 2,5 und etwa 10 in Betracht.

In Spezialfällen, z. B. für sehr hohe Frequenzen, werden Saphir oder Quarz verwendet. Die Herstellung der Leitungsstrukturen erfolgt bei Keramiksubstraten in Dünnfilm- oder Dickschichttechnik, bei Kunststoffsubstraten mittels Photoätztechnik.

Für die Berechnung von Schaltungen und Schaltungselementen in Mikrostreifenleitungstechnik muß auf numerische Methoden zurückgegriffen werden, da eine streng analytische, feldtheoretische Darstellung infolge des geschichteten Dielektrikums ‚Substrat/Luft' nicht möglich ist. Die Grundwelle der Mikrostreifenleitung ist die Quasi-*TEM*-Welle HE_0. Eine untere Grenzfrequenz existiert für diese Grundwelle nicht.

Der Leistungstransport auf der Mikrostreifenleitung ist stets gekennzeichnet durch Leistungsanteile, die sich im Dielektrikum ausbreiten und solche im Luftraum über

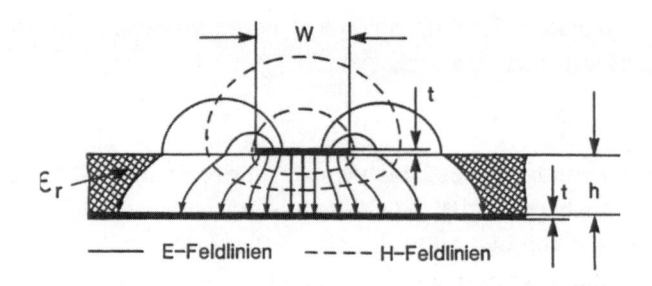

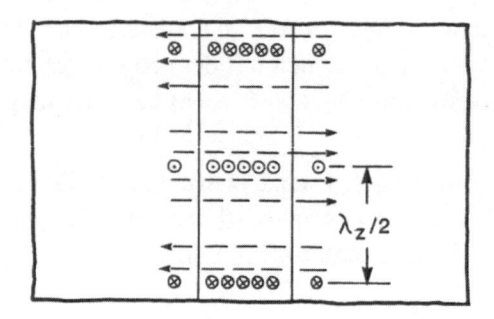

Abb. 10.5: Aufbau und Feldverlauf der Mikrostreifenleitung (Quelle: Lit. [3]).

der Leitung. Bei sehr tiefen Frequenzen überwiegen die Feldanteile in der Luft, für höhere Frequenzen konzentriert sich das Feld zunehmend im Dielektrikum.

Die Kenngrößen der Mikrostreifenleitung sind die effektive Dielektrizitätskonstante ϵ_{reff} und der Leitungswellenwiderstand Z_L. Die Dispersion, also die Proportionalität zwischen Frequenz und Phasengeschwindigkeit, hat Konsequenzen für diese Kenngrößen. So ist ϵ_{reff} infolge der Leistungsanteile in der umgebenden Luft der Leitung stets kleiner als die Dielektrizitätskonstante ϵ_r des Substratmaterials, nähert sich dieser aber mit steigender Frequenz an. Für ϵ_{reff} gilt

$$\epsilon_{\text{reff}} = \left(\frac{c_0}{v_{\text{ph}}}\right)^2 = \left(\frac{\lambda}{\lambda_Z}\right)^2. \tag{10.14}$$

In Gl. (10.14) ist λ_Z die Leitungswellenlänge. Für den quasistatischen Fall, also unter Vernachlässigung der Dispersion, können die Kenngrößen reduziert auf eine Abhängigkeit von der Leitungsgeometrie dargestellt werden. Für ϵ_{reff} gilt dann

$$\epsilon_{\text{reff}} = \frac{1}{2} \cdot (\epsilon_r + 1) + \frac{1}{2} \cdot (\epsilon_r - 1) \cdot F \tag{10.15}$$

mit

$$F = \frac{1}{\sqrt{1 + 12 \cdot \frac{h}{w}}} \qquad \text{für} \quad \frac{w}{h} \geq 1 \tag{10.16}$$

10.2 Mikrowellen-Bauelemente

bzw.

$$F = \frac{1}{\sqrt{1+12\cdot\frac{h}{w}}} + 0.04\cdot\left(1-\frac{w}{h}\right)^2 \quad \text{für} \quad \frac{w}{h} \leq 1 \,. \tag{10.17}$$

Für den Leitungswellenwiderstand Z_L gilt unter denselben Bedingungen

$$Z_L = \frac{Z_0}{\sqrt{\epsilon_{\text{reff}}} \cdot \frac{w_{\text{eff}}}{h}} \tag{10.18}$$

mit der bezogenen effektiven Leitungsbreite

$$\frac{w_{\text{eff}}}{h} = \frac{2\pi}{\ln\left(8\cdot\frac{h}{w} + 0,25\cdot\frac{w}{h}\right)} \quad \text{für} \quad \frac{w}{h} \geq 1 \tag{10.19}$$

bzw.

$$\frac{w_{\text{eff}}}{h} = \frac{w}{h} + 2,46 - 0,49\cdot\frac{h}{w} + \left(1-\frac{h}{w}\right)^6 \quad \text{für} \quad \frac{w}{h} \leq 1 \,. \tag{10.20}$$

Die Dämpfung der Mikrostreifenleitung ist überwiegend die Folge endlicher Leitfähigkeit des Leitermaterials. Dielektrische Verluste im Substrat tragen nur in Bruchteilen zur Gesamtdämpfung bei. Eine rechnerische Behandlung der Dämpfung gestaltet sich schwierig, sie müßte die genaue Kenntnis der Stromverteilung im Leiter voraussetzen. Für hohe Frequenzen gewinnt auch dessen Oberflächenbeschaffenheit an Bedeutung; rauhe Oberflächen weisen einen wesentlich höheren Widerstand auf, als es der spezifischen Leitfähigkeit des Volumens entspricht.

Auch auf der Mikrostreifenleitung sind Wellentypen höherer Ordnung ausbreitungsfähig, im Gegensatz zur Grundwelle HE_0 allerdings erst ab einer bestimmten Grenzfrequenz. Diese ist z. B. für den nächsthöheren Wellentyp HE_1 gegeben durch

$$f_c = \frac{c_0}{2\cdot w_{\text{eff}}\cdot\sqrt{\epsilon_{\text{reff}}}} \,. \tag{10.21}$$

Anlaß zum Entstehen höherer Wellentypen können Leitungsdiskontinuitäten jeglicher Art sein. Der Betriebsfrequenzbereich einer Mikrostreifenleitung im Grundwellenbetrieb sollte deshalb deutlich unterhalb der Grenzfrequenz unerwünschter Wellentypen höherer Ordnung enden.

Insbesondere für die Realisierung aktiver und passiver integrierter Mikrowellenschaltungen haben zwei Modifikationen der Mikrostreifenleitung Bedeutung erlangt. Dies ist zum einen die ‚offene Schlitzleitung', die gewissermaßen das Gegenstück zur Mikrostreifenleitung darstellt und aus dieser entsteht, indem metallisierte und nichtmetallisierte Bereiche der Leitungsstruktur vertauscht werden. Abb. 10.6a zeigt einen Querschnitt durch die ‚offene Schlitzleitung'. Mit ihr lassen sich in Verbindung mit der Mikrostreifenleitung bevorzugt Gegentaktmischer, PIN-Dioden-Dämpfungsglieder oder Richtkoppler realisieren. Der Feldverlauf der Schlitzleitung unterscheidet sich grundsätzlich von dem der Mikrostreifenleitung. Nach Vertauschen der x- und y-Koordinaten des in Abb. 10.3 verwendeten Bezugssystems gleicht das Feld annähernd dem der H_{10}-Welle im Rechteckhohlleiter. Ein Nachteil der Schlitzleitung ist die starke Frequenzabhängigkeit der Phasengeschwindigkeit und des Wellenwiderstandes.

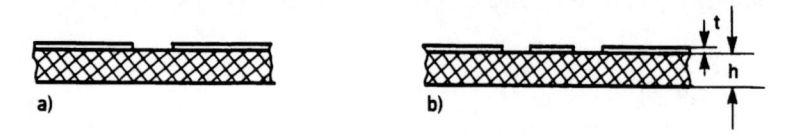

Abb. 10.6: Querschnitt durch die offene Schlitzleitung a) und die Koplanarleitung b).

Erweitert man die Schlitzleitung durch einen zweiten, parallel verlaufenden Schlitz, so entsteht als Modifikation die ‚Koplanarleitung'. Ihren Querschnitt zeigt Abb. 10.6b.

Sie besteht aus einer Streifenleitung und zwei durch parallel verlaufende Schlitze abgetrennte Massemetallisierungen. Die Koplanarleitung eignet sich bevorzugt zur Realisierung von Kurzschlüssen, für hochohmige Leitungen mit $Z_L > 100\,\Omega$ und zur Integration von Bauelementen parallel zur Leitung. Da die Grundwelle der Koplanarleitung keine reine *TEM*-Welle ist und Feldkomponenten in Ausbreitungsrichtung besitzt, die zudem noch zirkular oder elliptisch polarisiert sind, lassen sich sehr vorteilhaft in Verbindung mit Ferritmaterialien gyromagnetische Bauelemente wie nichtreziproke Phasenschieber oder Isolatoren realisieren.

Weitere Mikrowellenleitungen

Weniger zum Aufbau von Schaltungen als zum reinen Signaltransport finden koaxiale Leitungen Anwendung. Sie bestehen aus einem drahtförmigen Innenleiter und einem diesen konzentrisch umgebenden, zylinderförmigen Außenleiter. Der Zwischenraum ist entweder mit Luft oder einem Kunststoff als Dielektrikum gefüllt. Die Koaxialleitung ist ein reiner *TEM*-Wellenleiter, sofern er bei genügend hoher Frequenz betrieben wird, d. h. der Skineffekt wirksam und das Leiterinnere feldfrei ist, und die Leiterverluste gering sind. Für den Leitungswellenwiderstand gilt

$$Z_L = Z_0 \cdot \frac{\ln\left(\frac{D}{d}\right)}{2\pi \cdot \sqrt{\epsilon_r}}. \tag{10.22}$$

In Gl. (10.22) sind D der Durchmesser des Außenleiters, d der Durchmesser des Innenleiters und ϵ_r die Dielektrizitätskonstante des Innenraumes. Die Mehrzahl aller handelsüblichen Koaxialkabel weisen genormte Wellenwiderstände von $50\,\Omega$ oder $75\,\Omega$ auf. In ihrer technischen Ausführung sind diese Kabel entweder Festmantelleitungen mit nahtlos gezogenen Rohren oder flexible Kabel mit Drahtgeflechten als Außenleiter.

Für sehr hohe Frequenzen, also z. B. im Millimeterwellenbereich, können rein dielektrische Leitungen zur Wellenführung benutzt werden. Ihre Funktionsweise gleicht der

10.2 Mikrowellen-Bauelemente

optischer Fasern. Energietransport findet im Leitungsinnern durch fortwährende Reflexion an der Leiterbegrenzung, d. h. an der Grenzfläche des optisch dichteren Mediums der Leitung zum optisch dünneren Medium der Umgebung, in der Regel Luft, statt.

10.2.2 Passive Elemente

Neben den reinen Leitungsmedien zur Führung eines Mikrowellensignals sind zur Realisierung einer Schaltung verschiedene passive Bauelemente mit linearem Übertragungsverhalten zur Manipulation dieses Signals notwendig. Einige wesentliche Vertreter dieser Bauelemente seien im folgenden dargestellt.

Koppelanordnungen

Koppelanordnungen sind Leitungskonfigurationen zur in der Regel richtungsabhängigen Signal- bzw. Leistungsteilung [11], [12]. Die wichtigsten Ausführungsformen solcher Koppelanordnungen sind Richtkoppler, im Idealfall reziproke, verlustfreie Viertore mit zwei voneinander entkoppelten Toren, ähnlich einer Brückenschaltung in der NF-Technik. Mit ihnen können, je nach technischer Auslegung, aus einer durchgehenden Leitung kleinste Leistungsanteile ausgekoppelt oder, im Extremfall, Teiler mit einem Leistungsverhältnis von 1:1 realisiert werden. Abb. 10.7 zeigt eine mögliche Bauform eines Hohlleiter-Richtkopplers. Er besteht aus zwei mit den Breitseiten a aufeinanderliegenden Hohlleitern, deren gemeinsame Zwischenwand teilweise unterbrochen ist.

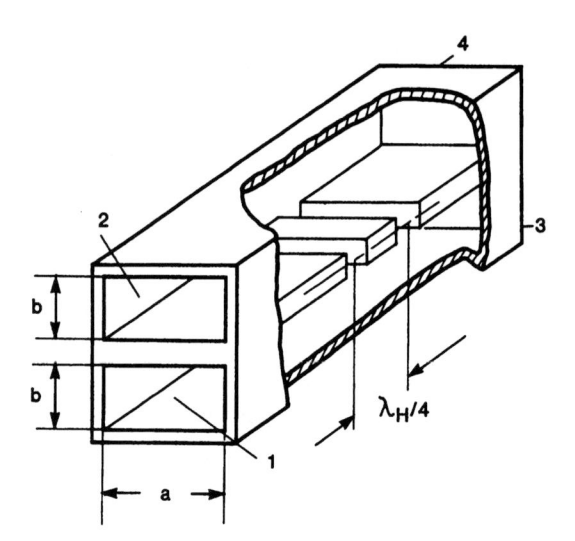

Abb. 10.7: Richtkoppler in Hohlleitertechnik (Quelle: Lit. [3]).

Bei dem gezeigten Richtkoppler sei Tor 1 der Eingang, die Wege 1–3 der Durchgangspfad und 1–4 der Koppelpfad, sowie Tor 2 das entkoppelte Tor. Kopplung von Weg 1–3 in den Weg 2–4 entsteht durch das Eindringen von Leistungsanteilen aus dem Durchgangspfad durch die Öffnungen der Trennwand in den Weg 2–4, welche sich dort zunächst in beide Richtungen ausbreiten. Als Folge des Abstandes von $\lambda_H/4$ beider Koppelschlitze überlagern sich Wellenanteile, die sich in Richtung auf die Tore 3 und 4 ausbreiten, gleichphasig, wogegen rückwärts laufende Anteile in Richtung Tor 2 sich auslöschen. Tor 2 ist somit entkoppelt.

Die wesentlichen Kenngrößen eines Richtkopplers sind die Koppeldämpfung

$$a_K = -10\log_{10}\frac{P_4}{P_1} \tag{10.23}$$

also das Verhältnis der Leistungen an den Toren 4 und 1, sowie die Richtdämpfung (engl.: directivity)

$$a_D = -10\log_{10}\frac{P_2}{P_4} \tag{10.24}$$

entsprechend dem Leistungsverhältnis der Tore 2 und 4. Abb. 10.8 zeigt einen Richtkoppler in Mikrostreifenleitungstechnik als direktes Analogon zum Hohlleiter-Richtkoppler.

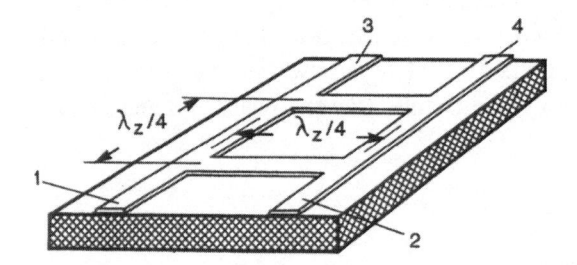

Abb. 10.8: Richtkoppler in Mikrostreifenleitungstechnik (Quelle: Lit. [3]).

Richtkoppler mit sehr hoher Koppeldämpfung (30 dB bis 40 dB) werden zur näherungsweise galvanisch getrennten Überwachung von Leistungsflüssen in Hohlleitern oder Mikrostreifenleitungen verwendet; solche mit der minimal möglichen Koppeldämpfung von 3 dB als entkoppelte Leistungsteiler.

Leistungsteiler im allgemeinen Sinne, also ohne die Funktion eines Richtkopplers, können als einfache Leitungsverzweigungen aufgebaut werden. Aufgrund ihrer Reziprozität wirken sie, in der Gegenrichtung betrieben, als Leistungsaddierer. Die wesentliche Aufgabe bei der Dimensionierung solcher Bauelemente besteht in der möglichst relexionsfreien Anpassung der Verzweigungszone.

Resonatoren

Resonatoren sind grundlegende Elemente von Filtern und die frequenzbestimmende Referenz für Oszillatoren. Ihre Funktion beruht auf der Fähigkeit, wechselweise sowohl elektrische als auch magnetische Energie zu speichern. Beide Energieanteile sind bei der Resonanzfrequenz gleich groß. Das mit diskreten Elementen dargestellte Ersatzschaltbild eines Resonators besteht für den Bereich um seine Resonanzfrequenz

10.2 Mikrowellen-Bauelemente

aus einer Kapazität und einer Induktivität als Energiespeicher sowie einem Widerstand bzw. einem Leitwert, der die Verluste repräsentiert.

Das Charakteristikum eines Resonators ist neben seiner Resonanzfrequenz seine Güte Q, für die gilt

$$Q = 2\pi \cdot f_R \cdot \frac{W}{P_v} = \frac{f_R}{B}. \tag{10.25}$$

Dabei sind f_R die Resonanzfrequenz, W die maximal gespeicherte elektrische oder magnetische Energie, P_v die im zeitlichen Mittel auftretende Verlustleistung und B die 3 dB-Bandbreite des Resonators.

Der klassische Resonator im Mikrowellenbereich ist der Hohlraumresonator. Er hat, in Anlehnung an die üblichen Hohlleiterquerschnitte, entweder die Form eines Quaders oder eines Zylinders. Im einfachsten Fall wird ein Rechteckhohlleiter mit den Querschnittsabmessungen $a \cdot b$ im Abstand von $\lambda_H/2$ oder ganzzahligen Vielfachen davon mit einer leitenden Wand versehen. Dies ist aufgrund der Periodizität von Amplitude und Phase einer Hohlleiterwelle mit dem Faktor $\lambda_H/2$ zulässig. Es entsteht eine stehende Welle im Resonator mit der allgemeinen Länge

$$c = p \cdot \frac{\lambda_H}{2} \quad (p = 1, 2, 3, \ldots). \tag{10.26}$$

In Analogie zur Wellentypindizierung im Rechteckhohlleiter spricht man bei Resonatoren von H_{mnp}- und E_{mnp}-Resonanzen, für deren Resonanzfrequenz gilt

$$f_R = \frac{c_0}{2} \cdot \sqrt{\left(\frac{m}{a}\right)^2 + \left(\frac{n}{b}\right)^2 + \left(\frac{p}{c}\right)^2}. \tag{10.27}$$

Zwei ausgezeichnete Resonanzen sind der H_{101}-Mode mit der niedrigsten möglichen Resonanzfrequenz bei gegebenen Hohlleiterabmessungen und der E_{110}-Mode, der von c, d. h. der Resonatorlänge, unabhängig ist. Abb. 10.9 zeigt den Feldverlauf der magnetischen Grundresonanz H_{101}.

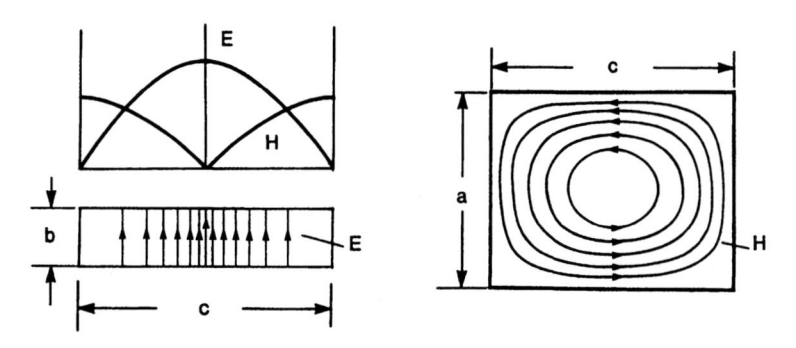

Abb. 10.9: Feldverlauf der magnetischen Grundresonanz H_{101}.

Im Hohlraumresonator sind, analog zum Hohlleiter, grundsätzlich unendlich viele Resonanzen höherer Ordnung existenzfähig, sofern genügend große Resonatorabmessungen gegeben sind. Proportional zum Verhältnis Volumen/Oberfläche eines Resonators wächst die ereichbare Güte Q. Sie beträgt bei Resonatoren mit qualitativ hochwertigen Oberflächen, geringer Rauhigkeit und guter Leitfähigkeit, typischerweise etwa 10000, kann diesen Wert aber noch deutlich übersteigen.

Für die Resonanzfrequenz von H_{mnp}- und E_{mnp}-Moden in Hohlräumen mit zylindrischem Querschnitt gilt

$$f_R = \frac{c_0}{\lambda_k} \cdot \sqrt{1 + \left(\frac{p \cdot \lambda_K}{2 \cdot h}\right)^2} \tag{10.28}$$

mit der kritischen Wellenlänge nach Gl. (10.7) und Gl. (10.8) und der Resonatorhöhe h. Der magnetische Grundresonanztyp ist die H_{111}-Resonanz, die jedoch technisch bedeutungslos ist. Wichtiger ist die H_{011}-Resonanz, mit der sich, wie allgemein mit H_{0np}-Resonanzen, sehr hohe Gütewerte erreichen lassen, da nur kreisförmige Wandströme existieren und keine über die Kante von der Stirnseite des Resonators zu den zylindrischen Wänden. Abb. 10.10 zeigt den Feldverlauf der H_{011}-Resonanz.

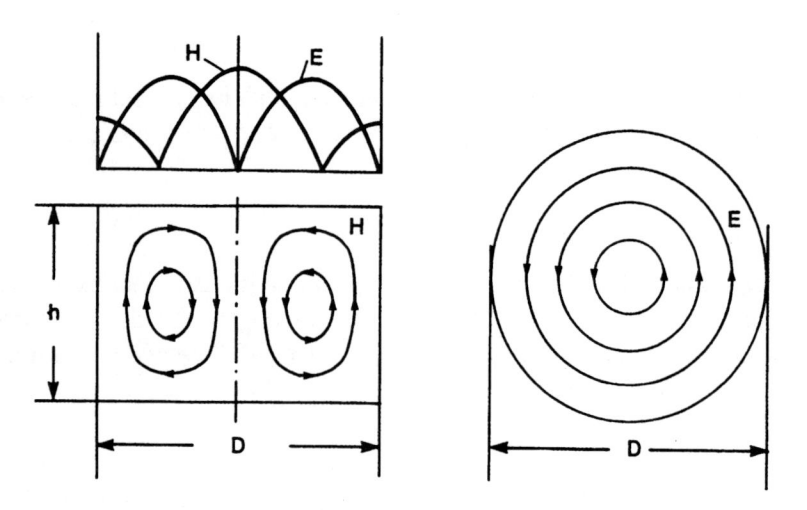

Abb. 10.10: Feldverlauf der H_{011}-Resonanz im zylindrischen Resonator.

Oft besteht die Notwendigkeit, die Resonanzfrequenz eines Hohlraumresonators zumindest innerhalb eines kleinen Frequenzbereiches zu verstimmen, z. B. um Herstellungstoleranzen auszugleichen oder den Resonator als Teil eines Filters entsprechend einer geforderten Charakteristik abzugleichen. Eine gezielte Abstimmung kann durch das Einbringen metallischer oder dielektrischer Elemente, in der Regel Stifte, erfolgen, welche Feldverzerrungen und damit eine Veränderung der Resonanzfrequenz bewirken.

Die Ankopplung von Hohlraumresonatoren an Hohlleiter erfolgt ähnlich wie bei Richtkopplern mittels Löchern oder Schlitzen. Koaxiale Leitungen können induktiv mit Drahtschleifen angekoppelt werden, die so im Resonator angebracht sind, daß magnetische Feldkomponenten durch sie hindurchtreten. Eine kapazitive Ankopplung ergibt sich, wenn frei endende Leitungsstücke an Orten hoher elektrischer Feldstärke positioniert werden.

Resonatoren in Mikrostreifenleitungstechnik sind rechteck- oder kreisförmige Flächen, deren Längs- und Querabmessungen die Resonanzfrequenz bestimmen. Sie finden vorwiegend als Strahlerelemente für planare Antennen Verwendung. Darüber hinaus können einfache kurzgeschlossene oder leerlaufende Leitungsstücke als Resonatoren wirken, wenn ihre Längen folgendermaßen dimensioniert sind

$$L = n \cdot \frac{\lambda_Z}{2} \quad (n = 1, 2, 3, \ldots). \tag{10.29}$$

Grundsätzlich liegen die mit planaren Resonatoren erzielbaren Güten bei etwa 100 bis maximal 1000 und somit deutlich unter denen von Hohlraumresonatoren. Dies ist eine Folge ihrer naturgemäß offenen Struktur und den damit verbundenen Strahlungsverlusten sowie von Verlusten im Dielektrikum.

Große Bedeutung haben in der jüngeren Vergangenheit dielektrische Resonatoren erlangt. Für viele Anwendungen stellen sie eine kostengünstige Alternative zu Hohlraumresonatoren dar. Bei nahezu vergleichbaren Gütewerten bieten sie Vorteile wie Miniaturisierbarkeit entsprechend der Wellenlängenverkürzung im Dielektrikum und die Möglichkeit einfacher Integration in planare Schaltungen. Das Resonanzverhalten dielektrischer Resonatoren ist herleitbar aus der Wellenführung in dielektrischen Leitern, d. h. aus der Reflexion einer Wellenfront an der Grenze zweier Medien unterschiedlicher Dichte. In den meist zylinderförmigen Resonatoren bilden sich duale Schwingungsmoden zu denen in metallischen Hohlraumresonatoren aus. Diese Dualität beruht auf dem Ersatz elektrischer Wände des metallischen Resonators mit zu Null werdenden Tangentialkomponenten des elektrischen und Normalkomponenten des magnetischen Feldes durch magnetische Wände des dielektrischen Resonators mit entsprechend vertauschten Rollen der elektrischen und magnetischen Feldstärken. Unter den theoretisch unendlich vielen E- und H-Schwingungsmoden des dielektrischen Resonators hat der $H_{10\delta}$-Mode die größte technische Bedeutung erlangt. Der Index $\delta < 1$ weist darauf hin, daß die Felder des Resonators nicht vollständig auf seinen Innenraum begrenzt sind, sondern Feldanteile auch außerhalb des Körpers existieren. Diesen Umstand macht man sich zunutze, um Energie in den Resonator ein- und auszukoppeln. Im einfachsten Fall geschieht dies durch Strahlungskopplung zwischen dem Resonator und einer benachbarten Mikrostreifenleitung. Abb. 10.11 zeigt den Feldverlauf des $H_{10\delta}$-Modes sowie die Ankopplung eines entsprechenden Resonators an eine Mikrostreifenleitung.

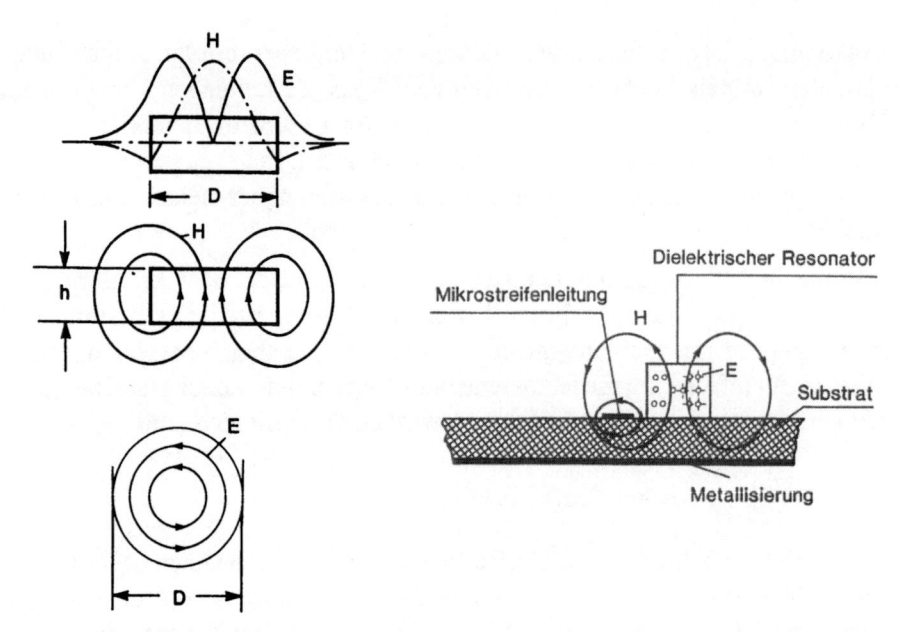

Abb. 10.11: Feldverlauf des $H_{10\delta}$-Schwingungsmodes im dielektrischen Resonator und seine Ankopplung an eine Mikrostreifenleitung.

Bevorzugte Materialien für dielektrische Resonatoren sind verschiedene Bariumtitanate, Zirkontitanat und Titandioxid mit Dielektrizitätskonstanten zwischen etwa 20 und 100. Erreichbare Güten liegen im Frequenzbereich um 10 GHz zwischen 5000 und 10000. Typische Anwendungen für dielektrische Resonatoren sind Filter und die Frequenzstabilisierung von Oszillatoren.

Filter

Filter setzen sich grundsätzlich aus zwei Elementen zusammen: Resonatoren als frequenzbestimmende Teile und Impedanzinverter zur Anpassung der Resonatoren untereinander und an Ein- und Ausgang des Filters [7], [13]. Der Filterentwurf beginnt üblicherweise mit der Wahl eines Bezugstiefpasses, der die Dämpfungscharakteristik des Filters im Durchlaß- und Sperrbereich festlegt. Aus diesem Bezugstiefpaß entstehen dann durch geeignete Transformationen Hochpässe, Bandpässe oder Bandsperren. Die neben den beschriebenen Resonatoren benötigten Impedanzinverter können durch induktive oder kapazitive Reaktanzen realisiert werden. In der Hohlleitertechnik sind dies metallische Diskontinuitäten, die den Leiterquerschnitt reduzieren, also Blenden oder Stifte.

Eine Blende längs der Hohlleiterbreitseite a reduziert die Hohlleiterhöhe; im Falle der Ausbreitung einer H_{10}-Welle werden also elektrische Feldlinien und damit Verschiebungsströme verkürzt, die Blende wirkt somit als Querkapazität. Im Falle einer die Hohlleiterbreite beeinflussenden Blende, die eine Verkürzung der Wege der Querwandströme zur Folge hat, ergibt sich ein induktiver Blindwiderstand. Ein in den

10.2 Mikrowellen-Bauelemente 343

Hohlleiter eintauchender Stift verhält sich wie ein Serienresonanzkreis, hat also in Abhängigkeit von seiner Eintauchtiefe überwiegend kapazitive oder induktive Blindanteile.

Ein Hohlleiterbandpaß in der Ausführungsform, die technisch die größte Bedeutung erlangt hat, besteht aus mehreren Resonatoren mit denselben Querschnittsabmessungen $a \cdot b$ wie der entsprechende Normhohlleiter und mit der Länge $c = \lambda_H/2$, sowie aus symmetrischen oder asymmetrischen Blenden. Abb. 10.12 zeigt im Vergleich zwei fünfkreisige Hohlleiterbandpässe mit asymmetrischen, induktiven Blenden. Die Bandpässe sind im einen Fall für eine Mittenfrequenz von 10 GHz, im anderen Fall für 94 GHz dimensioniert.

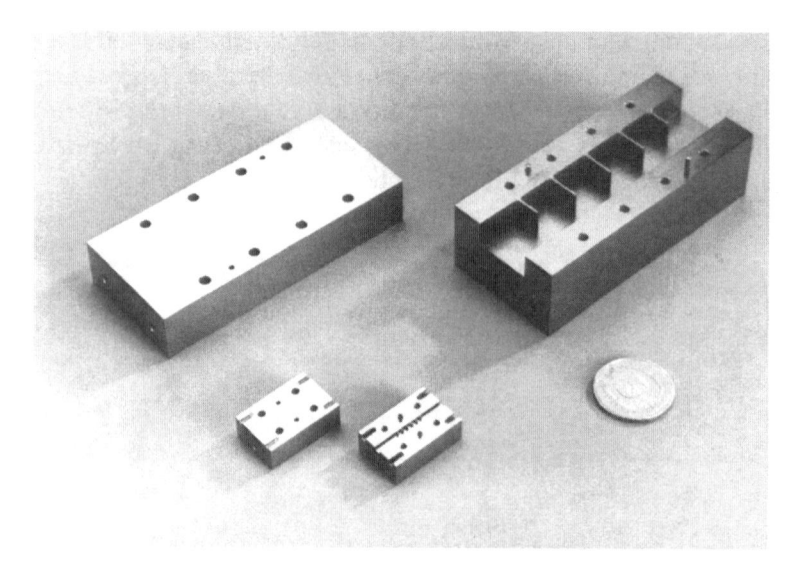

Abb. 10.12: Hohlleiterbandpässe für 10 GHz und 94 GHz (Quelle: Daimler-Benz Aerospace AG).

Impedanzinverter in Mikrostreifenleitungstechnik können realisiert werden als einfache Unterbrechungen der Leiterbahn, die als Längskapazität wirken, oder als sprunghafte Änderungen der Leiterbreite, entsprechend einer Querkapazität bei Verbreiterung bzw. einer Längsinduktivität bei Reduzierung derselben. In vielen Fällen werden auch Chipkondensatoren als Koppelelemente verwendet. Gänzlich auf eine galvanische Verbindung verzichtet die Möglichkeit, Resonatoren untereinander nur durch räumliche Nähe, d. h. durch Strahlung zu koppeln. Die einfachsten Resonatoren sind, wie im Falle des Hohlleiters, Leitungsstücke der Länge $L = n \cdot \lambda_Z/2$. Abb. 10.13 zeigt zwei Bandpässe, deren Resonatoren durch Querkapazitäten bzw. durch Strahlung gekoppelt sind.

Filter mit dielektrischen Resonatoren können als gehäuste Strukturen im Hohlleiter aufgebaut werden; Strahlungsverluste werden so vermieden. Die Abstände der Resonatoren bestimmen dabei die Koppelfaktoren. Alternativ dazu besteht die Möglichkeit

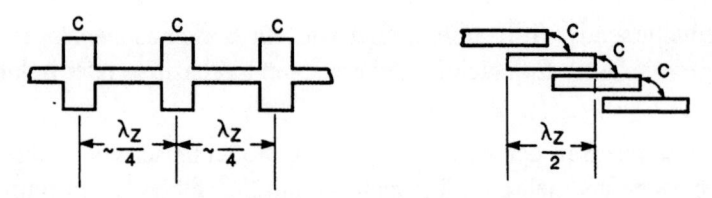

Abb. 10.13: Bandpässe in Mikrostreifenleitungstechnik mit Kopplung der Resonatoren durch Querkapazitäten bzw. Strahlung.

der offenen Bauweise auf einer Mikrostreifenleitung. Ein- und Auskopplung von Energie erfolgt in beiden Fällen durch Strahlung.

Abb. 10.14 zeigt ein vierkreisiges Filter mit dielektrischen Resonatoren. Die jeweils äußeren Resonatoren sind über Mikrostreifenleitungen gekoppelt, als Gehäuse dient ein unterhalb seiner Grenzfrequenz betriebener Hohlleiter. Die Resonatoren haben eine Dielektrizitätskonstante von 37 sowie eine Betriebsgüte zwischen 3000 und 4000. Die Mittenfrequenz des Filters beträgt 5,4 GHz, seine Dämpfung im Sperrbereich liegt über 70 dB, die Durchgangsdämpfung liegt bei 4 dB.

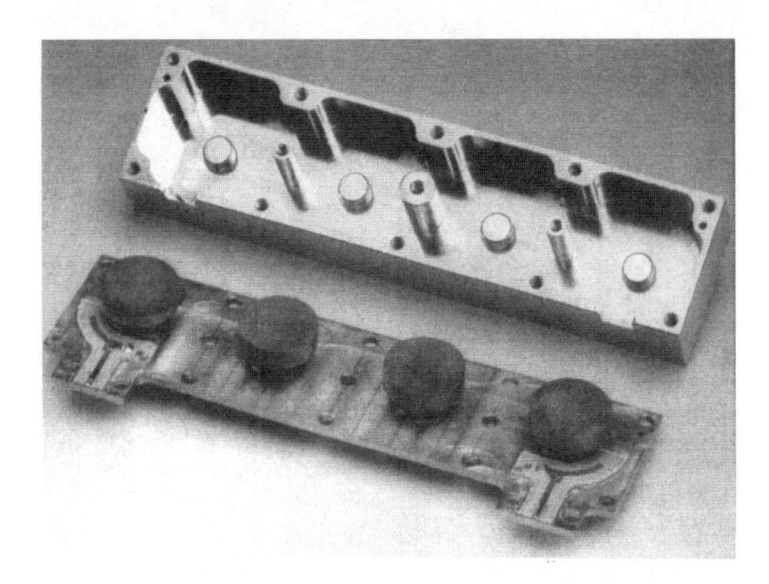

Abb. 10.14: Filter mit dielektrischen Resonatoren (Quelle: Microwave Engineering Europe, März/April 1994).

Nichtreziproke Bauelemente

Spezifische Eigenschaften gyromagnetischer Werkstoffe im Mikrowellenbereich ermöglichen die Realisierung nichtreziproker Bauelemente, wie Polarisationsdreher, Phasenschieber, Resonanzrichtungsleitungen und Zirkulatoren [14], [15]. Letztere haben die weitaus größte technische Bedeutung erlangt, weshalb sie im folgenden näher dargestellt werden sollen.

10.2 Mikrowellen-Bauelemente

Ein Zirkulator ist ein Dreitor, das Leistung, die an einem Tor eingespeist wird, nur zu dem seinem Drehsinn entprechenden benachbarten Tor weiterleitet, während das dritte Tor entkoppelt ist. Nach der Netzwerktheorie läßt sich beweisen, daß ein solches, im Idealfall verlustloses Dreitor nur dann allseitig anpaßbar ist, wenn es ein nichtreziprokes Element enthält. Dieses nichtreziproke Element ist ein Ferritkörper von meist zylindrischer Form. Ferrite sind Metalloxidverbindungen mit der Formel MeO· Fe_2O_3, d. h. Produkte aus den Oxiden zweiwertiger Metalle, wie Nickel, Zink, Mangan oder Magnesium, und dem Oxid des dreiwertigen Eisens. Sie zeichnen sich durch einen hohen spezifischen Widerstand von bis zu 10^{10} Ωm aus, sie weisen keine Wirbelstromverluste auf und sind magnetisch leitfähig mit relativen Permeabilitätskonstanten $\mu_r \approx 1000$. Ihre relative Dielektrizitätskonstante liegt im Bereich $\epsilon_r = 10\ldots 16$.

Zirkulatoren werden aufgrund ihrer besonderen Eigenschaften zum überwiegenden Teil als Sende/Empfangs-Weichen eingesetzt, also als Entkopplungselemente zwischen einem Sender und einem Empfänger, die auf eine gemeinsame Antenne arbeiten. Ein weiterer Anwendungsbereich ist generell die richtungsabhängige Entkopplung von aktiven oder passiven Elementen in einer Mikrowellenschaltung. Abb. 10.15 zeigt das prinzipielle Schaltbild eines Zirkulators.

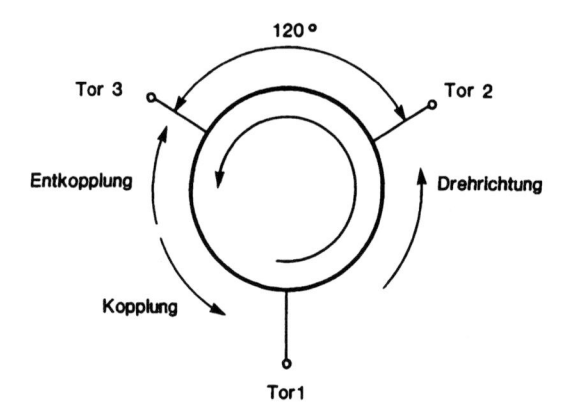

Abb. 10.15: Prinzipschaltbild eines Zirkulators.

Zur Funktion des Zirkulators wird der Ferritkörper im Zentrum der sternförmigen Leitungsverzweigung zunächst einem starken, äußeren magnetischen Gleichfeld ausgesetzt. Dies bewirkt eine gleichsinnige Ausrichtung der *Weißschen* Bezirke im Ferrit. Beaufschlagt man diesen nun gleichzeitig mit dem schwachen magnetischen Wechselfeld einer elektromagnetischen Welle, das orthogonal zum erwähnten Gleichfeld orientiert ist, so beginnen die magnetischen Feldachsen der Moleküle im Ferrit eine Präzessionsbewegung auszuführen. Die Folge ist eine Richtungsabhängigkeit der Permeabilität des Materials, d. h. μ nimmt tensoriellen Charakter an. Für die Verknüpfung von magnetischer Induktion B und magnetischer Feldstärke H gilt dann

$$B = \|\mu\| \cdot H \,. \tag{10.30}$$

Zum weiteren Verständnis der Zirkulatorfunktion muß nun die Wellenausbreitung im derart vormagnetisierten Ferrit betrachtet werden. Zunächst soll von einem Hohlleiterzirkulator ausgegangen werden, in dem sich eine linear polarisierte H_{10}-Welle ausbreitet. Diese kann nach einem Äquivalenztheorem interpretiert werden als zwei zirkular polarisierte Teilwellen, die gleiche Amplituden aber entgegengesetzten Drehsinn haben. Beide Teilwellen erfahren nun aufgrund der Molekülpräzession unterschiedliche Permeabilitäten μ_+ und μ_- in Abhängigkeit davon, ob der Polarisationsdrehsinn der Wellenanteile gleich oder entgegengesetzt zum Präzessionsdrehsinn ist. Als Konsequenz daraus breiten sich die beiden Teilwellen im Ferrit mit unterschiedlichen Phasengeschwindigkeiten aus.

Aus dieser Tatsache läßt sich das nichtreziproke Verhalten eines Zirkulators in den folgenden Schritten ableiten: Eine in den Verzweigungsbereich des Zirkulators eintretende Welle breitet sich zunächst mit gleichen Leistungsanteilen in beiden Drehrichtungen aus. Die Teilwellen erfahren dann aber unterschiedliche Phasengeschwindigkeiten. Ist die Geometrie der Hohlleiterverzweigung so ausgelegt, daß sich aufgrund der Leitungslängen die gegenläufigen Wellen an einem Tor gleich- und am anderen gegenphasig überlagern, so ist die Bedingung von Kopplung bzw. Entkopplung der entsprechenden Tore erfüllt. Abb. 10.16 zeigt diesen Sachverhalt für einen Zirkulator im Falle eines statischen Gleichfeldes $H = 0$, der dann nur als symmetrischer Leistungsteiler wirkt, und für $H > 0$, bei dem aus den genannten Gründen Tor 2 gekoppelt und Tor 3 entkoppelt sind.

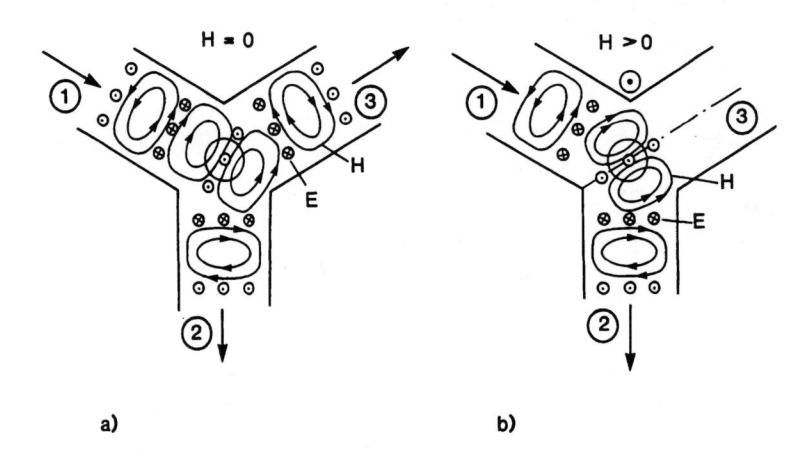

Abb. 10.16: Felder im Verzweigungsbereich eines Zirkulators für $H = 0$ a) und $H > 0$ b).

Zirkulatoren können grundsätzlich in verschiedenen Technologien aufgebaut werden. Bei Frequenzen im unteren Mikrowellenbereich und bei der Umsetzung niedriger Leistungen dominieren Zirkulatoren in planarer Leitungstechnologie. Für hohe Leistungen oder hohe Frequenzen gibt es keine Alternative zu Hohlleiterzirkulatoren. Abb. 10.17 zeigt einen solchen Zirkulator für das W-Band (75 GHz – 110 GHz).

10.2 Mikrowellen-Bauelemente

Abb. 10.17: Hohlleiterzirkulator für das W-Band (75 GHz-110 GHz) (Quelle: Daimler-Benz Aerospace AG).

Bei einer Mittenfrequenz von 90 GHz hat der Zirkulator eine Betriebsbandbreite von 8 GHz, bezogen auf eine Entkopplung von mindestens 20 dB. Seine Durchgangsdämpfung beträgt etwa 0,5 dB, die Eingangsanpassung an allen drei Toren weist eine Rückflußdämpfung von mehr als 20 dB auf.

10.2.3 Aktive Elemente

Aktive Elemente werden in der Mikrowellentechnik vorwiegend für folgende Aufgaben eingesetzt: Erzeugung, Verstärkung, Mischung und Gleichrichtung sowie Schaltung hochfrequenter Signale. Sie sollen im Rahmen dieser Darstellung gegliedert werden unter die Oberbegriffe Dioden, Transistoren und Elektronenröhren. Integrierte Mikrowellenschaltkreise für unterschiedlichste Anwendungen setzen sich aus diesen Grundelementen, also Dioden- und Transistorfunktionen, sowie aus passiven Komponenten zusammen ([16] bis [19]).

Dioden

Zur Mischung und Detektion, d. h. Gleichrichtung, von Mikrowellensignalen haben *Schottky*-Dioden weite Verbreitung gefunden; sie sind benannt nach *W. Schottky*, der 1938 die grundlegende Theorie des Metall-Halbleiterüberganges erarbeitete [20]. Diese Diode ist eine Modifikation der klassischen *pn*-Diode, bei der die positiv (*p*) dotierte Halbleiterzone durch eine Metalloberfläche ersetzt ist, die dann an eine negativ (*n*) dotierte Zone grenzt. An der Grenzschicht bildet sich eine nahezu ladungsträgerfreie Feldzone aus, deren Weite von der anliegenden Spannung abhängt. Die Grenzschicht stellt somit einen spannungsgesteuerten Widerstand dar.

Im Mikrowellenbereich finden vorwiegend gehäuselose (engl.: beam-lead) Bauformen von *Schottky*-Dioden Anwendung, die unerwünschte, durch vorhandene Gehäuse verursachte parasitäre Reaktanzen vermeiden, mechanisch stabil sind und Grenzfrequenzen von einigen hundert GHz erreichen. Als Halbleitermaterialien finden Silizium (Si) und Galliumarsenid (GaAs) Verwendung. Abb. 10.18 zeigt den schematischen Aufbau einer ‚beam-lead'-*Schottky*-Diode.

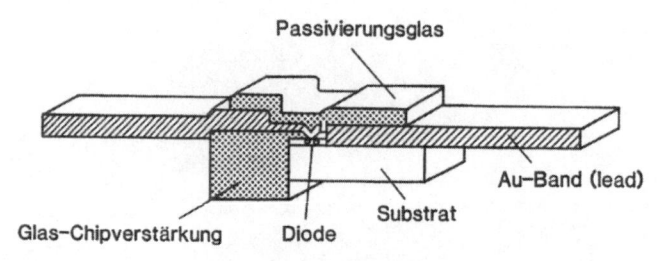

Abb. 10.18: Aufbau einer ‚beam-lead'-*Schottky*-Diode (Quelle: Lit. [4]).

Wird eine solche Diode mit einem hochfrequenten Signal beaufschlagt, so richtet sie dieses gleich; es entsteht eine zur aufgebrachten Leistung proportionale Gleichspannung. Die Diode arbeitet in diesem Fall als sogenannter Detektor. Wird die Diode gleichzeitig dem Nutzsignal und einem in der Regel in der Frequenz versetzten Mischoszillator-Signal ausgesetzt, so arbeitet sie als Mischer. Sie gibt dann ein Zwischenfrequenz (ZF-)Signal ab, das der Differenzfrequenz der beiden Eingangssignale entspricht. In Spezialfällen kann der Frequenzunterschied dieser Eingangssignale zu Null gewählt werden; man spricht dann von einer Basisbandmischung, das Ausgangssignal erscheint direkt in der Frequenzlage des ursprünglichen Sende-Modulationssignals.

Laufzeit- und Elektronentransfer-Dioden werden bei Frequenzen bis in den Millimeterwellenbereich als Elemente zur Schwingungserzeugung und -verstärkung eingesetzt. Der wichtigste Vertreter der ersten Gruppe ist die Lawinenlaufzeit- oder IMPATT (**IMP**act **A**valanche **T**ransit **T**ime)-Diode. Sie weist im Verlauf ihrer Strom-Spannungs-Kennlinie einen teilweise fallenden Bereich und damit einen negativen differentiellen Widerstand auf. Mit dieser Eigenschaft kann die IMPATT-Diode einen passiven Schwingkreis entdämpfen und Schwingungen erzeugen. IMPATT-Oszillatoren können sowohl für Dauerstrich- als auch Puls-Betrieb eingesetzt werden. Aufgrund ihres hohen Eigenrauschens müssen sie jedoch oft durch rauschärmere Quellen injektionssynchronisiert werden.

Dafür eignen sich beispielsweise *Gunn*-Oszillatoren. *Gunn*-Elemente, nach ihrem Entdecker benannt, sind Elektronentransfer-Dioden, die nur aus *n*-dotiertem Halbleitermaterial bestehen und insofern keine typische Diodenstruktur mit einem *pn*-Übergang aufweisen. Ihr negativer differentieller Widerstand ist eine Folge der speziellen Bandstruktur der verwendeten Halbleiter Galliumarsenid oder Indiumphosphid (InP).

10.2 Mikrowellen-Bauelemente

Gunn-Oszillatoren eignen sich nur für Dauerstrich-Betrieb, geben aber ein Ausgangssignal mit hoher spektraler Reinheit ab.

Typische Ausgangsleistungen liegen, bezogen auf eine Frequenz von 35 GHz, für gepulste IMPATT-Oszillatoren bei etwa 10 W, im Dauerstrich-Betrieb bei 1 W für IMPATT- und 0,25 W für *Gunn*-Oszillatoren. Abb. 10.19 zeigt eine typische Synchronisationsschaltung, bestehend aus einem IMPATT-Reflexionsverstärker, einem *Gunn*-Steueroszillator und einem Zirkulator zur Entkopplung.

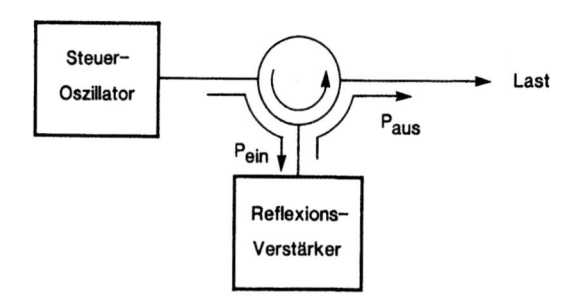

Abb. 10.19: Prinzip der Injektionssynchronisation.

Abschließend seien noch PIN-Dioden erwähnt, die als steuerbare HF-Widerstände für Dämpfungsglieder oder als Schalter in Phasenschiebern eingesetzt werden können. Der Übergangsbereich zwischen den *p*- und *n*-dotierten Halbleiterzonen dieser Dioden ist eine ‚Intrinsic'-Zone, deren Leitfähigkeit mit einem eingespeisten Gleichstrom gesteuert werden kann. Die PIN-Diode läßt sich so kontinuierlich vom Kurzschluß bis zum Leerlauf betreiben oder zwischen beiden Extremen schalten.

Transistoren

Die erste technisch realisierte und am weitesten verbreitete Bauform von Transistoren ist der bipolare Transistor. Er ist einsetzbar vom Niederfrequenzbereich bis zu einer oberen Frequenzgrenze von etwa 10 GHz. Sein Name rührt her von seiner grundsätzlich auf einer Folge von drei Halbleiterzonen (*pnp* oder *npn*) beruhenden Aufbautechnik. Der mittlere, beiden Dotierungsübergängen gemeinsame Bereich wird Basis (*B*) genannt, die äußeren Dotierungsbereiche Kollektor (*C*) und Emitter (*E*). Ist, beispielsweise für den Fall eines *npn*-Transistors, die Basis mit einer positiven Vorspannung gegenüber dem Emitter beaufschlagt, so treten Elektronen vom Emitter in die Basis über. Dieser niedrige Basisstrom I_B hat in dem in Sperrichtung vorgespannten Kollektor/Basis-Übergang einen sehr viel größeren Diffusionsstrom I_C zur Folge. Dabei wird das Verhältnis zwischen Kollektor- und Basisstrom beschrieben durch die sog. Stromverstärkung *B*

$$B = \frac{I_C}{I_B}. \tag{10.31}$$

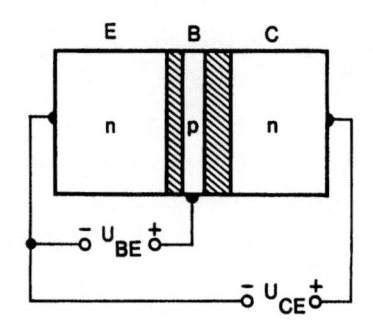

Abb. 10.20: Schematischer Aufbau eines *npn*-Transistors.

Abb. 10.20 zeigt am Beispiel eines *npn*-Transistors dessen prinzipiellen Aufbau mit den genannten Vorspannungen.

Als Halbleitermaterial hat für bipolare Transistoren Silizium (Si) das früher verwendete Germanium (Ge) praktisch ersetzt. Die typische Ausgangsleistung eines mit einem Si-Transistor bestückten Oszillators kann mit etwa 2 W bei einer Frequenz von 4 GHz angesetzt werden.

Im Mikrowellenbereich stoßen bipolare Transistoren vorwiegend aufgrund parasitärer Blindwiderstände und ohmscher Bahnwiderstände in der Basis bei höheren Frequenzen an die Grenze ihrer Leistungsfähigkeit. Sie wurden deshalb von unipolaren oder **Feldeffekttransistoren (FET)** weitgehend verdrängt [21]. Diese bestehen aus Halbleitermaterial von nur einem Dotierungstyp, *n* oder *p*. Ihr Funktionsprinzip wurde lange vor dem bipolarer Transistoren vorgeschlagen. In den Jahren 1925 bis 1945 wurden mehrere Patente zur Möglichkeit der Steuerung eines Strompfades in einem Halbleiterkristall mittels senkrecht zu diesem Strompfad stehenden Steuerelektroden erteilt. Die technologischen Möglichkeiten zur Realisierung eines FETs waren jedoch erst zu Beginn der 50er Jahre gegeben.

Die drei Anschlüsse eines FETs werden mit Source (*S*), Gate (*G*) und Drain (*D*) bezeichnet. Der Stromfluß zwischen Source und Drain wird gesteuert durch ein zu ihm orthogonal orientiertes Feld, das vom Gate ausgeht. Diese Stromsteuerung erfolgt nahezu leistungslos; man bezeichnet den FET deshalb als ladungsgesteuertes Bauelement.

Als Halbleiter für FET kommen vorwiegend Si, GaAs und InP zur Anwendung. Abb. 10.21 zeigt den schematischen Aufbau eines *n*-Kanal GaAs-MESFETs mit der Steuerspannung U_{GS} und der Spannung U_{DS} des Stromflusses zwischen Source und Drain. Der Begriff MESFET steht dabei für ‚**ME**tal Semiconductor **FET**' zur Charakterisierung der Steuerstrecke.

Im Vergleich zum bipolaren Transistor bieten FET die Vorteile eines wesentlich höheren Eingangswiderstandes, geringeren Rauschens und eines besseren Großsignalverhaltens. Die Frequenzgrenze eines MESFETs liegt oberhalb von 40 GHz. Ein entsprechender Oszillator erreicht bei dieser Frequenz eine Leistung von 0,8 W bei einer Doppelseitenband-Rauschzahl von 3 dB.

10.2 Mikrowellen-Bauelemente

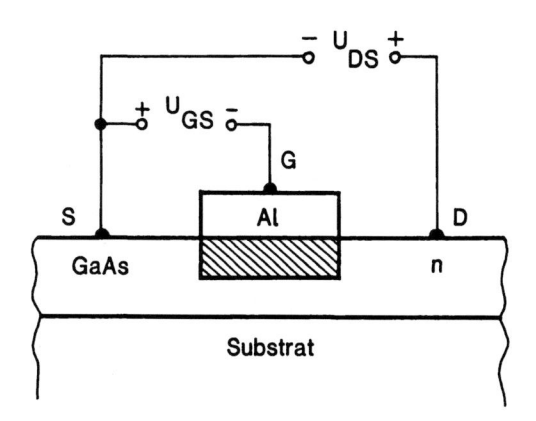

Abb. 10.21: Schematischer Aufbau eines n-Kanal GaAs-MESFETs.

Insbesondere für analoge und digitale integrierte Schaltungen (IC, engl.: integrated circuit) im Mikrowellenbereich und für die Verarbeitung von Datenraten im GBit-Bereich haben MESFET eine vorherrschende Stellung erobert.

Im Bestreben, Feldeffekttransistoren für noch höhere Frequenzen und mit noch besserem Rauschverhalten zu realisieren, entstanden auf der Basis von MESFET sogenannte HEMT (**H**igh **E**lectron **M**obility **T**ransistors). In diesen Heterostrukturen sind im Grundhalbleitermaterial GaAs in bestimmten Bereichen Gallium- durch Aluminium-Atome ersetzt. Beide haben nahezu dieselbe Größe, so daß durch die Substitution das Kristallgitter geometrisch nicht beeinflußt, wohl aber dessen elektrische Eigenschaften im Sinne höherer Elektronenbeweglichkeit verbessert werden. Daraus ergibt sich für einen HEMT ein deutlich größeres Produkt ‚Verstärkung × Bandbreite', ein für jeden Verstärker charakteristisches Kriterium. Auch auf Si-Basis lassen sich Heterostrukturen realisieren, wenn auch mit größerem technischen Aufwand als bei GaAs. Typische Leistungsdaten sind, bei einer Frequenz von 10 GHz, eine Verstärkung von 12 dB bei einer Doppelseitenband-Rauschzahl von 0,6 dB. Bei 60 GHz werden immerhin noch 3 dB Verstärkung erreicht. Abb. 10.22 zeigt den schematischenen Aufbau eines GaAs/AlGaAs Hetero-FETs.

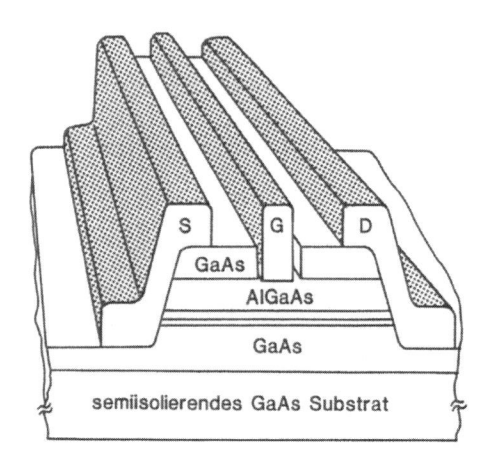

Abb. 10.22: Schematischer Aufbau eines GaAs/AlGaAs Hetero FETs.

Elektronenröhren

Die Signalerzeugung und -verstärkung mit Halbleitern umfaßt im Bereich der Radartechnik die Frequenzaufbereitung für Sender, die Bereitstellung von Mischfrequenzen in Empfängern oder im Falle von Nahbereichs-Radarsensoren z. B. im Millimeterwellenbereich auch die Erzeugung der gesamten Sendeleistung. Für Radargeräte mittlerer und hoher Leistung sind jedoch nach wie vor Elektronenröhren in der Sendertechnik relevant [22].

Die grundsätzliche Funktionsweise aller Elektronenröhren beruht auf der Umwandlung zugeführter Gleichstromleistung in hochfrequente Wechselstromleistung. Eine Kathode emittiert in einem Hochvakuum Elektronen, die durch ein elektrisches Gleichfeld auf ihrem Weg zur Anode beschleunigt werden; sie nehmen dabei kinetische Energie auf. Eine Steuerung des Elektronenflusses erfolgt dergestalt, daß dieser durch leitende Gitterstrukturen hindurchtritt, welche mit dem zu verstärkenden Signal vorgespannt sind. Dabei kommt es zu einer Abbremsung der Elektronen und einer Übertragung ihrer Energie auf das hochfrequente Nutzsignal.

Klassische Gitterröhren, sogenannte raumladungsgesteuerte Röhren, stoßen infolge von Laufzeiteffekten und störenden Elektrodenkapazitäten und -induktivitäten schnell an eine obere Frequenzgrenze bei etwa 500 MHz. Im Mikrowellenbereich kommen deshalb Röhren zur Anwendung, bei denen eben diese Laufzeiteffekte unter Berücksichtigung bestimmter Phasenbeziehungen nutzbar gemacht werden. Diese Laufzeitröhren können bis zu Frequenzen von über 300 GHz eingesetzt werden.

Laufzeitröhren setzen durch Wechselwirkung zwischen den elektromagnetischen Feldern von Schwingkreisen und den in einem Elektronenstrahl ausbreitungsfähigen Raumladungswellen deren kinetische oder potentielle Energie in hochfrequente Energie um. Aus der Vielzahl der heute existierenden Laufzeitröhren seien im folgenden drei wesentliche Vertreter betrachtet: das Magnetron, das Klystron und die Wander-

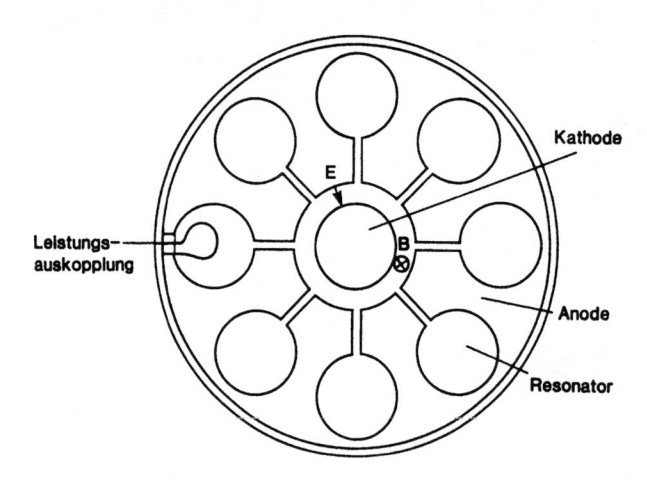

Abb. 10.23: Schematischer Aufbau eines Magnetrons.

10.2 Mikrowellen-Bauelemente

feldröhre. Das Funktionsprinzip dieser Röhren beruht auf der Bedingung, daß die Phasengeschwindigkeit der zu verstärkenden elektromagnetischen Welle annähernd so groß sein muß wie die Geschwindigkeit des Elektronenstrahls.

Das Magnetron, eine sogenannte Kreuzfeldröhre, besteht aus einer zylindrischen Kathode und einer diese umgebenden, konzentrischen Anode. Zwischen beiden besteht ein radiales elektrisches Feld, in dem die von der Kathode emittierten Elektronen in Wechselwirkung mit dem zu verstärkenden Signal treten. Abb. 10.23 zeigt den schematischen Aufbau eines Magnetrons.

Typische Verstärkungsfaktoren eines Magnetrons liegen bei 10 dB bis 20 dB mit Wirkungsgraden von bis zu 75 % im Dauerstrichbetrieb und Leistungen von mehreren Kilowatt. Im gepulsten Betrieb werden im unteren Mikrowellenbereich Leistungen von einigen Megawatt erreicht. Die obere Frequenzgrenze eines Magnetrons kann im Bereich um 1 THz liegen.

Das Klystron ist eine Linearstrahlröhre mit mindestens zwei Kammern zur Ein- und Auskopplung eines Mikrowellensignals. Eine Elektronenkanone erzeugt zunächst einen homogenen Elektronenstrahl von konstanter Geschwindigkeit. Dieser durchläuft auf seinem Weg zum Kollektor die erste Kammer, den Eingangsresonator. Danach folgen der Laufraum und die zweite Kammer, der Ausgangsresonator. Im Eingangsresonator befindet sich ein sogenannter Steuerspalt, in dem das zu verstärkende Signal den Elektronenfluß in der Röhre beeinflussen kann. Dieser wird dabei in seiner Geschwindigkeit und mithin in seiner Dichte im Takt des Eingangssignals moduliert. Im Ausgangsresonator erzeugt der Elektronenstrom einen Influenzwechselstrom; dort kann das verstärkte Signal ausgekoppelt werden. Abb. 10.24 zeigt den schematischen Aufbau eines Zweikammerklystrons.

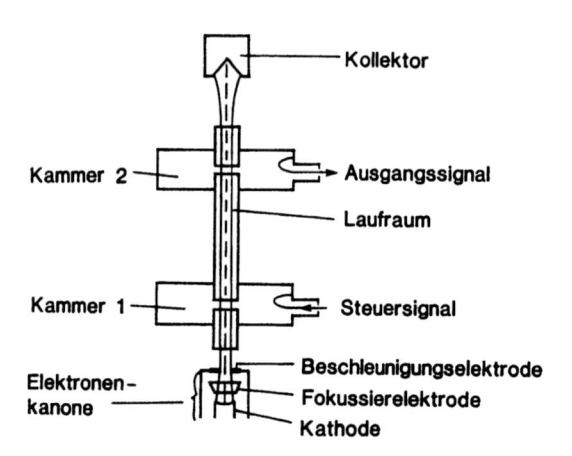

Abb. 10.24: Schematischer Aufbau eines Zweikammerklystrons (Quelle: Lit. [3]).

Typische Verstärkungen von Zweikammerklystrons liegen bei 30 dB bis 80 dB, die Wirkungsgrade um 65 %. Ihre obere Frequenzgrenze liegt um 10 GHz bei Dauerstrichleistungen von einigen 100 kW und Pulsleistungen von bis zu 15 MW. Mehrkammerklystrons werden als EIO (**Extended Interaction Oscillator**) im Millimeterwellenbereich eingesetzt. Die erreichbaren Pulsleistungen liegen zwischen 2 kW und 3 kW bei 35 GHz und rund 60 W bei 220 GHz.

Die Wanderfeldröhre ist, zumindest in der Funktion als Verstärker, der wichtigste Vertreter der Linearstrahlröhren. Der in ihrer Kathode erzeugte Elektronenstrahl durchläuft eine Verzögerungsleitung, in der die Phasengeschwindigkeit eines eingekoppelten Mikrowellensignals auf die Elektronengeschwindigkeit reduziert wird. Ist Gleichlauf erreicht, so kommt es zu der gewünschten Wechselwirkung zwischen beiden Wellen. Das verstärkte Mikrowellensignal wird vor dem Eintreten des Elektronenstrahls in den Kollektor ausgekoppelt. Abb. 10.25 zeigt das Schema einer Wanderfeldröhre.

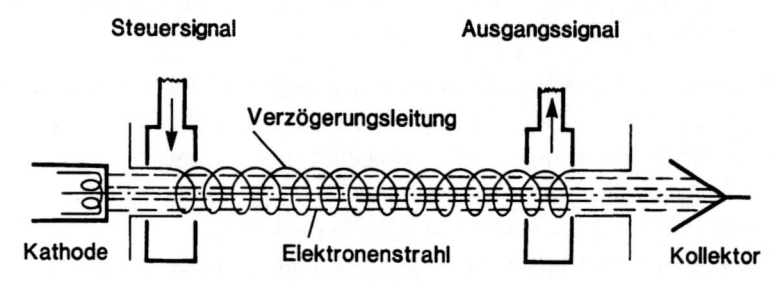

Abb. 10.25: Schematischer Aufbau einer Wanderfeldröhre (Quelle: Lit. [4]).

Wanderfeldröhren decken heute den Frequenzbereich von 3 GHz bis über 60 GHz ab. Ein breites Anwendungsfeld existiert in der Leistungserzeugung an Bord von Kommunikations-Satelliten und in den zugehörigen Bodenstationen. Dort arbeiten die Röhren im Dauerstrichbetrieb vorwiegend bei Frequenzen um 11 GHz. Die realisierbaren Ausgangsleistungen liegen zwischen 10 W und etwa 400 W bei Wirkungsgraden von 40 % bis 60 %. Typische Daten für Anwendungen in der Radartechnik sind, hier im Pulsbetrieb, 90 kW Ausgangsleistung bei 5,2 GHz und einem Tastverhältnis von 1 % bzw. 4 kW bei 15 GHz und einem Tastverhältnis von 4 %. Der Wirkungsgrad liegt in beiden Fällen bei rund 25 %.

10.3 Technologie

Klassische Verfahren zur Realisierung von Mikrowellenschaltungen basieren auf den verwendeten Leitungsmedien. Dies sind im wesentlichen Hohlleiter, koaxiale Leitungen und Mikrostreifenleitungen. In vielen Fällen existieren Forderungen bezüglich der Schaltungsminiaturisierung. Bei der Verwendung von Hohlleitern ist dies bei Standardelementen, also gezogenen Profilen und daraus abgeleiteten Komponenten nur in sehr eingeschränktem Maße möglich. Ein sehr viel größeres Potential an Miniaturisierbarkeit bietet die sogenannte Hohlleiter-Fräsblocktechnik.

10.3 Technologie

[23]. Dies ist eine Art integrierte Hohlleitertechnik, in der Leitungsstrukturen mit unterschiedlichsten Schaltungsfunktionen realisierbar sind. Rechnergestützter Entwurf und der Einsatz von numerisch gesteuerten Maschinen bei der Herstellung machen auch komplexe Strukturen und hohe Toleranzanforderungen beherrschbar. Abb. 10.26 zeigt einen solchen Block als zentrales Element für ein 94 GHz FM/CW-Radargerät.

Abb. 10.26: Hohlleiter-Fräsblock für ein 94 GHz Radargerät (Quelle: Daimler-Benz Aerospace AG).

Der Fräsblock enthält drei Richtkoppler, einen Zirkulator und einen Zirkularpolarisator. Der Hohlleiter ist für das W-Band (75 GHz bis 110 GHz) ausgelegt und hat einen Querschnitt von $(2,54 \times 1,27)$ mm^2. Mit verschraubtem Deckel wird der Block durch extern angeflanschte Oszillatoren und Mischer vervollständigt. Ein wesentlicher Vorteil dieser Technologie liegt in dem hohen Grad der Miniaturisierbarkeit und den damit verbundenen kurzen Leitungslängen, d. h. niedrigen Verlusten im Hohlleiter, sowie in der extremen mechanischen Robustheit, die solche Geräte auch für Anwendungen geeignet machen, die unter Umwelteinflüssen wie Schock oder Vibration betrieben werden.

Die Grundlage für alle modernen monolithisch integrierten Mikrowellenschaltungen stellt die Mikrostreifenleitung dar [24]. Sie wird in klassischer Technologie entweder auf Kunststoff- oder auf Keramikbasis realisiert. Nach der Layout-Erstellung kann die Schaltung auf kupferbeschichtete Kunststoffsubstrate mittels einfacher Photoätztechnik aufgebracht werden, bei Keramiksubstraten muß auf Dünnfilm- oder Dickschichttechnik übergegangen werden. Die höchste Präzision läßt sich mit Dünnfilmtechnik erreichen; die reproduzierbare Strukturgenauigkeit liegt bei 5 µm. Aktive Elemente werden durch Löten oder Bonden in die Leitungsstruktur integriert.

Die monolithische Integration erfolgt in konsequenter Weiterentwicklung auf semiisolierenden Substraten wie GaAs oder Si. Dies bietet den Vorteil der vollkommenen Integration auch von Halbleiterbauelementen. Die Entwurfsbasis für MMICs ist zunächst die exakte elektrische Charakterisierung aller verwendeten aktiven und passiven Bauelemente mittels Ersatzschaltbildern und *S*-Parametern. Danach folgen, unterstützt durch moderne CAD-Verfahren, die Netzwerkanalyse, Netzwerksynthese und nach Anwendung geeigneter Optimierungsverfahren als Ergebnis das Layout [25]. Die Umsetzung dieses Layouts in den tatsächlichen Schaltkreis erfolgt in einem umfangreichen Prozeß, der bei der Substratherstellung beginnt und über das gezielte Einstellen der gewünschten Leitfähigkeit, die selektive Kanalimplantation zur Herstellung der Leitschichten und die Dotierung des Materials durch Molekularstrahl-Epitaxie bis zur abschließenden Passivierung des Schaltkreises führt. GaAs als Basismaterial wird derzeit zunehmend durch Si ersetzt, da dieses eine höhere Wärmeleitfähigkeit bietet, was bei Leistungsanwendungen von Bedeutung ist; darüber hinaus ist es kostengünstiger und man kann auf umweltfreundliche Herstellungsprozesse zurückgreifen. Die Vorteile der MMIC-Technik bestehen in der nahezu extremen Miniaturisierbarkeit, den niedrigen Verlusten, in guter Reproduzierbarkeit und entsprechender Eignung für Massenfertigung. Einen Nachteil stellen die niedrigen Güten von derart realisierten Blindelementen dar, frequenzselektive Komponenten wie Resonatoren oder Filter müssen extern ausgeführt werden [26]. Den ersten monolithischen Verstärker in GaAs für das X-Band stellte 1976 die Firma Plessey vor. Danach setzten weltweit und bei allen namhaften Herstellern umfangreiche Entwicklungsaktivitäten ein. Als Beispiel zeigt Abb. 10.27 einen bei der Daimler-Benz Aerospace AG entwickelten Mischer mit anschließendem ZF-Verstärker für den 60 GHz-Bereich.

Abb. 10.27: Mischer/ZF-Verstärker MMIC für 60 GHz (Quelle: Daimler-Benz Aerospace AG).

Der Konversionsverlust des Mischers liegt bei 6 dB, seine Doppelseitenband-Rauschzahl bei 3,3 dB; die Zwischenfrequenz beträgt 4,5 GHz. Das GaAs-Substrat hat eine Fläche von (5×4) mm^2 und eine Dicke von 150 μm.

Die Realisierung moderner Radare mit aktiven phasengesteuerten Antennen basiert auf einer besonderen Gruppe integrierter Bausteine, sogenannten Sende/Empfangs (*S/E*)-Modulen [27], [28]. Eine solche Antenne besteht, je nach Komplexität und Aufgabenstellung des Radars, aus hunderten oder gar tausenden solcher Module, matrixartig in einem jeweiligen gegenseitigen Abstand von einer halben Betriebswellenlänge flächig angeordnet. Die Formung des Strahlungsdiagramms dieser Antenne erfolgt durch Überlagerung der Ausgangssignale aller *S/E*-Module, welche individuell in Amplitude und Phase gesteuert werden. *S/E*-Module machen sich zwei grundsätzliche Technologien zunutze: MMICs zur Realisierung von Sende- und Empfangspfad und die Speisung des Antennenelements bzw. des Elements selbst, sowie von ASICs (engl.: **A**pplication **S**pecific **I**ntegrated **C**ircuit) für die Kontrollfunktionen zur Amplituden- und Phasengewichtung.

10.4 Komponenten der Signalverarbeitung

Die Aufgabe der Radarsignalverarbeitung ist es, das gewünschte Nutzsignal aus dem Rauschen und aus Störsignalen herauszufiltern, es zu analysieren und entsprechend der Aufgabenstellung des Radars aufzuarbeiten und in geeigneter Weise darzustellen bzw. nach vorgegebenen Entscheidungskriterien bestimmte Wirkungsabläufe einzuleiten [29], [30].

Umfang und Ausführungsform eines Signalverarbeitungsteils können je nach Typ und Anwendungsgebiet des betreffenden Radars sehr unterschiedlich sein. Der Vergleich zwischen einer hochminiaturisierten und mit extremer Packungsdichte realisierten Elektronik eines Radarzielsuchkopfes für einen Flugkörper und einem umfangreichen Datenverarbeitungssystem eines Küstenradars mag dies illustrieren.

Trotzdem ist die grundsätzliche Konzeption der Signalverarbeitung moderner Radare, unabhängig vom Radarverfahren, von wesentlichen Gemeinsamkeiten gekennzeichnet. Dies resultiert aus den funktionalen Analogien z. B. eines FM/CW- und eines Puls-Doppler-Radars, in denen sich die Transformierbarkeit von Zeit- und Frequenzbereich widerspiegelt.

Eine analoge Signalverarbeitung ist bei einem modernen Radar aufgrund des hohen Aufwandes nicht mehr sinnvoll. Ein großer Teil der Verarbeitungseinheit ist deshalb in einem sogenannten DSP (**D**igitaler **S**ignal**p**rozessor) zusammengefaßt. Die analogen Ausgangssignale des Empfängers werden dazu zunächst in Analog/Digital-Wandlern digitalisiert. Die danach folgenden Stufen wie Doppler- und Entfernungsfilterbänke sind in Kap. 7.1 beschrieben. Über die reine Entfernungs- und Geschwindigkeitsmessung hinaus sind bei FM/CW-Radaren Verfahren wie ‚Doppler-Beam-Sharpening' zur Erhöhung der Winkelauflösung und bei Puls-Doppler-Radaren die Impulskompression für eine verbesserte Entfernungsauflösung eingeführt.

Eine typische Aufgabe für die Signalverabeitung eines FM/CW-Radars in einem Flugkörper-Zielsuchkopf ist neben der Zieldetektion eine Zielklassifikation, d. h. die Forderung, zwischen relevanten und nichtrelevanten Zielen zu unterscheiden. Solche Radare arbeiten bevorzugt im Millimeterwellenbereich, da hier mit großen Betriebsbandbreiten und schnellen FFTs (**F**ast **F**ourier **T**ransformation) Entfernungszellen von weniger als 25 cm realisierbar sind, was eine Beschreibung der räumlichen Struktur eines Zieles ermöglicht. Eine Zielklassifikation erfolgt dann nach einem Vergleich mit vorgegebenen Entscheidungskriterien.

Von wesentlich größerem Umfang ist demgegenüber z. B. die Signalverarbeitung eines radargestützten Schiffsführungssystems. Sie reicht von der klassischen Positionsbestimmung durch ein Küstenradar über eine komplexe Datenvernetzung mehrerer Radare bis zur zentralen Lagedarstellung an einem Lotsenarbeitsplatz. Eine große Anzahl von Zielen muß quasisimultan detektiert und lokalisiert und logische Verknüpfungen mit exisitierenden Randbedingungen hergestellt werden, um z. B. Gefahrenmeldungen abzuleiten. Die reine Radarsignalverarbeitung ist in diesem Fall nur ein Teil eines umfangreichen Datenverarbeitungs- und Übertragungssystems.

Die Technologie digitaler Signalprozessoren basiert auf monolithisch integrierten Schaltkreisen. Ihre Aufgabe besteht primär in der Durchführung von FFTs und arithmetischen Operationen. Die Datenein- und Datenausgabe erfolgen in der Regel über schnelle, standardisierte VME-Bussysteme (engl.: Versa Module Eurocard).

Literaturverzeichnis

[1] Burkhardtsmaier, W.: *75 Jahre Sendertechnik bei AEG-TELEFUNKEN*. Ulm: AEG-TELEFUNKEN, 1978

[2] Lüke, H.D.: *Signalübertragung*. Berlin: Springer, 1983

[3] Meinke, H., Gundlach, F.W.: *Taschenbuch der Hochfrequenztechnik*. Berlin: Springer, 1986

[4] Zinke, O., Brunswig, H.: *Lehrbuch der Hochfrequenztechnik*. Berlin: Springer, 1990

[5] Hilberg, W.: *Electrical Characteristics of Transmission Lines*. Dedham, MA: Artech, 1979

[6] Janssen, W.: *Hohlleiter und Streifenleiter*. Heidelberg: Hüthig, 1977

[7] Matthaei, G.L., et al.: *Microwave Filters, Impedance-Matching Networks and Coupling Structures*. New York: McGraw-Hill, 1964

[8] Unger, H.-G.: *Theorie der Leitungen*. Braunschweig: Vieweg, 1967

[9] Marcuvitz, N.: *Waveguide Handbook*. New York: McGraw-Hill, 1951

[10] Gupta, K.C., et al.: *Microstriplines and Slotlines*. Dedham, MA: Artech, 1979

[11] Fechner, H.: *Gekoppelte Mikrostreifenleitungen*. München: Oldenbourg, 1981

[12] Young, L.: *Parallel Coupled Lines and Directional Couplers*. Dedham, MA: Artech, 1972

[13] Saal, R.: *Handbuch zum Filterentwurf*. Heidelberg: Hüthig, 1988

[14] Helszajn, J.: *Nonreciprocal Microwave Junctions and Circulators*. New York: Wiley, 1975

[15] Holpp, W.: *Hohlleiterzirkulatoren für den Millimeterwellen-Bereich*. Ulm: Wiss. Ber. AEG-TELEFUNKEN 54, Nr. 4-5, 1988, S. 212–218

[16] Eichmeier, J.: *Moderne Vakuumtechnik.* Berlin: Springer, 1981

[17] Müller, R.: *Grundlagen der Halbleiterelektronik.* Berlin: Springer, 1984

[18] Tietze, U., Schenk, C.: *Halbleiter-Schaltungstechnik.* Berlin: Springer, 1983

[19] Unger, H.-G., Harth, W.: *Hochfrequenz-Halbleiterelektronik.* Stuttgart: Hirzel, 1972

[20] Harth, W., Claassen, M.: *Aktive Mikrowellendioden.* Berlin: Springer, 1981

[21] Kellner, W., Kniepkamp, H.: *GaAs-Feldeffekttransistoren.* Berlin: Springer, 1985

[22] Kowalenko, W.F.: *Mikrowellenröhren.* Berlin: Verlag Technik, 1957

[23] Holpp, W.: *Integrated Milled Block.* Proc. Military Microwaves 90 Workshop, London, 1990, p. 57–67

[24] Hoffmann, R.K.: *Integrierte Mikrowellenschaltungen.* Berlin: Springer, 1983

[25] Calahan, D.: *Rechnerunterstützter Schaltungsentwurf.* München: Oldenbourg, 1973

[26] Luy, J.-F., Adelseck, B.: *Low Noise SiGe MMICs.* Proc. Microwaves and RF 98, London, 1998, p. 308–313

[27] Feldle, H.-P.: *Transmit/Receive Technology for Active Array Radar.* Proc. Microwaves and RF 96, London, 1996, p. 215–220

[28] Schäffner, R.: *Design and Development of T/R Modules for State-of-the-Art Radar Applications.* Proc. Microwaves and RF 97, London, 1997, p. 9–14

[29] Barton, D.K.: *Modern Radar System Analysis.* Norwood, MA: Artech, 1988

[30] Ludloff, A.: *Handbuch Radar und Radarsignalverarbeitung.* Braunschweig: Vieweg, 1993

11 Anwendungen und Systembeispiele

11.1 Systeme mit realer Apertur

11.1.1 Führung und Überwachung von Flug- und Schiffsverkehr

Die Führung und Überwachung von Schiffsverkehr war die ursprüngliche Aufgabe der Radartechnik. Schon das am 30. April 1904 an den Düsseldorfer Ingenieur *Christian Hülsmeyer* erteilte kaiserliche Patent für sein ‚Telemobiloskop' war aus der Aufgabenstellung hervorgegangen, eine Möglichkeit zur Vermeidung von Schiffszusammenstößen auf dem Rhein zu finden.

Die heute erreichte Leistungsfähigkeit der Radartechnik auf diesem Gebiet läßt sich eindrucksvoll anhand des von der Daimler-Benz Aerospace AG entwickelten und installierten Schiffsverkehrssicherungssystems ‚SEATRACK 7000' demonstrieren [1], [2]. Seine Hauptaufgaben sind die Verkehrslenkung, d. h. die Vorausplanung des Verkehrsablaufes und Lenkungsmaßnahmen für einzelne Schiffe sowie die Navigationsunterstützung, also die Beratung einzelner mit Landradar erfaßter und identifizierter Fahrzeuge durch Seelotsen. Darüber hinaus werden Verkehrsinformationen und Lagemeldungen auf Anfrage ausgesandt und Hilfeleistungen in Notfällen erbracht.

Die Verkehrszentralen Brunsbüttel und Cuxhaven sind zusammen mit den Zentralen Jade und Weser die lokalen Schaltstellen für das weltweit größte zusammenhängende radarüberwachte Verkehrssicherungssystem. Abb. 11.1 zeigt die Verkehrszentrale in Brunsbüttel. Auf dem Dach des Gebäudes ist die Arrayantenne zu erkennen.

Die Hohlleiter-Schlitzantenne hat eine Länge von 7 m, ihre Halbwertsbreite in der Azimutebene beträgt 0,35°, in der Elevationsebene besitzt sie ein $cosec^2$-Diagramm. Sender und Empfänger sind in zwei 19"-Standardgehäusen untergebracht. Die Arbeitsfrequenzen des im Frequenzdiversity-Verfahren betriebenen Radars liegen zwischen 8825 MHz und 9225 MHz; Sendung und Empfang erfolgen quasisimultan auf zwei Frequenzen im Abstand von 200 MHz. Die Sendeleistungen liegen zwischen 90 kW und 120 kW mit variablen Pulslängen von 100 ns für Entfernungen bis 12 km, 250 ns bis 24 km und 500 ns bis zur Maximalreichweite von 48 km. Die Polarisa-

Abb. 11.1: Verkehrszentrale in Brunsbüttel (Quelle: Daimler-Benz Aerospace AG).

tion kann von Puls zu Puls zwischen horizontal, vertikal und zirkular umgeschaltet werden.

Ein digitaler Videoprozessor verarbeitet mittels eines Korrelationsverfahrens die Zielechos. Mit Hilfe des Frequenz- und Polarisationsdiversity-Betriebes können sehr hohe Signal/Clutter-Verhältnisse realisiert werden; horizontale und vertikale Polarisation unterdrücken Seeclutter, zirkulare Polarisation Regenclutter. Bis zu 200 feste oder bewegte Ziele können pro Sekunde detektiert und lokalisiert werden. Die Positionsgenauigkeit, bezogen auf ein Ziel mit 50 m^2 Radarrückstreuquerschnitt, konstanter Geschwindigkeit und einer Entfernung von 10 km, liegt bei 13 m.

Ein Bedienplatz von ‚SEATRACK 7000' besteht aus einem Tageslichtsichtgerät zur Darstellung von Radarroh- und Radarsynthetik-Daten, von Weg/Zeit-Bildern und Schiffsdaten. Identifizierte und markierte Schiffe werden in der synthetischen Darstellung entsprechend ihrer verkehrstechnischen Bedeutung mit unterschiedlichen Symbolen hinterlegt. Kurs und Geschwindigkeit werden durch einen dem Symbol zugeordneten Vektor und durch numerische Angabe dargestellt. Abb. 11.2 zeigt die Lotsenarbeitsplätze der Verkehrszentrale in Brunsbüttel.

Von noch größerer Bedeutung als im Schiffsverkehr ist das Radar in der Rolle des Überwachungs- und Führungsorgans der modernen Luftfahrt. Eine ordnungsgemäße Abwicklung sowohl des zivilen als auch des militärischen Flugverkehrs ist ohne den Einsatz der Radartechnik nicht mehr denkbar. Im Verteidigungsbereich werden heute Systeme verlangt, die es ermöglichen, den in geringen bis in mittleren Höhen anfliegenden Angreifer rechtzeitiger als bisher zu erfassen, zu erkennen und Gegenmaßnahmen einzuleiten.

11.1 Systeme mit realer Apertur

Abb. 11.2: Lotsenarbeitsplätze der Verkehrszentrale in Brunsbüttel (Quelle: Daimler-Benz Aerospace AG).

Entsprechend dieser Aufgabenstellung entwickelte das Konsortium Siemens AG/ Daimler-Benz Aerospace AG für das **Heeresflugabwehr** Aufklärungs- und Gefechtsführungssystem (HFlaAFüSys) ein System, das sich durch hohe Mobilität aller Komponenten und durch dezentrale Ermittlung der Luftlage auszeichnet. Ohne Zeitverzug wird die aktuelle Luftlage zwischen den Sensoren ausgetauscht und per Datenfunk an alle Komponenten des Systems verteilt. Damit wird eine Vorwarnung und Voreinweisung der Waffensysteme ohne Nutzung deren eigener Suchradare ermöglicht; die Waffensysteme bleiben somit getarnt [1], [3].

Die Aufklärungskomponente in HFlaAFüSys übernimmt das mobile **Luftraumüberwachungs-Radar** (LÜR), die Heeresflugabwehrversion des in Kap. 6.5 vorgestellten dreidimensionalen Überwachungsradars TRMS. LÜR hat die Aufgabe, Ziele in einer vorgegebenen Aufklärungszone bis zu einer Entfernung von 100 km und einer Höhe von 10 km zu erfassen. Das Gesamtsystem besteht aus den Komponenten Sensor und Auswerter, beide sind auf je einen 15 t-Lkw verlastet. Der Sensor setzt sich zusammen aus einer geschlossenen, HF-dichten Kabine mit den darin montierten Geräten und Baugruppen sowie der Radarantenne mit dem HF-Teil des Empfängers, die sich auf dem Dach der Kabine befindet und hydraulisch ausgefahren wird. Auch der Auswerter besteht aus einer HF-dichten Kabine mit den für die Radardaten-Auswertung und -Darstellung sowie die Überwachung und Fernbedienung des Sensors erforderlichen Baugruppen.

Zur Antennengruppe gehören neben der bereits beschriebenen, als passives, phasengesteuertes Array ausgeführten Primärradar-Antenne, eine SLS (**Sidelobe Suppression**)-

Antenne zur Unterdrückung von Clutter und Störern im Nebenkeulenbereich und eine IFF (Indication of Friend or Foe)-Antenne zur Abfrage von Transpondern an Bord eigener Flugzeuge. Zur Vermeidung von Verlusten durch lange Leitungswege ist der Empfängereingang direkt am Antennendrehgestell untergebracht. Der Sender arbeitet vollkohärent und ist in den Vor- und Treiberstufen mit Wanderfeldröhren und in der Endstufe mit einer Kreuzfeldröhre bestückt. Der erzeugte Sendeimpuls ist phasenkodiert. Diese Phasenkodierung kann von Puls zu Puls geändert werden, das gleiche gilt für die Sendefrequenz. Das in der Kabine untergebrachte ZF-/Videoteil des Empfängers besteht wie die Eingangsstufe an der Antenne aus zwei identischen Kanälen, dem Hauptkanal und dem SLS-Kanal.

Der Signalprozessor filtert das Nutzsignal aus dem Rauschen heraus und befreit es von Störsignalen, wobei eine konstant niedrige Falschalarmrate eingehalten wird. Dies geschieht in drei aufeinanderfolgenden Stufen: MTI (engl. Moving Target Indication), also Festzielunterdrückung, Impulskompression und CFAR (Constant False Alarm Rate). Im CFAR-Modul wird aus dem ausgewählten Videosignal ein Mittelwert gebildet, mit dem die aktuellen Echosignale verglichen werden; eine Überschreitung dieses Mittelwertes wird dann als Zielimpuls weitergegeben. Damit ist das CFAR-Modul in der Lage, ausgedehnte Cluttergebiete wie z. B. Regen, Düppel und Rauschstörer zu unterdrücken.

Eine Datenübertragungs- und Fernwirkanlage verbindet Sensor und Auswerter. Über Lichtwellenleiter werden Video-, Steuer- und Überwachungssignale übertragen. Im Auswerter werden die im Sensor vorverarbeiteten Primärradar- und IFF-Videosignale weiterverarbeitet und als Zielsymbole auf einem Sichtgerät dargestellt. Am Radararbeitsplatz mit 16"-Anzeigeteil werden über Sichtgeräteprozessoren die Zieldaten synthetisch oder analog als Rohradardaten dargestellt. Über die im Arbeitsplatz integrierten Bedienfelder werden die Funktionen des Sensors und des Auswerters gesteuert. Sie dienen zur Eingabe radarspezifischer Kriterien wie z. B. IFF-Code, Entdeckungsschwelle, Auswahl Analog-/Synthetikvideo, Dezentrierung über Rollkugel und Radaroptimierung.

Der Gerätesatz ‚Luftlagedatenverarbeitung' besteht aus einem Mehrrechnersystem und zwei Systemarbeitsplätzen und hat die Aufgabe, die Sensorluftlage mit Zielspuren aus den Zieldaten des eigenen Sensors sowie die Gesamtluftlage unter zusätzlicher Verwendung der Luftlagemeldungen der Nachbarsensoren zu erstellen. Zum Austausch der Luftlageinformationen mit Nachbarsensoren sind vier VHF-Datenfunkgeräte vorhanden. Für Sprechfunk ist ein weiteres VHF-Funkgerät eingerüstet.

Unter den zivilen Flugsicherungsradaren ist seit rund 20 Jahren die SRE-M (Surveillance Radar Equipment)-Familie der Daimler-Benz Aerospace AG mit ständig verbesserten Versionen etabliert [1], [4]. Im Jahr 1976 wurde als erster Vertreter SRE-M 5 als kohärentes Radar mit einem Klystron-Sender in Betrieb genommen. Die aktuelle Version SRE-M 8 ist komplett in Halbleitertechnologie realisiert; ihre

11.1 Systeme mit realer Apertur

Antenne wurde in Kap. 6.4 vorgestellt. Der Sender ist modular mit paralleler Redundanz aufgebaut, seine Puls-Spitzenleistung beträgt 75 kW. Die Pulslängen können reichweitenabhängig zwischen 12 µs und 250 µs gewählt werden, die Pulsfrequenzen liegen zwischen 300 Hz und 700 Hz. Der mit einer digitalen, programmierbaren STC (engl. Sensitivity Time Control) ausgestattete Empfänger besitzt zwei operationelle und einen Redundanz-Kanal mit digitaler Pulskompression. Der Signalverarbeitungsteil enthält einen Doppler-Prozessor, Extraktor und Tracker. Die Maximalreichweite von SRE-M 8 liegt bei 400 km, wobei ein Höhenbereich bis zu 20000 m abgedeckt wird. Die Entfernungsauflösung ist besser als 1000 m, die erreichbare Winkelauflösung liegt bei 1,2°. Abb. 11.3 zeigt eine in Bertem/Belgien installierte Anlage aus der SRE-M Familie.

Abb. 11.3: SRE-M Anlage in Bertem/Belgien (Quelle: Daimler-Benz Aerospace AG).

11.1.2 Sensorik für den Verkehr auf Straße und Schiene

Die Idee, Radar zur Erhöhung der Verkehrssicherheit auf der Straße einzusetzen, ist nicht neu. Bereits Mitte der siebziger Jahre entstanden die ersten Versuchsmuster von Hindernis-Warnradaren. Heute stellt der Entwicklungsstand insbesondere der Millimeterwellen-Technologie die Basis für eine Industrialisierung von Kraftfahrzeug-Radaren dar. Die Anwendungsgebiete umfassen mittlerweile über die klassische Hinderniswarnung hinaus die Regelung eines Tempomats, die berührungslose Messung der Geschwindigkeit über Grund sowie die Straßenzustandserkennung. Weltweit sind Bemühungen im Gange, durch den Einsatz von Radar nicht nur in Fahrzeugen sondern auch in stationären Anlagen im Bereich der Straße die Verkehrssicherheit und -effektivität zu verbessern.

Für mobile Systeme haben sich Frequenzen um 77 GHz und die FM/CW-Technik durchgesetzt. In diesem Rahmen wurde bei der Daimler-Benz Aerospace AG ein Radarsensor entwickelt, der eine automatische Geschwindigkeitsregelung und -adaption an sich ändernde Verkehrsverhältnisse ermöglicht. Solche Systeme werden im internationalen Sprachgebrauch unter dem Begriff ACC (Adaptive Cruise Control) eingereiht; sie messen die Entfernung und die Relativgeschwindigkeit zum vorausfahrenden Fahrzeug und verarbeiten diese Informationen in einer Prozessoreinheit [5], [6]. Das Radar paßt die Geschwindigkeit des eigenen an die des vorausfahrenden Fahrzeugs an, solange die vorgegebene Maximalgeschwindigkeit nicht überschritten und ein entsprechender Sicherheitsabstand eingehalten werden. Durch eine Monopuls-Peilung in der Azimutebene wird auch die Bestimmung der Winkelablage von Objekten vor dem Sensor ermöglicht. Der Signalprozessor leitet daraus und mit anderen Informationen wie Lenkungseinschlag oder Raddrehzahlen des Fahrzeuges die Entscheidung ab, ob sich das erfaßte Objekt auf derselben oder einer benachbarten Fahrspur bewegt, selbst wenn die Messung in einer Kurve erfolgt. Der Signalprozessor kann simultan bis zu 30 Ziele verfolgen. In Abhängigkeit von Entfernung und Winkelablage wird dem nächsten Objekt auf der eigenen Fahrspur die höchste Priorität eingeräumt.

Im Sinne einer einfachen Einbaubarkeit und optimierter Kosten wurde der Radarsensor zusammen mit der Regelungseinheit zu einem kompakten ACC-Gerät integriert. Das Gerät wird vorzugsweise in der Nähe der Scheinwerfer, hinter der Stoßstange oder dem Kennzeichen montiert. Durch geeignete Auswahl einer im verwendeten Frequenzbereich transparenten Abdeckung kann das Gerät im Fahrzeug integriert werden, ohne dessen Formgebung zu beeinflussen. Abb. 11.4 zeigt das praktisch serienreife Gerät, welches in Zusammenarbeit mit dem Systempartner VDO entwickelt wurde.

Abb. 11.4: ACC-Gerät (Quelle: Daimler-Benz Aerospace AG).

11.1 Systeme mit realer Apertur

Bei abgenommener Abdeckung sind drei Radar-Trichterantennen zu erkennen, von denen die mittlere als Sendeantenne und die beiden äußeren als Empfangsantennen dienen. Das als FM/CW-Radar ausgelegte ACC-Gerät arbeitet im Frequenzbereich 76 GHz bis 77 GHz mit einer Sendeleistung von 3 mW. Der Entfernungs-Meßbereich liegt zwischen 2 m und 155 m, die Meßgenauigkeit beträgt 1,5 m, im Nahbereich unterhalb 30 m sogar 0,3 m. Die möglichen Relativgeschwindigkeiten liegen zwischen −100 km/h und +300 km/h bei einer Meßgenauigkeit von 0,25 km/h. Die Monopulspeilung im Azimut erfolgt in einem Winkelbereich von −4° bis +4° bei einer Meßgenauigkeit von 1°. Die Abmessungen des ACC-Geräts betragen 185 mm × 86 mm × 100 mm.

Zur Unterstützung von Antiblockier-Systemen, automatischer Dämpfungs- und Federungseinstellung und für zukünftige Navigationssysteme ist die exakte Messung der aktuellen Geschwindigkeit über Grund eine Voraussetzung. Für diese Aufgabe wurden Sensoren im 24 GHz-Bereich entwickelt, die an der Unterseite von Fahrzeugen montiert werden und aus dem während der Fahrt gemessenen Doppler-Spektrum die Geschwindigkeit errechnen. Neben der Geschwindigkeitsinformation benötigen die genannten Systeme die Kenntnis des Straßenzustandes, d. h. Information über das Vorhandensein von Eis, Wasser oder anderen potentiellen Gefahrenquellen auf der Fahrbahn. Dafür sind in Versuchen erfolgreich passive, radiometrische Sensoren eingesetzt worden. Sie messen die fiktive, radiometrische Temperatur eines Objekts, die sich aus dessen naturgemäß vorhandenen Eigenstrahlung und der von ihm reflektierten Himmelsstrahlung zusammensetzt. Damit ist der Temperaturkontrast zwischen beispielsweise Eis und trockenem Asphalt eindeutig detektierbar [7].

Komplexe Verkehrsleitsysteme benötigen stationäre Radarsensoren entlang der Verkehrswege sowie Kommunikationsmöglichkeiten zu den Fahrzeugen. Die Sensoren erfassen Parameter wie Geschwindigkeit und geometrische Ausdehnung von Fahrzeugen und deren gegenseitige Abstände. Ein Prozessor leitet aus diesen, den Verkehrsfluß charakterisierenden Daten, Kriterien für die Vermeidung oder Warnung vor Staus ab. Den Verkehrsteilnehmern können darüber hinaus alternative Routen vorgeschlagen oder andere für die Fahrt relevante Informationen zur Verfügung gestellt werden [7].

Im Anwendungsbereich des Bahnbetriebes entstehen im wesentlichen zwei Aufgaben, die durch den Einsatz von Radarsensoren vorteilhaft gelöst werden können: zum einen die berührungslose Messung der Geschwindigkeit über Grund und die davon abgeleitete Berechnung von zurückgelegtem Weg sowie von Anfahr- und Bremsbeschleunigung und zum anderen die Ermittlung von Zuglängen. Siemens hat für beide Anwendungen Untersuchungen mit Radarsensoren im 24 GHz-Bereich durchgeführt [8], [9].

Die Geschwindigkeitsmessung von Schienenfahrzeugen mit radgebundenen Sensoren ist mit einer grundsätzlichen Fehlerquelle behaftet, dem Schlupf der Räder beim Beschleunigen und Abbremsen. Ein von der Siemens AG entwickelter berührungslos arbeitender Radarsensor trägt hier zu einer entscheidenden Erhöhung der Meßgenauigkeit bei. Er strahlt dabei schräg gegen den Untergrund und empfängt einen

Teil des diffus von Bodenunebenheiten zurückgestreuten Echos. Dieses ist gegenüber der Sendefrequenz infolge des *Doppler*-Effekts proportional zur Relativgeschwindigkeit zwischen Fahrzeug und Boden verschoben. Durch das Abstrahlen zweier, nach dem ‚Janus'-Prinzip in bzw. entgegen der Fahrtrichtung orientierter Signale kann ein durch eventuelles Verkippen des Fahrzeuges um seine Querachse entstehender Fehler kompensiert werden. Die erreichbare Meßgenauigkeit liegt, umgerechnet auf eine Wegmessung, bei ±2 m pro 1 km. Abb. 11.5 zeigt den in einem bahntauglichen Gehäuse an der Unterseite eines Waggons montierten Sensor.

Abb. 11.5: Am Waggon montierter Sensor (Quelle: SIEMENS AG).

Zur signaltechnisch sicheren Gleisfreimeldung wird klassischerweise die Zahl der Achsen eines Zuges gezählt, die in einen Gleisabschnitt eintreten bzw. aus ihm austreten. Der Gleisabschnitt wird nur dann freigegeben, wenn die Zählung in beiden Fällen identisch ist. Eine Alternative hierzu ist die Messung der Zuglänge. Mit ortsfest montierten Radarsensoren ist es möglich, die Geschwindigkeit und die Länge vorbeifahrender Züge zu messen. Dazu wurde der beschriebene ‚Janus'-Sensor am Rande eines Gleisbettes aufgestellt, und die Doppler-Spektren vorbeifahrender Züge aufgezeichnet. Aufgrund der unterschiedlichen Strahlungsrichtung der Antennenkeulen in und gegen die Fahrtrichtung sind die Empfangssignale gegeneinander zeitlich versetzt. Aus dem Versatz kann auf die Entfernung zum Sensor geschlossen werden, die Strukturierung der Signale ist für den jeweiligen Zug charakteristisch. Die Genauigkeit der Längenmessung ist besser als 1%.

Eine weitere sehr anspruchsvolle Aufgabe vorzugsweise für Millimeterwellen-Sensoren ist die Navigation von führerlosen Fahrzeugen (AGVs, **A**utonomous **G**uided **V**ehicles) [10]. Neben dem Einhalten einer vorgegebenen Fahrstrecke hat der Sensor eines AGV Aufgaben wie die Warnung vor Hindernissen auf der Fahrbahn oder das präzise Andocken an Portalkräne, z. B. im Hafenbereich. Insbesondere bei Außen-

Abb. 11.6: AGVs beim Containertransport im Hafenbereich (Quelle: Daimler-Benz Aerospace AG).

einsätzen kommt hier die Allwetter-Fähigkeit von Radarsensoren gegenüber anderen Verfahren zum Tragen. Der Entwicklungsstand der Radarsensorik im Verkehrswesen ermöglicht eine weitgehende Übernahme von dort gewonnenen Erkenntnissen für diese spezielle Anwendung. Abb. 11.6 gibt eine Vorstellung solcher zukünftiger AGVs.

11.1.3 Multifunktionsradar

Technologien und Verfahrenstechniken, wie sie heute verfügbar sind, erlauben die Realisierung von Radarsystemen, die mehrere oder gar eine Vielzahl von unterschiedlichen Funktionen wahrnehmen können. Solche Anlagen werden als ‚Multifunktionsradare' (MFR) bezeichnet. Der Aufbau eines MFR ist im allgemeinen Fall äußerst komplex; eine Vielzahl von Komponenten und Verfahren aufgrund der Forderung nach Multifunktionalität ist die Ursache.

Von besonderer Bedeutung ist zunächst das Antennensystem. Moderne Radare machen vom Prinzip der elektronisch phasengesteuerten Gruppenantenne Gebrauch. Sie zeichnet sich durch ihre Strahlagilität aus. Trägheitslose, schnelle und auch sprungartige Strahlauslenkung innerhalb gewisser Grenzen erlaubt das Ausrichten in beliebige Raumrichtungen in beliebiger Reihenfolge. So ist ein Wechsel zwischen einzelnen Betriebsarten oder Such- und Abtaststrategien innerhalb von Millisekunden möglich. Durch Verändern der Phasenverteilung über der Apertur ist eine adaptive Diagrammformung mit Nebenkeulenreduzierung und Nullstellenverschiebung zu erreichen. Diese Maßnahme ist besonders zur Störunterdrückung bedeutungsvoll.

Zur Entdeckung und Erfassung von Bewegtzielen bei gleichzeitiger Unterdrückung von Festzielclutter müssen kohärente Radarverfahren eingesetzt werden. MFRs sind deshalb praktisch immer als Doppler- oder Pulsdoppler-Radare ausgelegt. Ein frequenzagiles Sendesignal dient darüber hinaus im zivilen Bereich, z. B. bei Anwendungen in der Meteorologie, zur Erfassung und Unterscheidung von atmosphärischen Meßobjekten aufgrund ihres frequenzabhängigen Reflexions- und Transparenzverhaltens und auf dem militärischen Sektor als eine zusätzliche Maßnahme zur Erschwerung gegnerischer Störmöglichkeiten. Eine Veränderung der Pulsfrequenz bei gepulsten Verfahren ist bei Bordradaren bedeutsam bei der Verarbeitung von Bewegtzielen in unterschiedlichen Reichweiten-, Höhen- und Geschwindigkeitsbereichen insbesondere bei Anwesenheit von starkem Bodenclutter sowie zur Auflösung von Entfernungs- und Geschwindigkeitsmehrdeutigkeiten und zur Vermeidung von Blindzonen. Eine Inter- oder Intrapulsmodulation ermöglicht bei breiten Sendeimpulsen eine Impulskompression zur Erhöhung der Entfernungsauflösung.

Die Erzeugung der Sendeleistung erfolgt entweder mit Röhren konzentriert oder mit Halbleitern verteilt. Ihr Mittelwert ist nach der Radargleichung ein Maß für die erzielbare Reichweite. Sie wird bei Pulsradaren aus ökonomischer Sicht meist mit moderater Spitzenleistung und entsprechend breiten Impulsen generiert. Auch bei der Realisierung eines sogenannten LPI-Konzeptes (Low Probability of Intercept), das einem gegnerischen Radarwarnempfänger das Auffassen der eigenen Strahlung und somit den Einsatz von Maßnahmen zur Störung des Radarbetriebes erschwert, wird die abgestrahlte Spitzenleistung so gering wie möglich gehalten. Bei modernen Radarsystemen wird mittels gezielter Managementprozeduren eine situationsabhängige effiziente Leistungsadaption durchgeführt.

Ein zentrales Element eines MFR ist der Signalprozessor. Schnelle Analog/Digital-Wandler und schnelle digitale Prozessoren haben den Weg zu einer programmierbaren Hardware geebnet. Softwarelösungen sind aufgrund ihrer Flexibilität der Schlüssel zu automatisierten und multifunktionalen Systemen. Die verfügbaren Technologien ermöglichen weiterhin die Realisierung einer Vielzahl von Aufgaben und Funktionen mit Prozessoren auf engstem Raum. Damit sind MFR auch an Bord von Flugzeugen und für ähnliche Aufgaben einsetzbar geworden. Für die Zukunft bieten sich als Signalprozessoren sogenannte ‚Multicomputer-Parallel-Prozessorsysteme' an. Als typisch für Signalprozessoren gelten Aufgaben wie die Entdeckung, Erfassung, Verfolgung und Klassifizierung von Zielen, Dopplerfilterung, Festzielunterdrückung, Navigation, Impulskompression u. a. m.

Auch der Datenprozessor ist programmierbar, jedoch im Vergleich zum Signalprozessor mit einer anderen Aufgabenpalette betraut. Er bewirkt die Durchführung, Steuerung und Überwachung der Ablauf- und Routineoperationen alle Radarkomponenten betreffend. Im besonderen ist er, bezogen auf ein MFR, zuständig für die Auswahl der für einen effizienten Radarbetrieb jeweils erforderlichen Funktionsarten.

11.1 Systeme mit realer Apertur

Ein konkretes Beispiel für ein modernes MFR ist das Gefechtsfeldradar COBRA (**Co**unter **B**attery **Ra**dar) [11]. Seine Aufgaben sind die Ortung und Lokalisierung feindlicher Artilleriestellungen sowie die Registrierung eigenen Feuers und die Datenfunkanbindung an vorhandene Artillerie- Führungssysteme. COBRA wird im Rahmen des trinationalen Konsortiums ‚Euro-Art' (Deutschland, Frankreich und Großbritannien) von den beteiligten Firmen Siemens, Thomson-CSF, Racal und Lockheed Martin aus den USA entwickelt.

Das Radar sucht den Horizont mittels einer fächerförmigen Antennenkeule nach abgefeuerten Artilleriegeschossen ab und verfolgt entdeckte Projektile zur Gewinnung ihrer Flugbahndaten. Aus diesen Daten ermittelt ein Software-Schätzfilter die ballistischen Flugbahnparameter, woraus die Koordinaten des Geschützes und des Geschoß-Auftreffpunktes bestimmt werden.

COBRA ist als C-Band Radar mit einer aktiven Phased-Array-Antenne ausgelegt, die aus etwa 3000 T/R-Modulen besteht, von denen jeweils vier zusammengefaßt eine austauschbare Einheit bilden. Die Antennenfläche beträgt etwa 4,5 m^2 und hat eine Masse von über 3 t. In Richtung der Suchrasterpunkte sendet COBRA jeweils einen ‚Dwell', d. h. eine Sequenz von RF-Pulsen, in der die Pulswiederholrate, die Pulslänge und die Sendefrequenz konstant sind. Dies erlaubt eine kohärente Integration der Empfangssignale und damit eine Verbesserung der Entdeckungswahrscheinlichkeit. Die benötigten Genauigkeiten und Auflösungen bei der Zielverfolgung und Vermessung der Flugbahn werden durch Anwendung von Monopulstechnik in Azimut und Elevation und durch den Einsatz von Pulskompression erreicht. Zur genauen Ermittlung der eigenen Position verfügt COBRA über eine Trägheitsnavigationsanlage.

Alle Systemkomponenten sind auf national unterschiedlichen Trägerfahrzeugen montiert, im deutschen Fall auf einem in Abb. 11.7 gezeigten MAN 15 t Lkw. Von außen

Abb. 11.7: COBRA System-Fahrzeug (Quelle: SIEMENS AG).

erkennbar sind der Shelter, die Antenne und die Stromversorgungseinheit. An der Stirnseite des Shelters befindet sich eine Klimaanlage mit integrierter ABC-Schutzeinrichtung. Der Shelter beinhaltet alle Elektronikbaugruppen sowie zwei Arbeitsplätze für die Bediener.

Auch im Bereich der modernen bordgestützten Luftverteidigung dominiert heute eindeutig das MFR. Als typischer Vertreter eines solchen Radars kann das in den USA von Hughes entwickelte APG-73, eine Weiterentwicklung des bewährten APG-65, gelten [12]. Seine Antenne wurde ausführlich in Kap. 6.3 beschrieben.

Eine wesentliche europäische Produktion auf diesem Gebiet stellt das TORNADO Bordradar dar [1]. Dieses System wird in Lizenz der amerikanischen Firma Texas Instruments von sechs Firmen in drei europäischen Ländern gebaut. Das für die Endintegration verantwortliche Konsortium besteht aus den Firmen Ferranti (Großbritannien), FIAR (Italien) und Daimler-Benz Aerospace AG (Deutschland). Das TORNADO-Bordradar besteht aus zwei Komponenten, dem Bodenbildradar (engl.: Ground Mapping Radar) und dem Geländefolgeradar (engl.: Terrain Following Radar), und ist als Impulsradar mit Impulskompression ausgelegt. Seine Arbeitsfrequenz liegt im Ku-Band. Abb. 11.8 zeigt das TORNADO Bordradar.

Die Multifunktionalität zeigt sich in einer Vielzahl von Betriebsarten, die sich aus den diversen Aufgaben eines solchen Radars ableiten, wie

- Luft/Luft-Einsatz mit Zielsuchen und -verfolgen auch von tieffliegenden Zielen und auf große Entfernungen
- Einzel- und Mehrfachzielverfolgung

Abb. 11.8: TORNADO-Bordradar (Quelle: Daimler-Benz Aerospace AG).

- Feuerleitung und Flugkörperlenkung
- Luft/Boden-Einsatz zum Zwecke der Navigation
- hohe Störfestigkeit
- hohe Anpassungsfähigkeit an wechselnde Einsatzbedingungen

Eine Schlüsselfunktion bei einem MFR der vorliegenden Art nimmt die Pulsfrequenz ein. Ihre jeweilige Anpassung an die gerade vorliegende operationelle Situation erlaubt es, die Systemeffektivität durch die entsprechende Auswertung der in den Radarechos enthaltenen Informationen zu maximieren. Dies bezieht sich im besonderen auf Zieldetektion, Festzielunterdrückung sowie Messung von Entfernung und Geschwindigkeit und die Auflösung von Mehrdeutigkeiten.

Bei militärischen Einsätzen ist es von großer Bedeutung, daß das eigene Flugzeug möglichst ungestört und unbemerkt vom Gegner in das vorgegebene Einsatzgebiet gelangt. Daraus leitet sich für ein Bordradar eine navigatorische Aufgabe ab. Es erfolgt dazu durch das Radar eine sektoriell begrenzte Abtastung des vor dem Flugzeug liegenden Geländes. Damit können Geländedarstellungen und Höhenkonturen gewonnen werden. Mit Hilfe dieser Informationen wird es möglich, einen Flugweg niedrigster Höhe zu wählen, also Hindernisse zu umfliegen (engl.: Terrain Avoidance) oder eine manuell oder auch automatisch durchführbare Höhenanpassung des Flugprofils (engl.: Terrain Following) zu erreichen.

11.2 Systeme mit synthetischer Apertur

11.2.1 Aufgaben im Sicherheitsbereich

Die Vorteile bei der Anwendung eines Radars mit synthetischer Apertur (SAR) im Sicherheitsbereich resultieren hauptsächlich aus den Möglichkeiten, mit relativ kleinen Antennen ein großes Auflösungsvermögen und hohe Meßgenauigkeiten zu erzielen sowie aus den kohärenz- und bewegungsbedingten Abbildungseigenschaften von SAR-Systemen. Letzteres ist besonders im Bereich von Zielerkennung und Aufklärung bedeutsam. Bezüglich der Bewegungszustände zwischen Radar und dem beobachteten Objekt unterscheidet man drei Fälle: das Radar bewegt sich und das Objekt ruht, das Objekt bewegt sich und das Radar ruht oder beide, Radar und Objekt bewegen sich.

Ein wesentliches Anwendungsfeld von SAR im militärischen Bereich liegt bei der Aufklärung und Zielerkennung mit Flugzeugen und Satelliten. Militärische Nutzer von SAR-Systemen fordern im allgemeinen

- möglichst hohe geometrische Auflösung und Meßgenauigkeit
- extrem niedrige Falschalarmraten gegen Objekte
- große erfaßte Streifenbreite

- Datenprozessierung, -auswertung und -übertragung zu Kommandozentralen in Echtzeit
- hohe Beobachtungsraten bis hin zu kontinuierlichen Überdeckungen
- Bewegtzielerkennung und -charakterisierung

Zum Teil bedingen sich diese Forderungen gegenseitig, zum Teil schließen sie sich aber auch aus. So bedingt die Forderung nach möglichst niedrigen Falschalarmraten die Forderung nach hohem Signal-Rausch-Verhältnis, das bedeutet hohe radiometrische Auflösung. Dies hat aber für ein SAR grundsätzlich eine Reduktion der geometrischen Auflösung zur Folge, wenn man nicht auf eine kontinuierliche Bedeckung der beobachteten Streifenbreite verzichten will, wie z. B. bei Spotlight- und ScanSAR-Modes.

Die geometrische Auflösung eines SAR-Systems bedingt unmittelbar die notwendige Bandbreite des Systems, sowie in Zusammenhang mit der Streifenbreite, die Datenraten und die Anforderungen, die man an den Datenprozessor stellen muß. Das erforderliche Auflösungsvermögen eines Systems wiederum resultiert aus den Objekten und dem entsprechenden Erkennungsgrad, den man erzielen möchte.

Eine besondere Variante von SAR ergibt sich für den Fall, daß sich nur das Ziel bewegt und das Radar feststeht; man nennt dies ‚Inverses SAR' (ISAR). Hierbei wird die synthetische Apertur durch die Bewegung des Zieles aufgespannt. Insbesondere dann, wenn das Ziel nicht nur eine lineare Bewegung, sondern auch noch eine Drehbewegung ausführt, kann man mit dieser Methode ein hohes Auflösungsvermögen in drei Dimensionen über das Ziel hinweg erzielen.

Ein Beispiel für ein modernes luftgestütztes Überwachungsradar, das auch einen ISAR-Prozessor zur Zielklassifikation beinhaltet, ist OCEAN MASTER. Das System wurde in deutsch/französischer Kooperation von der Daimler-Benz Aerospace AG und Thomson-CSF entwickelt [1], [13].

OCEAN MASTER ist ein vollkohärentes Hochleistungs-Pulskompressions-Radar mit vielseitigem Anwendungsbereich, insbesondere zur Suche und Detektion von Seezielen, zur Erfassung der Wettersituation und zur Darstellung von geographischen Gegebenheiten vorzugsweise im Küstenbereich. Das im X-Band arbeitende System umfaßt auf der Mikrowellenseite Antenne, Frequenzaufbereitung, Sender und Empfänger. Die Antenne ist als klassische offset-gespeiste Parabol-Reflektorantenne ausgeführt. Die Abmessungen des elliptischen Reflektors betragen 600 mm × 300 mm. Der entsprechende Antennengewinn liegt damit über 30 dBi. Die gesamte Antenne ist auf einer in zwei Achsen stabilisierten Plattform montiert und im Azimut um $n \cdot 360°$ oder in einem Sektorscan von 60° bis 210° drehbar. Der Elevationsschwenkbereich reicht von +4° bis −29°. Wahlweise können in der Antenne zwei Dipole zur IFF-Funktion im L-Band integriert werden. Mit auf der Antennenplattform befindet sich ein rauscharmer Empfangs-Vorverstärker. Von einer dreikanaligen Drehkupplung wird die Verbindung zu Sender und Empfänger sowie zum IFF-Gerät hergestellt.

11.2 Systeme mit synthetischer Apertur

Die Frequenzaufbereitungseinheit erzeugt Sendeimpulse mit vorwählbarer Länge im ZF-Bereich. Sie werden anschließend ins X-Band umgesetzt und gelangen als Ansteuersignal zur Sendestufe. Der vollkohärente Sender ist mit einer Wanderfeldröhre bestückt und liefert je nach Ausführungsform eine mittlere Leistung von 100 W oder 400 W. Das im X-Band vorverstärkte Empfangssignal wird im Empfänger zunächst in den ZF-Bereich abgemischt, danach werden die Impulse in einem Quadraturdemodulator detektiert.

Die Aufgaben der Prozessoreinheit für die Radarfunktionen gliedern sich folgendermaßen:

- Radar-Synchronisation (Timing and Control)
- Analog/Digital-Wandlung der Radar- und IFF-Videos
- Vorverarbeitung (Integration, Filterung)
- CFAR
- Scan-to-Scan Verarbeitung
- Plot Extraktion und TWS (Track While Scan)
- Video-Schnittstelle zum Bildschirm
- Schnittstellen zur IFF-Einheit und zum Datenbus
- Steuerung der Antennenplattform

Eine Besonderheit des Systems OCEAN MASTER ist die Betriebsart ISAR. Sie dient insbesondere zur wetterunabhängigen Visualisierung und Klassifizierung von Seezielen. Zur Realisierung der für ISAR notwendigen Zielbeobachtungsdauer wird die Antenne von OCEAN MASTER an Bord des fliegenden Trägers so nachgeführt, daß das interessierende Ziel ständig in ihrem Blickfeld bleibt. Die Analyse des zeitlichen Verlaufes des Dopplerspektrums, verursacht durch Bewegungen eines Zieles um seine Längs- und Querachse (Rollen und Stampfen) aufgrund von Seegang, bildet die Basis zur Erzeugung von ISAR-Bildern. Die prinzipiellen Merkmale, die zur Klassifizierung verwendet werden, sind die Ziellänge, die Lage der Masten und der Aufbauten sowie die relative Höhe eines Seeziels.

Ein Vergleich aktueller ISAR-Bilder mit einer im ISAR-Prozessor gespeicherten umfangreichen Bibliothek ermöglicht eine Zielklassifikation. Die verfügbare Software erlaubt die Erstellung und Modifikation einer solchen Bibliothek mittels eines PC mit Scanner durch einfaches Einlesen der Daten von verfügbaren Abbildungen interessierender Ziele, z. B. aus Büchern. Ebenso können während einer Mission gewonnene Bilder in der Bibliothek abgelegt werden.

Die maximale operationelle Reichweite von OCEAN MASTER beträgt etwa 200 Seemeilen, die minimale Entfernungsauflösung wenige Meter. Der Umfang der Geräteinstallation beinhaltet die Einheiten Antenne, Frequenzaufbereitung/Empfänger/Prozessor und Sender (Abb. 11.9) sowie das Bediengerät (Abb. 11.10).

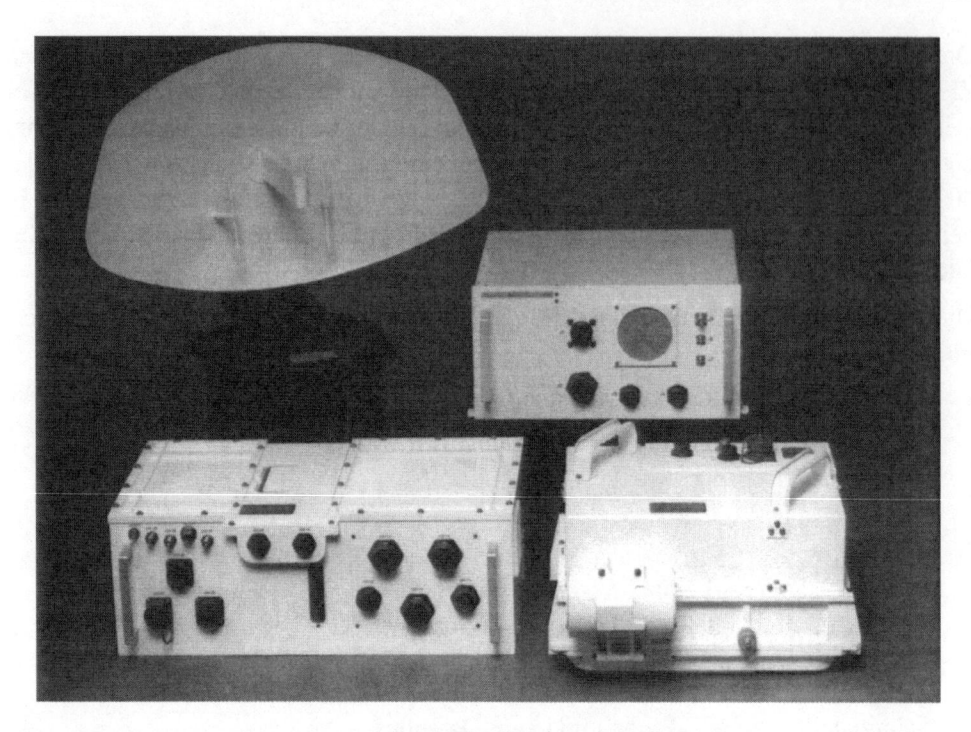

Abb. 11.9: Geräteeinheiten Antenne, Frequenzaufbereitung/Empfänger/Prozessor und Sender von OCEAN MASTER (Quelle: Daimler-Benz Aerospace AG/Thomson-CSF).

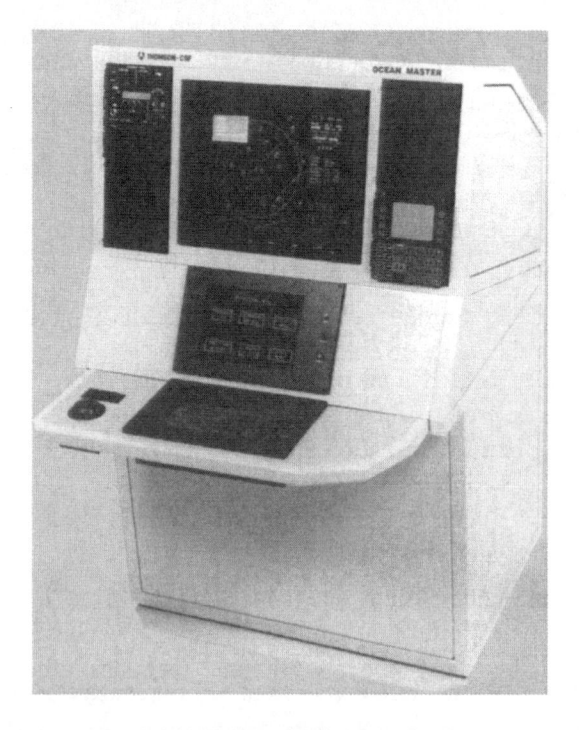

Abb. 11.10: Bediengerät von OCEAN MASTER (Quelle: Daimler-Benz Aerospace AG/Thomson-CSF)

11.2.2 Allwetter-Flugführung für Hubschrauber

Der Hauptvorteil von Hubschraubern gegenüber Flächenflugzeugen ist deren Fähigkeit, auf fast jedem beliebigen Platz ausreichender Größe senkrecht starten und landen zu können. Falls etwa in zerklüftetem Gelände oder über See eine Landung nicht möglich ist, können Lasten oder Personen auch im Schwebeflug abgesetzt und aufgenommen werden. Diese Fähigkeiten prädestinieren Hubschrauber für den Einsatz in der Luftrettung, im Katastrophenschutz, für die Grenzüberwachung und die Verbrechensbekämpfung, für vielfältige Transportaufgaben sowie für eine Reihe militärischer Aufgabenstellungen.

Hubschrauberflüge und insbesondere Landungen werden fast ausschließlich durch Augenbeobachtung und nach Sichtflugregeln durchgeführt. Hierfür gelten zum einen gesetzliche Einschränkungen, die den Sichtflug bei einer Sichtweite unter 800 m (künftig 1500 m) und einer Wolkenuntergrenze unter 600 Fuß aus Sicherheitsgründen nicht zulassen. Zum anderen hat auch die Leistungsfähigkeit des menschlichen Auges physikalische Grenzen. Damit sind Hubschraubereinsätze bei schwierigen Wetterbedingungen und bei Nacht ohne die Benutzung geeigneter Flugführungs- und Hinderniswarngeräte nicht möglich oder aber äußerst gefährlich.

Weil sich Hubschrauber nicht auf definierten Luftstraßen, sondern meist in Bodennähe bewegen und auf unbekannten Plätzen landen, müssen Hinderniswarngeräte für Hubschrauber anderen und zwar deutlich höheren Ansprüchen als bei Flächenflugzeugen genügen. Gefordert sind für primäre Flugführungsinstrumente und Hinderniswarngeräte eine bildhafte Sicht von Flugweg und Landeplatz mit ausreichendem Sichtwinkelbereich (z. B. 70° × 40°) und guter Bildauflösung (z. B. 0,2°). Die Bildwiederholrate muß hoch genug sein, damit der zwischen den einzelnen Bildern zurückgelegte Weg nicht zu groß wird. Zwei Bilder pro Sekunde stellen hier das absolute Minimum dar. Eine zuverlässige Erkennung von Hindernissen einschließlich Hochspannungsleitungen sowie eine ausreichende Reichweite auch unter schwierigsten Wetterbedingungen können bei einer Betriebsfrequenz um 35 GHz gleichermaßen erreicht werden.

Die Anwendbarkeit des SAR-Prinzips zur Flugführung von Hubschraubern ist jedoch aus zwei Gründen nicht unmittelbar gegeben. Zum einen ist die Blickrichtung des SAR immer senkrecht zur Fortbewegungsrichtung der Antennen. Mit einem herkömmlichen SAR-System kann daher nie in Flugrichtung, sondern nur seitwärts gesehen werden. Zum anderen erfordert die Berechnung von SAR-Bildern einen Rechner hoher Leistungsfähigkeit. Dies gilt umso mehr, als die Berechnung nicht später im Rechenzentrum, sondern an Bord und in Echtzeit durchzuführen ist.

Das Problem der Blickrichtung des SAR wurde 1989 für die Hubschrauberanwendung durch die Erfindung des Radars mit synthetischer Apertur auf der Basis rotierender Antennen (ROSAR: **Ro**tor-SAR) grundsätzlich gelöst. Die nach außen blickende Antenne rotiert synchron mit dem Rotor und weist damit an jeder Stelle der Kreisbahn eine Geschwindigkeitskomponente senkrecht zu ihrer Blickrichtung auf (Kap. 8.5.3). Die Blickrichtung dieses ROSAR-Systems kann frei gewählt werden. Die Größe der aufgespannten synthetischen Apertur und damit die ROSAR-Bildauflösung wird von der Länge der Antennenarme bestimmt. Bei 33 GHz und einer Antennenarmlänge von 1,5 m wird eine Bildauflösung von ca. 0,2° erreicht.

Die Echtzeit-Berechnung von SAR-Bildern an Bord erfordert einen kompakten Rechner mit der Leistungsfähigkeit eines Supercomputers. In einem von Eurocopter Deutschland und Dornier Satellitensysteme seit 1991 unter dem Produktnamen ‚HeliRadar' gemeinsam durchgeführten Entwicklungsprogramm konnte erstmals ein Flugführungsrechner mit rund 14 Milliarden Rechenoperationen pro Sekunde im Format eines Pilotenkoffers realisiert werden [14].

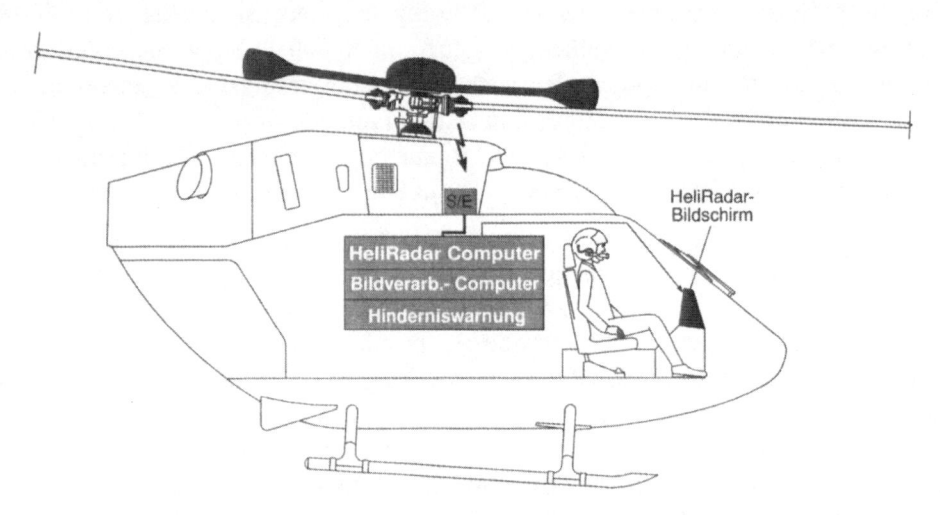

Abb. 11.11: HeliRadar Systemkonzept (Quelle: Eurocopter Deutschland GmbH).

Das Systemkonzept von HeliRadar ist in Abb. 11.11 dargestellt. Vier Antennenarme, die wiederum mit je 8 kleinen Antennen bestückt sind, tasten gemäß dem ROSAR-Prinzip mit einem FM/CW-Radarsignal die Umgebung ab. Die Sende- und Empfangseinheit des Gerätes befindet sich direkt oberhalb des Rotorkopfes. Von dort werden Zwischenfrequenzsignale in die Hubschrauberkabine geleitet und dort vom HeliRadar-Computer und dem nachgeschalteten Bildverarbeitungscomputer für die Darstellung auf einem Bildschirm im Cockpit aufbereitet. Die Einblendung von Flugführungsinformationen wie künstlicher Horizont, Entfernungslinien, die farbige Markierung auf dem Flugweg vorhandener Hindernisse und anderer Informationen ist vorgesehen [15], [16].

HeliRadar erzeugt bei der Auslegung des Prototyps sechsmal pro Sekunde ein Umgebungsbild mit 70° × 40° (Azimut × Elevation), einer Azimut-Bildauflösung von 0,2° und einer Entfernungsauflösung von 1,5 m. Durch Fächerung der Antennen wird in Elevation zusätzlich eine Diskriminierung von 2,5° erreicht. Das System hat für al-

11.2 Systeme mit synthetischer Apertur

le Hindernisse einschließlich Hochspannungsdrähte eine Reichweite von mindestens 1,3 km unter schwierigsten Wetterbedingungen, nämlich Regen mit 12,5 mm/h. Die Blickrichtung kann in Azimut über 360° gewählt werden. HeliRadar wiegt etwa 50 kg. Abb. 11.12 zeigt den Versuchshubschrauber mit montierter HeliRadar-Struktur. Die

Abb. 11.12: Versuchshubschrauber mit montierter HeliRadar-Struktur (Quelle: Eurocopter Deutschland GmbH).

HeliRadar-Entwicklung soll im Jahr 2001 mit der Erprobung eines flugfähigen Prototypen abgeschlossen werden.
Zur Durchführung der Entwicklungs-, Zulassungs- und Fertigungsarbeiten ist die Gründung eines Spin-off-Unternehmens von DaimlerChrysler Aerospace AG und Eurocopter Deutschland GmbH in Planung. Hierdurch soll sichergestellt werden, daß HeliRadar auf möglichst vielen Hubschraubertypen zur Verfügung stehen wird [17].

11.2.3 Fernerkundung

Der Begriff ‚Fernerkundung' soll im Rahmen dieser Darstellung eingeschränkt werden auf die Beobachtung der Erdoberfläche durch ein flugzeug- oder satellitengestütztes SAR. Ein aktuelles Beispiel auf diesem Gebiet ist E-SAR, eine Entwicklung des DLR (**D**eutsches **Z**entrum für **L**uft- und **R**aumfahrt) in Oberpfaffenhofen [18]. E-SAR arbeitet wahlweise im P-, L-, C-, S- und X-Band mit horizontaler oder vertikaler Polarisation. Die P- und L-Band-Modi sind zudem voll polarimetrisch. Cross- und Along-Track Interferometrie-Modi existieren im X-Band. Das System erzeugt voll fokussierte, bewegungskompensierte SAR-Bilder. Die Signalverarbeitung erfolgt in Echtzeit an Bord eines Flugzeuges mittels eines ‚Quick Look'-Prozessors. Die Informationsaufzeichnung wird in Form von Rohdaten auf HDDC (engl: **H**igh **D**ensity **D**igital **C**assette) oder als prozessierte Daten auf einem standardisierten Bandformat vorgenommen. Zur präzisen Flugführung steht per Datenlink zum Flugzeug ein D-GPS (**D**ifferential **G**lobal **P**ositioning **S**ystem)-Signal zur Verfügung.

Die wesentlichen Anwendungsbereiche von E-SAR sind die Beobachtung von Land- und Wasserflächen, Geländeabbildung und Kartographie, Klassifizierung von land- und forstwirtschaftlichen Nutzflächen und die Überwachung von Katastrophenschäden. Abb. 11.13 zeigt E-SAR montiert an einem Meßflugzeug Dornier Do-228.

Abb. 11.13: E-SAR montiert an einem Meßflugzeug Dornier Do-228 (Quelle: DLR).

Ein weiteres System zur Fernerkundung ist das AeS-1, entwickelt von Aero-Sensing Radarsysteme in Oberpfaffenhofen [19], [20]. AeS-1 ist ein auf E-SAR basierendes, flugzeuggestütztes, **in**terferometrisches **SAR** (InSAR) zur Gewinnung von 3-D Bildern und digitalen Höhenmodellen der Erdoberfläche mit zwei räumlich versetzten Antennen.

AeS-1 arbeitet bei einer Frequenz von 9,6 GHz mit einer Systembandbreite von 400 MHz. Die erreichbare Flächenauflösung liegt bei $(0,5 \times 0,5)$ m^2, die Genauigkeit der Höhenmessung beträgt 0,5 m bis 0,05 m. Zur Bewegungskompensation werden ein inertiales Bord-Navigationssystem, D-GPS und ein Radar-Höhenmesser herangezogen.

Ein wesentlicher Anwendungsbereich von AeS-1 ist die Erzeugung topographischer Karten im Maßstab 1 : 25000 oder größer und mit einem minimalen gegenseitigen Abstand der Höhenlinien von 0,1 m. Diese Karten können zu thematischen Karten erweitert werden, die zwischen bebauten und unbebauten Flächen unterscheiden und besonders markante Geländeeigenschaften berücksichtigen um damit z. B. als Planungsgrundlage für terrestrische Funknetze zu dienen.

11.2 Systeme mit synthetischer Apertur

Im Rahmen des von der NASA initiierten Raumfahrtprogramms ‚Mission zum Planeten Erde' wurden Radarexperimente durchgeführt, bei denen SARs im L-, C- und X-Band aus dem Space Shuttle heraus die Erdoberfläche mit hoher Auflösung abbildeten. Ziel derartiger Missionen ist es, globale geophysikalische Vorgänge besser zu verstehen und Veränderungen zu ermitteln [21], [22].

Das eingesetzte System SIR-C/X-SAR (SIR-C steht für ‚Shuttle Imaging Radar C', im Anschluß an die beiden Vorgängermissionen A und B) ist ein kooperatives Produkt von NASA/JPL (National Aeronautics and Space Administration/Jet Propulsion Laboratory), DLR und ASI (Agenzia Spaziale Italiana). Das L- und das C-Band SAR wurden von den USA beigestellt. Das X-SAR wurde in Deutschland von dem DLR ins Leben gerufen sowie im Hinblick auf die vorgesehenen Anwendungen spezifiziert und in Kooperation mit Italien unter industrieller Führung der Firma Dornier, zusammen mit Alenia Spazio, gebaut. Das DLR stellt die Projekt- sowie die technische und wissenschaftliche Leitung.

Die wissenschaftliche Zielsetzung der SIR-C/X-SAR-Missionen war die Ermittlung von Radarsignaturen für Erd- und Umweltbeobachtung bei verschiedenen Frequenzen, Polarisationen und Einfallswinkeln über Land und See. Erstmals wurden dabei unterschiedliche Testgebiete mit den gleichen Radarparametern unter den jeweils gleichen Wetterbedingungen, zur gleichen Zeit und pixelgenau beobachtet. Die unterschiedliche Geometrie zeitlich aufeinanderfolgender Überflüge gestattet sowohl die Beobachtung bei verschiedenen Einfallswinkeln als auch die Registrierung des Rückstreuverhaltens bestimmter Ziele in Zweitagesrhythmen in Abhängigkeit von kurz- und mittelfristigen, d. h. halbjährigen Zustandsänderungen.

Im Hinblick auf den technologischen Fortschritt war das Ziel der Missionen die Erforschung und Entwicklung neuer Radarsensoren und -verfahren bezüglich ihrer Datentechnik (Speicherkapazität, Übertragungskapazität, Prozessierungs- und Verarbeitungsgeschwindigkeit) sowie ihrer Sensor- und Verfahrenstechnologie und ihres Betriebes im Weltraum. Darüber hinaus war zu ermitteln, welche Radarparameter (z. B. Frequenz, Polarisation, Blickwinkel) zur Beantwortung der wissenschaftlichen Fragestellung unabdingbar bzw. optimal sind, wie ein Radar dafür grundsätzlich auszulegen und zu dimensionieren ist.

Das X-SAR-Instrument füllte zusammen mit dem SIR-C-Gerät fast die gesamte Ladebucht des Space Shuttle ‚Endeavour' aus. Den meisten Raum nahmen die Flächenantennen ein. Die X-SAR-Antenne war dabei der obere, mechanisch schwenkbare Teil der insgesamt (12×4) m^2 großen Antennenstruktur. Das Gewicht der Hohlleiterschlitz-Antenne, gefertigt aus Kohlefaserverbund-Werkstoff mit hoher Festigkeit und Temperaturstabilität, betrug nicht mehr als 50 kg. Die gesamte Nutzlast mit den aktiven, phasengesteuerten Gruppen-Antennen von SIR-C und der Elektronik wog 10,5 t.

Die X-SAR-Antenne sendete und empfing das Radarsignal mit vertikaler Polarisation und konnte so auf die Erdoberfläche ausgerichtet werden, daß ein Einfallswinkelbereich von 15° bis 55° abgedeckt wurde. Der von der Antenne beleuchtete Fleck am Boden war bei einer Flughöhe von 225 km eine Ellipse von etwa $(60 \times 0,8)$ km^2. Die Elektronik war – verpackt in Thermalisolation – unter der Antennenstruktur auf einem Kühlsystem montiert.

Das gepulste Sendesignal wurde in einem TWT-Verstärker auf eine mittlere Leistung von 240 W gebracht. Von dort gelangte das Signal, ein frequenzmodulierter Puls von 40 μs Länge und wahlweise 10 oder 20 MHz Bandbreite mit 3,35 kW Spitzenleistung, über eine aus teilweise flexiblen Hohlleitern bestehende Verbindung zur Antenne.

Die drei SARs arbeiteten vollkommen synchron, um gleichartige Rückstreugeometrien vorzufinden. So konnten die aus den Empfangssignalen der drei Frequenzen erzeugten SAR-Bilder wirklich miteinander verglichen werden. Es bestand jedoch die Möglichkeit, die Radare für Einzelexperimente und im Fehlerfall auch autonom zu betreiben. Die von der Erdoberfläche kommenden Echosignale wurden in einem kohärenten Empfänger verstärkt, mit 6 Bit digitalisiert und zusammen mit allen notwendigen Hilfsdaten mit einer Datenrate von 45 Mbit/s auf einem der drei Spezial-Bandgeräte aufgezeichnet und, wenn möglich, gleichzeitig zur Bodenstation übertragen. Zählt man die vier Kanäle des SIR-C (zwei Frequenzen mit je zwei Polarisationen) mit dazu, so betrug die Gesamtdatenrate 225 Mbit/s.

Abb. 11.14: SIR-C/X-SAR-Experiment in der Ladebucht des Space Shuttle (Quelle: DLR).

Abb. 11.14 zeigt das SIR-C/X-SAR-Experiment in der Ladebucht des Space Shuttle. Der Quader mit der Aufschrift LaRC ist ein IR-Radiometer, das mit seiner Blickrichtung senkrecht zur Erde ausgerichtet ist. Damit wird die Seitensichtgeometrie der SAR-Antenne deutlich.

Eine wesentliche Rolle kommt bei derartigen Experimenten der absoluten Kalibrierung der verschiedenen Meßergebnisse zu; sie ist unabdingbare Voraussetzung für die Vergleichbarkeit von Messungen, die zu unterschiedlichen Zeiten bzw. an unterschiedlichen Orten und mit unterschiedlichen Sensoren durchgeführt werden. Dafür wurden große Eichfelder an verschiedenen Orten, u. a. in Oberpfaffenhofen, angelegt. Das Testgebiet dort hat eine Ausdehnung von jeweils 100 km in Nord-Süd- und Ost-West-Richtung. Mit aktiven und passiven Kalibratoren und mit geeichten Empfängern werden hier die für eine absolute Kalibrierung von SAR-Messungen notwendigen Parameter ermittelt (Feldstärke, Antennendiagramm, Pulsfolge).

Zur Überwachung der Sensorelektronik wurden im Radargerät spezielle Sensoren zur Erfassung der Gerätetemperaturen, der Sendeleistung und wichtiger Betriebsspannungen und -ströme installiert. Diese lieferten während des gesamten Missionszeitraums Meßwerte in 10-Sekunden-Intervallen, welche im Rahmen der Telemetriedaten übertragen wurden. Die Schwankungen der Ausgangsleistung des TWT-Verstärkers während der Missionszeit betrugen weniger als $\pm 0{,}1$ dB. Um die Geräteparameter zu stabilisieren, wurde die gesamte Elektronik auf einem Wärmespeicher montiert. Die gemessenen Systemtemperaturen schwankten während der ersten Mission um weniger als 1 °C, was der Auflösung des Temperatursensors entspricht.

Zur radiometrischen Korrektur der unterschiedlichen Ausleuchtung des Streifens auf der Erdoberfläche aufgrund der Form des Antennendiagramms benötigt man das aktuelle Diagramm und die Blickrichtung der Antenne. In einer umfangreichen Meßkampagne wurden mit mehr als 20 Bodenempfängern im L-, C- und X-Band Diagramm-Messungen durchgeführt.

Im letzten Schritt, der absoluten Kalibrierung der relativ kalibrierten Daten und deren Überführung in physikalisch relevante Rückstreukoeffizienten, wurden ‚Corner-Reflektoren' als Referenzziele benutzt. Insgesamt 15 Reflektoren mit 1 m bis 3 m Kantenlänge wurden im Testgebiet Oberpfaffenhofen eingesetzt, um den Kalibrierungsfaktor zu bestimmen. Dieser beträgt 60 dB für die Standardprodukte. Die Kalibrierung erfolgte mit einer Genauigkeit von besser als ± 1 dB.

SIR-C/X-SAR sandte fortlaufend Telemetriedaten zum Boden; damit war eine ständige Kontrolle des Bordinstruments gegeben, und es konnten noch sehr kurzfristig Optimierungen der Radarparameter durchgeführt werden. Die zum Boden übertragenen X-SAR-Rohdaten wurden in der Echtzeit-Prozessierungsanlage zu SAR-Bildern verarbeitet. In einer Bilddaten-Verarbeitungsanlage war es weiter möglich, spezielle Produkte wie Bildausschnitte, Falschfarbenbilder und Mehrfrequenzüberlagerungen zu erzeugen.

11.3 Sekundärradar

Als Beispiel einer modernen Sekundärradar-Komponente sei hier der Transponder STR 2000 gezeigt, den die Siemens AG zusammen mit Thomson-CSF entwickelt [23]. STR 2000 ist zunächst ein IFF-Diversity-Transponder des eingeführten Kennsystems Mark XII mit den Modi 1, 2, 3 und 4 gemäß STANAG 4193. Darüber hinaus ist er aber auch ein Modus-S-Transponder der Klasse 2/3 nach ICAO Annex X und ermöglicht so in Zukunft die Integration in das zivile Air Traffic Management. Hierzu ist auch eine serielle Schnittstelle nach MIL STD 1553B bzw. nach ARINC 429 zum Anschluß eines ADLP (**A**ir **D**ata **L**ink **P**rocessor) vorhanden. Für die Aufrüstung zum künftigen militärischen Kennsystem NGIFF einschließlich eines integrierten Kryptorechners sind die notwendigen Schnittstellen und das nötige Einbauvolumen bereits vorhanden. Die Aufgabe, zwei bisher unabhängige Geräte in einem Gerät der Normgröße 1/2 ATR (318 mm × 124 mm × 194 mm, 7,1 kg) zu realisieren, wird hier durch konsequente Anwendung moderner Mikrotechnologie gelöst. Abb. 11.15 zeigt den IFF-Transponder STR 2000 zusammen mit seinem Bediengerät CADU (**C**ontrol **a**nd **D**isplay **U**nit) der Größe (146 mm × 133 mm × 81 mm).

Abb. 11.15: IFF-Transponder STR 2000 und Bediengerät CADU (Quelle: SIEMENS AG).

Literaturverzeichnis

[1] *Firmenunterlagen.* Daimler-Benz Aerospace AG, Ulm

[2] Pilhofer, H.: *Multi-Sensor-Fusion und automatische Zielidentifikation.* Tagungsband 9. DGON Radarsymposium, Stuttgart, 1997, S. 281–292

[3] Gerlitzki, W.J.: *TRMS, a Mobile 3D-Radar.* Proc. Military Microwaves Conference, London, 1988

[4] Bürkle, H.: *Die Radartechnik bei AEG-TELEFUNKEN.* Ulm: AEG-Telefunken, 1979

[5] Carl, W., et al.: *Automatische Abstands- und Geschwindigkeitsregelung ACC.* Tagungsband 17. VDI/VW Gemeinschaftstagung „Systemengineering in der Kfz-Entwicklung", Wolfsburg, 1997, S. 263–276

[6] Simbürger, W.: *Auf Distanz bedacht.* AEROSPACE – Magazin der Daimler-Benz Aerospace AG, Heft 1, 1997, S. 4–7

[7] Holpp, W.: *Automotive Radars for Advanced Road Traffic Safety.* Proc. Microwaves 94, London, 1994, p. 231–238

[8] Joppich, M., et al.: *Radarsensoren für Geschwindigkeit und Weg über Grund, sowie die Zuglänge.* 8. Fachtagung „Entwicklung und Sicherungstechnik in Theorie und Praxis", Dresden, 1993, S. 68–70

[9] Heide, P., Mágori, V.: *Mikrowellen-Sensorsysteme für Industrie und Verkehr.* Siemens-Zeitschrift, FuE-Special, Herbst 1996, S. 30–32

[10] Ziegler, H.W., Carl, W.: *Obstacle Detection Radar for Autonomous Guided Vehicles.* Proc. Microwaves and RF 97, London, 1997, p. 15–20

[11] Müller, L.: *COBRA-Entwicklung auf der Zielgeraden.* Wehrtechnik, Heft 2, 1997, S. 48–49

[12] Heckmann, E.: *Die Bordradare APG-65 und APG-73 von Hughes.* Wehrtechnik, Heft 1, 1995, S. 16–17

[13] Kufner, F., et al.: *Fortschritte im ISAR-Verfahren zur Klassifizierung von Schiffen.* Tagungsband 9. DGON Radarsymposium, Stuttgart, 1997, S. 331–340

[14] Kreitmair-Steck, W., Klausing, H., Braun, G.: *ROSAR technology as a basis for the enhanced vision system HELIRADAR.* Proc. Microwaves and RF 95, London, 1995, p. 99–109

[15] Braun, G., Kreitmair-Steck, W.: *HeliRadar – Synthetic Vision and Obstacle Warning for All-Weather Helicopter Flight.* Proc. 9th World Congress of the International Association of Institutes of Navigation, Amsterdam, Nov. 1997

[16] Braun, G., Klausing, H., Wolframm, A.: *HeliRadar – A SAR-Based All-Weather Synthetic Vision and Obstacle Warning System For Helicopters.* Proc. Microwaves and RF 98, London, 1998, p. 320–325

[17] Kreitmair-Steck, W.: *Persönliche Mitteilungen.* Eurocopter Deutschland GmbH, 1999

[18] Horn, R.: *The DLR Airborne SAR Project E-SAR.* DLR-Nachrichten, Heft 86, 1997, S. 37–41

[19] *Firmenunterlagen.* Aero-Sensing Radarsysteme GmbH, c/o DLR, Oberpfaffenhofen

[20] Moreira, J.: *An Airborne Interferometric SAR for High Precision Digital Elevation Model Generation*. Proc. Microwaves and RF 96, London, 1996, p. 221–223

[21] DLR-Unterlagen: *SIR-C/X-SAR, ein Raumfahrtexperiment zur Erdbeobachtung*. DLR, Oberpfaffenhofen, 1994

[22] Werner, M., et al.: *New Frontiers in Earth Science and Imaging Radar Technologies*. DLR-Nachrichten, Heft 86, 1997, S. 61–67

[23] Pabst, U.: *STR 2000 – Mehr Sicherheit am Himmel*. AEROSPACE – Magazin der Daimler-Benz Aerospace AG, Heft 4, 1998, S. 44–47

Tabelle der verwendeten Formelzeichen

A	Amplitude, Übertragungsverhalten, Fläche, Belegungsfunktion
a	Dämpfung, Hüllkurve, Abmessung
B	Bandbreite, magnetische Induktion
b	Abmessung
c	Abmessung
c_0	Lichtgeschwindigkeit ($= 2{,}997925 \cdot 10^8$ m/s)
D	Abmessung, Durchmesser, Richtfaktor, elektrische Verschiebung
d	Abmessung, Durchmesser
E	elektrische Feldstärke, Energie
F	Feldcharaktristik, Brennpunkt, Fläche, Rauschzahl
f	Frequenz (teilweise mit Index), Brennweite
G	Gewinn, Antennendiagramm
g	Gewinnmaß, Belegungsfunktion
H	magnetische Feldstärke, Höhe, Übertragungsfunktion
h	Impulsantwort, Abmessung, Höhe
I	Strom, Signalkomponente
J	MTI-Verbesserungsfaktor, Besselfunktion, elektrische Leitungsstromdichte
k	Konstante, Ausbreitungsvektor, Wellenzahl
L	Abmessung, Länge der synthetischen Apertur, Verlust
n	Brechungsindex, Impuls-, Trefferzahl
P	Leistung (teilweise mit Index)
p	Wahrscheinlichkeitsdichteverteilung
Q	Güte, Signalkomponente
q	Flächenwirkungsgrad
R	Entfernung (als Konstante)
r	Entfernung (als Variable)
S	Leistungsdichte, Signal (im Frequenzbereich)
s	Signal (im Zeitbereich)
S/C	Signal-Clutter-Verhältnis
S/N	Signal-Rausch-Verhältnis

T	Impulsabstand, Periodendauer (teilweise mit Index), Temperatur
T_{eff}	effektive Rauschtemperatur
t	Zeitdauer, Zeitkoordinate
U	Spannung, Winkelsignal, Umdrehungszahl
u	Amplitude
V	Zeitfunktion, Volumen, Verstärkung
V_D	Dopplersignal
v	Geschwindigkeit (teilweise mit Index)
W	elektrische oder magnetische Energie, Wahrscheinlichkeit
Z	Wellenwiderstand (teilweise mit Index)
Z_0	Feldwellenwiderstand des freien Raumes
α	Azimutwinkel
γ	Reflektivität, Winkel
Δ	Differenz, Winkelfehler
δ	Auflösung (teilweise mit Index)
ϵ	Elevationswinkel, Aspektwinkel, Dielektrizitätskonstante
ϵ_r	relative Dielektrizitätskonstante, Permittivitätszahl
ϵ_0	elektrische Feldkonstante ($= 8{,}8542 \cdot 10^{-12}$ As/Vm)
η	Wirkungsgrad
θ	Halbwertsbreite
κ	Tastverhältnis, elektrische Leitfähigkeit
λ	Wellenlänge
μ	Permeabilität
μ_r	relative Permeabilität
μ_0	magnetische Feldkonstante ($= 1{,}2566 \cdot 10^{-6}$ Vs/Am)
ρ	elektrische Ladungsdichte, Polarisationsverhältnis
Σ	Summe
σ	Radarrückstreuquerschnitt (mit Index: Standardabweichung)
τ_p	Impulsbreite, -dauer
φ	elektrischer Phasenwinkel
ϕ	geometrischer Ablagewinkel
ψ	Driftwinkel
ω	Kreisfrequenz
ω_0	Winkelgeschwindigkeit
r, ϑ, φ	Kugelkoordinaten
x, y, z	kartesische Koordinaten

Index

A
A-Darstellung 174f., 210
Abbildende Radarsysteme 213
Abfrage 187
Abfragegerät 184, 189
– Interrogator 8, 184, 189
Abfragenebenkeulenunterdrückung 193
Ablagefehler 295, 312, 322
Absorption 33f.
Absorptionsdämpfung 38
Abtastfehler 309, 322
Abtaststrategien 202
ACC, Adaptive Cruise Control 366f.
Across-Track 273, 275
AeS-1 380
AGV, Autonomous Guided Vehicle 368f.
Along-Track 273
Amplitudenmodulation 291, 309f.
Amplitudenmonopuls-Verfahren 203–205
– Differenzsignal 204
– Summensignal 203
Ankopplung 341
Ansprechwahrscheinlichkeit 196
Antennen 135–158
Antennendiagramm 310
Antennendiversity 190
Antennengewinn 60, 106, 138
Antwortgerät 184
– Transponder 6, 184
Antwortinformation 188
Antwortstörung, nichtsynchrone 190
Anzeigewahrscheinlichkeit 71
Aperturstrahler 145f.
APG-65 372
APG-73 372
Aspektwinkel 69
Atmosphäre, Brechungsindex 44
atmosphärische Dämpfung
– durch Gase 117

atmosphärische Dämpfung (*Fortsetzung*)
– durch Regen 118
Atomresonanzen 38
Auflösung 10, 72, 87–103, 291, 297, 302, 309
– azimutal 76f.
– geometrische 76f.
– radiometrische 77–79
– RAR 88–97
– SAR 97–103
Auflösungszelle 72, 93–95
Ausbreitungsfaktor 22
Ausbreitungsvektor 23
Ausfallswinkel 31
Ausnutzungsfaktor 172
Auto-Fokus 261, 312
Autokorrelationsfunktion 127
Autonomous Guided Vehicle, AGV 368f.
AZ-Darstellung 210
AZ-EL-Darstellung 210

B
B-Darstellung 210
Babinetsches Prinzip 140
Bandbreite 47
Basis 349
Basislinie 273, 276
beam-lead Bauformen 348
Belegungsfunktion 88, 146
Beschleunigungslinsen 152
Beschleunigungsmessung 312f., 316
Bessel-Funktionen 331
Bewegungsfehler 291, 294, 304–308
Bewegungskompensation 249, 251, 291–324
Bezugstiefpaß 342
Bilderstellung 79
Biot-Savartsches Durchflutungsgesetz 21

Blende 342
Blindgeschwindigkeiten 177f.
Blindleistung 25
Bodenclutter 72, 119f.
– Fläche 78
– Rausch-Verhältnis 78
Bodencluttersignal 79
Bodenradar 371
– Reichweite 52
Brechungsgesetz 31
Brennlinie 148
Brennpunkt 148
Brennweite 149

C

C/A-Code 315
Cassegrain-Antenne 151
χ^2-Verteilung 74
Chirp Scaling-Algorithmus 248
Chirp-Signal 226f.
Clutter 6, 47, 72, 119
Clutterfilter 183
Clutterleistung 120
Clutterzelle 119
COBRA, Counter Battery Radar 371f.
Codeverwirrung 193
Coho 180f.
Conical-Scan-Verfahren 152
Counter Battery Radar, COBRA 371f.
CW-Radar 47
CW-Signal 159

D

Dämpfung
– atmosphärische 117f.
– elektromagnetischer Wellen 11
Dämpfungsfaktor 33
Dämpfungsverluste 117
Datenrate 171
Dauerstrich-Signal 46
Dauerstrich-Verfahren 159–169
Decodierung
– aktive 188
– automatische 188
– passive 188
Defruiter 192

Depressionswinkel 93
Dickschichttechnik 333, 355
dielektrische Leitungen 336
Dielektrizitätskonstante 20, 22, 45, 334f.
differentielle Interferometrie 282
Differenzdiagramm 49
Digitaler Signalprozessor, DSP 357
Dioden 347–349
– PIN-Dioden 349
– pn-Dioden 347
Dipol 140
Dipolreflexion 58
Doppelreflexion 57ff.
Doppelspiegelsysteme 151
Doppelziel 65
Doppler-Bandbreite 76, 218, 224, 234
Doppler-Effekt 42, 97–99, 218, 224
Doppler-Filterbank 164f., 183
Doppler-Frequenz 42f., 99, 161f., 174, 218, 224, 302, 311
Doppler-Rate 218, 224–226, 256, 260–262
Doppler-Schwerpunkt 218, 224f., 256–258, 260
Dopplerradar 162
Dopplerspektrum 311f., 321
Drain 350
Dreieckmodulation 166
Dreifach-Eckreflektor 57
Dreitor 345
Driftwinkel 310
DSP, Digitaler Signalprozessor 357
Duct 44, 53
Dünnfilmtechnik 333, 355
Düppel 6
– Radarstörer 6

E

E-SAR 214, 235, 259, 265, 277, 379f.
E-Welle 329
Echtzeit-SAR-Verarbeitung 246f., 264–266
Effective Radiated Power 139
effektive Fläche 138
Eigenrauschen 79

eindeutig meßbare Entfernung 160, 171, 184
eindeutig meßbare Radialgeschwindigkeit 184
Eindeutigkeitsprodukt 184
Eindeutigkeitsrelation 83
Eindringtiefe 33, 44f.
Einfallsebene 26
Einfallswinkel 31, 60
Einzelstrahler 140–143
EL-Darstellung 210
elektrische
– Feldstärke 24
– Kraftflußdichte 20
– Ladungsdichte 20
– Leitungsstromdichte 20
– Verschiebung 20
elektromagnetische Leistungsdichte 135
elektromagnetische Wellen 19–54
elektromagnetisches Feld 19f., 23
– Kenngrößen 19–30
Elektronenröhren 352–354
– Gitterröhre 352
– Laufzeitröhre 352
– raumladungsgesteuerte 352
Elektronentransfer-Dioden 348
Emitter 349
Empfänger 327f.
Empfangsleistung 107
Energiestromdichte 25
Entdeckungswahrscheinlichkeit 69, 111
Entfernung, eindeutig meßbare 171
Entfernungsauflösung 90–92, 172
Entfernungsblindzonen 183
Entfernungsmehrdeutigkeit 81f.
Entfernungsmessung 160, 171
Erdoberfläche, Rückstreuung 39
Exponentialverteilung 68, 70, 79
Extended Chirp Scaling-Algorithmus 250–252
Extended Interaction Oscillator 354
– Klystron 352, 354

F
Falschalarm 111
Falschalarmwahrscheinlichkeit 111

Faltung 223, 228, 232, 244f.
Faradaysches Induktionsgesetz 21
Feldeffekttransistor 350
Feldstärke, elektrische 24
Feldstärke, magnetische 20
Feldwellenwiderstand 332
Fernerkundung 379
Fernfeld 35f., 136
Fernfeldbedingung 55, 60
Fernfeldcharakteristik 146
Ferrit 345
Festmantelleitungen 336
Festzielunterdrückung 181
Filter 342–344
Filterbank 169
Flächenwirkungsgrad 138
Fläche, effektive 60
Flächenleistungsdichte 55
Flächenrückstreufaktor 72
Flächenstreuung 58
Flugführung 377
Flugsicherung 364
Fluktuation 64–68, 115
Fluktuationsmodelle 70, 72
Fluktuationsverluste 115
FM/CW-Radar 164f., 169
– Dreieckmodulation 166
– Filterbank 169
– Zielselektion 169
Fokussierung 103
Format
– Down Link 199
– Up Link 199
Freiraumausbreitung 30f.
Frequenzauflösung 100
Frequenzbänder 12
Frequenzmodulation 68
Fresnelsche Formeln 31
Freund-Feind-Identifizierung, IFF 8, 185–190
Fruit 190

G
Gammaverteilung 78
Garbling 192f.
Gate 350

Geisterbilder 303
Geokodierung 280
Gerätekomponenten 325–359
Geschwindigkeitsauflösung 96f., 183
Geschwindigkeitsmehrdeutigkeit 82f.
Geschwindigkeitsmessung 82
Gewinn 106, 138
Gierwinkel 310
Gitterröhre 352
Gleichpolarisationskomponenten 58
Gleichrichtung, quadratische 50
Gleichverteilung 75
Glint 64
Global Positioning System, GPS 314–316
GPS, differentielles 315
GPS-Empfänger 314
GPS-Referenzstation 315
Grenzfrequenz 329
Grenzwellenlänge 329
Gruppengeschwindigkeit 24, 331
Gunn-Element 348
Güte 339

H
H-Welle 329
Halbwertsbreite 90, 137
Halbwertswinkel 89
Hauptkeule 89, 135, 137
HeliRadar 378
HEMT, High Electron Mobility Transistor 351
Hertzscher Dipol 30
Heterostruktur 351
Hindernis-Warnradar 365
Hohlleiter 329–333
– Fräsblocktechnik 354
Hohlleiterschlitzantenne 141
Hohlleiterwellenlänge 330
Horizontaldiagramm 137
Hornstrahler 146f.
Huygenssches Prinzip 146

I
IFF, Freund-Feind-Identifizierung 8, 185–190
IMPATT-Diode 348

Impedanzinverter 342
Impulsabstand 109
Impulsfolgen 4, 169
Impulskompression 92, 129–132
– Kompressionsfilter 132
– Kompressionsverhältnis 130
Impulsradar 3, 169–171
Impulsverfahren 169–172
– Tastverhältnis 169
Induktion, magnetische 20
inertiales Navigationssystem 313
inertiales Referenzsystem 313
Inertialnavigation 312
Inertialsystem 312f.
Informationsdarstellung 209f.
Inkohärenz 34f.
Interferenz
– destruktive 67f.
– konstruktive 68
Interferenzmaximum 69
Interferenzminimum 66
Interferenzmuster 66
Interferometrie 53, 272–282
Interrogator 8, 184
– Abfragegerät 184, 188
ISAR, Inverses SAR 374f.
isotroper Kugelstrahler 135
Isotropie 19, 23

J
J-Darstellung 210
Jammer 122
Jones-Vektor 28

K
*Kalman*filtertechnik 316
Kantenreflexion 62
Kegelhorn 147
Kennsystem 186
– Mark X-A 186
– Mark XII 186
Kennung
– direkte 197
– indirekte 197
Klassifizierung 300
kleinste erfaßbare Zielentfernung 172

Klystron 352f.
– Extended Interaction Oscillator 354
koaxiale Leitungen 336
Kohärenz 34f., 46, 53, 274, 326
Kohärenzgrad 35
Kohärenzmatrix 29
Kollektor 349
Kollisionswarnsysteme 200f.
Kompressionsfaktor 229
konforme Strahlergruppe 145
konische Abtastung 205–207
Kontinuitätsgleichung 21
Kontrast 291, 297, 303
Koplanarleitung 336
Koppelanordnung 337f.
Koppeldämpfung 338
Koregistrierung 278
Korrelationsfaktor 238
Kraftflußdichte, elektrische 20
Kraftflußdichte, magnetische 20
Kreisel 312
Kreisfrequenz 23, 64
Kreuzfeldröhre 353
Kreuzpolarisation 60
Kreuzpolarisationsentkopplung 140
kritische Frequenz 329
kritische Wellenlänge 329, 331
Kugelstrahler 139, 143
Kugelstrahler, isotroper 135

L
Ladung 21
Ladungsdichte, elektrische 20
Lagefehler 309–311
Lagewinkel 309
Lambertsches Kosinus-Gesetz 39
Landoberfläche, Modell 73
Längsstrahler 143
Laufzeit 4, 46
Laufzeitdioden 348
Laufzeitfehler 291, 308f., 321
Laufzeitröhre 352
Lawinenlaufzeitdiode 348
Leistung 109f.
Leistungsdichte 24, 29, 47, 105
Leistungsdichte, elektromagnetische 135

Leistungsdichtespektrum 304
Leitfähigkeit 20, 44f.
Leitungsbreite 335
Leitungsmedien 328–337
Leitungsstromdichte, elektrische 20
Leitungswellenwiderstand 335f.
Lichtgeschwindigkeit im Vakuum 24
Linearstrahler 140
Linearstrahlröhre 353
Linienspektrum 47
Linsenantennen 152–154
Lognormal-Verteilung 74
Look 75f.
Low Probability of Intercept, LPI 370
Luftraumüberwachungsradar LÜR 363f.

M
magnetische Feldstärke 20
magnetische Grundwelle H_{10} 329
magnetische Induktion 20
magnetische Kraftflußdichte 20
Magnetron 352f.
Materialgleichungen 20f.
Materialgrößen 19, 22
maximale Pulsfrequenz 171
Maxwellsche Gleichungen 20f.
Mehrfach-Sichten-Verarbeitung 78
Mehrfachreflexion 62
Mehrkammerklystron 354
MESFET, Metal Semiconductor FET 350
Meßbandbreite 77
MFR, Multifunktionsradar 369–373
Microwave Monolithic Integrated Circuit,
    MMIC 333, 355
Mikrostreifenleitung 142, 333–336
Mikrostreifenleitungs-Antenne 142
Mikrowellen-Bauelemente 328–354
MMIC, Microwave Monolithic Integrated
    Circuit 333, 355
Modulation 46f.
Modus 187
– 4 187
– C 187
– S 199
Molekülresonanzen 38
Monopulsradar 49

MTI-Radar 180f.
MTI-Verfahren 172–180
– Filter 176, 178
– kohärente Referenz 173
Multifunktionsradar, MFR 369–373
Multilook-Verarbeitung 231, 233–235, 237, 240

N
Nahfeld 35, 61, 136
Navigationssystem 293, 295, 311–314, 316, 322
NAVSTAR 314
Nebenkeule 135, 137
Nebenkeulendämpfung 137
Nebenkeulenunterdrückung 193
– im Empfangsweg 195
– Receiving Side Lobe Suppression, RSLS 195
– Side Lobe Suppression, SLS 193
nichtreziproke Bauteile 344–347
Nickwinkel 310
Normal-Atmosphäre 38

O
OCEAN MASTER 374–376
offene Schlitzleitung 335
Optimalfilter 123–129, 218, 228, 234, 242, 244, 248
– Ausgangssignal 128
– Impulsantwort 124, 127

P
P-Code 315
Panoramadarstellung 210
Parabol-Reflektorantenne 148
Parsevalsches Theorem 125, 304
Pauli-Matrix 57f.
Permeabilität 20f.
Phased Array
– aktives 154
– passives 154
Phasenbeziehungen 34
– determinierte 34
– statistische 34
Phasenfehler 295, 309f.

Phasenfehler (*Fortsetzung*)
– hochfrequent 303
– linear 301
– niederfrequent 301
– quadratisch 302, 306
– sinusoidal 297
Phasenfront 23
Phasengeschwindigkeit 23, 330
phasengesteuerte Antenne 154–157
Phasenhistorie 291, 295
Phasenkonstante 33
Phasenkorrektur 321
Phasenmehrdeutigkeit 279
Phasenmodulation 298
Phasenmonopuls-Verfahren 207–209
Phasenschieber 344
Phasensumme 64
Phasenzentrum 295
Photoätztechnik 333
PIN-Dioden 349
Pixel 72
Plan Position Indicator, PPI 174, 210
Polarisation 26–30, 57, 139
– elliptische 26
– horizontale 26
– lineare 26, 58
– orthogonale 56
– parallele 44
– zirkulare 26, 58
Polarisationsbasis 28, 31, 58
Polarisationsdreher 344
Polarisationsdrehungen 53
Polarisationsgrad 29
Polarisationsverhältnis 28
Polarisationszustand 27–29
Positionsbestimmung 313, 315
Positionsdrift 313, 316
Positionsfehler 294f.
Positionsrauschen 317
Poynting-Vektor $\vec{S}$ 24, 135
PPI, Plan Position Indicator 174, 210
Präzessionsbewegung 345
PRF 219, 257f.
– Bestimmung des eindeutigen PRF-Bandes 256, 258, 260
Primärradar 1

PRN-Code 315
Prozessierung, fokussierte 75
Puls-Doppler-Verfahren 172–184
– mit Entfernungstoren 181–184
Pulsfolge 47
Pulsfolgefrequenz 81
Pulsfrequenz 81
Pulsfrequenz, PRF 322
Punktreflexion 58
Punktstreuer 57
Pyramidenhorn 147

Q

quadratische Gleichrichtung 50
Querauflösung 10
– RAR 88–90
– SAR 99–103
Querstrahler 144

R

Radar 1
– bistatisches 6
– monostatisches 6
– multistatisches 6
– Prinzip 1
– Ziel 1
Radaranwendungen 12
Radarfrequenzen 8
Radargleichung 56, 105–133
– bei aktiver Störung 122
– für Bodenclutter 119f.
– für Regen 120f.
– für SAR 122
– Feldstärkeform 41
– Herleitung 105
– mittlere Leistung 110
– Parameter 108
– Verluste 106, 108
– Zielentdeckung 110–112
Radarrückstreuquerschnitt 55–77, 106, 112–116
– Aufzipfelung 66
– geometrischer Körper 113
– Kugel 61
– monostatisch 55
– von Regentropfen 120

Radarrückstreuquerschnitt (*Fortsetzung*)
– Würfel 66
Radarreichweite 108
Radarsensoren 367
Radarsignal 46
Radarsignalverarbeitung 357f.
Radarstörer 5
– Düppel 6
Radarverfahren 159–212
Radialgeschwindigkeit 160f., 167, 169
Radionavigation 314
Radom 139
Range-Doppler-Algorithmus 245–247
Rauhigkeitskriterium
– nach *Rayleigh* 40
raumladungsgesteuerte Elektronenröhren 352
Rauschen
– additives 81
– effektive Rauschtemperatur 107
– multiplikatives 79–81
– thermisches 107
Rauschenergie 81
Rauschleistung 107
Rauschzahl 107
Rayleigh-Streuung 121
Rayleigh-Verteilung 68, 70, 74
Rayleigh-Ziel 69f.
Referenzoszillator 326
Reflektorantennen 147–152
Reflexion 31f., 39
Reflexionsfaktor 32
Reflexionsvermögen 32
Regendämpfung 118
Reichweite 52
Resonanzrichtungsleitung 344
Resonator 338–342
– dielektrischer 341
– Hohlraumresonator 339
– Strahlungskopplung 341
Reziprozitätstheorem 19, 37, 41, 56
Rice-Nakagami-Verteilung 74
Richtcharakteristik 89, 135f.
Richtdämpfung 338
Richtfaktor 138
Richtkoppler 337

Rohvideo 209
Rollwinkel 310
ROSAR 271f., 377f.
Rotationsbewegung 309
Rückstreudiagramm 69
Rückstreuung 39–43
Rundsichtdarstellung 210
Rundsuchradar 109

S

SAR 16f., 213–289
– Auflösung 213–215, 217, 219, 230, 235
– Auto-Fokus 261
– Bilderstellung 79
– Blockdiagramm 219
– E-SAR 214, 235, 259, 265, 277
– effektive Anzahl von Looks 235
– empfangenes Signal 221f.
– Impulsantwort 217, 228–230, 234, 242, 251f., 254
– Kalibrierung 228
– Kohärenz 221
– Mehrdeutigkeit 242, 257f.
– Modellierung 221
– Multilook-Verarbeitung 231, 233–235, 237, 240
– Prinzip 215–221
– radiometrische Auflösung 235, 240
– ROSAR 271f., 377f.
– ScanSAR 267f.
– Speckle 231, 233, 235–237, 241f.
– Spotlight 219, 269f.
– Statistische Eigenschaften 232f., 237, 239
– Streifenmodus 214, 216, 219
– synthetische Apertur 216–218, 269
– Systeme 283–285
– Systemrauschen 79–81
– Zeit-Bandbreite-Produkt 229, 247f.
– Zielentfernungsänderung 223–225, 245f., 263f.
SAR-Bewegungskompensation 291–324
– Ablagefehler 295, 312, 322
– Abtastfehler 309, 322
– Amplitudenmodulation 291, 309f.

SAR-Bewegungskompensation (*Fortsetzung*)
– Antennendiagramm 310
– Auflösung 291, 297, 302, 309
– Auswertung der Radardaten 311
– Autofokus 312
– Beschleunigungsmessung 312f., 316
– Bewegungsfehler 291, 294, 304–308
– Bildqualität 291, 306
– Bodenstationen 314
– C/A-Code 315
– Dopplerfrequenz 302, 311
– Dopplerspektrum 311f., 321
– Driftwinkel 310
– Entfernungs-/Doppler-Prozessor 319
– Experimentelles SAR-System, E-SAR 291
– Frequenz-/Zeitverlauf 312
– Geisterbilder 303
– geometrische Verzerrungen 291, 297, 301, 306, 309
– Gierwinkel 310
– Global Positioning System, GPS 314–316
– GPS, differentielles 315
– GPS-Empfänger 314
– GPS-Referenzstation 315
– inertiales Navigationssystem 313
– inertiales Referenzsystem 313
– Inertialnavigation 312
– Inertialsystem 312f.
– integriertes Nebenkeulenverhältnis, ISLR 303, 306
– *Kalman*filtertechnik 316
– Klassifizierung 300
– Kontrast 291, 297, 303
– Kreisel 312
– Kurs/Lage-Referenzsystem 313
– Kurzzeit-FFT 312
– Lagefehler 309–311
– Lagewinkel 309
– Laufzeitfehler 291, 308f., 321
– Leistungsdichtespektrum 304
– Meßfehler 313
– Methode der kleinsten Quadrate 317

Index

SAR-Bewegungskompensation (*Fortsetzung*)
– Navigationssystem 293, 295, 311–314, 316, 322
– NAVSTAR 314
– Nickwinkel 310
– Nutzersegment 314
– P-Code 315
– paarweise Echos 298, 303
– *Parseval*-Theorem 304
– Phasenfehler 295–304, 309f., 321
– Phasenfehler, hochfrequent 303
– Phasenfehler, linear 301
– Phasenfehler, niederfrequent 301
– Phasenfehler, quadratisch 302, 306
– Phasenfehler, sinusoidal 297
– Phasenhistorie 291, 295
– Phasenkorrektur 321
– Phasenmodulation 298
– Phasenzentrum 295
– Positionsbestimmung 313, 315
– Positionsdrift 313, 316
– Positionsfehler 294f.
– Positionsrauschen 317
– PRN-Code 315
– Pulsfrequenz, PRF 322
– Radionavigation 314
– Rollwinkel 310
– Rotationsbewegung 309
– SA-Modus 315
– SAR-Datenverarbeitung 319
– Satelliten 314
– Schielwinkel 310, 312, 321
– Spezifikation 304, 307
– Strapdown-System 312
– Trägerphasenauswertung 315
– Trägheitsnavigation 312
– Transferfunktion 307
– Varianz 304
– Vorhaltewinkel 310
– Vorwärtsgeschwindigkeit 309
– Wechselleistung 304
– *Wigner-Ville*-Distribution 312
SAR-Interferometrie 272–282
– Across-Track 273, 275
– Along-Track 273

SAR-Interferometrie (*Fortsetzung*)
– Basislinie 273, 276
– differentielle Interferometrie 282
– Geokodierung 280
– Kohärenz 274
– Kompensation der flachen Erde 279
– Koregistrierung 278
– Phasenmehrdeutigkeit 279
SAR-Signalverarbeitung 218, 228, 242–266
– Bewegungskompensation 249, 251
– Chirp Scaling-Algorithmus 248
– Echtzeit-SAR-Verarbeitung 246f., 264–266
– Extended Chirp Scaling-Algorithmus 250–252
– Frequenzbereich 245–247
– Phasenfehler 247, 253–255
– Range-Doppler-Algorithmus 245–247
– SPECAN-Algorithmus 252f.
– unfokussierte Verarbeitung 253–256
– Wavenumber-Algorithmus 248
– Zeitbereich 243–245
Satelliten 314
Satellitenaltimeter 53
Scan-Frequenz 206
Scan-Information 207
ScanSAR 267f.
Schielwinkel 310, 312, 321
Schienenverkehr 367
Schiffsverkehrssicherung 361
Schlitzstrahler 140
Schottky-Dioden 347
Schwarzsche Ungleichung 125
Schwingungsgleichung 22
SEATRACK 7000 361f.
Secondary Surveillance Radar, SSR 185
Sektorhorn 146
Sekundärradar 1, 6, 184–202, 384
– in der zivilen Flugsicherung 198, 200
– Kennwerte 186
– Kollisionswarnsysteme 200
Sendeleistung 109f.
Sender 325
Sendespektrum 49
Sicht 75

Sichtbarkeitsfaktor 176
Signal-Rausch-Verhältnis 108
Signalenergie 81
Signalfluktuation, interferenzbedingt 81
Signalgeschwindigkeit 24
Signalverarbeitung 218, 228, 242, 357f.
Signalwiederholung 109f.
SIR-C/X-SAR 381–383
SLAR 213
Source 350
SPECAN-Algorithmus 252f.
Speckle 64, 75, 231, 233, 235–237, 241f.
Speisesystem 148
Spektrum 46–48
Spiegelungseffekt 43, 49–53
Spiralreflexion 58
Spotlight 219, 269f.
Squitter, extended 202
SRE-M, Surveillance Radar Equipment 364
SSR, Secondary Surveillance Radar 185
Stalo 180f.
Standard-Gain-Horn 147
Stielstrahler 143
Stokes-Vektor 29
Störungen, systemeigene 190
STR 2000 384
Strahlergruppen 143–145
– sekundäre Hauptkeulen 143
– Strahlungsdiagramm 143
Strahlungsdiagramm 136
Strahlungsleistung 138f.
Strahlungswirkungsgrad 138
Strapdown-System 312
Straßenzustandserkennung 365
Streifenmodus 214, 216, 219
Streifwinkel 39
Streumatrix 41, 56–60
Streuung 39
– nichtisotrope 60
Streuwelle 55
Streuzentrum 64
Stromverstärkung 349
Surveillance Radar Equipment, SRE-M 364
Swerling-Fälle 71, 115

Swerling-Modelle 72
Synchronisationsschaltung 349
synthetisches Video 209
Systemantwortwahrscheinlichkeit 195
Systemrauschen 78f.

T
Tastverhältnis 169
TCAS
– Collision Avoidance System 200
– Streuantworten 201
TE-Welle 329
Telefunken Radar Mobil Such, TRMS 156
TEM-Welle 23f.
TEM-Wellenleiter 328
TM-Welle 329
TORNADO-Bordradar 372f.
Totzeit 171f.
Trägerphasenauswertung 315
Trägheitsnavigation 312
Transferfunktion 307
Transistor 349–351
– Basis 349
– bipolarer 349
– Drain 350
– Emitter 349
– Feldeffekttransistor 350
– Gate 350
– HEMT, High Electron Mobility Transistor 351
– Kollektor 349
– MESFET, Metal Semiconductor FET 350
– Source 350
– unipolarer 350
Transmission 31f.
Transmissionsfaktor 31
Transmissionsfenster 12
Transmissionsvermögen 32
Transponder 6, 184
– Antwortgerät 184
– Diversity 190
– IFF 190
transversal elektrische Leitung (TE) 328

Index

transversal magnetische Leitung (TM) 328
Trefferzahl 171
Trihedral Corner 57
TRMS, Telefunken Radar Mobil Such 156

U
Überlagerungsempfänger 163
Überschreitungswahrscheinlichkeit 68
Überwachungsradar 181, 374

V
Varianz 304
Verbesserungsfaktor 180
Verfolgungsradar 183
Verkehrsleitsystem 367
Verlustwinkel 33, 44
Verschiebung, elektrische 20
Verschiebungsdichte 20
Verschiebungsstrom 330
Verteilungen
- χ^2-Verteilung 74
- Exponentialverteilung 68, 70, 79
- Gammaverteilung 78
- Gleichverteilung 75
- Lognormal-Verteilung 74
- *Rayleigh*-Verteilung 68, 70, 74
- *Rice-Nakagami*-Verteilung 74
Verteilungsfunktion 70
Vertikaldiagramm 137
Verweilzeit 70
Verzögerungslinsen 152
Volumenstreuung 58
Vorhaltewinkel 310
Vorwärtsgeschwindigkeit 309

W
Wahrscheinlichkeitsdichteverteilung 68
Wanderfeldröhre 353f.
Wavenumber-Algorithmus 248
Weißsche Bezirke 345
Wellenfront 35
Wellengleichung 22f.
Wellenwiderstand 24f., 31, 34
Wellenzahl 22
Wigner-Ville-Distribution 312
Winkelauflösung 10
- RAR 88–90
- SAR 99–103
Winkelmessung 50
Winkelmeßverfahren 202–209
Wirkleistung 25

X
X-SAR 381

Y
Yagi-Uda-Antenne 143

Z
Zeit-Bandbreite-Produkt 92, 130, 229, 247f.
Zeitbereich 243–245
Zielentdeckung 110–112
Zielentfernung 4
Zielentfernungsänderung 223–225, 245f., 263f.
Zielkoordinaten 2
Zielverfolgungsradar 204f.
Zielverweilzeit 109, 171
Zirkulator 344
Zweikammerklystron 353